塩沢孝則［著］

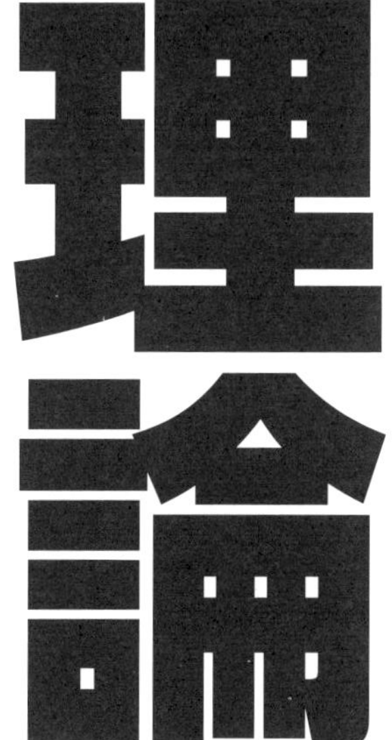

読者の皆さまへ

事業用電気工作物の安全で効率的な運用を行うため，その工事と維持，運用に関する保安と監督を担うのが電気主任技術者です．社会の生産活動の多くは電気に依存しており，また，その需要は増加傾向にあります．

このような中にあって電気設備の保安を確立し，安全・安心な事業を営むために電気主任技術者の役割はますます重要になってきており，その社会的ニーズも高いことから，人気のある国家資格となっています．

「完全マスター　電験三種　受験テキストシリーズ」は，電気主任技術者の区分のうち，第三種，いわゆる「電験三種」の4科目（理論，電力，機械，法規）に対応した受験対策書として，2008年に発行し，改訂を重ねています．

本シリーズは以下のような点に留意した内容となっています．

① 多くの図を取り入れ，初学者や独学者でも理解しやすいよう工夫

② 各テーマともポイントを絞って丁寧に解説

③ 各テーマの例題には適宜「Point」を設け，解説を充実

④ 豊富な練習問題（過去問）を掲載

今回の改訂では，2023年度から導入されたCBT方式を考慮した内容にしています．また，各テーマを出題頻度や重要度によって3段階（★★★～★）に分けています．合格ラインを目指す方は，★★★や★★までをしっかり学習しましょう．★の出題頻度は低いですが，出題される可能性は十分にありますので，一通り学習することをお勧めします．

電験三種の試験は，範囲も広く難易度が高いと言われていますが，ポイントを絞った丁寧な解説と実践力を養う多くの問題を掲載した本シリーズでの学習が試験合格に大いに役立つものと考えています．

最後に本シリーズ企画の立上げから出版に至るまでお世話になった，オーム社編集局の方々に厚く御礼申し上げます．

2023年10月

著者らしるす

Use Method

本シリーズの活用法

1. 本シリーズは，「完全マスター」という名が示すとおり，過去の問題を綿密に分析し，「学習の穴をなくすこと」を主眼に，本シリーズのみの学習で合格に必要な実力の養成が図れるよう編集しています．

2. また，図や表を多く取り入れ，「理解しやすいこと」「イメージできること」を念頭に構成していますので，効果的な学習ができます．

3. 具体的な使用方法としては，まず，各 Chapter のはじめに「学習のポイント」を記しています．ここで学習すべき概要をしっかりとおさえてください．

4. 章内は節（テーマ）で分かれています．それぞれのテーマは読み切りスタイルで構成していますので，どこから読み始めても構いません．理解できないテーマに関しては，印などを付して繰り返し学習し，不得意分野をなくすようにしてください．また，出題頻度や重要度によって★★★～★の 3 段階に分類していますので，学習の目安にご活用ください．

5. それぞれのテーマの学習の成果を各節の最後にある問題でまずは試してください．また，各章末にも練習問題を配していますので，さらに実践力を養ってください（解答・解説は巻末に掲載しています）．

6. 本シリーズに挿入されている図は，先に示したように物理的にイメージしやすいよう工夫されているほか，コメントを配しており理解の一助をなしています．試験直前にそれを見るだけでも確認に役立ちます．

目次 Contents

Chapter 1 電磁理論

Chapter 2 電気回路

Chapter 4 電気・電子計測

Chapter 1

電磁理論

学習のポイント

電磁理論は，ほかの科目の基礎知識としても重要である．従来から計算問題が多く出題されてきた．計算式の変換，誘導，数値計算を目で追わず，手計算を繰り返して，概算，略算などに慣れるとともに，単位を正しく扱えるようにする．

一方で，最近の傾向として，電磁理論に関する理解力や応用力を問う出題が増加しているため，本書の解説を十分に理解しておくことも重要である．

静電界は，クーロンの法則が基本である．点電荷の数が増えたときの力のベクトル合成に，図式面で慣れておく．

静電容量の計算は，誘電体を含む場合，回路計算の扱い方で解くと容易であるので，合成容量や電圧分担の式に慣れておく．また，電界や電束などについても理解を深めておく．

静磁界は，アンペアの法則やビオ・サバールの法則による磁束密度の算出，電流による電磁力の計算について，単位名称によく注意して適用できるようにする．

電磁誘導については，磁束変化と起電力の相対的な変化の関係が基本で，図形的にも理解しておく．

インダクタンスの計算は，磁気回路計算を用いる場合があるので，静磁界の中でもよく練習しておく．

B 問題は，クーロンの法則やコンデンサに関する出題が多いため，練習問題を通じて十分に慣れておく．

静電誘導とクーロンの法則

［★★★］

1 静電誘導

物体が電荷を帯びる現象を**帯電**といい，帯電した物体を**帯電体**という．そして，金属のように電気を通す物質を**導体**という．図 1･1（a）において，導体 A は帯電しておらず絶縁された導体である．この導体 A に，正に帯電した帯電体 B を近づけると，導体 A の表面に図 1･1（b）のような符号の電荷が現れる．つまり，B に近い端に B と反対の符号の電荷（負の電荷），遠い端に同符号の電荷（正の電荷）が現れる．

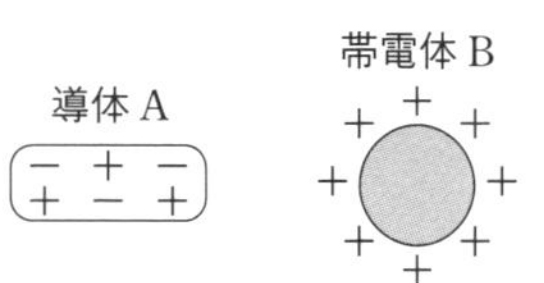

（a）導体 A と帯電体 B が十分に離れた場合

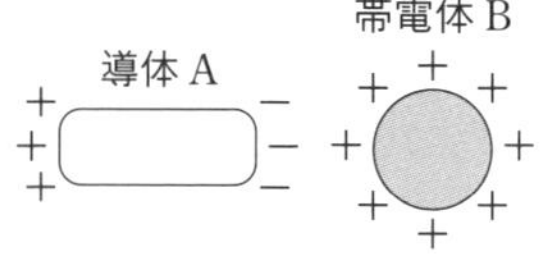

B が近づくと，
A に電荷が現れる．
A 内の正，負それぞれ
の電荷の量は等しい

（b）導体 A と帯電体 B を近づけた場合

●図 1・1　静電誘導

ここで，A は絶縁されているから，A の電荷の総量は零であるべきである．つまり，A における正負それぞれの電荷の量は等しい．一方，B を遠ざけると，A に現れた電荷は中和して，再び，元の帯電していない図 1･1（a）の状態に戻る．この現象を**静電誘導**という．

この現象では最初に導体 A が帯電していないというのは，実は導体 A に正負等量の電荷があって，その合計が零になっているということである．帯電体 B が近づいて，それぞれにクーロン力（次の 2 項で説明）が働くと，一方は吸引され，他方は反発されて，図 1･1（b）のような電荷が現れる．

2 クーロンの法則

大きさが無視できる帯電体を**点電荷**という．そして，電荷の単位は**クーロン**〔**C**〕である．

図 1·2 に示すように，同種の電荷は反発し合い，異種の電荷は引き合う．このように，電荷の間に働く力を**静電気力**または**クーロン力**という．

●図 1・2　静電気力（クーロン力）

このクーロン力については，実験的に次の法則が見い出された．つまり，真空中において，距離 r〔m〕離れた点電荷 Q_1〔C〕，Q_2〔C〕の間には

$$\boldsymbol{F=\frac{Q_1Q_2}{4\pi\varepsilon_0 r^2}=9\times10^9\times\frac{Q_1Q_2}{r^2}} \text{〔N（ニュートン）〕} \quad (1 \cdot 1)$$

の大きさで，Q_1，Q_2 が同符号のときは**反発力**，異符号のときは**吸引力**が働く．これを**クーロンの法則**という．（図 1·3 参照）

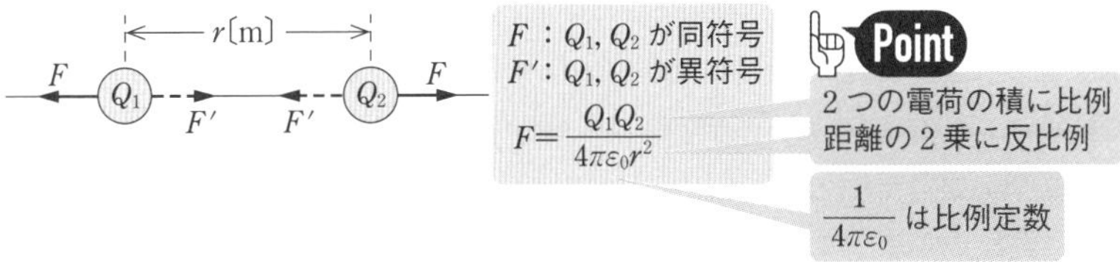

●図 1・3　クーロンの法則

ε_0（イプシロンゼロ）は**真空の誘電率**という．なお，真空中でない場合については 1-3 節で述べる．

$$\varepsilon_0=\frac{10^7}{4\pi {c_0}^2}=8.854\times10^{-12}\,\text{F/m} \quad (1 \cdot 2)$$

ただし，c_0 は真空中の光の速度 2.998×10^8 m/s である．

点電荷が多数あるときは，個々の点電荷間の力をベクトル的に合成して求める．

問題1 H14 A-2

図のように，真空中の 3 m 離れた 2 点 A，B にそれぞれ 3×10^{-7} C の正の点電荷がある．点 A と点 B とを結ぶ直線上の点 A から 1 m 離れた点 P に Q〔C〕の正の点電荷を置いたとき，その点電荷に点 B の方向に 9×10^{-3} N の力が働いた．この点電荷 Q〔C〕の値として，最も近いのは次のうちどれか．ただし，真空中の誘電率を $\varepsilon_0=\dfrac{1}{4\pi\times9\times10^9}$〔F/m〕とする．

(1) 1.2×10^{-9}　(2) 1.8×10^{-8}　(3) 2.7×10^{-7}
(4) 4.4×10^{-6}　(5) 7.3×10^{-5}

クーロン力は，2 つの点電荷を結ぶ一直線上に働き，同種の電荷であれば反発する方向に働く．

解説 まず，点 A の正の点電荷と点 P の正の点電荷は同種であるから，反発力 F_{AP} が働く．また，点 B の正の点電荷と点 P の正の点電荷も同種であるから，反発力 F_{BP} が働く．これらを図示すると，解図になる．式 (1･1) を適用すれば

$$F_{AP}=\frac{3\times10^{-7}Q}{4\pi\varepsilon_0\cdot1^2}$$

$$F_{BP}=\frac{3\times10^{-7}Q}{4\pi\varepsilon_0\cdot2^2}$$

●解図

$F=9\times10^{-3}$ N は，AP 間の力 F_{AP} と BP 間の力 F_{BP} の差だから

$$F=F_{AP}-F_{BP}=\frac{3\times10^{-7}Q}{4\pi\varepsilon_0}\left(\frac{1}{1^2}-\frac{1}{2^2}\right)=9\times10^{-3}\,\mathrm{N}$$

したがって，上式を変形し，$\dfrac{1}{4\pi\varepsilon_0}=9\times10^9$ であるから

$$Q=\frac{1}{9\times10^9}\times\frac{9\times10^{-3}}{3\times10^{-7}}\times\frac{4}{3}=\mathbf{4.4\times10^{-6}\,C}$$

解答 ▶ (4)

問題2　H25 A-2

図のように，真空中の直線上に間隔 r〔m〕を隔てて，点 A，B，C があり，各点に電気量 $Q_A = 4\times10^{-6}$C，Q_B〔C〕，Q_C〔C〕の点電荷を置いた．これら三つの点電荷に働く力がそれぞれ零になった．このとき，Q_B〔C〕および Q_C〔C〕の値の組合せとして，正しいのは次のうちどれか，ただし，真空の誘電率を ε_0〔F/m〕とする．

	Q_B	Q_C
(1)	1×10^{-6}	-4×10^{-6}
(2)	-2×10^{-6}	8×10^{-6}
(3)	-1×10^{-6}	4×10^{-6}
(4)	0	-1×10^{-6}
(5)	-4×10^{-6}	1×10^{-6}

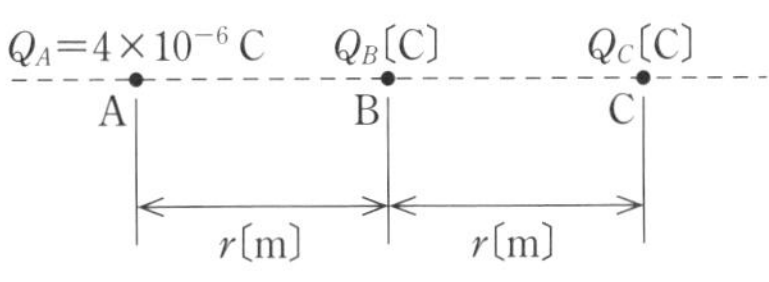

二つの点電荷の間に働く力が反発力か吸引力かに注意しながら，クーロンの法則を適用する．

解説　まず，Q_B に働く力が零になるためには，Q_A と Q_B によるクーロン力 F_{AB} と，Q_B と Q_C によるクーロン力 F_{BC} とが，大きさが等しく，反対向きとならなければならない．ここで，$AB = BC = r$ であるため，$Q_A = Q_C$ であれば，Q_B の点電荷の符号に関係なく，点 B における F_{AB} と F_{BC} を合わせた力は零になる．したがって

$$Q_C = Q_A = \mathbf{4\times10^{-6}\ C}$$

次に，Q_B が正の点電荷であると仮定する．この場合，Q_A に働く力は，Q_B による反発力 F_{AB} と Q_C による反発力 F_{AC} とを合わせた力であり，零にならない．したがって，Q_B は正の点電荷ではない．そこで，Q_B が負の点電荷であるため，解図のように Q_A に働く力は，Q_B との間では吸引力 F_{AB}，Q_C との間では反発力 F_{AC} であるため，合成して零になるのは F_{AB} と F_{AC} の大きさが等しいときである．

$$F_{AB} = \frac{Q_A|Q_B|}{4\pi\varepsilon_0 r^2} = \frac{4\times10^{-6}\times|Q_B|}{4\pi\varepsilon_0 r^2},\quad F_{AC} = \frac{(4\times10^{-6})^2}{4\pi\varepsilon_0(2r)^2}$$

$$\therefore\quad \frac{4\times10^{-6}\times|Q_B|}{4\pi\varepsilon_0 r^2} = \frac{(4\times10^{-6})^2}{4\pi\varepsilon_0(2r)^2}$$

$$\therefore\quad |Q_B| = 1\times10^{-6}\,\mathrm{C}\qquad \therefore\quad Q_B = \mathbf{-1\times10^{-6}\ C}$$

Q_A　Q_B(負)　$Q_C=Q_A$

F_{AC}　F_{AB}

●解図

解答 ▶ (3)

問題3 H17 A-1

真空中において，図に示すように一辺の長さが 30 cm の正三角形の各頂点に 2×10^{-8} C の正の点電荷がある．この場合，各点電荷に働く力の大きさ F〔N〕の値として，最も近いのは次のうちどれか．ただし，真空中の誘電率を $\varepsilon_0=\dfrac{1}{4\pi\times9\times10^9}$ F/m とする．

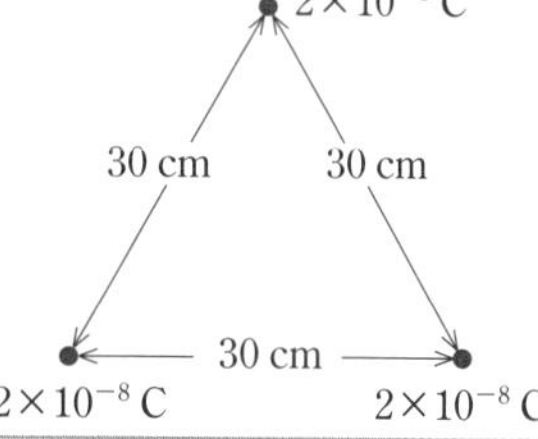

(1) 6.92×10^{-5}　(2) 4.00×10^{-5}
(3) 3.46×10^{-5}　(4) 2.08×10^{-5}
(5) 1.20×10^{-5}

本問の場合，正三角形の頂点に置いた点電荷はそれぞれ正の点電荷であるから，反発力が働く．個々の点電荷間の力を図中に描いて，ベクトル的に合成する．

解説 解図のように点電荷の位置を A，B，C とし，点電荷間の距離を r〔m〕，それぞれの点電荷を Q_A，Q_B，Q_C〔C〕とすると，クーロンの法則により，A–C 間の力（反発力）F_{AC} は

$$F_{AC}=\frac{Q_AQ_C}{4\pi\varepsilon_0r^2}=9\times10^9\times\frac{(2\times10^{-8})^2}{0.3^2}=4\times10^{-5}\,\mathrm{N}$$

A–B 間の力 F_{AB} の大きさは F_{AC} と等しいが，方向は 60° 異なるので，横軸，縦軸の直角成分に分解し，同じ軸の成分を加えると，横軸成分は互いに逆方向のため合成すると 0 になる．縦軸成分は

$$F_A=F_{AB}\cos30^\circ+F_{AC}\cos30^\circ=2F_{AC}\cos30^\circ$$
$$=2\times4\times10^{-5}\times\frac{\sqrt{3}}{2}\fallingdotseq\mathbf{6.92\times10^{-5}\,N}$$

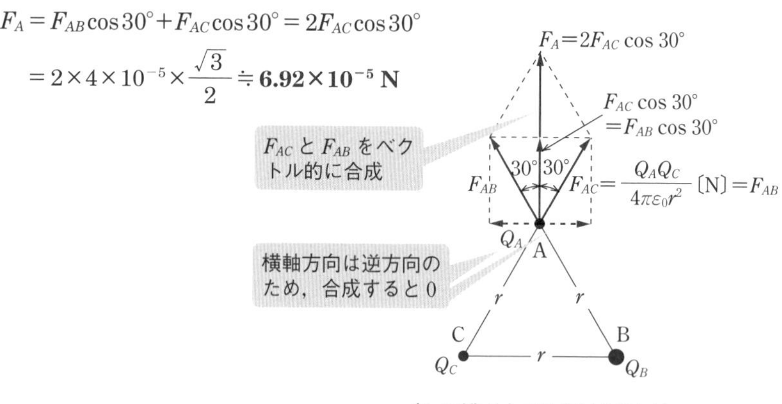

（A に働く力のみ図中に示す）
●解図

解答 ▶ (1)

電界と電位

［★★★］

1 電　界

静止電荷に力が働くとき，そこに**電界**があるといい，**電界の強さ**は，単位正電荷 1C に働く力として定められ，単位は〔**V/m（ボルト毎メートル）**〕である.

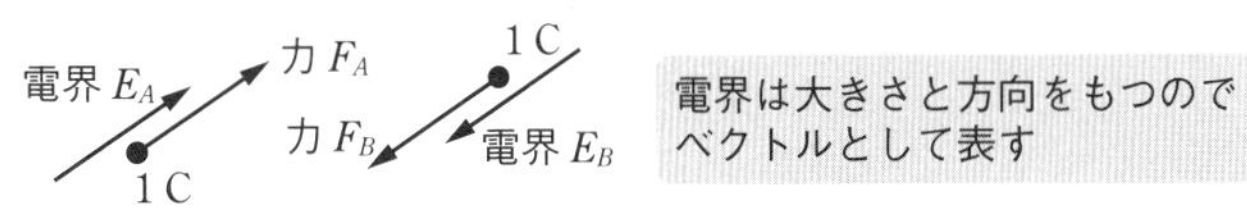

●図1・4　電　界

したがって，電界 E〔V/m〕のところで，Q〔C〕の電荷は

$$\boldsymbol{F = QE}\ \text{〔N〕} \tag{1・3}$$

の力を受ける.

クーロンの法則は，まず Q_1 による電界があり，そこへ Q_2 を置いたとき，力が働くものと考えると，式 (1･1) は次のように分けて書くことができる.

$$F_2 = Q_2 \frac{Q_1}{4\pi\varepsilon_0 r^2} = Q_2 E_1 \tag{1・4}$$

したがって，点電荷 Q_1〔C〕から r〔m〕の距離における電界 E_1 は

$$\boldsymbol{E_1 = \frac{Q_1}{4\pi\varepsilon_0 r^2}}\ \text{〔V/m〕} \tag{1・5}$$

である.

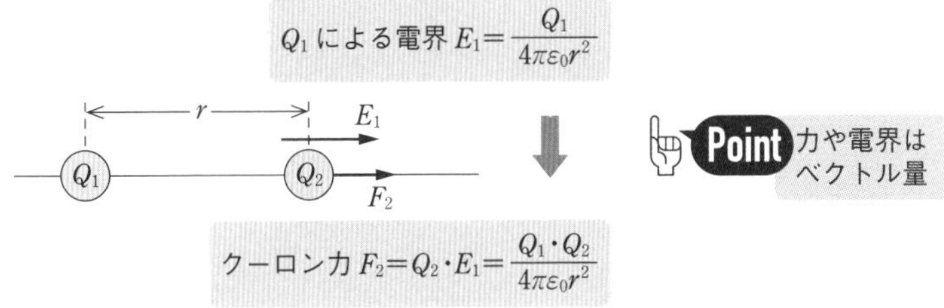

●図1・5　点電荷による電界

点電荷がいくつかある場合の電界は，点電荷おのおのが単独にある場合の電界をベクトル的に加え合わせれば求まる．例えば，図 1·6 に示すように，直線上に点電荷 Q_1，Q_2 があるとき，点 P における電界は，Q_1 による電界と Q_2 による電界をベクトル的に合成する．

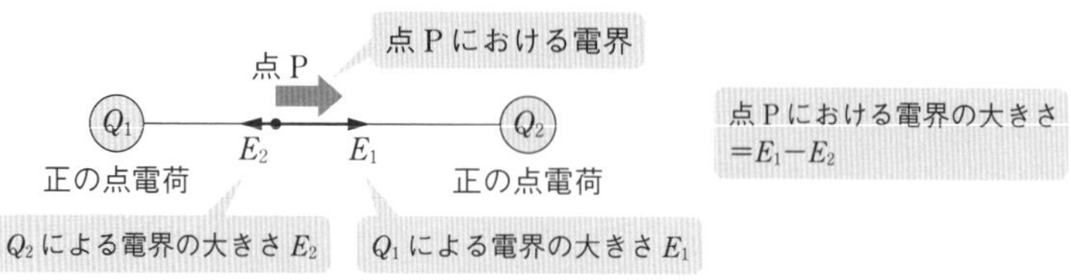

●図 1・6　2 つの点電荷による電界の合成

電界を図示するために，接線が電界の方向で，単位面積を通る線の数が電界の大きさに比例するように描いた線を**電気力線**という．したがって，**電気力線密度**（**単位面積を通る電気力線の数**）**は**，**電界の強さ**を示す．

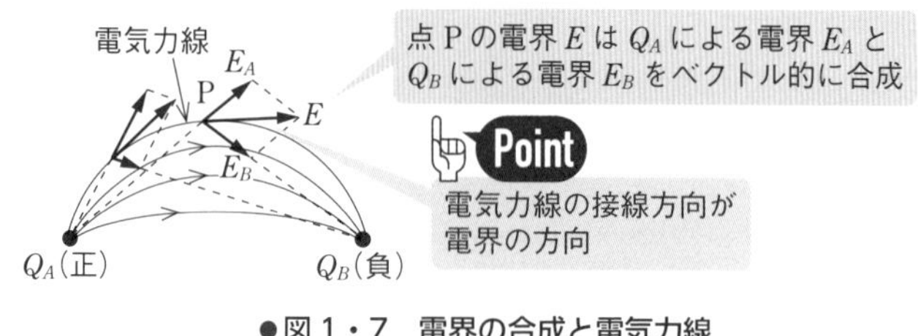

●図 1・7　電界の合成と電気力線

2 ガウスの法則

点電荷 Q〔C〕から半径 r〔m〕の球面上の電界 E は，式（1·5）により

$$E=\frac{Q}{4\pi\varepsilon_0 r^2}\ \text{〔V/m〕}$$

である．電気力線密度が電界の強さに等しいので，図 1·8 のように球面全体を通過する電気力線の総数は，球の表面積 S を電気力線密度 E に掛ければ求まる．

$$\textbf{電気力線数}=SE=4\pi r^2E=4\pi r^2\frac{Q}{4\pi\varepsilon_0 r^2}=\frac{Q}{\varepsilon_0} \qquad (1\cdot6)$$

式（1·6）は，真空中において，点電荷 Q〔C〕から出入りする電気力線は

$\dfrac{Q}{\varepsilon_0}$〔本〕であることを示している．そして，一般的に，次のようにいうことができる．

「**任意の閉表面上の外向き全電気力線数の$\boldsymbol{\varepsilon_0}$倍は，その閉表面の中にある電荷の代数和である**」（図 1･9）．

これを**ガウスの法則**という．

●図 1・8　点電荷の電気力線

●図 1・9　ガウスの法則

（1）球面電荷

半径 a〔m〕の導体球に Q〔C〕の電荷があるとき（図 1･10），球外の r〔m〕離れた点の電界 E は，球面の表面積 $4\pi r^2$〔m^2〕にガウスの法則を用いて

$$SE=4\pi r^2 E=\frac{Q}{\varepsilon_0}$$

$$\therefore\quad \boldsymbol{E=\frac{Q}{4\pi\varepsilon_0 r^2}}\ \text{〔V/m〕}\qquad (1\cdot 7)$$

Point 距離の 2 乗に反比例

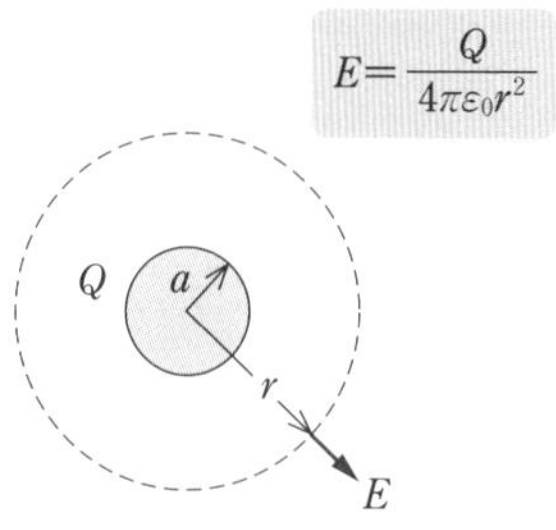

●図 1・10　球面電荷

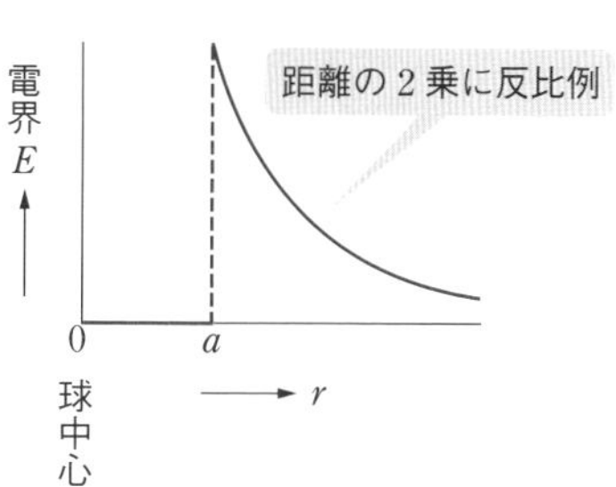

●図 1・11　導体球中心からの電界

これは，球の中心に点電荷 Q を置いたときと同じ形である．

導体球の場合は，電荷がすべて表面上に分布するとすれば，球中心から半径 a までの電界は，図 1･11 のように 0 となる．

2 無限平面導体

無限に広い平面に面積密度 σ の電荷が分布している．単位面積について σ/ε_0 本の電気力線が出るが，図 1･12 に示すように，対称性を考えると，面の両側にそれぞれ $\sigma/2\varepsilon_0$ 本ずつ分かれて出る．したがって，電気力線密度は，どこでも一様で $\sigma/2\varepsilon_0$ であり，電界は

$$E = \frac{\sigma}{2\varepsilon_0} \ \text{〔V/m〕} \tag{1・8}$$

となる．

次に，図 1･13 (a) のように，一様に正および負に帯電した無限平行 2 平面による電界を考える．このとき，図 1･13 (b) のように，電界 E は $+\sigma$ 面による電界 E_+ と $-\sigma$ 面による電界 E_- のベクトル和である．両面の中間では，$E_+ = E_- = \sigma/2\varepsilon_0$ で，同一方向で助け合うため

$$\boldsymbol{E} = \frac{\boldsymbol{\sigma}}{\boldsymbol{\varepsilon_0}} \ \text{〔V/m〕} \tag{1・9}$$

となる．一方，両面の外側では，反対方向で互いに打ち消しあうため，$E = 0$ となる．

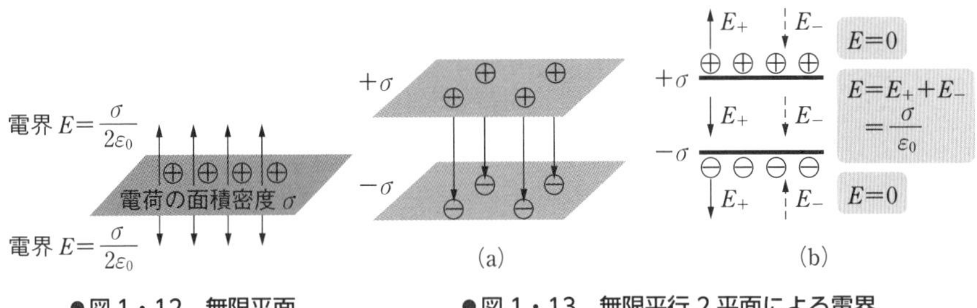

●図 1・12　無限平面

●図 1・13　無限平行 2 平面による電界

3 電　位

電界の中で，電荷が受けている力に逆らって電荷を移動させるためには，外部から仕事を行う必要がある．

図 1·14 の平行平板電極間の電界 E に逆らって，電極間の距離 l だけ電荷 Q を運ぶ仕事 W は，移動方向と電界との角を θ として

$$W = Fl\cos\theta = QEl\cos\theta = QEd \text{〔J〕} \qquad (1 \cdot 10)$$

となる．すなわち，⊕極の電荷は，W の位置エネルギーをもっていることになる．

これは，図 1·15 において，質量 M の物体を重力に逆らって高さ h だけもち上げるとき，M が要した仕事 $W = Mgh$ の位置エネルギーをもつことと同等である．

単位正電荷当たりに要した仕事 W を，電界の位置エネルギーの意味から，**電位**といい，単位は**ボルト〔V〕**である．図 1·14 においては

$$\boldsymbol{V = \frac{W}{Q} = Ed} \text{〔V〕} \qquad (1 \cdot 11)$$

式 (1·10) と式 (1·11) は，エネルギー W は

$$\boldsymbol{W = QV} \qquad (1 \cdot 12)$$

であることを示している．

Point 式 (1·12) から，単位〔V〕は単位〔J/C〕と等しいことがわかる．
W〔J〕÷ Q〔C〕= V〔J/C〕

A から B に向かう方向の Δl を正にとった仕事（電位）を ΔV とすると，電界は B を含む平行平板電極から A を含む平行平板電極に向いているので，電位の増える方向に対して符号を（−）とした「**電位の傾き**」となり，式（1・13）で求まる．

Point A～B まで Q を運ぶ仕事
$W = QEl\cos\theta$
$= QEd$
$= QV$〔J〕

●図 1・14　電荷の移動

⊕ 極の電荷は $W = QV$〔J〕の位置エネルギーをもつ

$W = Mgh$〔J〕
g：重力の加速度

●図 1・15　位置エネルギー

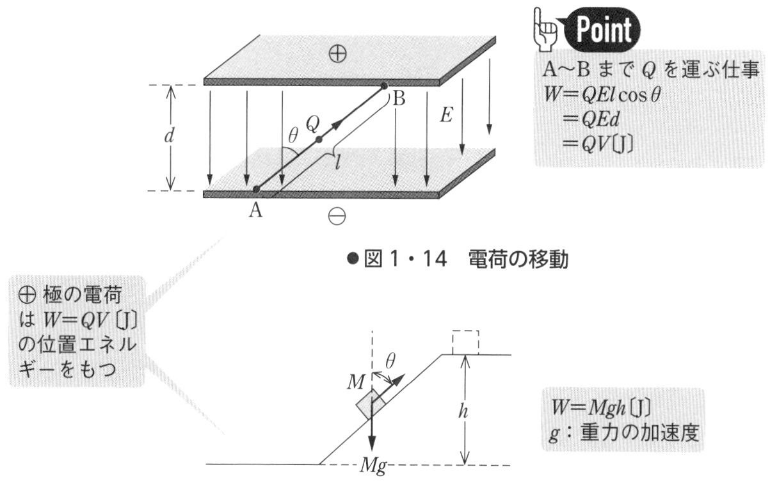

$$E=-\frac{\Delta V}{\Delta l}\ \text{〔V/m〕} \tag{1・13}$$

電位の等しい点を連ねてできる線（面）を**等電位線（面）**という．電界と直角方向への電荷移動に対する仕事は 0 であるから，電位の変化が生じないので，**電気力線と等電位線（面）とは直交**する．

点電荷 Q の場合，距離 r の点の電位 V は，無限遠点から r まで単位正電荷を移動する仕事であるが，電界 E が距離によって変わるため，微小区間 Δr を移動する仕事 $\Delta W=E\cdot\Delta r$ を加え合わせることとなる．E の方向を考慮して式で表せば，$W=\Sigma(-E\cdot\Delta r)$ であるが，$\Delta r\to 0$ の極限を考えると，積分の式として表され

$$\boldsymbol{V}=-\int_{\infty}^{r}\boldsymbol{E}d\boldsymbol{r}=-\int_{\infty}^{r}\frac{Q}{4\pi\varepsilon_0 r^2}dr \tag{1・14}$$

積分の公式

$$\int_a^b x^n dx=\frac{1}{n+1}[x^{n+1}]_a^b=\frac{1}{n+1}(b^{n+1}-a^{n+1}) \tag{1・15}$$

に $n=-2$ を代入すれば求めることができ

$$\begin{aligned}\boldsymbol{V}&=\frac{-Q}{4\pi\varepsilon_0}\int_{\infty}^{r}\frac{1}{r^2}dr\\&=\frac{-Q}{4\pi\varepsilon_0}\left[-\frac{1}{r}\right]_{\infty}^{r}\\&=\frac{-Q}{4\pi\varepsilon_0}\left(-\frac{1}{r}\right)=\frac{\boldsymbol{Q}}{\boldsymbol{4\pi\varepsilon_0 r}}\ \text{〔V〕}\end{aligned} \tag{1・16}$$

Point 電位はスカラー量（方向なしで大きさのみを表す量）

Point 電位 V は r の 2 乗ではないので注意

点電荷による電気力線は放射状，等電位線（面）は図 1・16 のように円（球）となる．

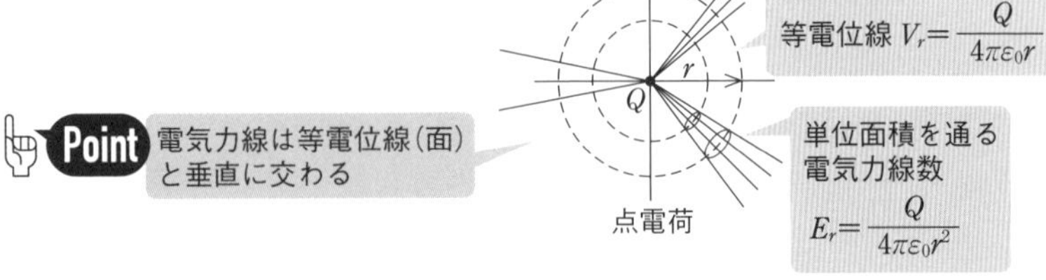

●図 1・16 電気力線と等電位線

4 電気力線の性質

静電界における電気力線の性質をまとめる．

①任意の点における電界の向きは電気力線の接線の向きと一致し，電気力線の密度はその点の電界の強さに等しい．（図 1･7）

②電気力線は正電荷に始まり，負電荷に終わる．（図 1･17（a））

③電荷のない所では，電気力線が発生したり消滅したりすることはなく，連続である．（図 1･17（a））

④単位電荷には $\dfrac{1}{\varepsilon_0}$ 本の電気力線が出入りする．（図 1･8，1･9）

⑤電気力線は電位の高い点から低い点に向かう．（図 1･14）

⑥電気力線はそれ自身で閉じた曲線になることはない．（図 1･17（b））

⑦電界が零でない所では，2 本の電気力線が交わることはない．（図 1･17（c））

⑧電気力線は等電位面と垂直に交わる．（図 1･12，図 1･16，図 1･17（a））

⑨電気力線は導体の面に垂直に出入りする．（図 1･12，図 1･17（a））

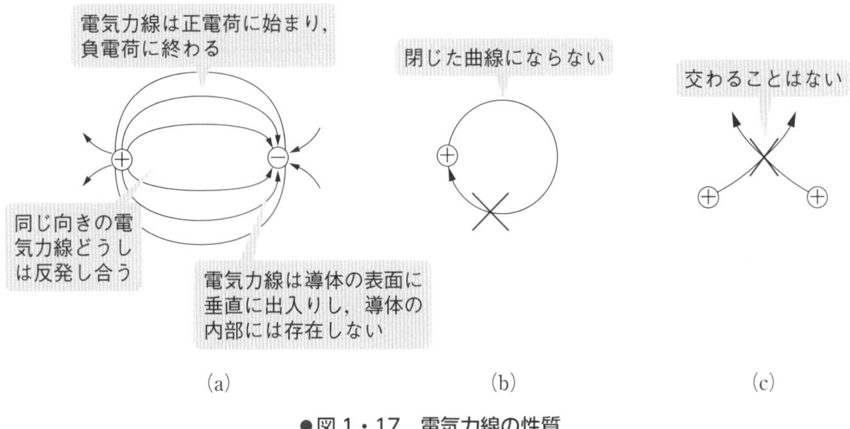

●図 1・17　電気力線の性質

問題4 H29 A-1

電界の状態を仮想的な線で表したものを電気力線という．この電気力線に関する記述として，誤っているのは次のうちどれか．

(1) 同じ向きの電気力線同士は反発し合う.
(2) 電気力線は負の電荷から出て，正の電荷へ入る.
(3) 電気力線は途中で分岐したり，他の電気力線と交差したりしない.
(4) 任意の点における電気力線の密度は，その点の電界の強さを表す.
(5) 任意の点における電界の向きは，電気力線の接線の向きと一致する.

本節の 4 項で述べた電気力線の性質をよく理解する.

「電気力線は正の電荷から出て，負の電荷へ入る」のが正しい．したがって，**(2)** は誤りである.

解答 ▶ (2)

問題5 H23 A-1

静電界に関する記述として，誤っているのは次のうちどれか.

(1) 媒質中に置かれた正電荷から出る電気力線の本数は，その電荷の大きさに比例し，媒質の誘電率に反比例する.
(2) 電界中における電気力線は，相互に交差しない.
(3) 電界中における電気力線は，等電位面と直交する.
(4) 電界中のある点の電気力線の密度は，その点における電界の強さ（大きさ）を表す.
(5) 電界中に置かれた導体内部の電界の強さ（大きさ）は，その導体表面の電界の強さ（大きさ）に等しい.

導体内の電位 V はすべて等しいので，式（1･13）により，$\Delta V=0$ であるため，導体内部の電界は 0 である.

解説 上述の Point とは別に，次のように考えてもよい．ガウスの法則（式（1･6））から，導体内部には，電荷が存在しない（もしあれば電界方向に移動して表面に集まってしまう）ので，導体内部から電気力線が発生することはない．すなわち，導体内部の電界は 0 であるので，**(5)** が誤り.

解答 ▶ (5)

問題6 H19 A-3

図に示すように，誘電率 ε_0〔F/m〕の真空中に置かれた静止した二つの電荷 A〔C〕および B〔C〕があり，図中にその周囲の電気力線が描かれている．電荷 $A = 16\varepsilon_0$〔C〕であるとき，電荷 B〔C〕の値として，正しいのは次のうちどれか．

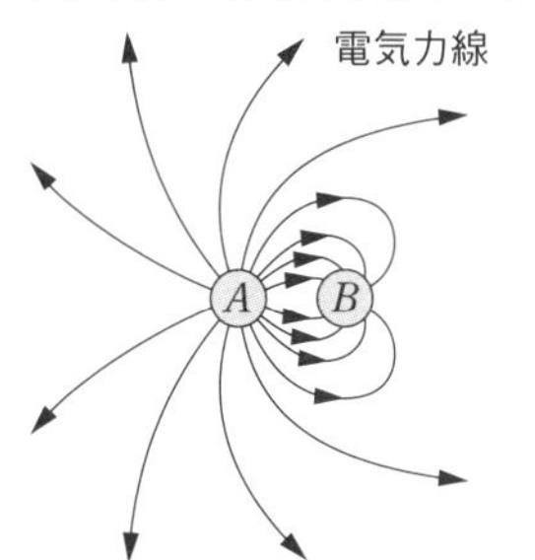

(1) $16\varepsilon_0$　(2) $8\varepsilon_0$　(3) $-4\varepsilon_0$

(4) $-8\varepsilon_0$　(5) $-16\varepsilon_0$

式（1·6）に示したように，電気力線数は $\dfrac{Q}{\varepsilon_0}$ であるから，電荷 $A = 16\varepsilon_0$〔C〕からは 16 本の電気力線が出て，電荷 B に相当する電気力線の本数が B に入る．

解説 問題図に示すように，A から 16 本の電気力線が出て，そのうち 8 本が B に入る．このため，B の電荷の符号は負であり，式（1·6）より，$\boldsymbol{Q = -8\varepsilon_0}$ となる．

解答 ▶ (4)

問題7 R1 A-1

図のように，真空中に点 P，点 A，点 B が直線上に配置されている．点 P は Q〔C〕の点電荷を置いた点とし，A-B 間に生じる電位差の絶対値を $|V_{AB}|$〔V〕とする．次の（a）～（d）の四つの実験を個別に行ったとき，$|V_{AB}|$〔V〕の値が最小となるものと最大となるものの実験の組合せとして，正しいものを次の（1）～（5）のうちから一つ選べ．

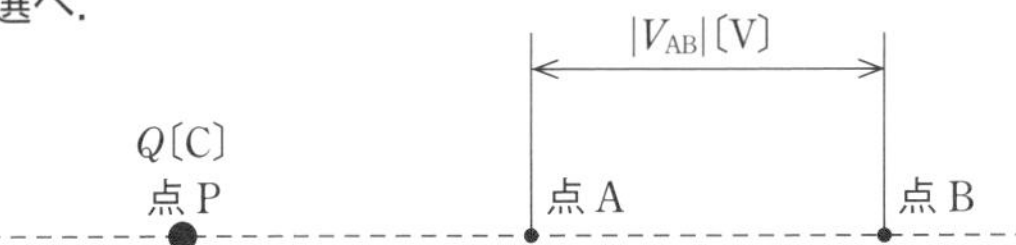

[実験内容]

(a) P–A 間の距離を 2 m，A–B 間の距離を 1 m とした．

(b) P–A 間の距離を 1 m，A–B 間の距離を 2 m とした．

(c) P–A 間の距離を 0.5 m，A–B 間の距離を 1 m とした．

(a) P–A 間の距離を 1 m，A–B 間の距離を 0.5 m とした．

(1) (a) と (b)　(2) (a) と (c)　(3) (a) と (d)

(4) (b) と (c)　(5) (c) と (d)

点電荷 Q〔C〕から r〔m〕離れた点の電位〔V〕は，式（1·16）に示すように，$V=\dfrac{Q}{4\pi\varepsilon_0 r}$ である．

解説 Q を正電荷と仮定すれば，正電荷による電位は正であり，点 A の電位 V_A は点 B の電位 V_B よりも高い。P–A 間の距離を r_{PA}〔m〕，A–B 間の距離を r_{AB}〔m〕とすれば

$$|V_{AB}|=V_A-V_B=\frac{Q}{4\pi\varepsilon_0}\left(\frac{1}{r_{PA}}-\frac{1}{r_{PA}+r_{AB}}\right)\ \text{〔V〕}$$

(a)～(d) の実験の条件を上式へ代入すると，

(a) $|V_{AB}|=\dfrac{Q}{4\pi\varepsilon_0}\left(\dfrac{1}{2}-\dfrac{1}{2+1}\right)=\dfrac{Q}{24\pi\varepsilon_0}$

(b) $|V_{AB}|=\dfrac{Q}{4\pi\varepsilon_0}\left(\dfrac{1}{1}-\dfrac{1}{1+2}\right)=\dfrac{Q}{6\pi\varepsilon_0}$

(c) $|V_{AB}|=\dfrac{Q}{4\pi\varepsilon_0}\left(\dfrac{1}{0.5}-\dfrac{1}{0.5+1}\right)=\dfrac{Q}{3\pi\varepsilon_0}$

(d) $|V_{AB}|=\dfrac{Q}{4\pi\varepsilon_0}\left(\dfrac{1}{1}-\dfrac{1}{1+0.5}\right)=\dfrac{Q}{12\pi\varepsilon_0}$

以上から，$|V_{AB}|$ が最小となるのが実験 **(a)**，最大となるのが実験 **(c)** である．

解答 ▶ (2)

問題8 H20 A-1

真空中において，図のように一辺が $2a$〔m〕の正三角形の各頂点 A，B，C に正の点電荷 Q〔C〕が配置されている．点 A から辺 BC の中点 D に下ろした垂線上の点 G を正三角形の重心とする．点 D から x〔m〕離れた点 P の電界 E_P〔V/m〕の大きさを表す式として，正しいのは次のうちどれか（E_P は P → D に向かう方向を正とする）．ただし，点 P は点 D と点 G 間の垂線上にあるものとし，真空の誘電率を ε_0〔F/m〕とする．

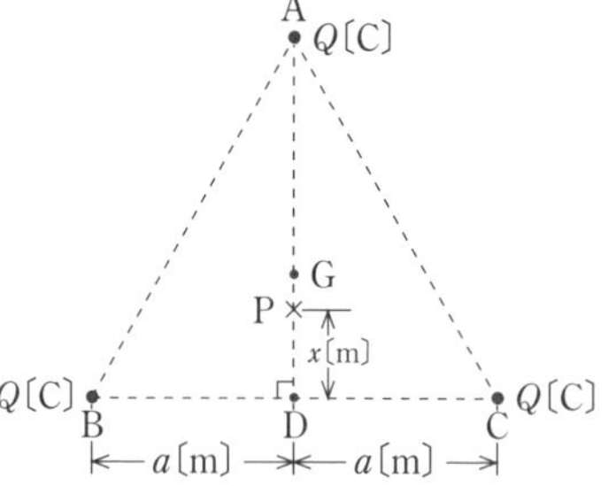

(1) $\dfrac{Q}{4\pi\varepsilon_0}\left\{\dfrac{1}{(\sqrt{3}a-x)}+\dfrac{2}{\sqrt{a^2+x^2}}\right\}$ (2) $\dfrac{Q}{4\pi\varepsilon_0}\left\{\dfrac{1}{(\sqrt{3}a-x)^2}+\dfrac{2}{(a^2+x^2)}\right\}$

(3) $\dfrac{Q}{4\pi\varepsilon_0}\left\{\dfrac{1}{(\sqrt{3}a-x)^2}-\dfrac{2}{(a^2+x^2)}\right\}$ (4) $\dfrac{Q}{4\pi\varepsilon_0}\left\{\dfrac{1}{(\sqrt{3}a-x)^2}+\dfrac{2x}{(a^2+x^2)^{3/2}}\right\}$

(5) $\dfrac{Q}{4\pi\varepsilon_0}\left\{\dfrac{1}{(\sqrt{3}a-x)^2}-\dfrac{2x}{(a^2+x^2)^{3/2}}\right\}$

点電荷 Q〔C〕から r〔m〕の距離における電界の大きさは，式（1･5）に示すように，$E=\dfrac{Q}{4\pi\varepsilon_0 r^2}$〔V/m〕で与えられる．電界はベクトルであるから，点 P の電界 $\dot{E}_P$ は，点 A の点電荷 Q による電界 $\dot{E}_A$，点 B の点電荷 Q による電界 $\dot{E}_B$，点 C の点電荷 Q による電界 $\dot{E}_C$ のベクトル合成となる．

解図に示すように，距離 AP は AP＝AD－PD＝$\sqrt{3}a-x$ より

$$E_A=\frac{Q}{4\pi\varepsilon_0(\sqrt{3}a-x)^2}\ \text{〔V/m〕}$$

一方，距離 BP は三平方の定理より $\sqrt{a^2+x^2}$ ゆえ

$$E_B=\frac{Q}{4\pi\varepsilon_0(\sqrt{a^2+x^2})^2}=\frac{Q}{4\pi\varepsilon_0(a^2+x^2)}\ \text{〔V/m〕}$$

他方，距離 CP＝BP＝$\sqrt{a^2+x^2}$ ゆえ

$$E_C=\frac{Q}{4\pi\varepsilon_0(\sqrt{a^2+x^2})^2}=\frac{Q}{4\pi\varepsilon_0(a^2+x^2)}\ \text{〔V/m〕}$$

●解図

E_P は，P → D に向かう方向を正としているから

$$E_P=E_A-2E_B\cos\theta=E_A-2E_B\frac{\text{PD}}{\text{BP}}=E_A-2E_B\cdot\frac{x}{\sqrt{a^2+x^2}}$$

$$=\frac{Q}{4\pi\varepsilon_0(\sqrt{3}a-x)^2}-2\cdot\frac{Q}{4\pi\varepsilon_0(a^2+x^2)}\cdot\frac{x}{\sqrt{a^2+x^2}}$$

$$=\boldsymbol{\frac{Q}{4\pi\varepsilon_0}\left\{\frac{1}{(\sqrt{3}a-x)^2}-\frac{2x}{(a^2+x^2)^{3/2}}\right\}}\ \textbf{〔V/m〕}$$

解答 ▶（5）

問題9 H17 A-2

真空中において，図に示すように点 O を通る直線上の，点 O からそれぞれ r〔m〕離れた 2 点 A，B に Q〔C〕の正の点電荷が置かれている．この直線に垂直で，点 O から x〔m〕離れた点 P の電位 V〔V〕を表す式として，正しいのは次のうちどれか．ただし，真空の誘電率を ε_0〔F/m〕とする．

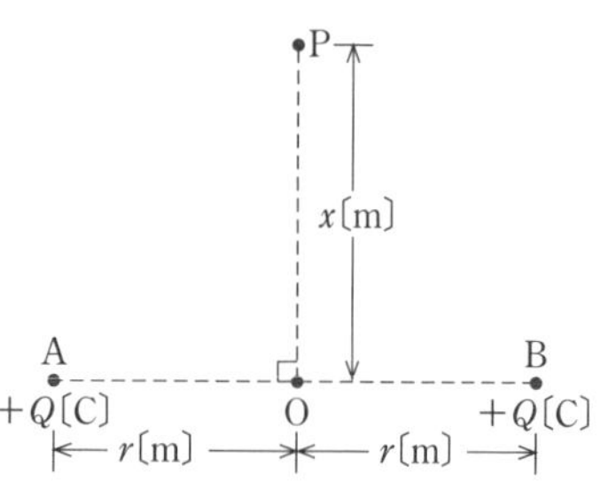

(1) $\dfrac{Q}{2\pi\varepsilon_0\sqrt{r^2+x^2}}$ (2) $\dfrac{Q}{2\pi\varepsilon_0(r^2+x^2)}$ (3) $\dfrac{Q}{4\pi\varepsilon_0\sqrt{r^2+x^2}}$

(4) $\dfrac{Q}{2\pi\varepsilon_0 x^2}$ (5) $\dfrac{Q}{4\pi\varepsilon_0(r^2+x^2)}$

電位は方向をもたない大きさだけの量（スカラー量）である．

解説 三平方の定理より，$AP=BP=\sqrt{r^2+x^2}$ である．

式（1･16）を用いて，点 A の $+Q$〔C〕による点 P の電位 $V_{P(A)}$〔V〕は

$$V_{P(A)}=\frac{Q}{4\pi\varepsilon_0\sqrt{r^2+x^2}}\ \text{〔V〕}$$

一方，点 B の $+Q$〔C〕による点 P の電位 $V_{P(B)}$〔V〕も同様に

$$V_{P(B)}=\frac{Q}{4\pi\varepsilon_0\sqrt{r^2+x^2}}\ \text{〔V〕}$$

$$\therefore\quad V=V_{P(A)}+V_{P(B)}=\frac{Q}{4\pi\varepsilon_0\sqrt{r^2+x^2}}+\frac{Q}{4\pi\varepsilon_0\sqrt{r^2+x^2}}=\boldsymbol{\frac{Q}{2\pi\varepsilon_0\sqrt{r^2+x^2}}}$$

解答 ▶ (1)

問題10 R2 A-1

図のように，紙面に平行な平面内の平等電界 E〔V/m〕中で 2C の点電荷を点 A から点 B まで移動させ，さらに点 B から点 C まで移動させた．この移動に，外力による仕事 $W=14$J を要した．点 A の電位に対する点 B の電位 V_{BA}〔V〕の値として，最も近いものを次の (1)～(5) のうちから一つ選べ．

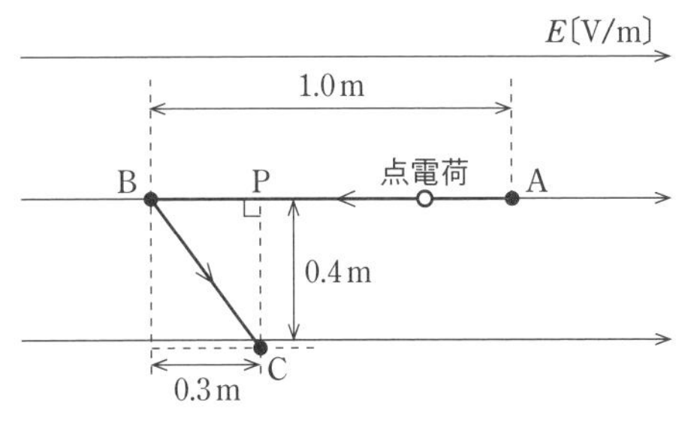

ただし，点電荷の移動はゆっくりであり，点電荷の移動によってこの平等電界は乱れないものとする．

(1) 5 (2) 7 (3) 10 (4) 14 (5) 20

電界の中で，電荷 Q〔C〕を移動させるのに要する仕事 W〔J〕は，式 (1·12) のように $W=QV$ である．また電界は電位の傾きなので，式 (1·11) より $V=Ed$ が成り立つ．

解説 点 C から線分 AB に垂線を引き，その交点を P とする．このとき，点 C と点 P は等電位線上にあるから，点 A の電位に対する点 C の電位 V_{CA} と，点 A の電位に対する点 P の電位 V_{PA} は等しい．

式 (1·12) より，$V=W/Q$ であるから

$$V_{PA}=V_{CA}=W/Q=14/2=7\,\text{V}$$

平等電界 E は，$PA=1.0-0.3=0.7$m であるから，式 (1·11) より

$$E=V/d=V_{PA}/PA=7/0.7=10\,\text{V/m}$$

したがって，V_{BA} は，式 (1·11) より

$$V_{BA}=E\times BA=10\times1.0=\mathbf{10\,V}$$

解答 ▶ (3)

静電容量

[★★★]

二つの導体の間に電荷を蓄えるようにしたものを，**コンデンサ**という．導体の一方に Q〔C〕，他方に $-Q$〔C〕の電荷を与えたとき，導体間の電位差が V〔V〕になったとすると，導体間の**静電容量** C は

$$C = \frac{Q}{V} \text{〔F（ファラド）〕} \quad (1 \cdot 17)$$

で表される．導体が 1 個の場合は無限遠点を相手導体と考える．

静電容量 C はコンデンサの電荷の蓄えやすさを示す．〔F〕は単位として大きいため，マイクロファラド〔μF〕（1μF＝10^{-6}F）やピコファラド〔pF〕（1pF＝10^{-6}μF＝10^{-12}F）がよく使われる．

静電容量は，同じ電位差のとき，蓄えられる電荷の量に比例するもので，幾何学的形状や配置および電極間の物質により定まる．

静電容量 C を求めるには，電荷 Q を与えたときの電位（差）V を求める必要がある．簡単な形について，その求め方を示す．

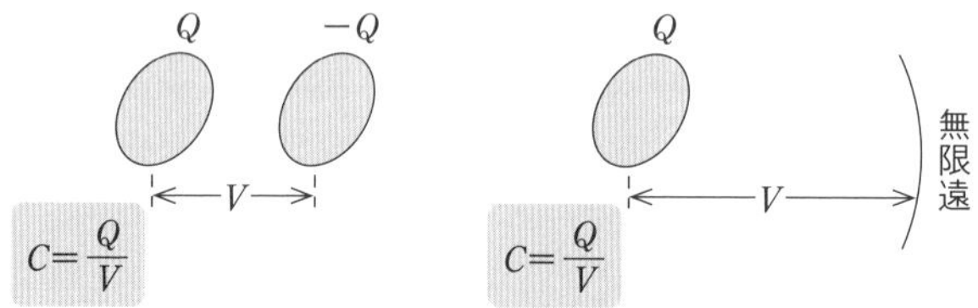

●図 1・18　静電容量

1　平行平板電極

面積 S〔m^2〕が間隔 d〔m〕に比べて大きく，電極の端部の電界の乱れが無視できる場合は，電荷は均等に分布し，電極間の電界は平等電界となる．（2 枚の電極はごく接近しているため，中央付近の電界に関しては，電極はいずれも帯電

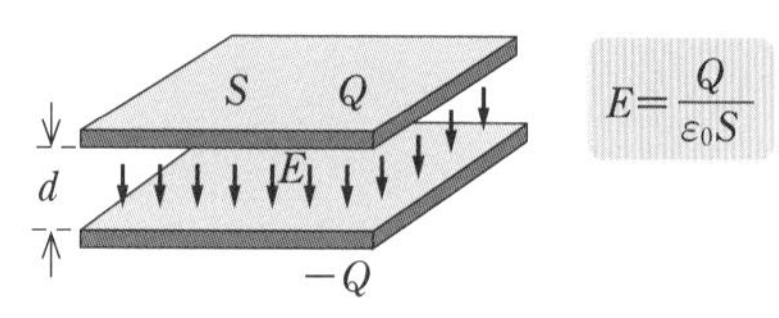

●図 1・19　平行平板電極

した無限平面とみなせる.）

電極に $+Q$〔C〕と $-Q$〔C〕を与えた場合の電極間の電界 E は，式（1·9）において $\sigma = Q/S$ と考えれば

$$E = \frac{Q}{\varepsilon_0 S}\ \text{〔V/m〕}$$

電位差 V は，電界 E に沿っての距離 d を掛ければよいから

$$V = Ed = \frac{Qd}{\varepsilon_0 S}\ \text{〔V〕} \qquad (1 \cdot 18)$$

静電容量 C は，式（1·17）と式（1·18）より

$$\boldsymbol{C = \frac{Q}{V} = \frac{\varepsilon_0 S}{d}}\ \text{〔F〕} \qquad (1 \cdot 19)$$

コンデンサが電気を蓄えることができるというのは，正電荷や負電荷を平行平板電極に維持したままにできるということである．図 1·20 は，コンデンサの充電と放電を示している．

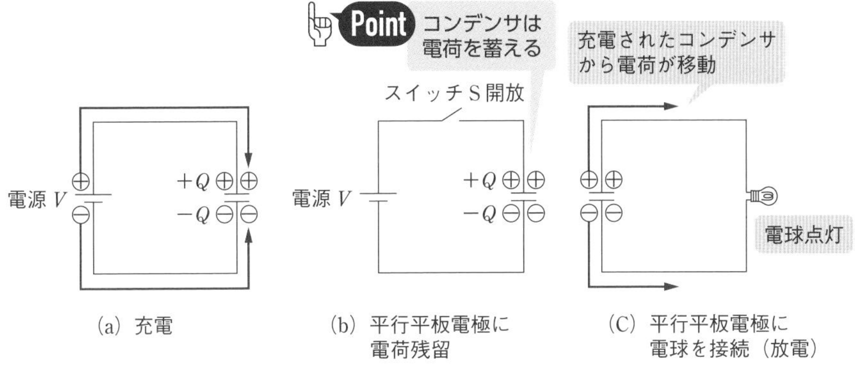

●図 1・20　コンデンサの充電と放電

2 球 電 極

半径 a〔m〕の球導体 1 と中心が同じ半径 b〔m〕の球導体 2 があり，球導体 1 に $+Q$〔C〕，球導体 2 に $-Q$〔C〕の電荷を与える．

ガウスの法則により，電界は球導体 1 と 2 の間にのみ生じ，しかも中心に Q〔C〕の点電荷を置く場合と同じである．式（1·16）を用いると，球導体 1 と 2 の電位差は

$$V = V_1 - V_2$$
$$= \frac{Q}{4\pi\varepsilon_0}\left(\frac{1}{a} - \frac{1}{b}\right)$$
$$= \frac{Q}{4\pi\varepsilon_0} \cdot \frac{b-a}{ab} \qquad (1 \cdot 20)$$

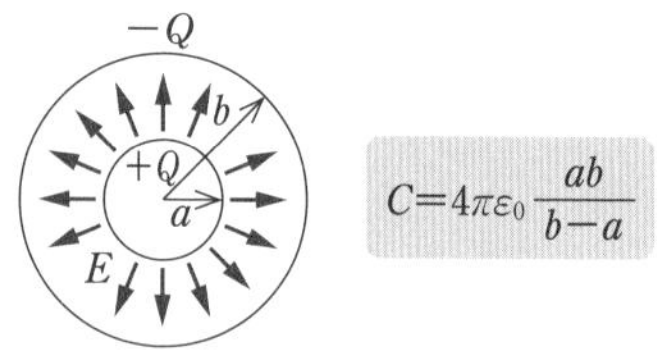

●図 1・21　球電極

したがって，静電容量 C は式（1・17）より

$$\boldsymbol{C = 4\pi\varepsilon_0 \frac{ab}{b-a}} \text{〔F〕} \qquad (1 \cdot 21)$$

b の半径を無限大にすれば，半径 a の孤立球電極の静電容量 C_∞ となり，式（1・21）から $C = 4\pi\varepsilon_0 \dfrac{a}{1-\dfrac{a}{b}}$ と変形して $\lim_{b\to\infty} \dfrac{a}{b} = 0$ ゆえ

$$\boldsymbol{C_\infty = 4\pi\varepsilon_0 a} \text{〔F〕} \qquad (1 \cdot 22)$$

3 誘 電 体

コンデンサの電極の間に絶縁物を挿入すると，静電容量が増加する．絶縁物を，このような静電現象に着目するとき，**誘電体**という．

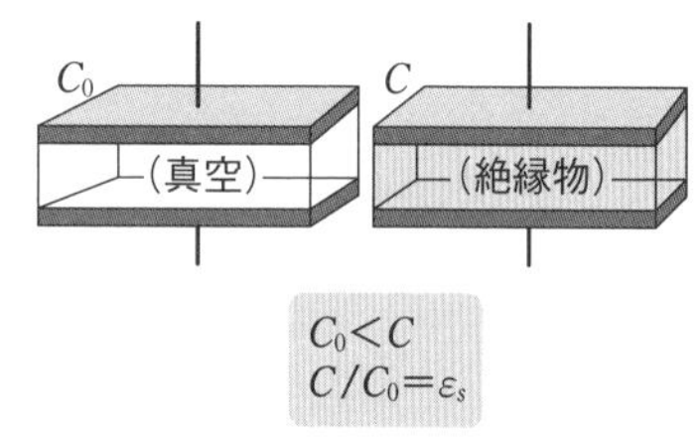

●図 1・22　比誘電率

真空中で静電容量を C_0，この電極間に誘電体を満たしたときの静電容量を C とするとき

$$\boldsymbol{\varepsilon_s = \frac{C}{C_0}} \qquad (1 \cdot 23)$$

Point　比誘電率 ε_s の大きい誘電体を挿入するほど，静電容量 C は大きくなる

を誘電体の**比誘電率**という．この理由は，分極により説明される．

(1) 分　極

誘電体（絶縁体）は電子が自由に動けないものであるが，電界を加えると，原子中の原子核の電子の中心が少し移動する．これを**分極**という．

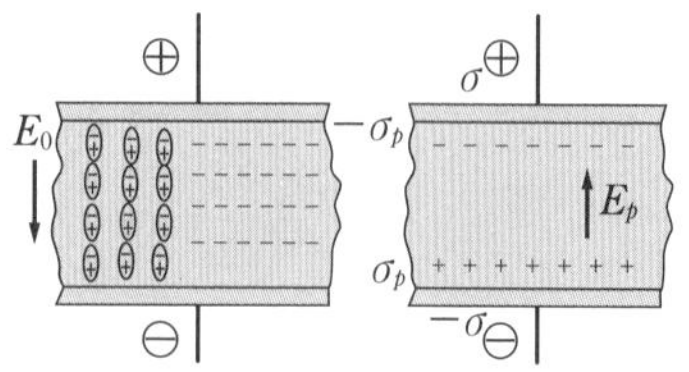

●図 1・23　分極電荷

図 1・23 のように，平行平板電極の平等電界の中で一様に分極が生じている場合，⊕電

極側の誘電体の表面には負電荷，⊖電極側には正電荷が現れる．

これを**分極電荷**といい，外部には取り出せない．これに対して，初めに電極に与えられた電荷を**真電荷**という．

真電荷密度 σ〔C/m^2〕，分極電荷密度 σ_p〔C/m^2〕としてガウスの法則を用いれば，図 1·24 のように合成電界 E は

$$E=\frac{\sigma-\sigma_p}{\varepsilon_0} \qquad (1\cdot24)$$

となり，初めの電界 $E_0=\dfrac{\sigma}{\varepsilon_0}$ より小さくなる．したがって，電位差 $V=Ed$ も減少し，静電容量は $C=Q/V$ によって増加する．

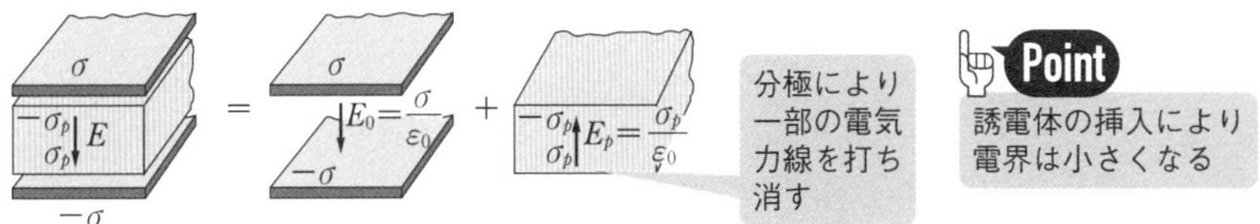

●図 1・24　誘電体中の電界

(2) 電束密度

式 (1·24) を変形すれば

$$\boldsymbol{\varepsilon_0 E+\sigma_p=\sigma=D} \qquad (1\cdot25)$$

となる．$\boldsymbol{D}$ を**電束密度**〔**C/m^2**〕といい，電束密度にその通る断面積を掛けたものを**電束**という．**電束**〔C〕**は**，**正の真電荷** $\boldsymbol{Q}$〔C〕**から** $\boldsymbol{Q}$ **本出て**，**負の真電荷** $\boldsymbol{-Q}$〔C〕**に** $\boldsymbol{Q}$ **本入る**．**電束は**，1C の真電荷から必ず 1 本出て行き，したがって，分極電荷の大きさ，換言すれば，**誘電体の性質には無関係**である．

通常の誘電体では，分極電荷密度 σ_p は電界 E に比例するので

$$\sigma_p=\chi\varepsilon_0 E \qquad (1\cdot26)$$

となる．χ（カイ）を**分極率**という．

式 (1·26) を式 (1·24) に代入すれば

$$E=\frac{\sigma-\chi\varepsilon_0 E}{\varepsilon_0}=\frac{\sigma}{\varepsilon_0}-\chi E$$

$$\therefore\quad \boldsymbol{E}=\frac{\sigma}{(1+\chi)\varepsilon_0}=\frac{\sigma}{\varepsilon_s\varepsilon_0}=\frac{\boldsymbol{E_0}}{\boldsymbol{\varepsilon_s}}\ \text{〔V/m〕} \qquad (1\cdot27)$$

式 (1･27) の $\varepsilon_s = 1 + \chi$ を**比誘電率**といい，$\varepsilon = \varepsilon_s\varepsilon_0$ を**誘電率**という.

誘電体中の電界 E は，真電荷による真空中の電界 E_0 の $\dfrac{1}{\varepsilon_s}$ 倍となる.

真空中では $\varepsilon_s = 1$ であるので，ε_0 を「真空の誘電率」というのである.

比誘電率 ε_s が 1 でない場合は，式 (1･1) ~ (1･22) において，ε_0 の代わりに $\varepsilon = \varepsilon_s\varepsilon_0$ に置き換えればよい.

誘電率は，コンデンサの電極間に挿入された誘電体の分極のしやすさを表す. この誘電率が大きいほど，図 1･24 に示すように，電気力線の一部を打ち消し，電気力線密度である電界が小さくなる. このことは，式 (1･27) において $\varepsilon_s > 1$ であることからも，理解できる. 言い換えれば，**誘電率は電気力線の透しにくさ**とも言える.

さらに，式 (1･26) を式 (1･25) に代入すれば

$$\boldsymbol{D} = \boldsymbol{\varepsilon_0 E} + \boldsymbol{\sigma_p} = \varepsilon_0 \boldsymbol{E} + \chi\varepsilon_0 \boldsymbol{E} = \varepsilon_0(1+\chi)\boldsymbol{E} = \varepsilon_0\varepsilon_s \boldsymbol{E} = \boldsymbol{\varepsilon E} \ \text{〔C/m}^2\text{〕} \quad (1 \cdot 28)$$

となる. 誘電率の単位は，式 (1･28) から，$〔\mathrm{C/m^2}〕/〔\mathrm{V/m}〕 = \left[\dfrac{\mathrm{C}}{\mathrm{V \cdot m}}\right] = 〔\mathrm{F/m}〕$ と表せる.

式 (1･28) より，電束密度 D〔C/m²〕が一定であれば，図 1･25 において，誘電体を通る電気力線の数は誘電率（比誘電率）に反比例する.

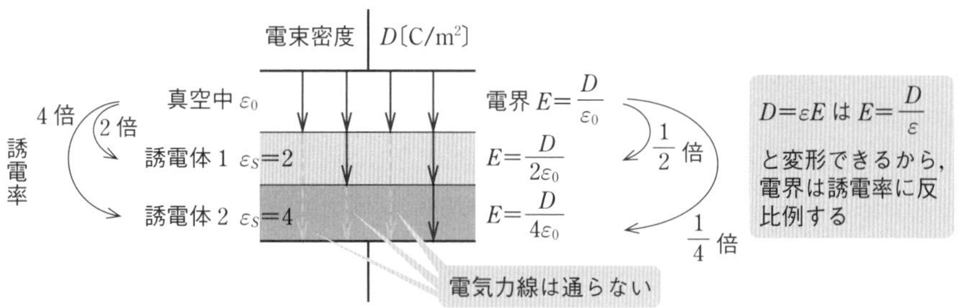

●図 1・25　コンデンサの誘電率に応じた電界のイメージ

問題11 ✓✓✓ H27 A-1

平行平板コンデンサにおいて，極板間の距離，静電容量，電圧，電界をそれぞれ d〔m〕，C〔F〕，V〔V〕，E〔V/m〕，極板上の電荷を Q〔C〕とするとき，誤っているのは次のうちどれか．ただし，極板の面積および極板間の誘電率は一定であり，コンデンサの端効果は無視できるものとする．

(1) Q を一定として d を大きくすると，C は減少する．
(2) Q を一定として d を大きくすると，E は上昇する．
(3) Q を一定として d を大きくすると，V は上昇する．
(4) V を一定として d を大きくすると，E は減少する．
(5) V を一定として d を大きくすると，Q は減少する．

コンデンサの端効果は無視できることから，本節 1 項の平行平板電極に示すように，電荷は均等に分布し，電極間の電界は平等電界となる．このため，式 (1･17)，式 (1･18)，式 (1･19) が成り立つ．

極板間の誘電率を ε とすれば，式 (1･17)，式 (1･18)，式 (1･19)（ただし，ε_0 を ε に置換）より

$$Q = CV = \frac{\varepsilon S}{d}\cdot V = \frac{\varepsilon S}{d}\cdot Ed$$

ここで，Q が一定であれば，d を大きくすると，$C = \dfrac{\varepsilon S}{d}$ において ε や S は一定ゆえ，C は減少する．したがって，(1) は正しい．そして上式は $V = \dfrac{Qd}{\varepsilon S}$ と変形できるから，電圧 V は ε，S，Q が一定ゆえ，距離 d に比例する．つまり，Q を一定として d を大きくすると，V は上昇する．したがって，(3) は正しい．そして，$V = Ed$ に着眼すれば，V と d が比例することから，E は一定である．あるいは，式 (1･28) より，$E = D/\varepsilon$ であり，電束密度 D は極板上の真電荷密度であるから，電界 E は距離 d に依存せず一定と考えてもよい．したがって，**(2)** は誤っている．

次に，V を一定とすれば，$E = V/d$ ゆえ，d を大きくすると，E は減少する．したがって，(4) は正しい．また，$Q = \dfrac{\varepsilon S}{d}\cdot V$ において，V を一定として d を大きくすれば，ε や S が一定ゆえ，Q は減少する．したがって，(5) は正しい．

解答 ▶ (2)

問題12 H18 A-1

真空中に半径 6.37×10^6 m の導体球がある．これの静電容量〔F〕の値として，最も近いのは次のうちどれか．ただし，真空の誘電率を $\varepsilon_0=8.85\times10^{-12}$ F/m とする．

(1) 7.08×10^{-4}　(2) 4.45×10^{-3}　(3) 4.51×10^3

(4) 5.67×10^4　(5) 1.78×10^5

半径 a〔m〕の球電極の静電容量 C は，式（1·22）のように，$C=4\pi\varepsilon_0 a$〔F〕となる．

解説 数値計算は，$\varepsilon_0=8.85\times10^{-12}$ F/m を用いるよりも，$4\pi\varepsilon_0=\dfrac{1}{9\times10^9}$ を用いるほうが楽である．

$$C=4\pi\varepsilon_0 a=\frac{6.37\times10^6}{9\times10^9}\fallingdotseq \mathbf{7.08\times10^{-4}\ F}$$

解答 ▶ (1)

問題13 H22 A-2

図に示すように，電極板面積と電極板間隔がそれぞれ同一の 2 種類の平行平板コンデンサがあり，一方を空気コンデンサ A，他方を固体誘電体（比誘電率 $\varepsilon_s=4$）が満たされたコンデンサ B とする．両コンデンサにおいて，それぞれ一方の電極に直流電圧 V〔V〕を加え，他方の電極を接地したとき，コンデンサ B の内部電界〔V/m〕および電極板上に蓄えられた電荷〔C〕はコンデンサ A のそれぞれ何倍となるか．その倍率として，正しいものを組み合わせたのは次のうちどれか．ただし，空気の比誘電率を 1 とし，コンデンサの端効果は無視できるものとする．

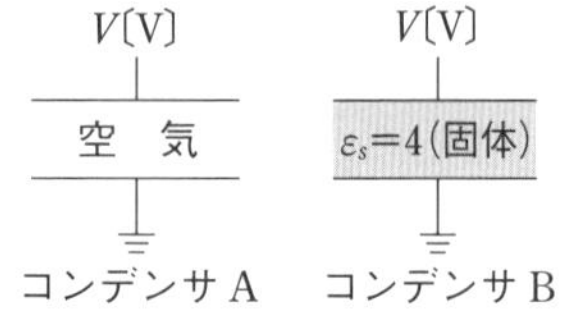

	内部電界	電 荷
(1)	1	4
(2)	4	4
(3)	$\dfrac{1}{4}$	4
(4)	4	1
(5)	1	1

平行平板コンデンサにおける電界 E は，式 (1·18) のように，$E=\dfrac{V}{d}$ であり，

静電容量 C は，式 (1·19) の ε_0 を ε に置換すれば，$C=\dfrac{\varepsilon S}{d}$ となる.

解説 題意より，コンデンサ A，B に発生する電界は平等電界であり，両方ともに $E=\dfrac{V}{d}$〔V/m〕で同一となる．したがって，内部電界の倍率は **1** となる．

一方，コンデンサ A，B の静電容量を C_A，C_B，真空の誘電率を ε_0 として

$$C_A=\frac{\varepsilon_0 S}{d} \qquad C_B=\frac{\varepsilon S}{d}=\frac{\varepsilon_0\varepsilon_s S}{d}=\varepsilon_s C_A=4C_A$$

他方，コンデンサ A，B の電荷を Q_A，Q_B とすれば

$$Q_A=C_AV \qquad Q_B=C_BV=4C_AV=4Q_A$$

$$\therefore \quad \frac{Q_B}{Q_A}=\mathbf{4}$$

解答 ▶ (1)

合成静電容量と分担電圧

［★★★］

1 直列接続

コンデンサ C_1，C_2，…，C_n の n 個を図 1·26 のように直列接続したときの合成静電容量 C_0，および両端に電圧 V を加えたときの各コンデンサの分担電圧 V_1，V_2，…，V_n を求める．

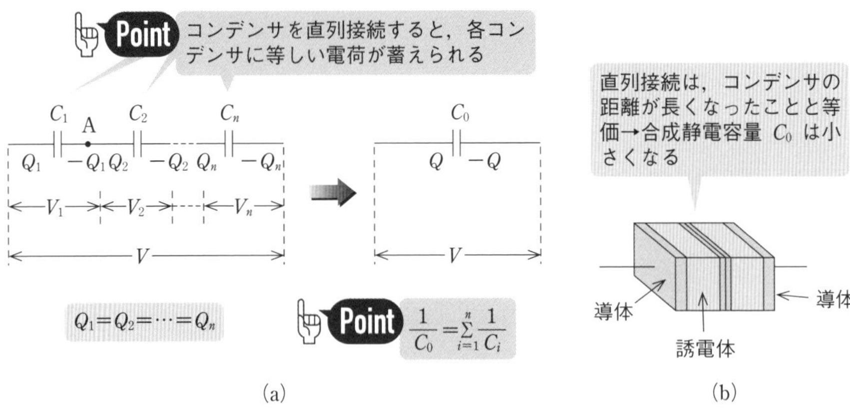

●図 1・26　直列接続

電圧 V を加えたとき，各コンデンサの電荷を Q_1，Q_2，…，Q_n とすると，コンデンサの接続点では，電荷の合計は 0 であるから，図 1·26 の点 A における電荷の合計は $Q_2-Q_1=0$，したがって，$Q_1=Q_2$ である．以下同様にして

$$Q_1=Q_2=\cdots=Q_n$$

である．したがって

$$V=V_1+V_2+\cdots+V_n=Q\left(\frac{1}{C_1}+\frac{1}{C_2}+\cdots+\frac{1}{C_n}\right)=Q\sum_{i=1}^{n}\frac{1}{C_i} \qquad (1\cdot 29)$$

合成静電容量を C_0 とすれば

$$\boldsymbol{C_0=\frac{Q}{V}=\frac{1}{\displaystyle\sum_{i=1}^{n}\frac{1}{C_i}}} \ \text{〔F〕} \qquad (1\cdot 30)$$

たとえば，2 個直列の場合の合成静電容量は次のようになる．

$$C_0=\frac{1}{\dfrac{1}{C_1}+\dfrac{1}{C_2}}=\frac{C_1C_2}{C_1+C_2} \qquad (1\cdot31)$$

j 番目のコンデンサ C_j の分担電圧 V_j は，式（1·30）を変形し，

$$V_j=\frac{Q}{C_j}=\frac{C_0V}{C_j}=\frac{\dfrac{1}{C_j}}{\displaystyle\sum_{i=1}^{n}\frac{1}{C_i}}V \qquad (1\cdot32)$$

たとえば，2 個直列の場合の各分担電圧は，次のように，静電容量に反比例する．

$$V_1=\frac{\dfrac{1}{C_1}}{\dfrac{1}{C_1}+\dfrac{1}{C_2}}V=\frac{C_2}{C_1+C_2}V \qquad (1\cdot33)$$

$$V_2=\frac{\dfrac{1}{C_2}}{\dfrac{1}{C_1}+\dfrac{1}{C_2}}V=\frac{C_1}{C_1+C_2}V \qquad (1\cdot34)$$

2 並列接続

コンデンサ C_1，C_2，…，C_n の n 個を，図 1·27 のように並列接続したときの合成静電容量 C_0 および電圧 V を加えたときの各コンデンサの蓄える電荷 Q_1，Q_2，…，Q_n を求める．

$$Q_1=C_1V,\ Q_2=C_2V,\ \cdots\cdots,\ Q_n=C_nV$$

であるから，電荷の合計 Q は

$$Q=Q_1+Q_2+\cdots+Q_n=V(C_1+C_2+\cdots+C_n)=V\sum_{i=1}^{n}C_i \qquad (1\cdot35)$$

したがって，合成静電容量 C_0 は，各静電容量の合計となる．

$$\boldsymbol{C_0=\frac{Q}{V}=\sum_{i=1}^{n}C_i}\ \text{〔}\mathbf{F}\text{〕} \qquad (1\cdot36)$$

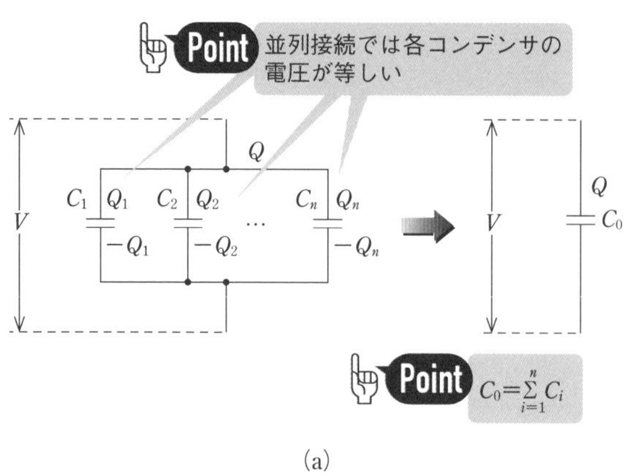

(a)

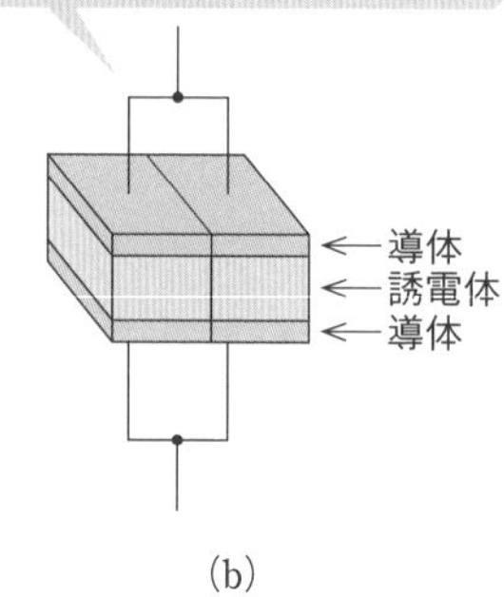

(b)

●図1・27　並列接続

問題14　H28 A-7

静電容量が 1μF のコンデンサ 3 個を図のように接続した回路を考える．すべてのコンデンサの電圧を 500V 以下にするために，a-b 間に加えることができる最大の電圧 V_m の値〔V〕として，最も近いのは次のうちどれか．ただし，各コンデンサの初期電荷は零とする．

(1) 500
(2) 625
(3) 750
(4) 875
(5) 1000

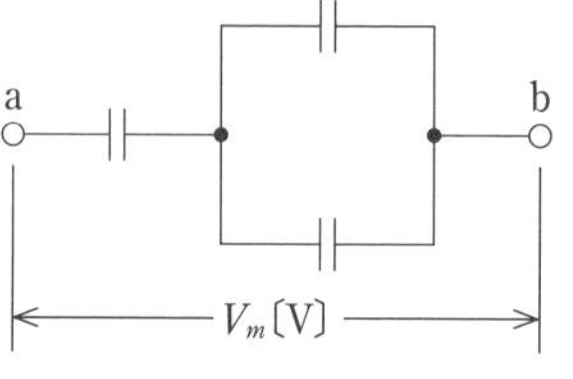

問題図において，まずコンデンサの並列部分に着目すると，式（1·36）より，静電容量が 2μF になる．

解説　問題図の等価回路が解図である．1μF のコンデンサの端子電圧を V_1〔V〕，2μF のコンデンサの端子電圧を V_2〔V〕とすれば，式（1·33），式（1·34）より

$$V_1 : V_2 = \frac{2}{1+2} : \frac{1}{1+2} = 2 : 1$$

一方，$V_1+V_2=V_m$ であるから

$$V_1 = \frac{2}{2+1}V_m = \frac{2}{3}V_m,\quad V_2 = \frac{1}{2+1}V_m = \frac{V_m}{3}$$

1 μF　2 μF
a　b
V_1　V_2

●解図

したがって，$V_1>V_2$ であるから，題意より

$$V_1=\frac{2}{3}V_m \leqq 500 \qquad \therefore \quad V_m \leqq \mathbf{750\,V}$$

解答 ▶ (3)

問題15　　R4上 A-6

図1に示すように，二つのコンデンサ $C_1=4\,\mu\mathrm{F}$ と $C_2=2\,\mu\mathrm{F}$ が直列に接続され，直流電圧6Vで充電されている．次に電荷が蓄積されたこの二つのコンデンサを直流電源から切り離し，電荷を保持したまま同じ極性の端子同士を図2に示すように並列に接続する．並列に接続後のコンデンサの端子間電圧の大きさ V〔V〕の値として，正しいのは次のうちどれか．

(1) $\dfrac{2}{3}$　(2) $\dfrac{4}{3}$　(3) $\dfrac{8}{3}$　(4) $\dfrac{16}{3}$　(5) $\dfrac{32}{3}$

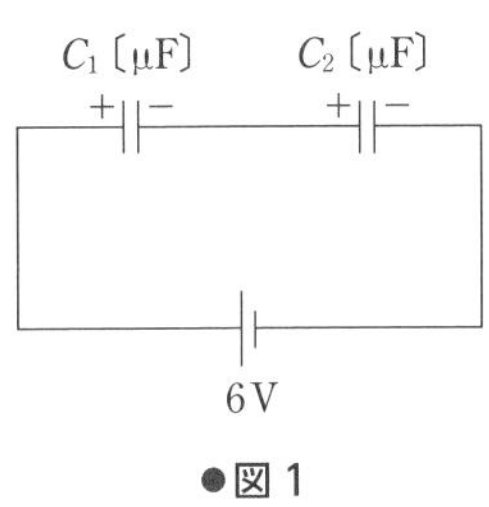

●図1

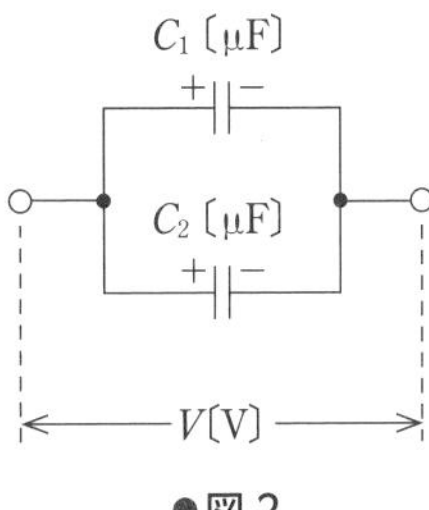

●図2

直列接続ではコンデンサ C_1，C_2 の電荷は等しく，並列接続では C_1，C_2 の端子間電圧が等しいことを利用する．

問題図1の直列接続では，C_1，C_2 のそれぞれの電荷 Q〔μC〕は等しいから

$$V=\frac{Q}{C_1}+\frac{Q}{C_2} \qquad \therefore \quad 6=\frac{Q}{4}+\frac{Q}{2} \qquad 24=3Q \qquad \therefore \quad Q=8\,\mu\mathrm{C}$$

一方，問題図2の並列接続では，題意より電荷の合計 $2Q$ が C_1，C_2 に配分されるが，C_1，C_2 の端子間電圧 V〔V〕は等しいから

$$\begin{cases}\dfrac{Q_1}{C_1}=\dfrac{Q_2}{C_2}=V \\ Q_1+Q_2=2Q\end{cases} \qquad \therefore \quad \begin{cases}\dfrac{Q_1}{4}=\dfrac{Q_2}{2} \\ Q_1+Q_2=16\end{cases}$$

$$\begin{cases} Q_1 = 2Q_2 \\ Q_1 + Q_2 = 16 \end{cases} \quad \therefore \quad \begin{cases} Q_1 = \dfrac{32}{3}\,\mu\text{C} \\ Q_2 = \dfrac{16}{3}\,\mu\text{C} \end{cases}$$

（∵　$Q_1 = 2Q_2$ を $Q_1 + Q_2 = 16$ へ代入すると $3Q_2 = 16$ になる）

$$\therefore \quad V = \frac{Q_1}{C_1} = \frac{Q_2}{C_2} = \frac{\frac{16}{3}}{2} = \mathbf{\frac{8}{3}\,V}$$

解答 ▶ (3)

問題16　H15 A-1

図のように静電容量 C_1, C_2 および C_3 のコンデンサが接続されている回路がある．スイッチ S が開いているとき，各コンデンサの電荷は，すべて 0 であった．スイッチ S を閉じると $C_1 = 5\,\mu\text{F}$ のコンデンサには 3.5×10^{-4} C の電荷が，$C_2 = 2.5\,\mu\text{F}$ のコンデンサには 0.5×10^{-4} C の電荷が充電される．静電容量 C_3〔μF〕の値として，正しいのは次のうちどれか．

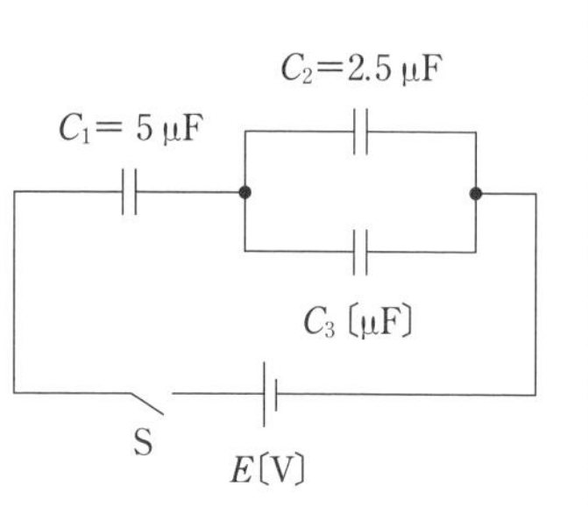

(1) 0.2　(2) 2.5　(3) 5　(4) 7.5　(5) 15

回路の孤立部分（解図の点線部分  ）において，スイッチ S の投入前後で電荷の総和は変わらないことに着眼する．

解説　スイッチ S の投入前，各コンデンサの電荷はすべて 0 ゆえ，解図の孤立部分の電荷の総和は 0 である．一方，スイッチ S の投入後，$Q_1 = 3.5 \times 10^{-4}$ C，$Q_2 = 0.5 \times 10^{-4}$ C の電荷が充電されるが，孤立部分の電荷の総和は一定であるから

$$-Q_1 + Q_2 + Q_3 = 0$$

$$\therefore \quad Q_3 = Q_1 - Q_2 = 3.5 \times 10^{-4} - 0.5 \times 10^{-4} = 3 \times 10^{-4}\,\text{C}$$

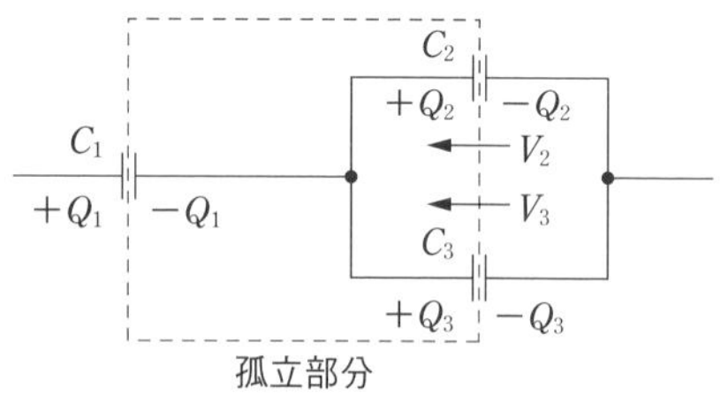

●解図

V_3 は V_2 と等しいので

$$V_3 = V_2 = \frac{Q_2}{C_2} = \frac{0.5 \times 10^{-4}}{2.5 \times 10^{-6}} = 0.2 \times 10^2\,\text{V}$$

$$C_3=\frac{Q_3}{V_3}=\frac{3\times10^{-4}}{0.2\times10^2}=15\times10^{-6}\,\text{F}=\mathbf{15\,\mu F}$$

解答 ▶ (5)

問題17　　H16 A-1

真空中において，面積 S〔m²〕の電極板を間隔 d〔m〕で配置した平行平板コンデンサがある．この電極板と同じ形をした厚さ $d/2$〔m〕，比誘電率 2 の誘電体を図に示す間隔で平行に挿入した．このとき，誘電体を挿入する前と比較して，コンデンサの静電容量〔F〕は何倍になるか．その倍率として最も近いのは次のうちどれか．ただし，電極板の厚さ並びにコンデンサの端効果は無視できるものとする．

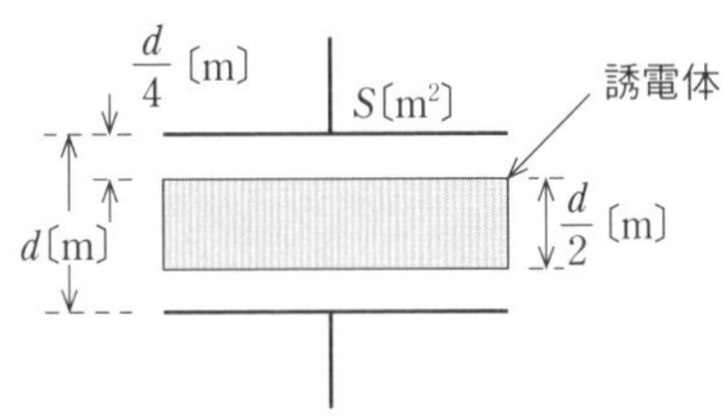

(1) 1.3　　(2) 1.5　　(3) 2.0　　(4) 2.5　　(5) 3.0

誘電体挿入後の等価回路は，解図のように，真空部分の静電容量 C_1，誘電体部分の静電容量 C_2，真空部分の静電容量 C_3 の直列接続となる．

誘電体挿入前の静電容量は，式（1·19）のように，$C_0=\dfrac{\varepsilon_0 S}{d}$ となる．解図において

$$C_1=\frac{\varepsilon_0 S}{\frac{d}{4}}=\frac{4\varepsilon_0 S}{d}=4C_0$$

$$C_2=\frac{2\varepsilon_0 S}{\frac{d}{2}}=\frac{4\varepsilon_0 S}{d}=4C_0$$

（∵　式（1·19）において，誘電体ゆえ，ε_0 の代わりに $\varepsilon_s\varepsilon_0$ に置換）

$$C_3=\frac{\varepsilon_0 S}{\frac{d}{4}}=\frac{4\varepsilon_0 S}{d}=4C_0$$

●解図

直列接続による合成静電容量 $C=\dfrac{1}{\dfrac{1}{C_1}+\dfrac{1}{C_2}+\dfrac{1}{C_3}}=\dfrac{1}{\dfrac{1}{4C_0}+\dfrac{1}{4C_0}+\dfrac{1}{4C_0}}$

$$=\frac{1}{\dfrac{3}{4C_0}}=\frac{4}{3}C_0 \quad (\because \text{式 (1·30) を適用})$$

解答 ▶ (1)

（参考） 本問題のような誘電体ではなく，帯電していない導体をコンデンサ間に挿入するような場合には，解図の等価回路において，C_2 の部分を導線で置き換えて，C_1 と C_3 の直列回路とみなして解く．

問題18 ✓ ✓ ✓ H15 A-2

真空中において，一辺 l〔m〕の正方形電極を間隔 d〔m〕で配置した平行平板コンデンサがある．図 1 はこのコンデンサに比誘電率 $\varepsilon_s=3$ の誘電体を挿入した状態，図 2 は図 1 の誘電体を電極面積の 1/2 だけ引き出した状態を示している．図 1 および図 2 の二つのコンデンサの静電容量 C_1〔F〕および C_2〔F〕の比（C_1：C_2）として，正しいのは次のうちどれか．ただし，$l \gg d$ であり，コンデンサの端効果は無視できるものとする．

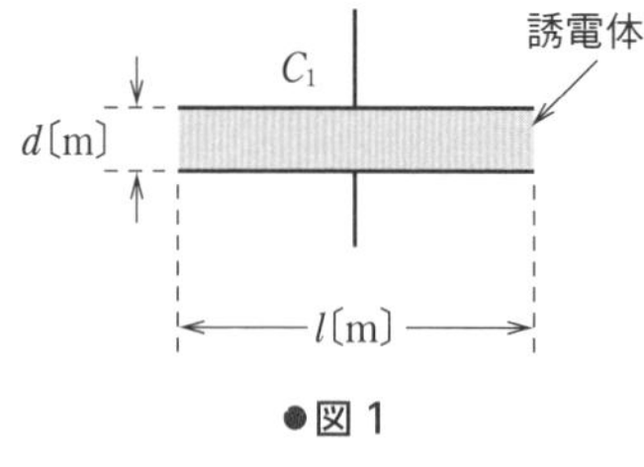

●図 1

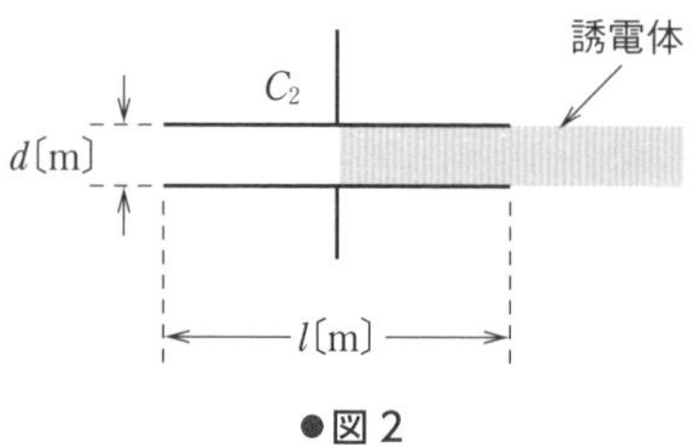

●図 2

(1) 2：1　(2) 3：1　(3) 3：2　(4) 4：3　(5) 5：4

誘電体を半分引き出した後の等価回路は，解図のように，真空部分の静電容量 C_a と誘電体部分の静電容量 C_b の並列接続となる．

解説 全部挿入した問題図 1 の静電容量は，式 (1·19) において ε_0 を $\varepsilon_s\varepsilon_0$ に置き換えて，$C_1=\dfrac{3\varepsilon_0 S}{d}$〔F〕となる．解図において

$$C_a=\frac{\varepsilon_0\dfrac{S}{2}}{d}=\frac{1}{2}\,\frac{\varepsilon_0 S}{d}\ \text{〔F〕}$$

$$C_b=\frac{3\varepsilon_0\dfrac{S}{2}}{d}=\frac{3}{2}\,\frac{\varepsilon_0 S}{d}\ \text{〔F〕}$$

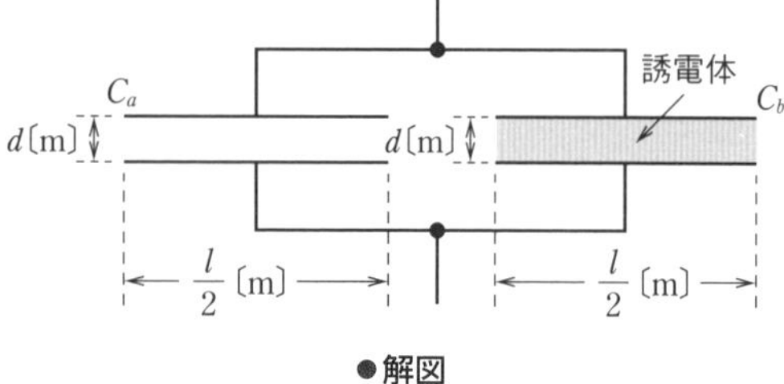

●解図

合成静電容量　$C_2 = C_a + C_b$

$$= \left(\frac{1}{2} + \frac{3}{2}\right)\frac{\varepsilon_0 S}{d} = \frac{2\varepsilon_0 S}{d}$$ 〔F〕（∵　式（1·36）を適用）

$$\therefore \quad C_1 : C_2 = \frac{3\varepsilon_0 S}{d} : \frac{2\varepsilon_0 S}{d} = \mathbf{3 : 2}$$

解答 ▶ (3)

問題19　R3 A-1

次の文章は，平行板コンデンサに関する記述である．

図のように，同じ寸法の直方体で誘電率の異なる二つの誘電体（比誘電率 ε_{r1} の誘電体 1 と比誘電率 ε_{r2} の誘電体 2）が平行板コンデンサに充填されている．極板間は一定の電圧 V〔V〕に保たれ，極板 A と極板 B にはそれぞれ $+Q$〔C〕と $-Q$〔C〕（$Q>0$）の電荷が蓄えられている．誘電体 1 と誘電体 2 は平面で接しており，その境界面は極板に対して垂直である．ただし，端効果は無視できるものとする．

この平行板コンデンサにおいて，極板 A，B に平行な誘電体 1，誘電体 2 の断面をそれぞれ面 S_1，面 S_2（面 S_1 と面 S_2 の断面積は等しい）とすると，面 S_1 を貫く電気力線の総数（任意の点の電気力線の密度は，その点での電界の大きさを表す）は，面 S_2 を貫く電気力線の総数の （ア） 倍である．面 S_1 を貫く電束の総数は面 S_2 を貫く電束の総数の （イ） 倍であり，面 S_1 と面 S_2 を貫く電束の数の総和は （ウ） である．

上記の空白箇所（ア）～（ウ）に当てはまる組合せとして，正しいものを次の（1）～（5）のうちから一つ選べ。

	（ア）	（イ）	（ウ）
(1)	1	$\dfrac{\varepsilon_{r1}}{\varepsilon_{r2}}$	Q
(2)	1	$\dfrac{\varepsilon_{r1}}{\varepsilon_{r2}}$	$\dfrac{Q}{\varepsilon_{r1}} + \dfrac{Q}{\varepsilon_{r2}}$
(3)	1	$\dfrac{\varepsilon_{r2}}{\varepsilon_{r1}}$	$\dfrac{Q}{\varepsilon_{r1}} + \dfrac{Q}{\varepsilon_{r2}}$
(4)	$\dfrac{\varepsilon_{r2}}{\varepsilon_{r1}}$	1	$\dfrac{Q}{\varepsilon_{r1}} + \dfrac{Q}{\varepsilon_{r2}}$
(5)	$\dfrac{\varepsilon_{r2}}{\varepsilon_{r1}}$	1	Q

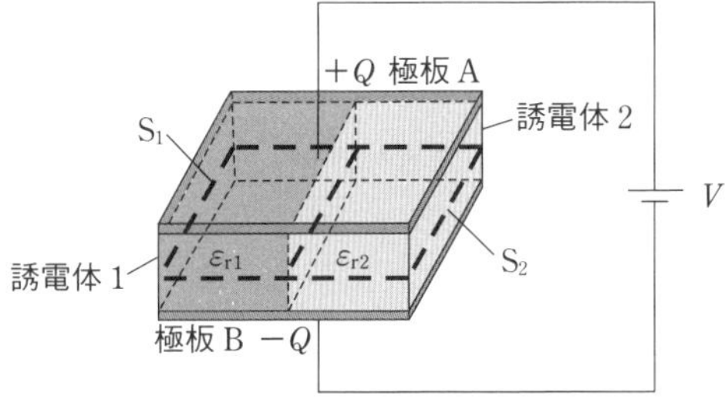

図の平行板コンデンサは，解図のように，誘電体 1 と誘電体 2 が挿入された二つの平行板コンデンサの並列接続と等価である．

解説 （ア）極版間隔 d〔m〕の平行板コンデンサに電圧 V〔V〕を加えると，電界の強さ E は式（1·11）より $E=V/d$ となる。題意より V と d は一定ゆえ，電界 E も一定である．つまり，誘電体 1 と 2 の内部の電界の強さは同じだから，電気力線密度も等しくなる．また，面 S_1 と面 S_2 の断面積は等しいから，面 S_1 と面 S_2 を貫く電気力線の総数も等しくなる．したがって，（ア）は **1 倍**である．

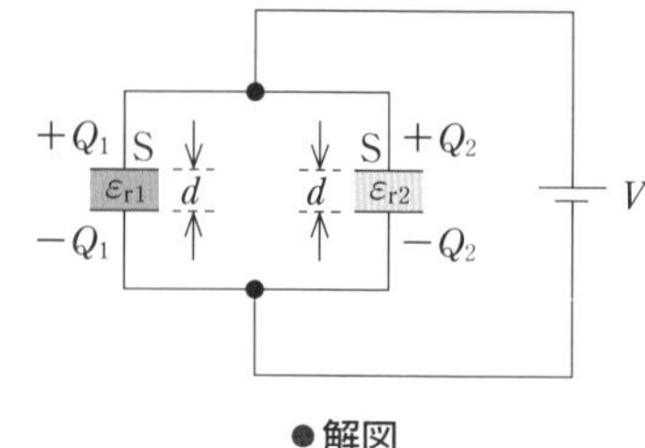

●解図

（イ）式（1·25）の解説に示すように，電束の比は，電荷の比である．

解図で，$Q_1=C_1V=\dfrac{\varepsilon_0\varepsilon_{r1}S}{d}V$，$Q_2=C_2V=\dfrac{\varepsilon_0\varepsilon_{r2}S}{d}V$ であるから，

電束比 $=\dfrac{Q_1}{Q_2}=\dfrac{\varepsilon_0\varepsilon_{r1}SV}{d}\times\dfrac{d}{\varepsilon_0\varepsilon_{r2}SV}=\boldsymbol{\dfrac{\varepsilon_{r1}}{\varepsilon_{r2}}}$ となる．

（または，式（1·28）より，D は ε に比例し，E が一定，S_1 と S_2 の面積も同じだから，$\varepsilon_{r1}/\varepsilon_{r2}$ としてもよい）

（ウ）電束の数の総和は，電荷の総和であるから，$\boldsymbol{Q}$ となる．

（解図では，$Q=Q_1+Q_2=\dfrac{\varepsilon_0(\varepsilon_{r1}+\varepsilon_{r2})S}{d}V$ となる．）

解答 ▶ (1)

静電エネルギー

［★★］

電位 V〔V〕の位置へ微小電荷 ΔQ〔C〕を運ぶ仕事 ΔW は，式（1･12）より

$$\Delta W = V \cdot \Delta Q \text{〔J〕}$$

である．静電容量 C〔F〕に電荷 ΔQ〔C〕を与えれば，電位 ΔV は式（1･17）より

$$\Delta V = \frac{\Delta Q}{C} \text{〔V〕}$$

だけ上昇する．図 1･28 に示すように，電位 0 の状態から電荷を少しずつ充電すると，電位は少しずつ上昇する．Q〔C〕運んで V〔V〕になった状態は，ここまでの ΔW の合計，すなわち三角形の面積に相当する．

したがって，静電容量 C〔F〕のコンデンサを充電するためのエネルギー W は

$$\boldsymbol{W = \frac{1}{2}QV = \frac{1}{2}CV^2 = \frac{Q^2}{2C}} \text{〔J〕} \quad (1 \cdot 37)$$

となる．このように充電されたコンデンサが持っているエネルギーを**静電エネルギー**という．つまり，コンデンサには静電エネルギーが蓄えられ，放電時にはそのエネルギーが電気エネルギーに変わり，負荷で仕事を行う．

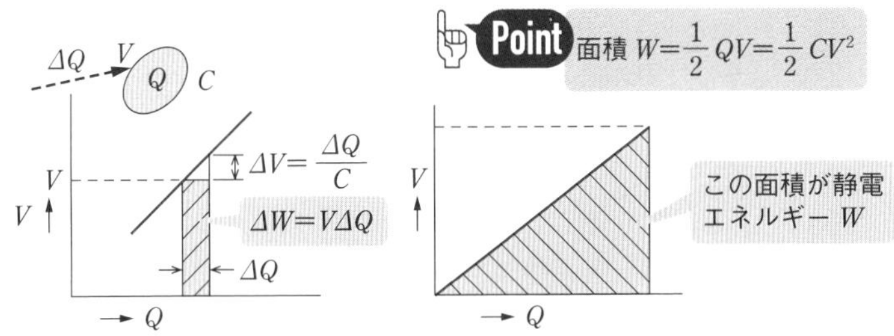

●図 1・28　コンデンサ充電のエネルギー

問題20 H27 A-2

図のように，真空中で 2 枚の電極を平行に向かい合わせたコンデンサを考える．各電極の面積を A〔m^2〕，電極の間隔を l〔m〕とし，端効果を無視すると，静電容量は （ア） 〔F〕である．このコンデンサに直流電圧源を接続し，電荷 Q〔C〕

を充電してから電圧源を外した．このとき，電極間の電界 $E=$ （イ） 〔V/m〕によって静電エネルギー $W=$ （ウ） 〔J〕が蓄えられている．この状態で電極間隔を増大させると静電エネルギーも増大することから，二つの電極間には静電力の （エ） が働くことがわかる．ただし，真空の誘電率を ε_0〔F/m〕とする．

上記の空白箇所（ア），（イ），（ウ）および（エ）に当てはまる組合せとして，正しいのは次のうちどれか．

	（ア）	（イ）	（ウ）	（エ）
(1)	$\varepsilon_0\dfrac{A}{l}$	$\dfrac{Ql}{\varepsilon_0 A}$	$\dfrac{Q^2 l}{\varepsilon_0 A}$	引力
(2)	$\varepsilon_0\dfrac{A}{l}$	$\dfrac{Q}{\varepsilon_0 A}$	$\dfrac{Q^2 l}{2\varepsilon_0 A}$	引力
(3)	$\dfrac{A}{\varepsilon_0 l}$	$\dfrac{Ql}{\varepsilon_0 A}$	$\dfrac{Q^2 l}{2\varepsilon_0 A}$	斥力
(4)	$\dfrac{A}{\varepsilon_0 l}$	$\dfrac{Q}{\varepsilon_0 A}$	$\dfrac{Q^2 l}{\varepsilon_0 A}$	斥力
(5)	$\varepsilon_0\dfrac{A}{l}$	$\dfrac{Q}{\varepsilon_0 A}$	$\dfrac{Q^2 l}{2\varepsilon_0 A}$	斥力

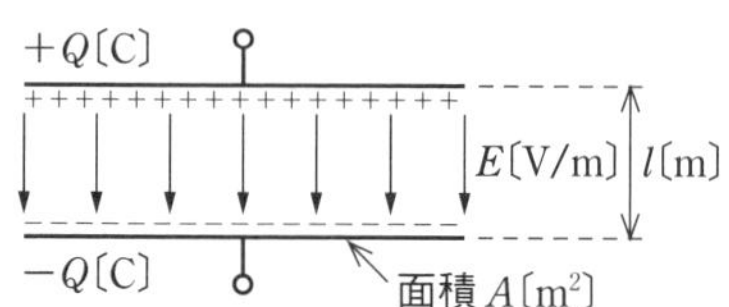

コンデンサの電極にはそれぞれ異符号の電荷があり，クーロン力により引き合うことで電荷を蓄えている．

解説 式 (1·19) より，静電容量 $C=\boldsymbol{\dfrac{\varepsilon_0 A}{l}}$〔F〕となる．

式 (1·11) と式 (1·17) より，$E=\dfrac{V}{l}=\dfrac{Q}{Cl}=\boldsymbol{\dfrac{Q}{\varepsilon_0 A}}$ （$\because$ $C=\dfrac{\varepsilon_0 A}{l}$ を代入）

式 (1·37) より，$W=\dfrac{Q^2}{2C}=\boldsymbol{\dfrac{Q^2 l}{2\varepsilon_0 A}}$

解答 ▶ (2)

問題21 ☑☑☑ H29 A-2

図のように，極板の面積 S〔m²〕，極板間の距離 d〔m〕の平行平板コンデンサ A，極板の面積 $2S$〔m²〕，極板間の距離 d〔m〕の平行平板コンデンサ B および極板の面積 S〔m²〕，極板間の距離 $2d$〔m〕の平行平板コンデンサ C がある．各コンデンサは，極板間の電界の強さが同じ値となるようにそれぞれ直流電源で充電されている．各コンデンサをそれぞれの直流電源から切り離した後，全コンデンサを同じ極性で並列に接続し，十分時間が経ったとき，各コンデンサに蓄えられる静電エネルギーの総和の値〔J〕は，並列に接続する前の総和の値〔J〕の何倍になるか．その倍率として，最も近いのは次のうちどれか．ただし，各コンデンサの極板間の誘電率は同一であり，端効果は無視できるものとする．

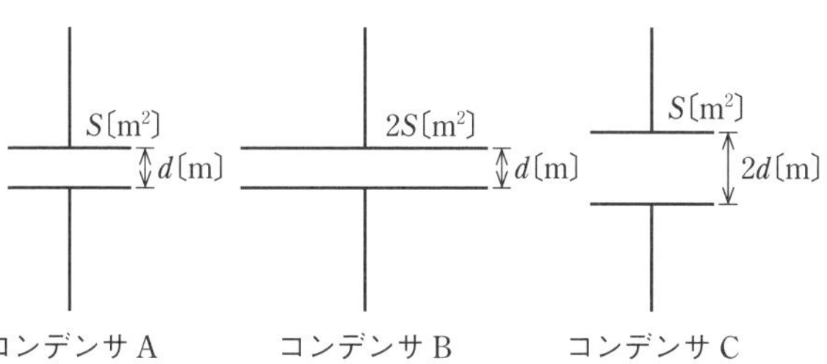

コンデンサ A　　コンデンサ B　　コンデンサ C

(1) 0.77　　(2) 0.91　　(3) 1.00　　(4) 1.09　　(5) 1.31

三つのコンデンサを並列接続した後も電荷量が不変であることに着眼する．静電エネルギーの計算では，式 (1·37) の $W=\dfrac{1}{2}QV$ を適用する．

コンデンサ A，B，C の静電容量を C_A，C_B，C_C，同一の誘電率を ε〔F/m〕とすれば，$C_A=\dfrac{\varepsilon S}{d}$，$C_B=\dfrac{2\varepsilon S}{d}$，$C_C=\dfrac{\varepsilon S}{2d}$ である．

各コンデンサの電界の強さ E〔V/m〕が同一であるから，コンデンサ A，B，C の端子電圧 V_A，V_B，V_C は，式（1·11）より，$V_A=Ed$，$V_B=Ed$，$V_C=2Ed$ である．このため，コンデンサ A，B，C が蓄える電荷 Q_A，Q_B，Q_C は，式（1·17）より，$Q_A=C_AV_A=\varepsilon SE$，$Q_B=C_BV_B=2\varepsilon SE$，$Q_C=C_CV_C=\varepsilon SE$ となる．

これを利用して, 式 (1·37) よりコンデンサに蓄えられる静電エネルギーの総和 W は

$$W=\frac{1}{2}Q_AV_A+\frac{1}{2}Q_BV_B+\frac{1}{2}Q_CV_C$$

$$=\frac{1}{2}\cdot\varepsilon SE\cdot Ed+\frac{1}{2}\cdot 2\varepsilon SE\cdot Ed+\frac{1}{2}\cdot\varepsilon SE\cdot 2Ed=\frac{5\varepsilon SE^2d}{2}\ \text{〔J〕}$$

次に，各コンデンサを同じ極性で並列に接続して十分に時間が経ったときのコンデンサ A，B，C の電荷を Q_A', Q_B', Q_C', コンデンサの端子電圧を V' とする．

$$Q_A'=C_AV',\qquad Q_B'=C_BV',\qquad Q_C'=C_CV'$$

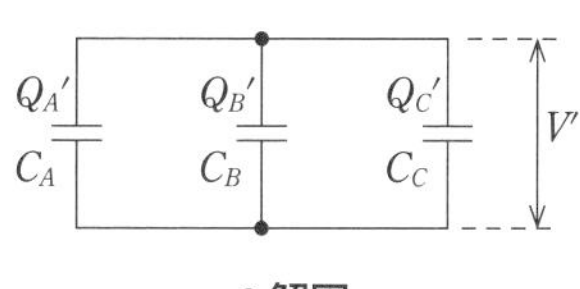

●解図

三つのコンデンサを並列接続した後も電荷量は不変であるから

$$Q_A + Q_B + Q_C = Q_A{}' + Q_B{}' + Q_C{}'$$

$$\therefore \quad \varepsilon SE + 2\varepsilon SE + \varepsilon SE = C_A V' + C_B V' + C_C V'$$

$$\therefore \quad 4\varepsilon SE = (C_A + C_B + C_C) V' \qquad \therefore \quad 4\varepsilon SE = \left(\frac{\varepsilon S}{d} + \frac{2\varepsilon S}{d} + \frac{\varepsilon S}{2d}\right) V'$$

$$\therefore \quad 4\varepsilon SE = \frac{7\varepsilon S}{2d} V' \qquad \therefore \quad V' = \frac{8}{7} Ed \text{〔V〕}$$

したがって，並列接続後の静電エネルギーの総和 W' は

$$W' = \frac{1}{2} Q_A{}' V' + \frac{1}{2} Q_B{}' V' + \frac{1}{2} Q_C{}' V' = \frac{1}{2}(C_A + C_B + C_C) V'^2$$

$$= \frac{1}{2}\left(\frac{\varepsilon S}{d} + \frac{2\varepsilon S}{d} + \frac{\varepsilon S}{2d}\right) \times \left(\frac{8}{7} Ed\right)^2 = \frac{16\varepsilon SE^2 d}{7} \text{〔J〕}$$

$$\therefore \quad \frac{W'}{W} = \frac{16\varepsilon SE^2 d}{7} \times \frac{2}{5\varepsilon SE^2 d} = \frac{32}{35} \fallingdotseq \mathbf{0.91}$$

解答 ▶ (2)

問題22 ✓ ✓ ✓ H19 A-4

静電容量が C〔F〕と $2C$〔F〕の二つのコンデンサを図 1，図 2 のように直列，並列に接続し，それぞれに V_1〔V〕，V_2〔V〕の直流電圧を加えたところ，両図の回路に蓄えられている総静電エネルギーが等しくなった. この場合, 図 1 の C〔F〕のコンデンサの端子間の電圧を V_C〔V〕としたとき，電圧比 $\left|\frac{V_C}{V_2}\right|$ の値として，正しいのは次のうちどれか.

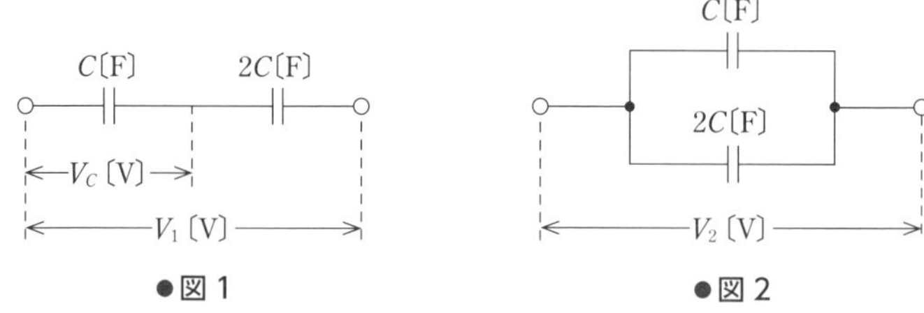

●図 1　　●図 2

(1) $\frac{\sqrt{2}}{9}$　(2) $\frac{2\sqrt{2}}{9}$　(3) $\frac{1}{\sqrt{2}}$　(4) $\sqrt{2}$　(5) 3.0

直列接続では，コンデンサの接続部分の孤立系の電荷の総和は不変で，この場合，0 であるから，二つのコンデンサに蓄えられる電荷は等しい．静電エネルギーの計算では，式（1·37）の $W=\dfrac{1}{2}CV^2$ の形が適用しやすい．

解図で，二つのコンデンサの電荷は等しいから

$$Q=CV_C=2C(V_1-V_C)$$

$$\therefore\quad V_1-V_C=\frac{CV_C}{2C}=\frac{V_C}{2}$$

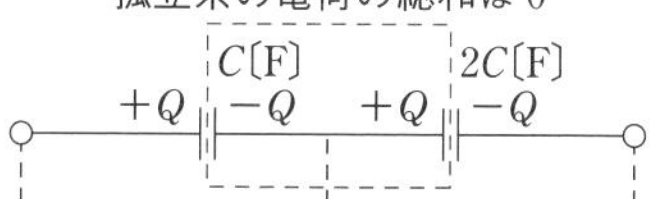

●解図

問題図 1 の静電エネルギー J_1〔J〕は

$$J_1=\frac{1}{2}CV_C{}^2+\frac{1}{2}\cdot 2C\cdot(V_1-V_C)^2$$

$$=\frac{1}{2}CV_C{}^2+\frac{1}{2}\cdot 2C\cdot\left(\frac{V_C}{2}\right)^2=\frac{3}{4}CV_C{}^2$$

一方，問題図 2 の静電エネルギー J_2〔J〕は

$$J_2=\frac{1}{2}CV_2{}^2+\frac{1}{2}\cdot 2CV_2{}^2=\frac{3}{2}CV_2{}^2$$

題意より，$J_1=J_2$ となるから

$$\frac{3}{4}CV_C{}^2=\frac{3}{2}CV_2{}^2$$

$$\therefore\quad \left(\frac{V_C}{V_2}\right)^2=2\qquad \therefore\quad \left|\frac{V_C}{V_2}\right|=\sqrt{\mathbf{2}}$$

解答 ▶ (4)

オームの法則

［★］

1 電　流

電荷の移動を**電流**といい，電荷が移動できる物質が導体である．導体内の電荷を移動させ，電流を流すためには，電界を加える必要がある．導体内で移動する電荷は負電荷の電子であるから，**電子の移動方向と電流の方向とは逆**になる（図1･29 参照）．いま，一つの導体をとり，これに電流が流れているとすれば，その中で電荷の移動があり，微小時間 Δt〔s〕に移動した電荷 ΔQ〔C〕により，電流 I は

$$\boldsymbol{I=\frac{\Delta Q}{\Delta t}}\ \text{〔A〕} \tag{1・38}$$

で表される．すなわち，**1 秒間に 1C の電荷が流れるときの電流が 1A（アンペア）**である．したがって，例えば，導体のある断面を，5 秒間に，3C の正電荷が通過したとき，式（1･38）より，3C÷5 秒＝0.6A の電流が流れていることになる．

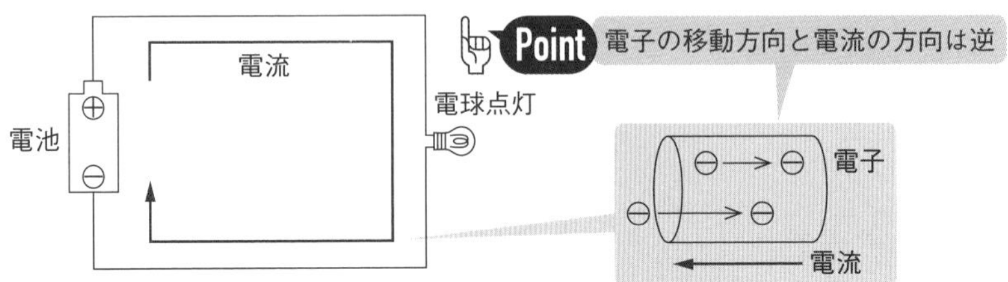

●図 1・29　電子の移動と電流

2 オームの法則

オームの法則とは，「**導体に流れる電流は，その両端に加えた電圧に比例し，抵抗に反比例する**」というものである．

電流が導体を流れるとき，流れにくさを示すものが**抵抗**であり，単位は〔**Ω（オーム）**〕を用いる．

図 1･30 の電気回路において，電流は電源の＋極から－極に向かって流れる．

このとき，電源を通過すると電位が上昇し，この働きを**起電力**という．一方，抵抗を通過すると電位が降下し，これを**電圧降下**という．なお，起電力や抵抗を通過しない限り，電位は変化しない．

図 1·30 のように，加える電圧を V〔V〕，回路の抵抗を R〔Ω〕，抵抗を流れる電流を I〔A〕とすれば

$$\boldsymbol{I=\frac{V}{R}}\ \text{〔A〕} \qquad (1\cdot39)$$

また，式 (1·39) は

$$\boldsymbol{I=\frac{V}{R}=GV}\ \text{〔A〕} \qquad (1\cdot40)$$

と書けば，比例定数 G を**コンダクタンス**といい，単位は〔**S（ジーメンス）**〕を用いる．

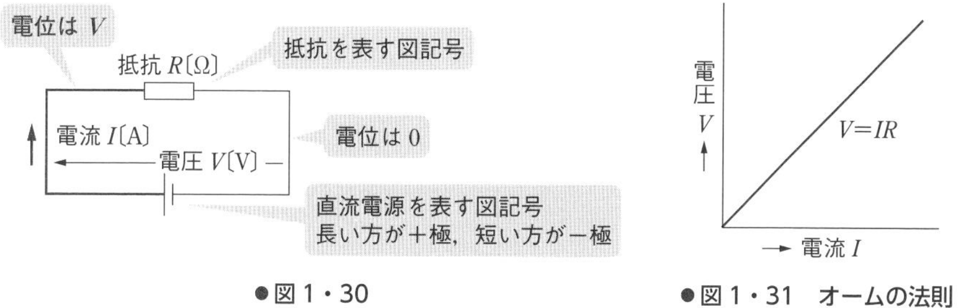

●図 1・30

●図 1・31　オームの法則

3 抵　抗　率

抵抗は，電子が電界によって移動するとき，導体内の障害物（金属原子）に衝突するために生ずる．抵抗は金属の種類や組成，ひずみの影響を受ける．

抵抗率 ρ（ロー）は，断面積 $1\,\mathrm{m}^2$，長さ $1\,\mathrm{m}$ の抵抗値を用い，単位は〔**Ω·m**〕である．そして，抵抗の大きさは導体の形に関係し，導体の断面積 S に反比例し，長さ l に比例する．

$$\boldsymbol{R=\rho\frac{l}{S}}\ \text{〔Ω〕} \qquad (1\cdot41)$$

抵抗率の逆数を**導電率**といい，単位は〔**S/m**〕，記号は σ（シグマ）を用いる．

$$\sigma = \frac{1}{\rho}\ 〔\mathrm{S/m}〕 \qquad (1・42)$$

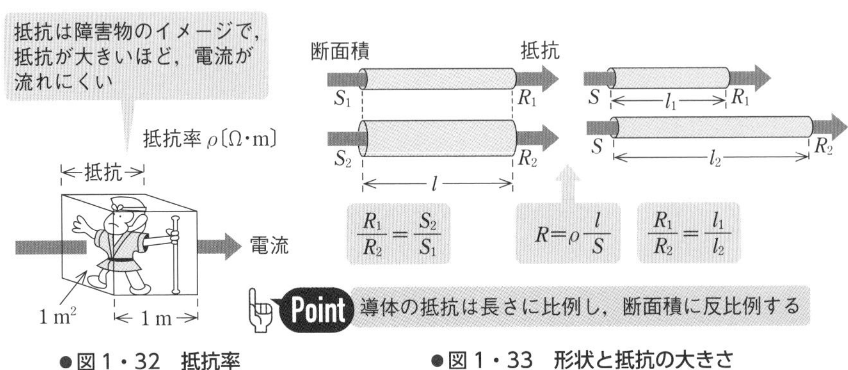

●図1・32　抵抗率

●図1・33　形状と抵抗の大きさ

4 抵抗率の温度係数

金属の温度が高いと，原子の熱運動が激しくなり，電子が進行中に障害物（原子）と衝突する回数が増し，抵抗が増加する．

温度 t_1〔℃〕の抵抗率を ρ_1，t_2〔℃〕の抵抗率を ρ_2 とし，温度変化を $t = t_2 - t_1$，温度係数を α とすれば

$$\rho_2 = \rho_1(1 + \alpha t) \qquad (1・43)$$

10 K（−263℃）程度の極低温になると，通常の金属はある残留抵抗をもつが，水銀，鉛および Nb-Ti（ニオブチタン合金）などは抵抗が完全に 0 となる．これを**超電導**という．

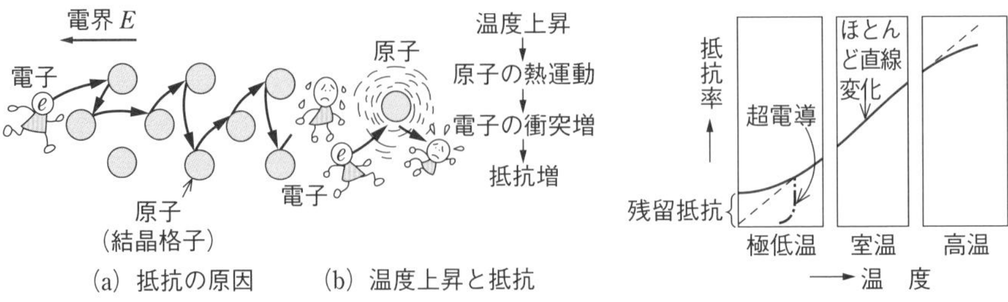

●図1・34　抵抗のモデル

●図1・35　抵抗率の温度変化

5 温度測定への応用

抵抗が温度に比例して変化することから，抵抗の変化により温度を測定することができる．

基準温度 t〔°C〕，このときの抵抗を R_t，温度係数を α_t，測定温度 T〔°C〕のときの抵抗を R_T とすれば

$$\boldsymbol{R_T = R_t\{1+\alpha_t(T-t)\}}\ 〔\Omega〕 \qquad (1\cdot44)$$

の関係があるので，T は次式から求まる．

$$T = t + \frac{R_T - R_t}{R_t\alpha_t}\ 〔°C〕 \qquad (1\cdot45)$$

6 電流の発熱作用

導体に電流が流れるとき，すなわち電子が電界によって動かされているとき，電子は導体の中の障害物に衝突を繰り返し，これが抵抗の原因であることはすでに説明したが，衝突のたびに電子は，電界から得た運動エネルギーを放出し，これは熱エネルギーに変わって，導体の温度を上昇させ，外部へ熱を放散する．

電位差 V〔V〕の間を電荷 Q〔C〕が移動するとき，$W=QV$〔J〕の仕事をする．この仕事 W が熱に変わることになり，これを**ジュール熱**という．

単位時間当たりの仕事が電力 P に相当するので，t〔s〕間に W〔J〕の仕事をする場合

$$\boldsymbol{P = \frac{W}{t} = \frac{VQ}{t} = V\frac{Q}{t} = VI}\ 〔J/s〕 \qquad (1\cdot46)$$

1 J/s は 1 W（ワット）ともいう．

抵抗 R〔Ω〕に電流 I〔A〕が流れているときの**電力**は

$$\boldsymbol{P = VI = IRI = I^2R = V\frac{V}{R} = \frac{V^2}{R}}\ 〔W〕 \qquad (1\cdot47)$$

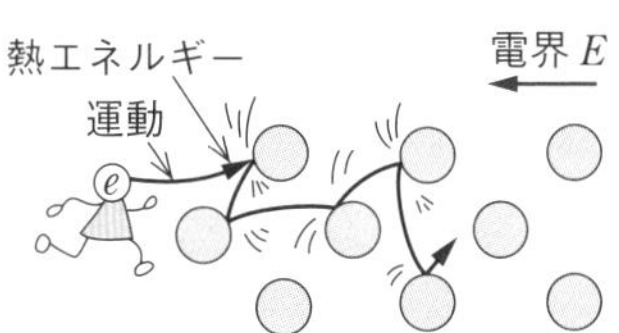

●図 1・36　発熱作用

7 電　力　量

抵抗に電流がある時間流れたときになされた仕事の総量，つまり電気エネルギーの総量を**電力量**という．P〔W〕の電力を t〔s〕間使用したときの電力量を W〔W·s〕とすれば

$$\boldsymbol{W = Pt}\ \text{〔W·s〕} \quad (1 \cdot 48)$$

となる．なお，電力量の取引などでは，一般的に，電力量を表す単位としては，**キロワット時（単位記号〔kW·h〕）**が用いられる．一方，1 W＝1 J/s より，1 W·s＝1 J となるため，式（1·48）は次式のように表すことができる．

$$W = Pt\ \text{〔J〕} \quad (1 \cdot 49)$$

したがって，**電力量 1 W·h は，1 W·h＝1 W×1 h＝1 W×3 600 s＝3 600 W·s ＝3 600 J** となる．

問題23 R2 A-5

次に示す，A，B，C，D の四種類の電線がある．いずれの電線もその長さは 1 km である．この四つの電線の直流抵抗値をそれぞれ R_A〔Ω〕，R_B〔Ω〕，R_C〔Ω〕，R_D〔Ω〕とする．R_A ～ R_D の大きさを比較したとき，その大きさの大きい順として，正しいものを次の（1）～（5）のうちから一つ選べ．ただし，ρ は各導体の抵抗率とし，また，各電線は等断面，等質であるとする．

A：断面積が $9\times10^{-5}\,\mathrm{m^2}$ の鉄（$\rho = 8.90\times10^{-8}\,\Omega\cdot\mathrm{m}$）でできた電線

B：断面積が $5\times10^{-5}\,\mathrm{m^2}$ のアルミニウム（$\rho = 2.50\times10^{-8}\,\Omega\cdot\mathrm{m}$）でできた電線

C：断面積が $1\times10^{-5}\,\mathrm{m^2}$ の銀（$\rho = 1.47\times10^{-8}\,\Omega\cdot\mathrm{m}$）でできた電線

D：断面積が $2\times10^{-5}\,\mathrm{m^2}$ の銅（$\rho = 1.55\times10^{-8}\,\Omega\cdot\mathrm{m}$）でできた電線

（1）$R_A > R_C > R_D > R_B$　（2）$R_A > R_D > R_C > R_B$　（3）$R_B > R_D > R_C > R_A$

（4）$R_C > R_A > R_D > R_B$　（5）$R_D > R_C > R_A > R_B$

式（1·41）のように，抵抗率 ρ〔Ω·m〕，長さ l〔m〕，断面積 S〔m²〕の電線の電気抵抗 R〔Ω〕は，$R = \rho\dfrac{l}{S}$〔Ω〕である．

解説 条件より，各電線の電気抵抗を計算する．

$$R_A = 8.90\times10^{-8}\times\frac{1\times10^3}{9\times10^{-5}} = 0.989\,\Omega,\quad R_B = 2.50\times10^{-8}\times\frac{1\times10^3}{5\times10^{-5}} = 0.50\,\Omega$$

$$R_C = 1.47\times10^{-8}\times\frac{1\times10^3}{1\times10^{-5}} = 1.47\,\Omega,\quad R_D = 1.55\times10^{-8}\times\frac{1\times10^3}{2\times10^{-5}} = 0.775\,\Omega$$

したがって，$R_C > R_A > R_D > R_B$ となる．

解答 ▶ (4)

問題24

電熱線を使用中，図のように直径が均等に 5%減少し，修理のため長さが 15%短くなった．電熱線の抵抗は何%に変化するか．正しい値は次のうちどれか．

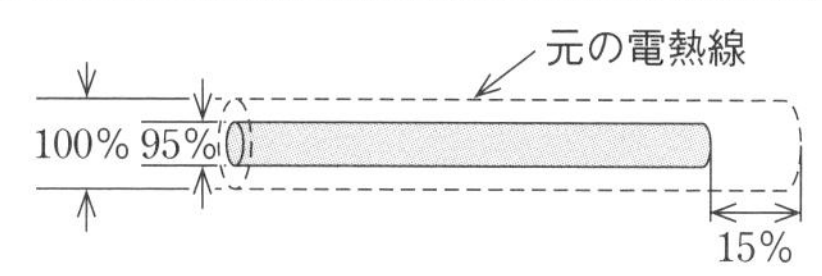

(1) 85　(2) 90　(3) 94　(4) 106　(5) 112

導体の抵抗は長さに比例し，断面積に反比例する．

直径 D の円の面積 S は，$S = \pi D^2/4$ であるから

$$R = \rho \frac{l}{S} = \rho \frac{4l}{\pi D^2}$$

最初の抵抗を R，変化後の抵抗を R' とし，比をとれば

$$\frac{R'}{R} = \frac{\rho \dfrac{l'}{S'}}{\rho \dfrac{l}{S}} = \frac{l'S}{lS'} = \frac{\left(\dfrac{l'}{l}\right)}{\left(\dfrac{S'}{S}\right)} = \frac{\left(\dfrac{l'}{l}\right)}{\left(\dfrac{D'}{D}\right)^2} = \frac{(1-0.15)}{(1-0.05)^2} \fallingdotseq 0.94 \rightarrow \mathbf{94\%}$$

解答 ▶ (3)

問題25

図のような定電圧源回路で，金属製の抵抗 R の消費電力は，開閉器 S を閉じた直後に比べて，発熱により温度が 100℃ 上昇したとき 33%減少したとすれば，抵抗 R の温度係数として，正しいのは次のうちどれか．

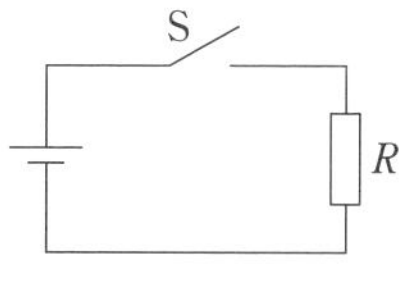

(1) 0.0033　(2) 0.005　(3) 0.0067　(4) 0.02　(5) 0.05

抵抗 R で消費される電力 P は $P = V^2/\mathrm{R}$ と書けるから，$RP = V^2$ と変形できる．本問では $V =$ 一定より，$RP =$ 一定を利用する．

温度上昇後を P'，R' とすれば，温度係数を α として

$$R' = R(1+\alpha T) = R\frac{P}{P'} \quad (\because \text{ 式 } (1\cdot 43),\ \text{上述の Point より } R'P' = RP)$$

$$\therefore \quad \alpha = \frac{(P/P')-1}{T} = \frac{(1/0.67)-1}{100} \fallingdotseq \mathbf{0.005}$$

解答 ▶ (2)

問題26

銅線からなるコイルの通電前の抵抗が 0.5Ω，温度が 10℃ であり，電流を通じた後の抵抗は 0.58Ωであった．コイルの温度上昇〔℃〕として，正しいのは次のうちどれか．ただし，銅線の 20℃ における抵抗温度係数は 0.00393 とする．

(1) 29.1　(2) 34.1　(3) 39.1　(4) 44.1　(5) 49.1

基準温度 t に注意しながら，測定温度 T の抵抗 $R_T = R_t\{1+\alpha_t(T-t)\}$ の公式を使う．

20℃ の抵抗を R_0 とすると，10℃ において

$$0.5 = R_0\{1+\alpha_{20}\times(10-20)\} \qquad \alpha_{20} = 0.00393$$

温度上昇を t〔℃〕とすると，温度は $t+10$〔℃〕なので

$$0.58 = R_0\{1+\alpha_{20}\times(t+10-20)\}$$

R_0 を消去するため比をとると

$$\frac{0.58}{0.5} = \frac{1+\alpha_{20}\times(t-10)}{1+\alpha_{20}\times(-10)} = 1 + \frac{\alpha_{20}}{1-\alpha_{20}\times 10}t$$

$$\therefore \quad t = \left(\frac{0.58}{0.5}-1\right)\times\frac{1-\alpha_{20}\times 10}{\alpha_{20}} = 0.16\times\frac{0.9607}{0.00393} \fallingdotseq \mathbf{39.1℃}$$

【別解】 1℃ 当たりの抵抗変化が等しいことから

$$\alpha_{20}R_{20} = \alpha_{10}R_{10} = \alpha_{10}R_{20}\{1+\alpha_{20}(10-20)\}$$

$$\therefore \quad \alpha_{10} = \frac{\alpha_{20}}{1+\alpha_{20}(10-20)} = \frac{0.00393}{0.9607} \fallingdotseq 0.00409$$

式 (1·44) で，基準温度が 10℃，$R_{10} = 0.5\,\Omega$，$\alpha_{10} = 0.00409$，温度上昇を t〔℃〕として

$$\therefore \quad 0.58 = 0.5(1+0.00409t) \qquad t = \frac{(0.58/0.5)-1}{0.00409} \fallingdotseq \mathbf{39.1℃}$$

解答 ▶ (3)

磁界と磁束

[★]

1 磁石と磁界

磁石は図 1·37 の性質をもつ．磁石がもつ特有の性質を**磁性**といい，そのもとになるものを**磁気**という．また，磁極間に働く力のように磁気によって生じる力を**磁力**という．

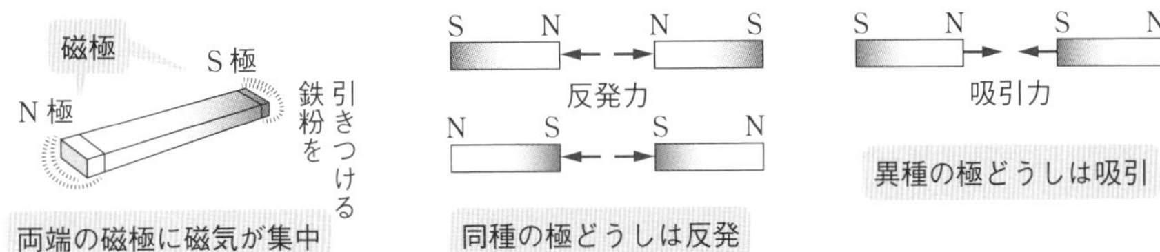

●図 1・37　磁石の性質

図 1·38 のように磁力が作用している空間を**磁界**という．磁力の働きが強いところを磁界が強いという．磁極の強さ m〔Wb（ウェーバ)〕は，N 極の磁極の強さを正，S 極の磁極の強さを負で表す．

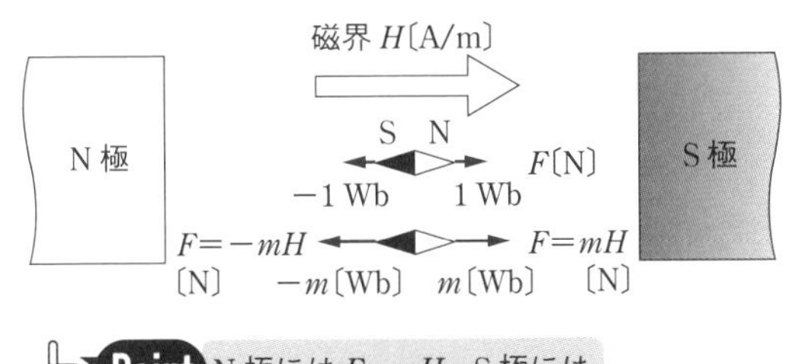

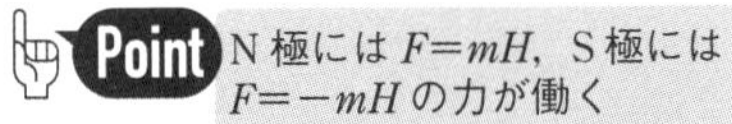

●図 1・38　磁界の強さと磁極に働く磁力

磁界の強さは，図 1·38 のように，磁界中に N 極の磁極の強さが 1 Wb の磁石を置いたとき，その磁石の N 極に働く磁力の大きさと向きで表されるベクトル量である．この**磁界の強さを表す記号として H，単位は〔A/m（アンペア毎メートル）〕を用いる**．図 1･38 で，磁界の強さが H〔A/m〕の磁界中に，m〔Wb〕の磁極を置くとき，N 極に働く磁力 F は

$$\boldsymbol{F = mH} \text{〔N〕} \tag{1・50}$$

で表される．この式から，1A/m は磁界中に置かれた 1Wb の磁極の N 極に働く磁力が 1N であるときの磁界の強さを示す．

一方，S 極には式（1･50）と同じ大きさの力が磁界の向きとは逆向きに働き，$F = -mH$〔N〕の力が働く．

2 磁極に関するクーロンの法則

磁極の強さ m_1〔Wb〕，m_2〔Wb〕の点磁極（微小な磁石）を真空中で r〔m〕離して置いた場合，点磁極間には

$$\boldsymbol{F = \frac{m_1 m_2}{4\pi\mu_0 r^2}} \text{〔N〕} \tag{1・51}$$

Point 2 つの磁極の強さの積に比例

Point 距離の 2 乗に反比例

の大きさで，m_1，m_2 が同極性のとき反発し，異極性のとき吸引し合う方向の力が働く．これを，**磁極に関するクーロンの法則**という．μ_0（ミューゼロ）は**真空の透磁率**と呼ばれるもので，$\mu_0 = 4\pi \times 10^{-7}$ H/m（ヘンリー毎メートル）である．なお，空気中の透磁率の値も真空の透磁率 μ_0 の値とほぼ同じである．

m_2 は，m_1 がつくる磁界 H_1 により

$$F = m_2 H_1 \text{〔N〕} \tag{1・52}$$

の力を受けるものと考えると，H_1 は

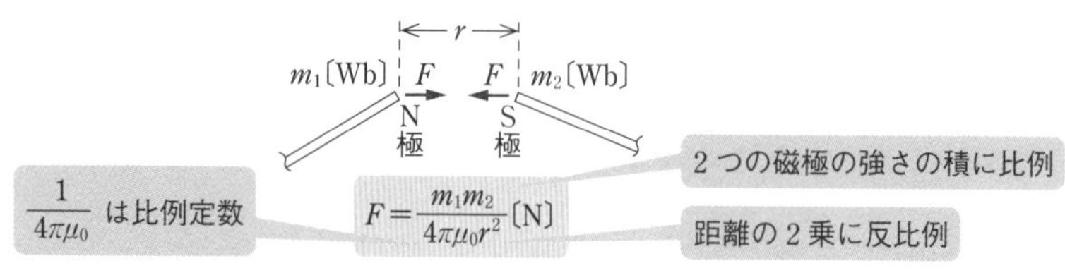

●図 1・39 磁極に関するクーロンの法則

$$H_1 = \frac{m_1}{4\pi\mu_0 r^2} \text{〔A/m〕} \qquad (1 \cdot 53)$$

となる．H_1 は m_1 を中心とする半径 r〔m〕上の磁界の強さであり，点磁極のつくる磁界は放射状になっている．磁界の方向は，N 極では外向き，S 極では内向きである．

3 磁力線と磁束

図 1·40 のように，磁界の様子を仮想的に表した線を**磁力線**という．磁界の方向に垂直な面積 S〔m²〕の断面を通る磁力線数を N〔本〕とすると，**磁界の強さ H〔A/m〕は磁力線密度 N/S〔本/m²〕で表される**．

磁力線は N 極から出て，S 極に入る．また，磁力線の向きは磁界の向きを表し，磁力線が曲線を描くときはその点の接線の向きを磁界の向きとする．そして，磁界の強さは磁力線密度と一致する．さらに，磁力線は互いに反発し合う性質を有し，途中での分岐や交差はない．

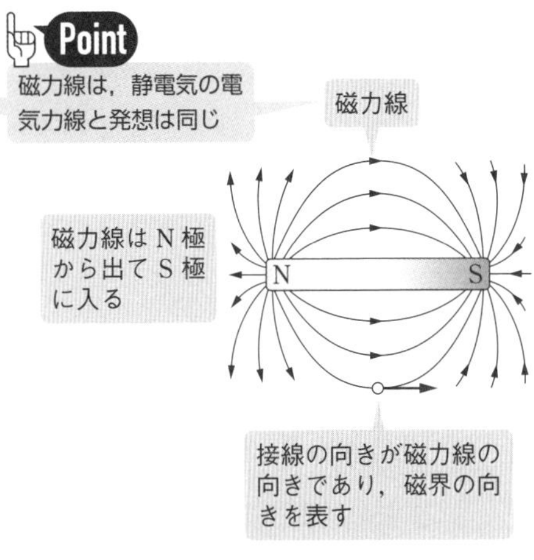

●図 1・40　磁力線

次に，**1 Wb の強さの磁極からは，どのような物質中でも 1 本の磁気的な線が生じる**と考え，これを**磁束**という．**真空中では $\frac{1}{\mu_0}$〔本〕の磁力線を 1 本の磁束とし，透磁率が μ の物質中では $\frac{1}{\mu}$〔本〕の磁力線を 1 本の磁束**とする（透磁率 μ は 1-10 節を参照）．

磁束を表す記号として Φ（ファイ），単位には〔Wb（ウェーバ）〕を用いる．

磁石の N 極から出る磁力線数を N〔本〕，真空の透磁率を μ_0〔H/m〕とすれば，磁束 Φ は

$$\boldsymbol{\Phi = \mu_0 N} \text{〔Wb〕} \qquad (1 \cdot 54)$$

磁力線数 N〔本〕$= \frac{\Phi\text{〔Wb〕}}{\mu_0\text{〔H/m〕}}$ において，μ_0 が分母にあって，これが大きくなるほど磁力線数 N が小さくなるため，透磁率 μ_0 は磁力線の透しにくさを表す

と表すことができる．

4 磁束密度

磁界中で，磁束と垂直な単位面積（1 m^2）当たりを通る磁束の量を**磁束密度**という．**磁束密度を表す記号として B，単位には〔T（テスラ）〕を用いる**．つまり，面積 1 m^2 当たりを垂直に貫く磁束が 1 Wb であれば，磁束密度は 1 T である．

そこで，磁束に垂直な面積 S〔m^2〕の断面を通る磁束が Φ〔Wb〕であれば，磁束密度 B〔T〕は

$$B=\frac{\Phi}{S}\ \text{〔T〕} \qquad (1\cdot 55)$$

単位の観点では
T = Wb/m^2

となる．さらに，式（1·55）に式（1·54）を代入するとともに，本節の 3 項で述べたように磁界の強さ H〔A/m〕は磁力線密度 N/S〔本/m^2〕で表されることから

$$B=\mu_0\frac{N}{S}=\mu_0 H\ \text{〔T〕} \qquad (1\cdot 56)$$

Point 磁力線密度（N/S）を μ_0 倍すると磁束密度 B

となる．

問題27 R2 A-4

磁力線は，磁極の働きを理解するのに考えた仮想的な線である．この磁力線に関する記述として，誤っているものを次の（1）～（5）のうちから一つ選べ．

（1）磁力線は，磁石の N 極から出て S 極に入る．

（2）磁極周囲の物質の透磁率 μ〔H/m〕とすると，m〔Wb〕の磁極から $\dfrac{m}{\mu}$ 本の磁力線が出入りする．

（3）磁力線の接線の向きは，その点の磁界の向きを表す．

（4）磁力線の密度は，その点の磁束密度を表す．

（5）磁力線どうしは，互いに反発し合い，交わらない．

磁力線は静電気の電気力線と発想は同じである．本節 3 項で述べた磁力線の性質をよく理解する．

解説 磁力線の密度（単位面積あたりの磁力線の本数）は，その点の**磁界の強さを表している**ものであり，磁束密度を表してはいない．（式(1·56) より，$H=N/S$ である．）

解答 ▶（4）

問題28

図のように磁極の強さ $\pm m$，磁極間距離 l の棒磁石の軸上において，N 極から距離 l の点の磁界の強さ H_1 と，距離 $2l$ の点の磁界の強さ H_2 との比（H_1/H_2）について，正しい値は次のうちどれか．

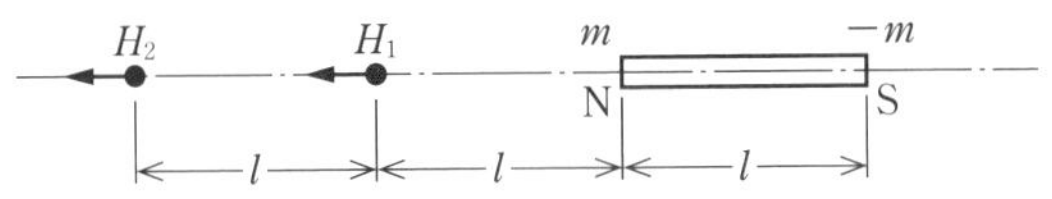

(1) 2.8　　(2) 3　　(3) 4.8　　(4) 5.4　　(5) 6.4

N 極，S 極それぞれによる磁界の強さを合成する．なお，向きに注意する．

解説 磁界の強さは，磁界中に 1Wb の単位正磁極を置いたとき，1Wb の磁極に働く磁力の大きさと向きで表される．したがって，磁極に関するクーロンの法則から求められる式（1･53）より

$$H_1 = \frac{m}{4\pi\mu_0}\left\{\frac{1}{l^2} - \frac{1}{(2l)^2}\right\} = \frac{m}{4\pi\mu_0} \times \frac{3}{4l^2} \ \text{〔A/m〕}$$

$$H_2 = \frac{m}{4\pi\mu_0}\left\{\frac{1}{(2l)^2} - \frac{1}{(3l)^2}\right\} = \frac{m}{4\pi\mu_0} \times \frac{5}{36l^2} \ \text{〔A/m〕}$$

$$\therefore \quad \frac{H_1}{H_2} = \frac{m}{4\pi\mu_0} \times \frac{3}{4l^2} \times \frac{4\pi\mu_0}{m} \times \frac{36l^2}{5} = \frac{27}{5} = \mathbf{5.4}$$

解答 ▶ (4)

電流の磁気作用

[★★]

1 アンペアの法則

電流が直線導体を流れているとき，導体のまわりに磁界が生じ，図 1·41 に示すように，電流が流れる向きを右ねじの進む向きに合わせると，右ねじを回す向きが磁界の向きとなる．または，導体を右手で握り，親指を電流の方向にとると，他の 4 本の指の曲げた方向が磁界の向きである．この関係を**アンペアの右ねじの法則**という．

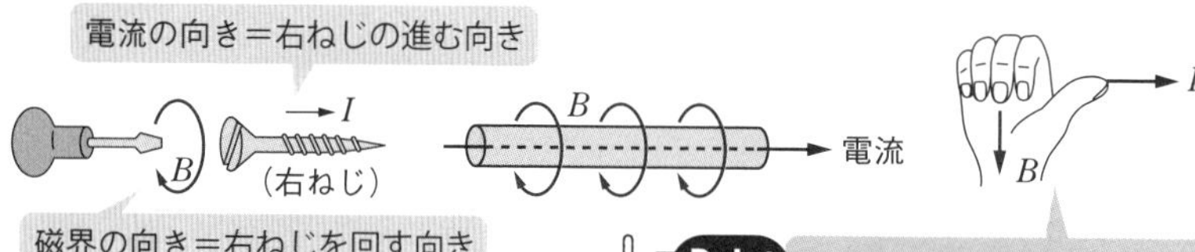

●図 1・41　右ねじの法則

磁界の中で，ある点から任意の経路に沿って再び元の点に戻るようなループにおいて，ループ上の各点の磁束密度を B，移動距離を Δl，Δl と B の角を θ とするとき，$B \cdot \Delta l \cdot \cos\theta$ をすべて加え合わせると，そのループを通り抜ける電流 I に比例し，比例係数は μ_0 である．式で表せば

$$\sum B \cdot \Delta l \cdot \cos\theta = \mu_0 I \quad (1 \cdot 57)$$

Point 磁束密度×磁路の長さ＝透磁率×電流

これを「**アンペアの周回路の法則（周回積分の法則）**」という．

比例定数 μ_0（ミューゼロ）は**真空の透磁率**であり

$$\mu_0 = 4\pi \times 10^{-7}\ \mathrm{H/m}\ （ヘンリー毎メートル） \quad (1 \cdot 58)$$

である．

式 (1·56) と式 (1·57) から，アンペアの周回路の法則は次のようにも表せる．

$$\sum H \cdot \Delta l \cdot \cos\theta = I \quad (1 \cdot 59)$$

図 1·42 のように無限長導体のまわりの磁界は，同心円上で大きさが一定で，円周上の接線方向を向いているので，Δl と B は同方向となり ($\theta = 0$ で $\cos\theta = 1$)

$$\sum B\cdot\Delta l\cdot\cos\theta = B\sum\Delta l = B\times 円周 = B\cdot 2\pi r = \mu_0 I$$

したがって，無限長導体から r の円周上の磁束密度 B は

$$\boldsymbol{B = \frac{\mu_0 I}{2\pi r}}\ 〔\mathrm{T}〕 \qquad (1\cdot 60)$$

$H=\dfrac{I}{2\pi r}$〔A/m〕と同じ

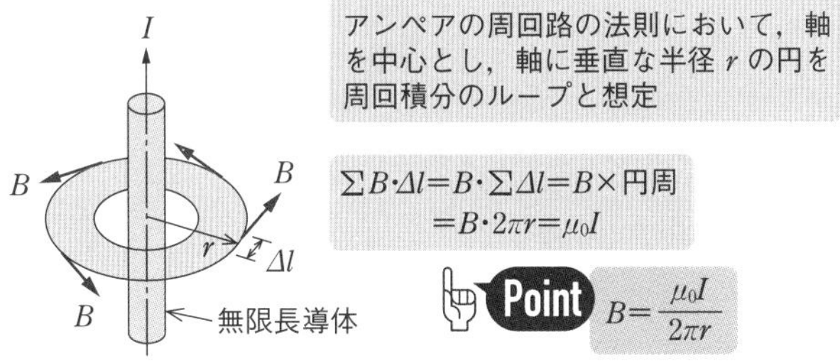

●図 1・42　無限長導体へアンペアの周回路の法則を適用

また，電流が図 1·43 のように閉じた通路を流れると，アンペアの右ねじの法則によって図のような向きの磁界ができる．このことから，右ねじを電流の流れる向きに回すと，磁界の向きはねじの進む向きに電流通路を通り抜ける．

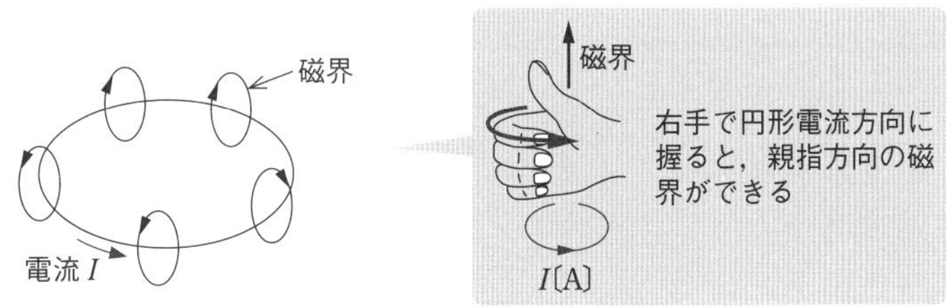

●図 1・43　円形電流による磁界

さらに，図 1·44 の無限長コイルでは，コイル内部磁界 B_i = 一定，外部磁界 $B_o = 0$ であるので，アンペアの周回路の法則を，コイルを囲む一辺が l の長方形の経路 abcd に適用し，b–c，a–d 間の距離を無視できるほど小さくとれば

経路 a–b　$\sum B\cdot\Delta l\cdot\cos\theta = B_o l = 0$（∵　$B_o = 0$）

経路 b–c　$\sum B\cdot\Delta l\cdot\cos\theta = 0$（∵　$\Delta l = 0$）

経路 c–d　$\sum B\cdot\Delta l\cdot\cos\theta = B_i l$

経路 d–a　$\sum B\cdot\Delta l\cdot\cos\theta = 0$（∵　$\Delta l = 0$）

距離 l に含まれるコイル巻数は nl 巻であるから，通り抜ける電流は nlI とな

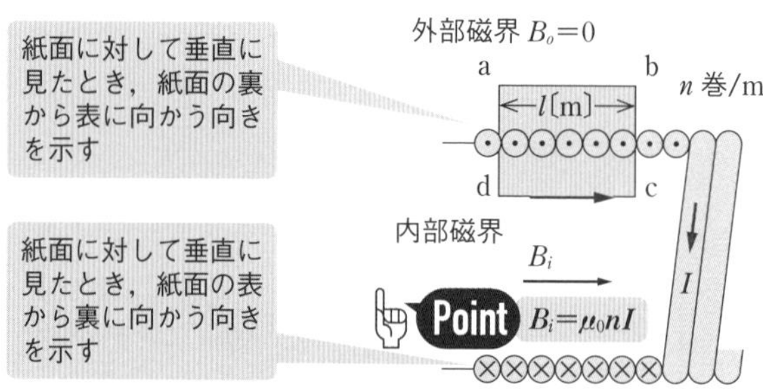

●図 1・44　無限長コイルへアンペアの周回路の法則を適用

るので

$$\sum B\cdot\Delta l\cdot\cos\theta=B_i l=\mu_0 nlI$$

$$\therefore\quad \boldsymbol{B_i=\mu_0 nI}\ \text{〔T〕} \qquad (1\cdot 61)$$

$H=nI$〔A/m〕と同じ

図 1･45 のように，導体を巻いて環状にした空心コイルに電流 I〔A〕を流すと，巻数 N が大きいときには，磁束はすべて環状コイルの内側だけに，O を中心として円心円状に生じる．つまり，コイルの中だけに磁界ができる．

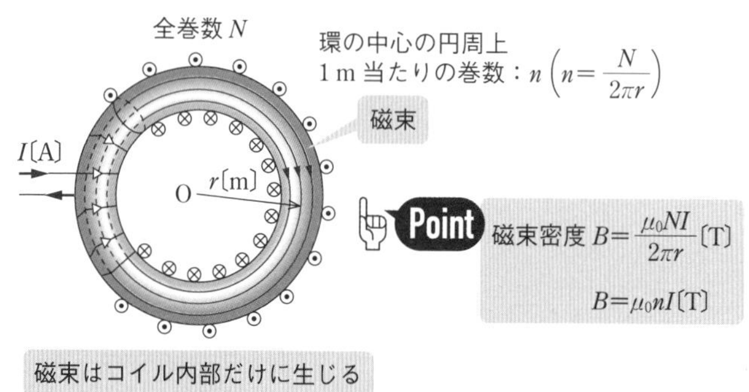

●図 1・45　環状コイル内部の磁界

磁束に沿った経路の長さ l〔m〕は $2\pi r$〔m〕であり，電線の全巻数が N 回で I〔A〕の電流が N 回巻かれているので全電流が NI〔A〕になるから，アンペアの周回路の法則の式（1･57）より

$$B\times 2\pi r=\mu_0 NI$$

$$\therefore\quad B=\frac{\mu_0 NI}{2\pi r}\ \text{〔T〕} \qquad (1\cdot 62)$$

ここで，$N/2\pi r$ は円周上の 1 m 当たりの巻数を示しており，これを n とすれば，次のように表すこともできる．

$$\boldsymbol{B}=\frac{\mu_0 \boldsymbol{NI}}{2\pi \boldsymbol{r}}=\mu_0 \boldsymbol{nI}\ \text{〔T〕}\qquad H=\frac{NI}{2\pi r}=nI\ \text{〔A/m〕と同じ} \tag{1・63}$$

2　ビオ・サバールの法則

図 1･46 のように，導体 ac 上の点 b 前後の微小部分 Δl〔m〕に流れる電流 I〔A〕により，点 b から r〔m〕離れた点 P に生じる磁束密度 B〔T〕は式（1･64）で表される．

$$\boldsymbol{\Delta B}=\frac{\mu_0 \boldsymbol{I\Delta l}\sin\theta}{4\pi \boldsymbol{r}^2}\ \text{〔T〕}\qquad \Delta H=\frac{I\Delta l\sin\theta}{4\pi r^2}\ \text{〔A/m〕と同じ} \tag{1・64}$$

ここで，θ は導体 ac 上における点 b での接線と，点 b と点 P を結んだ線とのなす角である．また，点 P の磁界の向きはアンペアの右ねじの法則による．これが**ビオ・サバールの法則**である．

図 1･46 において，実際に点 P に生じる磁束密度 ΔB は，電流が a から c まで連続して流れるから，a から c までを細分した各点の微小部分によって生じる磁束密度を合成すればよい．

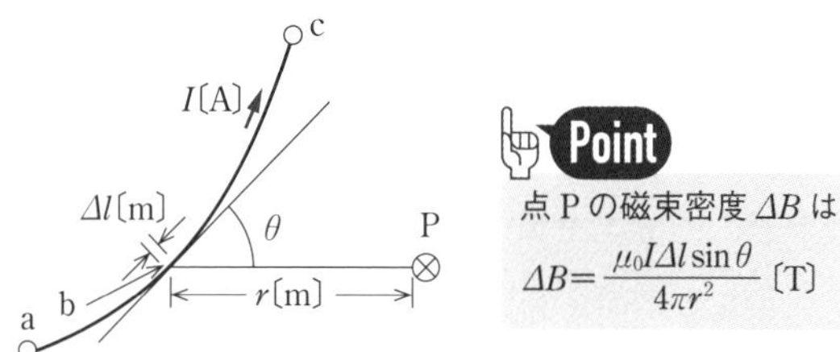

点 P の磁界の向きは，アンペアの右ねじの法則による

●図 1・46　ビオ・サバールの法則

次に，図 1･47 において，半径 r〔m〕の円形コイルの円周上の任意の微小部分 Δl〔m〕を流れる電流 I〔A〕により，円の中心 O に生じる磁束密度を ΔB〔T〕で表す．

Δl は円周上にあるため，Δl と半径とがなす角度 $\theta=90°$ であるから，式（1･64）より

$$\Delta B=\frac{\mu_0 I\Delta l\sin 90°}{4\pi r^2}=\frac{\mu_0 I\Delta l}{4\pi r^2} \tag{1・65}$$

ここで，円周上のどの Δl に対しても，中心 O における ΔB は同じ向きであるため，中心 O における磁束密度 B は ΔB を加え合わせればよい．つまり，Δl を

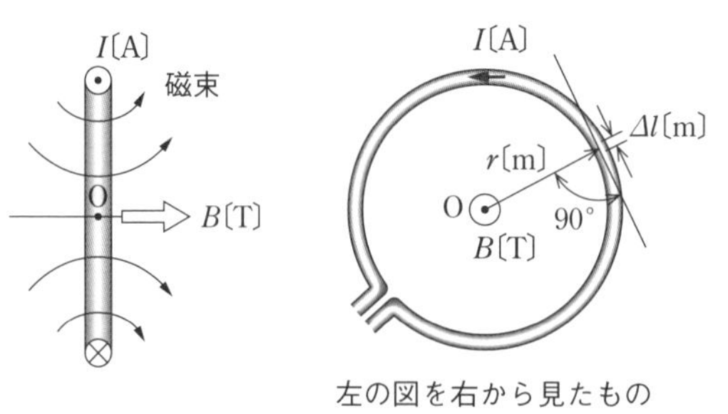

左の図を右から見たもの

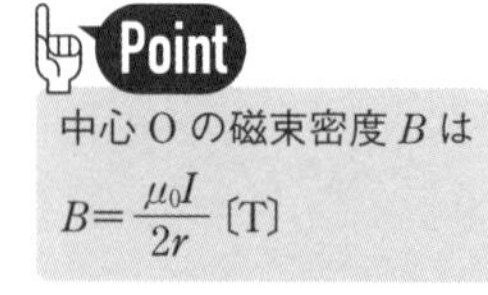

中心 O の磁界の強さ H は

$H=\dfrac{I}{2r}$〔A/m〕

円形コイルの中心Oの磁束密度は，円周上の $\varDelta l$ が中心 O につくる磁束密度の和となる

●図 1・47　円形コイルによる磁束密度

すべて加え合わせれば導体の円周（$2\pi r$）に相当する．

したがって，中心 O における磁束密度 B は，コイル 1 巻について

$$B=\int \varDelta B=\frac{\mu_0 I}{4\pi r^2}\int \varDelta l=\frac{\mu_0 I}{4\pi r^2}\cdot 2\pi r=\frac{\mu_0 I}{2r}\ \text{〔T〕} \qquad (1\cdot 66)$$

さらに，コイルの巻数が N 巻の円形コイルにおいて，直流電流 I〔A〕を流したときの円形コイルの中心に発生する磁界の磁束密度は次式となる．

$$\boldsymbol{B=\frac{\mu_0 NI}{2r}}\ \text{〔T〕} \qquad (1\cdot 67)$$

$H=\dfrac{NI}{2r}$〔A/m〕と同じ

問題29　☑☑☑　H15 A-3

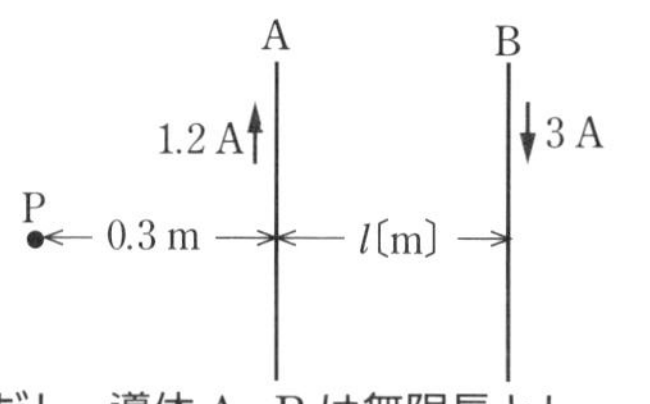

図のように，A，B 2 本の平行な直線導体があり，導体 A には 1.2A の，導体 B にはそれと反対方向に 3A の電流が流れている．導体 A と B の間隔が l〔m〕のとき，導体 A より 0.3m 離れた点 P における合成磁界が 0 になった．l〔m〕の値として，正しいのは次のうちどれか．ただし，導体 A，B は無限長とし，点 P は導体 A，B を含む平面上にあるものとする．

(1) 0.24　(2) 0.45　(3) 0.54　(4) 0.75　(5) 1.05

アンペアの法則より，無限長導体から r の円周上の磁束密度 B は式（1·60）のように $B=\mu_0 I/(2\pi r)$ である．

アンペアの法則により，導体 A の電流による点 P の磁界の磁束密度 B_a は

$$B_a = \frac{\mu_0 \times 1.2}{2\pi \times 0.3} \text{〔T〕} \quad (\because \text{ 式 (1·60) 参照})$$

導体電流 B による点 P の磁界の磁束密度 B_b は，B_a を基準方向とすると

$$B_b = \frac{\mu_0 \times (-3)}{2\pi \times (l+0.3)} \text{〔T〕}$$

合成磁界 $B = B_a + B_b = 0$ であるから

$$\frac{\mu_0 \times 1.2}{2\pi \times 0.3} = \frac{\mu_0 \times 3}{2\pi \times (l+0.3)}$$

$\therefore \quad 1.2 \times (l+0.3) = 0.3 \times 3$ 　　整理して，$l = \frac{0.3 \times 3}{1.2} - 0.3 = \mathbf{0.45\,m}$

解答 ▶ (2)

問題30 H23 A-4

図 1 のように，1 辺の長さが a〔m〕の正方形のコイル（巻数：1）に直流電流 I〔A〕が流れているときの中心点 O_1 の磁界の大きさを H_1〔A/m〕とする．また，図 2 のように，直径 a〔m〕の円形コイル（巻数：1）に直流電流 I〔A〕が流れているときの中心点 O_2 の磁界の大きさを H_2〔A/m〕とする．このとき，磁界の大きさの比 H_1/H_2 の値として，最も近いものを次の (1)～(5) のうちから一つ選べ．ただし，中心点 O_1，O_2 はそれぞれ正方形のコイル，円形のコイルと同一平面上にあるものとする．

参考までに，図 3 のように，長さ a〔m〕の直線導体に直流電流 I〔A〕が流れているとき，導体から距離 r〔m〕離れた点 P における磁界の大きさ H〔A/m〕は，$H = \frac{I}{4\pi r}(\cos\theta_1 + \cos\theta_2)$ で求められる（角度 θ_1 と θ_2 の定義は図参照）．

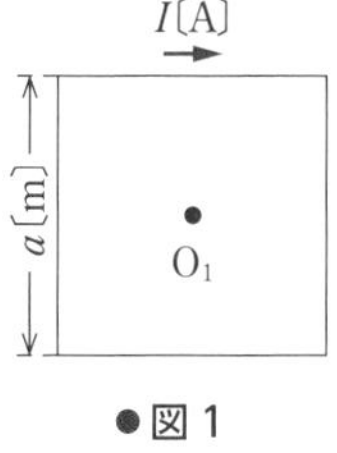

●図 1

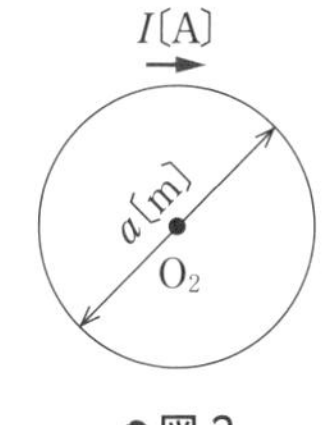

●図 2

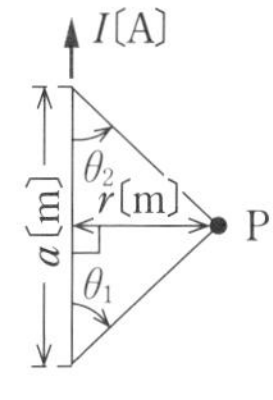

●図 3

(1) 0.45　(2) 0.90　(3) 1.00　(4) 1.11　(5) 2.22

解図のように，問題図 1 の正方形の対角線を引くと，正方形コイルの 1 辺の導体に流れる電流が点 O_1 に作る磁界の大きさは問題図 3 の $H=\dfrac{I}{4\pi r}(\cos\theta_1+\cos\theta_2)$ を適用できる．

正方形コイルの 1 辺の導体に流れる電流 I が点 O_1 に作る磁界は

$$H=\frac{I}{4\pi(a/2)}\left(\cos\frac{\pi}{4}+\cos\frac{\pi}{4}\right)=\frac{\sqrt{2}I}{2\pi a}$$

正方形コイルの 4 辺は点 O_1 において同じ方向の磁界を作るから

$$H_1=4H=\frac{2\sqrt{2}I}{\pi a}\ \text{〔A/m〕}$$

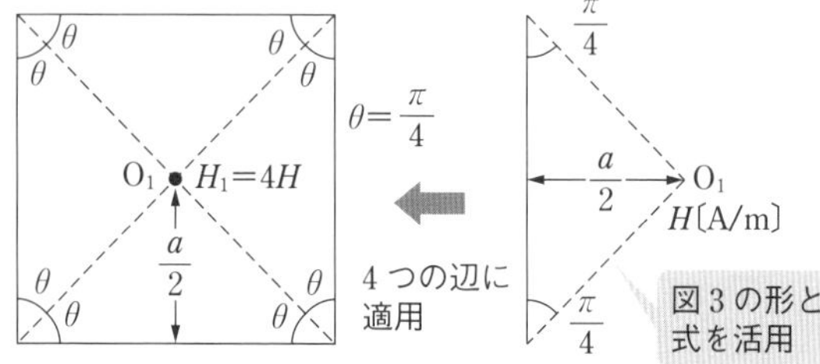

●解図　正方形の対角線を活用

一方，問題図 2 の円形コイルの中心 O_2 における磁界は式 (1·67) より

$$H_2=\frac{I}{2(a/2)}=\frac{I}{a}\ \text{〔A/m〕}$$

したがって，$\dfrac{H_1}{H_2}=\dfrac{2\sqrt{2}I}{\pi a}\times\dfrac{a}{I}=\dfrac{2\sqrt{2}}{\pi}\fallingdotseq\mathbf{0.90}$

解答 ▶ (2)

問題31 ✓✓✓ H28 A-3

図のように，長い線状導体の一部が点 P を中心とする半径 r〔m〕の半円形になっている．この導体に電流 I〔A〕を流すとき，点 P に生じる磁界の大きさ H〔A/m〕はビオ・サバールの法則より求めることができる．H を表す式として，正しいのは次のうちどれか．

(1) $\dfrac{I}{2\pi r}$　(2) $\dfrac{I}{4r}$　(3) $\dfrac{I}{\pi r}$

(4) $\dfrac{I}{2r}$　(5) $\dfrac{I}{r}$

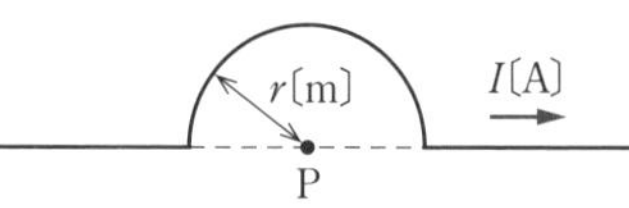

ビオ・サバールの法則の式（1･64）において，微小部分 Δl を流れる電流 I〔A〕は $\theta = 0$ となる Δl 方向の点には磁界をつくらない．このため，問題図の長い線状導体部分を流れる電流は点 P に磁界をつくらない．したがって，点 P の磁界は半円形の導体部分を流れる電流によってつくられる．

点 P に生じる磁界の磁束密度 B は式（1･64）と半円であることを考慮すれば

$$B = \int \Delta B = \int \frac{\mu_0 I \Delta l \sin 90°}{4\pi r^2} = \frac{\mu_0 I}{4\pi r^2} \int \Delta l = \frac{\mu_0 I}{4\pi r^2} \cdot \pi r = \frac{\mu_0 I}{4r} \text{〔T〕}$$

ここで，式（1･56）の $B = \mu_0 H$ より，$H = \dfrac{\boldsymbol{I}}{\boldsymbol{4r}}$ **〔A/m〕**

解答 ▶ (2)

問題32 H21 A-4

図のように，点 O を中心とするそれぞれ半径 1 m と半径 2 m の円形導線の 1/4 と，それらを連結する直線状の導線からなる扇形導線がある．この導線に，図に示す向きに直流電流 $I = 8$ A を流した場合，点 O における磁界〔A/m〕の大きさとして，正しいのは次のうちどれか．ただし，扇形導線は同一平面上にあり，その巻数は 1 巻である．

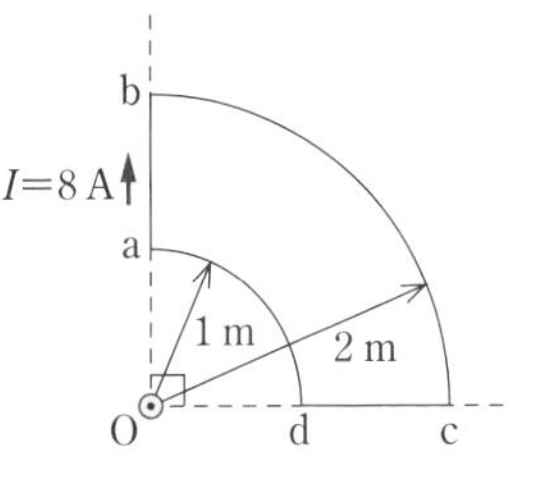

(1) 0.25　(2) 0.5　(3) 0.75　(4) 1.0　(5) 2.0

半径 r〔m〕，巻数 1 の円形コイルに直流電流 I〔A〕を流したとき，円形コイルの中心における磁界 H〔A/m〕は，式（1･67）より，$H = I/2r$〔A/m〕で表される．円形コイルの 1/4 なら，その磁界の式を 1/4 すればよい．

解説

問題図において，電流 I のうち a から b，c から d の区間電流による点 O の磁界 H は 0 である．したがって，扇形導線の内側（問題図の d から a）と外側（b から c）は，円形コイルの 1/4 であり，その内側と外側に流れる電流が右ねじの法則より点 O につくる磁界は逆向きであることを考慮すれば

$$H = \frac{8}{2 \times 1} \times \frac{1}{4} - \frac{8}{2 \times 2} \times \frac{1}{4} = 1 - 0.5 = \mathbf{0.5\ A/m}$$

解答 ▶ (2)

電　磁　力

［★★★］

図 1·48 のように，磁石を置いて，その磁界中に導体を動きやすいようにつるしておき，この導体に電流を流すと，導体に力が働いて，一定の方向に動く．このように，電流が流れる導体と磁界との間に働く力を**電磁力**という．

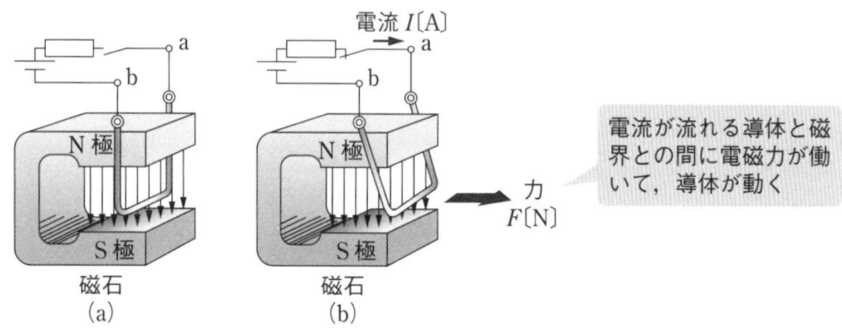

●図 1・48　電流と磁界との間に働く力

1　フレミングの左手法則

磁界中の電流に働く力の方向を覚えやすくする方法の一つに，**フレミングの左手法則**がある．

左手の親指，人差し指，中指を図 1·49 のように直角になるように曲げると，各指の示す方向は次のような対応がある．

中　　指―**電**　　流

人差し指―**磁**束密度

親　　指―**力**

この関係は，図 1·50 のように座標軸を考え，電流 I を x 軸，磁束密度 B を y 軸，力 F を z 軸にとるとき，電流 I から磁束密度 B へ，180° より小さい角度をなす方

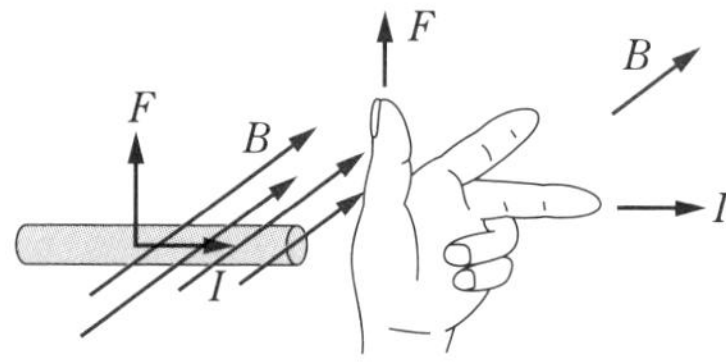

●図 1・49　フレミングの左手法則

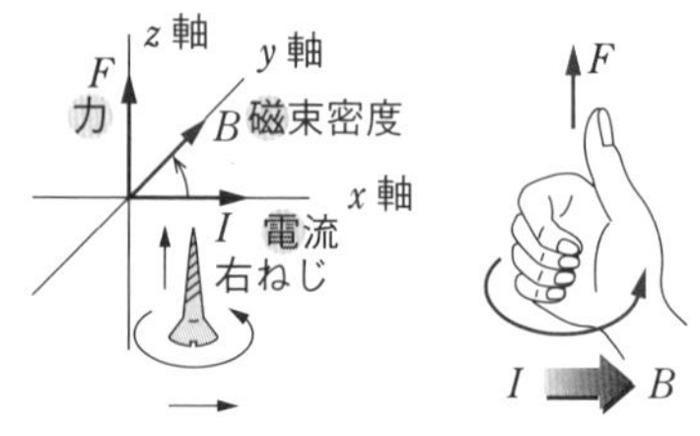

●図 1・50　電磁力の方向

向に右ねじを回すとき，右ねじの進む方向に力 F が働くともいえる．

すなわち，電流 I の座標軸から，磁束密度 B の座標軸に向かって右手人差し指から小指までを曲げて握って親指を立てる方向に電磁力が働くことになる．

この場合も，**電**流**→磁**束密度**→力**の順番に対応させて覚えるとよい．

2 電磁力の大きさ

図 1·51 (a) のように，磁束密度 B〔T〕の一様な磁界中に，I〔A〕の電流が流れている磁界中の長さが l〔m〕の導体を，磁界の向きと角度 θ をなすように置いたとき，導体に働く力 F〔N〕は次式のように表すことができる．

$$\boldsymbol{F = IBl\sin\theta}\ \text{〔N〕} \qquad (1 \cdot 68)$$

磁界の向きと直交する $l\sin\theta$ のみが電磁力 F に寄与

また，図 1·51 (b) のように，この導体を磁界の向きと 90° となるように置けば，導体に働く力 F〔N〕は

$$F = IBl\sin 90° = IBl\ \text{〔N〕} \qquad (1 \cdot 69)$$

となる（図 1·50 に示したように，I から B へ右ねじを回したとき，ねじの動く向きが F であるから，式 (1·69) は BIl ではなく，IBl と覚える）．

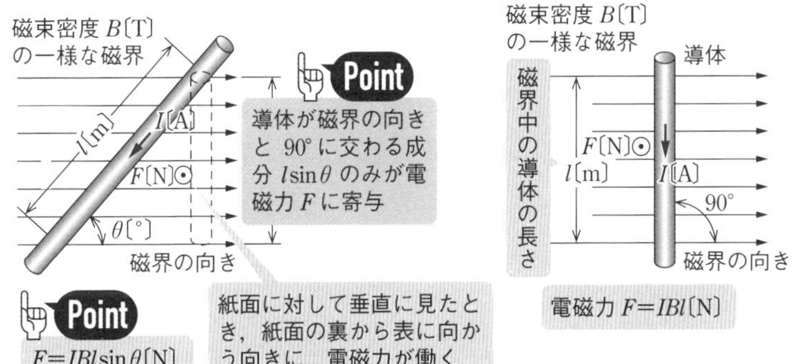

●図 1・51　電磁力の大きさ

3 平行導体電流間の電磁力

平行している導体に電流が流れている場合，一方の導体電流のつくる磁界により他方の導体電流が力を受け，相互に同じ大きさの力で，電流の方向によって吸

引または反発する．

平行導体間の距離を r〔m〕，電流を I_1〔A〕，I_2〔A〕とする．電流 I_1 により I_2 の位置に生ずる磁束密度 B_1 は，式 (1･60) から

$$B_1 = \frac{\mu_0 I_1}{2\pi r} \text{〔T〕}$$

I_1 と I_2 は平行であり，B_1 は I_1 を中心とする円をなすので，I_2 となす角は直角である．図 1･52 の断面は図 1･53 のようになる．

Point $F_1 = F_2 = \dfrac{\mu_0 I_1 \cdot I_2}{2\pi r}$〔N/m〕

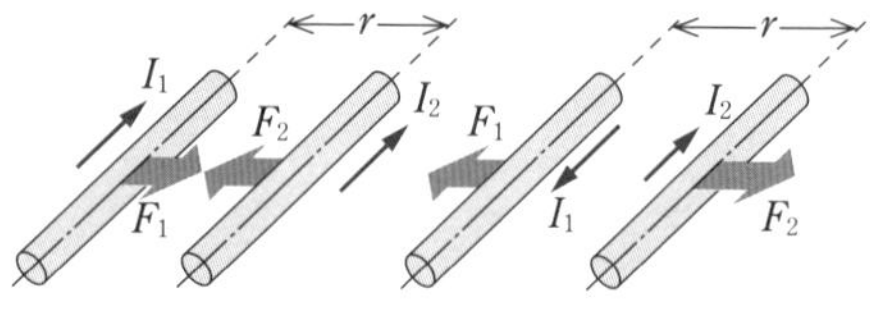

(a) 吸引力　(b) 反発力

●図 1・52　平行導体間の電磁力

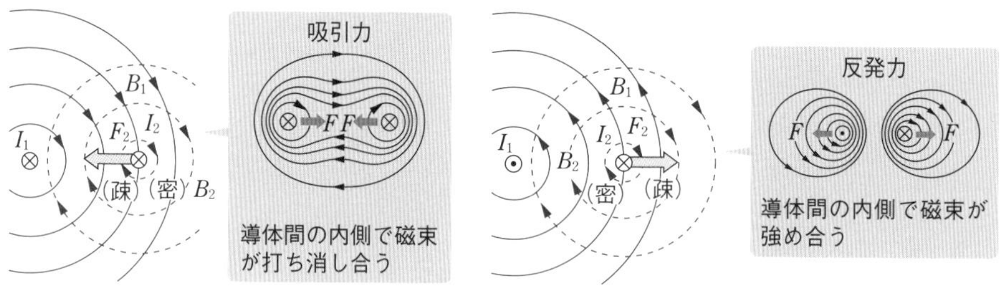

(a) I_1, I_2 同方向　(b) I_1, I_2 反対方向

●図 1・53　平行導体間の磁束分布

I_2 に働く力 F_2 は式 (1･68) により，単位長さ 1 m 当たりについて

式 (1･58) より $\mu_0 = 4\pi \times 10^{-7}$

導体間距離に反比例

$$\boldsymbol{F_2 = I_2 B_1 \sin\left(\frac{\pi}{2}\right) = \frac{\mu_0 I_1 I_2}{2\pi r} = 2 \times 10^{-7} \times \frac{I_1 I_2}{r}} \text{〔N/m〕} \quad (1 \cdot 70)$$

I_2 と I_1 の順序を入れ替えても同じ式を得ることから，I_2 により I_1 に働く力 F_1 は F_2 と同じ大きさになる．

力の方向は，フレミングの左手法則から，または図 1･53 から，合成磁束の密から疎の方向に力が働き，I_1 と I_2 が同方向のときは吸引し合い，反対方向のときは反発し合う．

図 1･53 (a) において，同じ向きに電流が流れているときには，導体間の内側では磁力線が逆向きになるので，打ち消し合う．このため，導体間の外側の方が

磁力線密度が大きくなる．磁力線には互いに反発し合う性質がある．そこで，導体間の内側で疎になった磁力線どうしの反発よりも，外側の密になった磁力線どうしの反発の方が強いため，2 本の導体間には吸引力が働く．

他方，図 1･53 (b) のように，電流が互いに逆方向の場合，導体間の内側の方が外側よりも磁力線密度が大きくなる．したがって，外側の疎になった磁力線どうしの反発よりも，内側の密になった磁力線どうしの反発の方が強いので，2 本の導体間には反発力が働く．

4 方形コイルの電磁トルク

トルクとは，図 1･54 (a) に示すように，回転軸の周りの力のモーメントである．図 1･54 (b) のように，斜めに力をかけると力の垂直成分だけが影響する．また，図 1･54 (c) のように，回転軸を棒の中心にもってきて両端に力を作用させると

$$T = T_1 + T_2 = FD\cos\theta \ \text{〔N·m〕} \tag{1·71}$$

となる．

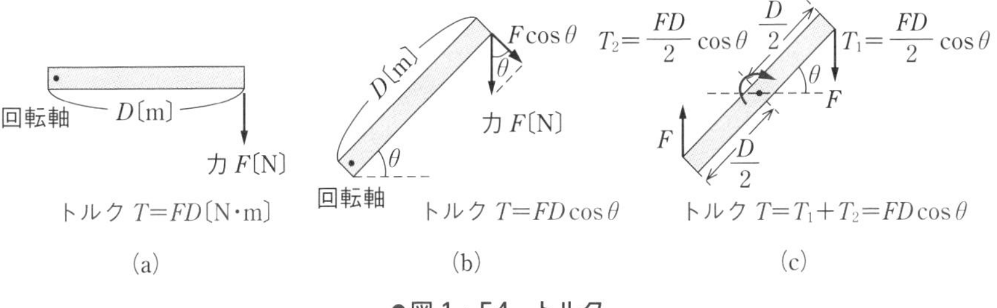

●図 1・54 トルク

さて，図 1･55 (a) のように，磁束密度が B〔T〕で一様な磁界中に 1 巻のコイルを置いて電流を流すと，コイルの辺①-②，③-④にはフレミングの左手法則による向きに電磁力が働き，コイルが回転する．一方，コイルの他の辺②-③，①-④は磁束密度の向きと平行であるから，式 (1･68) において $\theta = 0°$ つまり $\sin\theta = 0$ となり，電磁力は働かない．

図 1･55 において，コイルの辺①-②，③-④に働く力 F〔N〕は式 (1･69) より，$F = IBa$〔N〕となるから，方形コイルに働くトルク T〔N·m〕は

$$T = F \times b = IBab \ \text{〔N·m〕} \tag{1·72}$$

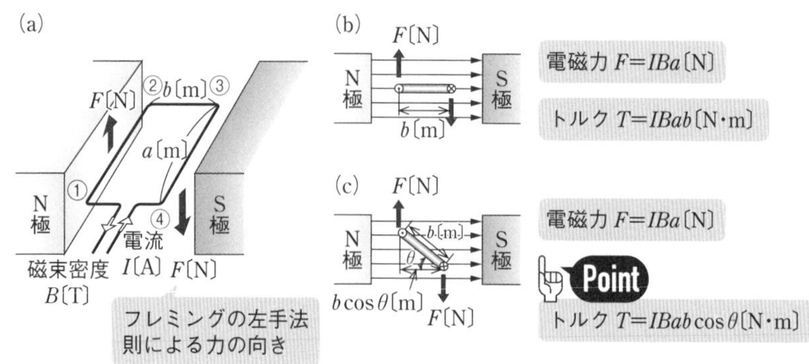

●図1・55　方形コイルに働く力とトルク

さらに，図 1·55 (c) のように，コイルが回転して磁束密度と θ の角度になれば，このときのトルク T は磁界の向きの長さが $b\cos\theta$ となるから，式 (1·71) より

$$T=Fb\cos\theta=IBab\cos\theta \text{〔N·m〕} \quad (1\cdot 73)$$

となる．コイルの巻数が n の場合のトルクは

$$\boldsymbol{T=nIBab\cos\theta} \text{〔N·m〕} \quad (1\cdot 74)$$

となる．

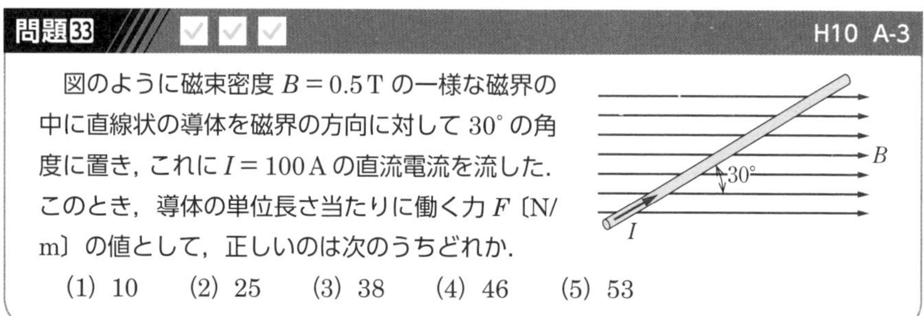

問題33　✓ ✓ ✓　H10 A-3

図のように磁束密度 $B=0.5\,\mathrm{T}$ の一様な磁界の中に直線状の導体を磁界の方向に対して 30° の角度に置き，これに $I=100\,\mathrm{A}$ の直流電流を流した．このとき，導体の単位長さ当たりに働く力 F〔N/m〕の値として，正しいのは次のうちどれか．

(1) 10　(2) 25　(3) 38　(4) 46　(5) 53

電磁力は，式 (1·68) のように，$F=IBl\sin\theta$ により求める．

解説

$$F=IBl\sin\theta=100\times0.5\times1\times\sin30^\circ$$
$$=50\times0.5=\mathbf{25\,N/m}$$

解答 ▶ (2)

問題34 ✓ ✓ ✓ H17 A-4

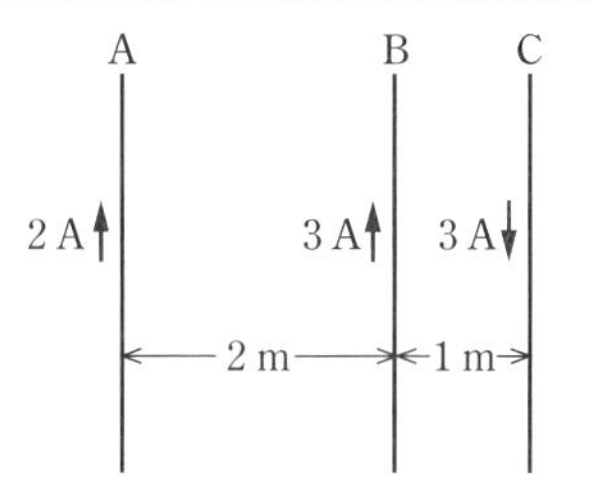

真空中において，同一平面内に，無限に長い3本の導体A，B，Cが互いに平行に置かれている．導体Aと導体Bの間隔は2m，導体Bと導体Cの間隔は1mである．導体には図に示す向きに，それぞれ2A，3A，3Aの直流電流が流れているものとする．このとき，導体Bが，導体Aに流れる電流と導体Cに流れる電流によって受ける1m当たりの力の大きさF〔N/m〕の値として，正しいのは次のうちどれか．ただし，真空の透磁率を$\mu_0 = 4\pi\times10^{-7}$H/mとする．

(1) 1.05×10^{-6}　(2) 1.20×10^{-6}　(3) 1.50×10^{-6}
(4) 2.10×10^{-6}　(5) 2.40×10^{-6}

平行導体電流間の電磁力は，式（1·70）のように$F = \dfrac{\mu_0 I_1 I_2}{2\pi r}$であり，複数の力が働く場合には向きに注意して力を合成する（$\mu_0 = 4\pi\times10^{-7}$）．

解説 A–B間，A–C間の電磁力を個別に求め，合成する．

A–B間の電磁力 $F_1 = \dfrac{\mu_0 I_A I_B}{2\pi r} = \dfrac{2\times10^{-7}\times2\times3}{2} = 6\times10^{-7}$ N/m，吸引力

B–C間の電磁力 $F_2 = \dfrac{\mu_0 I_B I_C}{2\pi r} = \dfrac{2\times10^{-7}\times3\times3}{1} = 18\times10^{-7}$ N/m，反発力

解図に示すように，導体Bについては加わり合うので，合成電磁力Fは

$$F = F_1 + F_2 = (6+18)\times10^{-7} = 24\times10^{-7} = \mathbf{2.4\times10^{-6}\ N/m}$$

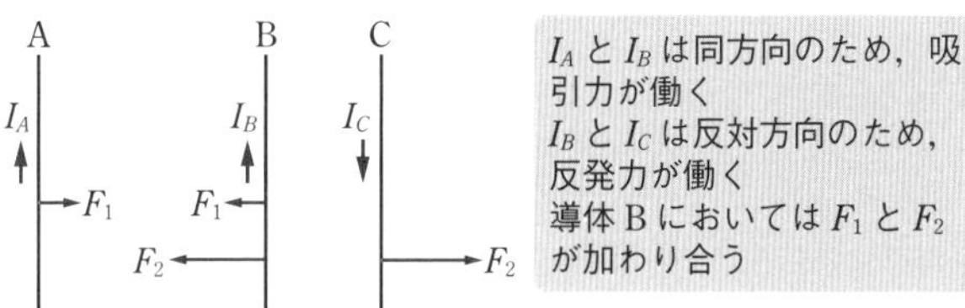

●解図

解答 ▶ (5)

問題35 ✓ ✓ ✓ H14 A-4

図のように，空間に一様に分布する磁束密度 $B=0.4\,\mathrm{T}$ の磁界中に，辺の長さがそれぞれ $a=15\,\mathrm{cm}$，$b=6\,\mathrm{cm}$ で，巻数 $n=20$ の長方形のコイルが置かれている．このコイルに直流電流 $I=0.8\,\mathrm{A}$ を流したとき，このコイルの回転軸 OO′ を軸としてコイルに生じるトルク T〔N·m〕の最大値として，最も近いのは次のうちどれか．ただし，コイルの辺 a は磁界と直交し，OO′ は辺 b の中心を通るものとする．また，コイルの太さは無視し，流れる電流によって磁界は乱されないものとする．

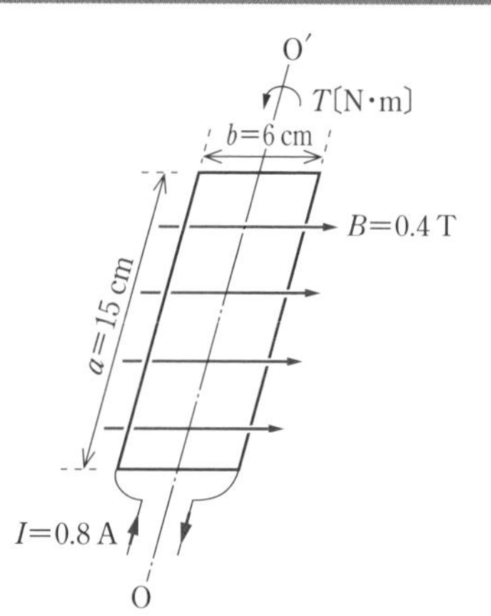

(1) 0.011　(2) 0.029　(3) 0.033　(4) 0.048　(5) 0.058

トルクは力×腕の長さで表され，力は電磁力の公式を用いる．

解説 コイルを回転軸の O 側から見ると，解図となる．コイル面の角度は任意なので α としておく．辺 A に働く電磁力 $F_A=nIBa\sin\theta$ で，電流と磁界とは直交しているから $\sin\theta=1$ とし，$F_A=20\times0.8\times0.4\times0.15=0.96\,\mathrm{N}$.

辺 C に働く力 F_C は大きさが F_A と等しく，方向は反対となる．OO′ を中心軸とするトルク T は力 F と回転の腕の長さ r の積の和であるから

$$T=2F_A\frac{b}{2}\cos\alpha\ \text{〔N·m〕}$$

となり，T の最大値は $\alpha=0$ のとき $\cos\alpha=1$ で

$$T_{\max}=F_Ab=0.96\times0.06$$
$$=0.0576\,\mathrm{N\cdot m}\fallingdotseq\mathbf{0.058\,N\cdot m}$$

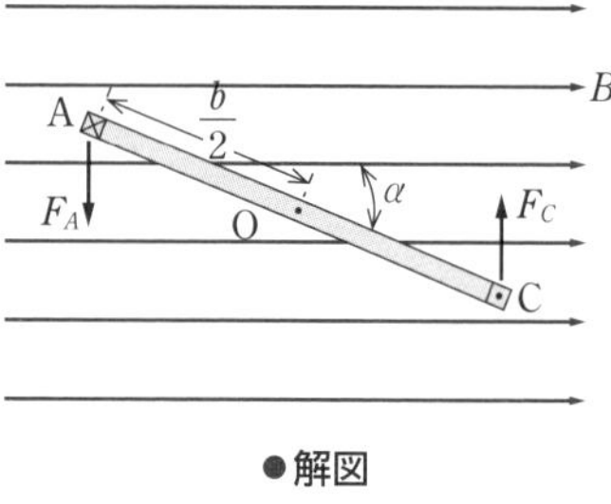

●解図

解答 ▶ (5)

問題36 R2 A-3

平等な磁束密度 B_0〔T〕のもとで，一辺の長さが h〔m〕の正方形ループ ABCD に直流電流 I〔A〕が流れている．B_0 の向きは辺 AB と平行である．B_0 がループに及ぼす電磁力として，正しいものを次の (1)～(5) のうちから一つ選べ．

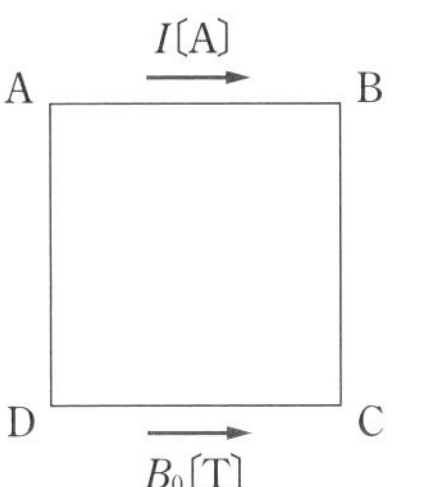

(1) 大きさ $2IhB_0$〔N〕の力
(2) 大きさ $4IhB_0$〔N〕の力
(3) 大きさ Ih^2B_0〔N·m〕の偶力のモーメント
(4) 大きさ $2Ih^2B_0$〔N·m〕の偶力のモーメント
(5) 力も偶力のモーメントも働かない

解図のように，物体に，大きさが同じで逆向きの力が作用するとき，物体には回転する作用が働く．この力の対を，偶力という．偶力のモーメント（トルク）T は，$T = F \cdot l$〔N·m〕で求められる．

解説 正方形の各辺の導線に働く電磁力は式 (1·68) に基づいて求める．

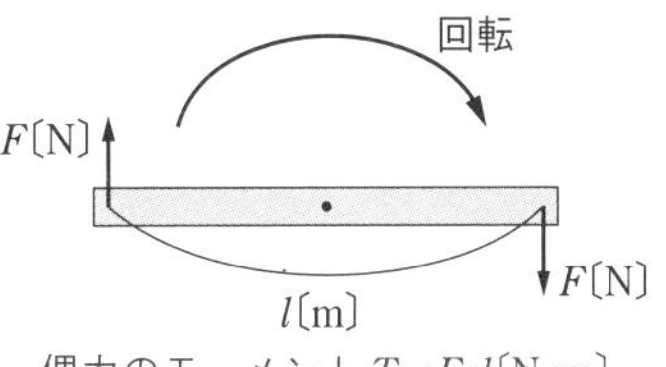

偶力のモーメント $T = F \cdot l$〔N·m〕

●解図

まず，辺 AB と辺 CD は，電流と磁界の向きが平行で，式 (1·68) において $\theta = 0°$ より $\sin\theta = 0$ となるから，電磁力は働かない．一方，辺 BC に作用する電磁力 F_{BC} は，式 (1·68) において $\theta = 90°$ より $\sin\theta = 1$ となるから，$F_{BC} = IB_0h$ であり，力の向きは紙面の裏から表に向かう向きである．他方，辺 DA に作用する電磁力 F_{DA} は $F_{DA} = IB_0h$ であり，力の向きは紙面の表から裏に向かう向きである．

ここで，電磁力 F_{BC} と F_{DA} は，大きさが同じで逆向きの力であるので，B_0 が正方形ループに及ぼす作用は**偶力のモーメント**となり，$T = IB_0h \times h = \boldsymbol{Ih^2B_0}$ となる．

解答 ▶ (3)

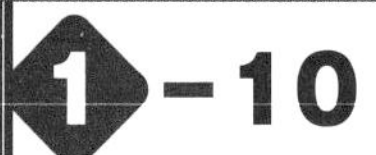

磁　性　体

［★★］

1 磁性体の種類

磁界中に物質を置いたとき，端部に磁極が現れ，物質中に新たな磁束を生ずる現象を**磁気誘導**といい，物質は**磁化**されたという．

磁化の極性と大きさによって，図1·56に示すように

常磁性体：磁界の方向に磁化される．

反磁性体：磁界と反対方向に磁化される．

強磁性体：常磁性体のうち，特に磁化が大きい磁性体．もとの磁界と合成すると，磁束が磁性体に集中するようになる．

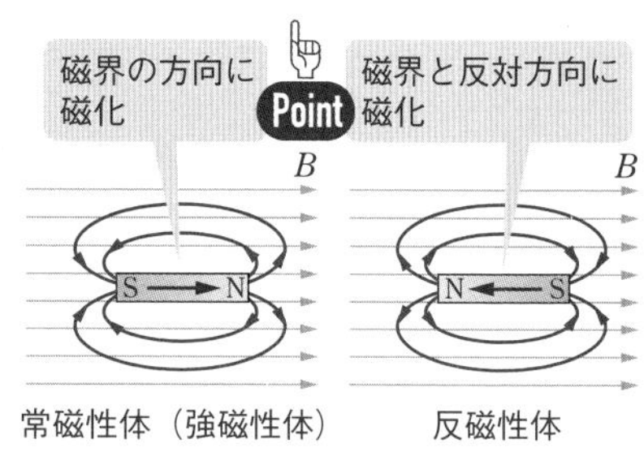

●図1・56　磁性体

のように分類される．

さて，1-7節で真空の透磁率について述べたが，透磁率は物質により値が異なり，その物質の透磁率が真空の透磁率 μ_0 の何倍になるかを表す値を**比透磁率** μ_s という．したがって，物質の透磁率 μ は

$$\mu = \mu_s \mu_0 \text{〔H/m〕} \tag{1・75}$$

で表すことができる．

磁性体は比透磁率 μ_s が1より大きい物質で，**鉄やニッケルなど強磁性体の比透磁率は非常に大きく**，一般に数百以上である．アルミニウムなど常磁性体の物質は比透磁率 μ_s が1より少しだけ大きい．銀や銅などの反磁性体の物質は，比透磁率が1より少し小さい．

2 透磁率と磁束密度

図1·57（a）において，鉄心を用いないコイル（空心コイル）の磁束密度は，式（1·56）に示したように，$B = \mu_0 H$〔T〕である．一方，図1·57（b）の鉄心入

りコイルでは，鉄心中の磁束密度 B_{Fe}〔T〕は，鉄の透磁率を μ，比透磁率を μ_s とすれば，式 (1･75) を用いて

$$\boldsymbol{B_{\mathrm{Fe}} = \mu H = \mu_s \mu_0 H} \text{〔T〕} \tag{1・76}$$

のように表すことができる．

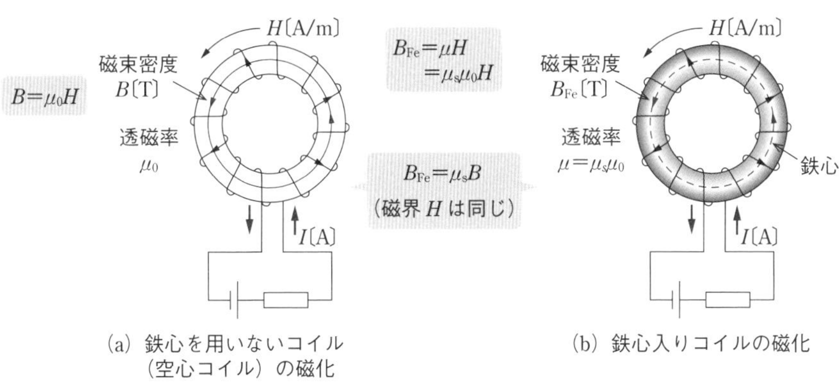

●図 1・57　透磁率と磁束密度の関係

3 磁気遮へい

図 1･58 のように，磁界中に強磁性体でできた箱を置くと，磁束は磁性体中を通るため，箱の内部空間には外部の磁界の影響がほとんど及ばない．このように磁界の影響を除くことを**磁気遮へい**という．

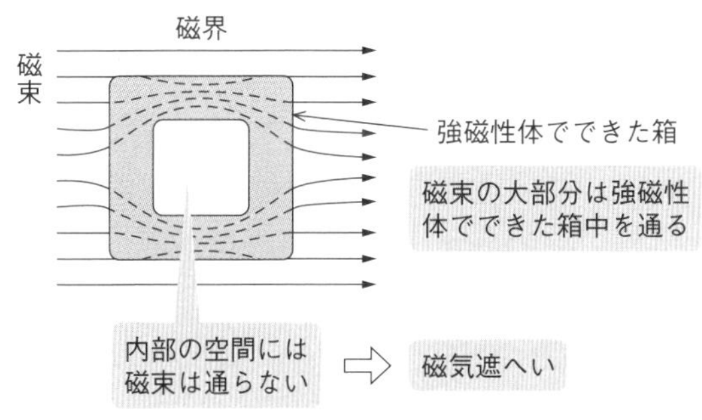

●図 1・58　磁気遮へい

4 磁 化 現 象

空心コイルでは，電流を大きくしてコイル内部の磁界を強くしていけば，式

(1·56) より，磁束密度 B は磁界の強さ H に比例して大きくなる．しかし，鉄，コバルト，ニッケルなどの強磁性体を磁化するとき，磁化するために加える磁界の強さ H を強くしても，ある程度以上になると磁化が進まず，磁束密度は飽和する性質がある．

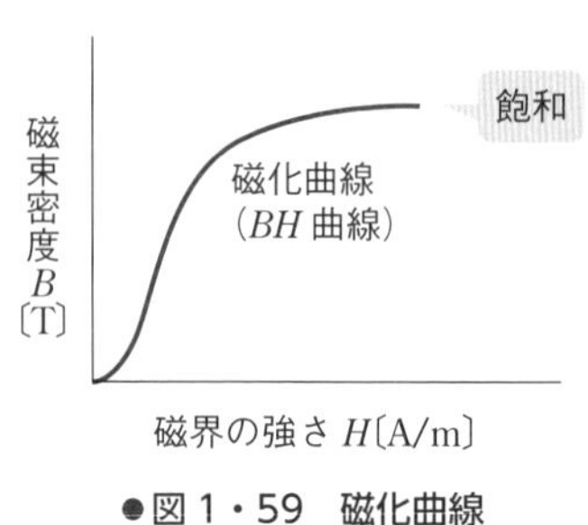

●図 1・59　磁化曲線

図 1·59 はこの関係を示したもので，これを**磁化曲線**または ***BH* 曲線**という．

さらに，鉄などの強磁性体を磁化する場合，磁界の強さ H と磁束密度 B の関係を図 1·60 に示す．

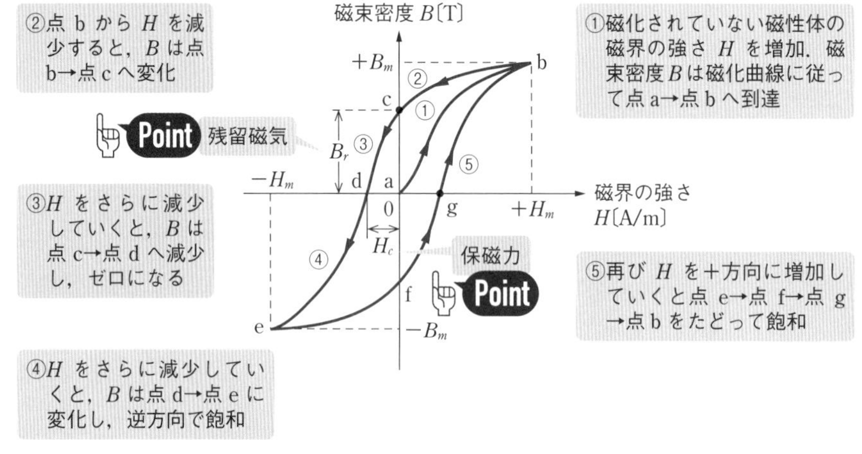

●図 1・60　ヒステリシス曲線

このように，強磁性体の磁化は，以前の状態によって異なる履歴性があり，BH 曲線はループを描く．これを**ヒステリシス曲線**という．

図 1·60 に示すように，点 c では，磁界の強さ H をゼロにしても，鉄中の磁束密度はゼロにならず，磁気が残る．これを**残留磁気**または**残留磁束密度**という．また，点 d では，このときの磁界の強さ H_c は，残留磁気 B_r を完全になくすために必要な反対方向の磁界の強さで，**保磁力**という．

鉄心入りコイルに交流を流して電流の向きを周期的に変えると，その 1 循環ごとに，ヒステリシス曲線内の面積に比例したエネルギーが鉄などの磁性体の中で熱に変わって消費され，これにより磁性体の温度が上昇する．この電力損を**ヒ**

ステリシス損という．ヒステリシス損は，周波数 f で磁化すると，毎秒 f 回ヒステリシス損が発生するので，周波数に比例する．

交流機器の鉄心や電磁石にはヒステリシス損の小さいほうが好ましく，また透磁率 μ および B_r が大きく H_c の小さいほうがよく，**軟磁性材**と呼ばれる．**永久磁石**には H_c および最大エネルギー積 $(BH)_{max}$（BH 曲線上の B と H の積の最大値）の大きいものが適している．

5 磁気回路

磁束密度 B の通る経路について，磁束密度 B〔T〕×経路の断面積 S〔m^2〕が**磁束 ϕ〔Wb（ウェーバ）〕**である．

強磁性体がある場合，磁束はほとんど全部強磁性体を通る．図 1·61 のように電流が導体を集中して流れる電気回路と対応させて，磁束の通る経路を**磁気回路**という．

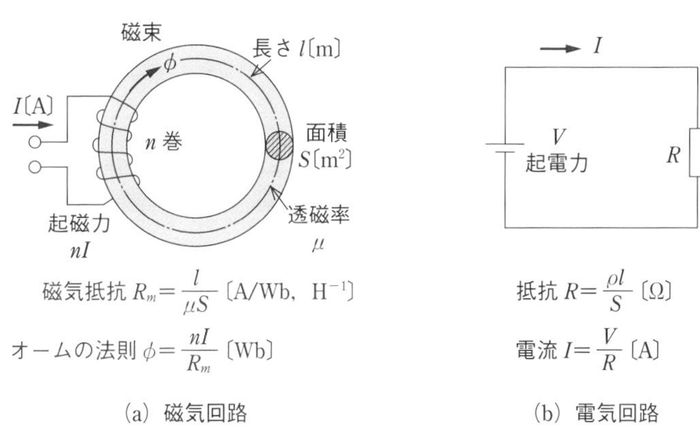

●図 1・61　磁気回路と電気回路

図 1·61 (a) において，鉄心中の磁界の強さ H〔A/m〕は，鉄心中の磁路の長さを l〔m〕とすれば，アンペアの周回路の法則の式 (1·59) より

$$\boldsymbol{Hl = nI} \text{〔A〕} \qquad (1 \cdot 77)$$

が成り立つ．右辺の nI を**起磁力**という．　起磁力は，磁束を発生させる元となる力

また，式 (1·55) より $\phi = BS$〔Wb〕，式 (1·76) より $B = \mu H$，式 (1·77) を利用して

$$\phi = BS = \mu HS = \mu \frac{nI}{l} S = \frac{nI}{\dfrac{l}{\mu S}} \qquad (1 \cdot 78)$$

式（1·78）において，$R_m = \dfrac{l}{\mu S}$ （〔A/Wb〕，〔1/H〕，〔H^{-1}〕）とおけば

$$\phi = \frac{nI}{R_m} \text{〔Wb〕} \qquad (1 \cdot 79)$$

Point 起磁力＝磁束×磁気抵抗

となる．この式（1·79）を電気回路のオームの法則 $I = \dfrac{V}{R}$ に対比させて，起磁力 nI を起電力 V に，磁束 ϕ を電流 I に対応させれば，R_m は抵抗 R に対応する．この R_m を**磁気抵抗**という．式（1·79）は**磁気回路のオームの法則**ともいう．

電気回路と磁気回路の対応は表 1·1 のようになり，この類似性を利用して，抵抗の直並列計算その他の電気回路の計算法則を磁気回路に適用すると，強磁性体を含む磁気回路の計算が容易になる．

Point 電気回路と磁気回路の類似性をよく理解する

●表 1・1　電気回路と磁気回路の対応

	電気回路	磁気回路
類似対応	電界 E〔V/m〕	磁界の強さ H〔A/m〕
	起電力 $V = El$〔V〕	起磁力 $F = Hl = nI$〔A〕
	電気抵抗 $R = \dfrac{\rho l}{S}$〔Ω〕$= \dfrac{l}{\sigma S}$　σ：導電率〔S/m〕	**磁気抵抗** $R_m = \dfrac{l}{\mu S}$〔A/Wb〕〔1/H〕　μ：透磁率〔H/m〕
	オームの法則 $I = \dfrac{V}{R}$〔A〕	**磁気回路のオームの法則** $\phi = \dfrac{nI}{R_m}$〔Wb〕

問題37　H28 A-4

図のように，磁極 N, S の間に中空球体鉄心を置くと，N から S に向かう磁束は，（ア）ようになる．このとき，球体鉄心の中空部分（内部の空間）の点 A では，磁束密度は極めて（イ）なる．これを（ウ）という．ただし，磁極 N，S の間を通る磁束は，中空球体鉄心を置く前と置いた後とで変化しないものとする．

上記の空白箇所（ア），（イ）および（ウ）に当てはまる組合せとして，正しいのは次のうちどれか．

	(ア)	(イ)	(ウ)
(1)	鉄心を避けて通る	低く	磁気誘導
(2)	鉄心中を通る	低く	磁気遮へい
(3)	鉄心を避けて通る	高く	磁気遮へい
(4)	鉄心中を通る	低く	磁気誘導
(5)	鉄心中を通る	高く	磁気誘導

磁極 N　磁極 S　A　中空球体鉄心

解説 図 1·58 の磁気遮へいを参照する．

解答 ▶ (2)

問題38 H27 A-3

次の文章は，ある強磁性体の初期磁化特性について述べたものである．

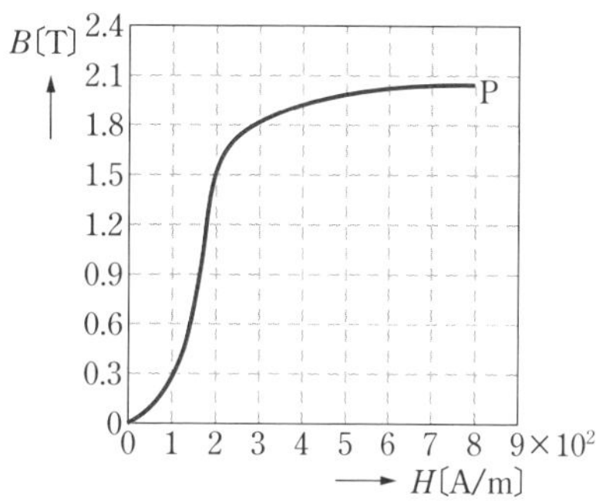

磁界の向きに強く磁化され，比透磁率 μ_s が 1 よりも非常に［（ア）］物質を強磁性体という．まだ磁化されていない強磁性体に磁界 H〔A/m〕を加えて磁化していくと，磁束密度 B〔T〕は図のように変化する．よって，透磁率 μ〔H/m〕$\left(=\dfrac{B}{H}\right)$も磁界の強さによって変化する．図から，この強磁性体の透磁率 μ の最大値はおよそ $\mu_{max}=$［（イ）］H/m であることがわかる．このとき，強磁性体の比透磁率はほぼ $\mu_s=$［（ウ）］である．点 P 以降は磁界に対する磁束密度の増加が次第に緩くなり，磁束密度はほぼ一定の値となる．この現象を［（エ）］という．ただし，真空の透磁率を $\mu_0=4\pi\times10^{-7}$ H/m とする．

上記の空白箇所（ア），（イ），（ウ）および（エ）に当てはまる組合せとして，正しいのは次のうちどれか．

	(ア)	(イ)	(ウ)	(エ)
(1)	大きい	7.5×10^{-3}	6.0×10^{3}	磁気飽和
(2)	小さい	7.5×10^{-3}	9.4×10^{-9}	残留磁気
(3)	小さい	1.5×10^{-2}	9.4×10^{-9}	磁気遮へい
(4)	大きい	7.5×10^{-3}	1.2×10^{4}	磁気飽和
(5)	大きい	1.5×10^{-2}	1.2×10^{4}	残留磁気

解図において，BH 曲線上の点 Q における透磁率 μ は $\mu = B/H$ であり，これは原点と点 Q を結ぶ直線の傾きを示す．したがって，透磁率 μ の最大値は，直線の傾きが最大となる BH 曲線上の点 R のときである．

解説 解図において，点 R では $H = 2 \times 10^2$ A/m，$B = 1.5$ T なので，式（1·76）より

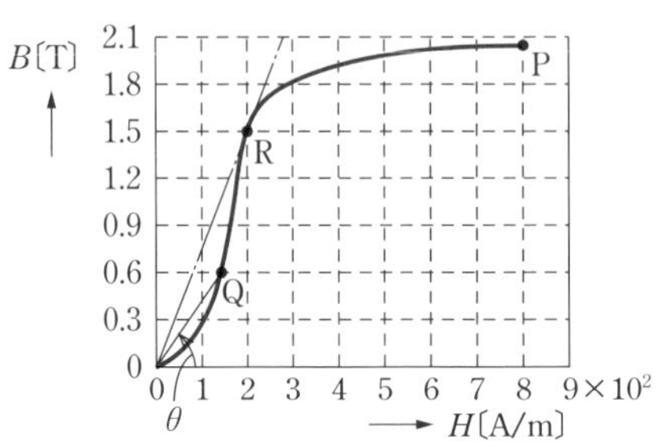

●解図

$$\mu_{max} = \frac{B}{H} = \frac{1.5}{2 \times 10^2} = \mathbf{7.5 \times 10^{-3}\ H/m}$$

また，式（1·75）より，$\mu_s = \dfrac{\mu}{\mu_0} = \dfrac{7.5 \times 10^{-3}}{4\pi \times 10^{-7}} \fallingdotseq \mathbf{6.0 \times 10^3}$

解答 ▶（1）

問題39　H29 A-4

図は，磁性体の磁化曲線（BH 曲線）を示す．次の文章は，これに関する記述である．

1　直交座標の横軸は，（ア）である．

2　a は，（イ）の大きさを表す．

3　鉄心入りコイルに交流電流を流すと，ヒステリシス曲線内の面積に（ウ）した電気エネルギーが鉄心の中で熱として失われる．

4　永久磁石材料としては，ヒステリシス曲線の a と b がともに（エ）磁性体が適している．

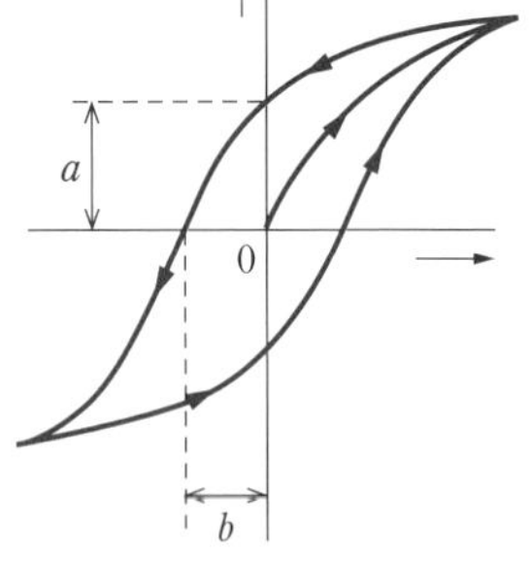

上記の空白箇所（ア），（イ），（ウ）および（エ）に当てはまる組合せとして，正しいのは次のうちどれか．

	(ア)	(イ)	(ウ)	(エ)
(1)	磁界の強さ〔A/m〕	保磁力	反比例	大きい
(2)	磁束密度〔T〕	保磁力	反比例	小さい
(3)	磁界の強さ〔A/m〕	残留磁気	反比例	小さい
(4)	磁束密度〔T〕	保磁力	比例	大きい
(5)	磁界の強さ〔A/m〕	残留磁気	比例	大きい

本節 4 項の磁化現象を参照する.

解答 ▶ (5)

問題40 R1 A-4

図のように，磁路の長さ $l=0.2$ m，断面積 $S=1\times10^{-4}$ m^2 の環状鉄心に巻数 $N=8\,000$ の銅線を巻いたコイルがある．このコイルに直流電流 $I=0.1$ A を流したとき，鉄心中の磁束密度は $B=1.28$ T であった．このときの鉄心の透磁率 μ の値〔H/m〕として，最も近いものを次の (1)～(5) のうちから一つ選べ．ただし，コイルによって作られる磁束は，鉄心中を一様に通り，鉄心の外部に漏れないものとする.

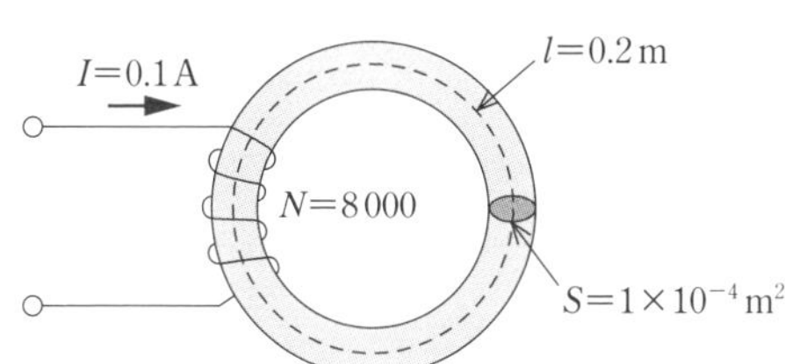

(1) 1.6×10^{-4}　(2) 2.0×10^{-4}　(3) 2.4×10^{-4}
(4) 2.8×10^{-4}　(5) 3.2×10^{-4}

環状コイルの磁束密度 B は，式 (1·63) において $2\pi r=l$ であり，鉄心の透磁率を考慮すれば，$B=\dfrac{\mu NI}{l}$ となる.

$B=\dfrac{\mu NI}{l}$ に，$B=1.28$T，$N=8\,000$，$I=0.1$，$l=0.2$ を代入して

$$1.28=\frac{\mu\times8\,000\times0.1}{0.2}$$

$\therefore \quad \mu = \mathbf{3.2 \times 10^{-4}\,H/m}$

【別解】 磁気回路のオームの法則を用いても解ける．コイルの磁気抵抗 R_m は $R_m = \dfrac{l}{\mu S} = \dfrac{0.2}{1\times10^{-4}\mu} = \dfrac{2\,000}{\mu}$ 〔H^{-1}〕となるから，式 (1·79) より

$$\phi = \frac{nI}{R_m} = \frac{8\,000\times0.1}{(2\,000/\mu)} = 0.4\mu\ 〔Wb〕$$

磁束密度 $B = \dfrac{\phi}{S} = \dfrac{0.4\mu}{1\times10^{-4}} = 4\,000\mu$ 〔T〕であり，$B = 1.28$ T なので，$4\,000\mu = 1.28$

$$\mu = \frac{1.28}{4\,000} = \mathbf{3.2\times10^{-4}\,H/m}$$

解答 ▶ (5)

問題41 ✓ ✓ ✓ H26 A-3

環状鉄心に絶縁電線を巻いてつくった磁気回路に関する記述として，誤っているのは次のうちどれか．

(1) 磁気抵抗は，磁束の通りにくさを表している．毎ヘンリー〔H^{-1}〕は，磁気抵抗の単位である．

(2) 電気抵抗が導体断面積に反比例するように，磁気抵抗は，鉄心断面積に反比例する．

(3) 鉄心の透磁率が大きいほど，磁気抵抗は小さくなる．

(4) 起磁力が同じ場合，鉄心の磁気抵抗が大きいほど，鉄心を通る磁束は小さくなる．

(5) 磁気回路における起磁力と磁気抵抗は，電気回路におけるオームの法則の電流と電気抵抗にそれぞれ対応する．

表 1·1 に示すように，磁気回路における起磁力は電気回路におけるオームの法則の起電力に対応するため，**(5)** が誤りである．

解答 ▶ (5)

問題42 ✓ ✓ ✓ H7 A-11

図のような 1 mm のエアギャップのある比透磁率 2 000，磁路の平均の長さ 200 mm の環状鉄心がある．これに巻数 $n = 10$ のコイルを巻き，5 A の電流を流したとき，エアギャップにおける磁束密度〔T〕の値として正しいのは次のうちどれか．ただし，真空の透磁率 $\mu_0 = 4\pi\times10^{-7}$ H/m とし，磁束の漏れおよびエアギャップにおける磁束の広がりはないものとする．

(1) 3.2×10^{-2}　　(2) 3.9×10^{-2}
(3) 4.8×10^{-2}　　(4) 5.0×10^{-2}
(5) 5.7×10^{-2}

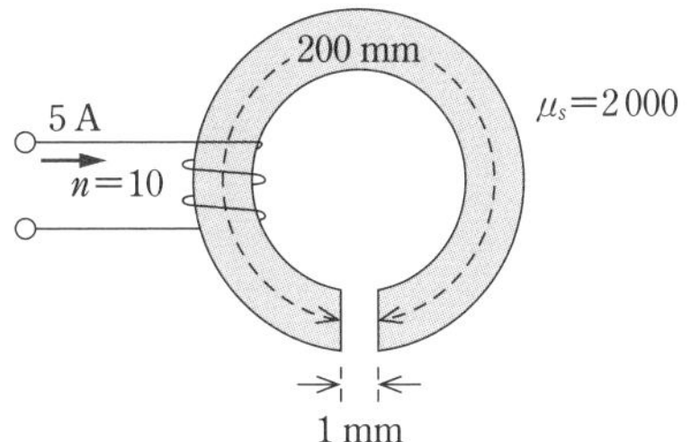

磁気回路のオームの法則 $\phi=nI/R_m$ を用いる．磁気抵抗 R_m は，鉄心部分の R_{m1} とエアギャップ部分の R_{m2} の直列となり，解図の等価回路を考える．

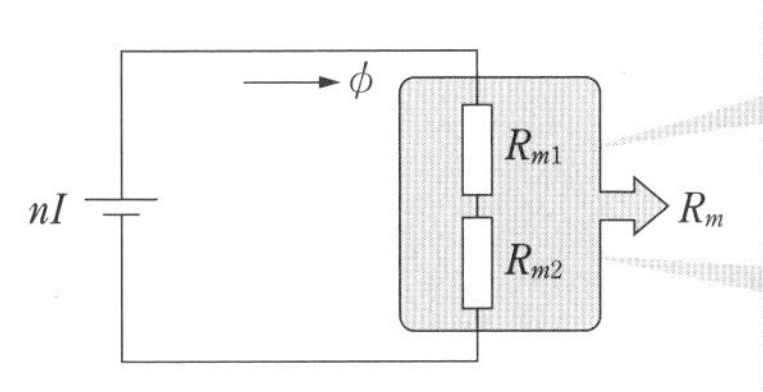

鉄心部分の磁路の長さを l_1，比透磁率を μ_s とすれば

$$R_{m1}=\frac{l_1}{\mu_0\mu_s S}$$

エアギャップの長さを l_2 とすれば

$$R_{m2}=\frac{l_2}{\mu_0 S}$$

●解図

鉄心部分とエアギャップ部分の磁気抵抗はそれぞれ

$$R_{m1}=\frac{l_1}{\mu_0\mu_s S}\ [\mathrm{H^{-1}}]\qquad R_{m2}=\frac{l_2}{\mu_0 S}\ [\mathrm{H^{-1}}]$$

で表され，直列合成磁気抵抗 $R_m=R_{m1}+R_{m2}=\dfrac{l_1+\mu_s l_2}{\mu_0\mu_s S}$ [$\mathrm{H^{-1}}$] である．

磁束 $\phi=BS=\dfrac{nI}{R_m}=\dfrac{nI\mu_0\mu_s S}{l_1+\mu_s l_2}$，磁束密度 B は

$$B=\frac{nI\mu_0\mu_s}{l_1+\mu_s l_2}=\frac{10\times5\times4\pi\times10^{-7}\times2\,000}{0.2+2\,000\times1\times10^{-3}}\fallingdotseq\frac{12.56\times10^{-2}}{2.2}$$

$$\fallingdotseq\mathbf{5.7\times10^{-2}\,T}$$

解答 ▶ (5)

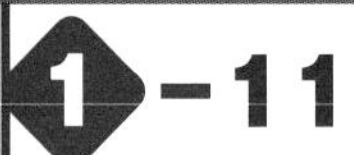

電磁誘導

［★★★］

1 ファラデーの法則とレンツの法則

まず，コイルを貫いている磁束は，図 1･62 のように，鎖の輪のようにコイルと交差しているから，コイルの巻数 n と磁束 ϕ との積 $n\phi$〔Wb〕を**磁束鎖交数**と呼んでいる．

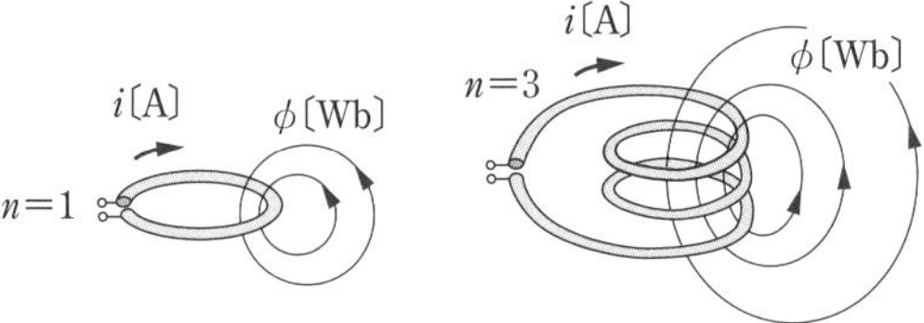

コイルの巻数 n のときの磁束鎖交数 $n\phi$〔Wb〕

●図 1・62　磁束鎖交数

磁界の大きさまたは磁界と回路の位置関係が時間的に変化する場合，起電力が生ずる現象を**電磁誘導**といい，次の**ファラデーの法則**が成り立つ．

「回路と鎖交する磁束が時間的に変化する場合，回路に鎖交する磁束の変化の割合に比例した誘導起電力が生ずる．」

式で表せば，誘導起電力 E は，鎖交磁束を Φ（＝磁束 ϕ×コイルの巻数 n）とすると

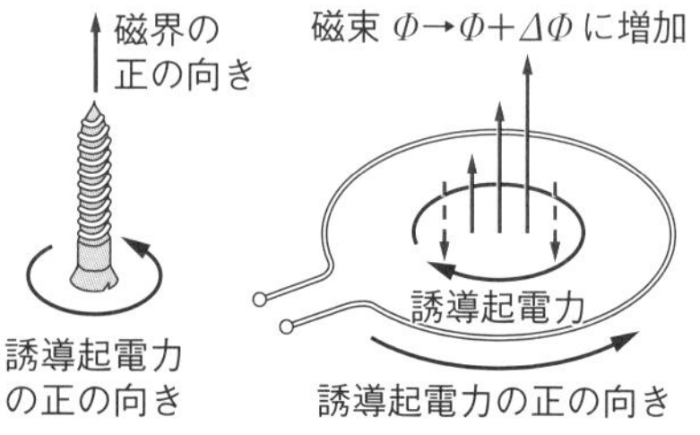

磁界の正の向きを定め，その向きに進むように右ねじがまわる向きを誘導起電力の正の向きとする．磁束が増加すると，磁束の変化を打ち消す向きに誘導起電力が生ずる

●図 1・63　誘導起電力の向きと式(1・80) の意味

$$\boldsymbol{E = -\frac{\Delta\Phi}{\Delta t} = -n\frac{\Delta\phi}{\Delta t}}\ \text{〔V〕} \qquad (1\cdot 80)$$

Point n 回巻のコイルは，コイルを 1 回巻いて発生する起電力を，n 個直列につなげたことと等価なので，誘導起電力は n 倍になる．

式 (1･80) において，負の符号は，磁束の変化を打ち消す向きに誘導起電力が生ずること，すなわち**レンツの法則**を表している．これらを図解したものが図 1･64 である．誘導起電力の大きさを計算するときは，E の絶対値を追えばよい．

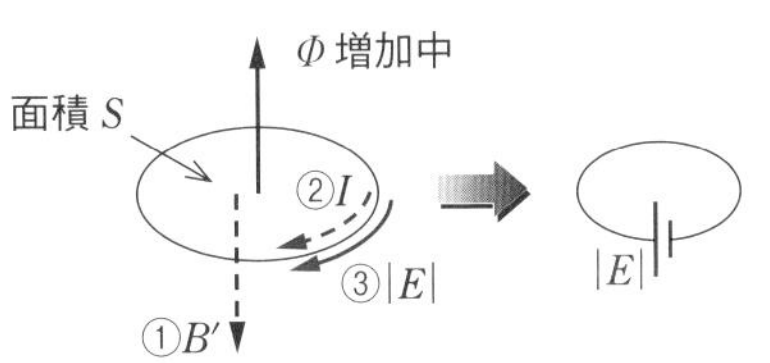

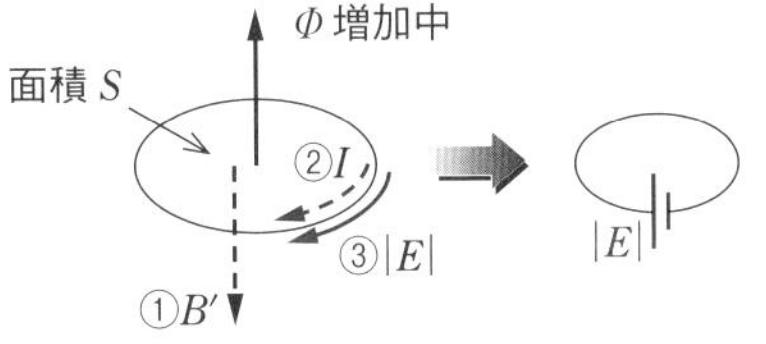

Point
① 磁界 B' をつくって磁束 Φ（$=BS$）の変化を妨げようとする
② それには - - ▸ の向きに電流 I を流せばよい
③ したがって，コイルには ──▸ の向きの誘導起電力 E が生じる

（注） 左図で，もしコイルの一部が切断されていれば電流 I は流れないし，磁界 B' もできない．それでも誘導起電力 E は生じる．

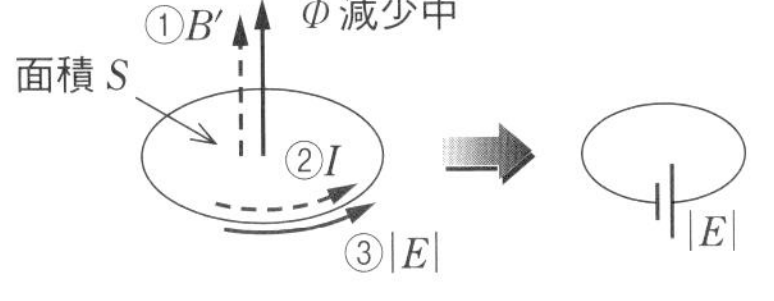

●図 1・64　ファラデーの法則とレンツの法則

2 静止磁界中の運動導体

図 1･65 のように，磁束密度 B〔T〕がどの場所でも一様な平等磁界内で，導線の上を磁界中の長さが l〔m〕の棒状導体 ab を，磁束と直角に図の矢印の向きに速度 v〔m/s〕で動かす．図 1･65 に示すように，$\Delta\Phi = vBl$, $\Delta t = 1$ であるから，式 (1･80) より，誘導起電力の大きさ E〔V〕は

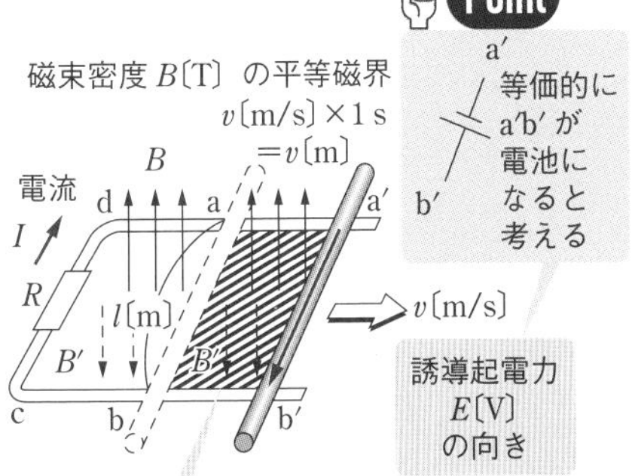

Point
a′
b′
等価的に a′b′ が電池になると考える

誘導起電力 E〔V〕の向き

導体が右方向へ移動するため，下から上への鎖交磁束が増加

⇩

下向きの磁束 B' をつくるように誘導起電力 E が発生し，閉回路なので電流 I が流れる

Point
導体棒を右ねじに見たて v から B へねじを回すと，ねじの進む向きが E の向き

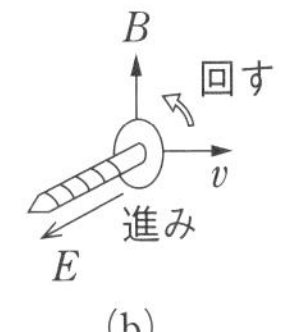

(a)　(b)

●図 1・65　運動導体による誘導起電力

$$|E| = \left| -\frac{\Delta\Phi}{\Delta t} \right| = vBl \text{〔V〕} \quad (1\cdot81)$$

Point 図 1･65 (b) のように右ねじに見たて vBl の順に覚える

となる．また，誘導起電力の向きは，磁束の変化を妨げる電流を生ずるような向きに発生するため，図 1･65 (a) に示す向きとなる（図 1･65 (b) のように，導体棒を右ねじに見たて，v から B へねじを回すと，右ねじの進む向きが E の向きであり，式 (1･81) は vBl の順に覚える）．

導体が磁界内を動くとき，生ずる誘導起電力の向きを知る方法に，図 1･65 (b) の右ねじの回す向き以外に**フレミングの右手法則**も用いられる．図 1･66 のように，右手の親指，人差し指，中指を互いに直角に曲げると，各指の示す方向は，次のような対応がある．

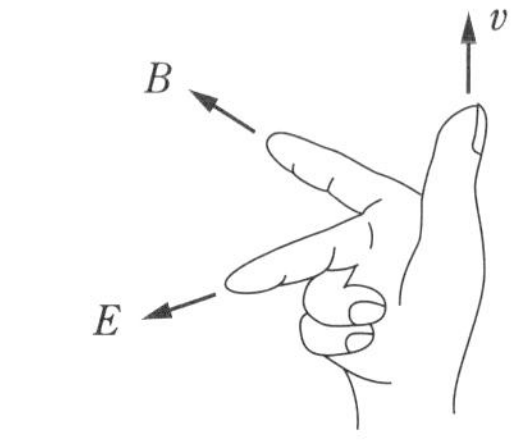

●図 1・66　フレミングの右手法則

親　　指―導体の運動
人差し指―磁束密度
中　　指―誘導起電力

次に，図 1･67 のように，導体を磁界と角度 θ をなす方向に速さ v〔m/s〕で動かす場合，磁界に対する垂直な成分 $v\sin\theta$ で磁界を横切ることになるため

$$E = vBl\sin\theta \text{〔V〕} \quad (1\cdot82)$$

で表される誘導起電力が導体の両端に生ずる．

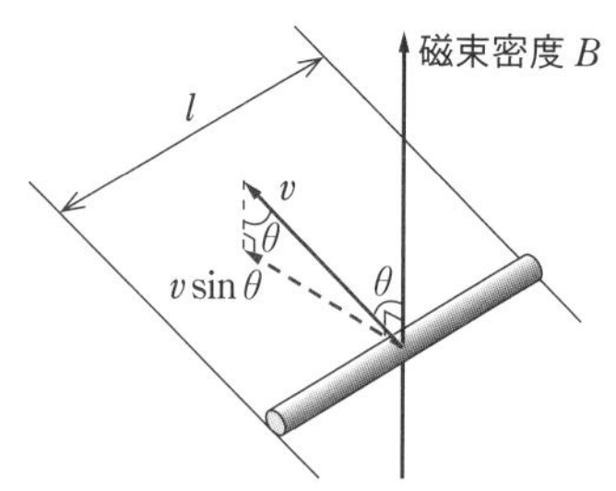

●図 1・67　運動導体が磁界を斜めに横切る場合の誘導起電力

3 磁界中を動く導体棒（ローレンツ力と誘導起電力）

図 1･68 (a) のように，平等磁界 B〔T〕の中に，長さが l〔m〕の棒状導体 ab を磁界に対して直角になるように置き，図の矢印の向きに導体を速度 v〔m/s〕で動かす．

このとき，導体内の電子（電気量 $-q$〔C〕）も同じ向きに速度 v で磁界中を動く．この電子は磁界から**ローレンツ力**と呼ばれる

$$F = -qvB \text{〔N〕} \quad (1\cdot83)$$

の力を受ける．式 (1･83) で負の符号は，受ける力の向きが b から a の向きを意味する．

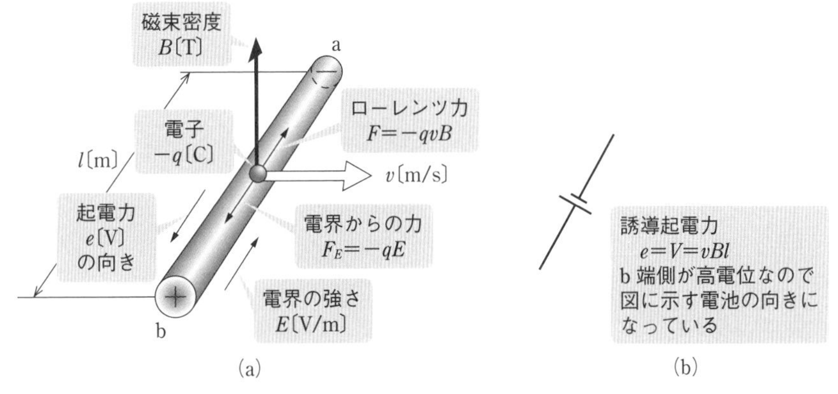

●図 1・68　ローレンツ力と誘導起電力

ローレンツ力により導体中の電子は，導体の a 端側に移動するので，導体の a 端は負（−）に，b 端は正（+）に帯電し，電界が b 端から a 端の向きに発生する．この電界の強さを E〔V/m〕とすると，電子には電界から $F_E = -qE$〔N〕の力が働き，この F_E の向きはローレンツ力 F を打ち消す向きとなる．そして，F と F_E がつりあう $F = F_E$ となるときに，電子の移動が止まるので，$-qvB = -qE$ より $E = vB$〔V/m〕となる．電界の強さ E〔V/m〕と導体 a-b 間の電圧 V〔V〕の間には $V = El$〔V〕の関係がある．したがって，$V = El = vBl$〔V〕となり，導体 ab には式（1・81）と大きさが同じで，b 端が正（+），a 端が負（−）となるような起電力 e〔V〕が発生する．図 1・68（a）の棒状導体 ab において，b 端側が高電位なので，同図（b）のような電池になっている（同図（a）の磁界中を動く棒状導体に生ずる誘導起電力の向きは，正電荷が受けるローレンツ力の向きで決める）．

問題43　R3 A-4

次の文章は，電磁誘導に関する記述である．

図のように，コイルと磁石を配置し，磁石の磁束がコイルを貫いている．

1 スイッチ S を閉じた状態で磁石をコイルに近づけると，コイルには （ア） の向きに電流が流れる．

2 コイルの巻数が 200 であるとする．スイッチ S を開いた状態でコイルの断面を貫く磁束を 0.5 s の間に 10 mWb だけ直線的に増加させると，磁束鎖交数は （イ） Wb だけ変化する．また，この 0.5 s の間にコイルに発生する誘導起電力の大きさは （ウ） V となる．ただし，コイル断面の位置によらずコイルの磁束は一定とする.

上記の空白箇所(ア)〜(ウ)に当てはまる組合せとして,正しいものを次の(1)〜(5)のうちから一つ選べ.

	(ア)	(イ)	(ウ)
(1)	①	2	2
(2)	①	2	4
(3)	①	0.01	2
(4)	②	2	4
(5)	②	0.01	2

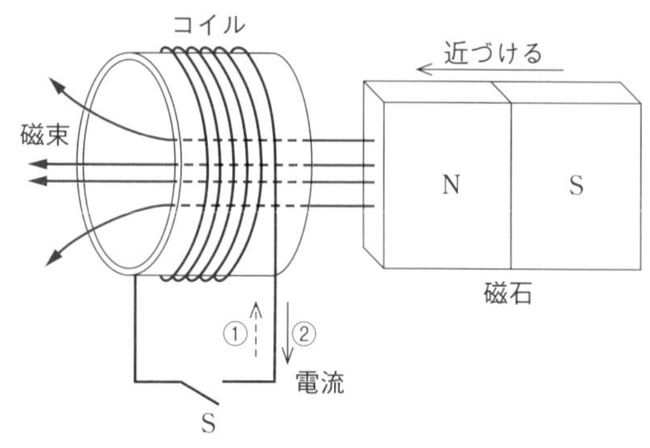

巻数 n のコイルを貫く磁束が時間 Δt〔s〕の間に $\Delta \Phi$〔Wb〕だけ変化するとき,

$E = -\dfrac{\Delta \Phi}{\Delta t} = -n\dfrac{\Delta \phi}{\Delta t}$ の誘電起電力が生ずる.

解説 (ア) コイルには磁束の増加を妨げる向きに誘導起電力を生じ,電流が流れる.図 1·43 のように,右向きの磁束を作ろうとして,右手の親指を右向きにすると,残りの 4 本の指の向きが電流の向きで,②の向きとなる.

(イ) 磁束鎖交数は式 (1·80) の分子に相当し

$$\Delta \Phi = n\Delta \phi = 200 \times 10\,\mathrm{mWb} = 2\,000\,\mathrm{mWb} = \mathbf{2\,Wb}$$

(ウ) 式 (1·80) より, $|E| = \left| n\dfrac{\Delta \phi}{\Delta t} \right| = \dfrac{2}{0.5} = \mathbf{4\,V}$

解答 ▶ (4)

問題44 H22 A-3

紙面に平行な水平面内において,0.6 m の間隔で張られた 2 本の直線状の平行導線に 10Ω の抵抗が接続されている.この平行導線に垂直に,図に示すように,直線状の導体棒 PQ を渡し,紙面の裏側から表側に向かって磁束密度 $B = 6 \times 10^{-2}$ T の一様な磁界をかける.ここで,導体棒 PQ を磁界

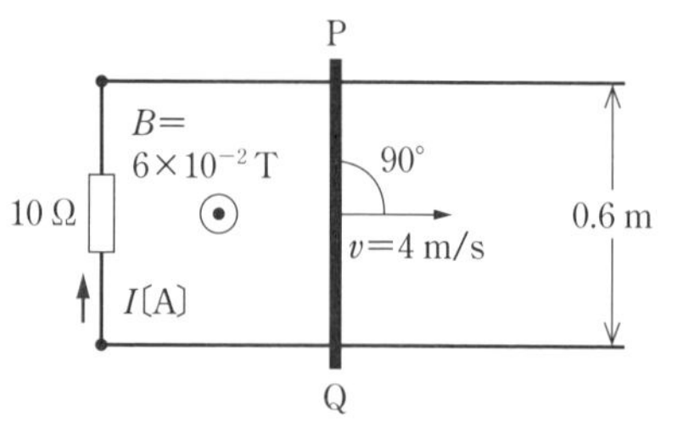

と導体棒に共に垂直な矢印の方向に一定の速さ $v=4\,\mathrm{m/s}$ で平行導線上を移動させているときに，$10\,\Omega$ の抵抗に流れる電流 I〔A〕の値として，正しいのは次のうちどれか．ただし，電流の向きは図に示す矢印の向きを正とする．また，導線および導体棒 PQ の抵抗，ならびに導線と導体棒との接触抵抗は無視できるものとする．

(1) −0.0278　(2) −0.0134　(3) −0.0072　(4) 0.0144
(5) 0.0288

電磁誘導により生ずる起電力 E は，式 (1·81) より

$$E=-\frac{\Delta\Phi}{\Delta t}=-\frac{\Delta(BS)}{\Delta t}=-B\frac{\Delta S}{\Delta t}=-vBl$$

となる．

解説 導体 PQ に誘導される起電力の大きさは，式 (1·81) のように

$|E|=vBl=4\times6\times10^{-2}\times0.6=0.144\,\mathrm{V}$

図において，導体 PQ が右方向に移動するため，紙面の裏側から表側に向かう磁束が増加する．したがって，この鎖交磁束の変化を妨げるよう，つまり，紙面の表側から裏側に向かう磁界を生じるように電流は正方向に流れ，起電力の向きは P → Q の方向となる（または，図 1·65 (b) で示した右ねじの向きで考えれば，導体棒を右ねじに見たて v から B へ右ねじを回すと，ねじの進む向き，つまり P → Q の向きが起電力 E の向きである．あるいは，フレミングの右手法則で考えれば，起電力の向きは P → Q の方向であり，P–Q 間を電池に置き換えれば，Q 側が⊕，P 側が⊖となる）．

$$I=\frac{E}{R}=\frac{0.144}{10}=\mathbf{0.0144\,A}$$

解答 ▶ (4)

問題45　R4上 A-4

図 1 のように，磁束密度 $B=0.02\,\mathrm{T}$ の一様な磁界の中に長さ $0.5\,\mathrm{m}$ の直線状導体が磁界の方向と直角に置かれている．図 2 のようにこの導体が磁界と直角を維持しつつ磁界に対して 60° の角度で矢印の方向に $0.5\,\mathrm{m/s}$ の速さで移動しているとき，導体に生じる誘導起電力 e〔mV〕の値として，最も近いのは次のうちどれか．ただし，静止した座標系から見て，ローレンツ力による起電力が発生しているものとする．

(1) 2.5　(2) 3.0　(3) 4.3　(4) 5.0　(5) 8.6

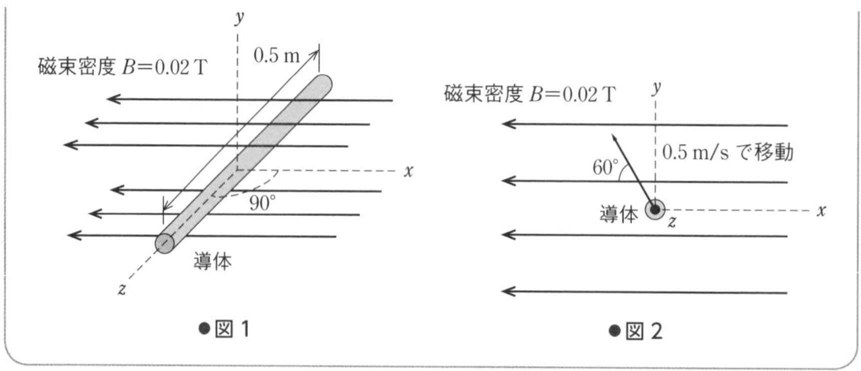

●図 1　　●図 2

磁束密度 B〔T〕の平等磁界中を長さ l〔m〕の直線状導体が磁界と直角の方向に v〔m/s〕の速さで運動するとき，導体に誘導される起電力 E の大きさは，$E=vBl$〔V〕となる．

導体が磁束を垂直に横切る速度 v は $v=0.5\sin 60°$

$$\therefore \quad E=vBl=0.5\sin 60°\times 0.02\times 0.5=0.00433\,\mathrm{V}=\mathbf{4.3\,mV}$$

（または，式（1･82）を適用したと考えればよい）

解答 ▶ (3)

問題46 　H27 A-5

十分長いソレノイドおよび小さい三角形のループがある．図 1 はソレノイドの横断面を示しており，三角形ループも同じ面内にある．図 2 はその破線部分の拡大図である．面 $x=0$ から右側の領域（$x>0$ の領域）は直流電流を流したソレノイドの内側であり，そこには $+z$ 方向の平等磁界が存在するとする．その磁束密度を B〔T〕（$B>0$）とする．

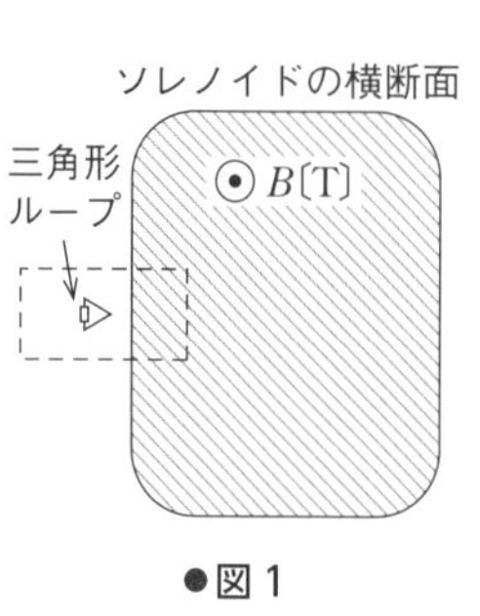

●図 1

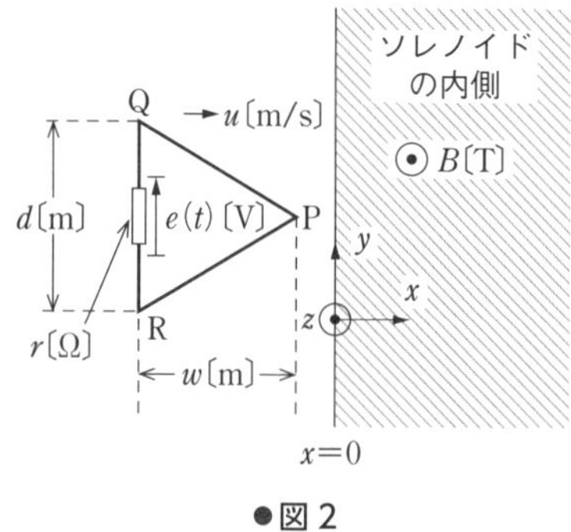

●図 2

一方，左側領域（$x<0$）はソレノイドの外側であり磁界は零であるとする．ここで，三角形 PQR の抵抗器付き導体ループが xy 平面内を等速度 u〔m/s〕で $+x$ 方向に進み，ソレノイドの巻線の隙間から内側に侵入していく．その際，導体ループの辺 QR は y 軸と平行を保っている．頂点 P が面 $x=0$ を通過する時刻を T〔s〕とする．また，抵抗器の抵抗 r〔Ω〕は十分大きいものとする．

辺 QR の中央の抵抗器に時刻 t〔s〕に加わる誘導電圧を $e(t)$〔V〕とし，その符号は図中の矢印の向きを正と定義する．三角形ループがソレノイドの外側から内側に入り込むときの $e(t)$ を示す図として，最も近いのは次のうちどれか．

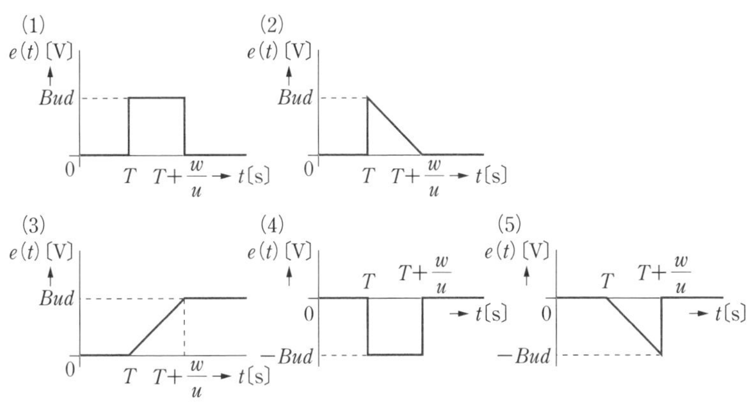

静止磁界中の運動導体の誘導起電力を示す式（1·81）を適用する．

まず，三角形ループがソレノイドに入るまでの間（$0 \leqq t \leqq T$）は，磁界が零なので，三角形ループに誘導起電力は生じない．ゆえに $e(t)=0$

次に，三角形ループがソレノイドに入り始めてから辺 QR がソレノイドに入り込むまで $\left(T \leqq t \leqq T+\dfrac{w}{u}\right)$ は，解図のように，ソレノイド内にある導体 MP, PN には，フレミングの右手法則に従う向き（または，図 1·65 (b) の右ねじの進む向き）に，誘導起電力 e_1, e_2 が生じる．磁束 B と鎖交する成分はそれぞれ $\mathrm{ML}=\mathrm{MP}\sin\theta_1$, $\mathrm{NL}=\mathrm{NP}\sin\theta_2$ であるから，式（1·81）を適用すると

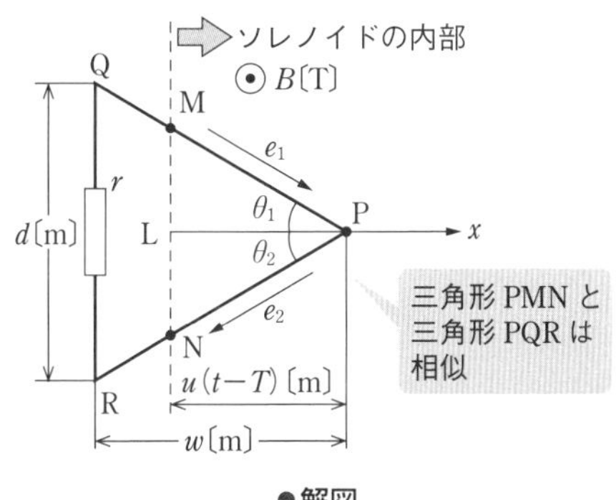

●解図

$$e_1 = u \cdot B \cdot \mathrm{MP}\sin\theta_1$$

同様に，$e_2 = u \cdot B \cdot \mathrm{NP}\sin\theta_2$

解図で点 R の方が点 Q よりも高電位になるため，$e(t)$ の正の向きを考慮すると，

$$e(t) = -(e_1+e_2) = -(u \cdot B \cdot \mathrm{MP}\sin\theta_1 + u \cdot B \cdot \mathrm{NP}\sin\theta_2)$$

$$= -(u \cdot B \cdot \mathrm{ML} + u \cdot B \cdot \mathrm{NL}) = -u \cdot B \cdot (\mathrm{ML}+\mathrm{NL}) = -u \cdot B \cdot \mathrm{MN}$$

ここで三角形 PMN と三角形 PQR は相似であることから

$$u(t-T) : w = \mathrm{MN} : \mathrm{QR}$$

$$\therefore \quad \mathrm{MN} = \frac{u(t-T)}{w}\mathrm{QR} = \frac{ud(t-T)}{w}$$

$$\therefore \quad e(t) = -(e_1+e_2) = -u \cdot B \cdot \frac{ud(t-T)}{w} = -\frac{u^2Bd(t-T)}{w}$$

これは t の一次関数であり，傾きが負のグラフとなる．ちなみに，$t=T$ では $e(T)=0$，

$t = T + \dfrac{w}{u}$ では

$$e\left(T+\frac{w}{u}\right) = -\frac{u^2Bd\left(T+\dfrac{w}{u}-T\right)}{w} = -uBd \text{〔V〕}$$

さらに，辺 QR がソレノイドに入り込んだ後 $\left(t \geqq T + \dfrac{w}{u}\right)$ は，三角形ループの鎖交磁束が一定なので，$e(t)=0$.

したがって，$e(t)$ を示す図としては，**(5)** が正しい．

解答 ▶ (5)

インダクタンス

［★★★］

1 自己誘導作用

図 1·69 で，コイルの電流が変化すると磁束鎖交数も変化し，ファラデーの法則に従ってコイルに起電力を生ずる．その方向は，レンツの法則により，電流変化による磁束変化を妨げようとするため，磁束の変化を打ち消す方向の逆起電力が生ずる．この現象を**自己誘導作用**といい，起電力を**自己誘導起電力**という．

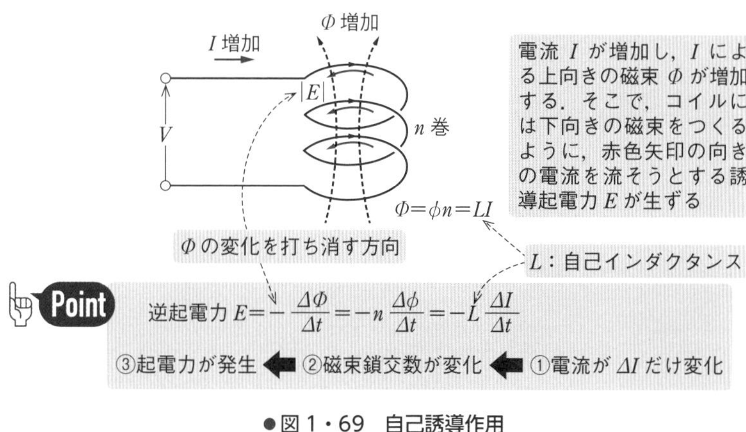

●図 1・69　自己誘導作用

2 自己インダクタンス

磁束鎖交数 Φ は，比透磁率が一定の場合，コイルの電流 I〔A〕に比例するので

$$\boldsymbol{\Phi=n\phi=LI}\ \text{〔Wb〕} \tag{1・84}$$

と書くことができ，比例定数 L を**自己インダクタンス**という．単位は **H**（**ヘンリー**）である．したがって，自己誘導による起電力 E は，次式となる．

$$\boldsymbol{E=-\frac{\Delta\Phi}{\Delta t}=-n\frac{\Delta\phi}{\Delta t}=-L\frac{\Delta I}{\Delta t}}\ \text{〔V〕} \tag{1・85}$$

自己インダクタンスは，式（1·84）および式（1·85）から次のように定義できるので，図 1·70 のように 2 通りの求め方がある．

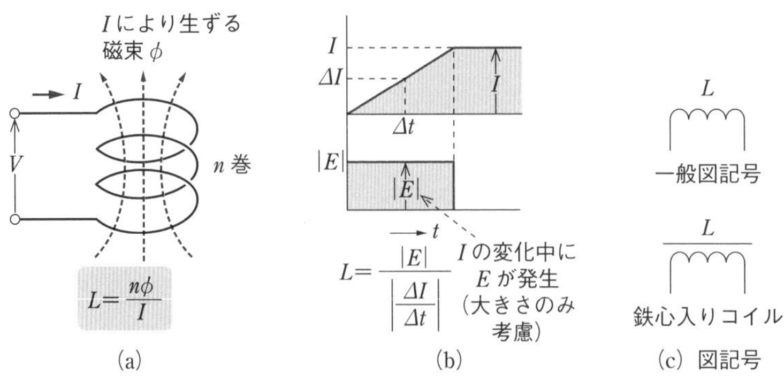

●図1・70 自己インダクタンスの求め方と図記号

①自己インダクタンスは，1Aの電流を流すとき，コイルに鎖交する磁束数である． 式（1·84）で$I=1$とすれば$L=n\phi=\Phi$

②自己インダクタンスは，コイルの電流が毎秒1Aで変化しているとき，コイルに発生する電圧に等しい． 式（1·85）で$\Delta t=1$，$\Delta I=1$とすれば$L=|E|$

次に，図1·71のような環状コイルの自己インダクタンスを求める．まず，式（1·84）より$LI=n\phi$であること，式（1·78）より$\phi=\dfrac{\mu nIS}{l}$であることから，次式となる（$R_m=l/\mu S$）．

$$\boldsymbol{L=\frac{n\phi}{I}=\frac{n}{I}\cdot\frac{\mu nIS}{l}=\frac{\mu Sn^2}{l}=\frac{n^2}{R_m}}\ \text{〔H〕} \tag{1・86}$$

つまり，自己インダクタンスLはコイルの巻数nの2乗に比例し，磁気抵抗R_mに反比例する．

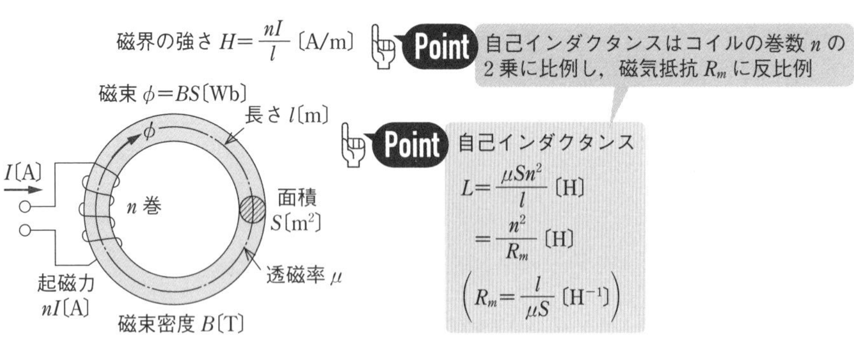

●図1・71 環状コイルの自己インダクタンス

3 相互誘導作用

図1·72のようにコイルが二つあり，一方のコイル1に電流が流れるときに生ずる磁束 ϕ_{12} が他のコイル2にも鎖交しているとき，コイル1の電流変化による磁束の変化によりコイル2の磁束鎖交数が変化し，コイル2にファラデーの法則による起電力を生ずる．これを**相互誘導作用**といい，発生した起電力を**相互誘導起電力**という．

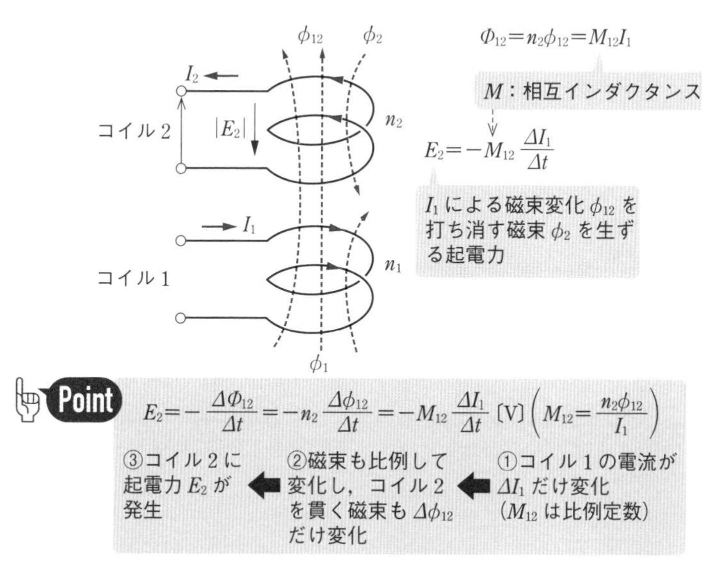

●図1・72　相互誘導作用

4 相互インダクタンス

コイル1の生ずる磁束のうち，ϕ_{12}〔Wb〕がコイル2を貫通し，コイル2の巻数が n_2 であれば，磁束鎖交数 Φ_{12} は $n_2\phi_{12}$ である．ϕ_{12} はコイル1の電流 I_1 に比例し

$$\boldsymbol{\Phi_{12}=n_2\phi_{12}=M_{12}I_1}\ \text{〔Wb〕} \tag{1・87}$$

となる．比例定数 M_{12} をコイル1-2間の**相互インダクタンス**といい，単位は〔H〕である．式(1·87)から

$$M_{12}=\frac{n_2\phi_{12}}{I_1}\ \text{〔H〕} \tag{1・88}$$

と変形することができる．そして，相互誘導による起電力 E_2 は次式となる．

$$\boldsymbol{E_2 = -\frac{\Delta\Phi_{12}}{\Delta t} = -n_2\frac{\Delta\phi_{12}}{\Delta t} = -M_{12}\frac{\Delta I_1}{\Delta t}} \text{〔V〕} \qquad (1\cdot89)$$

符号の－は，I_1 による磁束変化を打ち消すような I_2 を流す方向であることを示す．

コイル 1-2 間の相互インダクタンスは，コイル 1-2 間とコイル 2-1 間で同じ値となる．すなわち，次式のように表せる．

$$\boldsymbol{M = M_{21} = M_{12}} \qquad (1\cdot90)$$

相互インダクタンスは次のように定義され，式（1･88）および式（1･89）から図 1･73 のように 2 通りの求め方がある．

①相互インダクタンスは，一方のコイルに 1A の電流を流すとき，他のコイルに鎖交する磁束数である．　式（1･88）で $I_1=1$ とすれば $M_{12}=n_2\phi_{12}=\Phi_{12}$

②相互インダクタンスは，一方のコイルの電流が毎秒 1A で変化しているとき，他のコイルに発生する電圧に等しい．　式（1･89）で $\Delta t=1$，$\Delta I_1=1$ とすれば $M_{12}=|E_2|$

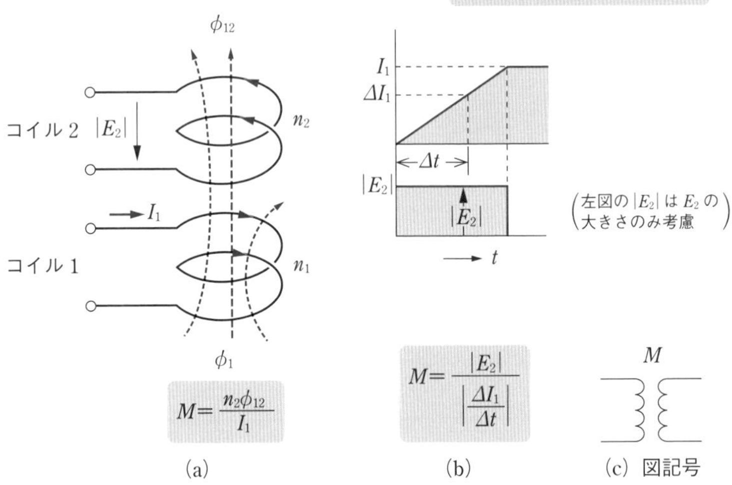

●図 1・73　相互インダクタンスの求め方と図記号

次に，図 1･74 のような環状コイルの相互インダクタンスを求める．一次コイルに電流 I_1〔A〕を流すとき，鉄心中に生ずる磁束 ϕ〔Wb〕は式（1･78）より $\phi=\dfrac{\mu n_1 I_1 S}{l}$ であり，式（1･88）を利用すれば

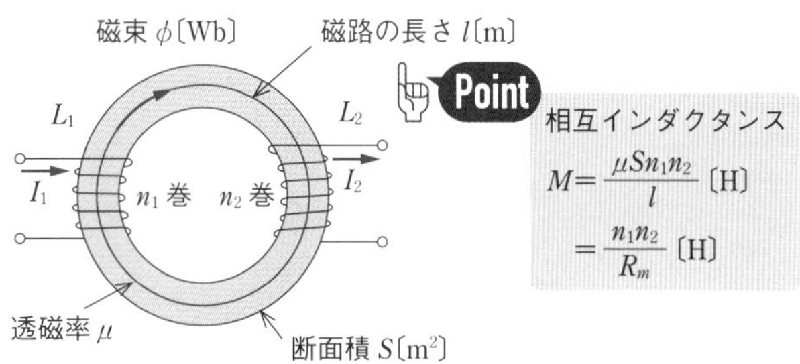

●図 1・74　相互インダクタンス

$$M=\frac{n_2\phi}{I_1}=\frac{n_2}{I_1}\cdot\frac{\mu n_1 I_1 S}{l}=\frac{\mu S n_1 n_2}{l}=\frac{n_1 n_2}{R_m}\ \text{〔H〕} \qquad (1\cdot 91)$$

となる（$R_m=l/\mu S$）.

5 うず電流（渦電流）

図 1･75 のように，導体の中を貫く磁束が変化すると，導体中には，レンツの法則により磁束の変化を妨げる向きに誘導起電力が生じ，**うず電流（渦電流）**が流れる．うず電流 I〔A〕が流れると，電流の流れる通路の抵抗が R〔Ω〕であれば，RI^2〔W〕のジュール熱が発生して，導体の温度を上げる．これは電力の損失となるため，**うず電流損（渦電流損）**と呼ぶ．

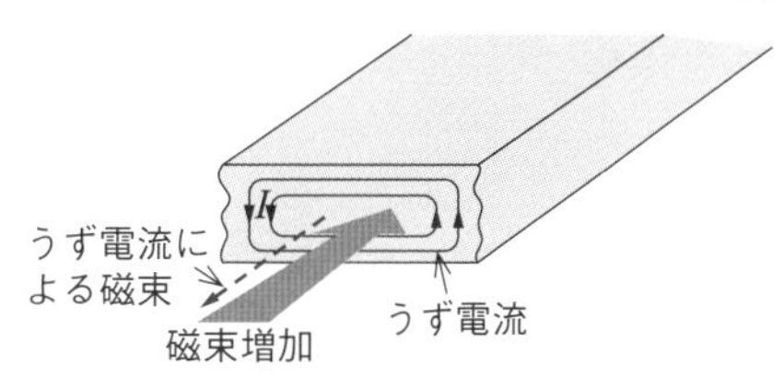

●図 1・75　うず電流

問題47　H14 A-3

図のように，断面積 $S=10\,\mathrm{cm}^2$ の環状鉄心に巻かれた巻数 $n=600$ のコイルがある．このコイルに直流電流 $I=4\,\mathrm{A}$ を流したとき，鉄心中に発生した磁束の磁束密度は $B=0.2\,\mathrm{T}$ であった．このコイルのインダクタンス L〔mH〕の値として，正しいのは次のうちどれか．ただし，コイルの漏れ磁束は無視できるものとする．

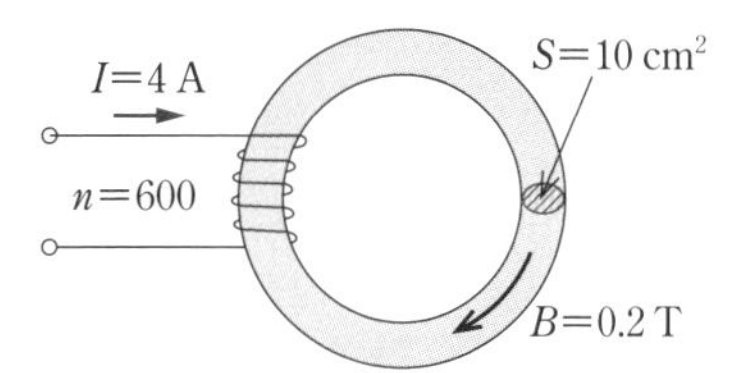

(1) 30　(2) 60　(3) 120　(4) 300　(5) 600

式（1·84）から，$n\phi = LI$ の関係がある．また，磁束 $\phi = BS$ が成立する．

$$L = \frac{n\phi}{I} = \frac{nBS}{I} = \frac{600 \times 0.2 \times 10 \times 10^{-4}}{4} = \frac{1.2 \times 10^{-1}}{4} = 0.3 \times 10^{-1}$$

$$= 30 \times 10^{-3}\,\mathrm{H} = \mathbf{30\,mH}$$

解答 ▶ (1)

問題48 H20 A-4

図のように，環状鉄心に二つのコイルが巻かれている．コイル 1 の巻数は N であり，その自己インダクタンスは L〔H〕である．コイル 2 の巻数は n であり，その自己インダクタンスは $4L$〔H〕である．巻数 n の値を表す式として，正しいのは次のうちどれか．

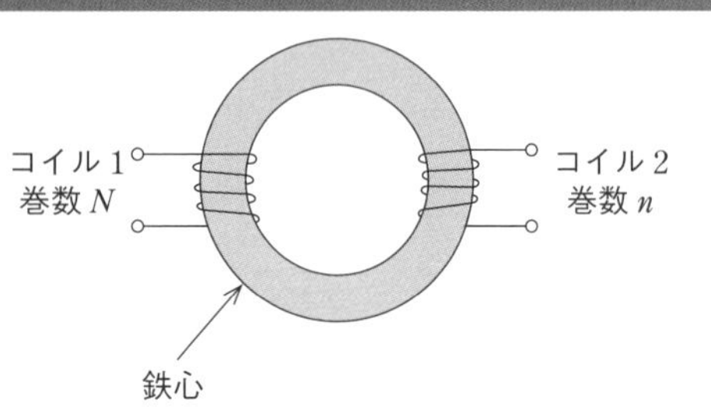

ただし，鉄心は等断面，等質であり，コイルおよび鉄心の漏れ磁束はなく，また，鉄心の磁気飽和もないものとする．

(1) $\dfrac{N}{4}$　(2) $\dfrac{N}{2}$　(3) $2N$　(4) $4N$　(5) $16N$

図 1·61 より，磁気回路では磁気抵抗を R_m として $\phi = nI/R_m$ が成立する．また，式（1·84）から $n\phi = LI$ が成立するため，両式から ϕ を消去して $n^2I/R_m = LI$，つまり $L = n^2/R_m$ となる．式（1·86）に示すとおりである．

コイル 1 側に着目すると，$L = N^2/R_m$　$\therefore\ R_m = N^2/L$

コイル 2 側に着目すると，$4L = n^2/R_m$　$\therefore\ R_m = n^2/(4L)$

両式から R_m を消去すると，$N^2/L = n^2/(4L)$　$\therefore\ n^2 = 4N^2$

$\therefore\ n = \mathbf{2N}$

解答 ▶ (3)

問題49 H18 A-4

巻数 $N = 10$ のコイルを流れる電流が 0.1 秒間に 0.6 A の割合で変化しているとき，コイルを貫く磁束が 0.4 秒間に 1.2 mWb の割合で変化した．このコイルの自己インダクタンス L〔mH〕の値として，正しいのは次のうちどれか．

ただし，コイルの漏れ磁束は無視できるものとする．

(1) 0.5　(2) 2.5　(3) 5　(4) 10　(5) 20

式 (1･85) に示すように，起電力 $E=-N\dfrac{\Delta\phi}{\Delta t}=-L\dfrac{\Delta I}{\Delta t}$ を用いる．

$$|E|=L\times10^{-3}\times\frac{\Delta I}{\Delta t}=L\times10^{-3}\times\frac{0.6}{0.1}=6L\times10^{-3}\,\mathrm{V}$$

$$|E|=N\frac{\Delta\phi}{\Delta t}=10\times\frac{1.2\times10^{-3}}{0.4}=30\times10^{-3}\,\mathrm{V}$$

$$\therefore\quad 6L\times10^{-3}=30\times10^{-3}\qquad\therefore\quad L=\mathbf{5\,mH}$$

解答 ▶ (3)

問題50　H16 A-9

図1のように，インダクタンス $L=5\mathrm{H}$ のコイルに直流電流源 J が電流 i〔mA〕を供給している回路がある．電流 i〔mA〕は図2のような時間変化をしている．このとき，コイルの端子間に現れる電圧の大きさ $|v|$〔V〕の最大値として，正しいのは次のうちどれか．

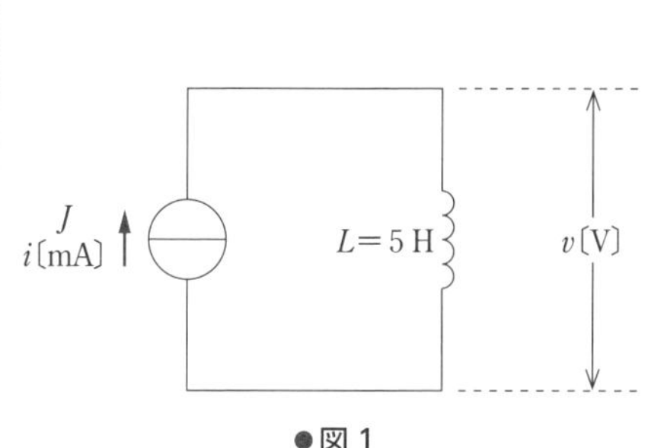

●図1

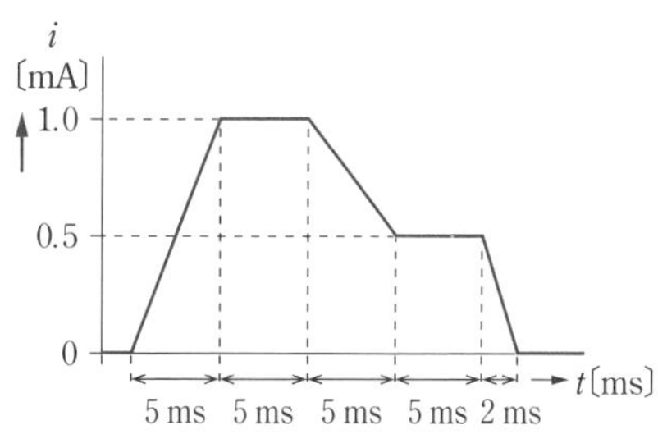

●図2

(1) 0.25　(2) 0.5　(3) 1　(4) 1.25　(5) 1.5

式 (1･85) の起電力 $E=-L\dfrac{\Delta I}{\Delta t}$ を使えばよいが，$\dfrac{\Delta I}{\Delta t}$ は図2の各区間の直線の傾きであることに着目する．

問題図2の最初の区間の 5 ms において

$$|v_1|=L\frac{\Delta I}{\Delta t}=5\times\frac{1.0\times10^{-3}}{5\times10^{-3}}=1\,\mathrm{V}$$

以下，同様にして，$t=5\,\mathrm{ms}$（最後の区間は 2ms）ごとの区間の $|v|$ を求めると

$$|v_2|=5\times\frac{(1.0-1.0)\times 10^{-3}}{5\times 10^{-3}}=0\,\mathrm{V}$$

$$|v_3|=5\times\left|\frac{(0.5-1.0)\times 10^{-3}}{5\times 10^{-3}}\right|=0.5\,\mathrm{V}$$

$$|v_4|=5\times\frac{(0.5-0.5)\times 10^{-3}}{5\times 10^{-3}}=0\,\mathrm{V}$$

$$|v_5|=5\times\left|\frac{(0-0.5)\times 10^{-3}}{2\times 10^{-3}}\right|=\mathbf{1.25\,V}$$

したがって，$|v|$ の最大値は，最後の区間 2 ms のときの 1.25 V である．

解答 ▶ (4)

インダクタンスの直列接続

［★★］

1 インダクタンスの直列接続

コイル1と2があり，単位電流を流して，自己インダクタンスをそれぞれL_1（$= n_1\phi_1$），L_2（$= n_2\phi_2$），コイル1-2間の相互インダクタンスをM（$= n_2\phi_1 = n_1\phi_2$）とする．コイル1と2を直列に接続すると，合成インダクタンスLは，磁束鎖交数をすべて合計すれば求まり

$$\boldsymbol{L = n_1\phi_1 \pm n_1\phi_2 + n_2\phi_2 \pm n_2\phi_1 = L_1 + L_2 \pm 2M} \text{〔H〕} \tag{1・92}$$

抵抗の直列接続と異なり，相互インダクタンスを考慮する必要がある．

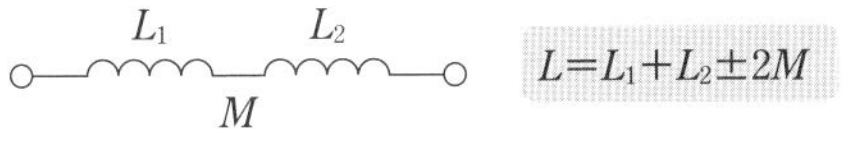

L_1　L_2

M

$L=L_1+L_2\pm 2M$

●図1・76　インダクタンスの直列接続

ここで，図1･77のように接続する場合，電流は共通に流れ，磁束は加わり合う方向となる．この場合を**和動接続**といい，式(1･92)において$+2M$とする．

図1･78のように接続する場合は，磁束が打ち消し合う方向となり，これを**差動接続**といい，式(1･92)において$-2M$とする．

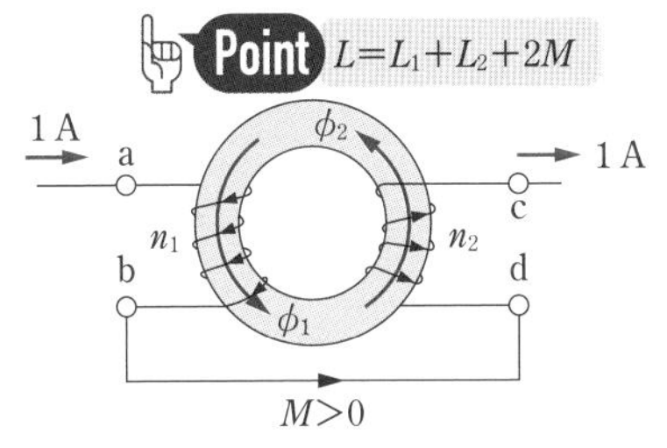

●図1・77　和動接続

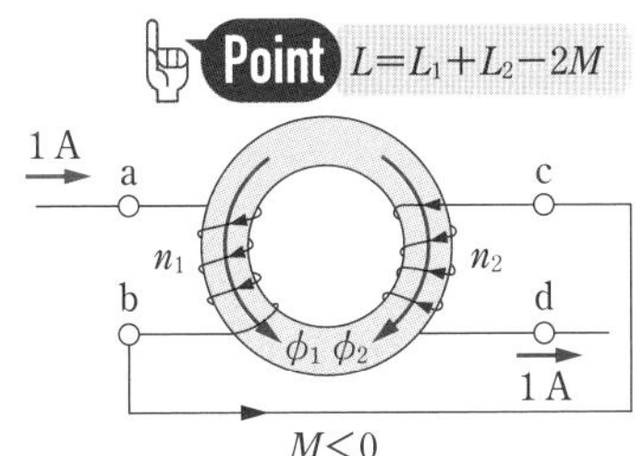

●図1・78　差動接続

2 結合係数

相互インダクタンスと自己インダクタンスの関係は，磁束の結合状態によって示される．コイル1およびコイル2に単位電流を流したとき，コイル1の生ず

る磁束 ϕ_1〔Wb〕のうち，$k\phi_1$ がコイル 2 に鎖交し，コイル 2 の生ずる磁束 ϕ_2〔Wb〕のうち，$k\phi_2$ がコイル 1 と鎖交する場合、自己インダクタンス $L_1 = n_1\phi_1$〔H〕、自己インダクタンス $L_2 = n_2\phi_2$〔H〕、相互インダクタンス $M = kn_2\phi_1 = kn_1\phi_2$〔H〕であるから $M^2 = k^2n_2\phi_1n_1\phi_2 = k^2L_1L_2$ となる。

$$\therefore \quad M = k\sqrt{L_1L_2} \qquad (1 \cdot 93)$$

k は，コイル 1–2 間の磁束の結合状態を示し，**結合係数**という．

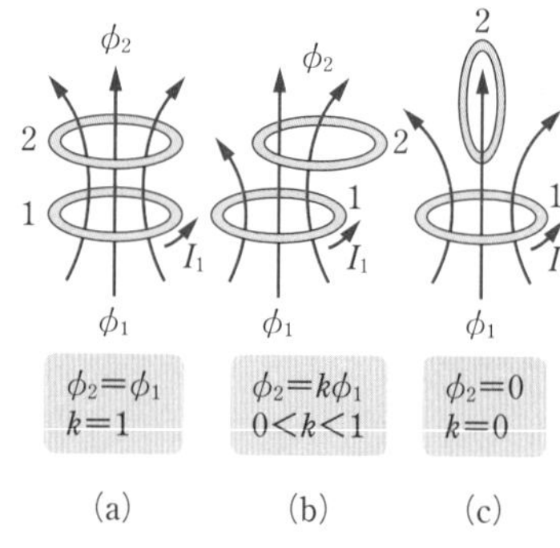

●図 1・79　結合係数

$$\boldsymbol{k = \frac{M}{\sqrt{L_1L_2}}} \qquad (1 \cdot 94)$$

この結合係数 k は，$0 < k \leqq 1$ である．結合係数 k は，図 1·79 (a) のように，漏れ磁束がなければ 1 であるが，同図 (b) のように，漏れ磁束（コイル 1 を通るがコイル 2 を通らない磁束）があるため，1 よりも小さくなる．

問題51　☐☐☐　H24 A-3

次の文章は，コイルのインダクタンスに関する記述である．ここで，鉄心の磁気飽和は，無視するものとする．

均質で等断面の環状鉄心に被覆電線を巻いてコイルを作製した．このコイルの自己インダクタンスは，巻数の［（ア）］に比例し，磁路の［（イ）］に反比例する．

同じ鉄心にさらに被覆電線を巻いて別のコイルを作ると，これら二つのコイル間には相互インダクタンスが生じる．相互インダクタンスの大きさは，漏れ磁束が［（ウ）］なるほど小さくなる．それぞれのコイルの自己インダクタンスを L_1〔H〕，L_2〔H〕とすると，相互インダクタンスの最大値は［（エ）］〔H〕である．

これら二つのコイルを［（オ）］とすると，合成インダクタンスの値は，それぞれの自己インダクタンスの合計値よりも大きくなる．

上記の空白箇所（ア），（イ），（ウ），（エ）および（オ）に当てはまる組合せとして，正しいのは次のうちどれか．

	（ア）	（イ）	（ウ）	（エ）	（オ）
(1)	1 乗	断面積	少なく	$L_1 + L_2$	差動接続
(2)	2 乗	長さ	多く	$L_1 + L_2$	和動接続
(3)	1 乗	長さ	多く	$\sqrt{L_1L_2}$	和動接続
(4)	2 乗	断面積	少なく	$L_1 + L_2$	差動接続
(5)	2 乗	長さ	多く	$\sqrt{L_1L_2}$	和動接続

図 1･71 および式（1･86）に示すように，環状コイルの自己インダクタンスは $L=\dfrac{\mu Sn^2}{l}$ であるから，巻数の **2 乗**に比例し，磁路の**長さ**に反比例する．また，図 1･79 や式（1･93）に示すように，漏れ磁束が**多く**なるほど，相互インダクタンスは小さくなる．そして，相互インダクタンスの最大値は，式（1･93）で $k=1$ のときであるから，$M=\sqrt{L_1L_2}$ となる．二つのコイルを**和動接続**すると，式（1･92）に示すように，$L=L_1+L_2+2M>L_1+L_2$ となる．

解答 ▶ (5)

問題52　H29 A-3

環状鉄心に，コイル 1 およびコイル 2 が巻かれている．二つのコイルを図 1 のように接続したとき，端子 A-B 間の合成インダクタンスの値は 1.2 H であった．次に，図 2 のように接続したとき，端子 C-D 間の合成インダクタンスの値は 2.0 H であった．このことから，コイル 1 の自己インダクタンス L の値〔H〕，コイル 1 およびコイル 2 の相互インダクタンス M の値〔H〕の組合せとして，正しいのは次のうちどれか．ただし，コイル 1 およびコイル 2 の自己インダクタンスはともに L〔H〕，その巻数は N とし，また，鉄心は等断面，等質であるとする．

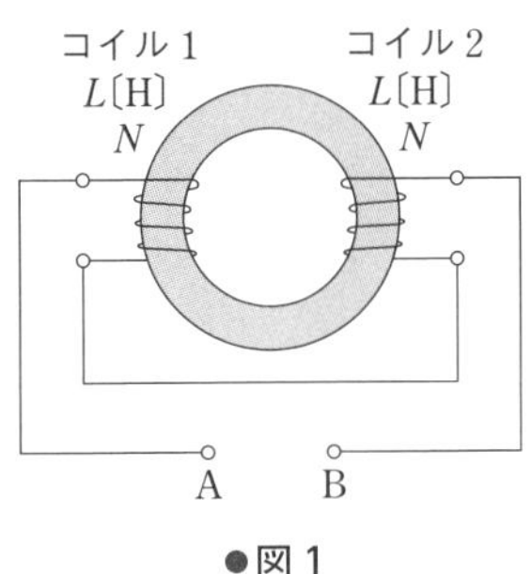

●図 1

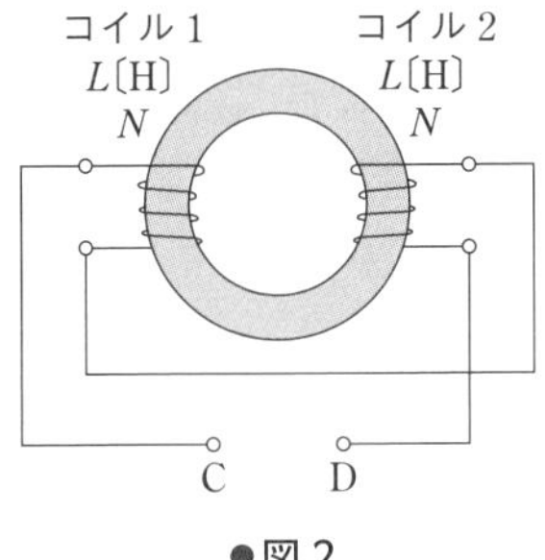

●図 2

	自己インダクタンス L	相互インダクタンス M
(1)	0.4	0.2
(2)	0.8	0.2
(3)	0.8	0.4
(4)	1.6	0.2
(5)	1.6	0.4

問題図 1 は差動接続，問題図 2 は和動接続になっている（端子 A または端子 C から電流 I が流れるとして，コイル 1 による磁束，コイル 2 による磁束が打ち消し合うか，互いに加わり合うかを確認する）.

式 (1·92) より，端子 A–B 間の合成インダクタンス $L_{AB} = L + L - 2M = 2L - 2M = 1.2\,\mathrm{H}$. 一方，端子 C–D 間の合成インダクタンス $L_{CD} = L + L + 2M = 2L + 2M = 2.0\,\mathrm{H}$. これらの連立方程式を解けば，$L = \mathbf{0.8\,H}$，$M = \mathbf{0.2\,H}$ となる.

解答 ▶ (2)

問題53 H15 A-4

図のように，環状鉄心にコイル 1 およびコイル 2 が巻かれている．コイル 1，コイル 2 の自己インダクタンスをそれぞれ L_1，L_2 とし，その巻数をそれぞれ $N_1 = 100$，$N_2 = 1000$ としたとき，$L_1 = 1\times10^{-3}\,\mathrm{H}$ であった．このとき，自己インダクタンス L_2〔H〕の値と，コイル 1 とコイル 2 の相互インダクタンス M〔H〕の値として，正しいものを組み合わせたのは次のうちどれか．ただし，鉄心は等断面，等質であり，コイルおよび鉄心の漏れ磁束はないものとする.

	L_2〔H〕	M〔H〕
(1)	1×10^{-1}	1×10^{-2}
(2)	1×10^{-1}	1×10^{-3}
(3)	1×10^{-2}	1×10^{-2}
(4)	1×10^{-2}	1×10^{-3}
(5)	1×10^{-4}	1×10^{-4}

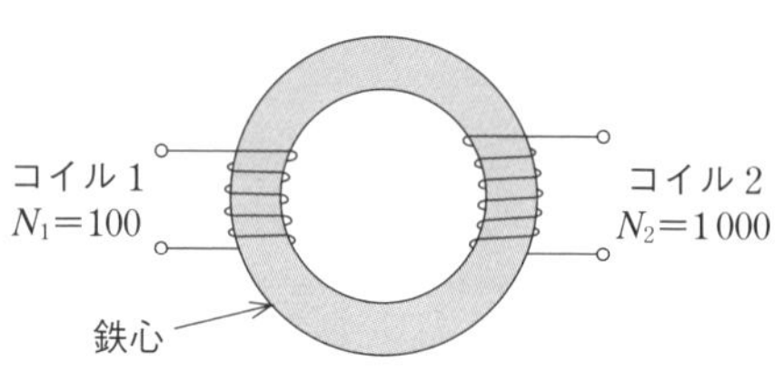

コイルの巻数を N，磁気回路の磁気抵抗を R_m とすれば，自己インダクタンス L は，式 (1·86) に示したように，$L = N^2/R_m$ で表される. また，式 (1·94) で，漏れ磁束がないときの結合係数は $k = 1$ となる.

$L_1 = N_1^2/R_m$，$L_2 = N_2^2/R_m$ より，$L_1 : L_2 = N_1^2 : N_2^2$

$$\therefore\quad L_2 = \frac{N_2^2}{N_1^2}L_1 = \left(\frac{1000}{100}\right)^2 \times 1\times10^{-3} = \mathbf{1\times10^{-1}\,H}$$

式 (1·94) で結合係数 $k = 1$ より，$M = \sqrt{L_1 L_2}$

$$\therefore\quad M = \sqrt{L_1 L_2} = \sqrt{1\times10^{-3}\times1\times10^{-1}} = \sqrt{1\times10^{-4}} = \mathbf{1\times10^{-2}\,H}$$

解答 ▶ (1)

電磁エネルギー

[★★]

自己インダクタンス L〔H〕のコイルに電流 I〔A〕が流れているとき，インダクタンスには

$$W = \frac{1}{2}LI^2 \text{〔J〕} \tag{1・95}$$

のエネルギーが蓄えられている．これは，電流が 0 から I まで増加するのに要した仕事に相当する．

図 1･80 に示すように，時間 t〔s〕で，電流を 0 から I〔A〕まで一定変化速度で増加するものとする．この場合，自己誘導による起電力 E の大きさは式（1･85）から $E = \left| -L\frac{\Delta I}{\Delta t} \right| = L\frac{I}{t}$ で一定となる．そこで，電源から供給すべき電力量 W は，時間 t までの電流の平均が $\frac{I}{2}$ であり，式（1･48）を利用すれば

$$W = E \cdot \frac{I}{2} \cdot t = L\frac{I}{t} \cdot \frac{I}{2} \cdot t = \frac{1}{2}LI^2 \text{〔J〕} \tag{1・96}$$

となり，これがインダクタンスに蓄えられるエネルギーに相当するので，式（1･95）が得られる．

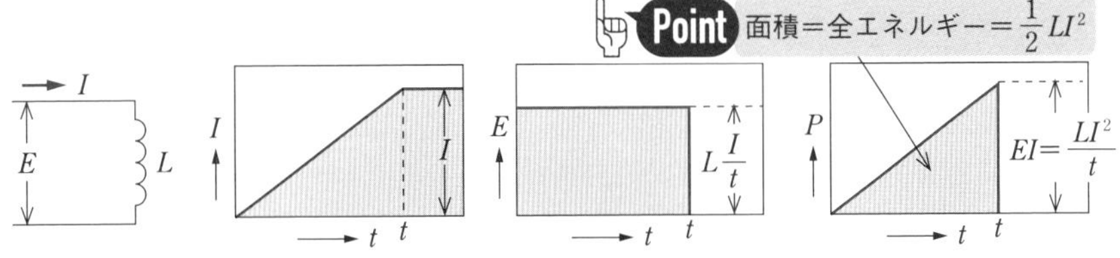

●図 1・80　電磁エネルギー

問題54 H21 A-3

次の文章は，コイルの磁束鎖交数とコイルに蓄えられる磁気エネルギーについて述べたものである．

インダクタンス 1 mH のコイルに直流電流 10 A が流れているとき，このコイ

ルの磁束鎖交数 Ψ_1〔Wb〕は［（ア）］〔Wb〕である．また，コイルに蓄えられている磁気エネルギー W_1〔J〕は［（イ）］〔J〕である．

次に，このコイルに流れる直流電流を 30A とすると，磁束鎖交数 Ψ_2〔Wb〕と蓄えられる磁気エネルギー W_2〔J〕はそれぞれ［（ウ）］となる．

上記の空白箇所（ア），（イ）および（ウ）に当てはまる語句または数値として，正しいものを組み合わせたのは次のうちどれか．

	（ア）	（イ）	（ウ）
(1)	5×10^{-3}	5×10^{-2}	Ψ_2 は Ψ_1 の 3 倍，W_2 は W_1 の 9 倍
(2)	1×10^{-2}	5×10^{-2}	Ψ_2 は Ψ_1 の 3 倍，W_2 は W_1 の 9 倍
(3)	1×10^{-2}	1×10^{-2}	Ψ_2 は Ψ_1 の 9 倍，W_2 は W_1 の 3 倍
(4)	1×10^{-2}	5×10^{-1}	Ψ_2 は Ψ_1 の 3 倍，W_2 は W_1 の 9 倍
(5)	5×10^{-2}	5×10^{-1}	Ψ_2 は Ψ_1 の 9 倍，W_2 は W_1 の 27 倍

自己インダクタンス L は，式（1･84）より $L=\Psi/I$ であり，コイルに蓄えられる磁気エネルギー W は，式（1･95）より $W=\dfrac{1}{2}LI^2$ である．

解説

$$\Psi_1=LI=1\times10^{-3}\times10=\mathbf{1\times10^{-2}\,Wb}$$

$$W_1=\frac{1}{2}LI^2=\frac{1}{2}\times1\times10^{-3}\times10^2=\mathbf{5\times10^{-2}\,J}$$

上の式から，磁束鎖交数 Ψ は電流に比例し，磁気エネルギーは電流の 2 乗に比例する．したがって，コイルに流れる電流が 10A から 30A へと 3 倍に増加する場合，**Ψ_2 は Ψ_1 の 3 倍**になり，**W_2 は W_1 の $3^2=9$ 倍**になる．

解答 ▶ (2)

問題55　H9 A-3

鉄心に巻かれたコイル 1 およびコイル 2 を図のように接続し，0.2A の直流電流を流した場合，端子 a-b 間に蓄えられるエネルギーの値〔J〕として，正しいのは次のうちどれか．ただし，両コイルの自己インダクタンスは，それぞれ $L_1=1\,\text{H}$，$L_2=4\,\text{H}$ とし，相互インダクタンスは，$M=1.5\,\text{H}$ とする．

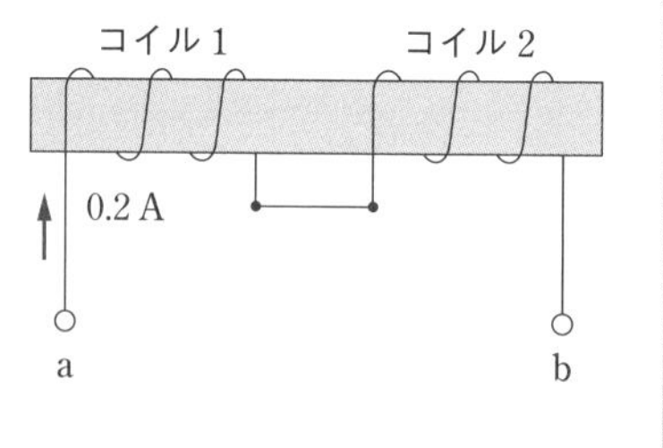

(1) 0.08　(2) 0.1　(3) 0.12　(4) 0.14　(5) 0.16

コイル 1，コイル 2 の接続は，電流が流れて磁束が加わり合うため，和動接続となる．このため，直列合成インダクタンス L は $L=L_1+L_2+2M$ となる．

$L=L_1+L_2+2M=1+4+2\times1.5=8\,\mathrm{H}$

全電磁エネルギー $W=\dfrac{1}{2}LI^2=\dfrac{1}{2}\times8\times0.2^2=4\times0.04=\mathbf{0.16\,J}$

解答 ▶ (5)

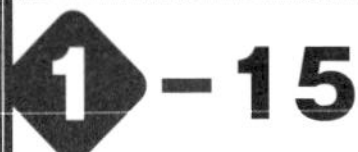

1-15 単位と記号

[★]

SI 単位系（国際単位系）の基本単位としては，表 1･2 の 7 量が定められている．

●表 1・2　SI 基本単位

量	単位名称	記　号	定　　義
長さ	メートル	m	光が真空中で 1/299 792 458 秒（s）の間に進む距離
質量	キログラム	kg	プランク定数を $6.626\,070\,15 \times 10^{-34}$ ジュール秒とすることによって定まる質量
時間	秒	s	セシウム（^{133}Cs）の二つの超微細準位間の遷移に対応する放射の周期の 9 192 631 770 倍に等しい時間
電流	アンペア	A	電気素量を $1.602\,176\,634 \times 10^{-19}$ クーロンとすることによって定まる電流
温度	ケルビン	K	ボルツマン定数を 1.380649×10^{-23} ジュール毎ケルビンとすることによって定まる温度
光度	カンデラ	cd	540×10^{12} ヘルツ（Hz）の周波数の単色光を放射する光源の放射強度が 1/683 ワット/ステラジアン（W/sr）である方向の光度
物質量	モル	mol	$6.022\,140\,76 \times 10^{23}$（アボガドロ数）の要素粒子で構成された系の物質量

SI 組立単位は，SI 基本単位を組み合わせて作ることができる単位である．例えば，SI 単位系では，基本単位として，長さにメートル（m），質量にキログラム（kg），時間に秒（s）を用いるため，速度＝長さ/時間から速度の単位は m/s，加速度＝速度/時間から加速度の単位は $\mathrm{m/s^2}$ となる．また，力＝質量×加速度で定められる力の組立単位 $\mathrm{kg{\cdot}m/s^2}$ にはニュートン（N）という固有の名称が与えられている．このように，組立単位の記号は，基本単位の記号の代数式で与えられる．

表 1･3 は，固有の名称をもつ SI 組立単位で電磁気関係を示す．例えば，ワット〔W〕は，式（1･46）より，SI 基本単位および SI 組立単位による他の表し方では〔J/s〕となる．また，ファラド〔F〕は，式（1･17）より，〔C/V〕となる．さらに，ウェーバ〔Wb〕は，式（1･80）を変形すると，$|\Delta\Phi| = |E{\cdot}\Delta t|$ であるから，〔V･s〕となる．このように考えれば，表 1･3 は理解できるであろう．

さらに，電磁気関係の SI 組立単位の例を表 1·4 に示す．例えば，誘電率は式 (1·19) より ε_0 を一般的な ε に置き換えると，$\varepsilon = \dfrac{Cd}{S}$ となり，単位を代入すれば $\varepsilon = \dfrac{〔\mathrm{F}〕〔\mathrm{m}〕}{〔\mathrm{m}^2〕} = 〔\mathrm{F/m}〕$ となる．また，透磁率は式 (1·86) で $n = 1$ 巻のときに $L = \dfrac{\mu S}{l}$ であるから，$\mu = \dfrac{Ll}{S}$ となる．単位を代入すれば，$\mu = \dfrac{〔\mathrm{H}〕〔\mathrm{m}〕}{〔\mathrm{m}^2〕} = 〔\mathrm{H/m}〕$ となる．さらに，透磁率 μ の空間で 2 本の無限長直線電流 I_1，I_2 の長さ l〔m〕に働く力は式 (1·70) から，$F = \dfrac{\mu I_1 I_2 l}{2\pi r}$ となるから，$\mu = \dfrac{F \cdot 2\pi r}{I_1 I_2 l}$ となる．単位を代入すれば，透磁率の単位は，$\mu = \dfrac{〔\mathrm{N}〕〔\mathrm{m}〕}{〔\mathrm{A}〕〔\mathrm{A}〕〔\mathrm{m}〕} = 〔\mathrm{N/A}^2〕$ とも表すことができる．

●表 1・3　固有の名称をもつ SI 組立単位（電磁気関係）

組　立　量	固有名称	単位記号	SI 基本単位および SI 組立単位による表し方
周波数	ヘルツ	Hz	$1\,\mathrm{Hz} = 1\,\mathrm{s}^{-1}$
力	ニュートン	N	$1\,\mathrm{N} = 1\,\mathrm{kg \cdot m/s^2}$
エネルギー，仕事，熱量	ジュール	J	$1\,\mathrm{J} = 1\,\mathrm{N \cdot m}$
パワー，放射束	ワット	W	$1\,\mathrm{W} = 1\,\mathrm{J/s}$
電荷，電気量	クーロン	C	$1\,\mathrm{C} = 1\,\mathrm{A \cdot s}$
電位，電位差，電圧，起電力	ボルト	V	$1\,\mathrm{V} = 1\,\mathrm{W/A} = 1\,\mathrm{J/(A \cdot s)}$
静電容量	ファラド	F	$1\,\mathrm{F} = 1\,\mathrm{C/V}$
電気抵抗	オーム	Ω	$1\,\Omega = 1\,\mathrm{V/A}$
コンダクタンス	ジーメンス	S	$1\,\mathrm{S} = 1\,\mathrm{A/V} = 1\,\Omega^{-1}$
磁　束	ウェーバ	Wb	$1\,\mathrm{Wb} = 1\,\mathrm{V \cdot s}$
磁束密度	テスラ	T	$1\,\mathrm{T} = 1\,\mathrm{Wb/m^2}$
インダクタンス	ヘンリー	H	$1\,\mathrm{H} = 1\,\mathrm{Wb/A}$

●表 1・4　電磁気関係の SI 組立単位の例

量	単位名称	単位記号	備　考
電界の強さ	ボルト/メートル	V/m	式（1･11）参照
電束密度	クーロン/平方メートル	C/m^2	式（1･25）参照
誘電率	ファラド/メートル	F/m	式（1･19）参照
磁界の強さ	アンペア/メートル	A/m	式（1･59）参照
透磁率	ヘンリー/メートル	H/m	式（1･86）参照
起磁力	アンペア	A	式（1･77）参照

問題56

導電率の SI 単位として，正しいのは次のうちどれか．

(1)　$S \cdot m^2$　　(2)　$S \cdot m$　　(3)　S　　(4)　S/m　　(5)　S/m^2

コンダクタンス $G = 1/R$，導電率 $\sigma = 1/\rho$（ρ は抵抗率）から面積を S として

$$G = \frac{1}{R} = \frac{S}{\rho l} = \sigma \frac{S}{l}$$

$$\therefore \quad \sigma = G\frac{l}{S} \rightarrow 〔S〕\frac{〔m〕}{〔m^2〕} \rightarrow \textbf{〔S/m〕}$$

解答 ▶ (4)

問題57

磁気抵抗の SI 単位として，正しいのは次のうちどれか．

(1)　H^{-1}　　(2)　H　　(3)　$H \cdot m$　　(4)　H/m　　(5)　H/m^2

解説

磁気抵抗 R_m は，式（1･78）より

$$R_m = \frac{l}{\mu S} \rightarrow \frac{〔m〕}{〔H/m〕〔m^2〕} \rightarrow \frac{1}{〔H〕} \rightarrow \textbf{〔H}^{-1}\textbf{〕}$$

なお，磁気回路のオームの法則と，自己インダクタンスの式（1･86）からも

$$R_m = \frac{nI}{\phi} = \frac{n^2 I}{LI} = \frac{n^2}{L} \rightarrow \textbf{〔H}^{-1}\textbf{〕}$$（巻数 n は単位に含まない）

解答 ▶ (1)

問題58　H11 A-1

電気および磁気に関する量とその単位記号（これと同じ内容を表す単位記号を含む）の組合せとして，誤っているのは次のうちどれか．

	量	単位記号
(1)	電界の強さ	V/m
(2)	磁　束	T
(3)	電力量	W･s
(4)	磁気抵抗	H^{-1}
(5)	電　流	C/s

解説 〔T〕は磁束密度 B の単位記号であるので（**2**）が誤り．

なお，磁束 ϕ は，磁束密度 B×断面積であるので〔T･m^2〕となるが，SI 単位では〔Wb〕が用いられる．また，ファラデーの法則（式（1･80））から $\varDelta\Phi = E\varDelta t$ となるので，〔V･s〕を使うこともできる．

解答 ▶（2）

問題59 H30 A-14

固有の名称をもつ SI 組立単位の記号と，これと同じ内容を表す他の表し方の組合せとして，誤っているのは次のうちどれか．

	SI 組立単位の記号	SI 基本単位および SI 組立単位による他の表し方
(1)	F	C/V
(2)	W	J/s
(3)	S	A/V
(4)	T	Wb/m^2
(5)	Wb	V/s

解説 表 1･3 を参照する．〔Wb〕は〔V/s〕ではなく，〔V･s〕である．ファラデーの法則の式（1･80）から $\varDelta\Phi = E\cdot\varDelta t$ であり，〔Wb〕=〔V･s〕となるので，（**5**）が誤り．

参考に，他の SI 単位による表し方を述べる．

まず，（1）の〔F〕は，式（1･17）において電荷 Q の単位〔C〕，電位差 V の単位〔V〕を考慮して，〔F〕=〔C/V〕となる．

（2）の〔W〕は，式（1･46）で説明したとおりである．

（3）の〔S〕は，式（1･40）において電流 I の単位〔A〕，電圧 V の単位〔V〕を考慮して〔S〕=〔A/V〕となる．

（4）の〔T〕は，1-7 節 4 項の磁束密度で説明したとおりである．

解答 ▶（5）

練習問題

■ 1 (H24 A-2)

極板 A-B 間が誘電率 ε_0〔F/m〕の空気で満たされている平行平板コンデンサの空気ギャップ長を d〔m〕，静電容量を C_0〔F〕とし，極板間の直流電圧を V_0〔V〕とする．極板と同じ形状と面積を持ち，厚さが $\frac{d}{4}$〔m〕，誘導率 ε_1〔F/m〕の固体誘電体（$\varepsilon_1 > \varepsilon_0$）を図に示す位置 P-Q 間に極板と平行に挿入すると，コンデンサ内の電位分布は変化し，静電容量は C_1〔F〕に変化した．このとき，誤っているのは次のうちどれか．ただし，空気の誘電率を ε_0，コンデンサの端効果は無視できるものとし，直流電圧 V_0〔V〕は一定とする．

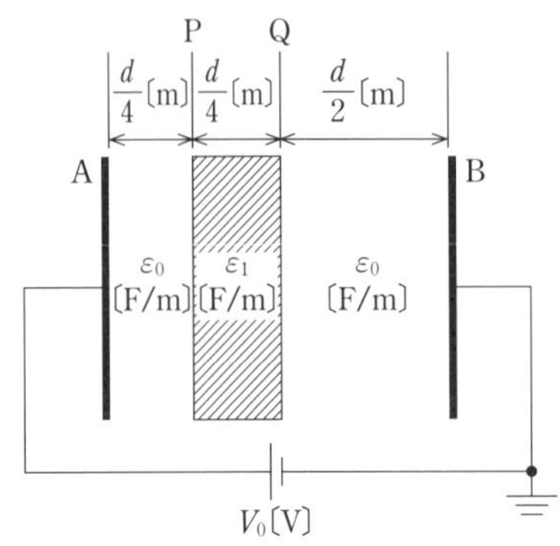

(1) 位置 P の電位は，固体誘電体を挿入する前の値よりも低下する．

(2) 位置 Q の電位は，固体誘電体を挿入する前の値よりも上昇する．

(3) 静電容量 C_1〔F〕は，C_0〔F〕よりも大きくなる．

(4) 固体誘電体を導体に変えた場合，位置 P の電位は固体誘電体または導体を挿入する前の値よりも上昇する．

(5) 固体誘電体を導体に変えた場合の静電容量 C_2〔F〕は，C_0〔F〕よりも大きくなる．

■ 2 (H25 A-3)

磁界および磁束に関する記述として，誤っているのは次のうちどれか．

(1) 1 m 当たりの巻数が N の無限に長いソレノイドに電流 I〔A〕を流すと，ソレノイドの内部には磁界 $H = NI$〔A/m〕が生じる．磁界の大きさは，ソレノイドの寸法や内部に存在する物質の種類に影響されない．

(2) 均一磁界中において，磁界の方向と直角に置かれた直線状導体に直流電流を流すと，導体には電流の大きさに比例した力が働く．

(3) 2 本の平行な直線状導体に反対向きの電流を流すと，導体には導体間距離の 2 乗に反比例した反発力が働く．

(4) フレミングの左手法則では，親指の向きが導体に働く力の向きを示す．

(5) 磁気回路において，透磁率は電気回路の導電率に，磁束は電気回路の電流にそれぞれ対応する．

■ 3 (H28 A-8)

電気に関する法則の記述として，正しいのは次のうちどれか．

(1) オームの法則は，「均一の物質からなる導線の両端の電位差を V とするとき，これに流れる定常電流 I は V に反比例する」という法則である．

(2) クーロンの法則は，「二つの点電荷の間に働く静電力の大きさは，両電荷の積に反比例し，電荷間の距離の 2 乗に比例する」という法則である．

(3) ジュールの法則は「導体内に流れる定常電流によって単位時間中に発生する熱量は，電流の値の 2 乗と導体の抵抗に反比例する」という法則である．

(4) フレミングの右手法則は，「右手の親指・人差し指・中指をそれぞれ直交するように開き，親指を磁界の向きに，人差し指を導体が移動する向きに向けると，中指の向きは誘導起電力の向きと一致する」という法則である．

(5) レンツの法則は，「電磁誘導によってコイルに生じる起電力は，誘導起電力によって生じる電流がコイル内の磁束の変化を妨げる向きとなるように発生する」という法則である．

■ 4 (H28 A-1)

真空中において，図のように x 軸上で距離 $3d$〔m〕隔てた点 A $(2d, 0)$，点 B $(-d, 0)$ にそれぞれ $2Q$〔C〕，$-Q$〔C〕の点電荷が置かれている．xy 平面上で電位が 0 V となる等電位線を表す図として，最も近いのは次のうちどれか．

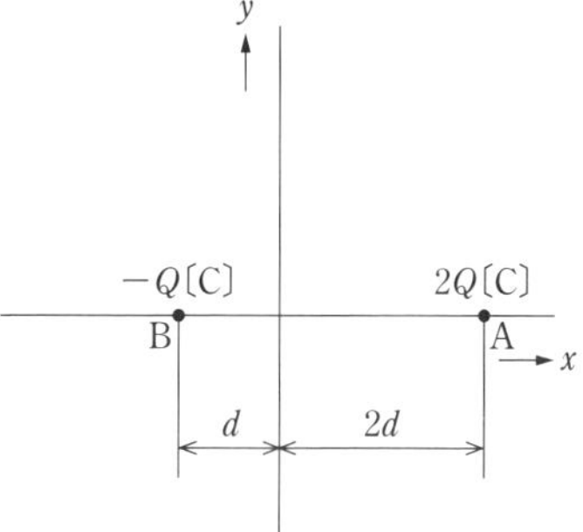

(1)

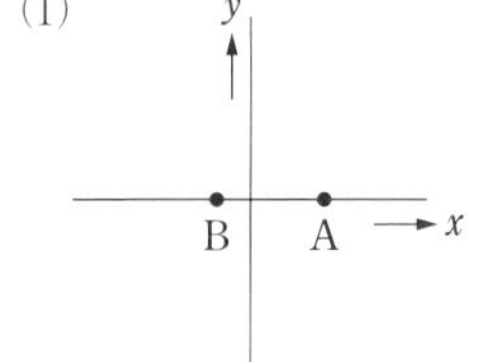

(2)

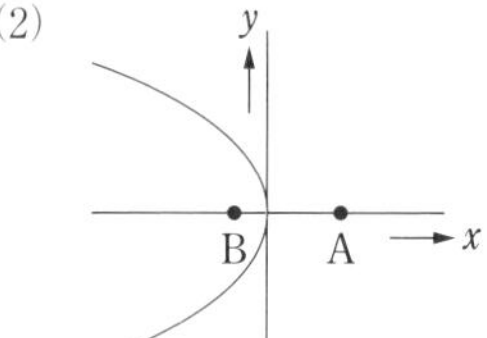

(3)

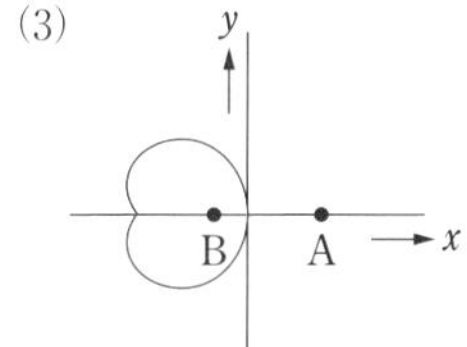

(4)

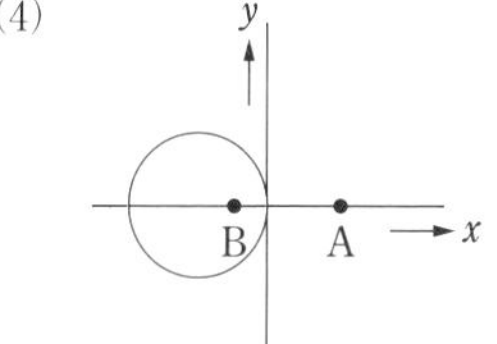

(5)

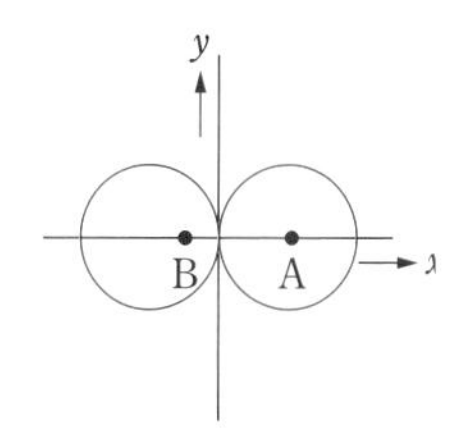

■ 5 (H26 A-4)

図のように，十分に長い直線状導体 A，B があり，A と B はそれぞれ直角座標系の x 軸と y 軸に沿って置かれている．A には $+x$ 方向の電流 I_x〔A〕が，B には $+y$ 方向の電流 I_y〔A〕が，それぞれ流れている．$I_x>0$，$I_y>0$ とする．

このとき，xy 平面上で I_x と I_y のつくる磁界が零となる点（x〔m〕，y〔m〕）の満たす条件として，正しいのは次のうちどれか．ただし，$x \neq 0$，$y \neq 0$ とする．

(1) $y=\dfrac{I_x}{I_y}x$ (2) $y=\dfrac{I_y}{I_x}x$ (3) $y=-\dfrac{I_x}{I_y}x$

(4) $y=-\dfrac{I_y}{I_x}x$ (5) $y=\pm x$

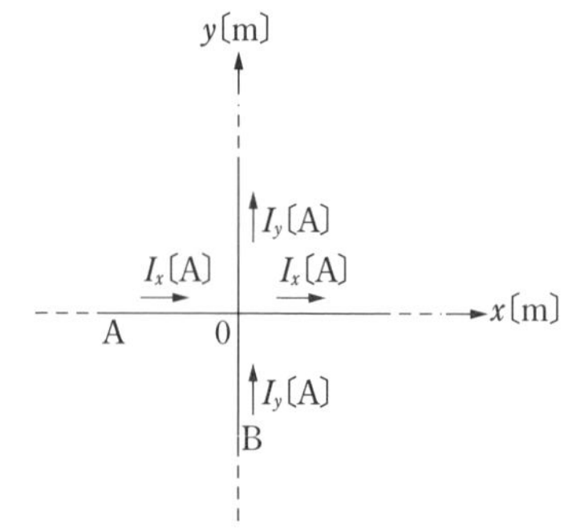

■ 6 (H26 A-5)

図のように，コンデンサ 3 個を充電する回路がある．スイッチ S_1 および S_2 を同時に閉じてから十分に時間が経過し，定常状態となったとき，点 a から見た点 b の電圧の値〔V〕として，正しいのは次のうちどれか．ただし，各コンデンサの初期電荷は零とする．

(1) $-\dfrac{10}{3}$ (2) -2.5 (3) 2.5

(4) $\dfrac{10}{3}$ (5) $\dfrac{20}{3}$

■ 7 (R1 A-2)

図のように，極板間距離 d〔mm〕と比誘電率 ε_r が異なる平行板コンデンサが接続されている．極板の形状と大きさは全て同一であり，コンデンサの端効果，初期電荷および漏れ電流は無視できるものとする．印加電圧を 10 kV とするとき，図中の二つのコンデンサ内部の電界の強さ E_A および E_B の値〔kV/mm〕の組合せとして，正しいものを次の (1)〜(5) のうちから一つ選べ．

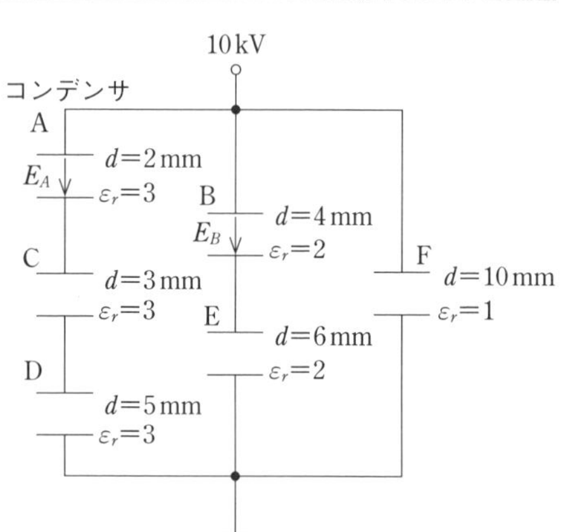

	E_A	E_B
(1)	0.25	0.67
(2)	0.25	1.5
(3)	1.0	1.0
(4)	4.0	0.67
(5)	4.0	1.5

■ 8 (H29 A-6)

$R_1 = 20\,\Omega$, $R_2 = 30\,\Omega$の抵抗，インダクタンス $L_1 = 20\,\mathrm{mH}$, $L_2 = 40\,\mathrm{mH}$ のコイルおよび静電容量 $C_1 = 400\,\mu\mathrm{F}$, $C_2 = 600\,\mu\mathrm{F}$ のコンデンサからなる図のような直並列回路がある．直流電圧 $E = 100\,\mathrm{V}$ を加えたとき，定常状態において L_1, L_2, C_1 および C_2 に蓄えられるエネルギーの総和の値〔J〕として，最も近いのは次のうちどれか．

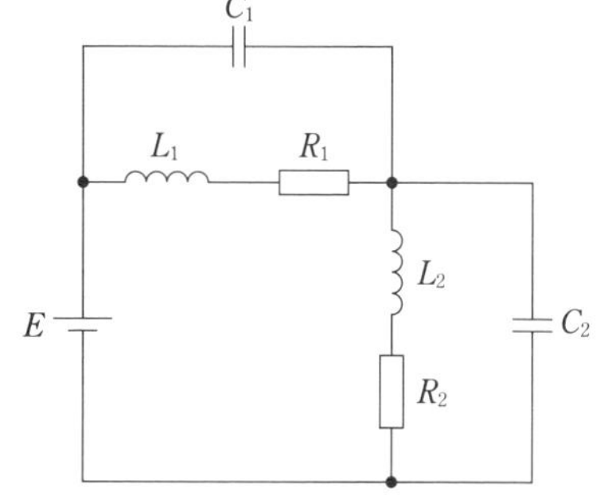

(1) 0.12　(2) 1.20　(3) 1.32
(4) 1.40　(5) 1.52

■ 9 (H30 A-4)

図のように，原点 O を中心とし x 軸を中心軸とする半径 a〔m〕の円形導体ループに直流電流 I〔A〕を図の向きに流したとき，x 軸上の点，つまり，$(x, y, z) = (x, 0, 0)$ に生じる磁界の x 方向成分 $H(x)$〔A/m〕を表すグラフとして，最も適切なのは次のうちどれか．

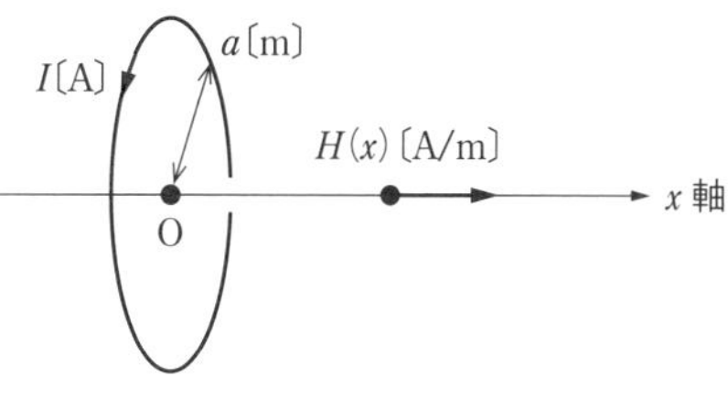

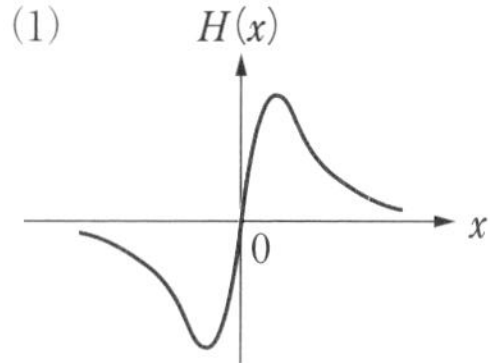

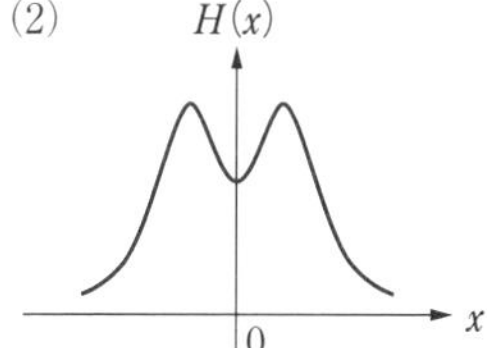

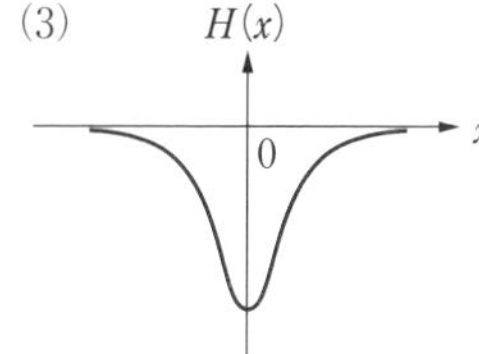

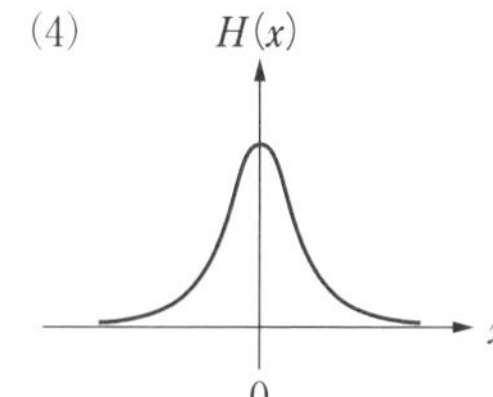

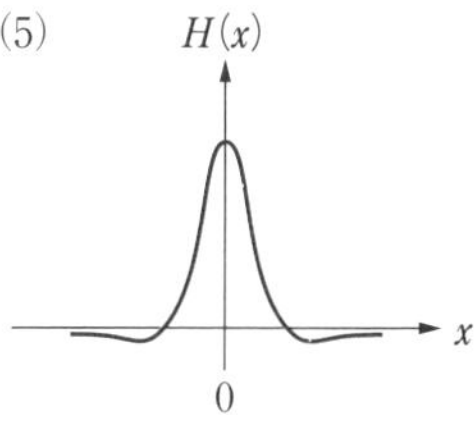

■ 10 (H25 A-4)

図のように，透磁率 μ_0〔H/m〕の真空中に無限に長い直線状導体 A と 1 辺 a〔m〕の正方形のループ状導体 B が距離 d〔m〕を隔てて置かれている．A と B は xz 平面上にあり，A は z 軸と平行，B の各辺は x 軸または z 軸と平行である．A, B には直流電流 I_A〔A〕, I_B〔A〕が，それぞれ図示する方向に流れている．このとき，B に加わる電磁力として，正しいのは次のうちどれか．なお，xyz 座標の定義は，破線の枠内の図で示したとおりとする．

(1) 0 N つまり電磁力は生じない

(2) $\dfrac{\mu_0 I_A I_B a^2}{2\pi d(a+d)}$〔N〕の $+x$ 方向の力

(3) $\dfrac{\mu_0 I_A I_B a^2}{2\pi d(a+d)}$〔N〕の $-x$ 方向の力

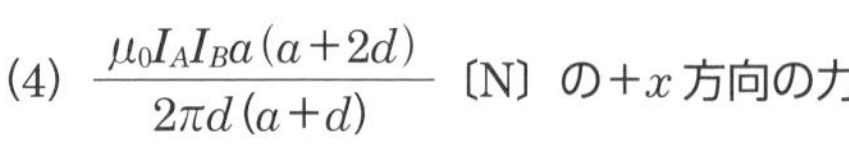

(4) $\dfrac{\mu_0 I_A I_B a(a+2d)}{2\pi d(a+d)}$〔N〕の $+x$ 方向の力

(5) $\dfrac{\mu_0 I_A I_B a(a+2d)}{2\pi d(a+d)}$〔N〕の $-x$ 方向の力

■ 11 (R1 A-3)

図は積層した電磁鋼板の鉄心の磁化特性（ヒステリシスループ）を示す．図中の B〔T〕および H〔A/m〕はそれぞれ磁束密度および磁界の強さを表す．この鉄心にコイルを巻きリアクトルを製作し，商用交流電源に接続した．実効値が V〔V〕の電源電圧を印加すると図中に矢印で示す軌跡が確認された．コイル電流が最大のときの点は （ア） である．次に，電源電圧実効値が一定に保たれたまま，周波数がやや低下したとき，ヒステリシスループの面積は （イ） ．一方，周波数が一定で，電源電圧実効値が低下したとき，ヒステリシスループの面積は （ウ） ．最後に，コイル電流実効値が一定で，周波数がやや低下したとき，ヒステリシスループの面積は （エ） ．

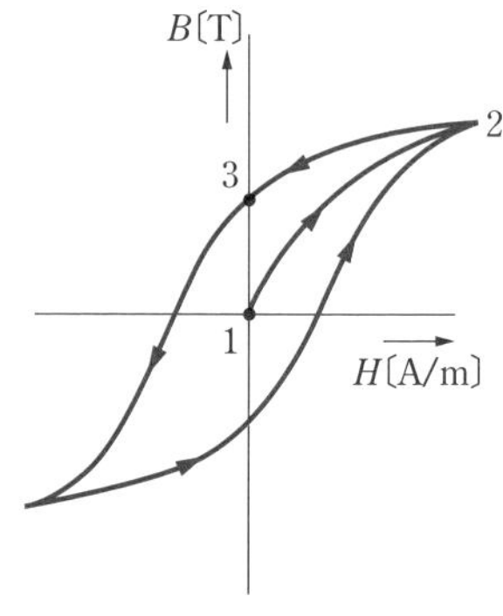

上記の空白箇所（ア），（イ），（ウ）および（エ）に当てはまる組合せとして，正しいものを次の(1)～(5)のうちから一つ選べ．

	（ア）	（イ）	（ウ）	（エ）
(1)	1	大きくなる	小さくなる	大きくなる
(2)	2	大きくなる	小さくなる	あまり変わらない
(3)	3	あまり変わらない	あまり変わらない	小さくなる
(4)	2	小さくなる	大きくなる	あまり変わらない
(5)	1	小さくなる	大きくなる	あまり変わらない

■ **12** (R4上 A-3)

図のような環状鉄心に巻かれたコイルがある.

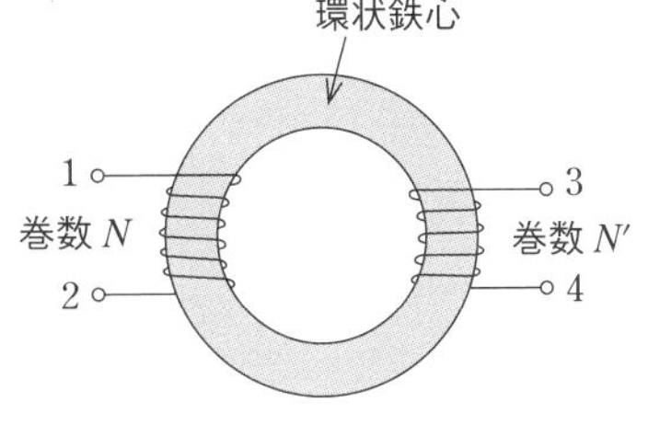

図の環状コイルについて,

- 端子 1-2 間の自己インダクタンスを測定したところ,40 mH であった.
- 端子 3-4 間の自己インダクタンスを測定したところ,10 mH であった.
- 端子 2 と 3 を接続した状態で端子 1-4 間のインダクタンスを測定したところ,86 mH であった.

このとき,端子 1-2 間のコイルと端子 3-4 間のコイルとの間の結合係数 k の値として,最も近いものを次の (1)～(5) のうちから一つ選べ.

(1) 0.81　(2) 0.90　(3) 0.95　(4) 0.98　(5) 1.8

■ **13** (H11 A-2)

図の A,B 二つのコイルがあり,A コイルに流れる電流 i〔A〕を 1/1 000 秒間に 40 mA 変化させている間,B コイルに 0.3 V の起電力を発生する.この両コイル間の相互インダクタンス M〔mH〕の値として,正しいのは次のうちどれか.

(1) 0.65　(2) 0.75　(3) 5.5　(4) 6.5
(5) 7.5

■ **14** (H30 A-1)

次の文章は,帯電した導体球に関する記述である.

真空中で導体球 A および B が軽い絶縁体の糸で固定点 O からつり下げられている.真空の誘電率を ε_0〔F/m〕,重力加速度を g〔m/s^2〕とする.A および B は同じ大きさと質量 m〔kg〕をもつ.糸の長さは各導体球の中心点が点 O から距離 l〔m〕となる長さである.

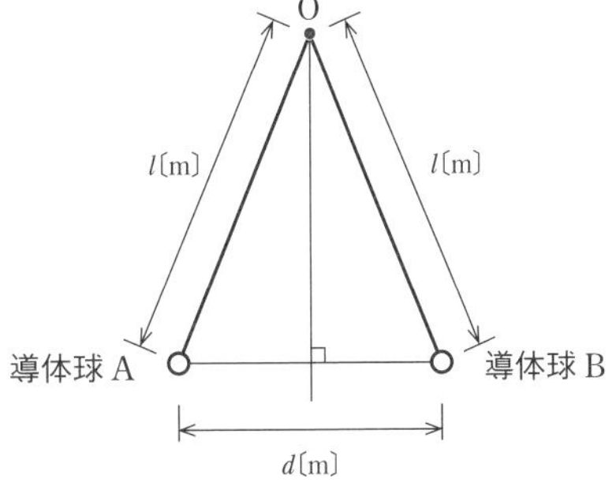

まず,導体球 A および B にそれぞれ電荷 Q〔C〕,$3Q$〔C〕を与えて帯電させたところ,静電力による ［(ア)］ が生じ,図のように A および B の中心点間が d〔m〕離れた状態で釣り合った.ただし,導体球の直径は d に比べて十分に小さいとする.このとき,個々の導体球において,静電力 $F=$ ［(イ)］〔N〕,重力 mg〔N〕,糸の張力 T〔N〕,の三つの力が釣り合っている.三平方の定理より $F^2+(mg)^2=T^2$ が成り立ち,張力の方向を

考えると $\frac{F}{T}$ は $\frac{d}{2l}$ に等しい．これらより T を消去し整理すると，d が満たす式として，

$$k\left(\frac{d}{2l}\right)^3 = \sqrt{1-\left(\frac{d}{2l}\right)^2}$$

が導かれる．ただし，係数 $k=$ （ウ） である．

次に，A と B とを一旦接触させたところ AB 間で電荷が移動し，同電位となった．そして A と B とが力の釣り合いの位置に戻った．接触前に比べ，距離 d は （エ） した．

上記の空白箇所（ア），（イ），（ウ）および（エ）に当てはまる組合せとして，正しいものを次の（1）～（5）のうちから一つ選べ．

	（ア）	（イ）	（ウ）	（エ）
（1）	反発力	$\frac{3Q^2}{4\pi\varepsilon_0 d^2}$	$\frac{16\pi\varepsilon_0 l^2 mg}{3Q^2}$	増加
（2）	吸引力	$\frac{Q^2}{4\pi\varepsilon_0 d^2}$	$\frac{4\pi\varepsilon_0 l^2 mg}{Q^2}$	増加
（3）	反発力	$\frac{3Q^2}{4\pi\varepsilon_0 d^2}$	$\frac{4\pi\varepsilon_0 l^2 mg}{Q^2}$	増加
（4）	反発力	$\frac{Q^2}{4\pi\varepsilon_0 d^2}$	$\frac{16\pi\varepsilon_0 l^2 mg}{3Q^2}$	減少
（5）	吸引力	$\frac{Q^2}{4\pi\varepsilon_0 d^2}$	$\frac{4\pi\varepsilon_0 l^2 mg}{Q^2}$	減少

■ 15 (H25 B-17)

空気中に半径 r〔m〕の金属球がある．次の (a) および (b) の問に答えよ．

ただし，$r=0.01$ m，真空の誘電率を $\varepsilon_0=8.854\times10^{-12}$ F/m，空気の比誘電率を 1.0 とする．

(a) この金属球が電荷 Q〔C〕を帯びたときの金属球表面における電界の強さ〔V/m〕を表す式として，正しいのは次のうちどれか．

(1) $\frac{Q}{4\pi\varepsilon_0 r^2}$　(2) $\frac{3Q}{4\pi\varepsilon_0 r^3}$　(3) $\frac{Q}{4\pi\varepsilon_0 r}$　(4) $\frac{Q^2}{8\pi\varepsilon_0 r}$　(5) $\frac{Q^2}{2\pi\varepsilon_0 r^2}$

(b) この金属球が帯びることのできる電荷 Q〔C〕の大きさには上限がある．空気の絶縁破壊の強さを 3×10^6 V/m として，金属球表面における電界の強さが空気の絶縁破壊の強さと等しくなるような Q〔C〕の値として，最も近いのは次のうちどれか．

(1) 2.1×10^{-10}　(2) 2.7×10^{-9}　(3) 3.3×10^{-8}　(4) 2.7×10^{-7}
(5) 3.3×10^{-6}

■ 16 (H26 B-17)

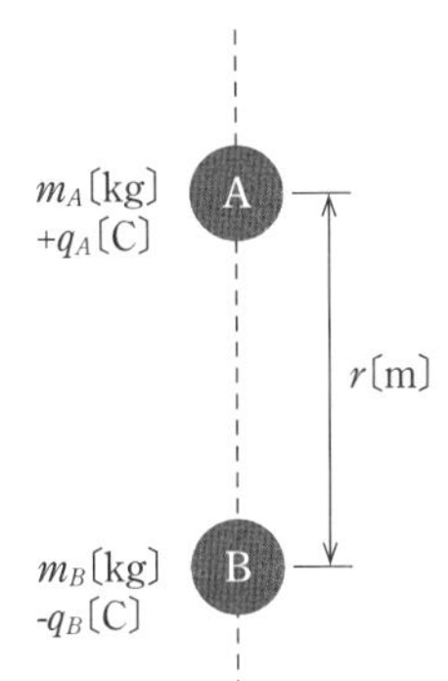

図のように，真空中において二つの小さな物体 A，B が距離 r〔m〕を隔てて鉛直線上に置かれている．A は固定されており，A の真下に B がある．物体 A，B はそれぞれ，質量 m_A〔kg〕，m_B〔kg〕をもち，電荷$+q_A$〔C〕，$-q_B$〔C〕を帯びている．$q_A>0$，$q_B>0$ とし，真空の誘電率を ε_0〔F/m〕とする．次の (a) および (b) の問に答えよ．

ただし，小問 (a) においては重力加速度 g〔m/s^2〕の重力を，小問 (b) においては無重力を，それぞれ仮定する．物体 A，B の間の万有引力は無視する．

(a) 重力加速度 g〔m/s^2〕の重力のもとで B を初速度零で放ったとき，B は A に近づくように上昇を始めた．このときの条件を表す式として，正しいのは次のうちどれか．

(1) $\dfrac{q_A q_B}{4\pi\varepsilon_0 r^2}>m_B g$　(2) $\dfrac{q_A q_B}{4\pi\varepsilon_0 r}>m_B g$　(3) $\dfrac{q_A q_B}{4\pi r}>m_B g$

(4) $\dfrac{q_A q_B}{2\pi\varepsilon_0 r^2}>m_B g$　(5) $\dfrac{q_A q_B}{2\pi\varepsilon_0 r}>m_B g$

(b) 無重力のもとで B を下向きの初速度 v_B〔m/s〕で放ったとき，B は下降を始めたが，途中で速度の向きが変わり上昇に転じた．このときの条件を表す式として，正しいのは次のうちどれか．

(1) $\dfrac{1}{2}m_B v_B{}^2<\dfrac{q_A q_B}{4\pi\varepsilon_0 r^2}$　(2) $\dfrac{1}{2}m_B v_B{}^2<\dfrac{q_A q_B}{4\pi\varepsilon_0 r}$　(3) $m_B v_B<\dfrac{q_A q_B}{4\pi\varepsilon_0 r^2}$

(4) $m_B v_B<\dfrac{q_A q_B}{4\pi\varepsilon_0 r}$　(5) $\dfrac{1}{2}m_B v_B<\dfrac{q_A q_B}{4\pi\varepsilon_0 r^2}$

■ 17 (H20 B-17)

大きさが等しい二つの導体球 A，B がある．両導体球に電荷が蓄えられている場合，両導体球の間に働く力は，導体球に蓄えられている電荷の積に比例し，導体球間の距離の 2 乗に反比例する．次の (a) および (b) に答えよ．

(a) この場合の比例定数を求める目的で，導体球 A に$+2\times10^{-8}$ C，導体球 B に$+3\times10^{-8}$ C の電荷を与えて，導体球の中心間距離で 0.3 m 隔てて両導体球を置いたところ，両導体球間に 6×10^{-5} N の反発力が働いた．この結果から求められる比例定数〔N·m^2/C^2〕として，最も近いのは次のうちどれか．

ただし，導体球 A，B の初期電荷は 0 とする．また，両導体球の大きさは 0.3 m に比べて極めて小さいものとする．

(1) 3×10^9　(2) 6×10^9　(3) 8×10^9　(4) 9×10^9　(5) 15×10^9

(b) 上記 (a) の導体球 A，B を，電荷を保持したままで 0.3 m の距離を隔てて固定した．ここで，導体球 A, B と大きさが等しく電荷をもたない導体球 C を用意し，導体球 C をまず導体球 A に接触させ，次に導体球 B に接触させた．この導体球 C を導体球 A と導体球 B の間の直線上に置くとき，導体球 C が受ける力がつり合う位置を導体球 A との中心間距離〔m〕で表したとき，その距離に最も近いのは次のうちどれか．

(1) 0.095　(2) 0.105　(3) 0.115　(4) 0.124　(5) 0.135

■ 18 (H22 B-17)

真空中において，図に示すように，一辺の長さが 6 m の正三角形の頂点 A に 4×10^{-9} C の正の点電荷が置かれ，頂点 B に -4×10^{-9} C の負の点電荷が置かれている．正三角形の残る頂点を点 C とし，点 C より下した垂線と正三角形の辺 AB との交点を点 D として，次の (a) および (b) に答えよ．ただし，クーロンの法則の比例定数を 9×10^{9} N·m²/C² とする．

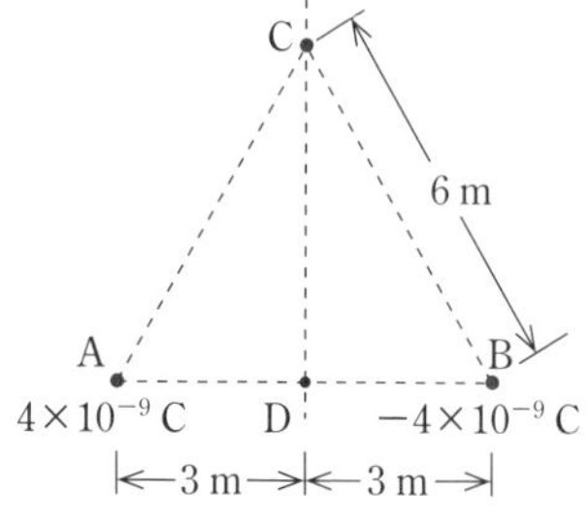

(a) まず，q_0〔C〕の正の点電荷を点 C に置いたときに，この正の点電荷に働く力の大きさは F_C〔N〕であった．次に，この正の点電荷を点 D に移動したときに，この正の点電荷に働く力の大きさは F_D〔N〕であった．力の大きさの比 F_C/F_D の値として，正しいのは次のうちどれか．

(1) $\dfrac{1}{8}$　(2) $\dfrac{1}{4}$　(3) 2　(4) 4　(5) 8

(b) 次に，q_0〔C〕の正の点電荷を点 D から点 C の位置に戻し，強さが 0.5 V/m の一様な電界を辺 AB に平行に点 B から点 A の向きに加えた．このとき，q_0〔C〕の正の点電荷に電界の向きと逆の向きに 2×10^{-9} N の大きさの力が働いた．正の点電荷 q_0〔C〕の値として，正しいのは次のうちどれか．

(1) $\dfrac{4}{3}\times10^{-9}$　(2) 2×10^{-9}　(3) 4×10^{-9}　(4) $\dfrac{4}{3}\times10^{-8}$　(5) 2×10^{-8}

■ 19 (R1 B-15)

図のように，平らで十分大きい導体でできた床から高さ h〔m〕の位置に正の電気量 Q〔C〕をもつ点電荷がある．次の (a) および (b) の問に答えよ．ただし，点電荷から床に下ろした垂線の足を点 O，床より上側の空間は真空とし，床の導体は接地されている．真空の誘電体は ε_0〔F/m〕とする．

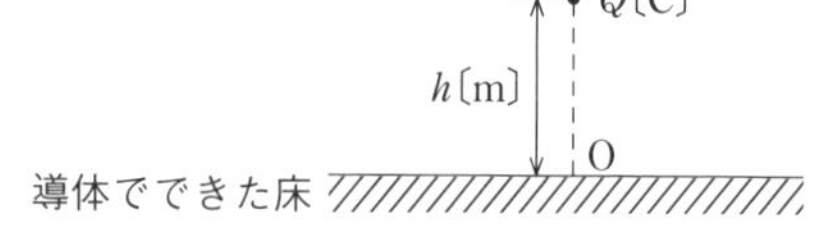

(a) 床より上側の電界は，点電荷のつくる電界と，床の表面に静電誘導によって現れた面電荷のつくる電

界との和になる．床より上側の電気力線の様子として，適切なものを次の（1）～(5）のうちから一つ選べ．

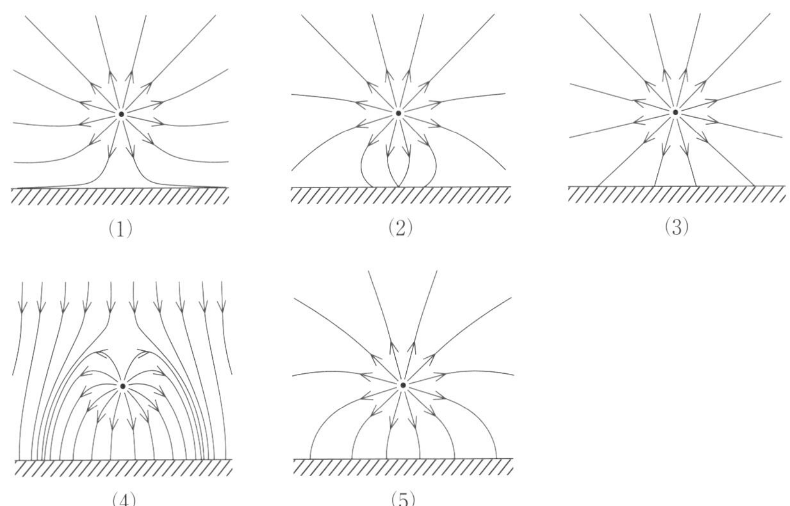

(b) 点電荷は床表面に現れた面電荷から鉛直方向の静電吸引力 F〔N〕を受ける．その力は床のない状態で点 O に固定した電気量 $-\dfrac{Q}{4}$〔C〕の点電荷から受ける静電力に等しい．F〔N〕に逆らって，点電荷を高さ h〔m〕から z〔m〕（ただし $h<z$）まで鉛直方向に引き上げるのに必要な仕事 W〔J〕を表す式として，正しいものを次の（1）～(5）のうちから一つ選べ．

(1) $\dfrac{Q^2}{4\pi\varepsilon_0 z^2}$　(2) $\dfrac{Q^2}{4\pi\varepsilon_0}\left(\dfrac{1}{h}-\dfrac{1}{z}\right)$　(3) $\dfrac{Q^2}{16\pi\varepsilon_0}\left(\dfrac{1}{h}-\dfrac{1}{z}\right)$

(4) $\dfrac{Q^2}{16\pi\varepsilon_0 z^2}$　(5) $\dfrac{Q^2}{\pi\varepsilon_0}\left(\dfrac{1}{h^2}-\dfrac{1}{z^2}\right)$

■ 20 (H21 B-17)

図に示すように，面積が十分に広い平行平板電極（電極間距離 10 mm）が空気（比誘電率 $\varepsilon_{s1}=1$ とする）と，電極と同形同面積の厚さ 4 mm で比誘導率 $\varepsilon_{s2}=4$ の固体誘電体で構成されている．下部電極を接地し，上部電極に直流電圧 V〔kV〕を加えた．次の (a) および (b) に答えよ．

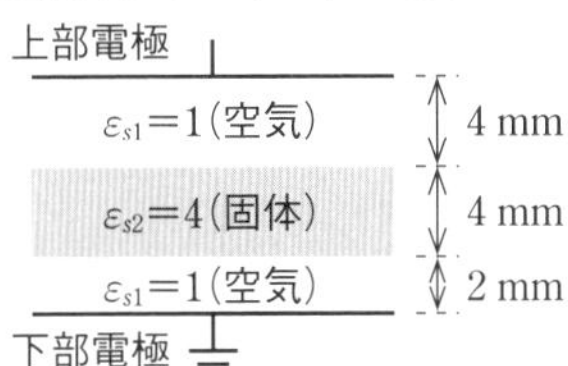

ただし，固体誘電体の導電性および電極と固体誘電体の端効果は無視できるものとする．

(a) 電極間の電界の強さ E〔kV/mm〕のおおよその分布を示す図として，正しいのは次のうちどれか．ただし，このときの電界の強さでは，放電は発生しないものとする．また，各図において，上部電極から下部電極に向かう距離を x〔mm〕とする．

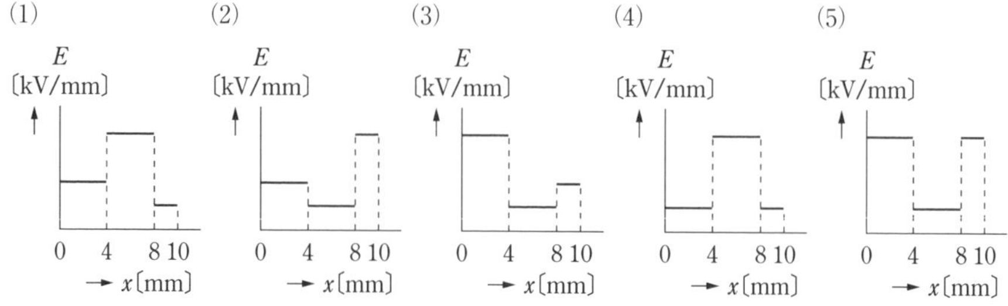

(b) 上部電極に加える電圧 V〔kV〕を徐々に増加し，下部電極側の空気中の電界の強さが 2 kV/mm に達したときの電圧 V〔kV〕の値として，正しいのは次のうちどれか．

(1) 11　(2) 14　(3) 20　(4) 44　(5) 56

■ 21 (H30 B-17)

空気（比誘電率 1）で満たされた極板間距離 $5d$〔m〕の平行平板コンデンサがある．図のように，一方の極板と大地との間に電圧 V_0〔V〕の直流電源を接続し，極板と同形同面積で厚さ $4d$〔m〕の固体誘電体（比誘電率 4）を極板と接するように挿入し，他方の極板を接地した．次の (a) および (b) の問に答えよ．ただし，コンデンサの端効果は無視できるものとする．

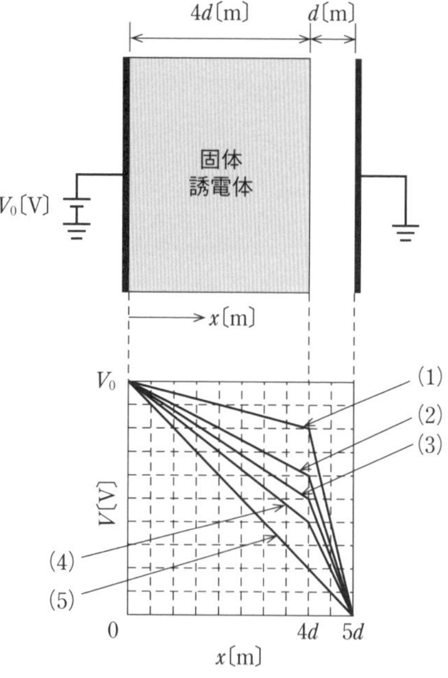

(a) 極板間の電位分布を表すグラフ（縦軸：電位 V〔V〕，横軸：電源が接続された極板からの距離 x〔m〕）として，最も近いのは図中の (1)～(5) のうちどれか．

(b) $V_0 = 10$ kV，$d = 1$ mm とし，比誘電率 4 の固体誘電体を比誘電率 ε_s の固体誘電体に差し替え，空気ギャップの電界の強さが 2.5 kV/mm となったとき，ε_s の値として最も近いのは次のうちどれか．

(1) 0.75　(2) 1.00　(3) 1.33　(4) 1.67　(5) 2.00

■ **22** (H24 B-15)

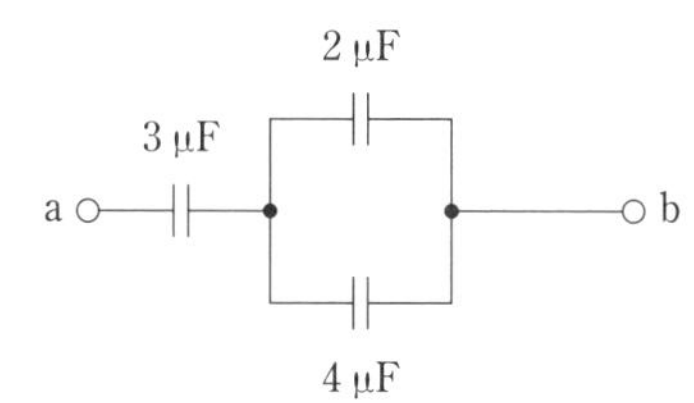

図のように，三つの平行平板コンデンサを直並列に接続した回路がある．ここで，それぞれのコンデンサの極板の形状および面積は同じであり，極板間には同一の誘電体が満たされている．なお，コンデンサの初期電荷は 0 とし，端効果は無視できるものとする．

いま，端子 a-b 間に直流電圧 300 V を加えた．このとき，次の (a) および (b) に答えよ．

(a) 静電容量が 4 μF のコンデンサに蓄えられる電荷 Q〔C〕の値として，正しいのは次のうちどれか．

(1) 1.2×10^{-4}　(2) 2×10^{-4}　(3) 2.4×10^{-4}　(4) 3×10^{-4}
(5) 4×10^{-4}

(b) 静電容量が 3 μF のコンデンサの極板間の電界の強さは，4 μF のコンデンサの極板間の電界の強さの何倍か．倍率として，正しいのは次のうちどれか．

(1) $\dfrac{3}{4}$　(2) 1.0　(3) $\dfrac{4}{3}$　(4) $\dfrac{3}{2}$　(5) 2.0

■ **23** (H28 B-17)

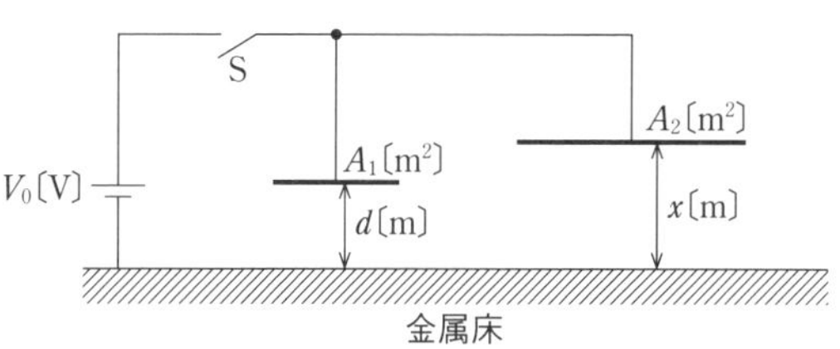

図のように，十分大きい平らな金属板で覆われた床と平板電極とでつくられる空気コンデンサが二つ並列接続されている．二つの電極は床と平行であり，それらの面積は左側が $A_1 = 10^{-3}$ m^2，右側が $A_2 = 10^{-2}$ m^2 である．床と各電極の間隔は左側が $d = 10^{-3}$ m で固定，右側が x〔m〕で可変，直流電源電圧は $V_0 = 1000$V である．次の (a) および (b) の問に答えよ．ただし，空気の誘電率を $\varepsilon = 8.85\times10^{-12}$ F/m とし，静電容量を考える際にコンデンサの端効果は無視できるものとする．

(a) まず，右側の x〔m〕を d〔m〕と設定し，スイッチ S を一旦閉じてから開いた．このとき，二枚の電極に蓄えられる合計電荷 Q の値〔C〕として最も近いのは次のうちどれか．

(1) 8.0×10^{-9}　(2) 1.6×10^{-8}　(3) 9.7×10^{-8}　(4) 1.9×10^{-7}
(5) 1.6×10^{-6}

(b) 上記 (a) の操作の後，徐々に x を増していったところ，$x = 3.0\times10^{-3}$ m のときに左側の電極と床との間に火花放電が生じた．左側のコンデンサの空隙の絶縁破壊電圧 V の値〔V〕として最も近いのは次のうちどれか．

(1) 3.3×10^2　(2) 2.5×10^3　(3) 3.0×10^3　(4) 5.1×10^3
(5) 3.0×10^4

■ 24 (R3 B-17)

図のように，極板間の厚さ d〔m〕，表面積 S〔m^2〕の平行板コンデンサ A と B がある．コンデンサ A の内部は，比誘電率と厚さが異なる 3 種類の誘電体で構成され，極板と各誘電体の水平方向の断面積は同一である．コンデンサ B の内部は，比誘電率と水平方向の断面積が異なる 3 種類の誘電体で構成されている．コンデンサ A の各誘電体内部の電界の強さをそれぞれ E_{A1}，E_{A2}，E_{A3}，コンデンサ B の各誘電体内部の電界の強さをそれぞれ E_{B1}，E_{B2}，E_{B3} とし，端効果，初期電荷および漏れ電流は無視できるものとする．また，真空の誘電率を ε_0〔F/m〕とする．両コンデンサの上側の極板に電圧 V〔V〕の直流電源を接続し，下側の極板を接地した．次の (a) および (b) の問に答えよ．

(a) コンデンサ A における各誘電体内部の電界の強さの大小関係とその中の最大値の組合せとして，正しいものを次の (1)～(5) のうちから一つ選べ．

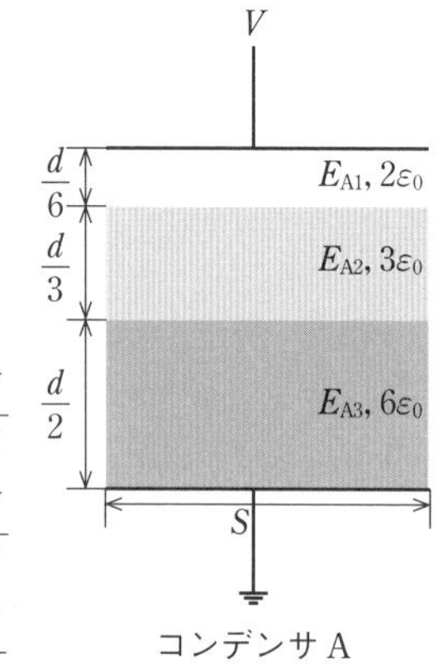

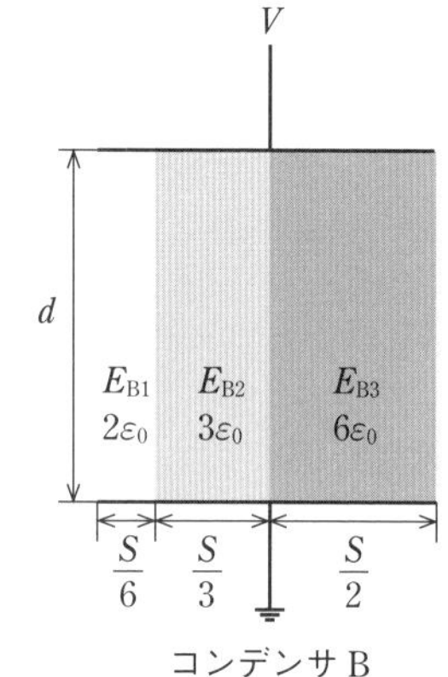

(1) $E_{A1}>E_{A2}>E_{A3}$，$\dfrac{3V}{5d}$

(2) $E_{A1}<E_{A2}<E_{A3}$，$\dfrac{3V}{5d}$

(3) $E_{A1}=E_{A2}=E_{A3}$，$\dfrac{V}{d}$

(4) $E_{A1}>E_{A2}>E_{A3}$，$\dfrac{9V}{5d}$　(5) $E_{A1}<E_{A2}<E_{A3}$，$\dfrac{9V}{5d}$

(b) コンデンサ A 全体の蓄積エネルギーは，コンデンサ B 全体の蓄積エネルギーの何倍か．正しいものを次の (1)～(5) のうちから一つ選べ．

(1) 0.72　(2) 0.83　(3) 1.00　(4) 1.20　(5) 1.38

■ 25 (R4上 B-17)

図のように直列に接続された二つの平行平板コンデンサに 120 V の電圧が加わっている．コンデンサ C_1 の金属板間は真空であり，コンデンサ C_2 の金属板間には比誘電率 ε_r の誘電体が挿入されている．コンデンサ C_1，C_2 の金属板間の距離は等しく，C_1 の金属板の面積は C_2 の 2 倍である．このとき，コン

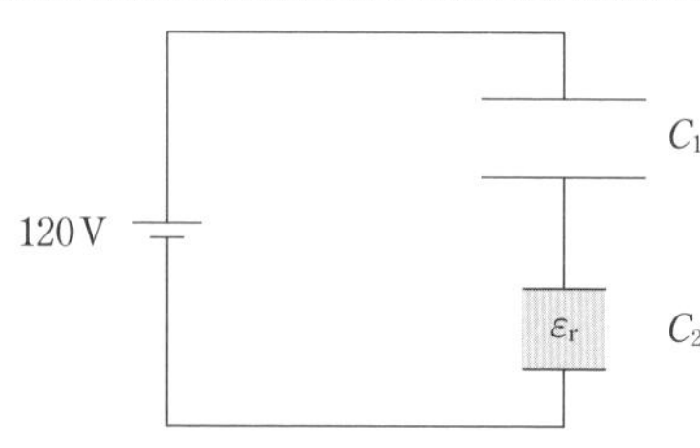

デンサ C_1 の両端の電圧が 80 V であった．次の (a) および (b) の問に答えよ．ただし，コンデンサの端効果は無視できるものとする．

(a) コンデンサ C_2 の誘電体の比誘電率 ε_r の値として，最も近いものを次の (1)～(5) のうちから一つ選べ．

(1) 1　(2) 2　(3) 3　(4) 4　(5) 5

(b) C_1 の静電容量が 30 μF のとき，C_1 と C_2 の合成容量の値〔μF〕として，最も近いものを次の (1)～(5) のうちから一つ選べ．

(1) 10　(2) 20　(3) 30　(4) 40　(5) 50

■ 26 (H29 B-17)

巻線 N のコイルを巻いた鉄心 1 と，空隙（エアギャップ）を隔てて置かれた鉄心 2 からなる図のような磁気回路がある．この二つの鉄心の比透磁率はそれぞれ $\mu_{s1} = 2000$，$\mu_{s2} = 1000$ であり，それらの磁路の平均の長さはそれぞれ $l_1 = 200$ mm，$l_2 = 98$ mm，空隙長は $\delta = 1$ mm である．ただし，鉄心 1 および鉄心 2 のいずれの断面も同じ形状とし，磁束は断面内で一様で，漏れ磁束や空隙における磁束の広がりはないものとする．このとき，次の (a) および (b) の問に答えよ．

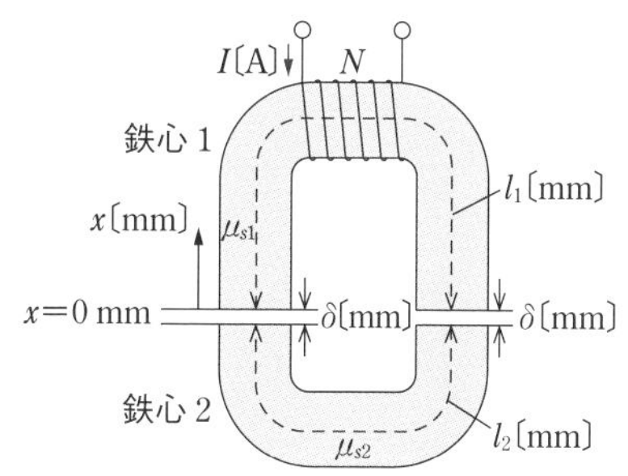

(a) 空隙における磁界の強さ H_0 に対する磁路に沿った磁界の強さ H の比 $\dfrac{H}{H_0}$ を表すおおよその図として，最も近いのは下図のうちどれか．ただし，図に示す $x = 0$ mm から時計回りに磁路を進む距離を x〔mm〕とする．また下図は片対数グラフであり，空隙長 δ〔mm〕は実際より大きく表示している．

(1)

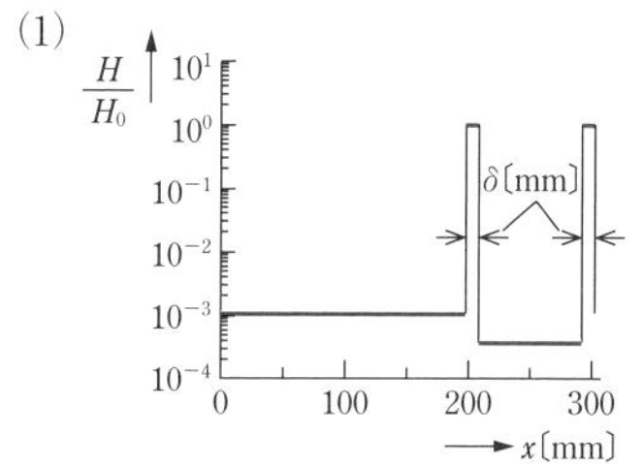

(2)

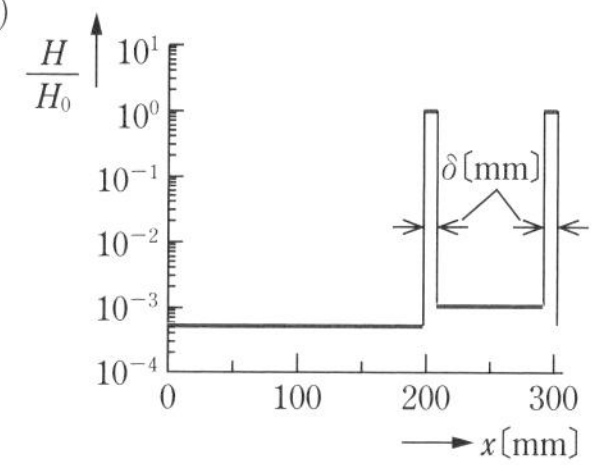

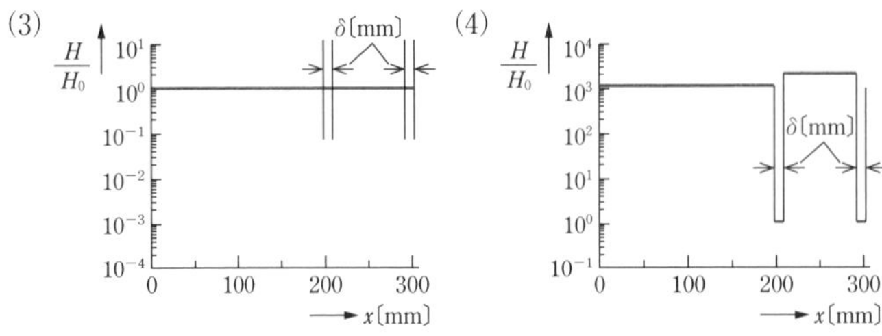

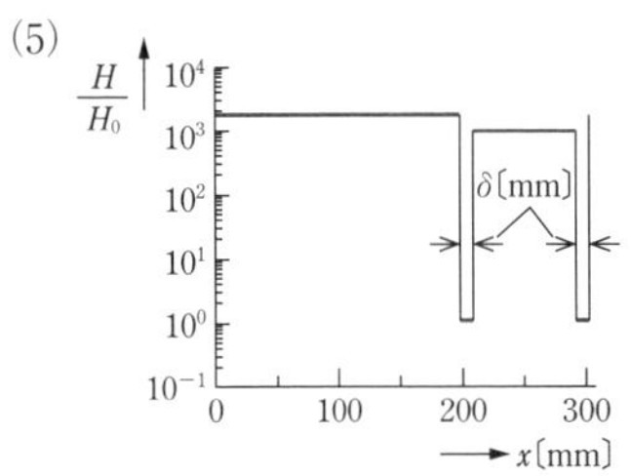

(b)　コイルに電流 $I = 1\,\mathrm{A}$ を流すとき，空隙における磁界の強さ H_0 を $2\times10^4\,\mathrm{A/m}$ 以上とするのに必要なコイルの最小巻数 N の値として，最も近いのは次のうちどれか．

(1)　24　　(2)　44　　(3)　240　　(4)　4 400　　(5)　40 400

Chapter 2

電気回路

学習のポイント

電気回路は，計算問題が主で，過去の出題と類似の問題が出ることが多いので，計算問題を自分の手で解く訓練が必要である．

直流回路では，回路計算の諸法則や定理の使い方に慣れるようにする．回路定数を抵抗だけでなく，その逆数，コンダクタンスで扱う方が計算上有利な場合があるので，解法をうまく選択する必要がある．また，テブナンの定理は計算時間の短縮に効果的である場合が多いので，回路計算にはいくつかの解法を試みる練習が重要である．

交流回路では，正弦波交流をベクトルおよび複素数で取り扱い，その表現方法に慣れる．特に，$j\omega$ の意味を理解し，L と C で間違えないように j を含む計算に慣れておく．

三相交流回路は，対称三相回路に関しては，△，Y の結線方式と相電圧・電流と線間電圧・電流の取扱いに注意さえすれば，単相回路のように取り扱うことができることを理解する．

B 問題は，対称三相交流回路に関する出題が多いため，練習問題を通じて十分に慣れておく．

定電圧源・定電流源

［★］

1 定電圧源

図 2･1 のように，電池（電源）に負荷抵抗 R_L〔Ω〕を接続し，R_L の値を小さくすれば電流が増加する．このとき，電流が増加するほど端子電圧は下がる．これは，電池（電源）が抵抗 R_i〔Ω〕をもっており，R_i に電流が流れるため端子電圧が下がるからで，電源の抵抗 R_i を電源の**内部抵抗**という．

したがって，電池のような電源は図 2･2 のように，理想的な一定電圧 E〔V〕を発生する**定電圧源**と，内部電圧降下を模擬する内部抵抗 R_i〔Ω〕とが直列に接続された回路で表現することができる．これを**等価電圧源**という．**定電圧源は，内部抵抗が 0 の電源**として考えておけばよい．

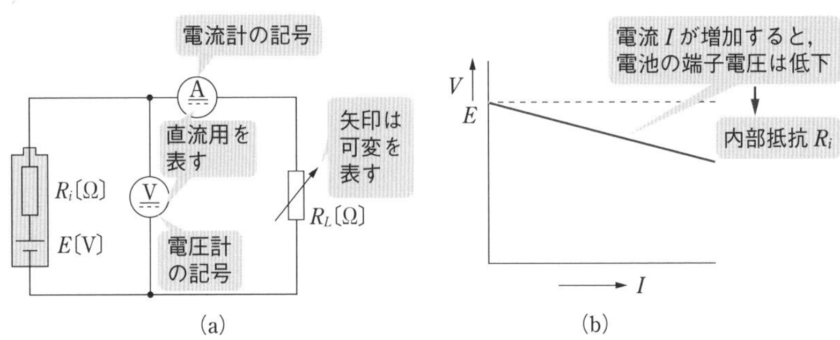

●図 2・1　起電力と内部抵抗

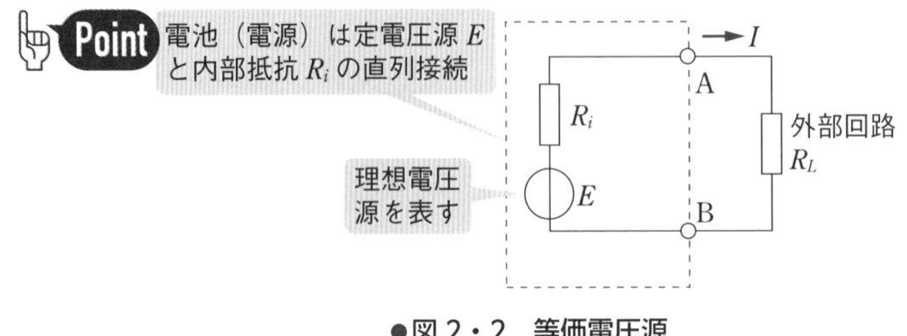

●図 2・2　等価電圧源

2 定電流源

現実の電源は，図 2･3 のように理想的な一定電流 J〔A〕を発生する**定電流源**と，これと並列に接続し，内部の分流を表す**内部コンダクタンス** G_i〔S〕で表現することもできる．

定電流源は，内部コンダクタンス 0，すなわち内部抵抗が無限大の電源として考えておけばよい．

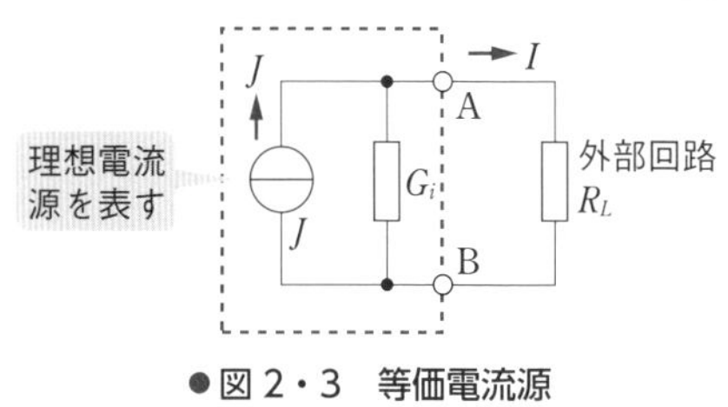

●図 2・3　等価電流源

Chapter 2

3 定電圧源と定電流源の相互変換

図 2･2 の等価電圧源と図 2･3 の等価電流源とは，相互に変換することができる．

図 2･2 と図 2･3 が等価であるためには，図 2･2 と図 2･3 のそれぞれの A–B 端子間を開放した場合に同じ電圧となり，一方，A–B 端子間を短絡した場合に同じ電流が流れなければならない．

まず，図 2･2 で A–B 端子間を開放した場合（つまり，外部回路の $R_L = \infty$）の A–B 間の電圧 V_{AB} は，電流が流れない（$I = 0$）ため，$V_{AB} = E$ となる．

図 2･3 で A–B 端子間を開放した場合には，電流 J がすべて内部コンダクタンス G_i に流れるため，オームの法則から，$V_{AB} =$（$1/G_i$）J となる．

したがって，それらを等しくおけば

$$\boldsymbol{E = \frac{J}{G_i}}\ \text{〔V〕} \tag{2・1}$$

同様に，図 2･2，図 2･3 で，それぞれ外部抵抗 $R_L = 0$ とすれば，図 2･2 から $I = E/R_i$ となり，図 2･3 から $I = J$ となる．これらを等しくおけば

$$\boldsymbol{J = \frac{E}{R_i}}\ \text{〔A〕} \tag{2・2}$$

さらに，式（2･1）から $J = G_iE$ と変形して，式（2･2）に代入すれば，$G_iE = E/R_i$ となる．したがって

$$\boldsymbol{G_i = \frac{1}{R_i}}\ \text{〔S〕}\quad \left(\text{または，} R_i = \frac{1}{G_i}\right) \tag{2・3}$$

が成り立つ．このことは，図 2･2 で**定電圧源を短絡して端子 A，B から電源側を見たときの抵抗 R_i と，図 2･3 で定電流源を開放して端子 A，B から電源側を見たときの抵抗（コンダクタンス G_i の逆数 $1/G_i$）とが等しいと考えてもよいこ**とを示す．

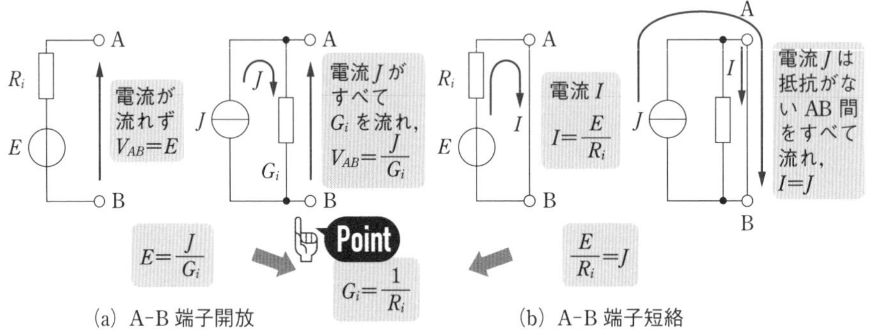

●図 2・4　定電圧源と定電流源の相互変換

問題 1

図 (a) のような定電流源 20 A，内部コンダクタンス 0.2 S の電流源と等価な定電圧源を図 (b) のように表した場合，起電力 E〔V〕と内部抵抗 r〔Ω〕の値を示す組合せとして，正しいのは次のうちどれか．

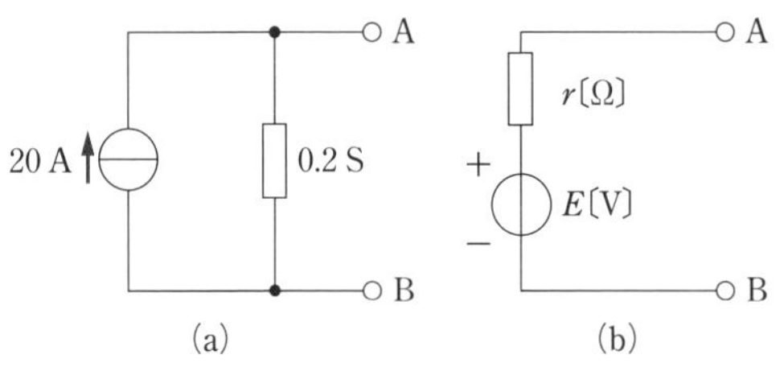

(1) $E=100$，$r=5$　(2) $E=100$，$r=10$　(3) $E=100$，$r=15$
(4) $E=200$，$r=5$　(5) $E=200$，$r=10$

定電圧源と定電流源の相互変換では，端子 A，B を開放または短絡して，式 (2･1)～式 (2･3) を導き出す．

図 (a) と (b) で，端子 A-B を開放すると，式 (2･1) から

$$E = \frac{J}{G_i} = \frac{20}{0.2} = \mathbf{100\,V}$$

図 (a) と (b) で，端子 A-B を短絡すると，$20 = \dfrac{E}{r}$ となり

$$r = \frac{E}{20} = \frac{100}{20} = \mathbf{5\,\Omega}$$

（または，式 (2･3) より，$r = \dfrac{1}{G_i} = \dfrac{1}{0.2} = 5\,\Omega$ としてもよい）

解答 ▶ (1)

抵抗の直列・並列接続

［★★★］

1 直列接続

図 2·5 のように，2 個以上の抵抗を 1 列に接続する方法を**直列接続**という．直列接続された場合の合成抵抗 R_0 は

$$\boldsymbol{R_0 = R_1 + R_2 + \cdots + R_n = \sum_{i=1}^{n} R_i} \ 〔\Omega〕 \tag{2・4}$$

となる．

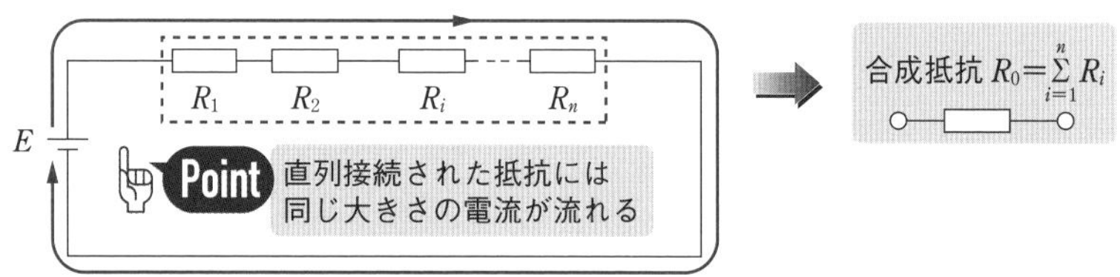

●図 2・5　抵抗の直列接続

また，図 2·6 のように，直列回路における電流 I は式 (2·4) を用いて

$$I = \frac{E}{R_0} = \frac{E}{\sum_{i=1}^{n} R_i} \ 〔A〕 \tag{2・5}$$

直列接続では，抵抗という障害物の通り道が長くなるため，電流は通りにくくなる．

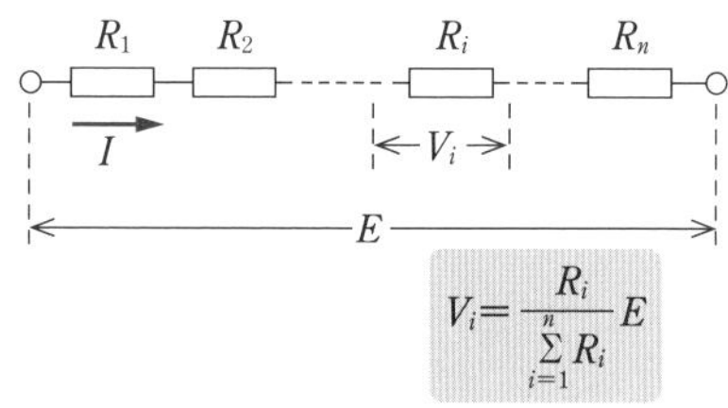

●図 2・6　直列回路における分担電圧

であるから，抵抗 R_i の両端にかかる分担電圧 V_i は

$$V_i = R_i I = \frac{R_i}{\sum_{i=1}^{n} R_i} E \ 〔V〕 \tag{2・6}$$

となる．

2 並列接続

図 2･7 (a) のように，2 個以上の抵抗の両端を同じところに接続する方法を**並列接続**という．

図 2･7 (b) で，オームの法則から，各電流は

$$I_1 = \frac{E}{R_1},\ I_2 = \frac{E}{R_2},\ \cdots,\ I_n = \frac{E}{R_n} \qquad (2 \cdot 7)$$

となる．

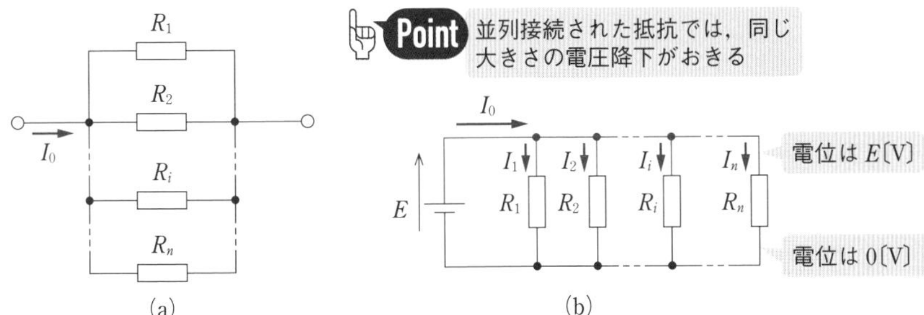

●図 2・7　抵抗の並列接続

全電流 I_0 は I_1，I_2，$\cdots$，I_n の和であるから

$$\begin{aligned} I_0 &= I_1 + I_2 + \cdots + I_n \\ &= \frac{E}{R_1} + \frac{E}{R_2} + \cdots + \frac{E}{R_n} = E\left(\frac{1}{R_1} + \frac{1}{R_2} + \cdots + \frac{1}{R_n}\right) \text{〔A〕} \end{aligned} \qquad (2 \cdot 8)$$

並列接続では，電流の通り道が広くなるため，電流が流れやすくなる

となる．合成抵抗 $R_0 = E/I_0$ であるから

$$\boldsymbol{R_0 = \frac{1}{\dfrac{1}{R_1} + \dfrac{1}{R_2} + \cdots + \dfrac{1}{R_n}} = \frac{1}{\sum_{i=1}^{n}\left(\dfrac{1}{R_i}\right)}} \text{〔Ω〕} \qquad (2 \cdot 9)$$

また，コンダクタンス G_i は $G_i = 1/R_i$ であるから，合成コンダクタンス G は

$$\boldsymbol{G = \sum_{i=1}^{n} G_i = \sum_{i=1}^{n} \frac{1}{R_i}} \text{〔S〕} \qquad (2 \cdot 10)$$

と表すことができる．さらに，抵抗 R_i に流れる電流 I_i は式 (2·8) を利用して

$$I_i=\frac{E}{R_i}=\frac{\dfrac{1}{R_i}}{\displaystyle\sum_{i=1}^{n}\left(\frac{1}{R_i}\right)}I_0=\frac{G_i}{\displaystyle\sum_{i=1}^{n}G_i}I_0\ \text{〔A〕} \qquad (2・11)$$

Point 各抵抗値の電流は抵抗値の逆比列配分

たとえば，図 2·8 のように抵抗が 2 個並列接続されている回路の合成抵抗 R_0 は，式 (2·9) から

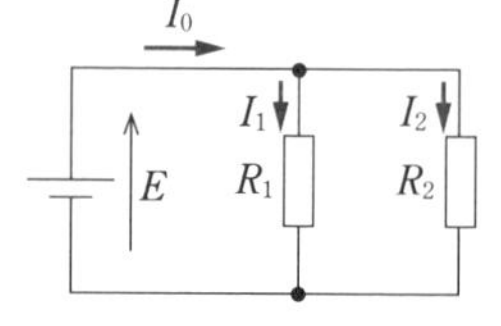

●図 2・8　抵抗が 2 個の並列回路

$$R_0=\frac{1}{\dfrac{1}{R_1}+\dfrac{1}{R_2}}=\frac{R_1R_2}{R_1+R_2}\ \text{〔Ω〕} \qquad (2・12)$$

$\dfrac{積}{和}$ で和分の積として覚える

となる．さらに，抵抗 R_1 に流れる電流は式 (2·11) から

$$I_1=\frac{\dfrac{1}{R_1}}{\dfrac{1}{R_1}+\dfrac{1}{R_2}}I_0=\frac{\dfrac{1}{R_1}}{\dfrac{R_1+R_2}{R_1R_2}}=\frac{R_2}{R_1+R_2}I_0\ \text{〔A〕} \qquad (2・13)$$

反対側の抵抗

抵抗の和

となる．同様にして，I_2 についても

$$I_2=\frac{R_1}{R_1+R_2}I_0\ \text{〔A〕} \qquad (2・14)$$

反対側の抵抗

抵抗の和

となる．

問題2 ✓ ✓ ✓ H24 A-5

図 (a) のように電圧が E〔V〕の直流電圧源で構成される回路を，図 (b) のように電流が I〔A〕の直流電流源（内部抵抗が無限大で，負荷変動があっても定

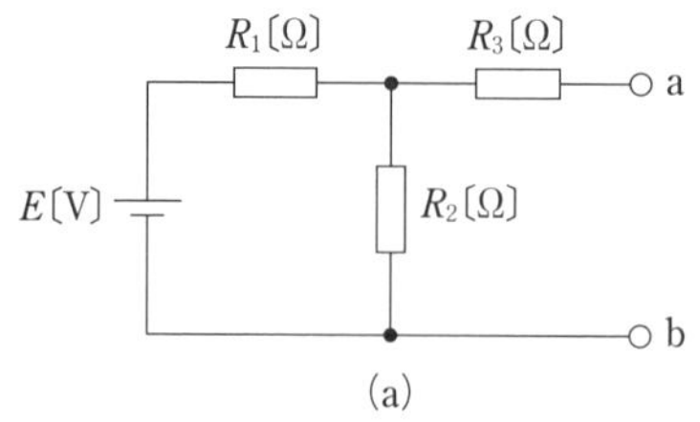

(a)

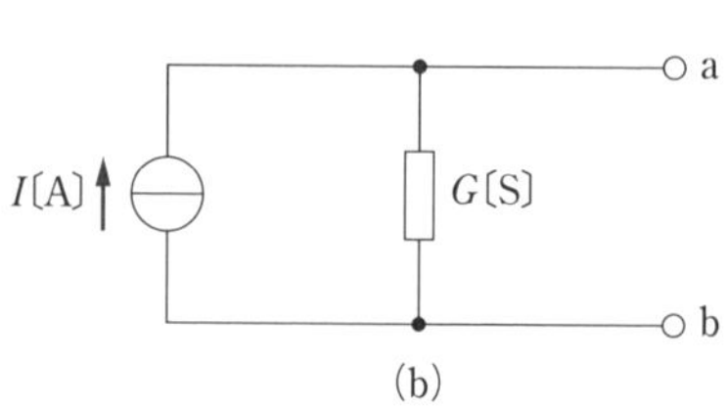

(b)

電流を流出する電源）で構成される等価回路に置き換えることを考える．この場合，電流 I〔A〕の大きさは図（a）の端子 a，b を短絡したとき，そこを流れる電流の大きさに等しい．また，図（b）のコンダクタンス G〔S〕の大きさは図（a）の直流電圧源を短絡し，端子 a，b から見たコンダクタンスの大きさに等しい．

I〔A〕と G〔S〕の値を表す式の組合せとして，正しいのは次のうちどれか．

	I〔A〕	G〔S〕
(1)	$\dfrac{R_1}{R_1R_2+R_2R_3+R_3R_1}E$	$\dfrac{R_2+R_3}{R_1R_2+R_2R_3+R_3R_1}$
(2)	$\dfrac{R_2}{R_1R_2+R_2R_3+R_3R_1}E$	$\dfrac{R_1+R_2}{R_1R_2+R_2R_3+R_3R_1}$
(3)	$\dfrac{R_2}{R_1R_2+R_2R_3+R_3R_1}E$	$\dfrac{R_2+R_3}{R_1R_2+R_2R_3+R_3R_1}$
(4)	$\dfrac{R_1}{R_1R_2+R_2R_3+R_3R_1}E$	$\dfrac{R_1+R_2}{R_1R_2+R_2R_3+R_3R_1}$
(5)	$\dfrac{R_3}{R_1R_2+R_2R_3+R_3R_1}E$	$\dfrac{R_1+R_2}{R_1R_2+R_2R_3+R_3R_1}$

定電圧源を定電流源に変換する考え方が，問題文中に示されているため，それに忠実に従って計算する．この考え方は 2-1 節を参照する．

まず，図（a）において端子 a，b を短絡すると，全体の合成抵抗 R は，R_2 と R_3 の並列回路が R_1 と直列接続されているので，式（2·4）と式（2·12）より

$$R = R_1 + \frac{R_2R_3}{R_2+R_3} = \frac{R_1R_2+R_2R_3+R_3R_1}{R_2+R_3}$$

$$\therefore \quad I_1 = \frac{E}{R} = \frac{E(R_2+R_3)}{R_1R_2+R_2R_3+R_3R_1} \quad \text{（解図 1 を参照）}$$

解図 1 において，I_1 が R_2 と R_3 の並列回路で分流して I になるため，式（2·13）より

$$I = \frac{R_2I_1}{R_2+R_3} = \frac{R_2}{R_2+R_3} \times \frac{E(R_2+R_3)}{R_1R_2+R_2R_3+R_3R_1} = \boldsymbol{\frac{R_2}{R_1R_2+R_2R_3+R_3R_1}E}$$

次に，図（a）の直流電圧源を短絡すると，解図 2 のようになる．端子 a，b から見た合成抵抗 R_{ab} は，式（2·4）と式（2·12）より

$$R_{ab} = R_3 + \frac{R_1R_2}{R_1+R_2} = \frac{R_1R_2+R_2R_3+R_3R_1}{R_1+R_2}$$

$$\therefore\quad G=\frac{1}{R_{ab}}=\frac{\boldsymbol{R_1+R_2}}{\boldsymbol{R_1R_2+R_2R_3+R_3R_1}}$$

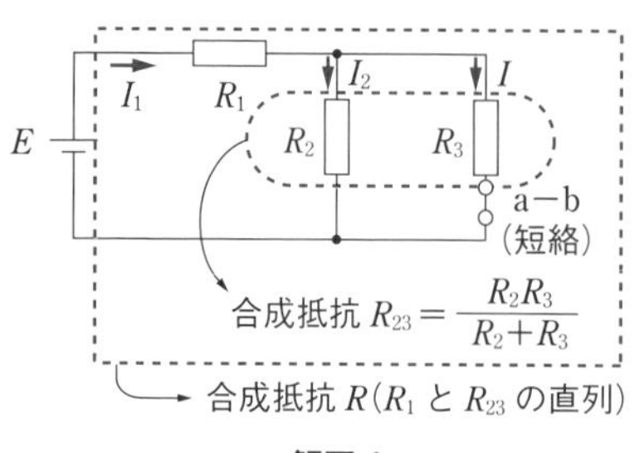

●解図 1

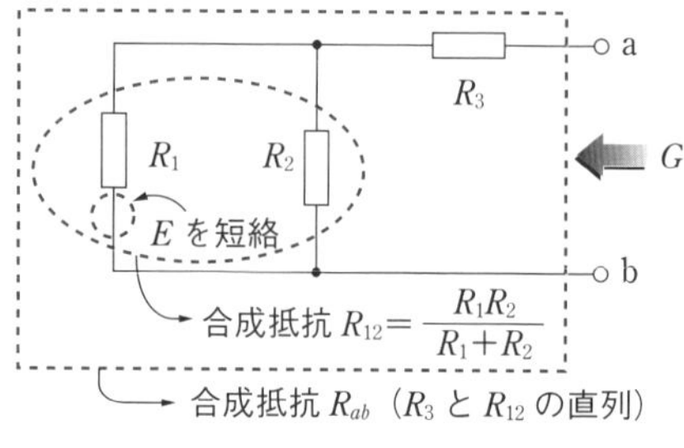

●解図 2

解答 ▶ (2)

問題3 H20 A-6

図のように，抵抗，切換スイッチ S および電流計を接続した回路がある．この回路に直流電圧 100 V を加えた状態で，図のようにスイッチ S を開いたとき電流計の指示値は 2.0 A であった．また，スイッチ S を①側に閉じたとき電流計の指示値は 2.5 A, スイッチ S を②側に閉じたとき電流計の指示値は 5.0 A であった．このとき，抵抗 r〔Ω〕の値として，正しいのは次のうちどれか．ただし，電流計の内部抵抗は無視できるものとし，測定誤差はないものとする．

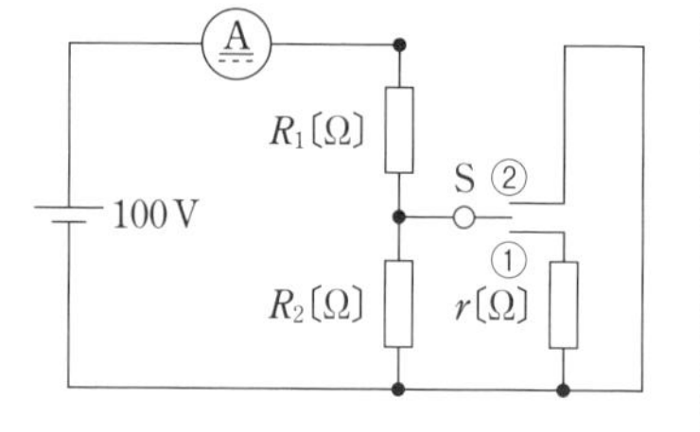

(1) 20　(2) 30　(3) 40　(4) 50　(5) 60

スイッチ S の位置により，抵抗 R_1，R_2，r の接続関係が変わるため，それに注意しながら計算する．

スイッチ S を②側に閉じると，抵抗 R_2 の両端が短絡されるため，$100=5R_1$ が成り立つ

$$\therefore\quad R_1=20\,\Omega$$

一方，スイッチ S が問題図のように開いているとき，抵抗 R_1 と R_2 が直列接続になっているため

$$100=2(R_1+R_2)$$

$$\therefore\quad R_1+R_2=50$$

$$\therefore\quad R_2=30\,\Omega\qquad(\because\quad R_1=20\text{ を代入})$$

他方，スイッチ S を①側に閉じると，解図のようになる．R_2 と r が並列接続で，その合成抵抗と R_1 とが直列接続になっているから，式 (2･12) と式 (2･4) より

$$100=2.5\left(R_1+\frac{R_2 r}{R_2+r}\right)$$

$$\therefore\quad 100=2.5\left(20+\frac{30r}{30+r}\right)$$

$$\therefore\quad 50(30+r)=75r$$

$$\therefore\quad r=\mathbf{60\,\Omega}$$

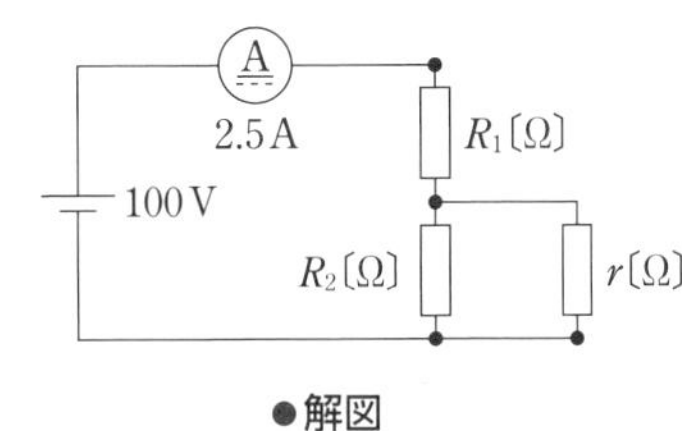

●解図

解答 ▶ (5)

問題 4 H26 A-6

図のように，抵抗を直並列に接続した直流回路がある．この回路を流れる電流 I の値は，$I=10\,\text{mA}$ であった．このとき，抵抗 R_2〔kΩ〕として，最も近い R_2 の値は次のうちどれか．ただし，抵抗 R_1〔kΩ〕に流れる電流 I_1〔mA〕と抵抗 R_2〔kΩ〕に流れる電流 I_2〔mA〕の電流比 $\dfrac{I_1}{I_2}$ の値は $\dfrac{1}{2}$ とする．

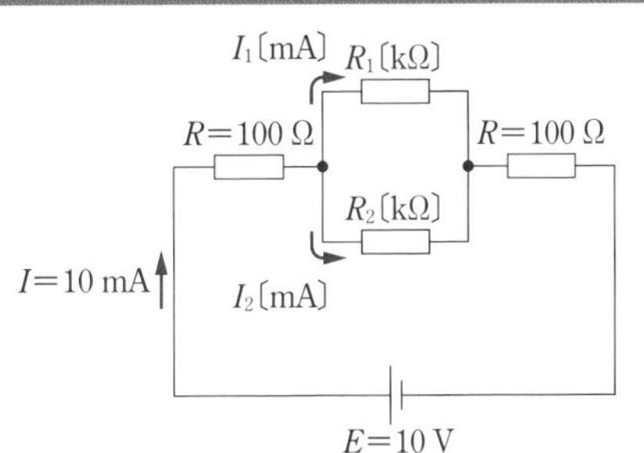

(1) 0.3　(2) 0.6　(3) 1.2　(4) 2.4　(5) 4.8

R_1，R_2 の関係は I_1，I_2 の電流比から求まる．

解説 R_1 と R_2 の端子電圧は等しいため，$I_1R_1=I_2R_2$ である．ここで，$\dfrac{I_1}{I_2}=\dfrac{1}{2}$ であるから

$$R_1=\frac{I_2}{I_1}R_2=2R_2\ \text{〔kΩ〕}$$

R_1 と R_2 の合成抵抗 R_{12} は，式 (2･12) と上式を用いて R_2 で表せば

$$R_{12} = \frac{R_1R_2}{R_1+R_2} = \frac{2R_2{}^2}{2R_2+R_2} = \frac{2}{3}R_2 \text{〔kΩ〕}$$

これを踏まえた等価回路は解図となる．単位に留意して，式 (2･5) より

$$E = \left(R + \frac{2}{3}R_2 \times 1\,000 + R\right) \times I$$

$$\therefore \quad 10 = \left(100 + \frac{2}{3}R_2 \times 1\,000 + 100\right) \times 10 \times 10^{-3}$$

$$\therefore \quad 1 = 0.2 + \frac{2}{3}R_2$$

$$\therefore \quad R_2 = \mathbf{1.2\,k\Omega}$$

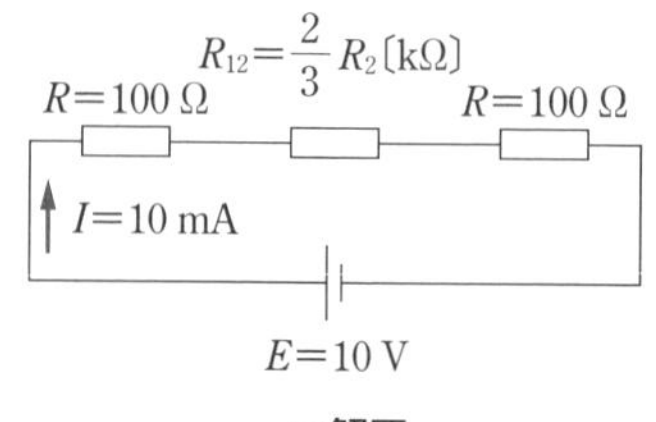

●解図

解答 ▶ (3)

問題5 H13 A-3

図のような直流回路において，電源を流れる電流は 100 A であった．このとき，80 Ωの抵抗を流れる電流 I〔A〕の値として，正しいのは次のうちどれか．

100 A　4 Ω　E〔V〕　4 Ω　20 Ω　80 Ω　I〔A〕

(1) 3　(2) 4　(3) 5　(4) 6　(5) 7

並列回路では，電流は抵抗に反比例（あるいはコンダクタンスに比例）して流れることを利用する．

4 Ω，20 Ω，80 Ω の並列回路に流れる電流をそれぞれ I_4，I_{20}，I とすれば，抵抗値の逆比例配分で流れる（式 (2･11) を参照）ため

$$I_4 : I_{20} : I = \frac{1}{4} : \frac{1}{20} : \frac{1}{80} = \frac{20}{80} : \frac{4}{80} : \frac{1}{80} = 20 : 4 : 1$$

一方，$I_4 + I_{20} + I = 100$ であるため，$I_4 = 20I$，$I_{20} = 4I$ を代入すれば

$$20I + 4I + I = 100 \qquad \therefore \quad I = \mathbf{4\,A}$$

解答 ▶ (2)

問題6 R1 A-5

図のように，七つの抵抗および電圧 $E = 100$ V の直流電源からなる回路がある．この回路において，A-D 間，B-C 間の各電位差を測定した．このとき，A-D 間の電位差の大きさ〔V〕および B-C 間の電位差の大きさ〔V〕の組合せとして，正しいものを次の (1)～(5) のうちから一つ選べ．

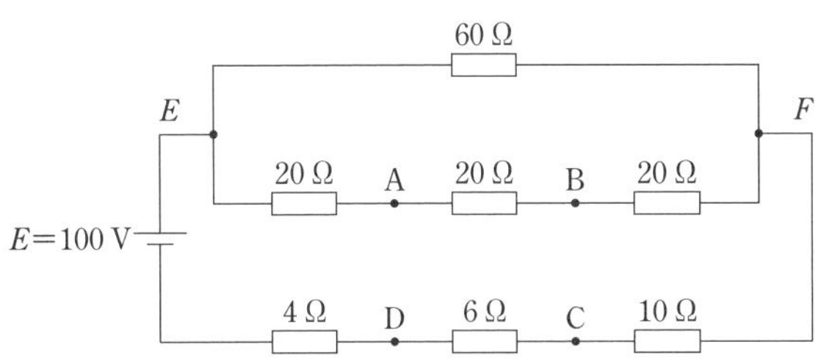

	A–D 間の電位差の大きさ	B–C 間の電位差の大きさ
(1)	28	60
(2)	40	72
(3)	60	28
(4)	68	80
(5)	72	40

2 点間の電位差は 2 点の電位の差で求められる．基準点および基準電圧は任意に決めてよいが，各電位を計算しやすいように選ぶ．

解説　点 E と点 F 間の合成抵抗は，上側の 60Ω と下側の 60Ω（＝20＋20＋20）の並列接続であるから，式（2･12）より，30Ω となる．さらに，この 30Ω と 10Ω，6Ω，4Ω が直列接続されているので，問題図の回路の全体の合成抵抗は式（2･4）より 50Ω（＝30＋10＋6＋4）となる．このため，電源を流れる電流は式（2･5）より 100÷50＝2 A となる．

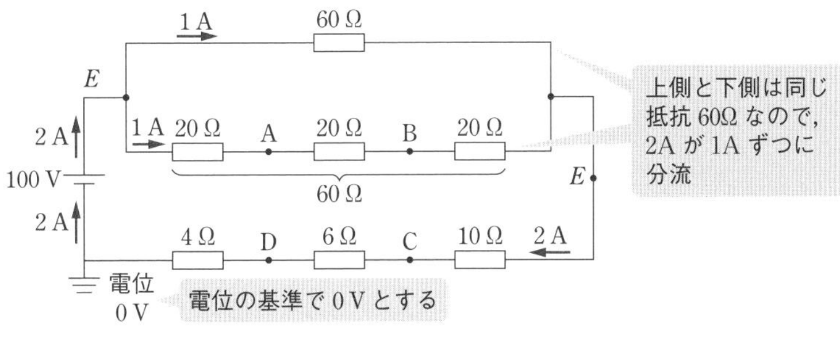

●解図

解図のように基準電位 0 V をおくと，オームの法則の式（1･39）より

$$V_D = 2\times 4 = 8\,\mathrm{V}$$

$$V_C = 2\times(4+6) = 20\,\mathrm{V}$$

$V_E = 2\times(4+6+10) = 40\,\mathrm{V}$

さらに，点 A，B を流れる電流は 1A ゆえ，$V_B = V_E + 1\times 20 = 40+20 = 60\,\mathrm{V}$，$V_A = V_B + 1\times 20 = 80\,\mathrm{V}$ となる．

$\therefore\quad V_{AD} = V_A - V_D = 80-8 = \mathbf{72\,V}$，$V_{BC} = V_B - V_C = 60-20 = \mathbf{40\,V}$

解答 ▶ (5)

問題7 R2 A-6

図のように，三つの抵抗 $R_1 = 3\,\Omega$，$R_2 = 6\,\Omega$，$R_3 = 2\,\Omega$ と電圧 V〔V〕の直流電源からなる回路がある．抵抗 R_1，R_2，R_3 の消費電力をそれぞれ P_1〔W〕，P_2〔W〕，P_3〔W〕とするとき，その大きさの大きい順として，正しいものを次の (1)～(5) のうちから一つ選べ．

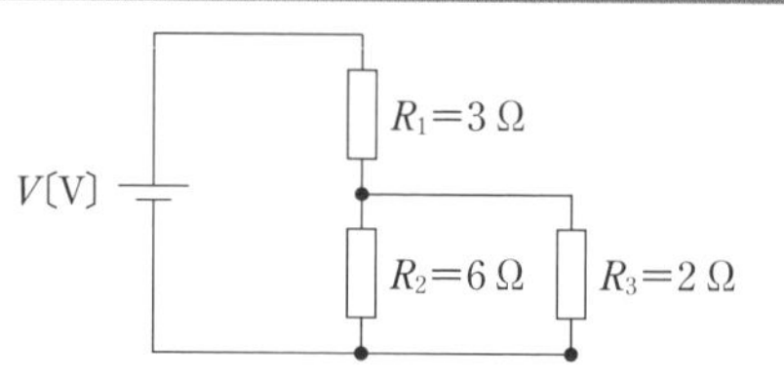

(1) $P_1>P_2>P_3$　(2) $P_1>P_3>P_2$　(3) $P_2>P_1>P_3$

(4) $P_2>P_3>P_1$　(5) $P_3>P_1>P_2$

並列接続では，式 (2·13)，式 (2·14) のように，抵抗値の逆比例配分 $\left(例えば \dfrac{1}{R_2} : \dfrac{1}{R_3}\right)$ で分流する．消費電力は式 (1·47) のように $P = I^2R$ で求まる．

解説 抵抗 R_1 を流れる電流を I とすれば，抵抗 R_2，R_3 に流れる電流 I_2，I_3 は式 (2·13)，式 (2·14) より $I_2 = \dfrac{R_3}{R_2+R_3}I = \dfrac{2}{6+2}I = \dfrac{1}{4}I$，$I_3 = \dfrac{R_2}{R_2+R_3}I = \dfrac{6}{6+2}I = \dfrac{3}{4}I$ となる．したがって，各抵抗の消費電力は式 (1·47) より，$P_1 = I^2R_1 = 3I^2$，$P_2 = I_2{}^2R_2 = \left(\dfrac{1}{4}I\right)^2\times 6 = \dfrac{3}{8}I^2$，$P_3 = I_3{}^2R_3 = \left(\dfrac{3}{4}I\right)^2\times 2 = \dfrac{9}{8}I^2$　$\therefore\quad \boldsymbol{P_1>P_3>P_2}$

解答 ▶ (2)

回路計算の一般的な方法

[★★★]

1 キルヒホッフの法則

一般的な回路計算の法則としては，**キルヒホッフの法則**がある．このキルヒホッフの法則は，次の二つからなっている．

(1) 第1法則

「回路網の任意の接続点（節点またはノード）に流入する電流の代数和は 0 である．入る電流を正とすれば，出る電流は負として和をとる」

$$\sum_i \boldsymbol{I}_i = 0 \qquad (2 \cdot 15)$$

つまり，接続点においては電荷の発生や蓄積がないから，出入りする電流は差し引き 0 とならなければならない．

(2) 第2法則

「回路網の中の任意の一つの閉回路において，その閉回路を一巡するとき，抵抗の電圧降下の代数和と起電力の代数和とは等しい」

$$\sum_j \boldsymbol{E}_j = \sum_j \boldsymbol{I}_j \boldsymbol{R}_j \qquad (2 \cdot 16)$$

この法則を適用するときは，図 2·9 のように一巡する方向を定め，その向きと反対方向の電圧降下や起電力は負としなければならない．

回路計算とは，与えられた回路について，キルヒホッフの法則に基づき電流または電圧に関する方程式をつくり，これを解くことであるといえる．

●図 2・9　キルヒホッフの法則の例

そこで，式の立て方に関しての説明に入る.

2 直 接 法

各枝路の電流分布を仮定して，各節点ごとに第 1 法則を，各閉回路ごとに第 2 法則を適用していく方法である.

図 2･10 を例にとると，まず点 b について第 1 法則を適用する.

$$I_1+I_2-I_3=0 \qquad (2\cdot17)$$

A と B の二つの閉回路について第 2 法則を適用する.

$$I_1R_1+I_3R_3=E_1 \qquad (2\cdot18)$$

$$I_2R_2+I_3R_3=E_2 \qquad (2\cdot19)$$

式 (2･17) ~ 式 (2･19) の三元一次連立方程式を解くのであるが，実は式 (2･17) から $I_3=I_1+I_2$ を式 (2･18)，式 (2･19) に代入することにより，未知数が一つ減り

$$I_1(R_1+R_3)+I_2R_3=E_1 \qquad (2\cdot20)$$

$$I_1R_3+I_2(R_2+R_3)=E_2 \qquad (2\cdot21)$$

の二元一次方程式を解けばよいことになる．少し複雑な回路では，見掛け上の未知数を消去していくのが困難となる.

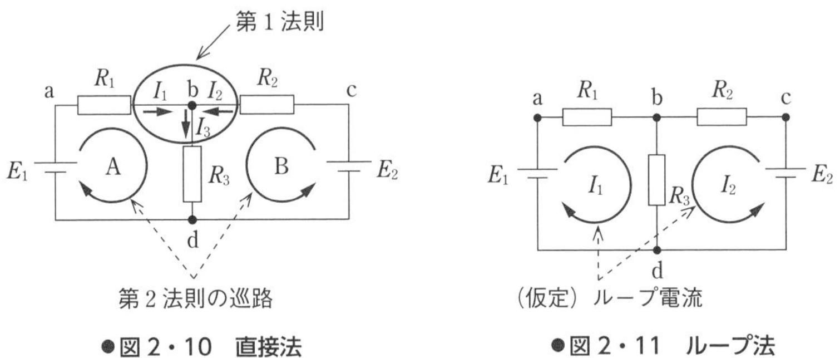

●図 2・10　直接法

●図 2・11　ループ法

3 網電流法（ループ法）

閉回路ごとに網（ループ）電流を仮定し，第 2 法則を適用する．第 1 法則は自動的に満足されている．ループ電流が求まれば，各枝路の電流はループ電流の重畳により求まる.

ループ法による方程式は次のように係数をつくれば，回路を見て直ちに作成で

きる．たとえば，図 2･11 において I_1 の閉路についてつくった式 (2･22) は次のとおり作成する．

- **I_1 の係数：I_1 の閉路に含まれる全抵抗．**
- **I_2 の係数：I_1 の閉路と I_2 の閉路に共通に含まれる抵抗．その抵抗を二つの閉路が同じ向きに通れば＋，逆の向きに通れば－の符号とする．**
- **右　辺：I_1 の閉路に含まれ，I_1 の方向に電流を流そうとする電源の電圧．**

一方，I_2 の閉路についてつくる式 (2･23) も同様である．

$$I_1(R_1+R_3)+I_2R_3=E_1 \tag{2・22}$$

$$I_1R_3+I_2(R_2+R_3)=E_2 \tag{2・23}$$

すなわち，直接法の最終の式 (2･20) および式 (2･21) が直ちに作成された．

4 ミルマンの定理

図 2･12 の回路において，前述のキルヒホッフの法則で解くこともできるが，次のように考えるとさらに容易に解ける．

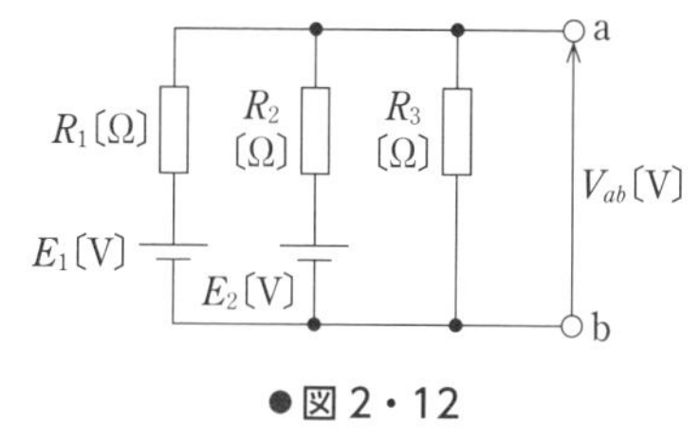

●図 2・12

まず，2-1 節で述べたように，定電圧源を定電流源に変換すると，図 2･13 (a) のようになる．さらに図 2･13 (a) を整理すれば同図 (b) のようになる．図 2･13 (b) で，点 a においてキルヒホッフの第 1 法則を適用すれば

$$\frac{E_1}{R_1}+\frac{E_2}{R_2}-\frac{V_{ab}}{R_1}-\frac{V_{ab}}{R_2}-\frac{V_{ab}}{R_3}=0 \tag{2・24}$$

となる．これを R_3 にも電源 $E_3=0$ が接続しているものとして変形すれば

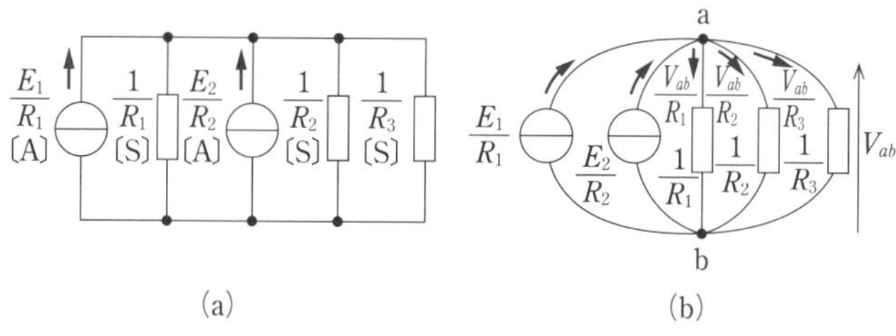

●図 2・13　定電圧源から定電流源への変換

$$V_{ab}=\frac{\dfrac{E_1}{R_1}+\dfrac{E_2}{R_2}+\dfrac{E_3}{R_3}}{\dfrac{1}{R_1}+\dfrac{1}{R_2}+\dfrac{1}{R_3}}=\frac{G_1E_1+G_2E_2+G_3E_3}{G_1+G_2+G_3} \quad (2・25)$$

それぞれの枝路に流れる電流 $\left(\dfrac{E_1}{R_1},\ \dfrac{E_2}{R_2},\ \dfrac{E_3}{R_3}\right)$ の合計に，並列の合成抵抗 $\left(\dfrac{1}{\dfrac{1}{R_1}+\dfrac{1}{R_2}+\dfrac{1}{R_3}}\right)$ を乗じたもの

となる．一般に，電源が並列された回路の端子電圧 V は

$$\boldsymbol{V}=\frac{\Sigma\dfrac{\boldsymbol{E}_i}{\boldsymbol{R}_i}}{\Sigma\dfrac{1}{\boldsymbol{R}_i}}=\frac{\Sigma \boldsymbol{G}_i\boldsymbol{E}_i}{\Sigma \boldsymbol{G}_i}\ 〔\mathrm{V}〕 \quad \left(\text{ただし，}\boldsymbol{G}_i=\frac{1}{\boldsymbol{R}_i}\right) \quad (2・26)$$

と表される．これを**ミルマンの定理**という．

問題8 H15 A-5

図の直流回路において，抵抗 6Ω の端子間電圧の大きさ V〔V〕の値として，正しいのは次のうちどれか．

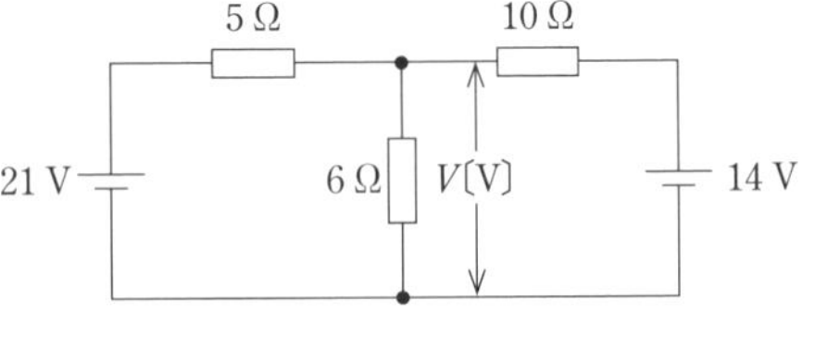

(1) 2 (2) 5 (3) 7

(4) 12 (5) 15

解図のようにループ電流を仮定して，回路を見ながら方程式を直接的に書けるループ法で解く．

解説 I_1 の閉路には 5Ω と 6Ω の抵抗が含まれ，I_1 と I_2 の閉路に共通に含まれる抵抗は 6Ω でそれらの閉路の向きが同じであることに着目して，下の方程式をそのまま書き下す．I_2 の閉路も同様である．

$R_1=5\ \Omega$ $R_2=10\ \Omega$ $R_3=6\ \Omega$ $E_1=21\ \mathrm{V}$ $E_2=14\ \mathrm{V}$ I_1 I_2

●解図

$$\begin{cases}(5+6)I_1+6I_2=21\\ 6I_1+(10+6)I_2=14\end{cases} \qquad \therefore \begin{cases}11I_1+6I_2=21\\ 6I_1+16I_2=14\end{cases}$$

この連立方程式を解いて，$I_1=9/5\mathrm{A}$，$I_2=1/5\mathrm{A}$

$\therefore\quad V=21-5I_1=21-5\times(9/5)=\mathbf{12\,V}$

【別解】 ミルマンの定理による解き方では，問題図は図 2･13 のような定電流源に置き換えることができる．ここで，式 (2･25) において

$$G_1=\frac{1}{R_1}=\frac{1}{5},\ G_2=\frac{1}{R_2}=\frac{1}{10},\ G_3=\frac{1}{R_3}=\frac{1}{6},\ E_1=21,\ E_2=14,\ E_3=0 \text{ より}$$

$$(G_1+G_2+G_3)V=G_1E_1+G_2E_2$$

$$\therefore\ V=\frac{G_1E_1+G_2E_2}{G_1+G_2+G_3}=\frac{\frac{1}{5}\times 21+\frac{1}{10}\times 14}{\frac{1}{5}+\frac{1}{10}+\frac{1}{6}}=\frac{5.6}{\frac{14}{30}}=\mathbf{12\,V}$$

ミルマンの定理は並列回路を解く場合に有効であることが多い．

解答 ▶ (4)

問題9　H24 A-6

図のように，抵抗を直並列に接続した回路がある．この回路において，$I_1=100\,\text{mA}$ のとき，I_4〔mA〕の値として，最も近いのは次のうちどれか．

(1) 266　(2) 400　(3) 433
(4) 467　(5) 533

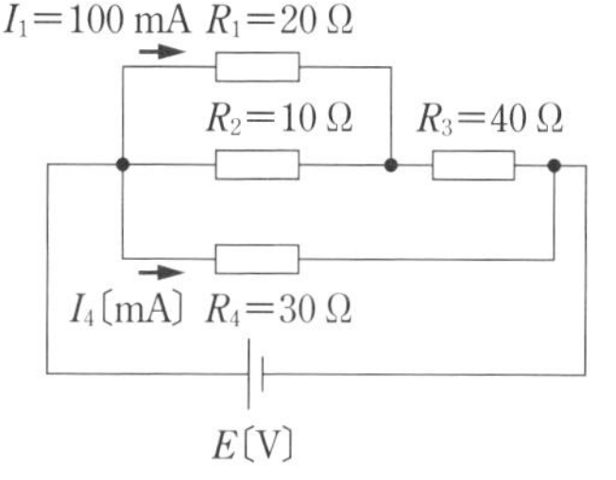

各抵抗に流れる電流や抵抗の両端に加わる電圧について，一つずつオームの法則やキルヒホッフの法則を用いながら，丁寧に求めていく．

解説 R_1 に加わる電圧 V_1 は $100\,\text{mA}=0.1\,\text{A}$ ゆえ

$$V_1=I_1R_1=0.1\times 20=2\,\text{V}$$

となり，R_2 を流れる電流 I_2 は，R_2 にかかる電圧が V_1 と同じであるから

$$I_2=\frac{2}{R_2}=\frac{2}{10}=0.2\,\text{A}$$

となる．R_3 を流れる電流 I_3 は，キルヒホッフの第1法則より

$$I_3=I_1+I_2=0.1+0.2=0.3\,\text{A}$$

となるから，R_3 に加わる電圧 V_3 は

$$V_3=I_3R_3=0.3\times 40=12\,\text{V}$$

となる．このため，R_4 に加わる電圧は $2+12=$

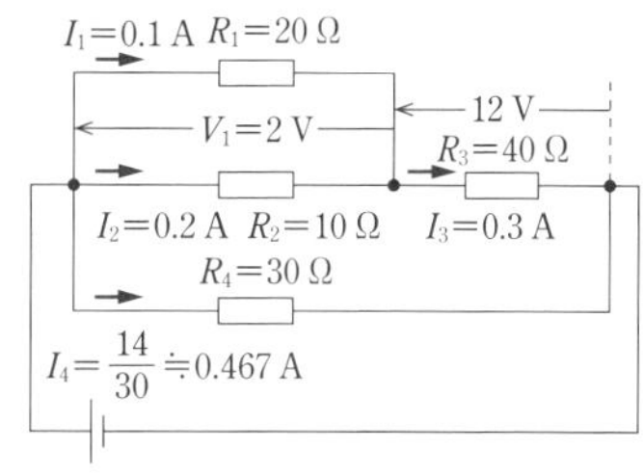

●解図

14 V であるから

$$I_4 = \frac{14}{R_4} = \frac{14}{30} \fallingdotseq 0.467\,\mathrm{A} = \mathbf{467\,mA}$$

解答 ▶ (4)

問題⑩ H27 A-4

図のような直流回路において，直流電源の電圧が 90V であるとき，抵抗 R_1〔Ω〕，R_2〔Ω〕，R_3〔Ω〕の両端電圧はそれぞれ 30V，15V，10V であった．抵抗 R_1，R_2，R_3 のそれぞれの値〔Ω〕の組合せとして，正しいのは次のうちどれか．

	R_1	R_2	R_3
(1)	30	90	120
(2)	80	60	120
(3)	30	90	30
(4)	60	60	30
(5)	40	90	120

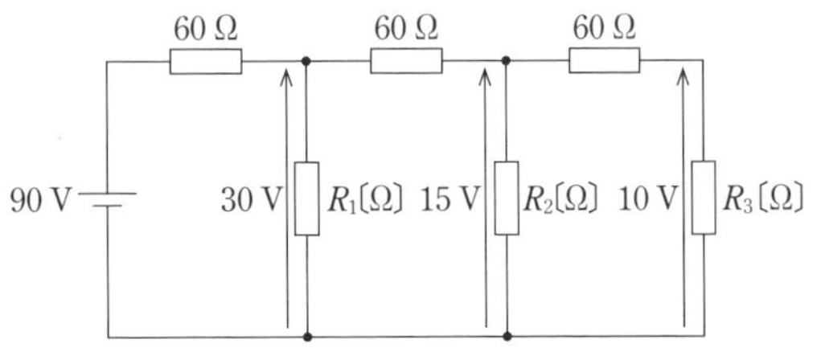

抵抗の直並列回路であるが，回路をよく見ると，60Ωの抵抗それぞれの端子電圧がわかる．オームの法則から電流を求め，キルヒホッフの法則を使う．

60Ωの各抵抗の端子電圧は，左から，90－30＝60V，30－15＝15V，15－10＝5V となる．このため，解図のようになる．

60Ωの各抵抗を流れる電流は，オームの法則より，左から 60/60＝1A，15/60＝1/4A，5/60＝1/12A となる．

抵抗 R_1，R_2，R_3 を流れる電流 I_1，I_2，I_3 は，キルヒホッフの第 1 法則の式（2･15）より，$I_1 = 1 - (1/4) = 3/4$ A，$I_2 = (1/4) - (1/12) = 1/6$ A，$I_3 = 1/12$ A となる．

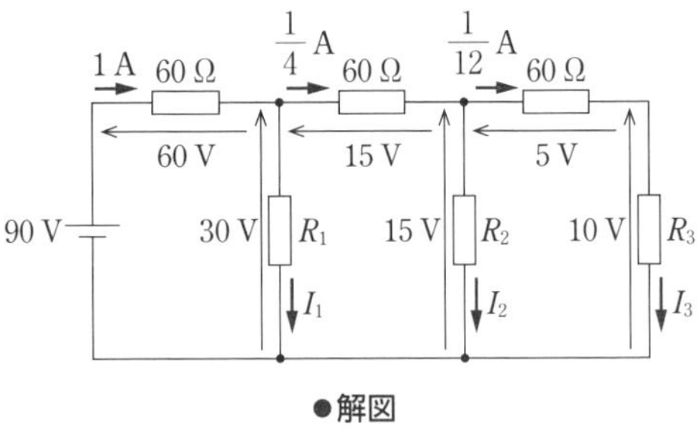

●解図

$$\therefore \quad R_1 = \frac{30}{I_1} = \frac{30}{3/4} = \mathbf{40\,\Omega},\ R_2 = \frac{15}{I_2} = \frac{15}{1/6} = \mathbf{90\,\Omega},\ R_3 = \frac{10}{I_3} = \frac{10}{1/12} = \mathbf{120\,\Omega}$$

解答 ▶ (5)

2-4 重ね合せの定理とテブナンの定理

［★★★］

1 重ね合せの定理

多数の起電力を含む回路の電流分布は，各起電力が個々に単独にある場合の電流分布の総和に等しい．

起電力が単独に働く場合の電流分布は，直並列計算で求まる場合が多い．このため，特定の枝路の電流を求めればよいようなとき，キルヒホッフの法則から求めるよりも容易になる場合がある．たとえば，図2·14のI_3は，E_1とE_2とが単独にある場合のI_3'とI_3''との合計となる．

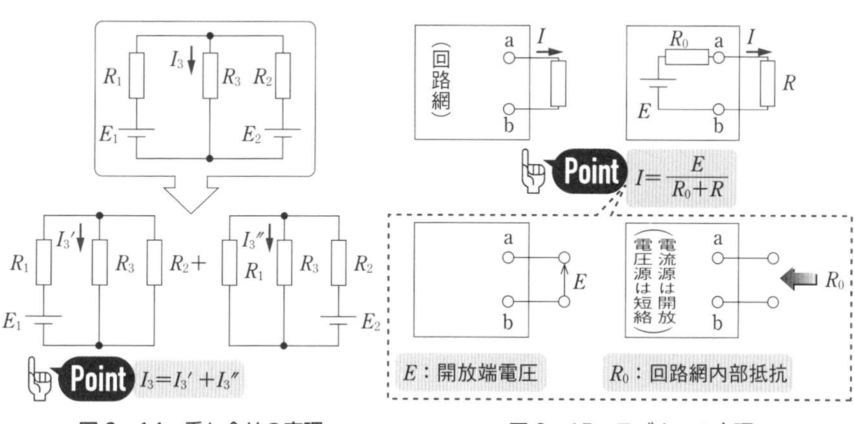

●図2・14　重ね合せの定理

●図2・15　テブナンの定理

2 テブナンの定理

多数の起電力を含む回路網の中の一つの枝路の抵抗に流れる電流を求めるとき，回路網の他の部分を一つの等価電源とみなして計算する考え方である．すなわち，図2·15のように「**回路網の中の任意の2端子a，bに現れる電圧をEとし，回路網の中の電圧源をすべて短絡（ただし，電流源は開放）したときの端子a，bから見た回路網内部の合成抵抗をR_0とすれば，端子a，bに抵抗Rを接続したとき，Rに流れる電流Iは**

$$\boldsymbol{I=\frac{E}{R_0+R}} \text{〔A〕} \qquad (2\cdot27)$$

である」.

R_0 は抵抗の直並列計算で求められるが，端子 a，b を短絡したときの短絡電流 I_s が求められれば

$$R_0=\frac{E}{I_s} \text{〔Ω〕} \qquad (2\cdot28)$$

からも求まる．これは，式 (2･27) で $R=0$ とおいたものである．

テブナンの定理は，回路網を等価定電圧電源 E と内部抵抗 R_0 で置き換えたことに相当する．

テブナンの定理をいかに適用するかについて，具体例で説明する．図 2･16 の直流回路において，$2R$〔Ω〕の抵抗に流れる電流を求める．

まず，図 2･17 (a) に示すように，$2R$ の抵抗がない場合の開放端 ab の電圧 E_0 は

$$E_0=3E-\frac{3E+E}{3R+3R}\cdot3R=E \qquad (2\cdot29)$$

また，図 2･17 (b) に示すように，端子 a，b から見た合成抵抗 R_0 は，2 つの電圧源を短絡すれば，抵抗 $3R$ が並列接続されているため，式 (2･12) より

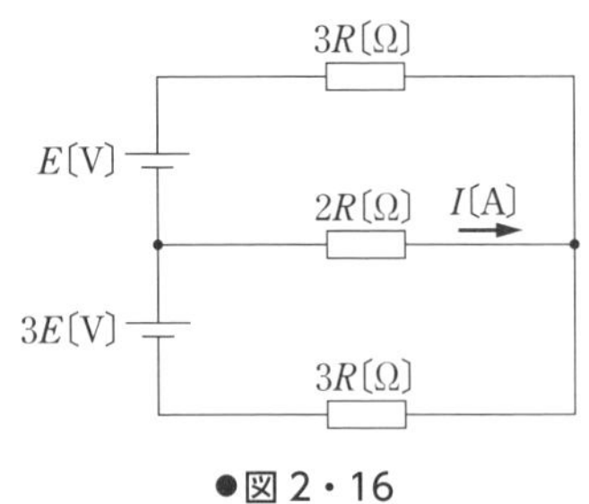

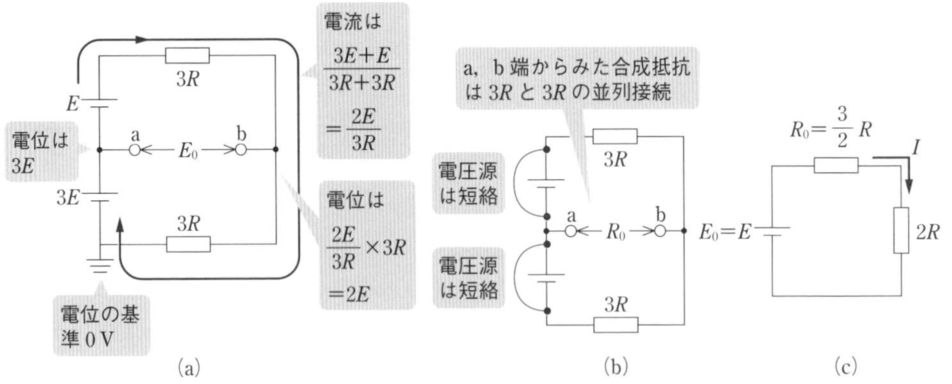

●図 2・16

●図 2・17　テブナンの定理の適用

$$R_0 = \frac{3R \times 3R}{3R + 3R} = \frac{3}{2}R \qquad (2 \cdot 30)$$

となる．したがって，この a，b 端子間に $2R$ の抵抗を接続したときに流れる電流 I は，テブナンの定理である式 (2･27) を適用し，

$$I = \frac{E_0}{R_0 + 2R} = \frac{E}{\frac{3}{2}R + 2R} = \frac{2E}{3R + 4R} = \frac{2E}{7R} \qquad (2 \cdot 31)$$

となる．

Chapter 2

問題11　H20 A-7

図のように，2 種類の直流電源と 3 種類の抵抗からなる回路がある．各抵抗に流れる電流を図に示す向きに定義するとき，電流 I_1〔A〕，I_2〔A〕，I_3〔A〕の値として，正しいものを組み合わせたのは次のうちどれか．

	I_1	I_2	I_3
(1)	−1	−1	0
(2)	−1	1	−2
(3)	1	1	0
(4)	2	1	1
(5)	1	−1	2

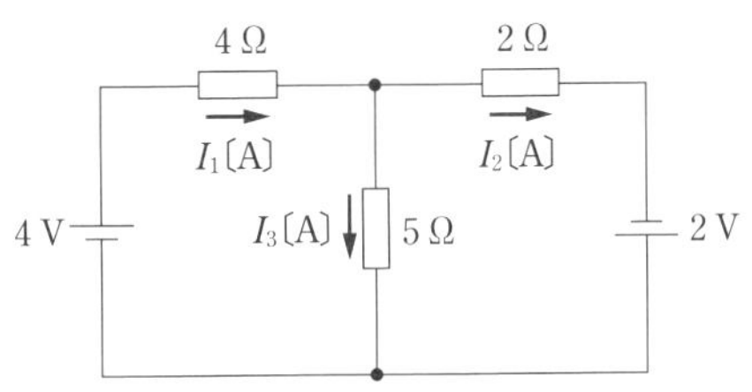

テブナンの定理を適用して，まず，I_3 から求める．

解図 (a) のように，I_3 の両端を端子 a，b として，端子 a，b を開放したときの電圧を E_0 とすれば

$$E_0 = 4 - I \times 4 = 4 - \frac{4+2}{4+2} \times 4 = 0\,\text{V}$$

（∵　解図 (a) の I は，直列に接続された 4V と 2V の電圧源に対して，4Ω と 2Ω との直列接続の抵抗を流れるため $I = (4+2)/(4+2) = 1$A である．）

一方，解図 (b) に示すように，電圧源を短絡して端子 a，b から見た合成抵抗 R_0 は，4Ω と 2Ω の抵抗が並列接続となっているため

$$R_0 = \frac{4 \times 2}{4+2} = \frac{4}{3}\,\Omega$$

テブナンの定理から，式 (2･27) のように

$$I_3=\frac{E_0}{R_0+5}=\frac{0}{\frac{4}{3}+5}=\mathbf{0\,A}$$

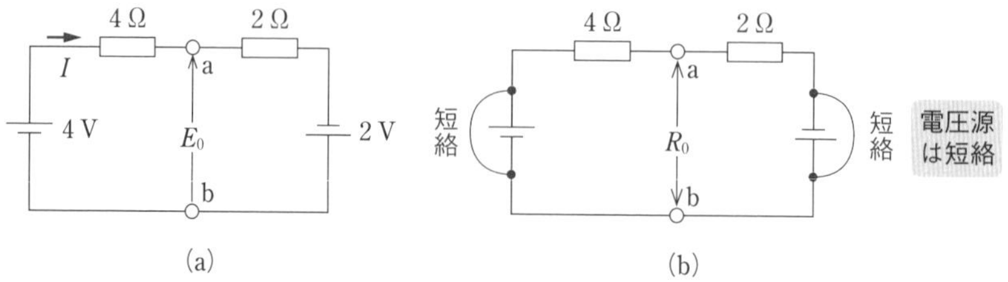

●解図 テブナンの定理の適用

a-b 間の電圧 $E_0=0$ で $I_3=0$ であるから

$$I_1=I_2=\frac{4+2}{4+2}=\mathbf{1\,A}$$

【別解】 これはミルマンの定理を適用しても簡単に解ける.

問題図と図 2･12 を比べると，$E_1=4\,\text{V}$，$R_1=4\,\Omega$，$E_2=-2\,\text{V}$，$R_2=2\,\Omega$，$E_3=0\,\text{V}$，$R_3=5\,\Omega$ で，式 (2･25) より

$$V_{ab}=\frac{\frac{E_1}{R_1}+\frac{E_2}{R_2}+\frac{E_3}{R_3}}{\frac{1}{R_1}+\frac{1}{R_2}+\frac{1}{R_3}}=\frac{\frac{4}{4}-\frac{2}{2}+\frac{0}{5}}{\frac{1}{4}+\frac{1}{2}+\frac{1}{5}}=0\,\text{V}$$

ゆえに，問題図において，各枝路の電流 I_1，I_2，I_3 は

$$I_1=\frac{4-V_{ab}}{4}=\mathbf{1\,A},\quad I_2=\frac{0-(-2)}{2}=\mathbf{1\,A},\quad I_3=\frac{0}{5}=\mathbf{0\,A}$$

である.

解答 ▶ (3)

問題12

電源と抵抗から構成される直流回路から，図のように 2 端子が出ている．端子開放時の電圧は $V=24\,\text{V}$ であったが，$R=6\,\Omega$ をつないだときの電圧は $V=18\,\text{V}$ になった．$R=10\,\Omega$ をつないだときの V〔V〕の値として，正しいのは次のうちどれか．

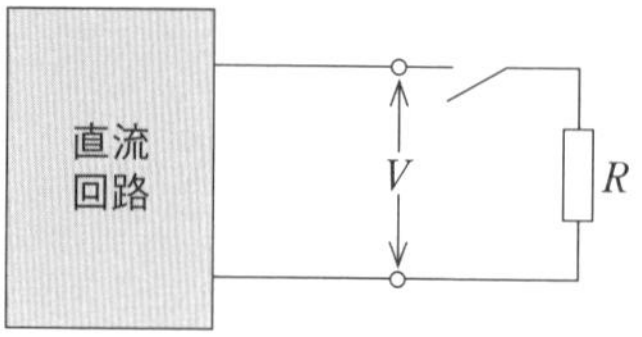

(1) 5　(2) 12　(3) 20　(4) 24　(5) 30

テブナンの定理から，問題図の直流回路は，図 2･15 のように等価回路で表現できる.

$R=6\,\Omega$ をつないだとき，回路に流れる電流 I は

$$I=\frac{V}{R}=\frac{18}{6}=3\,\mathrm{A}$$

テブナンの定理より，この電流は端子の開放電圧が 24V，端子から電源側を見たときの等価抵抗を R_0 とすれば，式 (2･27) より

$$I=3=\frac{24}{R_0+6}\qquad\therefore\quad R_0=2\,\Omega$$

したがって，$R=10\,\Omega$ をつないだときの電流 I' は，式 (2･27) より

$$I'=\frac{24}{2+10}=2\,\mathrm{A}$$

ゆえに，電圧 V は

$$V=2\times10=\mathbf{20\,V}$$

解答 ▶ (3)

問題⑬　R2 A-7

図のように，直流電源にスイッチ S，抵抗 5 個を接続したブリッジ回路がある. この回路において，スイッチ S を開いたとき，S の両端間の電圧は 1V であった. スイッチ S を閉じたときに 8Ω の抵抗に流れる電流 I の値〔A〕として，最も近いものを次の (1)～(5) のうちから一つ選べ.

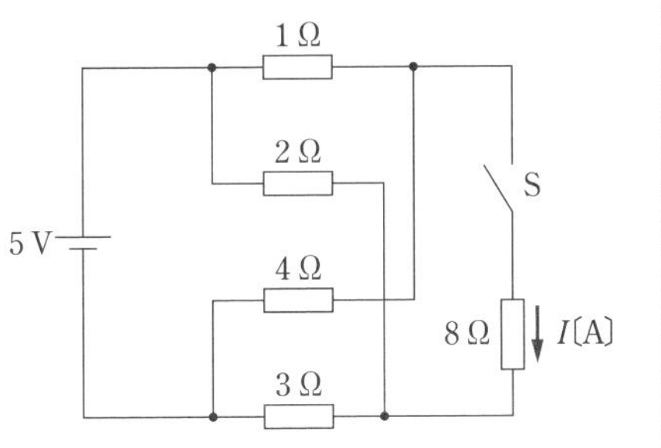

(1) 0.10　(2) 0.75　(3) 1.0　(4) 1.4　(5) 2.0

スイッチ S を開いたとき，S の両端間の電圧が 1V であるから，スイッチ S を閉じて流れる電流 I は，テブナンの定理を適用し，図 2･15，式 (2･27) において，$E=1\,\mathrm{V}$，$R=0\,\Omega$ とみなせばよい.

スイッチ S が開いているとき，ここから見た回路の合成抵抗 R_0 は，解図に示すように，電源を短絡すれば，1Ω と 4Ω の抵抗が並列接続，2Ω と 3Ω の抵抗が並列接続，そしてこれらに 8Ω の抵抗が直列接続されているので，式 (2･12) と式

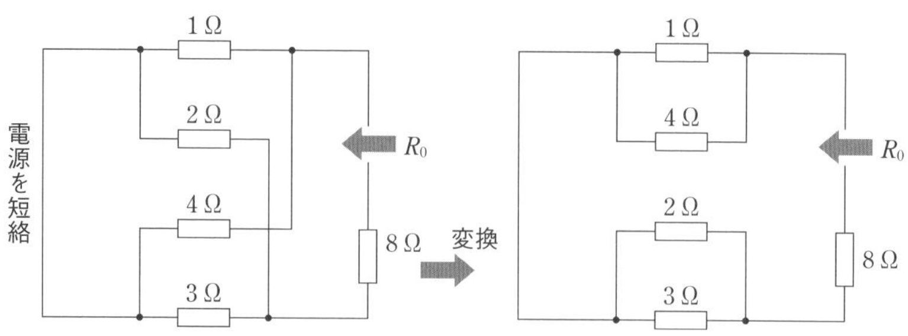

(2･4) より

$$R_0 = \frac{1\times4}{1+4} + \frac{2\times3}{2+3} + 8 = 10\,\Omega$$

スイッチ S を閉じて流れる電流 I は，テブナンの定理を適用し，式 (2･27) において $E = 1\,\mathrm{V}$, $R = 0\,\Omega$ であるから

$$I = \frac{E}{R_0 + R} = \frac{1}{10+0} = \mathbf{0.1\,A}$$

解答 ▶ (1)

問題14 H30 A-7

図のように，直流電圧 $E = 10\,\mathrm{V}$ の定電圧源，直流電流 $I = 2\,\mathrm{A}$ の定電流源，スイッチ S, $r = 1\,\Omega$ と R〔Ω〕の抵抗からなる直流回路がある．この回路において，スイッチ S を閉じたとき，R〔Ω〕の抵抗に流れる電流 I_R の値〔A〕が S を閉じる前に比べて 2 倍に増加した．R の値〔Ω〕として，最も近いのは次のうちどれか．

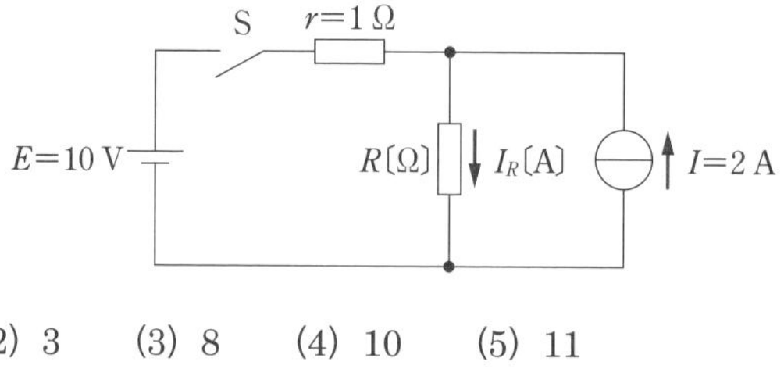

(1) 2 (2) 3 (3) 8 (4) 10 (5) 11

スイッチ S を閉じたときに R〔Ω〕の抵抗に流れる電流 I_R は，重ね合せの定理に基づいて，解図のように電圧源と電流源がそれぞれ単独にあるときの電流の和となる．(図 2･14 参照)

スイッチ S を閉じたとき，まず解図 (a) のように，定電圧源 E のみで，定電流源 I は開放する．

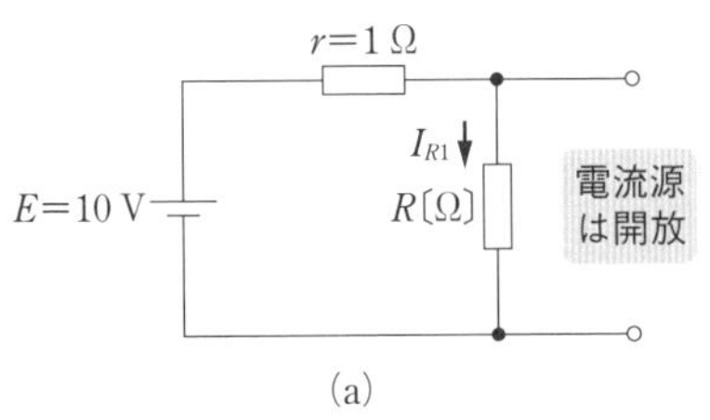

(a)

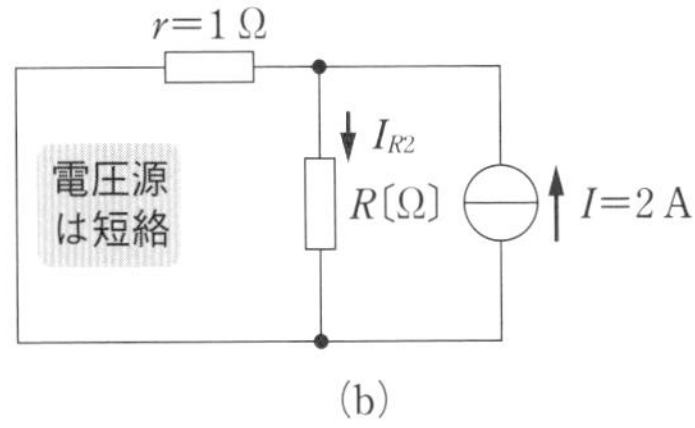

(b)

●解図

$$I_{R1}=\frac{E}{r+R}=\frac{10}{1+R}\ \text{〔A〕}\qquad (\because\ \text{式 (2・5) より})$$

次に，解図 (b) のように，定電流源 I のみのとき，定電圧源 E は短絡する．

$$I_{R2}=I\times\frac{r}{r+R}=2\times\frac{1}{1+R}=\frac{2}{1+R}\qquad (\because\ \text{式 (2・13) より})$$

ゆえに，スイッチ S を閉じたときに R〔Ω〕の抵抗に流れる電流 I_R は

$$I_R=I_{R1}+I_{R2}=\frac{10}{1+R}+\frac{2}{1+R}=\frac{12}{1+R}$$

一方，S を閉じる前に R〔Ω〕の抵抗に流れる電流 I_R は 2A ゆえ，題意より，

$$\frac{12}{1+R}=2\times2$$

$\therefore\quad 12=4(R+1)\qquad\therefore\quad R=\mathbf{2\,\Omega}$

解答 ▶ (1)

△-丫変換

[★★]

1 △から丫

回路網の中に図 2·18 のような △（デルタ）回路が含まれていると，直並列の計算だけでは扱えない．この場合，端子 a, b, c から見た条件が等価な 丫（スター）回路に変換すると直並列計算が可能となる．

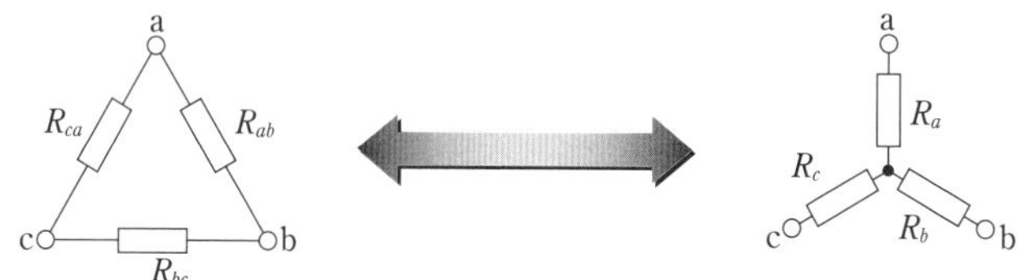

●図 2・18　△-丫変換（デルタ・スター変換またはデルタ・ワイ変換）

また，回路によっては，丫 回路を △ 回路に変換したほうが計算が容易になる場合もある．このため，△-丫（丫-△）変換を自由にできるようにしておく必要がある．

△ 回路と等価な 丫 回路とは，端子 a-b 間，b-c 間，c-a 間のいずれから見ても両者の抵抗が同じである条件から求まる．

a-b 間の合成抵抗は

$$\triangle \text{回路の } R_{\triangle ab} = \frac{R_{ab}(R_{bc}+R_{ca})}{R_{ab}+(R_{bc}+R_{ca})} \qquad \curlyvee \text{回路の } R_{\curlyvee ab} = R_a + R_b \tag{2・32}$$

b-c 間の合成抵抗は

$$\triangle \text{回路の } R_{\triangle bc} = \frac{R_{bc}(R_{ab}+R_{ca})}{R_{bc}+(R_{ab}+R_{ca})} \qquad \curlyvee \text{回路の } R_{\curlyvee bc} = R_b + R_c \tag{2・33}$$

c-a 間の合成抵抗は

$$\triangle \text{回路の } R_{\triangle ca} = \frac{R_{ca}(R_{ab}+R_{bc})}{R_{ca}+(R_{ab}+R_{bc})} \qquad \curlyvee \text{回路の } R_{\curlyvee ca} = R_c + R_a \tag{2・34}$$

Y 回路の R_a は，式 (2·32)～式 (2·34) から

$$\left.\begin{aligned} \boldsymbol{R_a} &= \frac{R_{Yab}+R_{Yca}-R_{Ybc}}{2} = \frac{R_{\triangle ab}+R_{\triangle ca}-R_{\triangle bc}}{2} \\ &= \frac{\boldsymbol{R_{ab}R_{ca}}}{\boldsymbol{R_{ab}+R_{bc}+R_{ca}}} \end{aligned}\right.$$

Point
△→Y 変換では，抵抗の和分の積として覚える

同様にして　　(2・35)

$$\boldsymbol{R_b} = \frac{\boldsymbol{R_{bc}R_{ab}}}{\boldsymbol{R_{ab}+R_{bc}+R_{ca}}}$$

$$\boldsymbol{R_c} = \frac{\boldsymbol{R_{ca}R_{bc}}}{\boldsymbol{R_{ab}+R_{bc}+R_{ca}}}$$

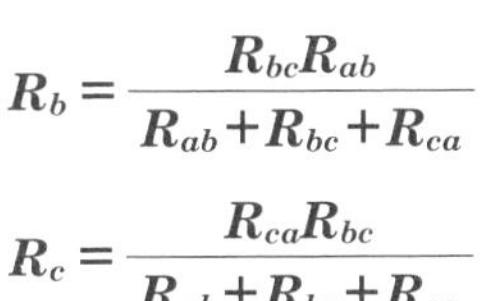

すなわち，図 2·19 のように，**分母は △ 回路の 3 辺の抵抗の和，分子は Y 回路の抵抗を挟み込む辺の抵抗の積として覚えればよい**.

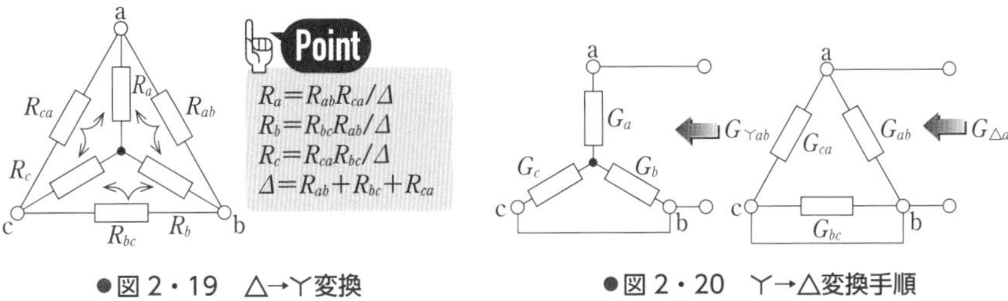

●図 2・19　△→Y変換　　●図 2・20　Y→△変換手順

2 Y から △

次に，Y 回路を △ 回路に変換するには，△ 回路の 2 辺のコンダクタンスの和の形にするため，1 辺の端子を短絡した場合の合成コンダクタンスについて比較する．すなわち，図 2·20 のように b，c 端子を短絡したときの a，b 端子から見た合成コンダクタンスは

$$\text{Y 回路の } G_{Yab} = \frac{G_a(G_b+G_c)}{G_a+(G_b+G_c)} \qquad \text{△ 回路の } G_{\triangle ab} = G_{ab}+G_{ca} \qquad (2・36)$$

同様にして

$$G_{Ybc} = \frac{G_b(G_c+G_a)}{G_b+(G_c+G_a)} \qquad G_{\triangle bc} = G_{bc}+G_{ab} \qquad (2・37)$$

$$G_{\curlyvee ca} = \frac{G_c(G_a+G_b)}{G_c+(G_a+G_b)} \qquad G_{\triangle ca} = G_{ca}+G_{bc} \tag{2・38}$$

式 (2·36)~式 (2·38) から

$$G_{ab} = \frac{G_{\triangle ab}+G_{\triangle bc}-G_{\triangle ca}}{2} = \frac{G_{\curlyvee ab}+G_{\curlyvee bc}-G_{\curlyvee ca}}{2} = \frac{G_aG_b}{G_a+G_b+G_c}$$

同様にして

$$G_{bc} = \frac{G_bG_c}{G_a+G_b+G_c}$$

$$G_{ca} = \frac{G_cG_a}{G_a+G_b+G_c} \tag{2・39}$$

Point ⋎→△ 変換では，コンダクタンスの和分の積として覚えてもよい

抵抗に戻すため，この逆数をとり整理すれば

$$\boldsymbol{R_{ab} = \frac{R_aR_b+R_bR_c+R_cR_a}{R_c}}$$

同様にして

$$\boldsymbol{R_{bc} = \frac{R_aR_b+R_bR_c+R_cR_a}{R_a}}$$

$$\boldsymbol{R_{ca} = \frac{R_aR_b+R_bR_c+R_cR_a}{R_b}} \tag{2・40}$$

すなわち，図 2·21 のように，**分母は，△ 回路の辺に接続しない端子の ⋎ 回路の抵抗とし，分子は，⋎ 回路の抵抗の 2 組の積の和として覚えればよい．**

式 (2·39) のコンダクタンスの形の場合，△ 回路の辺に接続する ⋎ 回路のコンダクタンスの積として図 2·22 のようになり，△→⋎ と似た形で覚えやすい．

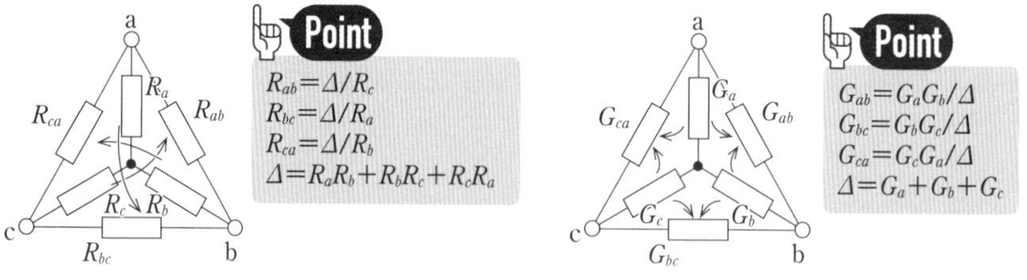

●図 2・21　⋎→△変換　　●図 2・22　コンダクタンスによる⋎→△変換

問題15 H8 A-4

図の回路において，端子 a-b 間から見た等価抵抗は次のうちどれか．

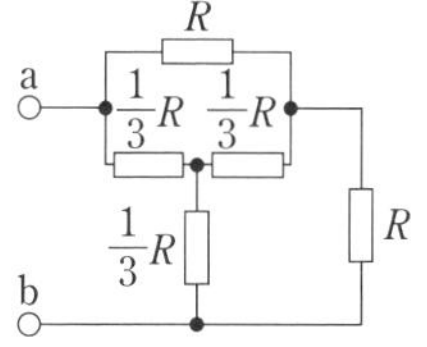

(1) $\frac{3}{2}R$　(2) $\frac{2}{3}R$　(3) $\frac{1}{2}R$　(4) R

(5) $2R$

抵抗 R，$\frac{1}{3}R$，$\frac{1}{3}R$ の △ 回路を式（2·35）に基づいて △→Y 変換すると，解図となる．

解説

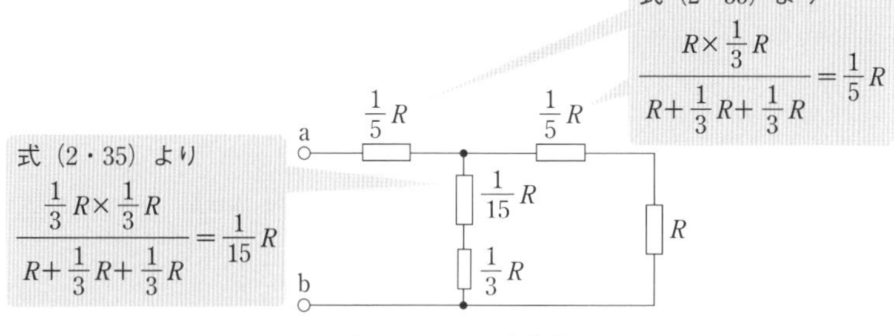

●解図　△→Y変換後

端子 a-b 間から見た等価抵抗は式（2·4），式（2·12）より

$$\frac{1}{5}R+\frac{\left(\frac{1}{15}R+\frac{1}{3}R\right)\times\left(\frac{1}{5}R+R\right)}{\left(\frac{1}{15}R+\frac{1}{3}R\right)+\left(\frac{1}{5}R+R\right)}=\frac{1}{5}R+\frac{3}{10}R=\boldsymbol{\frac{1}{2}R}$$

解答 ▶ (3)

問題16 H7 A-4

図のような回路において，端子 a-b 間の電圧は 27 V である．電源電圧 E〔V〕の値として，正しいのは次のうちどれか．

(1) 38　(2) 42　(3) 48

(4) 54　(5) 58

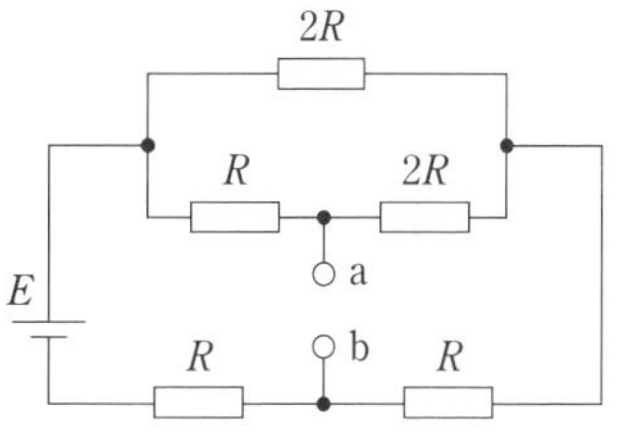

抵抗 $2R$，R，$2R$ の △ 回路を式（2·35）に基づいて △→Y 変換すると，解図となる．

解図において，電流 I は矢印のように流れるため

$$V_{ab}=\left(\frac{4}{5}R+R\right)I=\frac{9}{5}RI=27$$

（∵　解図において oa には電流が流れないので，V_{ab} は od と db の電圧降下の和に等しい．）

$$\therefore\quad RI=27\times\frac{5}{9}=15\,\mathrm{V}$$

一方，解図において全回路に着眼すると

$$E=\left(\frac{2}{5}R+\frac{4}{5}R+R+R\right)I=\frac{16}{5}RI$$

$$=\frac{16}{5}\times15=\mathbf{48\,V}$$

式（2・35）より
$$\frac{2R\times R}{2R+2R+R}=\frac{2}{5}R$$

式（2・35）より
$$\frac{2R\times 2R}{2R+2R+R}=\frac{4}{5}R$$

電流 I

c　d　o　a　b　E　$\frac{2}{5}R$　$\frac{4}{5}R$　$\frac{2}{5}R$　V_{ab}　R　R

●解図

解答 ▶ (3)

ブリッジ回路

[★★]

1 平衡条件

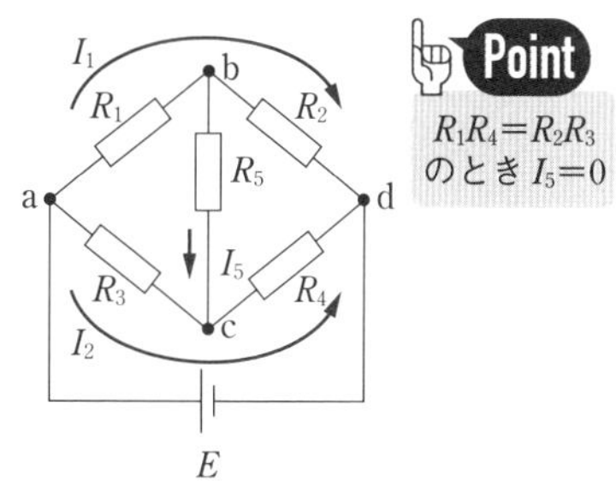

●図 2・23　ブリッジ回路

Point
$R_1R_4=R_2R_3$ のとき $I_5=0$

図 2·23 のように，直並列回路の途中に橋をかけたような回路を**ブリッジ回路**という．直並列計算のみでは電流分布が求まらず，次のような方法を用いる．

①キルヒホッフの法則により連立方程式を解く．

②テブナンの定理を用いる．

③△-Y 変換を用いて直並列回路に変換する．

ブリッジ回路で重要なことは，図 2·23 において

$$\boldsymbol{R_1R_4=R_2R_3} \quad \text{または} \quad \boldsymbol{\frac{R_1}{R_2}=\frac{R_3}{R_4}} \tag{2・41}$$

の条件が満足されると R_5 を流れる電流 I_5 が 0 となることで，これを**ブリッジの平衡条件**といい，抵抗測定法の一つとして広く用いられている．

ここで，式 (2·41) のブリッジ回路の平衡条件の導出について説明する．図 2·23 で $I_5=0$ ということは，点 b と点 c の電位 V_b と V_c が等しくなることである．このため，R_1 と R_3 による電圧降下が等しいから，$R_1I_1=R_3I_2$ となる．同様に，R_2 と R_4 による電圧降下が等しいから，$R_2I_1=R_4I_2$ となる．両方の式を割ると，$\dfrac{R_1I_1}{R_2I_1}=\dfrac{R_3I_2}{R_4I_2}$ となって，I_1 と I_2 を約分すると式 (2·41) が成り立つ．

ブリッジが平衡していれば，R_5 の枝路は外しても，または短絡しても，他の枝路の電流分布に影響しない．

2 テブナンの定理による解法

図 2·23 において，抵抗 R_5 に流れる電流 I_5 を計算してみよう．

R_5 を外したときの b，c 端子の開放端子電圧 V_{bc} と，b，c 端子から見た回路

の内部抵抗 R_0 を求めて，テブナンの定理を適用する．

$V_{bc}=V_b-V_c$ であり，V_b，V_c は図 2·24 (a) から直列抵抗の分担電圧として

$$V_b=\frac{R_2}{R_1+R_2}E \qquad V_c=\frac{R_4}{R_3+R_4}E$$

$$\therefore \quad V_{bc}=V_b-V_c=\left(\frac{R_2}{R_1+R_2}-\frac{R_4}{R_3+R_4}\right)E=\frac{R_2R_3-R_1R_4}{(R_1+R_2)(R_3+R_4)}E \quad (2\cdot42)$$

R_0 は，図 2·24 (b) から並列回路の直列接続として

$$R_0=\frac{R_1R_2}{R_1+R_2}+\frac{R_3R_4}{R_3+R_4}=\frac{R_1R_2(R_3+R_4)+R_3R_4(R_1+R_2)}{(R_1+R_2)(R_3+R_4)} \quad (2\cdot43)$$

したがって，テブナンの定理により，R_5 に流れる電流は

$$I_5=\frac{V_{bc}}{R_0+R_5}$$

$$=\frac{R_2R_3-R_1R_4}{R_1R_2(R_3+R_4)+R_3R_4(R_1+R_2)+R_5(R_1+R_2)(R_3+R_4)}E \quad (2\cdot44)$$

ブリッジの平衡条件が成立しない場合には，上記の解法で抵抗 R_5 に流れる電流 I_5 を求めればよい．

一方，$I_5=0$ とおけば，式 (2·41) の平衡条件が得られる．

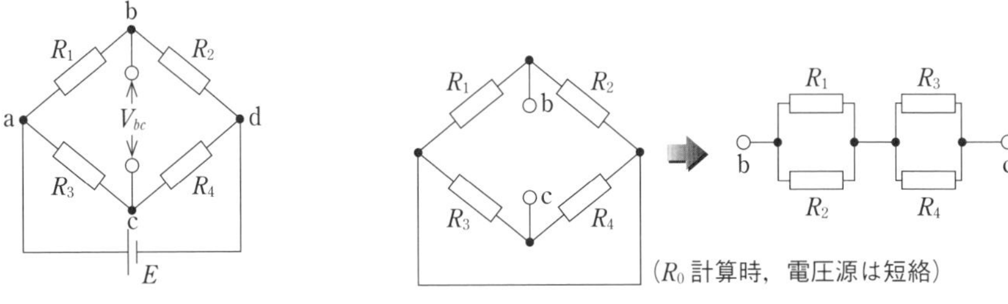

(a) 開放端子電圧　　(b) b，c 端子から見た回路の内部抵抗

●図 2・24　図 2・23 のブリッジ回路へのテブナンの定理の適用

問題⑰ R4 上 A-7

図のように，抵抗 6 個を接続した回路がある．この回路において，ab 端子間の合成抵抗の値が 0.6Ω であった．このとき，抵抗 R_X の値〔Ω〕として，最も近いものを次の (1)～(5) のうちから一つ選べ．

(1) 1.0　(2) 1.2　(3) 1.5
(4) 1.8　(5) 2.0

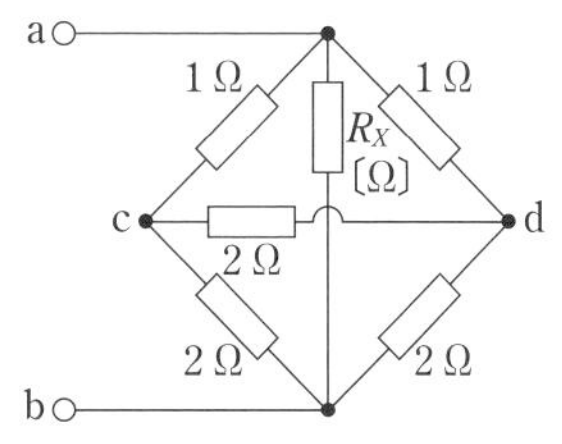

問題図のブリッジ回路は，式（2·41）の平衡条件を満たす（抵抗の積 2×1＝1×2）ため，2Ω の抵抗は外してもよい．つまり，問題図の回路で，右側の 1Ω と 2Ω の直列部分および左側の 1Ω と 2Ω の直列部分は対称であるから，これらの直列部分の中間（点 c と点 d）の電位が等しく，点 c と点 d をつなぐ 2Ω の抵抗には電流が流れない．このため，この 2Ω の抵抗を外す．

解説　問題図のブリッジ回路で 2Ω の抵抗を外せば，解図のとおりとなる．これは，3Ω，R_X〔Ω〕，3Ω の抵抗の並列接続であるから，式（2·9）より

$$\frac{1}{0.6}=\frac{1}{3}+\frac{1}{R_X}+\frac{1}{3}$$

$\therefore\ R_X=\mathbf{1\,\Omega}$

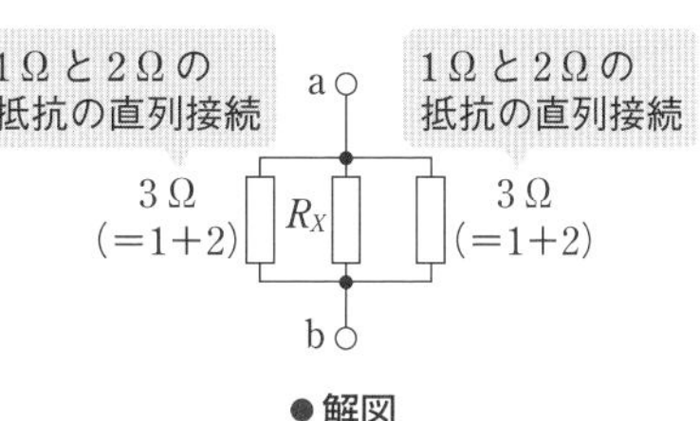

●解図

解答 ▶ (1)

問題18　H16 A-5

図のような直流回路において，抵抗 3Ω の端子間の電圧が 1.8V であった．このとき，電源電圧 E〔V〕の値として，正しいのは次のうちどれか．

(1) 1.8　(2) 3.6　(3) 5.4
(4) 7.2　(5) 10.4

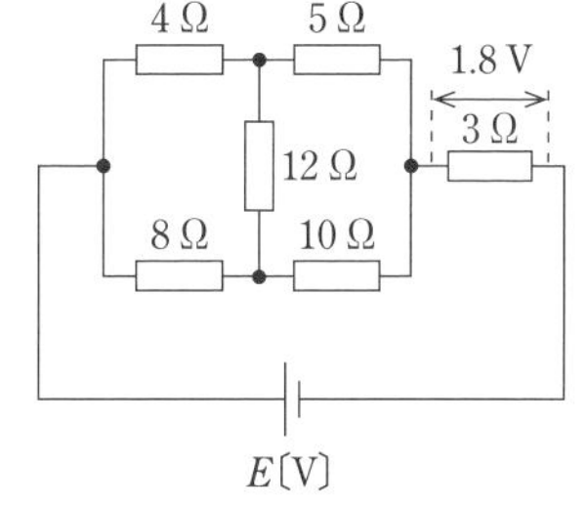

問題図のブリッジ回路では，対向する辺の抵抗の積を調べれば 4×10＝5×8 が成立するため，平衡している．このため，ブリッジをなす 12Ω の抵抗は取り去っても，他の枝路の電流分布に影響しない．

解説 ブリッジが平衡しているため，ブリッジをなす12Ωを取り去れば解図となる．破線で囲んだ部分の合成抵抗は直列回路（4Ωと5Ωの直列接続，8Ωと10Ωの直列接続）どうしが並列接続されているから

$$R=\frac{(4+5)\times(8+10)}{(4+5)+(8+10)}=6\,\Omega$$

となる．このため，抵抗3Ωの両端の電圧 V は

$$V=1.8=\frac{E}{6+3}\times 3$$

となる．上式から電源電圧 E〔V〕は

$$E=\frac{1.8(6+3)}{3}=\mathbf{5.4\,V}$$

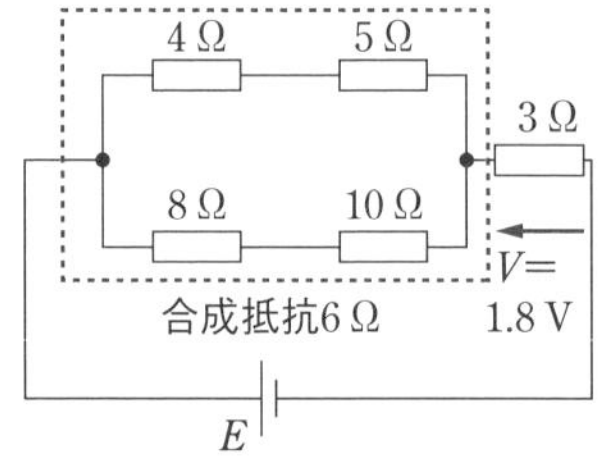

●解図

解答 ▶ (3)

問題19 H27 A-6

図のように，抵抗とスイッチSを接続した直流回路がある．いま，スイッチSを開閉しても回路を流れる電流 I〔A〕は，$I=30\,\mathrm{A}$ で一定であった．このとき，抵抗 R_4 の値〔Ω〕として，最も近いのは次のうちどれか．

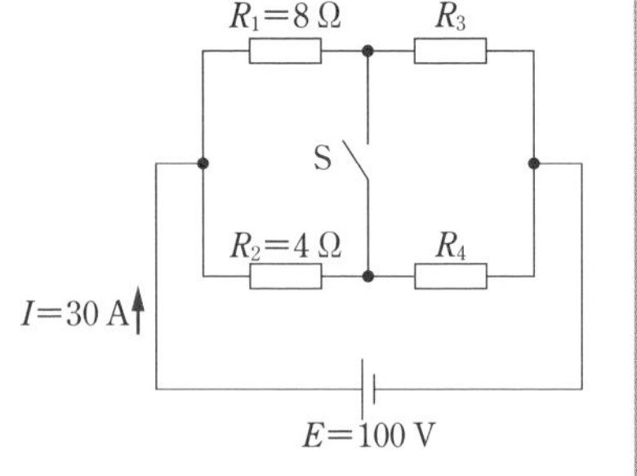

(1) 0.5　(2) 1.0　(3) 1.5
(4) 2.0　(5) 2.5

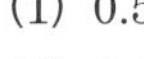

スイッチSを開閉しても電流 I は一定であるから，問題図のブリッジ回路が平衡条件を満たす．つまり，$R_1R_4=R_2R_3$，$8R_4=4R_3$　∴ $R_3=2R_4$

解説 スイッチSを閉じた場合の合成抵抗 R は

$$R=\frac{R_1R_2}{R_1+R_2}+\frac{R_3R_4}{R_3+R_4}=\frac{8\times 4}{8+4}+\frac{2R_4\times R_4}{2R_4+R_4}=\frac{8+2R_4}{3}$$

一方，$R=E/I=100/30=10/3\,\Omega$ であるから

$$\frac{8+2R_4}{3}=\frac{10}{3}$$ これを変形すると，$3(8+2R_4)=30$

∴ $R_4=\mathbf{1\,\Omega}$

解答 ▶ (2)

正弦波交流

［★★★］

1 交流の起電力

長さ l〔m〕の導体が磁束密度 B〔T〕の平等磁界内を一定速度 v〔m/s〕で回転運動するとき，その導体に生ずる誘導起電力 e〔V〕は図2･25のように表すことができる．

点aから角度 θ だけ回転した点Pでは，磁束と垂直な速度は $v\sin\theta$ であるから，式(1･82)のように，$e=vBl\sin\theta$〔V〕となる．点bまで回転すると，$\theta=90°$ であるから，$\sin 90°=1$，つまり $e=vBl$〔V〕となって，誘導起電力は最大となる．このように，導体の回転運動に伴い，発生する誘導起電力の大きさは連続的に変化し，図2･25(b)のように正弦波曲線となる．

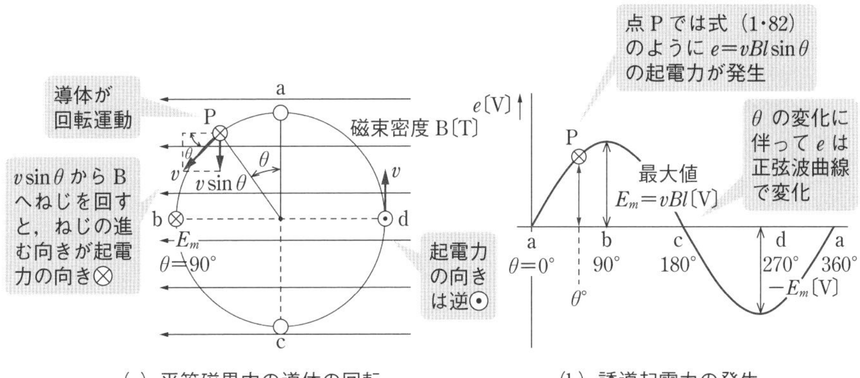

(a) 平等磁界内の導体の回転　(b) 誘導起電力の発生

●図2・25　正弦波交流起電力の発生

2 正弦波交流における周期・周波数・角周波数

電源の起電力が直流のように一定でなく，瞬時値の大きさと方向が周期的に変化する場合，**交流電源**という．そして，これにつながる回路の電圧，電流も電源の周期で大きさと方向が変化する場合，**交流回路**という．交流の波形が正弦波曲線であるものは，**正弦波交流**といい，図2･26にその意味を示す．

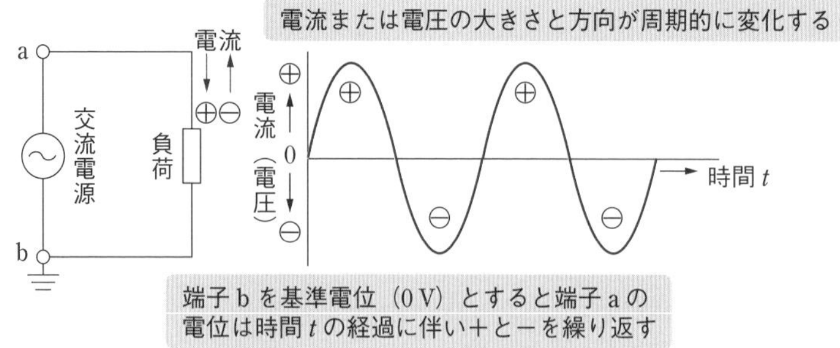

●図 2・26　正弦波交流の意味

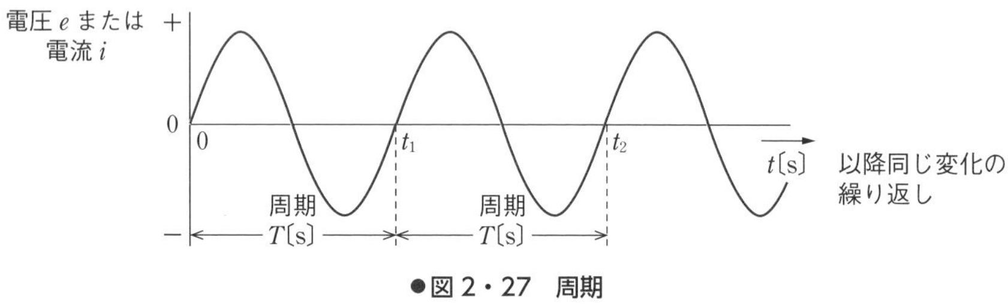

●図 2・27　周期

図 2・27 に示すように，電圧 e または電流 i が正弦波交流であるとき，$0 \sim t_1$〔s〕または $t_1 \sim t_2$〔s〕に要する時間を**周期**という．

周波数とは，1 s 当たりに繰り返される $0 \sim t_1$〔s〕までと同じ周期的な変化の回数である．したがって，周期 T〔s〕と周波数 f〔Hz〕には

$$\boldsymbol{T = \frac{1}{f}}\ \text{〔s〕} \quad \text{または} \quad \boldsymbol{f = \frac{1}{T}}\ \text{〔Hz〕} \qquad (2 \cdot 45)$$

の関係がある．

次に，1 項で示した起電力 $e = vBl\sin\theta$ において，角度 θ を 90°，180° などで表すことを**度数法**という．一方，**弧度法**では，**半径 1 の円を用いて，弧の長さをそのまま角度と考え**，単位 **rad**（**ラジアン**）で表す．図 2・28 に示すように，

$30° = \dfrac{\pi}{6}$ rad，$60° = \dfrac{\pi}{3}$ rad，$180° = \pi$〔rad〕であり，弧度法の θ〔rad〕と度

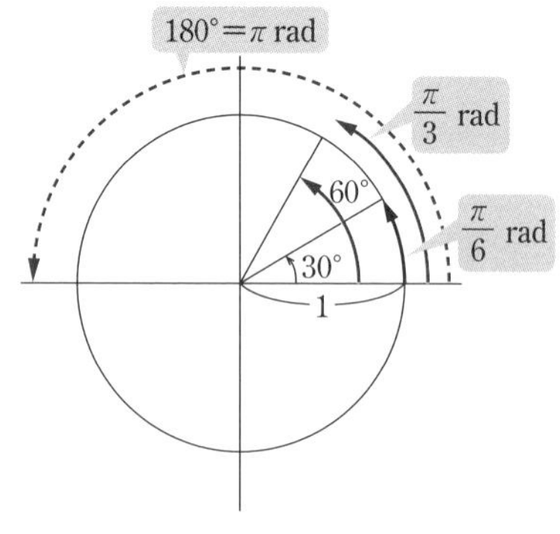

●図 2・28　ラジアン

数法の ϕ〔°〕には

$$\boldsymbol{\theta = \frac{\phi}{180} \times \pi} \text{〔rad〕} \qquad (2 \cdot 46)$$

の関係がある．

さて，正弦波交流の角度 θ は時間によって変化する．単位時間あたりに変化する角度を ω とすると，ω は

$$\boldsymbol{\omega = \frac{\theta}{t}} \text{〔rad/s〕} \qquad (2 \cdot 47)$$

で表すことができ，ω を**角速度（角周波数）**という．式（2·47）は $\boldsymbol{\theta = \omega t}$ とも表される．

正弦波交流を図 2·29 のように，横軸を角度 ωt〔rad〕で表すと，1 周期に要する角度は 2π rad となるから，次式が成り立つ．

$$\boldsymbol{\omega T = 2\pi} \qquad (2 \cdot 48)$$

さらに，式（2·45）より，$T = \dfrac{1}{f}$ であるから

$$\boldsymbol{\omega = \frac{2\pi}{T} = 2\pi f} \qquad (2 \cdot 49)$$

となる．

正弦波交流に関して，瞬時値 e が

$$\boldsymbol{e = E_m \sin\left(\frac{2\pi}{T} t + \theta\right) = E_m \sin(2\pi f t + \theta)} \qquad (2 \cdot 50)$$

〔ここに，E_m：振幅または最大値，T：周期〔s〕，
f：周波数〔Hz〕，θ：初期位相角〕

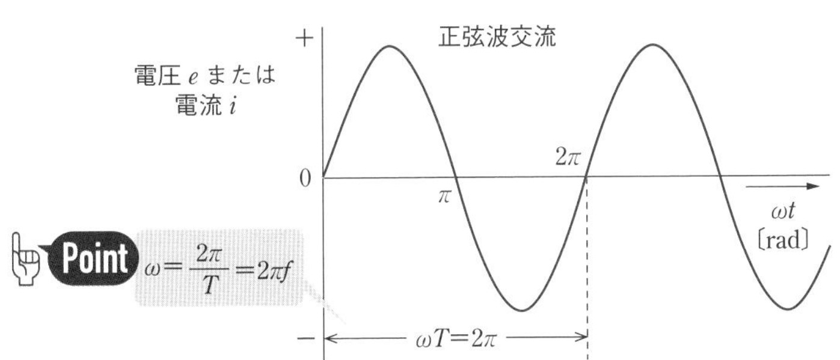

●図 2・29　周期と角周波数の関係

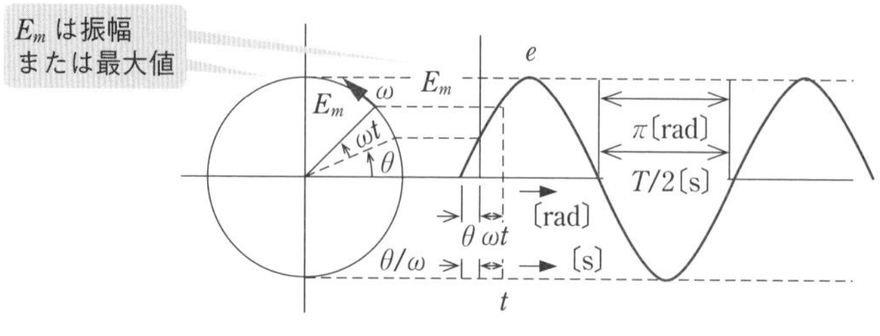

●図 2・30　正弦波交流

と表されるとする．**e の波形**は，図 2･30 のように**角速度 ω で回転する半径 E_m の円で，時間 t における位相角 $\omega t+\theta$ における正弦値をプロットしたもの**である．

図 2･31 の e_1，e_2，e_3〔V〕は，波形がずれている．この波形のずれの角度を**位相差**という．e_1 と e_2 の位相差はθ_1，e_1 と e_3 の位相差はθ_2 である．これを式で表すと次のようになる．

$$\left.\begin{aligned} &\boldsymbol{e_1=E_{m1}\sin\omega t}\ \text{〔V〕}\\ &\boldsymbol{e_2=E_{m2}\sin(\omega t+\theta_1)}\ \text{〔V〕}\quad (\boldsymbol{e_1}\ \textbf{より}\ \boldsymbol{\theta_1}\ \textbf{だけ進んでいる})\\ &\boldsymbol{e_3=E_{m3}\sin(\omega t-\theta_2)}\ \text{〔V〕}\quad (\boldsymbol{e_1}\ \textbf{より}\ \boldsymbol{\theta_2}\ \textbf{だけ遅れている}) \end{aligned}\right\} \qquad (2\cdot 51)$$

式 (2･51) のθ_1，θ_2 を**位相角**または**位相**といい，単位は〔**rad**〕または〔° **(度)**〕で表す．図 2･31 で，e_2 は e_1 より θ_1 だけ先に変化しており，e_2 は e_1 より θ_1 だけ**位相が進んでいる**という．また，e_3 は e_1 より θ_2 だけ**位相が遅れている**という．また，二つの交流の位相差がないとき，それらは**同相**または**同位相**であるという．

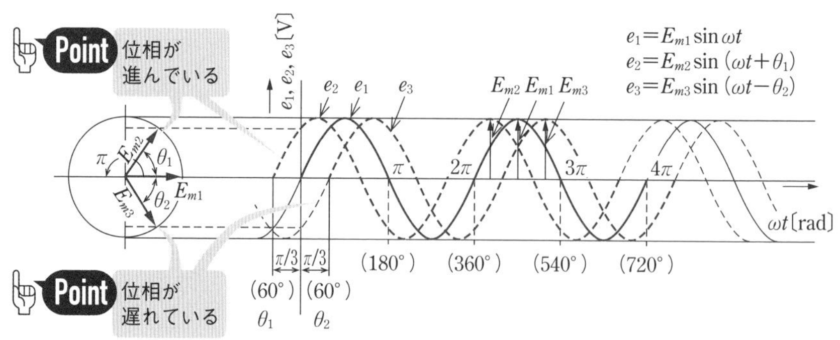

●図 2・31　位相差

3 大きさの表現

交流電圧（電流）の大きさを表すのに，振幅（最大値）E_m のほかに，実効値と平均値が用いられる．

実効値とは「瞬時値の 2 乗和の平均値の平方根」で，式で書くと

$$\boldsymbol{E=\sqrt{\frac{1}{T}\int_0^T e^2 dt}} \qquad (2\cdot52)$$

となる．これは，図 2･32 に示すように，抵抗負荷に直流電圧を加えたときと同じ電力を供給できる交流電圧の大きさを意味しており，**交流電圧（電流）の大きさは**，ことわりがなければ**実効値で表される**．

正弦波交流の実効値は，式 (2･52) から

$\int_0^T \cos 2\omega t dt = 0$

$$\boldsymbol{E=\sqrt{\frac{1}{T}\int_0^T E_m{}^2 \sin^2\omega t dt}=E_m\sqrt{\frac{1}{T}\int_0^T \frac{1}{2}(1-\cos 2\omega t)\,dt}=\frac{E_m}{\sqrt{2}}} \qquad (2\cdot53)$$

公式 $\cos(A-B)-\cos(A+B)=2\sin A\sin B$ で $A=B=\omega t$ として活用

である．図 2･33 では $E_m=1$ の場合を示しており，e の実効値の $1/\sqrt{2}$ は「瞬時

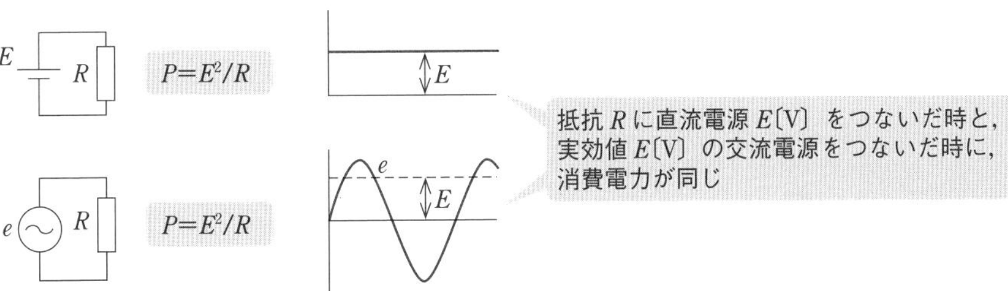

●図 2・32　実効値の意味

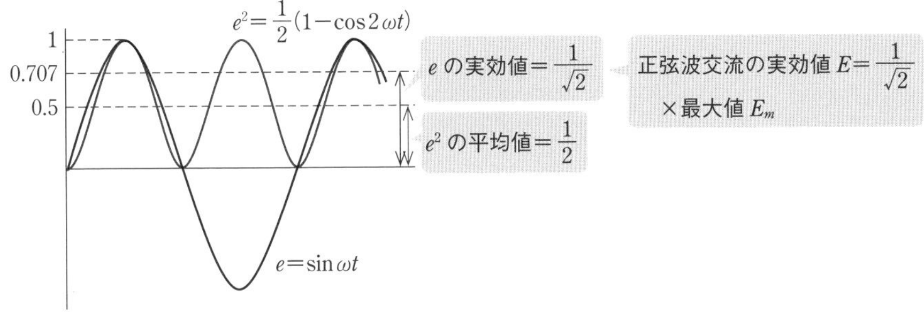

●図 2・33　正弦波の実効値

値の2乗和の平均値1/2の平方根」になっていることが理解できるだろう.

平均値とは「瞬時値の和の平均値」であるから

$$\boldsymbol{E_a = \frac{1}{T}\int_0^T |e| dt} \tag{2・54}$$

となる. 正弦波交流では, 交流の半波について $E_a = \dfrac{1}{T}\displaystyle\int_0^T |e|\,dt = \dfrac{2}{T}\int_0^{\frac{T}{2}} e dt$ として求めればよく, 次式のようになる.

$$\boldsymbol{E_a} = \frac{2}{2\pi}\int_0^{\pi} E_m \sin\theta d\theta = \frac{E_m}{\pi}[-\cos\theta]_0^{\pi}$$

$$= \boldsymbol{\frac{2}{\pi}E_m} = 0.637E_m \tag{2・55}$$

さらに, 交流波形の目安として, **波高率**と**波形率**が用いられる.

$$\textbf{波高率} = \frac{\textbf{最大値}}{\textbf{実効値}} \qquad \textbf{波形率} = \frac{\textbf{実効値}}{\textbf{平均値}} \tag{2・56}$$

正弦波の波高率は, 式(2·53), 式(2·56)より

$$\text{正弦波の波高率} = \frac{E_m}{\dfrac{E_m}{\sqrt{2}}} = \sqrt{2} \fallingdotseq 1.41 \tag{2・57}$$

また, 波形率は, 式(2·53), 式(2·55), 式(2·56)より

$$\text{正弦波の波形率} = \frac{\dfrac{E_m}{\sqrt{2}}}{\dfrac{2}{\pi}E_m} = \frac{\pi}{2\sqrt{2}} \fallingdotseq 1.11 \tag{2・58}$$

波高率と波形率は, 波形がとがっていれば大きくなり, 平らになれば小さくなる.

表2·1に, 全波整流波形と半波整流波形の実効値と平均値, さらに波高率と波形率を示す.

表2·1において, 全波整流の実効値, 平均値は式(2·53), 式(2·54)に基づいて計算すればよいが, それぞれの式から, 正弦波の実効値, 平均値と同じになることは容易にわかるであろう. 一方, 半波整流の平均値は正弦波や全波整流の半分であることも自明である. 実効値は式(2·53)より

●表 2・1　全波整流波形・半波整流波形の実効値・平均値・波高率・波形率

名称	整流波形	実効値	平均値	波高率	波形率
全波整流	E_m, v, ωt, 0, π, 2π, 3π, 4π	$\dfrac{E_m}{\sqrt{2}}$	$\dfrac{2E_m}{\pi}$	1.41 $E_m/(E_m/\sqrt{2})=\sqrt{2}$	1.11 $(E_m/\sqrt{2})/(2E_m/\pi)=\pi/(2\sqrt{2})$
半波整流	E_m, v, ωt, 0, π, 2π, 3π, 4π	$\dfrac{E_m}{2}$	$\dfrac{E_m}{\pi}$	2 $E_m/(E_m/2)=2$	1.57 $(E_m/2)/(E_m/\pi)=\pi/2$

$$E=\sqrt{\frac{1}{2\pi}\int_0^{\pi}E_m{}^2\sin^2\theta d\theta}=E_m\sqrt{\frac{1}{2\pi}\int_0^{\pi}\frac{1}{2}(1-\cos 2\theta)d\theta}$$

$$=E_m\sqrt{\frac{1}{4\pi}\left[\theta-\frac{1}{2}\sin 2\theta\right]_0^{\pi}}=\frac{E_m}{2} \qquad (2・59)$$

となる.

問題20 ✓✓✓ H21 A-9

ある回路に, $i=4\sqrt{2}\sin 120\pi t$〔A〕の電流が流れている. この電流の瞬時値が, 時刻 $t=0$ s 以降に初めて 4 A となるのは, 時刻 $t=t_1$〔s〕である. t_1〔s〕の値として, 正しいのは次のうちどれか.

(1) $\dfrac{1}{480}$　(2) $\dfrac{1}{360}$　(3) $\dfrac{1}{240}$　(4) $\dfrac{1}{160}$　(5) $\dfrac{1}{120}$

解図のようにグラフを描いて解くと, わかりやすい.

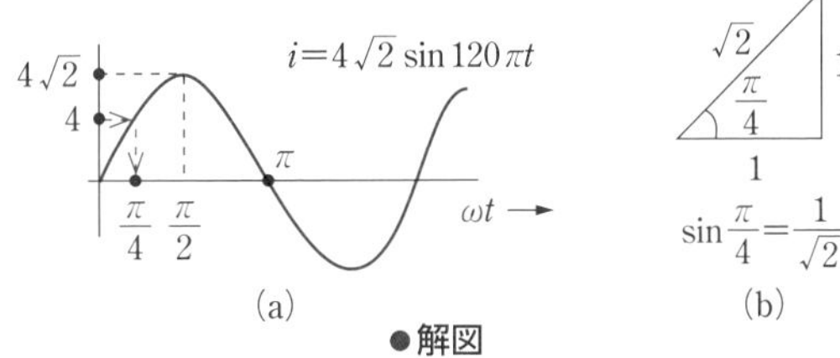

●解図

解図 (a) のグラフを見ながら, $i=4\sqrt{2}\sin 120\pi t$ の式に $i=4$ を代入すれば, $4=4\sqrt{2}\sin(120\pi t_1)$ となる.

$$\therefore\quad \sin(120\pi t_1)=\frac{1}{\sqrt{2}}$$

解図 (b) のように，$\sin\theta = \dfrac{1}{\sqrt{2}}$ になるのは $\theta = \dfrac{\pi}{4}$ のときである．

$$\therefore \quad 120\pi t_1 = \frac{\pi}{4} \qquad \therefore \quad t_1 = \frac{\mathbf{1}}{\mathbf{480}}\ \mathbf{s}$$

解答 ▶ (1)

問題21

$e = \sqrt{2}\,E\cos(100\pi t - \pi/6)$〔V〕と $i = \sqrt{2}\,I\sin(100\pi t + \pi/4)$〔A〕で表される電圧と電流の位相差を時間〔s〕で表すと，正しいのは次のうちどれか．

(1) $\dfrac{1}{50}$ (2) $\dfrac{1}{100}$ (3) $\dfrac{1}{100\pi}$ (4) $\dfrac{1}{240}$ (5) $\dfrac{1}{1200}$

$e = \sqrt{2}\,E\cos\left(100\pi t - \dfrac{\pi}{6}\right) = \sqrt{2}\,E\sin\left\{\left(100\pi t - \dfrac{\pi}{6}\right) + \dfrac{\pi}{2}\right\}$ と変形して，e と i を同じ sin の式に変換してから，位相差を求める．この式の変形には，三角関数の公式 $\sin\left(\theta + \dfrac{\pi}{2}\right) = \cos\theta$ を用いている．

e と i の位相差としては

$$\varDelta\theta = \left(-\frac{\pi}{6} + \frac{\pi}{2}\right) - \frac{\pi}{4} = \frac{\pi}{12}\ \mathrm{rad}$$

この位相差を時間で表すには，$\omega t = \varDelta\theta$ を満足する t を求めればよい．

$$t = \frac{\varDelta\theta}{\omega} = \frac{\pi/12}{100\pi} = \frac{\mathbf{1}}{\mathbf{1200}}\ \mathbf{s} \qquad (\because \quad \omega = 100\pi)$$

解答 ▶ (5)

問題22 R3 A-8

図 (a) の回路において，図 (b) のような波形の正弦波交流電圧 v〔V〕を抵抗 5 Ω に加えたとき，回路を流れる電流の瞬時値 i を表す式として，正しいものを次の (1)～(5) のうちから一つ選べ．ただし，電源の周波数を 50 Hz，角周波数を ω〔rad/s〕，時間を t〔s〕とする．

(1) $20\sqrt{2}\sin\left(50\pi t - \dfrac{\pi}{4}\right)$ (2) $20\sin\left(50\pi t + \dfrac{\pi}{4}\right)$ (3) $20\sin\left(100\pi t - \dfrac{\pi}{4}\right)$

(4) $20\sqrt{2}\sin\left(100\pi t + \dfrac{\pi}{4}\right)$ (5) $20\sqrt{2}\sin\left(100\pi t - \dfrac{\pi}{4}\right)$

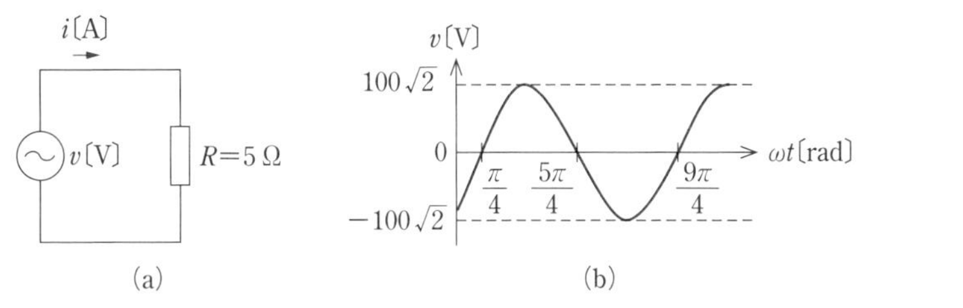

問題図（b）を見れば，v の振幅が $100\sqrt{2}$，位相が $\dfrac{\pi}{4}$ だけ遅れていることがわかるため，式で表すことができる．

解説 図2·31と式（2·51）の e_3 を参照すれば，$E_{m3}=100\sqrt{2}$，$\omega t=2\pi ft=100\pi t$，$\theta_2=\dfrac{\pi}{4}$ より，$v=100\sqrt{2}\sin\left(100\pi t-\dfrac{\pi}{4}\right)$ となる．

この電圧 v を抵抗 R に加えるとき，流れる電流の瞬時値 i の位相は v と同相であるから，位相関係は v と同じである．

$$i=\frac{v}{R}=\frac{100\sqrt{2}}{5}\sin\left(100\pi t-\frac{\pi}{4}\right)=\mathbf{20\sqrt{2}\,sin}\left(\mathbf{100\pi t-\frac{\pi}{4}}\right)$$

解答 ▶ (5)

ベクトル図と複素数表現

［★★］

1 ベクトル図

周波数の同じ二つの正弦波交流 e，i が

実効値

$$\left.\begin{aligned} e &= \sqrt{2}\,E\sin(\omega t+\theta_1) \\ i &= \sqrt{2}\,I\sin(\omega t-\theta_2) \end{aligned}\right\} \quad (E_m=\sqrt{2}\,E,\ I_m=\sqrt{2}\,I) \qquad (2\cdot 60)$$

で表されるとする．e，i は，図 2·34 のような回転ベクトルの正弦値として示されるが，回転ベクトルは，その位相差 $\theta=\theta_1+\theta_2$ を一定に保ったまま同じ角速度で回転しているので，e，i の関係を示すために，図 2·35 のように，ある時点での静止状態を用いることができる．図 2·35 のようなベクトル表示の場合，大きさは実効値で表すのが実用的である．

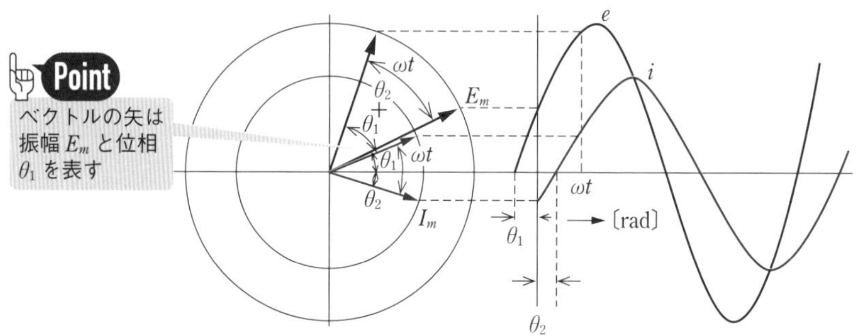

●図 2・34　2 組の正弦波交流

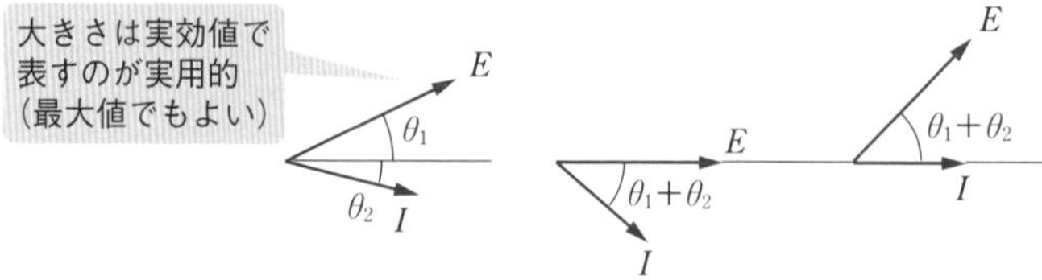

●図 2・35　ベクトル表示

さらに，**いずれか一方を基準軸（X 軸または Y 軸）に一致させたほうがわかりやすい．いずれを基準にとるかは，説明や計算のしやすいほうを定めればよい．**

正弦波交流の和や差などの合成を求めるには，瞬時値の三角関数の式よりも，ベクトル図を用いて行うほうが容易である．

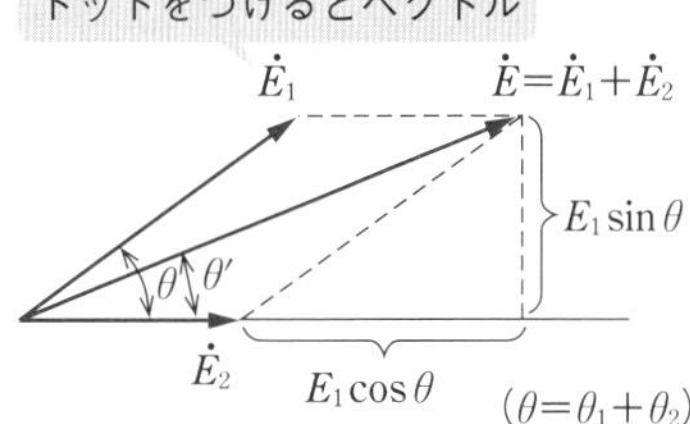

●図 2・36　ベクトル合成

たとえば

$$e_1=\sqrt{2}\,E_1\sin(\omega t+\theta_1)$$

$$e_2=\sqrt{2}\,E_2\sin(\omega t-\theta_2)$$

の場合，$e=e_1+e_2$ を求めるには，図 2·36 のベクトル図によって

$$e=\sqrt{2}\,E\sin(\omega t+\theta') \tag{2・61}$$

ただし

$$\left.\begin{aligned}E&=\sqrt{(E_2+E_1\cos\theta)^2+(E_1\sin\theta)^2}\\&=\sqrt{{E_1}^2+{E_2}^2+2E_1E_2\cos\theta}\\\theta'&=\tan^{-1}\frac{E_1\sin\theta}{E_2+E_1\cos\theta}\end{aligned}\right\} \tag{2・62}$$

2　複素数表現

ベクトル $\dot{Z}$ は，X 軸と Y 軸の直角方向成分に分解できる．これを数式的に扱うため，**複素数**を導入する．

数には，2 乗して正になる実数と，負になる虚数がある．**虚数単位を $j=\sqrt{-1}$ とすると**，虚数は，実数 y の前に j を付け，jy のように書く．

複素数は

$$\dot{z}=x+jy \tag{2・63}$$

のように，実数と虚数の和で表される．$|\dot{z}|$ を複素数の**絶対値**といい

$$|\dot{z}|=\sqrt{x^2+y^2} \tag{2・64}$$

X 軸上に実数，Y 軸上に虚数をとると，$\dot{z}$ は図 2·37 のようにベクトル $\dot{Z}$ と同じ形に書ける．また，$Z=|\dot{z}|=\sqrt{x^2+y^2}$ とおけば，図 2·38 に示すように

$$\dot{Z}=x+jy=Z\cos\theta+jZ\sin\theta \tag{2・65}$$

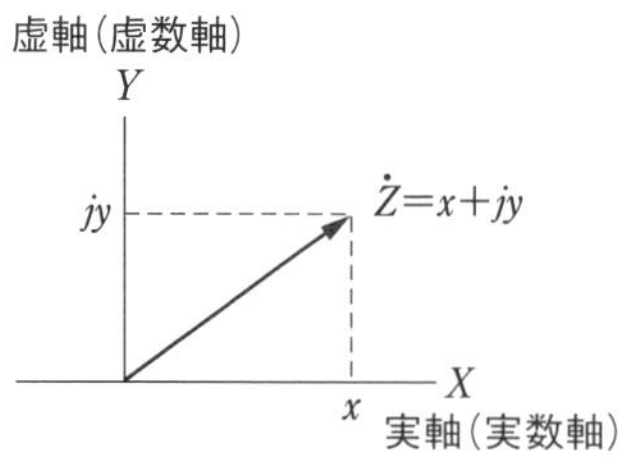

●図 2・37 複素数表示

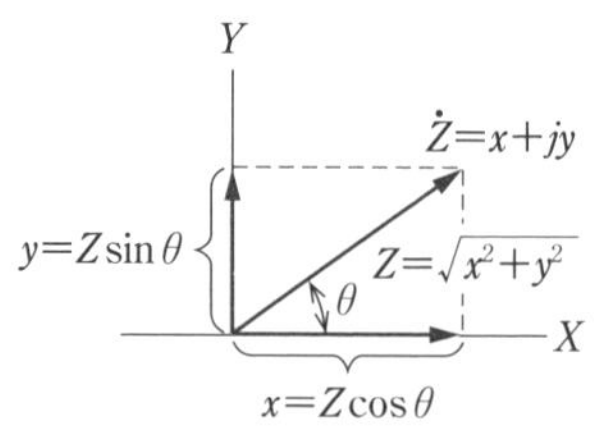

●図 2・38 ベクトルの分解

3 極座標形式

ε を自然対数の底（＝2.71828）とすると

$$\boldsymbol{\varepsilon^{j\theta}=\cos\theta+j\sin\theta} \qquad (2\cdot66)$$

の関係があり，**オイラーの公式**と呼ばれる．

これを用いると，ベクトル $\dot{Z}$ **は** $Z\varepsilon^{j\theta}$ **の形**にも書け，**極座標形式**という．これに対して，$\dot{Z}=x+jy$ **の形を直角座標形式**という．両者の間には，図 2·39 の関係がある．極座標形式は，図 2·40 のように簡単に $Z\angle\theta$ と書くこともある．

$\angle\theta$ は，反時計方向に角度 θ をとることを示す．$\nwarrow\theta$ と書くと時計方向に θ をとることを示し，$\angle\theta=\nwarrow-\theta$ の関係がある．

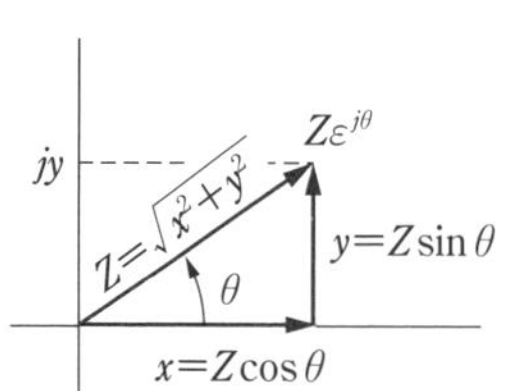

●図 2・39 極座標形式

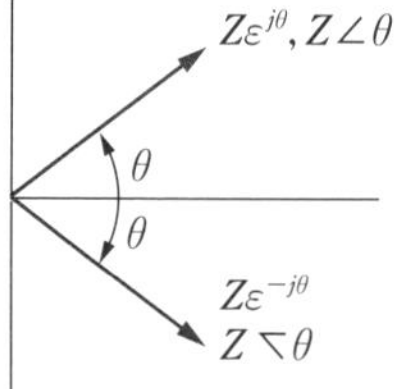

●図 2・40 極座標表示

交流電圧が $e=\sqrt{2}E\sin(\omega t+\theta)$ **で表されるとき，極座標形式のベクトル表記は** $\dot{E}=E\angle\theta$ **で表す**ことができる．（**最大値表示で，**$\dot{E}=\sqrt{2}E\angle\theta$ **と書くこともある．**）

4 j の 作 用

図 2·41 のように虚数単位 j を X 軸（実数軸）上のベクトル A に掛けると jA となり，Y 軸（虚数軸）上のベクトルとなる．さらに j を掛けると，$j^2=-1$ の

定義によって，$-A$ となる.

このように，**j はベクトルの位相を90°回転させる作用子**と考えれば，**あるベクトルに j を掛けることは，90°反時計方向に進ませることに相当し，$-j$ を掛けることは，90°時計方向に回転することに相当**する.

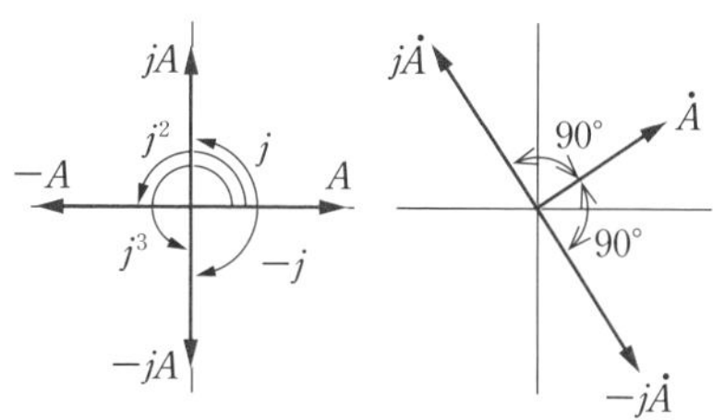

●図2・41　j の作用

5 複素数の計算規則

数値計算や式の展開のために複素数の計算規則をベクトル図との関連で示す.

(加減算)

$$\dot{Z}=\dot{Z}_1\pm\dot{Z}_2=(x_1+jy_1)\pm(x_2+jy_2)$$
$$=(x_1\pm x_2)+j(y_1\pm y_2) \quad (2\cdot67)$$

実数部，虚数部同士の加減算を行えばよいことを示している（図2･42).

(乗　算)

$$\dot{Z}=\dot{Z}_1\dot{Z}_2=(x_1+jy_1)(x_2+jy_2)$$
$$=(x_1x_2-y_1y_2)+j(x_1y_2+x_2y_1) \quad (2\cdot68)$$

極座標形式では，図2･43のように

$$\dot{Z}=Z_1\varepsilon^{j\theta_1}Z_2\varepsilon^{j\theta_2}=Z_1Z_2\varepsilon^{j(\theta_1+\theta_2)} \quad (2\cdot69)$$

(除　算)

$$\dot{Z}=\frac{\dot{Z}_1}{\dot{Z}_2}=\frac{x_1+jy_1}{x_2+jy_2}=\frac{(x_1+jy_1)(x_2-jy_2)}{(x_2+jy_2)(x_2-jy_2)}$$

$$=\frac{x_1x_2+y_1y_2}{{x_2}^2+{y_2}^2}-j\frac{x_1y_2-y_1x_2}{{x_2}^2+{y_2}^2} \quad (2\cdot70)$$

Point
分母の x_2+jy_2 の虚数部の符号を逆にした共役複素数を分母・分子にかける

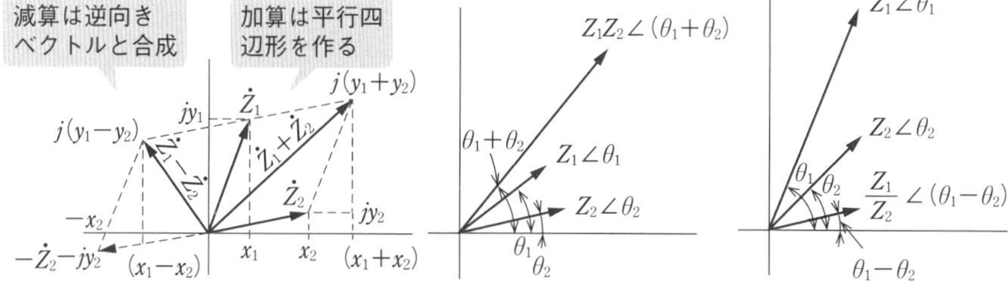

●図2・42　加減算　●図2・43　乗算　●図2・44　除算

(x_2-jy_2) は，(x_2+jy_2) の**共役複素数**といい，分母の虚数項を消去するために，分母，分子に掛け合わせたのである．

極座標形式では，図 2·44 のように

$$\dot{Z}=\frac{Z_1\varepsilon^{j\theta_1}}{Z_2\varepsilon^{j\theta_2}}=\frac{Z_1}{Z_2}\varepsilon^{j(\theta_1-\theta_2)} \qquad (2\cdot71)$$

極座標形式では，乗除算による位相角の変化が理解しやすい．

6 正弦波交流の複素数表示

正弦波交流 $e=\sqrt{2}E\sin(\omega t+\theta)$ はオイラーの公式により，極座標形式 $\dot{E}=E\varepsilon^{j(\omega t+\theta)}=E\varepsilon^{j\omega t}\varepsilon^{j\theta}$ の虚数部で表現できる．$\varepsilon^{j\omega t}$ は，時間 t とともに角 ωt が増加し図 2·45 (a) のように円周上を回転するベクトルを表すので，$\varepsilon^{j\omega t}$ を省略して $\dot{E}=E\varepsilon^{j\theta}$ の形とすれば，図 2·45 (b) のように回転ベクトルを静止することに相当する．**正弦波交流を $E\varepsilon^{j\omega t}$ の形で扱えば，回路の電圧，電流に関する微分，積分は次のように代数計算に変換できることが，複素数導入の大きな利点**である．

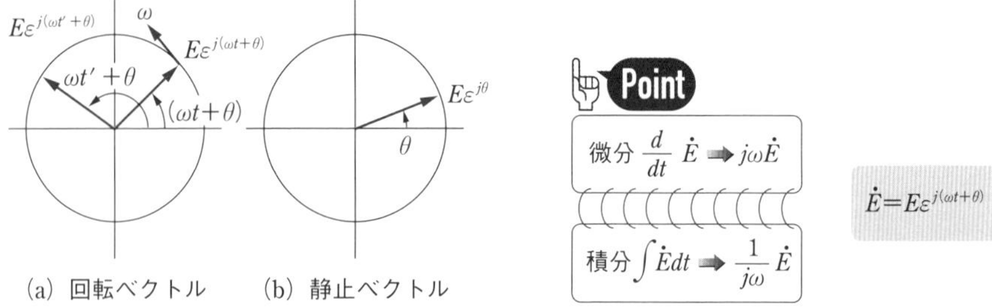

●図 2・45 正弦波交流の複素数表示

●図 2・46 正弦波交流の微積分

（微　分） 指数関数の微分公式，$(d/dt)(\varepsilon^{ax})=a\varepsilon^{ax}$ により

$$\frac{d}{dt}\dot{E}=E\frac{d(\varepsilon^{j\omega t})}{dt}=Ej\omega\varepsilon^{j\omega t}=j\omega\dot{E} \qquad (2\cdot72)$$

すなわち，**微分記号 d/dt は，$j\omega$ を掛けることに相当**する．

（積　分） 指数関数の積分公式，$\int\varepsilon^{ax}dx=(1/a)\varepsilon^{ax}$ により

$$\int\dot{E}dt=E\int\varepsilon^{j\omega t}dt=E\frac{1}{j\omega}\varepsilon^{j\omega t}=\frac{1}{j\omega}\dot{E} \qquad (2\cdot73)$$

すなわち，**積分記号 $\int dt$ は，$j\omega$ で割ることに相当**する．

問題23 H18 A-8

図のように，二つの正弦波交流電圧源 e_1〔V〕，e_2〔V〕が直列に接続されている回路において，合成電圧 v〔V〕の最大値は e_1 の最大値の （ア） 倍となり，その位相は e_1 を基準として （イ） 〔rad〕の （ウ） となる．

上記の空白箇所（ア），（イ）および（ウ）に当てはまる語句，式または数値として，正しいものを組み合わせたのは次のうちどれか．

	（ア）	（イ）	（ウ）
(1)	1/2	$\pi/3$	進み
(2)	$1+\sqrt{3}$	$\pi/6$	遅れ
(3)	2	$2\pi/3$	進み
(4)	$\sqrt{3}$	$\pi/6$	遅れ
(5)	2	$\pi/3$	進み

$e_1=E\sin(\omega t+\theta)$〔V〕

$e_2=\sqrt{3}E\sin\left(\omega t+\theta+\dfrac{\pi}{2}\right)$〔V〕

v〔V〕

Chapter 2

e_1 を基準にとると，e_2 は，e_1 より位相が $\pi/2$ 進んでいて，大きさは e_1 の $\sqrt{3}$ 倍である．これを解図のようにベクトル図で表現して合成すればよい．

解説 解図に示すように，e_1 のベクトル $\dot{E}_1=E$（最大値）を横軸（実軸）方向にとれば，e_2 のベクトルは位相が $\pi/2$ だけ進んでいるため，縦軸（虚軸）方向にとることができ，大きさ（最大値）が E の $\sqrt{3}$ 倍であるから，$\dot{E}_2=\sqrt{3}E\angle(\pi/2)=j\sqrt{3}E$ となる．よって，e_1 と e_2 の合成ベクトル $\dot{V}$ は

$$\dot{V}=\dot{E}_1+\dot{E}_2=(1+j\sqrt{3})E$$ （∵ 式（2･62）の考え方を適用）

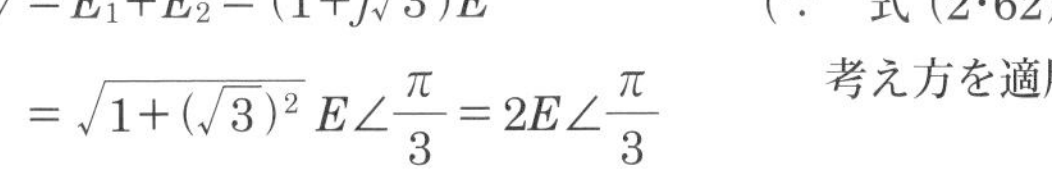

$$=\sqrt{1+(\sqrt{3})^2}\,E\angle\frac{\pi}{3}=2E\angle\frac{\pi}{3}$$

$\therefore\quad v=2E\sin(\omega t+\theta+\pi/3)$

合成電圧 v の式から，v の最大値は $2E$ で e_1 の最大値 E の **2 倍**となり，その位相は e_1 を基準として **$\pi/3$ rad** の**進み**となることがわかる．

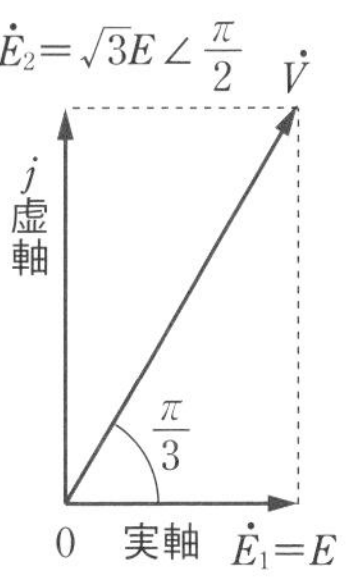

●解図

解答 ▶ (5)

単相交流回路

［★★★］

1 インピーダンスとアドミタンス

交流回路の端子間の電圧を$\dot{V}$，流れる電流を$\dot{I}$とし，いずれも複素数（ベクトル）で表すとき

$$\dot{V}=\dot{I}\dot{Z} \tag{2・74}$$

の関係があり，直流回路のオームの法則における抵抗に相当して電流を妨げる作用をもつ$\dot{Z}$を**インピーダンス**という．$\dot{Z}$は複素数（ベクトル）として扱う必要がある．大きさのみに着目すれば

$$|\dot{V}|=|\dot{I}|\cdot|\dot{Z}| \tag{2・75}$$

となり，このときのインピーダンス$|\dot{Z}|$は，複素数で表した$\dot{Z}$の絶対値である．

インピーダンス$\dot{Z}$の逆数

$$\dot{Y}=\frac{1}{\dot{Z}} \tag{2・76}$$

を**アドミタンス**という．

インピーダンスは，抵抗，インダクタンス，静電容量で構成される．

2 抵抗の作用

抵抗 R〔Ω〕に交流電圧 $v=V_m\sin\omega t$ を加えると，各瞬時についてオームの法則が成り立ち，**電流 i は**

$$i=\frac{V_m}{R}\sin\omega t \tag{2・77}$$

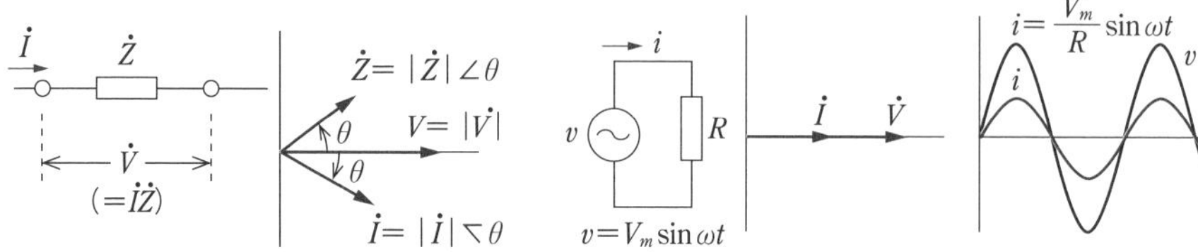

●図 2・47　交流回路のオームの法則

●図 2・48　抵抗の作用

つまり，**電圧と電流は同位相**となる．また，複素数表示すれば

$$\dot{I}=\frac{\dot{V}}{R} \tag{2・78}$$

となり，インピーダンス $\dot{Z}$ は

$$\dot{Z}=R \text{〔Ω〕} \tag{2・79}$$

3 インダクタンスの作用

インダクタンス L〔H〕のコイルに流れる電流が変化すれば，電流の変化を妨げる方向に

$$v_L=L\frac{di}{dt} \text{〔V〕} \tag{2・80}$$

の大きさの起電力が生ずる（ファラデーの法則とレンツの法則）．

電源から i を流すためには，この v_L を打ち消す $v=v_L$ の電圧を加える必要がある．v_L は電源とは逆方向となるので，**逆起電力**という．

電流 $i=I_m\sin\omega t$ とすれば，電源電圧 v は

$$v=L\frac{d(I_m\sin\omega t)}{dt} \tag{2・81}$$

である．複素数で表すとき，微分記号は，$j\omega$を掛ければよいので

$$\boldsymbol{\dot{V}=L\frac{d\dot{I}}{dt}=j\omega L\dot{I}} \tag{2・82}$$

と表され，**電圧ベクトルが電流ベクトルより 90° 進む**（逆にいえば，**電流の位相は電圧よりも 90° 遅れる**）ことを示している．瞬時値で示せば

$$\boldsymbol{v=\omega LI_m\sin\left(\omega t+\frac{\pi}{2}\right)} \tag{2・83}$$

インピーダンス $\dot{Z}$ は

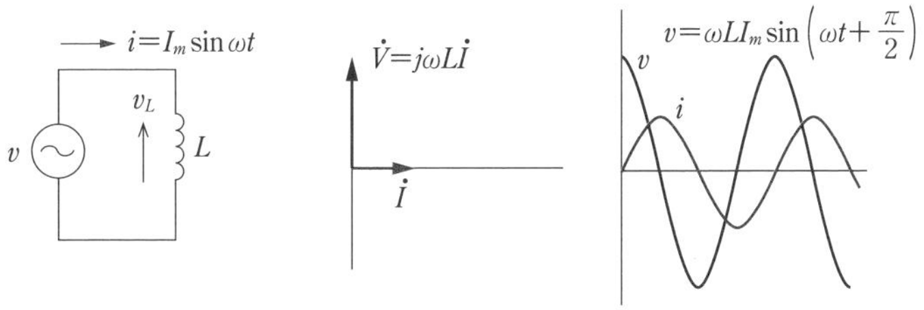

●図 2・49　インダクタンスの作用

$$\dot{Z} = j\omega L = j2\pi f L \ 〔\Omega〕 \tag{2・84}$$

となる．インダクタンス L によるインピーダンスを**誘導リアクタンス**ともいう．これは，周波数 f に比例するため，周波数が高いほどコイルの電流は通りにくくなることを意味する．

4 静電容量の作用

静電容量 C〔F〕のコンデンサに電圧 v〔V〕を加えると

$$q = Cv \ 〔C〕 \tag{2・85}$$

の電荷が蓄えられる．v が変化すると q も変化し，電流 i は q の時間変化である（図 2·50 参照）．

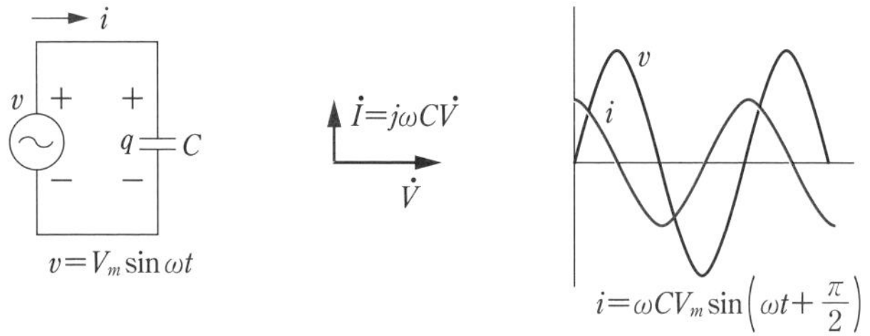

●図 2・50　静電容量の作用

$$i = \frac{dq}{dt} = C\frac{dv}{dt} \tag{2・86}$$

電圧 $v = V_m \sin\omega t$ を加えた場合，微分記号を $j\omega$ に変えて

$$\dot{I} = C\frac{d\dot{V}}{dt} = j\omega C\dot{V} \tag{2・87}$$

となる．したがって，**電流ベクトルは電圧ベクトルより 90° 進む**ことを示し，瞬時値表示では

$$i = \omega C V_m \sin\left(\omega t + \frac{\pi}{2}\right) \tag{2・88}$$

インピーダンス $\dot{Z}$ は

$$\dot{Z} = \frac{\dot{V}}{\dot{I}} = \frac{1}{j\omega C} = -j\frac{1}{\omega C} = -j\frac{1}{2\pi f C} \ 〔\Omega〕 \tag{2・89}$$

である．静電容量 C によるインピーダンスは**容量リアクタンス**という．これは，

周波数が高いほど容量リアクタンスが小さくなり，コンデンサの電流は通りやすくなることを意味している．

5 R，L，C の直並列

一般の交流回路は，抵抗 R，インダクタンス L，静電容量 C の直並列接続で表される．この場合の**インピーダンスは**

$$\boldsymbol{R \rightarrow R} \qquad \boldsymbol{L \rightarrow j\omega L} \qquad \boldsymbol{C \rightarrow -j\frac{1}{\omega C}}$$

のインピーダンス素子の直並列として，複素数計算であることを考慮しながら直流回路の合成抵抗を求めるように，合成すればよい．また，**単相交流回路の電圧および電流の算出にあたっては，オームの法則**

$$\dot{V} = \dot{Z}\dot{I} \tag{2・90}$$

に基づけばよい．

たとえば，図 2･51 の **R，L，C の直列回路におけるインピーダンス $\dot{Z}$ は**

$$\dot{Z} = R + j\omega L - j\frac{1}{\omega C} = R + j\left(\omega L - \frac{1}{\omega C}\right)$$

$$= R + j(X_L - X_C) = R + jX \quad 〔\Omega〕 \tag{2・91}$$

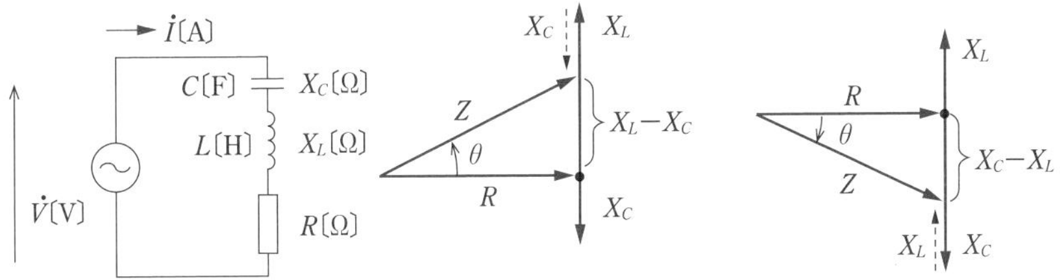

(a) RLC 直列回路　(b) RLC 直列回路のインピーダンスの三角形

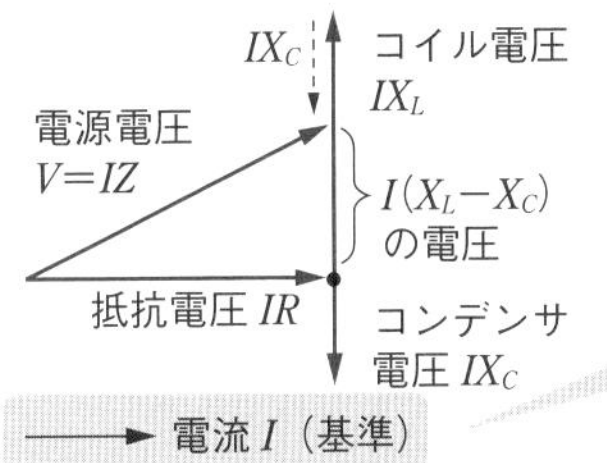

(c) 電圧の三角形

Point

直列回路では，R，L，C に流れる電流が同じなので，電流を基準ベクトルとする．（電圧の三角形の各辺を I で割ると，インピーダンスの三角形になる）

●図 2・51　R，L，C の直列回路とインピーダンス

図 2·51 および式 (2·91) からわかるように，$X_L>X_C$ のとき，電流は遅れ位相で，回路はインダクタンスの性質を示すので誘導性となる．また，$X_L<X_C$ のとき，電流は進み位相で，回路は静電容量の性質を示すので容量性となる．

回路の電流 $\dot{I}$ は式 (2·90)，式 (2·91) から

$$\dot{I}=\frac{\dot{V}}{\dot{Z}}=\frac{\dot{V}}{R+j\left(\omega L-\dfrac{1}{\omega C}\right)}=\frac{\dot{V}}{R+j(X_L-X_C)} \qquad (2\cdot92)$$

となる．電流の大きさは式 (2·63) と式 (2·64) より

$$I=\frac{V}{\sqrt{R^2+(X_L-X_C)^2}} \quad (V=|\dot{V}|) \qquad (2\cdot93)$$

図 2·51 のように，**抵抗，コイル，コンデンサを組み合わせた直列回路は，インピーダンスの三角形を作るとわかりやすくなる．（インピーダンスのベクトル図は抵抗を基準ベクトルとして，右方向の矢で表す．）**そして，図 2·51 (c) のように，**電流または抵抗の電圧を基準として，電圧のベクトル図を作ればよい．**

図 2·52 の ***R*，*L*，*C* の並列回路の場合には**

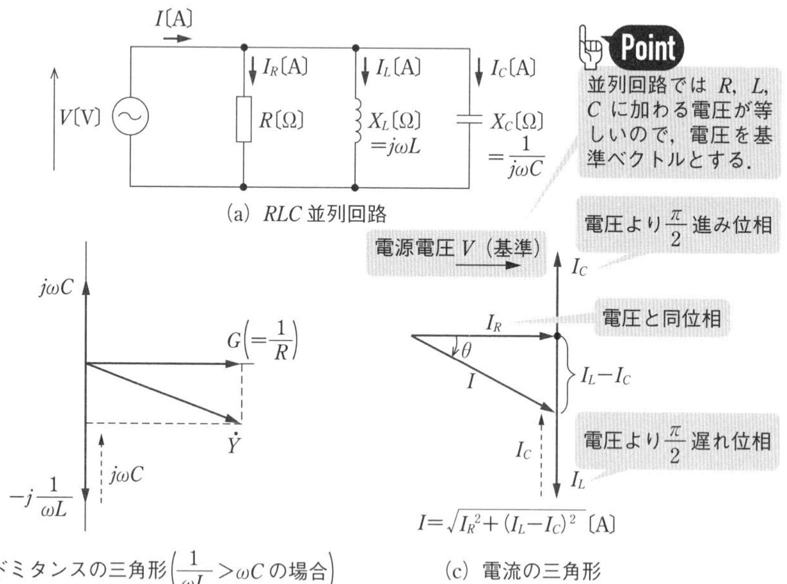

●図 2・52　*R*，*L*，*C* の並列回路とアドミタンス

$$\dot{Z}=\frac{1}{\dfrac{1}{R}+\dfrac{1}{j\omega L}+j\omega C}=\frac{1}{\dfrac{1}{R}+j\left(\omega C-\dfrac{1}{\omega L}\right)}=\frac{1}{\dfrac{1}{R}+j\left(\dfrac{1}{X_C}-\dfrac{1}{X_L}\right)}\ 〔\Omega〕\qquad(2\cdot 94)$$

となる．アドミタンスで表せば

$$\dot{Y}=\frac{1}{\dot{Z}}=\frac{1}{R}+j\left(\omega C-\frac{1}{\omega L}\right)=G+jB\qquad(2\cdot 95)$$

アドミタンスの実数部 G を**コンダクタンス**，虚数部 B を**サセプタンス**という．図 2･52 の並列回路における電流は，$\dot{V}$ を位相の基準として $|\dot{V}|=V$ とすれば，式 (2･90)，式 (2･94) から

$$\dot{I}=\frac{\dot{V}}{\dot{Z}}=\left\{\frac{1}{R}+j\left(\frac{1}{X_C}-\frac{1}{X_L}\right)\right\}V=\frac{V}{R}+j\left(\frac{V}{X_C}-\frac{V}{X_L}\right)$$
$$=I_R+j(I_C-I_L)\qquad(2\cdot 96)$$

となる．この回路の全電流 I は，$I_L>I_C$ のときは電圧 V より遅れ位相となり，$I_L<I_C$ のときは電圧 V より進み位相になる．また，電流 I の大きさは

$$I=\sqrt{I_R^2+(I_C-I_L)^2}\qquad(2\cdot 97)$$

となる．

図 2･52 (b)，(c) のように，**抵抗，コイル，コンデンサを組み合わせた並列回路は，電源電圧または抵抗の電流を基準ベクトルとして右方向の矢で表し，アドミタンスの三角形や電流の三角形を作るとわかりやすくなる．**

問題24 ✓ ✓ ✓　H18 A-9

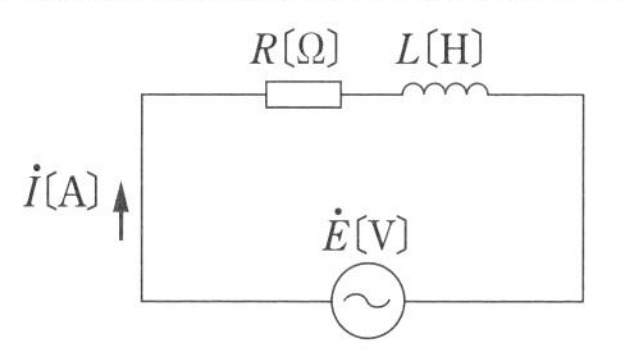

図のように，R〔Ω〕の抵抗とインダクタンス L〔H〕のコイルを直列に接続した回路がある．この回路に角周波数 ω〔rad/s〕の正弦波交流電圧 $\dot{E}$〔V〕を加えたとき，この電圧の位相〔rad〕に対して回路を流れる電流 $\dot{I}$〔A〕の位相〔rad〕として，正しいのは次のうちどれか．

(1) $\sin^{-1}\dfrac{R}{\omega L}$〔rad〕進む　(2) $\cos^{-1}\dfrac{R}{\omega L}$〔rad〕遅れる

(3) $\cos^{-1}\dfrac{\omega L}{R}$〔rad〕進む　(4) $\tan^{-1}\dfrac{R}{\omega L}$〔rad〕遅れる

(5) $\tan^{-1}\dfrac{\omega L}{R}$〔rad〕遅れる

回路のインピーダンスは，$\dot{Z}=R+j\omega L$ であるから，電流 $\dot{I}$ は式（2·74）より $\dot{I}=\dot{E}/\dot{Z}$ として求める．

解説

$$\dot{I}=\frac{\dot{E}}{\dot{Z}}=\frac{E}{R+j\omega L}=\frac{E}{(R+j\omega L)}\cdot\frac{(R-j\omega L)}{(R-j\omega L)}$$

$R+j\omega L$ の共役複素数 $R-j\omega L$ を分母・分子にかける

$$=\frac{E(R-j\omega L)}{R^2+(\omega L)^2}\text{〔A〕}$$

したがって，解図に示すように，電圧 $\dot{E}$ に対する $\dot{I}$ の位相 θ〔rad〕は

$$\theta=-\tan^{-1}\frac{\omega L}{R}\text{〔rad〕}$$

となり，**$\tan^{-1}(\omega L/R)$〔rad〕の遅れ**となる．

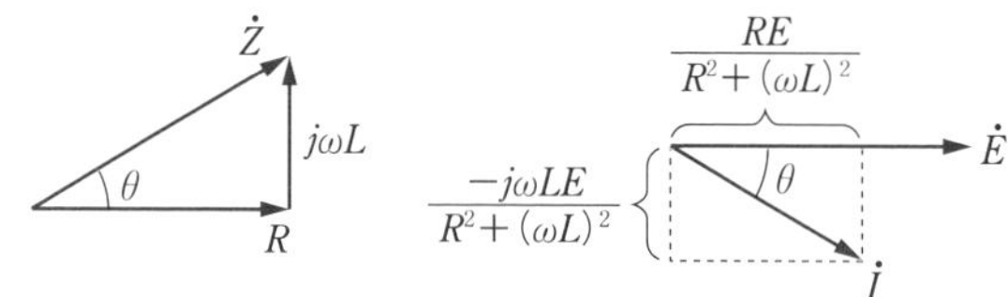

●解図　問題図のインピーダンスの三角形および $\dot{E}$ と $\dot{I}$ のベクトル図

解答 ▶（5）

問題25 H29 A-8

図のように，交流電圧 $E=100$V の電源，誘導性リアクタンス $X=4\Omega$のコイル，R_1〔Ω〕，R_2〔Ω〕の抵抗からなる回路がある．いま，回路を流れる電流の値が $I=20$A であり，また，抵抗 R_1 に流れる電流 I_1〔A〕と抵抗 R_2 に流れる電流 I_2〔A〕との比が，$I_1:I_2=1:3$ であった．このとき，抵抗 R_1 の値〔Ω〕として，最も近いのは次のうちどれか．

（1）1.0　（2）3.0
（3）4.0　（4）9.0
（5）12

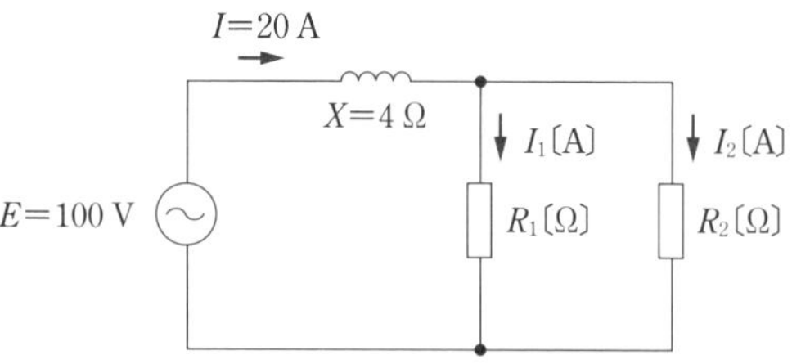

まず，R_1 と R_2 の並列回路を合成して抵抗 R を求める．抵抗 R と誘導性リアクタンス jX の直列回路におけるインピーダンス $\dot{Z}$ は $\dot{Z}=R+jX$ であり，インピーダンスの三角形を思い浮かべれば，その大きさは $Z=\sqrt{R^2+X^2}$ となる．

問題図において，R_1 と R_2 の端子電圧は等しいから

$$R_1I_1 = R_2I_2 \qquad \therefore \quad \frac{R_1}{R_2} = \frac{I_2}{I_1} = 3 \qquad \therefore \quad R_2 = \frac{R_1}{3}$$

合成抵抗 $R = \dfrac{R_1R_2}{R_1+R_2} = \dfrac{R_1(R_1/3)}{R_1+(R_1/3)} = \dfrac{R_1}{4}$ 〔Ω〕

そこで，問題図の等価回路は解図となる．この回路のインピーダンスは $\dot{Z} = R + jX$ であり，その大きさは，$Z = \sqrt{R^2+X^2}$ となる．

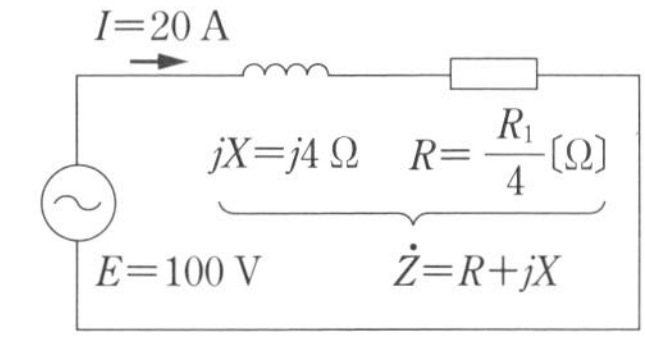

●解図

一方，$Z = \dfrac{E}{I} = \dfrac{100}{20} = 5\,\Omega$ より

$$5 = \sqrt{R^2+4^2} \qquad \therefore \quad R = \sqrt{5^2-4^2} = 3\,\Omega$$

$\therefore \quad R_1 = 4R = 4 \times 3 = \mathbf{12\,\Omega}$

解答 ▶ (5)

問題26 R2 A-8

図のように，静電容量 2μF のコンデンサ，R〔Ω〕の抵抗を直列に接続した．この回路に，正弦波交流電圧 10V，周波数 1000Hz を加えたところ，電流 0.1A が流れた．抵抗 R の値〔Ω〕として，最も近いものを次の (1)～(5) のうちから一つ選べ．

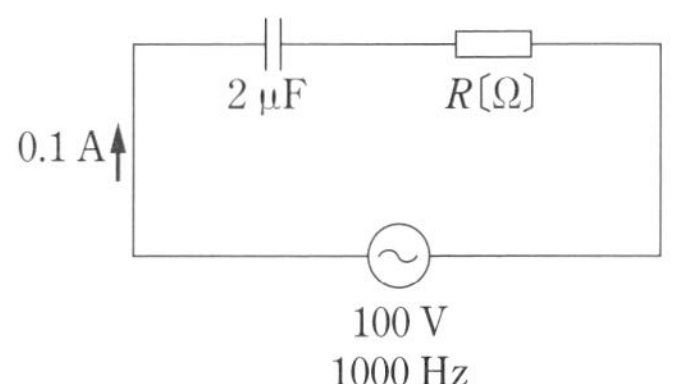

(1) 4.50　(2) 20.4　(3) 30.3

(4) 60.5　(5) 79.6

静電容量 C〔F〕のコンデンサと抵抗 R〔Ω〕の直列回路のインピーダンス $\dot{Z}$ は，$\dot{Z} = R + \dfrac{1}{j\omega C}$ であり，インピーダンスの三角形を思い浮かべれば，その大きさは $|\dot{Z}| = \sqrt{R^2 + \left(\dfrac{1}{\omega C}\right)^2}$ となる．(式 (2･91) を参照)

正弦波交流電圧 V〔V〕をコンデンサと抵抗の直列回路に加えたときに流れる電流 I〔A〕は式 (2･75) より

$$I = \frac{V}{Z} = \frac{V}{\sqrt{R^2 + \left(\dfrac{1}{\omega C}\right)^2}}$$

この式の両辺を 2 乗して，R について解けば

$$R=\sqrt{\left(\frac{V}{I}\right)^2-\left(\frac{1}{\omega C}\right)^2}=\sqrt{\left(\frac{10}{0.1}\right)^2-\left(\frac{1}{2\pi\times1000\times2\times10^{-6}}\right)^2}$$

$\fallingdotseq$ **60.5 Ω** （∵ $\omega=2\pi f$）

解答 ▶ (4)

問題27 ✓ ✓ ✓ H25 A-7

4 Ω の抵抗と静電容量が C〔F〕のコンデンサを直列に接続した RC 回路がある．この RC 回路に，周波数 50 Hz の交流電圧 100 V の電源を接続したところ，20 A の電流が流れた．では，この RC 回路に，周波数 60 Hz の交流電圧 100 V の電源を接続したとき，RC 回路に流れる電流〔A〕の値として，最も近いのは次のうちどれか．

(1) 16.7　(2) 18.6　(3) 21.2　(4) 24.0　(5) 25.6

コンデンサの容量性リアクタンスは $1/j\omega C=1/(j2\pi fC)$ より周波数に反比例する．

周波数が 50 Hz のときの回路のインピーダンス Z_0 は $Z_0=100/20=5\,\Omega$ である．RC 直列回路のインピーダンスは式（2·91）において $X_L=0$ とすれば，$\dot{Z}_0=R-jX_C$ となるから，$Z_0{}^2=R^2+X_C{}^2$ である．ゆえに，コンデンサの容量性リアクタンス X_C は $X_C=\sqrt{Z_0{}^2-R^2}=\sqrt{5^2-4^2}=3\,\Omega$ である．

次に，周波数 60 Hz における容量性リアクタンス X_1 は上述のポイントを考慮して

$$X_1=X_C\times\frac{50\text{Hz}}{60\text{Hz}}=3\times\frac{5}{6}=2.5\,\Omega$$

したがって，60 Hz における RC 回路の電流 I〔A〕は

$$I=\frac{E}{\sqrt{R^2+X_1{}^2}}=\frac{100}{\sqrt{4^2+2.5^2}}=\frac{100}{4.72}\fallingdotseq\mathbf{21.2\,A}$$

解答 ▶ (3)

問題28 ✓ ✓ ✓ H15 A-8

図 1 のように R〔Ω〕の抵抗，インダクタンス L〔H〕のコイルおよび静電容量 C〔F〕のコンデンサを並列に接続した回路がある．この回路に正弦波交流電圧 e〔V〕を加えたとき，この回路の各素子に流れる電流 i_R〔A〕，i_L〔A〕，i_C〔A〕と e〔V〕の時間変化はそれぞれ図 2 のようで，それぞれの電流の波高値は 10 A，15 A，5 A であった．回路に流れる電流 i〔A〕の電圧 e〔V〕に対する位相として，正しいのは次のうちどれか．

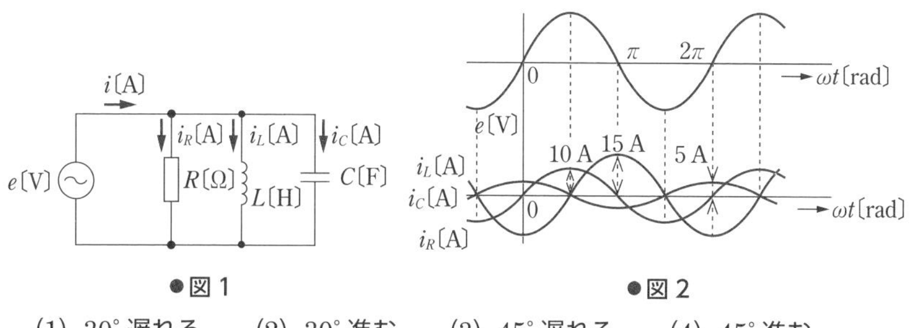

●図 1　　●図 2

(1) 30° 遅れる　(2) 30° 進む　(3) 45° 遅れる　(4) 45° 進む
(5) 90° 遅れる

R，L，C に流れる電流を複素数表示して求めればよい．

解説　各素子に流れる電流（実効値）は，複素数表示をすると次式のようになる．

$$\dot{I}_R=\frac{10}{\sqrt{2}}\ \mathrm{A},\quad \dot{I}_L=-j\frac{15}{\sqrt{2}}\ \mathrm{A},\quad \dot{I}_C=j\frac{5}{\sqrt{2}}\ \mathrm{A}$$

解図で，回路に流れる全電流 I は，図 2·52，式(2·96) の考え方のように

$$\dot{I}=\dot{I}_R+\dot{I}_L+\dot{I}_C=\frac{10}{\sqrt{2}}-j\left(\frac{15}{\sqrt{2}}\right)+j\left(\frac{5}{\sqrt{2}}\right)$$

$$=\frac{1}{\sqrt{2}}(10-j10)=\frac{10}{\sqrt{2}}(1-j)$$

$$=\frac{10}{\sqrt{2}}(\sqrt{1^2+1^2})\angle\left(-\frac{\pi}{4}\right)=10\angle(-45^\circ)\ 〔\mathrm{A}〕$$

●解図　問題図 1 の電流の三角形

となり，電流 i は電圧 e の位相に対して，**45° 遅れる**ことがわかる．

解答 ▶ (3)

問題 29　　H25 A-9

図 1 のように，R〔Ω〕の抵抗，インダクタンス L〔H〕のコイル，静電容量 C〔F〕のコンデンサからなる並列回路がある．この回路に角周波数 ω〔rad/s〕の交流電圧 v〔V〕を加えたところ，この回路に流れる電流は i〔A〕であった．電圧 v〔V〕および電流 i〔A〕のベクトルをそれぞれ電

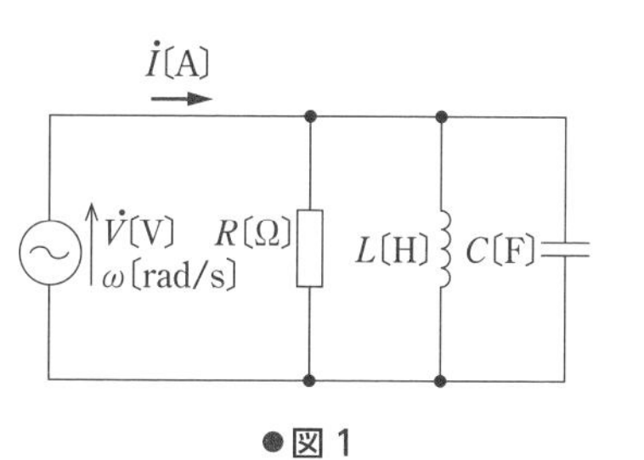

●図 1

圧 $\dot{V}$〔V〕と電流 $\dot{I}$〔A〕とした場合，両ベクトルの関係を示す図 2（ア，イ，ウ）および v〔V〕と i〔A〕の時間 t〔s〕の経過による変化を示す図 3（エ，オ，カ）の組合せとして，正しいのは次のうちどれか．ただし，$R \gg \omega L$ および $\omega L = \dfrac{2}{\omega C}$ とし，一切の過渡現象は無視するものとする．

	図 2	図 3
(1)	ア	オ
(2)	ア	カ
(3)	イ	エ
(4)	ウ	オ
(5)	ウ	カ

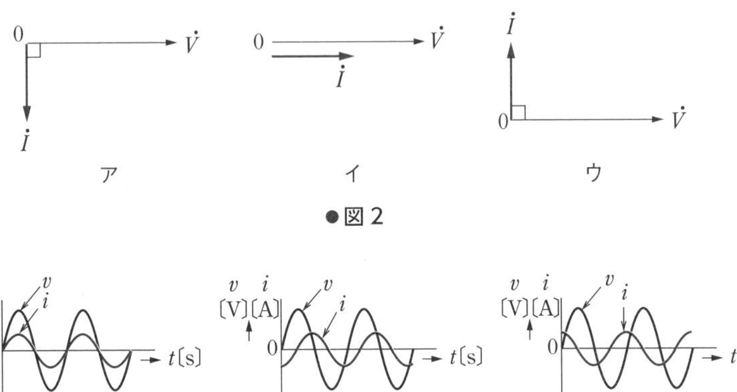

●図 2

●図 3

抵抗，コイル，コンデンサを流れる電流を $\dot{I}_R$，$\dot{I}_L$，$\dot{I}_C$ とすれば，$R \gg \omega L$，$\omega L = \dfrac{2}{\omega C}$ より，$|\dot{I}_R| \ll |\dot{I}_L| < |\dot{I}_C|$，$\dot{I}_C = j\omega C\dot{V} = j\dfrac{2}{\omega L}\dot{V} = -2\dot{I}_L$ となる．

解説 $\dot{I} = \dot{I}_R + \dot{I}_L + \dot{I}_C \fallingdotseq \dot{I}_L + \dot{I}_C = \dot{I}_L - 2\dot{I}_L = -\dot{I}_L$

（∵ $|\dot{I}_R|$ は $|\dot{I}_L + \dot{I}_C| = |\dot{I}_L - 2\dot{I}_L| = |\dot{I}_L|$ に比べて無視できる．）

電源電圧 $\dot{V}$ を基準にしてベクトル図を描くと，解図のようになり，図 2 の**ウ**となる．

また，$\dot{I}$ は $\dot{V}$ よりも位相が進んでいるため，図 2･50 に示すように，V と i の変化を示す図は図 3 の**カ**となる．

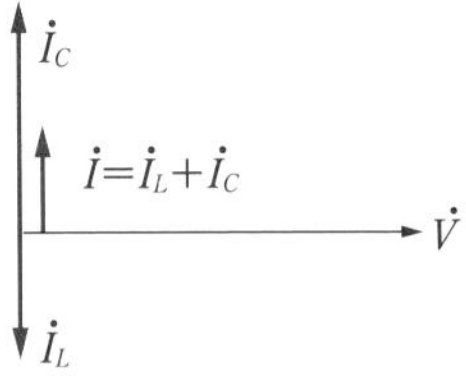

●解図

解答 ▶ (5)

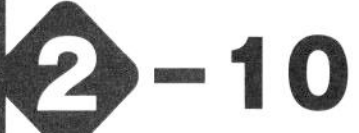

2-10 電力と力率

［★★★］

1 瞬時電力と平均電力

ある回路の電圧 e，電流 i がそれぞれ

$$e=\sqrt{2}\,E\sin\omega t$$

$$i=\sqrt{2}\,I\sin(\omega t-\theta)$$

とする．E，I は実効値である．瞬時電力 p は

$$p=ei=2EI\sin\omega t\sin(\omega t-\theta) \qquad (2・98)$$

となり，ここで

$$\cos(A-B)-\cos(A+B)=2\sin A\sin B$$

の公式を用いると

$$p=EI\{\cos\theta-\cos(2\omega t-\theta)\} \qquad (2・99)$$

となるため，図 2･53 のような波形を示す．さらに

$$\cos(2\omega t-\theta)=\cos\theta\cos 2\omega t+\sin\theta\sin 2\omega t$$

を用いると，次式となり図 2･54 のように分解できる．

$$p=EI\{\cos\theta(1-\cos 2\omega t)-\sin\theta\sin 2\omega t\} \qquad (2・100)$$

平均電力 P は瞬時電力 p を 1 周期について平均したもので，$2\omega t$ で変化する脈動電力の平均は 0 となるため

$$\boldsymbol{P=EI\cos\theta}\ 〔\mathbf{W}〕 \qquad (2・101)$$

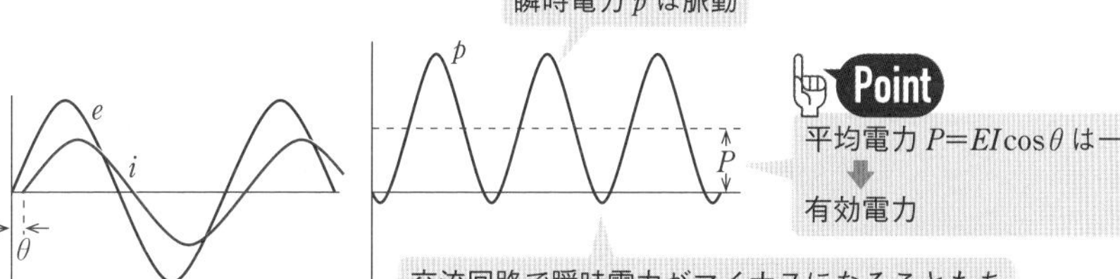

●図 2・53　瞬時電力波形

となり，この電力 P を**有効電力**という．$\cos\theta$ を**力率**といい，θ は電圧と電流の位相差であるが，**力率角**と呼ばれることもある．力率 $\cos\theta$ は 0～1 の範囲の値であるが，100 倍して％で扱うこともある．

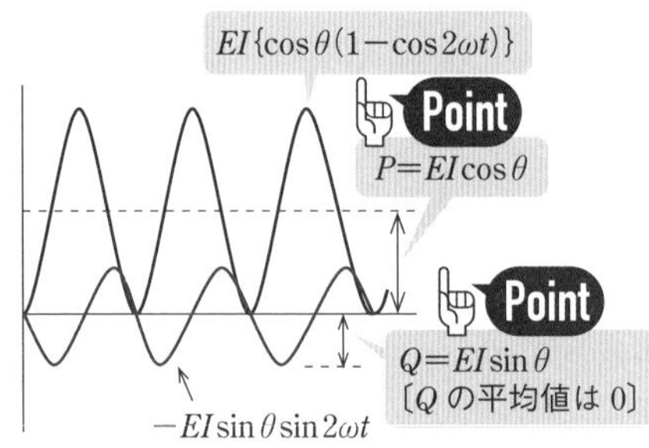

●図 2・54　P と Q の波形

式（2･100）の第 2 項は，大きさが $EI\sin\theta$ で，平均値としては 0 である．この項は，電源と回路の L，C がエネルギーの授受を行っていることを示す．

$$\boldsymbol{Q=EI\sin\theta}\ \text{〔var〕} \tag{2・102}$$

を**無効電力**といい，単位は var（**バール**）である．$\sin\theta$ を**無効率**という．

電圧と電流の実効値の積は**皮相電力**といい

$$\boldsymbol{S=EI}\ \text{〔V･A〕} \tag{2・103}$$

である．

ここで，式（2･101）～式（2･103）から

$$P=S\cos\theta \qquad Q=S\sin\theta \qquad S=\sqrt{P^2+Q^2} \tag{2・104}$$

となるから，S と P と Q については図 2･55 のベクトル（電力の三角形）として表すことができる．

図 2･56 のように電圧を基準ベクトルとするとき，電流 $\dot{I}$ の電圧 $\dot{E}$ と同相成分 $I\cos\theta$ を**有効電流**，直角相成分 $I\sin\theta$ を**無効電流**という．

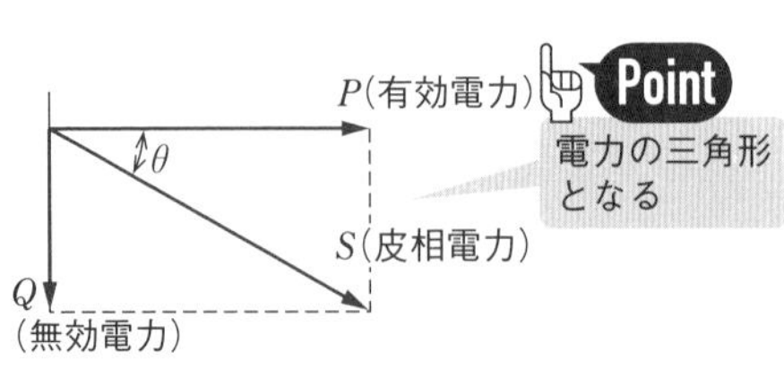

●図 2・55　電力のベクトル（電力の三角形）

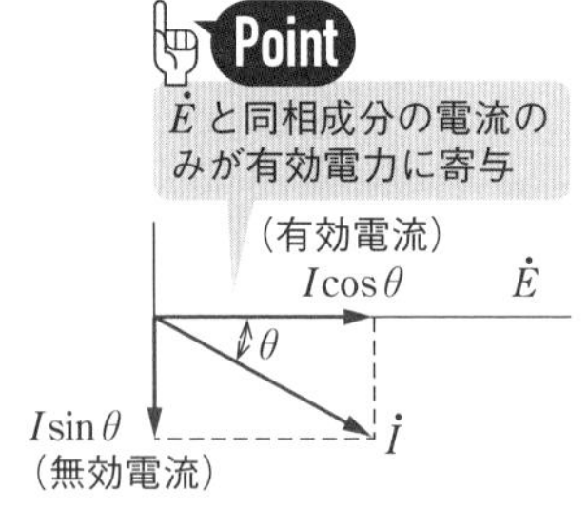

●図 2・56　電流のベクトル

2 電力の複素数表示

正弦波交流の電圧，電流は，複素数を用いて

電圧 $\dot{E}=E\varepsilon^{j\omega t}$

電流 $\dot{I}=I\varepsilon^{j(\omega t-\theta)}$

の虚数部により瞬時値が表示できる．

電流 $\dot{I}$ の共役複素数 $\bar{\dot{I}}$ は，$\dot{I}$ の虚数部の符号を反転したもので

$\bar{\dot{I}}=I\varepsilon^{-j\ (\omega t-\theta)}$

である．$\dot{E}$ と $\bar{\dot{I}}$ との積をつくると

$\dot{E}$ と同相成分の電流のみが有効電力に寄与

$$\dot{S}=\dot{E}\bar{\dot{I}}=E\varepsilon^{j\omega t}I\varepsilon^{-j(\omega t-\theta)}=EI\varepsilon^{j\theta}=EI\cos\theta+jEI\sin\theta \qquad (2\cdot105)$$

となり，**実数部は有効電力 P，虚数部は誘導性負荷に対し正となる無効電力 Q を表している**（図 2･57 を参照）．

逆に，電圧 $\dot{E}$ の共役複素数 $\bar{\dot{E}}$ と $\dot{I}$ との積は，$\dot{E}$ の虚数部の符号を反転して

$$\dot{S}=\bar{\dot{E}}\dot{I}=E\varepsilon^{-j\omega t}I\varepsilon^{j(\omega t-\theta)}=EI\varepsilon^{-j\theta}=EI\cos\theta-jEI\sin\theta \qquad (2\cdot106)$$

となり，無効電力 Q の符号のみが反転し，容量性負荷に対し正となっている（図 2･58 を参照）．

したがって，**誘導性の無効電力を $-j$，容量性の無効電力を $+j$ で表すときは $\bar{\dot{E}}\dot{I}$ とし，逆の符号にしたいときは $\dot{E}\bar{\dot{I}}$ を用いる**．

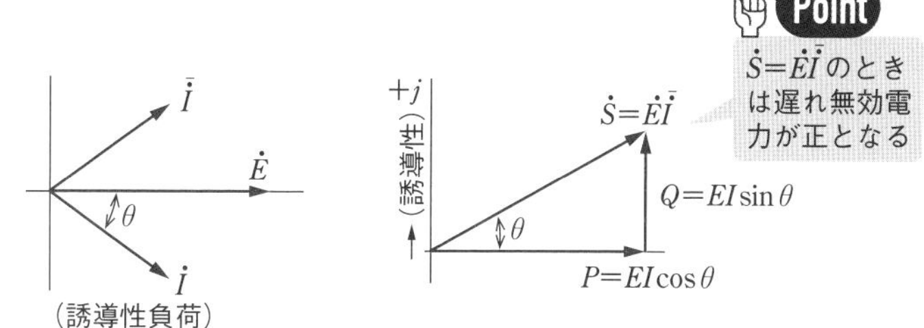

●図 2・57　電力の複素数表示（1）

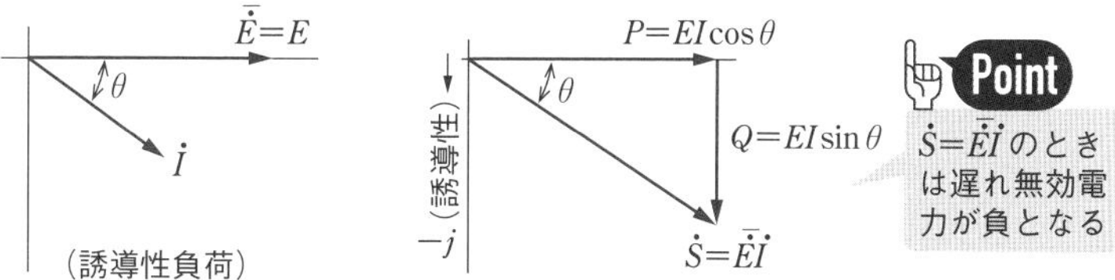

●図 2・58　電力の複素数表示（2）

3 インピーダンスの複素数表示

電流$\dot{I}$は

$$\dot{I}=\frac{\dot{E}}{\dot{Z}}=\frac{\dot{E}}{Z\varepsilon^{j\theta}}=\frac{\dot{E}}{Z}\varepsilon^{-j\theta} \qquad (2\cdot107)$$

となるため，力率角θはインピーダンス$\dot{Z}$によって定まる．

$$\dot{Z}=R+jX$$

で表すと

$$\tan\theta=\frac{X}{R}$$

$$\therefore\quad \boldsymbol{\cos\theta}=\frac{1}{\sqrt{1+\tan^2\theta}}=\frac{1}{\sqrt{1+\left(\dfrac{X}{R}\right)^2}}=\frac{\boldsymbol{R}}{\sqrt{\boldsymbol{R^2+X^2}}}=\frac{R}{Z} \qquad (2\cdot108)$$

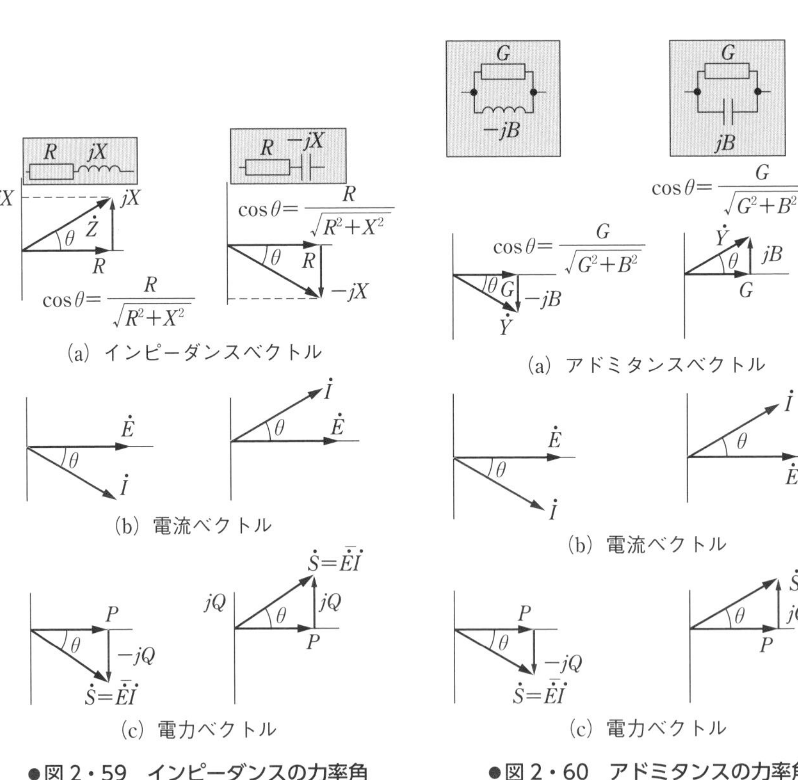

●図2・59　インピーダンスの力率角

●図2・60　アドミタンスの力率角

となる．θ を**インピーダンスの力率角**または**インピーダンス角**ともいう．

$$\sin\theta = \sqrt{1-\cos^2\theta} = \frac{X}{\sqrt{R^2+X^2}} \tag{2・109}$$

であり，**$X>0$ のとき誘導性で遅れ力率**，**$X<0$ のとき容量性で進み力率**という．

アドミタンス $\dot{Y}(=G+jB)$ を用いる場合は

$$\dot{I} = \dot{Y}\dot{E} = YE\varepsilon^{j\theta} \tag{2・110}$$

$$\cos\theta = \frac{G}{\sqrt{G^2+B^2}} \qquad \sin\theta = \frac{B}{\sqrt{G^2+B^2}} \tag{2・111}$$

となり，$B>0$ のとき，容量性で進み力率，$B<0$ のとき，誘導性で遅れ力率となる．

Chapter 2

4 等価インピーダンス

抵抗 R とリアクタンス X の直列回路に電圧 E を加えたときの有効電力 P と無効電力 Q は式 (2・105)，式 (2・108)，式 (2・109) より

$$\boldsymbol{P = EI\cos\theta} = I^2Z\frac{R}{Z} = \boldsymbol{I^2R}\ \text{〔W〕} \tag{2・112}$$

有効電力として消費するのは抵抗分のみ

$$\boldsymbol{Q = EI\sin\theta} = I^2Z\frac{X}{Z} = \boldsymbol{I^2X}\ \text{〔var〕} \tag{2・113}$$

で表される．

逆に，回路の電流，有効電力，無効電力を用いて，実際の回路の構成や接続状態に関係なく，図 2・61 のように，$\dot{Z}_e = R_e + jX_e$ の等価インピーダンスの回路とみなすことができる．

R_e を**等価**（または**実効**）**抵抗**，X_e を**等価**（または**実効**）**リアクタンス**という．負荷力率が遅れ力率のときは X_e は誘導性，進み力率のときは容量性のリアクタンスとする．

一方，回路が抵抗 R と静電容量 C の並列接続の場合はアドミタンスで扱い

$$\boldsymbol{P = EI\cos\theta} = YE^2\cos\theta = \boldsymbol{E^2G} \tag{2・114}$$

$$\boldsymbol{Q = EI\sin\theta} = YE^2\sin\theta = \boldsymbol{E^2B} \tag{2・115}$$

として表されるので，図 2・62 のように，$\dot{Y}_e = G_e + jB_e$ の等価アドミタンスの回路とみなせる．

G_e を**等価**（**実効**）**コンダクタンス**，B_e を**等価**（**実効**）**サセプタンス**という．

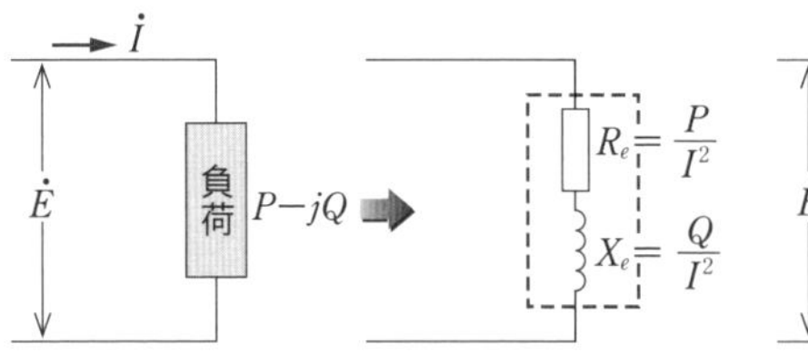

●図 2・61　直列等価負荷インピーダンス（$\dot{S}=\dot{\bar{E}}\dot{I}$ のとき）

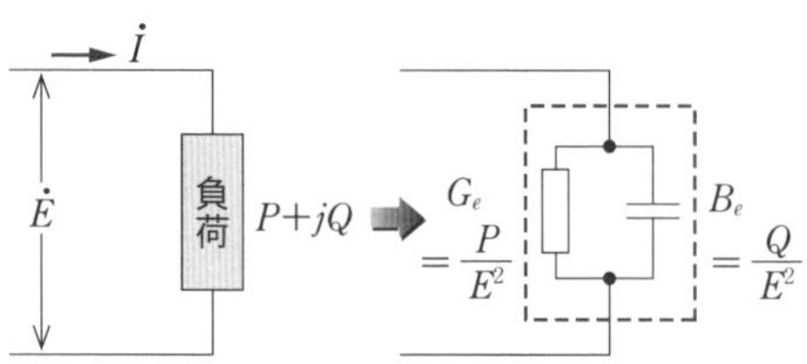

●図 2・62　並列等価負荷アドミタンス（$\dot{S}=\dot{E}\dot{\bar{I}}$ のとき）

問題30　H22 A-8

抵抗 R〔Ω〕と誘導性リアクタンス X_L〔Ω〕を直列に接続した回路の力率（$\cos\phi$）は，1/2 であった．いま，この回路に容量性リアクタンス X_C〔Ω〕を直列に接続したところ，R，X_L，X_C 直列回路の力率は，$\sqrt{3}/2$（遅れ）になった．容量性リアクタンス X_C〔Ω〕の値を表す式として，正しいのは次のうちどれか．

(1) $\dfrac{R}{\sqrt{3}}$　(2) $\dfrac{2R}{3}$　(3) $\dfrac{\sqrt{3}R}{2}$　(4) $\dfrac{2R}{\sqrt{3}}$　(5) $\sqrt{3}R$

題意に基づいて，インピーダンスの三角形のベクトル図を描きながら解く．

解説　R と X_L の直列回路（解図 1 (a)）のインピーダンスに関するベクトル図は，解図 1 (b)，(c) のとおりである．$\cos\phi=1/2$ より，解図 1 (c) のように描けるので，解図 1 (b)，(c) を見比べて

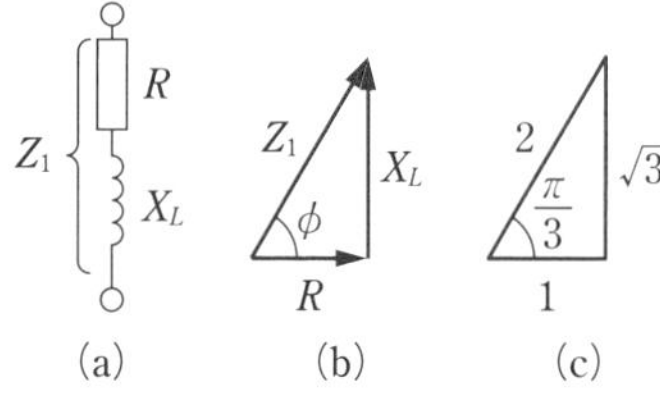

●解図 1

$$\frac{X_L}{R}=\frac{\sqrt{3}}{1}$$

$$\therefore\quad X_L=\sqrt{3}R$$

次に，R，X_L，X_C の直列回路（解図 2 (a)）のインピーダンスに関するベクトル図は，解図 2 (b)，(c) のとおりである．$\cos\theta=\sqrt{3}/2$ より，解図 2 (c) のように描くことができ，遅れ力率であるから，$X_L>X_C$ となり，解図 2 (b) のベクトル図となる．

$$\therefore\quad \frac{X_L-X_C}{R}=\frac{1}{\sqrt{3}}$$

$$\therefore\quad X_L-X_C=\frac{R}{\sqrt{3}}$$

この式に，上で求めた $X_L=\sqrt{3}R$ を代入すれば

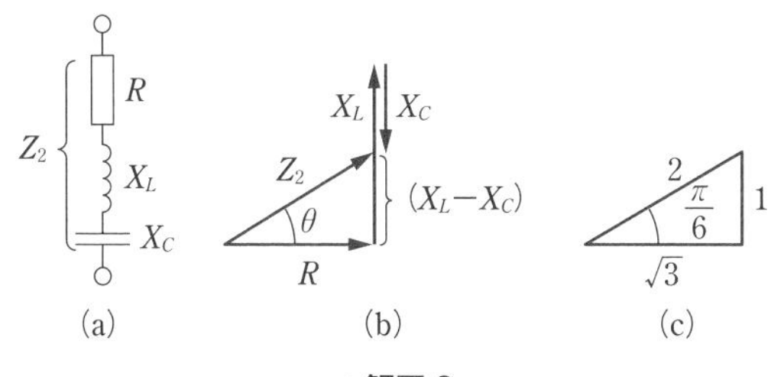

●解図 2

$$X_C = X_L - \frac{R}{\sqrt{3}} = \sqrt{3}R - \frac{R}{\sqrt{3}} = \frac{3R-R}{\sqrt{3}} = \frac{\mathbf{2R}}{\sqrt{\mathbf{3}}}$$

解答 ▶ (4)

問題31　H23 A-8

図の交流回路において，電源電圧を $\dot{E}=140\angle 0°$〔V〕とする．いま，この電源に力率 0.6 の誘導性負荷を接続したところ，電源から流れ出る電流の大きさは 37.5 A であった．次に，スイッチ S を閉じ，この誘導性負荷と並列に抵抗 R〔Ω〕を接続したところ，電源から流れ出る電流の大きさが 50 A となった．このとき，抵抗 R〔Ω〕の大きさとして，正しいのは次のうちどれか．

(1) 3.9　(2) 5.6
(3) 8.0　(4) 9.6
(5) 11.2

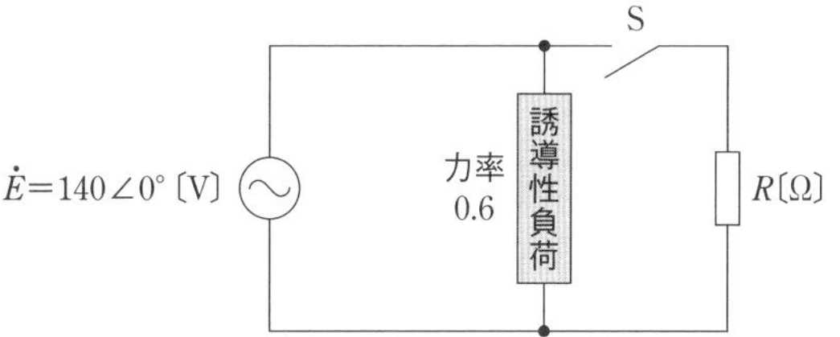

スイッチ S を閉じる前と後において，誘導性負荷の両端には電源電圧が印加されているため，誘導性負荷に流れる電流 $\dot{I}_L$ は変わらない．ベクトル図を描いたうえで解く．

解説 スイッチ S を閉じる前の回路および電圧 $\dot{E}$ を基準としたベクトル図を解図 1 (a)，(b) に示す．ここで，無効電流を計算する場合，$\sin\theta=\sqrt{1-\cos^2\theta}=\sqrt{1-0.6^2}=0.8$ となる．一方，スイッチ S を閉じたときの回路およびベクトル図を解図 2 (a)，(b) に示す．解図 1 (b) と解図 2 (b) の $\dot{I}_L$ は同じである．さて，解図 2 (b) において直角三角形 △abc に三平方の定理を適用すると

$$(22.5+I_R)^2+30^2=50^2$$

$$\therefore\quad 22.5+I_R=40 \qquad \therefore\quad I_R=17.5\,\text{A}$$

$$\therefore \quad R = \frac{E}{I_R} = \frac{140}{17.5} = \mathbf{8\,\Omega}$$

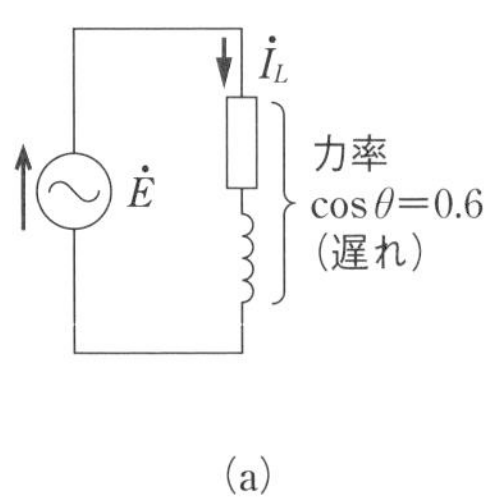

(a)

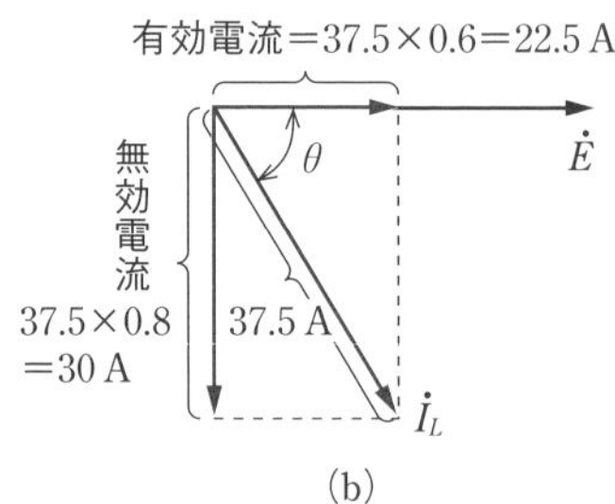

(b)

●解図 1

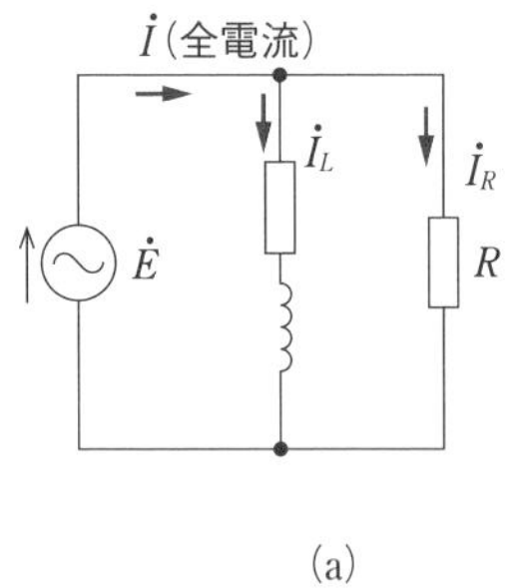

(a)

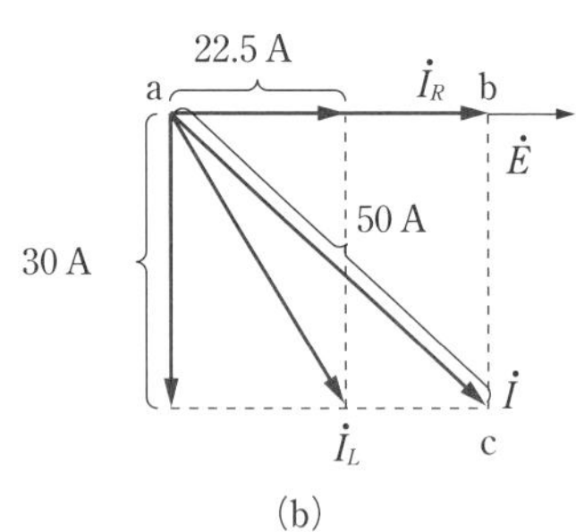

(b)

●解図 2

解答 ▶ (3)

問題32 H13 A-4

図の交流回路において，抵抗 R_2 で消費される電力 P_2〔W〕の値として，正しいのは次のうちどれか．

(1) 80　(2) 200
(3) 400　(4) 600
(5) 1 000

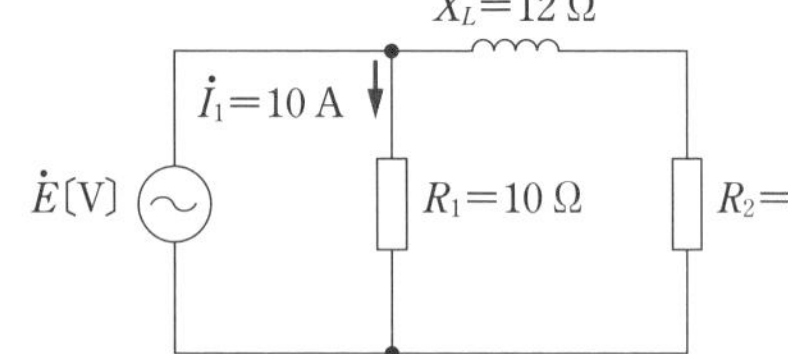

まず，R_1 に流れる電流 I_1 と R_1 から，電源電圧の大きさを求める．次に，R_2+jX_L に流れる電流を求めて，抵抗 R_2 で消費される電力を計算する．

$R_1 = 10\,\Omega$に流れる電流は$I_1 = 10\,\mathrm{A}$であるから，電源電圧の大きさは$|\dot{E}| = 10 \times 10 = 100\,\mathrm{V}$となる．

一方，R_2に流れる電流I_2は，$R_2 + jX_L$のインピーダンスの部分に電源電圧$|\dot{E}| = 100\,\mathrm{V}$が加わることから

$$I_2 = \frac{|\dot{E}|}{\sqrt{R_2^2 + X_L^2}} = \frac{100}{\sqrt{16^2 + 12^2}} = \frac{100}{\sqrt{400}} = 5\,\mathrm{A}$$

したがって，抵抗R_2で消費される電力P_2は式（2·112）より

$$P_2 = I_2^2 R_2 = 5^2 \times 16 = \mathbf{400\,W}$$

解答 ▶ (3)

問題33 H24 A-8

図のように，正弦波交流電圧$E = 200\,\mathrm{V}$の電源がインダクタンスL〔H〕のコイルとR〔Ω〕の抵抗との直列回路に電力を供給している．回路を流れる電流が$I = 10\,\mathrm{A}$，回路の無効電力が$Q = 1\,200\,\mathrm{var}$のとき，抵抗R〔Ω〕の値として，正しいのは次のうちどれか．

(1) 4　(2) 8
(3) 12　(4) 16
(5) 20

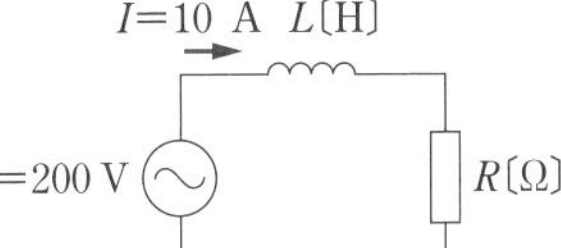

まず，回路の電流と無効電力が与えられているので，式（2·113）より，誘導性リアクタンスX（$=\omega L$）を求める．次に，$I = \dfrac{E}{\sqrt{R^2 + X^2}}$より$R$を求める．

式（2·113）より，$Q = I^2 X$であるから

$1\,200 = 10^2 X \qquad \therefore \quad X = 12\,\Omega$

また，問題図の回路のインピーダンスが$R + j\omega L = R + jX$であり，電源電圧$|E|$が加わるので，$I = \dfrac{E}{\sqrt{R^2 + X^2}}$となる．数値を代入すると

$$10 = \frac{200}{\sqrt{R^2 + 12^2}}$$

$$\therefore \quad \sqrt{R^2 + 144} = 20 \qquad \therefore \quad R^2 = 20^2 - 144 = 256 \qquad \therefore \quad R = \sqrt{256} = \mathbf{16\,\Omega}$$

解答 ▶ (4)

共　振

[★★★]

1 直列共振

R, L, C の直列回路におけるインピーダンス $\dot{Z}$ のリアクタンス分，すなわち虚数部が 0 となる条件のとき，**直列共振**という．

$$\dot{Z}=R+j\left(\omega L-\frac{1}{\omega C}\right) \tag{2・116}$$

の虚数部が 0 となるのは，$\omega L=1/\omega C$ のときであり，このときの ω を ω_0，周波数 f を f_0 とすれば

$$\omega_0=\frac{1}{\sqrt{LC}} \qquad f_0=\frac{1}{2\pi\sqrt{LC}} \tag{2・117}$$

となる．上式の f_0 を**共振周波数**といい，ω_0 は**共振角周波数**という．

周波数変化に対する $|\dot{Z}|$ の変化は図 2・63 のようになり，f_0 で最小となる．

定電圧 $\dot{V}$ を加えたとき，電流 $\dot{I}$ は

$$\dot{I}=\frac{\dot{V}}{R+j\left(\omega L-\dfrac{1}{\omega C}\right)} \tag{2・118}$$

であり，$|\dot{I}|$ の変化は図 2・64 のようになる．

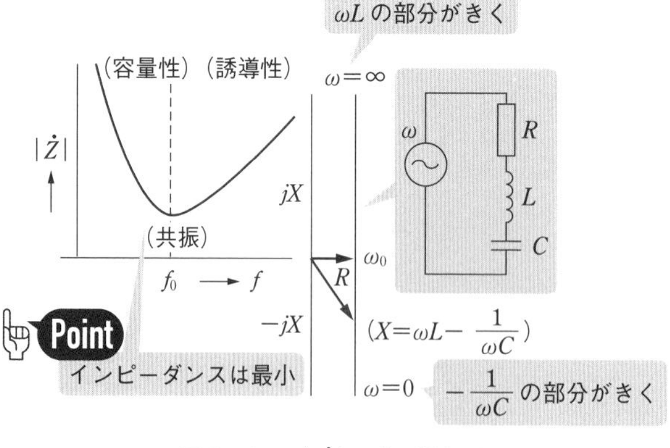

●図 2・63　$|\dot{Z}|$ の直列共振曲線

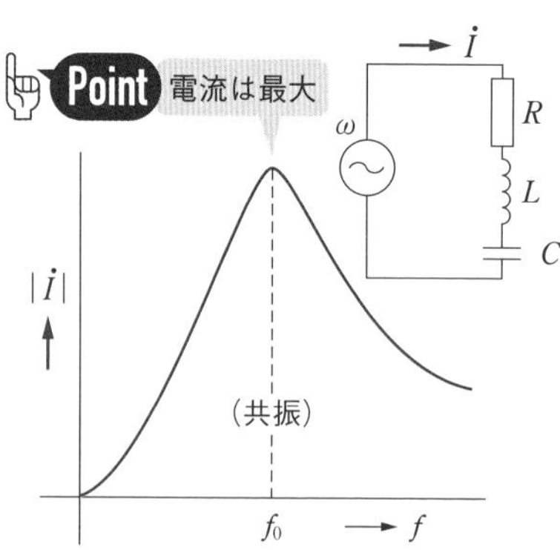

●図 2・64　$|\dot{I}|$ の直列共振曲線

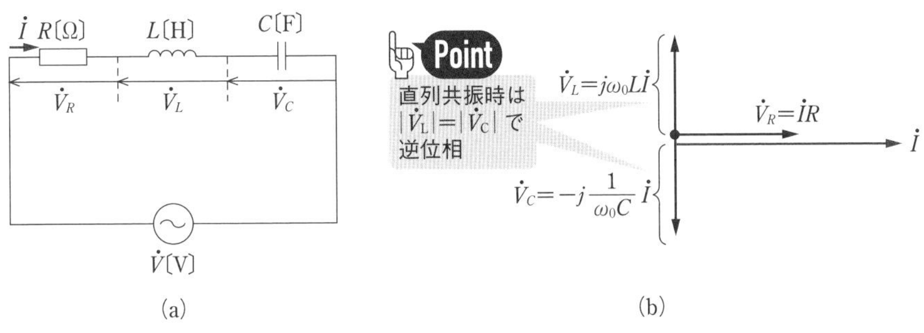

●図 2・65　R, L, C 直列回路と電圧のベクトル図

共振条件 $\omega=\omega_0$ のとき，$\omega_0 L-\dfrac{1}{\omega_0 C}=0$ であるから

$$\dot{V}_R=\dot{I}R=\dot{V},\ \dot{V}_L=j\omega_0 L\dot{I}=\frac{j\omega_0 L}{R}\dot{V},\ \dot{V}_C=\frac{1}{j\omega_0 C}\dot{I}=\frac{\dot{V}}{j\omega_0 CR}\quad(2\cdot119)$$

となる．**R，L，C の直列回路の共振状態において**，式 (2･119) は図 2･65 に示すように，**L と C の端子間電圧の大きさは等しくなるが，逆位相となること**を示している．

共振状態において L および C の両端の電圧の大きさ $V_L=V_C$ が電源電圧 V の何倍になるかを示す値 $Q=\dfrac{V_L}{V}=\dfrac{V_C}{V}$ をせん鋭度（共振の鋭さ）という．

すなわち

$$\boldsymbol{Q=\frac{\omega_0 L}{R}=\frac{1}{\omega_0 CR}}\quad(2\cdot120)$$

となる．

2　並列共振

R，L，C の並列回路におけるアドミタンス $\dot{Y}$ の虚数部が 0 となる条件のとき，**並列共振**または**反共振**という．

$$\boldsymbol{\dot{Y}=\frac{1}{R}+j\left(\omega C-\frac{1}{\omega L}\right)}\quad(2\cdot121)$$

の虚数部が 0 となるのは，$\omega C=1/\omega L$ のときであり，このときの ω を ω_0，周波数 f を f_0 とすれば

$$\omega_0 = \frac{1}{\sqrt{LC}} \qquad f_0 = \frac{1}{2\pi\sqrt{LC}} \tag{2・122}$$

となる．上式の f_0 を**反共振周波数**といい，ω_0 は**反共振角周波数**という．

周波数変化に対する $|\dot{Y}|$ の変化は図 2･66 のようになり，f_0 で最小となる．つまり，並列共振時には回路のインピーダンスは最大になる．

定電圧 $\dot{V}$ を加えると，電流 $\dot{I} = \dot{V}\dot{Y}$ であり，$|\dot{I}|$ の変化は $|\dot{Y}|$ と同じ形である．すなわち，並列共振時には回路に流れる電流 $\dot{I}$ は最小（抵抗に流れる電流だけ）となる．

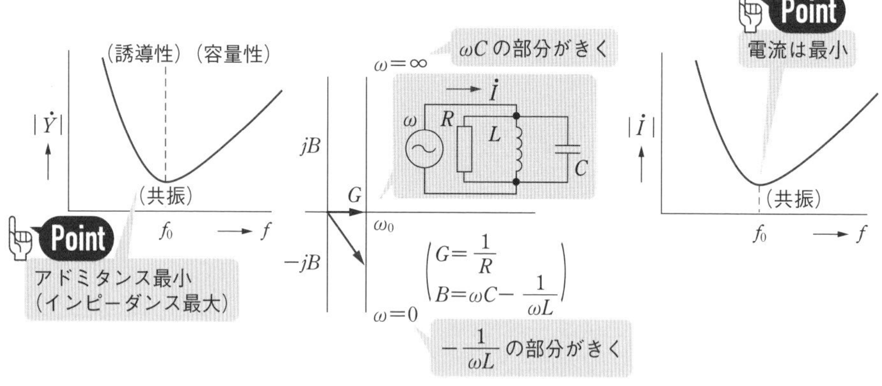

●図 2・66　$|\dot{Y}|$ の並列共振曲線

共振時には

$$\dot{I}_R = \frac{\dot{V}}{R} = \dot{J} \qquad \dot{I}_L = \frac{\dot{V}}{j\omega_0 L} = \frac{R}{j\omega_0 L}\dot{J}$$

$$\dot{I}_C = j\omega_0 C\dot{V} = j\omega_0 CR\dot{J} \tag{2・123}$$

となる．

R*, *L*, *C* の並列回路の共振状態において**，式（2･123）は図 2･67 に示すように，L* と *C* に流れる電流の大きさは等しくなるが，逆位相となる**（L と C を循環する電流が流れる）ことを示している．

並列共振においては

$$\textbf{せん鋭度（共振の鋭さ）}\quad Q = \frac{R}{\omega_0 L} = \omega_0 CR \tag{2・124}$$

とすれば $|\dot{I}_L| = |\dot{I}_C| = QJ$ となり，**電源電流の Q 倍が LC 間に流れている**ことを示す．

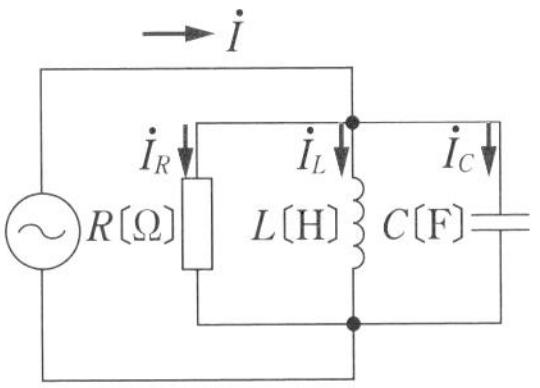

●図 2・67　R，L，C 並列回路と電流のベクトル図

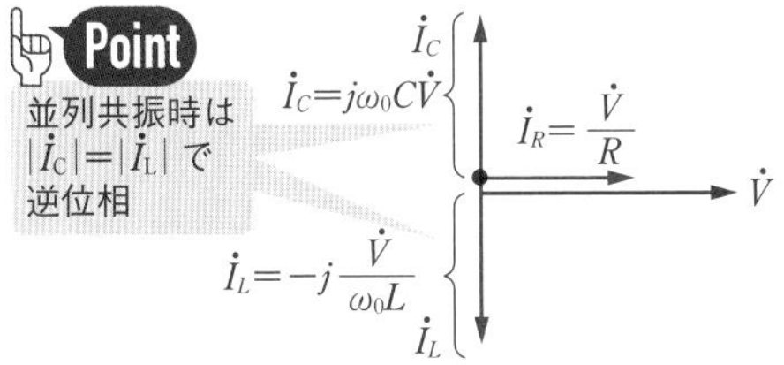

問題34　R3 A-9

実効値 V〔V〕，角周波数 ω〔rad/s〕の交流電圧源，R〔Ω〕の抵抗 R，インダクタンス L〔H〕のコイル L，静電容量 C〔F〕のコンデンサ C からなる共振回路に関する記述として，正しいものと誤りのものの組合せとして，正しいものを次の（1）～（5）のうちから一つ選べ．

(a) RLC 直列回路の共振状態において，L と C の端子間電圧の大きさはともに 0 である．

(b) RLC 並列回路の共振状態において，L と C に電流は流れない．

(c) RLC 直列回路の共振状態において交流電圧源を流れる電流は，RLC 並列回路の共振状態において交流電圧源を流れる電流と等しい．

	(a)	(b)	(c)
(1)	誤り	誤り	正しい
(2)	誤り	正しい	誤り
(3)	正しい	誤り	誤り
(4)	誤り	誤り	誤り
(5)	正しい	正しい	正しい

RLC 直列回路の共振状態は図 2·65 のベクトル図を，RLC 並列回路の共振状態は図 2·67 のベクトル図を思い浮かべればよい．

解説　(a) RLC 直列回路の共振状態において，L と C の端子間電圧は式（2·119）や図 2·65 (b) のように，大きさは等しくなるが，ともに 0 にはならない．なお，これらの電圧の位相は逆位相である．ゆえに，誤りである．

(b) RLC 並列回路の共振状態において，L と C を流れる電流の大きさは式（2·123）

や図 2･67 (b) のように，大きさは等しくなるが，ともに 0 にはならない．なお，これらの電流の位相は逆位相である．ゆえに，誤りである．

(c) RLC 直列回路の共振状態において，図 2･65，式 (2･118)，式 (2･119) に示すように，交流電圧源を流れる電流の大きさは V/R である．一方，RLC 並列回路の共振状態において，図 2･67，式 (2･121)，式 (2･123) に示すように，交流電圧源を流れる電流の大きさは V/R である．両電流は等しいため，正しい．

解答 ▶ (1)

問題35 H9 A-8

図のような交流回路において，電源の周波数を変化させたところ，共振時のインダクタンス L の端子電圧 V_L は 314 V であった．共振周波数〔kHz〕の値として，正しいのは次のうちどれか．

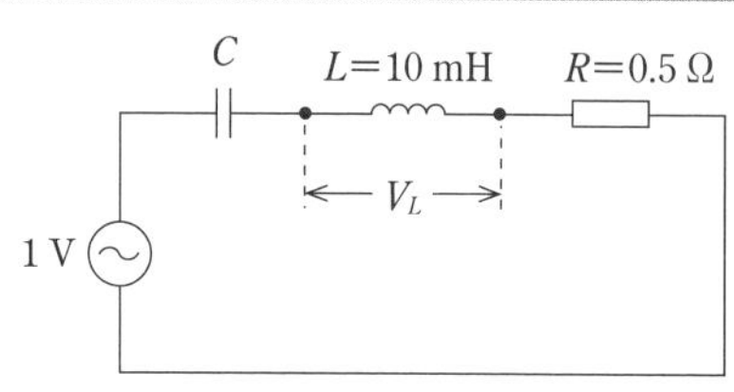

(1) 2.0　(2) 2.5　(3) 3.0　(4) 3.5　(5) 4.0

R，L，C の直列回路のインピーダンス $\dot{Z}=R+j\left(\omega L-\dfrac{1}{\omega C}\right)$ において，直列共振時には $\omega L=\dfrac{1}{\omega C}$ であるから，$\dot{Z}=R$ となる．

解図の回路は直列共振状態で，$X_L=X_C$ であるため打ち消し合う．このため，合成インピーダンスは抵抗 R だけであり，回路電流 I は

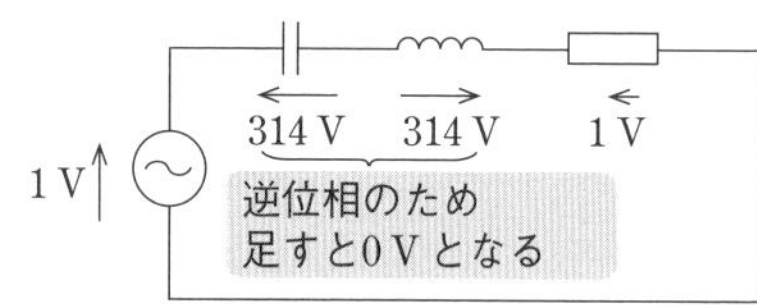

●解図

$$I=\frac{E}{R}=\frac{1}{0.5}=2\,\mathrm{A}$$

$$V_L=2\pi fLI$$

$$\therefore\ f=\frac{V_L}{2\pi LI}=\frac{314}{2\times3.14\times10\times10^{-3}\times2}=\mathbf{2.5\,kHz}$$

解答 ▶ (2)

問題36 ✓✓✓ H30 A-9

次の文章は，図の回路に関する記述である．

交流電圧源の出力電圧を 10 V に保ちながら周波数 f〔Hz〕を変化させるとき，交流電圧源の電流の大きさが最小となる周波数は ［（ア）］ Hz である．このとき，この電流の大きさは ［（イ）］ A であり，その位相は電源電圧を基準として ［（ウ）］．ただし，電流の向きは図に示す矢印のとおりとする．

上記の空白箇所（ア），（イ）および（ウ）にあてはまる組合せとして，正しいものを次の (1) ～ (5) のうちから一つ選べ．

	（ア）	（イ）	（ウ）
(1)	$\dfrac{1}{\sqrt{3}\pi}$	5	同相である
(2)	$\dfrac{1}{\sqrt{3}\pi}$	10	$\dfrac{\pi}{2}$ rad だけ進む
(3)	$\dfrac{1}{2\sqrt{3}\pi}$	5	同相である
(4)	$\dfrac{1}{2\sqrt{3}\pi}$	10	$\dfrac{\pi}{2}$ rad だけ遅れる
(5)	$\dfrac{1}{2\sqrt{3}\pi}$	5	$\dfrac{\pi}{2}$ rad だけ進む

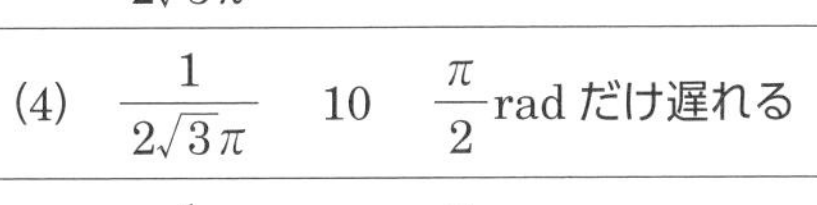

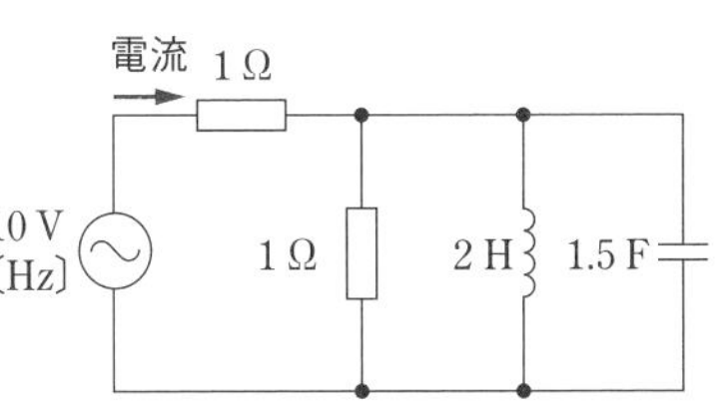

交流電圧源の出力電圧を 10 V に保ちながら周波数 f〔Hz〕を変化させるとき，交流電圧源の電流の大きさが最小となるのは，式（2･121）～式（2･123），図 2･66 より，コイルとコンデンサが並列共振している場合である．

解説 並列共振するとき，式 (2･122) より

$$f_0=\frac{1}{2\pi\sqrt{LC}}=\frac{1}{2\pi\sqrt{2\times1.5}}=\boldsymbol{\frac{1}{2\sqrt{3}\pi}}\ 〔\mathbf{Hz}〕$$

このとき，R，L，C の並列回路部分のアドミタンス $\dot{Y}$ は $\dot{Y}=\dfrac{1}{R}+j\left(\omega C-\dfrac{1}{\omega L}\right)=\dfrac{1}{R}$ であるから，インピーダンスは $R=1\,\Omega$ である．そこで，全体の回路としては，1 Ω の抵抗と 1 Ω の抵抗との直列接続と等価であり，2 Ω と考えればよい．ゆえに，交流電圧源の電流の大きさは，10÷2＝**5 A** となり，その位相は電源電圧を基準として**同相**である．

解答 ▶ (3)

問題37 H28 A-9

図のように，$R=1\,\Omega$ の抵抗，インダクタンス $L_1=0.4\,\mathrm{mH}$，$L_2=0.2\,\mathrm{mH}$ のコイル，および静電容量 $C=8\,\mu\mathrm{F}$ のコンデンサからなる直並列回路がある．この回路に交流電圧 $V=100\,\mathrm{V}$ を加えたとき，回路のインピーダンスが極めて小さくなる直列共振角周波数 ω_1 の値〔rad/s〕および回路のインピーダンスが極めて大きくなる並列共振角周波数 ω_2 の値〔rad/s〕の組合せとして，最も近いのは次のうちどれか．

	ω_1	ω_2
(1)	2.5×10^4	3.5×10^3
(2)	2.5×10^4	3.1×10^4
(3)	3.5×10^3	2.5×10^4
(4)	3.1×10^4	3.5×10^3
(5)	3.1×10^4	2.5×10^4

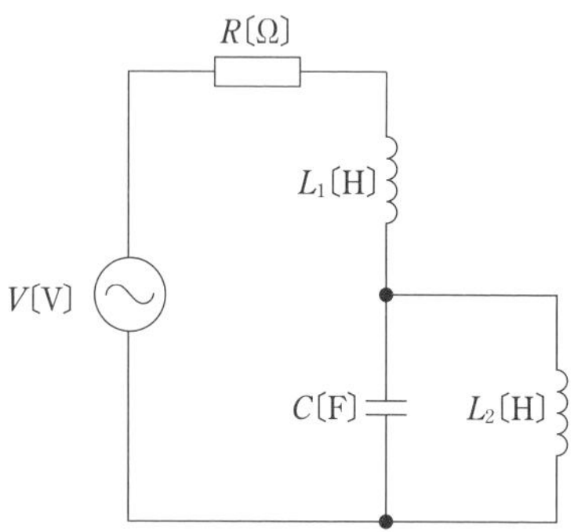

図 2·66 より，並列共振する場合には，アドミタンスが最小つまりインピーダンスが最大となる．そこで，回路のインピーダンスが極めて大きくなるのは C と L_2 が並列共振する場合である．一方，回路のインピーダンスが極めて小さくなるのは，C と L_2 の並列接続の合成リアクタンス $\dot{X}_{CL}$ が，容量性リアクタンスであって，L_1 の誘導性リアクタンス $j\omega_1 L_1$ と直列共振する場合である．

解説 まず，C と L_2 とが並列共振するとき，式 (2·121)，式 (2·122) より

$$\omega_2 L_2=\frac{1}{\omega_2 C}\quad\therefore\quad \omega_2=\frac{1}{\sqrt{L_2 C}}=\frac{1}{\sqrt{0.2\times10^{-3}\times8\times10^{-6}}}=\mathbf{2.5\times10^4\ rad/s}$$

次に，角周波数 ω_1 のとき，C と L_2 の並列部分のインピーダンス $\dot{X}_{CL}$ は

$$\dot{X}_{CL}=\frac{\dfrac{1}{j\omega_1 C}\times j\omega_1 L_2}{\dfrac{1}{j\omega_1 C}+j\omega_1 L_2}=\frac{j\omega_1 L_2}{1-\omega_1{}^2 L_2 C}=-j\frac{\omega_1 L_2}{\omega_1{}^2 L_2 C-1}$$

容量性リアクタンスでなければならないので，$-j$ を引き出す

で，この $\dot{X}_{CL}$ と $j\omega_1 L_1$ が直列共振するとき，式 (2·116)，式 (2·117) より

$$\omega_1 L_1=\frac{\omega_1 L_2}{\omega_1{}^2 L_2 C-1}$$

が成り立つ．

$$\therefore\quad \omega_1{}^2L_1L_2C-L_1=L_2$$

$$\therefore\quad \omega_1=\sqrt{\frac{L_1+L_2}{L_1L_2C}}=\sqrt{\frac{0.4\times10^{-3}+0.2\times10^{-3}}{0.4\times10^{-3}\times0.2\times10^{-3}\times8\times10^{-6}}}\fallingdotseq \mathbf{3.1\times10^4\ rad/s}$$

解答 ▶ (5)

Chapter 2

問題38 H24 A-10

図のように，$R_1=20\,\Omega$ と $R_2=30\,\Omega$ の抵抗，静電容量 $C=\dfrac{1}{100\pi}$ F のコンデンサ，インダクタンス $L=\dfrac{1}{4\pi}$ H のコイルからなる回路に周波数 f〔Hz〕で実効値 V〔V〕が一定の交流電圧を加えた．$f=10$ Hz のときに R_1 を流れる電流の大きさを $I_{10\mathrm{Hz}}$〔A〕，$f=10$ MHz のときに R_1 を流れる電流の大きさを $I_{10\mathrm{MHz}}$〔A〕とする．このとき，電流比 $\dfrac{I_{10\mathrm{Hz}}}{I_{10\mathrm{MHz}}}$ の値として，最も近いのは次のうちどれか．

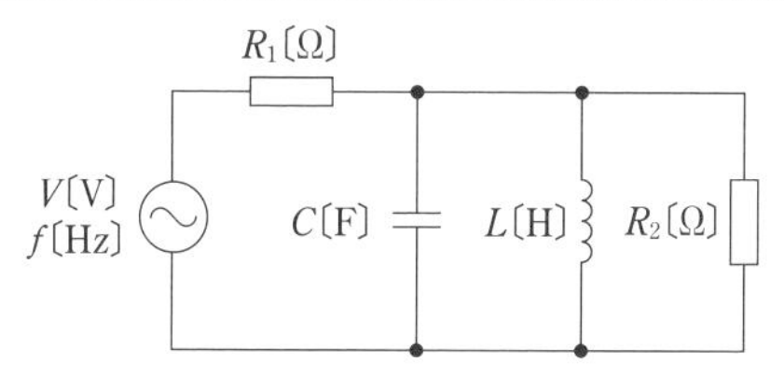

(1) 0.4　(2) 0.6　(3) 1.0　(4) 1.7　(5) 2.5

L と C の値から，誘導性リアクタンス ωL と容量性リアクタンス $\dfrac{1}{\omega C}$ を求めると，$f_1=10$ Hz のときに $\omega_1L=\dfrac{1}{\omega_1C}$ となって並列共振状態であることがわかる．一方，$f_2=10$ MHz のときには $\dfrac{1}{\omega C}$ が極めて小さくなるので，コンデンサの両端は短絡に近いとみなせることを利用する．

$f_1=10$ Hz のときの回路は解図 1 のとおりである．

$$X_{L1}=\omega_1L=2\pi f_1L=2\pi\times10\times\frac{1}{4\pi}=5\,\Omega$$

$$X_{C1}=\frac{1}{\omega_1C}=\frac{1}{2\pi f_1C}=\frac{100\pi}{2\pi\times10}=5\,\Omega$$

ここで，解図 1 において，$f=f_1$ のとき，$\omega_1L=\dfrac{1}{\omega_1C}$ となって並列共振状態であるから，R_1 を流れる電流はすべて R_2 を通るため

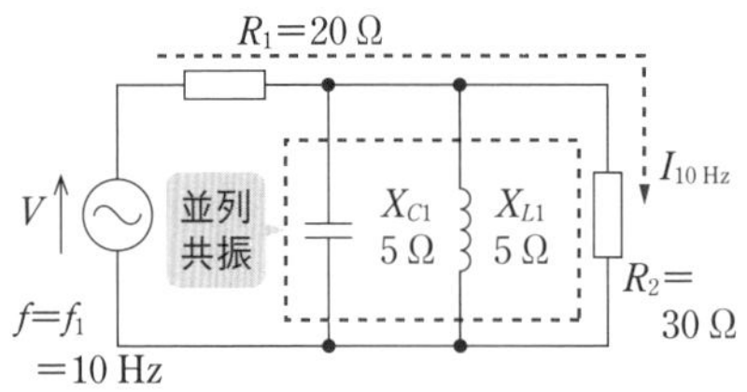

●解図 1　f_1=10 Hz のときの回路

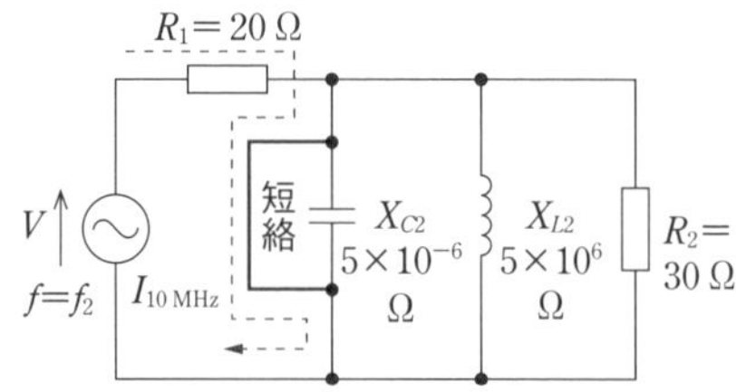

●解図 2　f_2=10 MHz のときの回路

$$I_{10\mathrm{Hz}}=\frac{V}{R_1+R_2}$$

一方，$f_2=10\,\mathrm{MHz}$ のときの回路は解図 2 のとおりである．

$$X_{L2}=\omega_2 L=2\pi f_2 L=2\pi\times10\times10^6\times\frac{1}{4\pi}=5\times10^6\,\Omega$$

$$X_{C2}=\frac{1}{\omega_2 C}=\frac{1}{2\pi f_2 C}=\frac{100\pi}{2\pi\times10\times10^6}=5\times10^{-6}\,\Omega$$

ここで，解図 2 において，X_{C2} が極めて小さく，コンデンサの両端は短絡に近いとみなせるため，R_1 を流れる $I_{10\mathrm{MHz}}$ はコンデンサ（短絡状態）を流れる．

$$\therefore\quad I_{10\mathrm{MHz}}=\frac{V}{R_1}$$

$$\therefore\quad \frac{I_{10\mathrm{Hz}}}{I_{10\mathrm{MHz}}}=\frac{\dfrac{V}{R_1+R_2}}{\dfrac{V}{R_1}}$$

$$=\frac{R_1}{R_1+R_2}=\frac{20}{20+30}=\mathbf{0.4}$$

解答 ▶ (1)

位相調整条件と最大・最小条件

［★★］

1 位相調整条件

複素数表示によるインピーダンス $\dot{Z}=C+jD=1/(A-jB)$ に電圧 $\dot{V}$ を加えたとき，電流 $\dot{I}$ は図 2·68 のようになり

$$\dot{I}=\frac{\dot{V}}{\dot{Z}}=\frac{\dot{V}}{C+jD}=(A-jB)\dot{V} \qquad \frac{\dot{V}}{C+jD}=\frac{(C-jD)\dot{V}}{C^2+D^2}=(A-jB)\dot{V} \qquad (2\cdot125)$$

の形に整理される．

このとき，電流 $\dot{I}$ は電圧 $\dot{V}$ に対して

$$\theta_I=\tan^{-1}\left(\frac{B}{A}\right) \qquad (2\cdot126)$$

の位相差（遅れ）をもつことになる．この位相角 θ_I はインピーダンス $\dot{Z}$ の偏角

$$\theta_Z=\tan^{-1}\left(\frac{D}{C}\right) \qquad (2\cdot127)$$

と同じ大きさであるが，符号は反対となる．

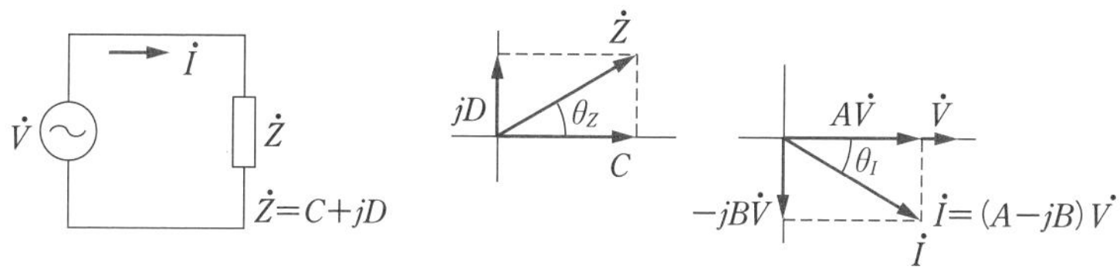

●図 2・68　電流のベクトル表示

さて，図 2·68，式（2·125）のように，電圧 $\dot{V}$ を基準（$\dot{V}$ は実数）として，$\dot{I}=(A-jB)\dot{V}$ と表現したとき，$\dot{V}\dot{I}$ 間の位相条件は次のように表せる．

(1) 同相条件

虚数部 $B=0$ とする条件を求める．共振条件と同じになる場合が多い．

(2) 直角相条件

実数部 $A=0$ とする条件を求める．

(3) その他の位相条件

位相差を θ とすれば，式 (2・126) に示すように

$$\tan\theta = \frac{B}{A} \qquad \theta = \tan^{-1}\frac{B}{A}$$

となるため，図 2・69 に示す A，B の関係が求められる．

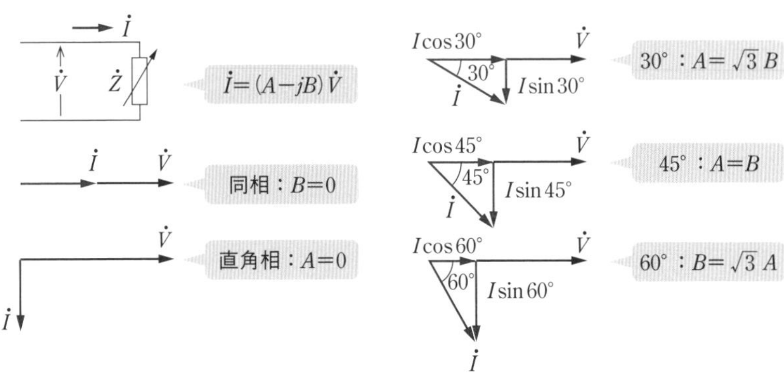

●図 2・69　位相調整条件

2 最大・最小条件

回路の一部の要素を変化させて，電圧，電流，電力などの最大または最小条件を求める問題は，次のような方法で解くことができる．

(1) 回路の複素数計算の結果，変数が実数部または虚数部の一方のみに含まれる場合，変数を含む項を 0 にする．これは位相調整条件と同等であり，共振条件を求める場合も含まれる（図 2・70 参照）．

(2) **($Ax+B/x$) の形に整理できる場合**，2 項の積 $Ax\times B/x=AB$ となり，一定となる．この場合，**2 項の和が最小となる条件は**

$$Ax = \frac{B}{x} \qquad (2 \cdot 128)$$

のときであるから，$x=\sqrt{B/A}$ となる．これを**代数定理**という（図 2・71 参照）．

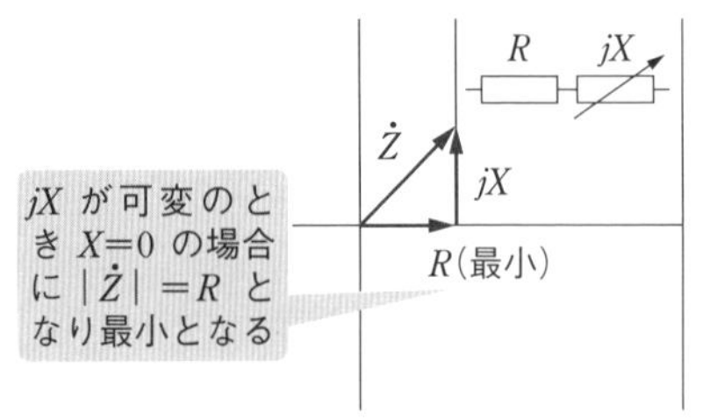

●図 2・70　直列回路の最小条件

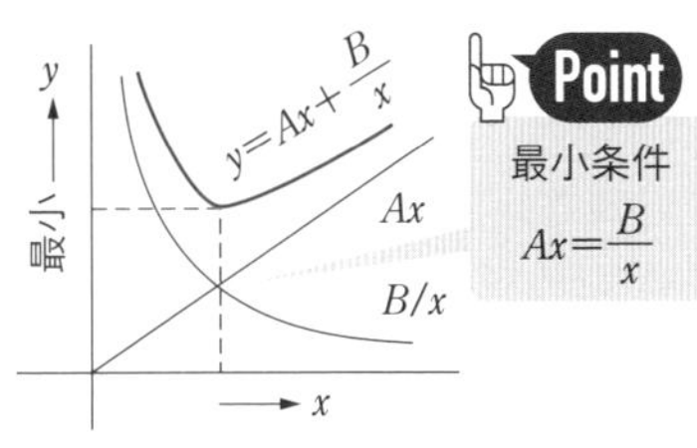

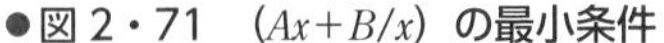

●図 2・71　(Ax+B/x) の最小条件

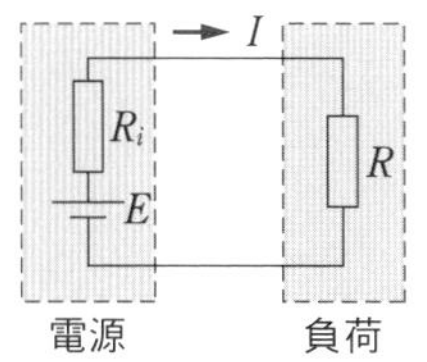

●図 2・72　抵抗負荷の回路

図 2・72 の回路において，定電圧源から供給を受ける抵抗負荷の消費電力は

$$P = I^2R = \frac{E^2R}{(R_i+R)^2} = \frac{E^2R}{R_i^2+2RR_i+R^2} = \frac{E^2}{\dfrac{R_i^2}{R}+R+2R_i} \qquad (2\cdot129)$$

となる．式 (2・129) は負荷抵抗 R の関数であり，これを最大にする負荷抵抗 R を求める．

式 (2・129) で，分子は一定であるから，分母に着眼すると，$(R_i^2/R)+R$ を最小化すれば式 (2・129) の P は最大となることがわかる．ここで，$(R_i^2/R)R = R_i^2$ で一定となるため，上述の代数定理が適用でき，$R_i^2/R = R$ のとき分母は最小となる．すなわち

$$R = R_i \qquad (2\cdot130)$$

のとき，負荷電力 P は最大となる．つまり，**負荷抵抗 R が，負荷端子から見た電源の内部抵抗 R_i と等しいとき，電源から負荷に供給する電力が最大となる．** これを**最大電力供給定理**といい，式 (2・130) を満たす R を**整合抵抗**という．

問題39　H18 A-7

図のように，$R = 200\,\Omega$ の抵抗，インダクタンス $L = 2\,\text{mH}$ のコイル，静電容量 $C = 0.8\,\mu\text{F}$ のコンデンサを直列に接続した交流回路がある．この回路において，電源電圧 $\dot{E}$〔V〕と電流 $\dot{I}$〔A〕が同相であるとき，この電源電圧の角周波数 ω〔rad/s〕の値として，正しいのは次のうちどれか．

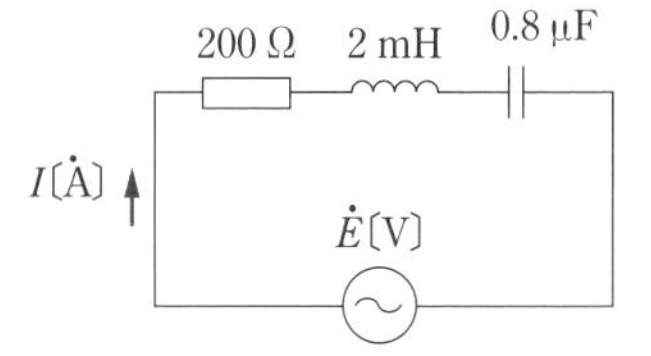

(1)　1.0×10^3　(2)　3.0×10^3　(3)　2.0×10^4
(4)　2.5×10^4　(5)　3.5×10^4

$\dot{E}$ と $\dot{I}$ が同相ということは，インピーダンス $R+j\left(\omega L-\dfrac{1}{\omega C}\right)$ の虚数部が 0 ということである．つまり，コンデンサとコイルは直列共振している．

解説 上述のポイントより，$\omega L=\dfrac{1}{\omega C}$ が成立する．

$$\therefore \quad \omega^2=\frac{1}{LC}=\frac{1}{2\times10^{-3}\times0.8\times10^{-6}}=\frac{1}{16\times10^{-10}}$$

$$\therefore \quad \omega=\frac{1}{\sqrt{LC}}=\frac{1}{\sqrt{16\times10^{-10}}}=\frac{1}{4\times10^{-5}}=\mathbf{2.5\times10^4\ rad/s}$$

解答 ▶ (4)

問題40　H30 A-8

図のように，角周波数 ω〔rad/s〕の交流電源と力率 $1/\sqrt{2}$ の誘導性負荷 $\dot{Z}$〔Ω〕との間に，抵抗値 R〔Ω〕の抵抗器とインダクタンス L〔H〕のコイルが接続されている．$R=\omega L$ とするとき，電源電圧 $\dot{V}_1$〔V〕と負荷の端子電圧 $\dot{V}_2$〔V〕との位相差の値〔°〕として，最も近いものを次の (1)～(5) のうちから一つ選べ．

L〔H〕　R〔Ω〕
$\dot{V}_1$〔V〕　力率 $\dfrac{1}{\sqrt{2}}$　$\dot{Z}$〔Ω〕　$\dot{V}_2$〔V〕

(1) 0　(2) 30　(3) 45　(4) 60　(5) 90

誘導性負荷の力率が $1/\sqrt{2}$ であるから，式 (2･108)，式 (2･109) より
$\dot{Z}=R+jX=Z\cos\theta+jZ\sin\theta=Z/\sqrt{2}+jZ/\sqrt{2}$（$\because \sin\theta=\sqrt{1-\cos^2\theta}=1/\sqrt{2}$）

問題図の回路に流れる電流 $\dot{I}$ は $j\omega L$，R，$\dot{Z}$ が直列になっているから

$$\dot{I}=\frac{\dot{V}_1}{j\omega L+R+\dot{Z}}=\frac{\dot{V}_1}{j\omega L+R+Z/\sqrt{2}+jZ/\sqrt{2}}$$

ここで，$R=\omega L$ を代入して，上式を変形すれば

$$\dot{I}=\frac{\dot{V}_1}{jR+R+\dfrac{Z}{\sqrt{2}}(1+j)}=\frac{\dot{V}_1}{\left(R+\dfrac{Z}{\sqrt{2}}\right)(1+j)}$$

となるため，$\dot{V}_2$ は

$$\dot{V}_2=\dot{Z}\dot{I}=\frac{Z}{\sqrt{2}}(1+j)\times\frac{\dot{V}_1}{\left(R+\dfrac{Z}{\sqrt{2}}\right)(1+j)}=\frac{Z}{\sqrt{2}R+Z}\dot{V}_1$$

となる．R と Z は実数なので $\dot{V}_2$ は $\dot{V}_1$ と同相であり，$\dot{V}_1$ と $\dot{V}_2$ の位相差は **0** である．

解答 ▶ (1)

問題41 H19 A-5

起電力が E〔V〕で内部抵抗が r〔Ω〕の電池がある．この電池に抵抗 R_1〔Ω〕と可変抵抗 R_2〔Ω〕を並列につないだとき，抵抗 R_2〔Ω〕から発生するジュール熱が最大となるときの抵抗 R_2〔Ω〕の値を表す式として，正しいのは次のうちどれか．

(1) $R_2=r$　(2) $R_2=R_1$　(3) $R_2=\dfrac{rR_1}{r-R_1}$　(4) $R_2=\dfrac{rR_1}{R_1-r}$

(5) $R_2=\dfrac{rR_1}{r+R_1}$

解図のように図示して整合抵抗の考え方を用いれば，可変抵抗 R_2 のジュール熱は端子 a，b から電源側を見たときの抵抗に等しいときに最大となる．このとき，端子 a, b から電源側を見た抵抗は，E を短絡すれば，抵抗 r と抵抗 R_1 との並列接続であるため，$R_2=\dfrac{rR_1}{r+R_1}$ となることが容易にわかる．次の解説では計算により求める．

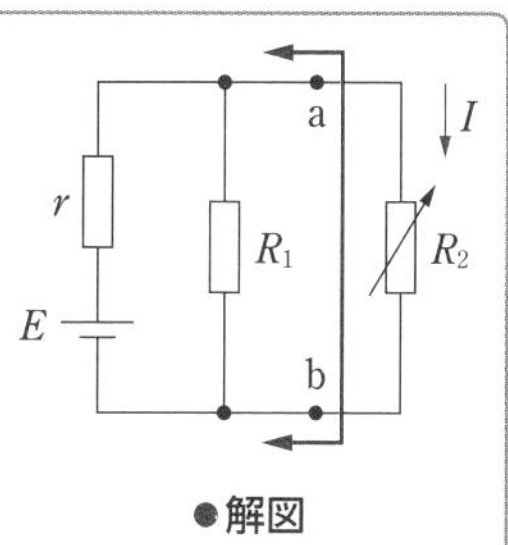

●解図

解説 R_2 から発生するジュール熱 P は，I^2R_2 ゆえ

$$P=I^2R_2=\left(\frac{E}{r+\dfrac{R_1R_2}{R_1+R_2}}\times\frac{R_1}{R_1+R_2}\right)^2R_2=\left\{\frac{R_1E}{r(R_1+R_2)+R_1R_2}\right\}^2R_2$$

$$=\left\{\frac{R_1E}{(r+R_1)R_2+rR_1}\right\}^2R_2=\frac{R_1{}^2E^2}{(r+R_1)^2R_2+2rR_1(r+R_1)+\dfrac{r^2R_1{}^2}{R_2}}$$

ここで，分子は定数，分母は R_2 を変数として（AR_2+B/R_2＋定数）の形となっているので，式（2･129）のように，$(r+R_1)^2R_2=\dfrac{r^2R_1{}^2}{R_2}$ のとき，分母が最小，すなわち P が最大となる．∴　$R_2=\dfrac{\boldsymbol{rR_1}}{\boldsymbol{r+R_1}}$〔Ω〕

解答 ▶ (5)

問題42 R3 A-7

図のように，起電力 E〔V〕，内部抵抗 r〔Ω〕の電池 n 個と可変抵抗 R〔Ω〕を直列に接続した回路がある．この回路において，可変抵抗 R〔Ω〕で消費される電力が最大になるようにその値〔Ω〕を調整した．このとき，回路に流れる電流 I の値〔A〕を表す式として，正しいものを次の (1)～(5) のうちから一つ選べ．

(1) $\dfrac{E}{r}$　(2) $\dfrac{nE}{\left(\dfrac{1}{n}+n\right)r}$

(3) $\dfrac{nE}{(1+n)r}$　(4) $\dfrac{E}{2r}$

(5) $\dfrac{nE}{r}$

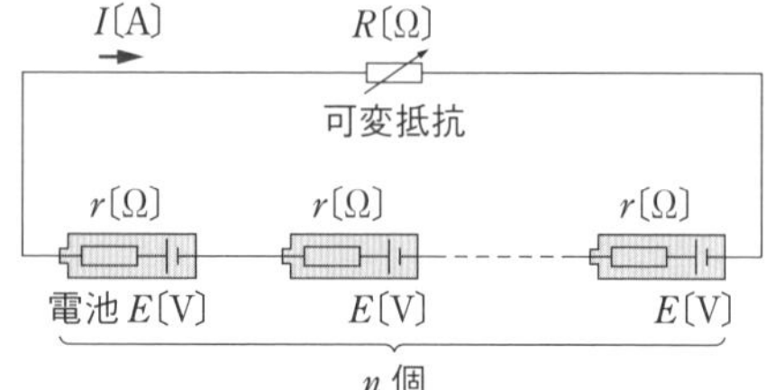

起電力 E〔V〕，内部抵抗 R〔Ω〕の電池 n 個が直列に接続されているから，合成起電力は nE〔V〕，合成抵抗は nr〔Ω〕である．可変抵抗 R の消費電力 P が最大になるのは，最大電力供給定理および式 (2·130) より，$R=nr$ のときである．このとき，回路に流れる電流 I は $I=\dfrac{nE}{R+nr}=\dfrac{nE}{nr+nr}=\dfrac{E}{2r}$ となる．

解説 $P=I^2R=\left(\dfrac{nE}{R+nr}\right)^2R=\dfrac{(nE)^2R}{R^2+2nrR+(nr)^2}=\dfrac{(nE)^2}{R+\dfrac{(nr)^2}{R}+2nr}$

ここで，P の分母について，$R\times\dfrac{(nr)^2}{R}=(nr)^2=$一定であるから，$R+\dfrac{(nr)^2}{R}$ が最小になるのは，図 2·71 より，$R=\dfrac{(nr)^2}{R}$ のときである．つまり，$R^2=(nr)^2$ ゆえ，$R=nr$ となる．このとき，回路に流れる電流 I は

$$I=\frac{nE}{R+nr}=\frac{nE}{nr+nr}=\boldsymbol{\frac{E}{2r}}$$

解答 ▶ (4)

三相交流と結線方式

[★★★]

1 対称三相交流

周波数が同じで位相が異なる電源起電力が結合されている交流方式を**多相交流方式**といい，現在の電力系統（発・変・送・配電）は三相方式が採用されているので，以下は三相交流方式のみを説明する．

大きさおよび隣り合う相間の位相差が等しい 3 個の起電力が結合されている場合，**対称三相交流**という．また，大きさまたは位相差が等しくない場合，**非対称三相交流**という．ここでは，特にことわりのない限り対称三相交流として扱う．

三相交流電圧の瞬時値は，相順を a，b，c とすると

$$\left.\begin{aligned} e_a &= E_m \sin\omega t \\ e_b &= E_m \sin\left(\omega t - \frac{2\pi}{3}\right) \\ e_c &= E_m \sin\left(\omega t + \frac{2\pi}{3}\right) \end{aligned}\right\} \quad (2\cdot131)$$

e_b：e_a よりも位相が $\frac{2\pi}{3}$ 遅れている

e_c：e_a よりも位相が $\frac{2\pi}{3}$ 進んでいる

で表され，波形は図 2･73 (a) のようになる．

すなわち，各相間の位相差は 2π/3〔rad〕（120°）である．

a 相を基準にとったベクトルで示せば，図 2･73 (b) のようになる．

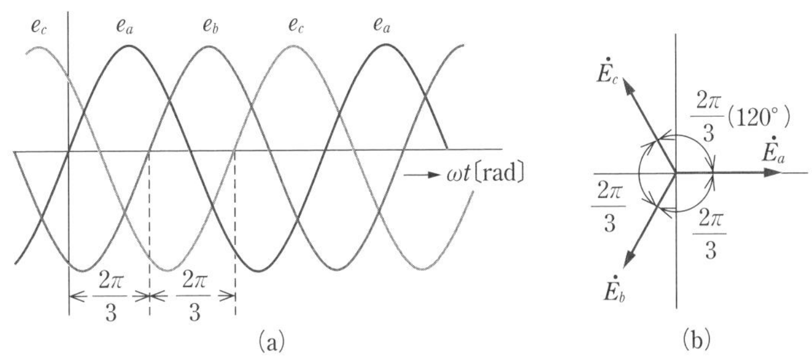

●図 2・73　三相交流波形と三相電圧ベクトル

$$\left.\begin{aligned}\dot{E}_a &= E \\ \dot{E}_b &= E\varepsilon^{-j\frac{2\pi}{3}} = E\left(-\frac{1}{2}-j\frac{\sqrt{3}}{2}\right) = a^{-1}E = a^2E \\ \dot{E}_c &= E\varepsilon^{j\frac{2\pi}{3}} = E\left(-\frac{1}{2}+j\frac{\sqrt{3}}{2}\right) = aE\end{aligned}\right\} \quad (2 \cdot 132)$$

j がベクトルの位相を 90° 変化させる作用子と考えたように，**三相交流では，ベクトルを 120° 変化させる作用子として $a=\varepsilon^{j\frac{2\pi}{3}}=(-1/2+j\sqrt{3}/2)$ を用いる．**

図 2·74 のように a を掛けることは，ベクトルの位相のみを 120° 進ませることであり，a で割ること，すなわち a^{-1} を掛けることは，位相を 120° 遅らせることになる．

$$\left.\begin{aligned}a^3 &= \varepsilon^{j2\pi} = 1 \\ a^{-1} &= \frac{1}{a} = \frac{a^3}{a} = a^2 \\ a^2+a+1 &= \left(-\frac{1}{2}-j\frac{\sqrt{3}}{2}\right)+\left(-\frac{1}{2}+j\frac{\sqrt{3}}{2}\right)+1 = 0\end{aligned}\right\} \quad (2 \cdot 133)$$

の関係がある．そして，式 (2·132) と式 (2·133) より

$$\dot{E}_a+\dot{E}_b+\dot{E}_c = E(1+a^2+a) = 0 \quad (2 \cdot 134)$$

が成り立つ．

三相の起電力，および負荷インピーダンスの結合の仕方として，星形または Y（スター）形，および三角形または △（デルタ）形の 2 種類がある．

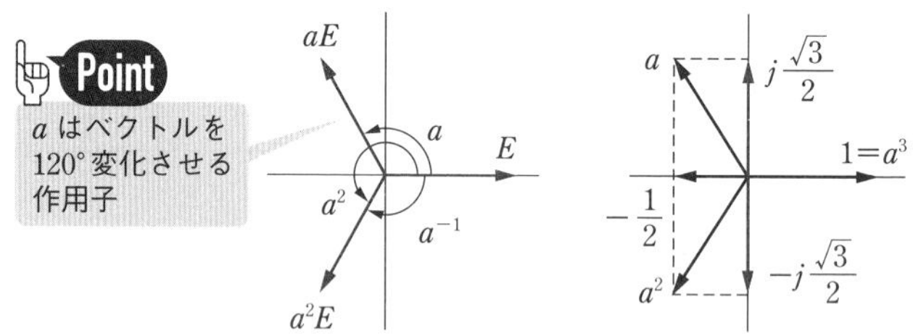

●図 2・74　a の作用

2 Y 結線

図 2·75 (a) に示す結線方式で，各相の起電力 $\dot{E}_a$，$\dot{E}_b$，$\dot{E}_c$ を**相電圧**といい，端子間電圧 $\dot{V}_{ab}$，$\dot{V}_{bc}$，$\dot{V}_{ca}$ を**線間電圧**という．また，結線内の各相を流れる電流を**相電流**といい，三相起電力の端子から結線外に流れ出る電流を**線電流**という．Y 結線においては，$\dot{I}_a$，$\dot{I}_b$，$\dot{I}_c$ は相電流であり，同時に線電流でもある．N を**中性点**という．

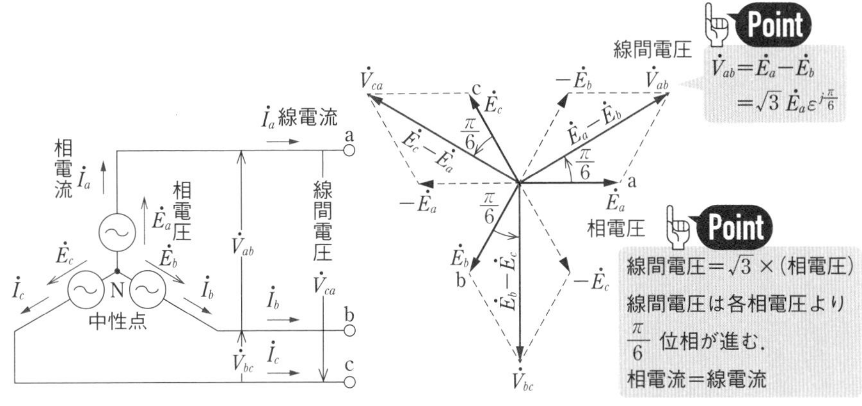

●図 2・75　Y 結線の相電圧と線間電圧の関係

a 相電圧 $\dot{E}_a$ を基準として，各相電圧および線間電圧のベクトル図は図 2·75 (b) となり，次式のように表せる．

$$\dot{V}_{ab}=\dot{E}_a-\dot{E}_b=\dot{E}_a(1-a^2)=\dot{E}_a\left(\frac{3}{2}+j\frac{\sqrt{3}}{2}\right)=\sqrt{3}\dot{E}_a\left(\frac{\sqrt{3}}{2}+j\frac{1}{2}\right)$$
$$=\sqrt{3}\dot{E}_a\varepsilon^{j\frac{\pi}{6}} \qquad (2\cdot 135)$$

$$\dot{V}_{bc}=\dot{E}_b-\dot{E}_c=\dot{E}_a(a^2-a)=a^2\dot{E}_a(1-a^2)=\dot{E}_b(1-a^2)$$
$$=\sqrt{3}\dot{E}_b\varepsilon^{j\frac{\pi}{6}} \qquad (2\cdot 136)$$

$$\dot{V}_{ca}=\dot{E}_c-\dot{E}_a=\dot{E}_a(a-1)=a\dot{E}_a(1-a^2)=\dot{E}_c(1-a^2)$$
$$=\sqrt{3}\dot{E}_c\varepsilon^{j\frac{\pi}{6}} \qquad (2\cdot 137)$$

線間電圧 V は相電圧 E の $\sqrt{3}$ 倍で，位相は $\pi/6$〔rad〕(30°) 進んでいる．

Y 結線の電源と負荷の中性点間を接続した線路を**中性線**という．図 2·76 (a) のように**中性線を仮想すれば，相電流，すなわち線電流は**

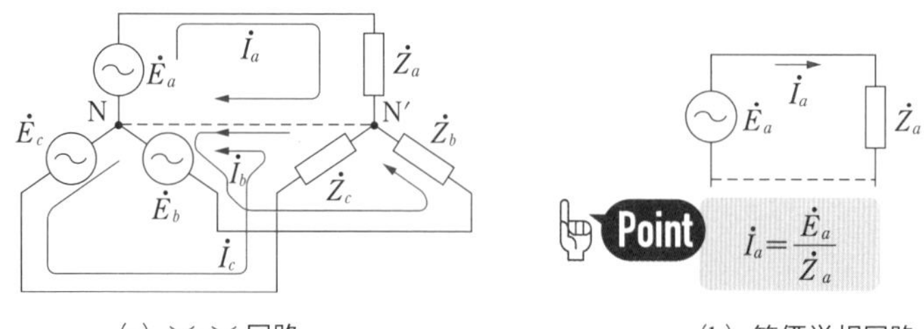

(a) Y-Y 回路　　(b) 等価単相回路

●図 2・76　Y-Y 回路と等価単相回路

$$\dot{I}_a=\frac{\dot{E}_a}{\dot{Z}_a}\qquad \dot{I}_b=\frac{\dot{E}_b}{\dot{Z}_b}\qquad \dot{I}_c=\frac{\dot{E}_c}{\dot{Z}_c} \tag{2・138}$$

となり，各相ごとについて見れば，単相交流回路計算を行っていることになる．

負荷インピーダンスが 3 相とも等しい平衡負荷の場合，基準とする相（たとえば a 相）について線電流 $\dot{I}_a$ を求めれば，$\dot{I}_b$，$\dot{I}_c$ は，大きさは $\dot{I}_a$ と等しく，位相がそれぞれ 120° ずつ異なるものとすればよい．

すなわち，**対称三相回路計算は，Y 結線の場合，一相分についての単相交流回路計算を行えばよい．**

なお，$\dot{I}_a+\dot{I}_b+\dot{I}_c=\dot{I}_a(1+a^2+a)=0$ の関係があるので，中性線には電流が流れない．したがって，中性線がなくても式（2·138）の計算は成り立つ．

3 △ 結 線

図 2·77（a）に示す結線方式で，相電圧 $\dot{E}_{ab}$，$\dot{E}_{bc}$，$\dot{E}_{ca}$ は線間電圧 $\dot{V}_{ab}$，$\dot{V}_{bc}$，$\dot{V}_{ca}$ と同じである．

△結線では，$\dot{E}_{ab}$，$\dot{E}_{bc}$，$\dot{E}_{ca}$ が直列になるが，閉回路内の起電力は

$$\dot{E}_{ab}+\dot{E}_{bc}+\dot{E}_{ca}=0 \tag{2・139}$$

であり，循環電流は流れない．

相電流 $\dot{I}_{ab}$，$\dot{I}_{bc}$，$\dot{I}_{ca}$ と線電流 $\dot{I}_a$，$\dot{I}_b$，$\dot{I}_c$ の関係は，Y 結線における相電圧と線間電圧の関係に似ているが，同じではない．相電流 $\dot{I}_{ab}$ を基準とすれば，線電流は

$$\begin{aligned}\dot{I}_a&=\dot{I}_{ab}-\dot{I}_{ca}=\dot{I}_{ab}(1-a)=\dot{I}_{ab}\left(\frac{3}{2}-j\frac{\sqrt{3}}{2}\right)=\sqrt{3}\dot{I}_{ab}\left(\frac{\sqrt{3}}{2}-j\frac{1}{2}\right)\\&=\sqrt{3}\dot{I}_{ab}\varepsilon^{-j\frac{\pi}{6}}\end{aligned} \tag{2・140}$$

$$\dot{I}_b=\dot{I}_{bc}-\dot{I}_{ab}=\dot{I}_{ab}(a^2-1)=a^2\dot{I}_{ab}(1-a)=\dot{I}_{bc}(1-a)$$

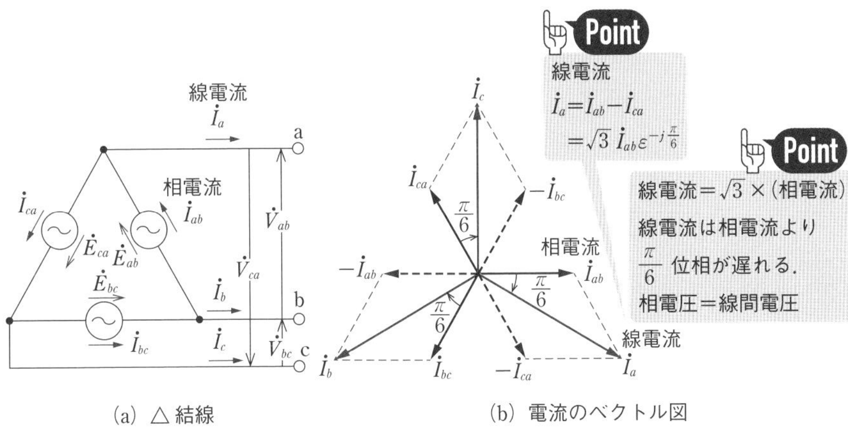

(a) △ 結線　　(b) 電流のベクトル図

●図 2・77　△ 結線の相電流と線電流の関係

$$= \sqrt{3}\dot{\boldsymbol{I}}_{\boldsymbol{bc}}\varepsilon^{-j\frac{\pi}{6}} \tag{2・141}$$

$$\dot{\boldsymbol{I}}_{\boldsymbol{c}} = \dot{I}_{ca} - \dot{I}_{bc} = \dot{I}_{ab}(a-a^2) = a\dot{I}_{ab}(1-a) = \dot{I}_{ca}(1-a)$$

$$= \sqrt{3}\dot{\boldsymbol{I}}_{\boldsymbol{ca}}\varepsilon^{-j\frac{\pi}{6}} \tag{2・142}$$

となり，図 2·77 (b) のように，**線電流は相電流の $\sqrt{3}$ 倍で，位相は $\pi/6$〔rad〕(30°) 遅れている．**

ここで，図 2·78 (a) のように，△-△ 回路を，独立した 3 つの単相交流回路に分けて，等価単相回路を示すと図 2·78 (b) のとおりとなる．

負荷インピーダンスを $\dot{Z}_{ab}$，$\dot{Z}_{bc}$，$\dot{Z}_{ca}$ とすれば，**相電流は**

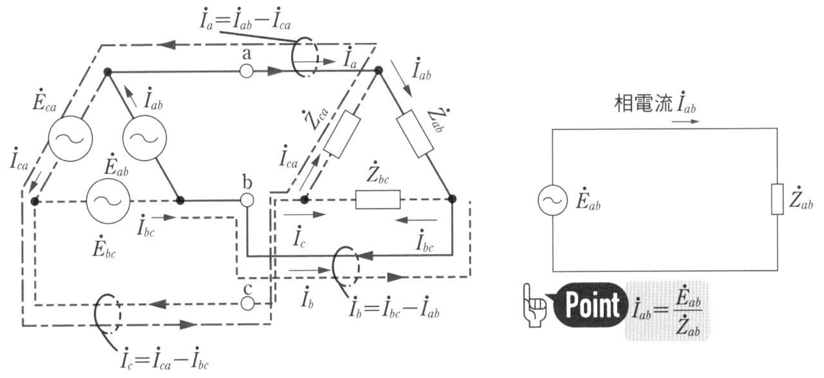

(a) △-△ 回路　　(b) 等価単相回路

●図 2・78　△-△ 回路と等価単相回路

$$\dot{I}_{ab}=\frac{\dot{E}_{ab}}{\dot{Z}_{ab}} \qquad \dot{I}_{bc}=\frac{\dot{E}_{bc}}{\dot{Z}_{bc}} \qquad \dot{I}_{ca}=\frac{\dot{E}_{ca}}{\dot{Z}_{ca}} \tag{2・143}$$

となる.

負荷インピーダンスが等しければ，一相（たとえば a 相）について相電流を計算すれば，他の 2 相は，大きさが等しく位相差がそれぞれ 120° ずつ異なるものとなり，線電流は相電流の $\sqrt{3}$ 倍で，位相が 30° 遅れる.

4 △-Y 変換

電源と負荷の結線方式が異なる場合は，同一の方式に変換して計算するほうがよく，**Y 結線方式として，一相分の単相交流回路計算**により線電流が得られるようにすることが多い.

対称三相回路の場合の △-Y 変換は簡単であり，次のようにする.

(1) △ 結線の起電力 $\dot{E}_{\triangle}$ は線間電圧 $\dot{V}$ であるので，等価な相電圧 $\dot{E}_{Y}$ は

$$\dot{E}_{Y}=\frac{\dot{E}_{\triangle}}{\sqrt{3}}\varepsilon^{-j\frac{\pi}{6}}=\frac{\dot{V}}{\sqrt{3}}\varepsilon^{-j\frac{\pi}{6}} \tag{2・144}$$

式（2・135）で，線間電圧は相電圧の $\sqrt{3}$ 倍で位相は π/6 進んでいる

(2) △ 結線の負荷インピーダンス $\dot{Z}_{\triangle}$ を等価な Y 結線の $\dot{Z}_{Y}$ に変換すると

$$\dot{Z}_{Y}=\frac{\dot{Z}_{\triangle}^2}{3\dot{Z}_{\triangle}}=\frac{\dot{Z}_{\triangle}}{3} \tag{2・145}$$

式（2・35）の和分の積を適用

線電流 $\dot{I}$ を求めるには，$\dot{E}_{Y}$ を基準ベクトルとして

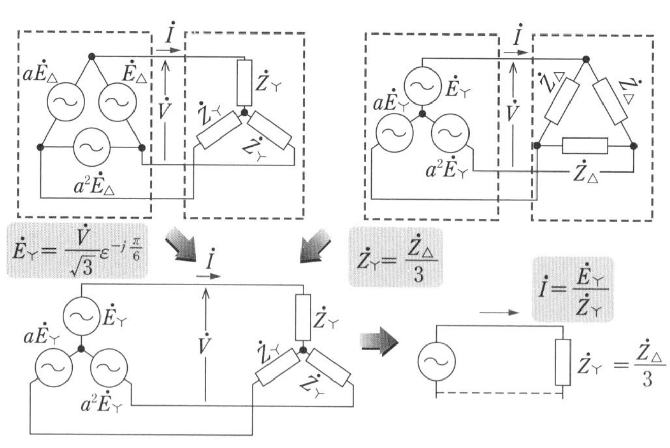

●図 2・79 △-Y 変換

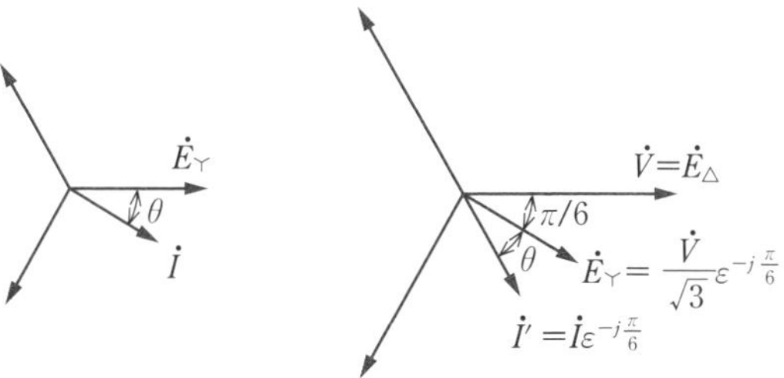

(a) 相電圧基準　　(b) 線間電圧基準

●図 2・80　電流ベクトル

$$\dot{I}=\frac{\dot{E}_{\curlyvee}}{\dot{Z}_{\curlyvee}} \quad \text{等価単相回路で計算} \tag{2・146}$$

により求める．$\dot{V}$ を基準ベクトルとする場合の線電流 $\dot{I}'$ は，$\dot{I}$ の位相を $\pi/6$〔rad〕(30°) 遅らせることにより

$$\dot{I}'=\dot{I}\varepsilon^{-j\frac{\pi}{6}}=\dot{I}\left(\frac{\sqrt{3}}{2}-j\frac{1}{2}\right) \tag{2・147}$$

として得られる．

それでは，具体例を示そう．図 2･81 (a) の回路において，相電圧 $\dot{E}_a$ の大きさを 200 V，負荷インピーダンス $\dot{Z}_{\triangle}=24+j18\,\Omega$ とするとき，線電流 $|\dot{I}_a|$，負荷の相電流 $|\dot{I}_{a'b'}|$，線間電圧 $|\dot{V}_{ab}|$ を計算してみよう．

まず，負荷の △ 結線を ㄚ 結線に変換すると，負荷インピーダンス $\dot{Z}_{\curlyvee}$ は式 (2･145) から，$\dot{Z}_{\curlyvee}=\dfrac{\dot{Z}_{\triangle}}{3}=\dfrac{24+j18}{3}=8+j6\,\Omega$ となる．このとき，インピーダ

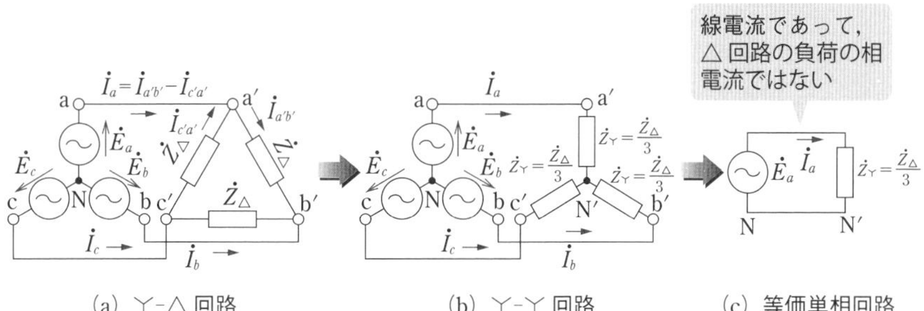

(a) ㄚ-△ 回路　　(b) ㄚ-ㄚ 回路　　(c) 等価単相回路

●図 2・81　ㄚ-△ 回路から ㄚ-ㄚ 回路への変換と等価単相回路

ンスの大きさは $|\dot{Z}_{\curlyvee}|=\sqrt{8^2+6^2}=10\,\Omega$ であるから，図 2・81（c）のように Y-Y 回路の等価単相回路を想定すれば，線電流 $|\dot{I}_a|=|\dot{E}_a|/|\dot{Z}_{\curlyvee}|=200/10=20\,\mathrm{A}$ となる．次に，負荷の △ 結線の相電流と線電流は $\dot{I}_a=\dot{I}_{a'b'}-\dot{I}_{c'a'}$ の関係があるから，式（2・140）より，負荷の相電流 $|\dot{I}_{a'b'}|$ は線電流 $|\dot{I}_a|$ の $1/\sqrt{3}$ となり，相電流 $|\dot{I}_{a'b'}|=|\dot{I}_a|/\sqrt{3}=20/\sqrt{3}\fallingdotseq 11.5\,\mathrm{A}$ となる．線間電圧 $|\dot{V}_{ab}|$ は相電圧 $|\dot{E}_a|$ の $\sqrt{3}$ 倍であるから，$|\dot{V}_{ab}|=\sqrt{3}\,|\dot{E}_a|=\sqrt{3}\times 200=346\,\mathrm{V}$ である．

他方，今度は △-Y 回路を △-△ 回路に変換して解く．図 2・82（a）の回路において，相電圧 $\dot{E}_{ab}$ の大きさを 200 V，負荷インピーダンス $\dot{Z}_{\curlyvee}=8+j6\,\Omega$ とするとき，線電流 $|\dot{I}_a|$，電源の相電流 $|\dot{I}_{ab}|$，線間電圧 $|\dot{V}_{ab}|$ を計算してみよう．

まず，負荷の Y 結線を △ 結線に変換すると，負荷インピーダンス $\dot{Z}_{\triangle}$ は式（2・145）から，$\dot{Z}_{\triangle}=3\dot{Z}_{\curlyvee}=3(8+j6)=24+j18\,\Omega$ である．このとき，インピーダンスの大きさ $|\dot{Z}_{\triangle}|=\sqrt{24^2+18^2}=\sqrt{900}=30\,\Omega$ であるから，図 2・82（c）のように △-△ 回路の等価単相回路を想定すれば，負荷の相電流と電源の相電流は等しく，$|\dot{I}_{ab}|=|\dot{E}_{ab}|/|\dot{Z}_{\triangle}|=200/30\fallingdotseq 6.67\,\mathrm{A}$ となる．線電流 $\dot{I}_a=\dot{I}_{ab}-\dot{I}_{ca}$ であり，式（2・140）より，線電流 $|\dot{I}_a|$ は相電流 $|\dot{I}_{ab}|$ の $\sqrt{3}$ 倍であるから，$|\dot{I}_a|=\sqrt{3}\times 6.67\fallingdotseq 11.5\,\mathrm{A}$ となる．また，線間電圧 $|\dot{V}_{ab}|$ は相電圧 $|\dot{E}_{ab}|$ と等しいので，$|\dot{V}_{ab}|=|\dot{E}_{ab}|=200\,\mathrm{V}$ となる．

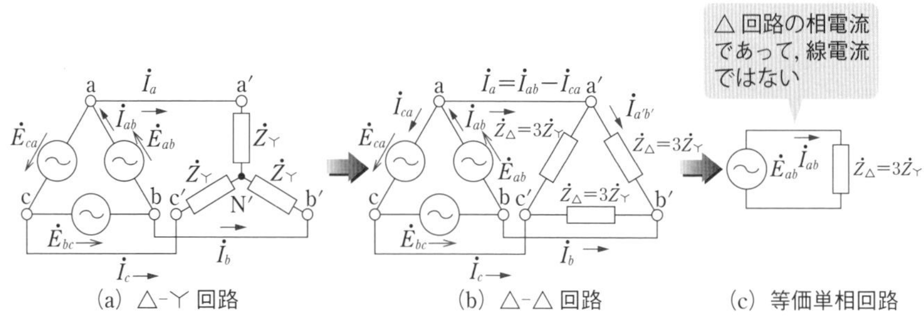

●図 2・82　△-Y 回路から △-△ 回路への変換と等価単相回路

問題43 H15 A-7

図の対称三相交流電源の各相の電圧は，それぞれ $\dot{E}_a = 200\angle 0$〔V〕，$\dot{E}_b = 200\angle -\dfrac{2\pi}{3}$〔V〕および $\dot{E}_c = 200\angle -\dfrac{4\pi}{3}$〔V〕である．この電源は，抵抗 40 Ω を △ 結線した三相平衡負荷が接続されている．このとき，線間電圧 $\dot{V}_{ab}$〔V〕と線電流 $\dot{I}_a$〔A〕の大きさ（スカラ量）の値として，最も近いものを組み合わせたのは次のうちどれか．

	線間電圧 $\dot{V}_{ab}$〔V〕の大きさ	線電流 $\dot{I}_a$〔V〕の大きさ
(1)	283	5
(2)	283	8.7
(3)	346	8.7
(4)	346	15
(5)	400	15

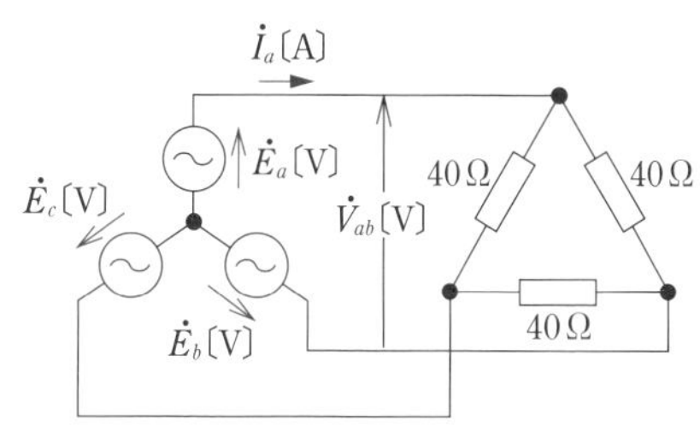

△ 結線の負荷を Y 結線に変換すると，式 (2·145) より $R_Y = \dfrac{R_\triangle}{3} = \dfrac{40}{3}\Omega$

解説 線間電圧 $\dot{V}_{ab}$ の大きさ $|\dot{V}_{ab}|$ は，図 2·75 (b) より

$$|\dot{V}_{ab}| = \sqrt{3} \times |\dot{E}_a| = \sqrt{3} \times 200 \fallingdotseq \mathbf{346\,V}$$

一方，線電流 $\dot{I}_a$ を求めるために，問題図の △ 結線の負荷を Y 結線に変換する場合，負荷の抵抗は式 (2·145) より

$$R_Y = \frac{R_\triangle}{3} = \frac{40}{3}\Omega$$

線電流 $\dot{I}_a$ の大きさ $|\dot{I}_a|$ は，図 2·79 の等価単相回路を考えると，式 (2・146) より

$$|\dot{I}_a| = \frac{|\dot{E}_a|}{R_Y} = \frac{200}{40/3} = \mathbf{15\,A}$$

解答 ▶ (4)

問題44 H24 B-16

図のように，相電圧 200 V の対称三相交流電源に，複素インピーダンス $\dot{Z} = 5\sqrt{3} + j5$〔Ω〕の負荷が Y 結線された平衡三相負荷を接続した回路がある．次の (a) および (b) の問に答えよ．

(a) 電流 $\dot{I}_1$〔A〕の値として，最も近いのは次のうちどれか．

(1) $20.00\angle -\frac{\pi}{3}$　(2) $20.00\angle -\frac{\pi}{6}$　(3) $16.51\angle -\frac{\pi}{6}$

(4) $11.55\angle -\frac{\pi}{3}$　(5) $11.55\angle -\frac{\pi}{6}$

(b) 電流 $\dot{I}_{ab}$〔A〕の値として，最も近いのは次のうちどれか．

(1) $20.00\angle -\frac{\pi}{6}$　(2) $11.55\angle -\frac{\pi}{3}$　(3) $11.55\angle -\frac{\pi}{6}$

(4) $6.67\angle -\frac{\pi}{3}$　(5) $6.67\angle -\frac{\pi}{6}$

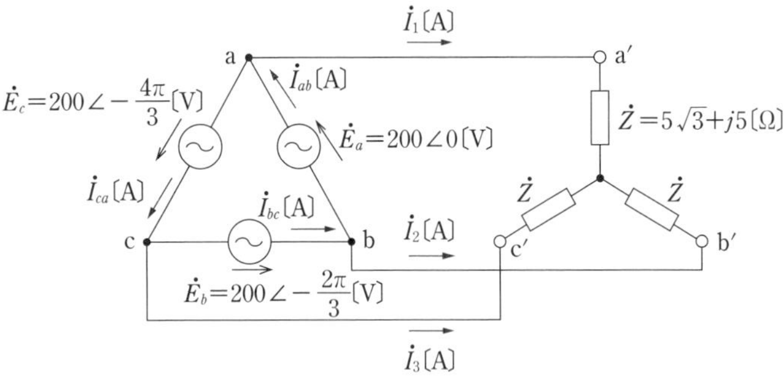

△ 結線の起電力について，△-Y 変換により Y 結線方式として，一相分の単相交流回路計算を行う．

(a) まず，△ 結線の起電力を △-Y 変換すると，式 (2·144) より

$$\dot{E}_{aN}=\frac{\dot{E}_a}{\sqrt{3}}\varepsilon^{-j\frac{\pi}{6}}=\frac{200}{\sqrt{3}}\angle-\frac{\pi}{6}$$

また，平衡三相負荷の一相分のインピーダンスベクトルの三角形が解図 2 になるため

$$\dot{Z}=5\sqrt{3}+j5=10\angle\frac{\pi}{6}$$

と表せる．したがって，電流 $\dot{I}_1$ は解図 3 および解図 4 に示すように

$$\dot{I}_1=\frac{\dot{E}_{aN}}{\dot{Z}}=\frac{\frac{200}{\sqrt{3}}\angle-\frac{\pi}{6}}{10\angle\frac{\pi}{6}}=\frac{20}{\sqrt{3}}\angle\left(-\frac{\pi}{6}-\frac{\pi}{6}\right)\quad(\because\quad 式\ (2\cdot 71)\ を活用)$$

$$=\mathbf{11.55\angle-\frac{\pi}{3}\,A}$$

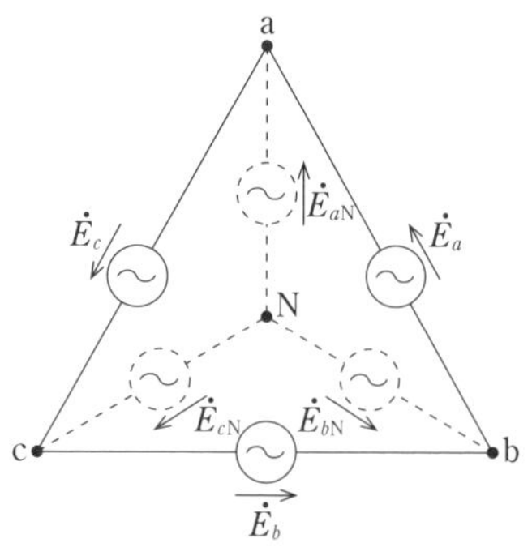

●解図 1　起電力の△-Y変換

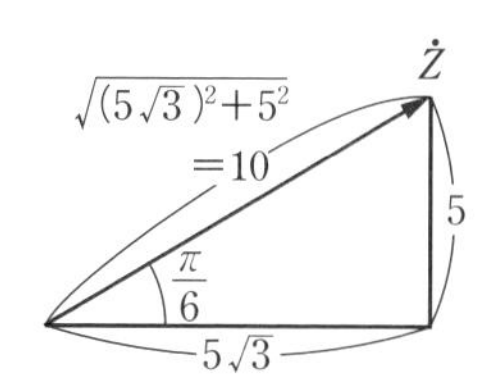

●解図 2　インピーダンスベクトル

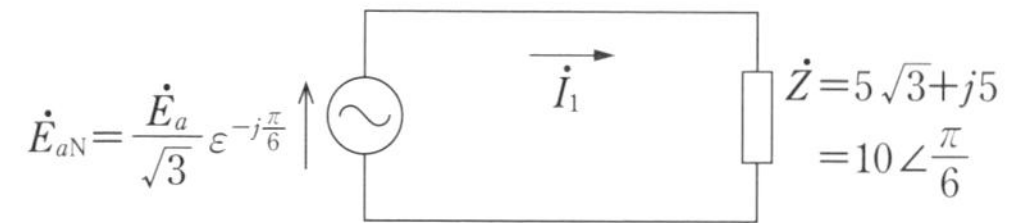

●解図 3　Y結線方式の等価単相回路

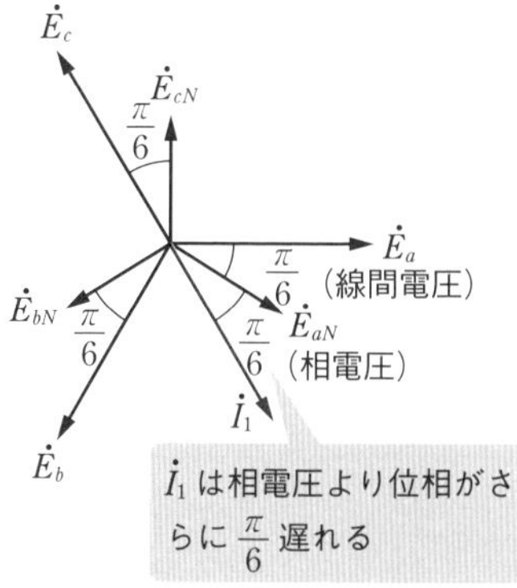

●解図 4　線間電圧基準のベクトル図

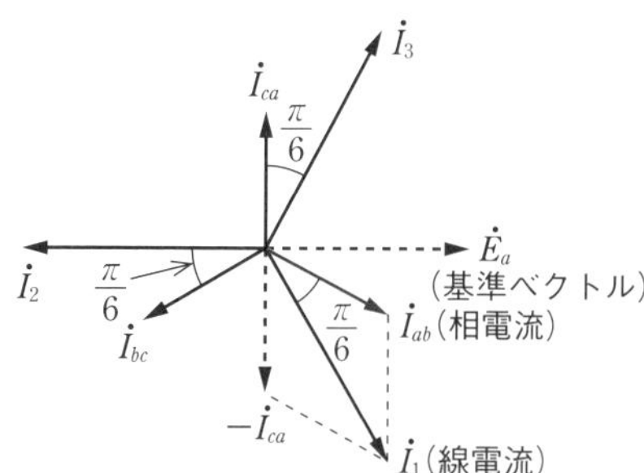

●解図 5　相電流と線電流のベクトル図

(b) キルヒホッフの第 1 法則を問題図の点 a に適用すると

$$\dot{I}_{ab}=\dot{I}_1+\dot{I}_{ca} \qquad \therefore \quad \dot{I}_1=\dot{I}_{ab}-\dot{I}_{ca}$$

したがって，相電流と線電流の三相ベクトル図は，解図 5 のとおりとなる．解図 5 から，相電流 $\dot{I}_{ab}$ は，線電流 $\dot{I}_1$ と比べて，大きさが $\frac{1}{\sqrt{3}}$ 倍であり，位相が $\frac{\pi}{6}$ 進むから

$$\dot{I}_{ab}=\frac{\dot{I}_1}{\sqrt{3}}\angle\frac{\pi}{6}=\frac{\frac{20}{\sqrt{3}}\angle-\frac{\pi}{3}}{\sqrt{3}}\angle\frac{\pi}{6}=\frac{20}{3}\angle\left(-\frac{\pi}{3}+\frac{\pi}{6}\right)$$

$$=\frac{20}{3}\angle-\frac{\pi}{6}=\mathbf{6.67\angle-\frac{\pi}{6}\,A}$$

解答 ▶ (a)-(4), (b)-(5)

問題45　H23 B-15

図のように，R〔Ω〕の抵抗，静電容量 C〔F〕のコンデンサ，インダクタンス L〔H〕のコイルからなる平衡三相負荷に線間電圧 V〔V〕の対称三相交流電源を接続した回路がある．次の (a) および (b) に答えよ．ただし，交流電源電圧の角周波数は ω〔rad/s〕とする．

(a) 三相電源から見た平衡三相負荷の力率が 1 になったとき，インダクタンス L〔H〕のコイルと静電容量 C〔F〕のコンデンサの関係を示す式として，正しいのは次のうちどれか．

(1) $L=\dfrac{3C^2R^2}{1+9(\omega CR)^2}$　(2) $L=\dfrac{3CR^2}{1+9(\omega CR)^2}$　(3) $L=\dfrac{3C^2R}{1+9(\omega CR)^2}$

(4) $L=\dfrac{9CR^2}{1+9(\omega CR)^2}$　(5) $L=\dfrac{R}{1+9(\omega CR)^2}$

(b) 平衡三相負荷の力率が 1 になったとき，静電容量 C〔F〕のコンデンサの端子電圧〔V〕の値を示す式として，正しいのは次のうちどれか．

(1) $\sqrt{3}\,V\sqrt{1+9(\omega CR)^2}$　(2) $V\sqrt{1+9(\omega CR)^2}$　(3) $\dfrac{V\sqrt{1+9(\omega CR)^2}}{\sqrt{3}}$

(4) $\dfrac{\sqrt{3}\,V}{\sqrt{1+9(\omega CR)^2}}$　(5) $\dfrac{V}{\sqrt{1+9(\omega CR)^2}}$

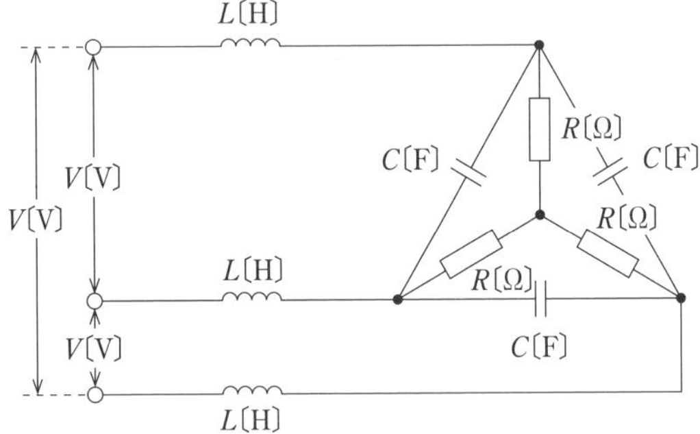

(a) は，問題図のコンデンサを △-Y 変換して，等価単相回路を求める．力率が 1 になるとき，インピーダンスの虚数部分は 0 になる．

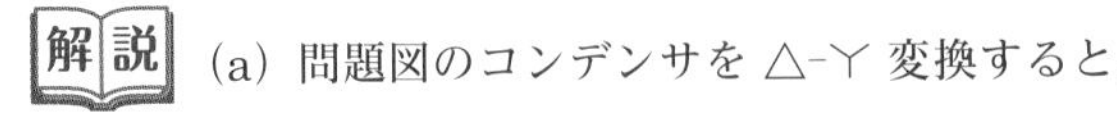

解説 (a) 問題図のコンデンサを △-Y 変換すると，式 (2･145) より，$\dot{Z}_{Y}=\dfrac{\dot{Z}_{\triangle}}{3}$

$=\dfrac{1/j\omega C}{3}=\dfrac{1}{j\omega(3C)}$ となるから，等価単相回路は解図 1 になる．

$$\dot{Z}=j\omega L+\frac{1}{\dfrac{1}{R}+j3\omega C}=j\omega L+\frac{R}{1+j3\omega CR}$$

$1+j3\omega CR$ の共役複素数を分母・分子にかける

$$=j\omega L+\frac{R(1-j3\omega CR)}{(1+j3\omega CR)(1-j3\omega CR)}=j\omega L+\frac{R-j3\omega CR^2}{1+9\omega^2C^2R^2}$$

$$=\frac{R}{1+9\omega^2C^2R^2}+j\omega\left\{L-\frac{3CR^2}{1+9\omega^2C^2R^2}\right\}$$

ここで，力率が 1 となるため，$\dot{Z}$ の虚数部（上式の｛　｝内）が 0 となるから

$$L-\frac{3CR^2}{1+9\omega^2C^2R^2}=0 \qquad \therefore\ \boldsymbol{L=\frac{3CR^2}{1+9(\omega CR)^2}}$$

式（2・140）より，△結線の相電流 $\dot{I}_{ab}$ は線電流 $\dot{I}_a$ の $\dfrac{1}{\sqrt{3}}$ 倍で，位相は $\dfrac{\pi}{6}$ 進む．$\dot{I}_{ab}=\dfrac{\dot{I}_a}{\sqrt{3}}\varepsilon^{j\frac{\pi}{6}}$

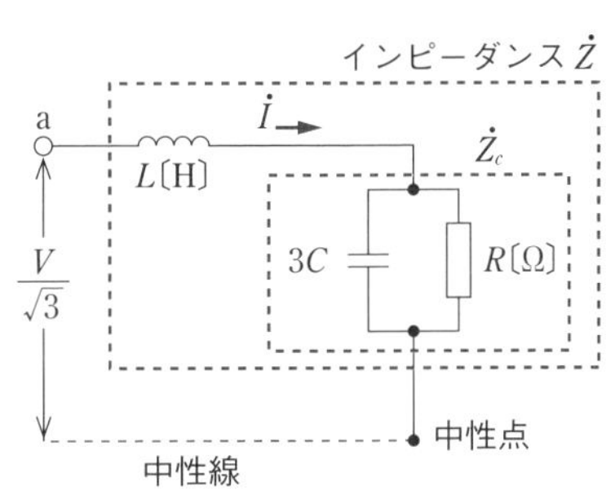

●解図 1　等価単相回路

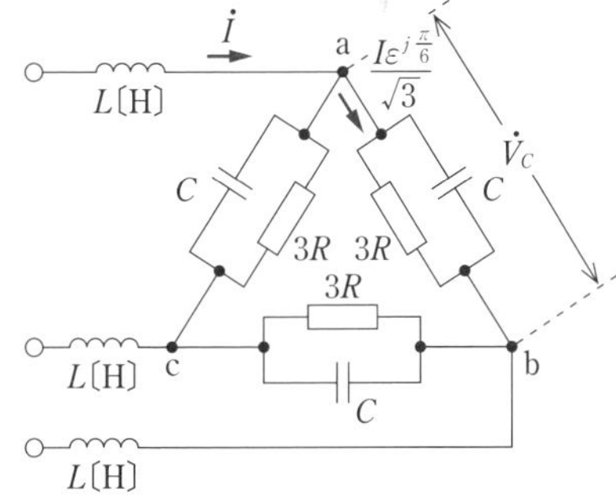

●解図 2

(b) 解図 1 の等価単相回路において，力率が 1 のとき $\dot{Z}$ は実数部だけとなるから

$$|\dot{I}|=\frac{\dfrac{V}{\sqrt{3}}}{\dfrac{R}{1+9(\omega CR)^2}}=\frac{V}{\sqrt{3}}\cdot\frac{1+9(\omega CR)^2}{R}\ \text{〔A〕}$$

問題図のコンデンサの端子電圧を求めるため，R を Y-△ 変換すると，解図 2 になる．

$$|\dot{V}_C|=\left|\frac{\dot{I}\varepsilon^{j\frac{\pi}{6}}}{\sqrt{3}}\cdot\frac{1}{\dfrac{1}{3R}+j\omega C}\right|=\left|\frac{\dot{I}}{\sqrt{3}}\cdot\frac{3R}{1+j3\omega CR}\right|$$

$$=\frac{1}{\sqrt{3}}\cdot\frac{V}{\sqrt{3}}\cdot\frac{1+9(\omega CR)^2}{R}\cdot\frac{3R}{\sqrt{1+9(\omega CR)^2}}=\boldsymbol{V\sqrt{1+9(\omega CR)^2}}$$

解答 ▶ (a)-(2)，(b)-(2)

三相電力と等価インピーダンス

［★★★］

1 瞬時電力と平均電力

Y 結線平衡負荷の相電圧瞬時値 e_a，e_b，e_c，電流瞬時値 i_a，i_b，i_c の積の合計は三相電力を示すので，e と i の位相差を θ とすれば

$$p=e_ai_a+e_bi_b+e_ci_c$$

$e_a=\sqrt{2}\,E\sin\omega t,\ i_a=\sqrt{2}\,I\sin(\omega t-\theta)$

$$=2EI\left\{\sin\omega t\sin(\omega t-\theta)+\sin\left(\omega t-\frac{2}{3}\pi\right)\sin\left(\omega t-\frac{2}{3}\pi-\theta\right)\right.$$

$$\left.+\sin\left(\omega t+\frac{2}{3}\pi\right)\sin\left(\omega t+\frac{2}{3}\pi-\theta\right)\right\}$$

｛ ｝内は常に 0

$$=\underline{\underline{EI\left[3\cos\theta\right.}}-\left\{\cos(2\omega t-\theta)+\cos\left(2\omega t-\frac{4}{3}\pi-\theta\right)\right.$$

$$\left.\left.+\cos\left(2\omega t+\frac{4}{3}\pi-\theta\right)\right\}\right] \tag{2・148}$$

（式の展開には，$2\sin A\sin B=\cos(A-B)-\cos(A+B)$ の三角公式を用いた）

式（2･148）において，｛ ｝内は任意の t において常に 0 となるので，瞬時三相電力 p には脈動成分は含まれず，平均電力 P は

$$\boldsymbol{P=3EI\cos\theta}\ \text{〔W〕} \tag{2・149}$$

一相分の電力の 3 倍

となり，この電力 P を**三相電力**（三相回路における有効電力）という．

相電圧の代わりに線間電圧 V を用いれば，$V=\sqrt{3}\,E$ であるので

$$\boldsymbol{P=\sqrt{3}\,VI\cos\theta}\ \text{〔W〕} \tag{2・150}$$

となる．ここで注意すべきことは，図 2･83（c）（d）のように，θ は相電圧と相電流（線電流）との位相差であり，線間電圧と線電流の位相差ではない．

式（2･149）は，一相分の電力 $EI\cos\theta$ の 3 倍が三相電力となることを示す．

θ は力率角で，負荷インピーダンスを $\dot{Z}=R+jX$ とすれば

$$\theta=\tan^{-1}\frac{X}{R}\qquad\cos\theta=\frac{R}{\sqrt{R^2+X^2}} \tag{2・151}$$

であり，単相交流回路と同様である．

三相無効電力 Q は，同様に

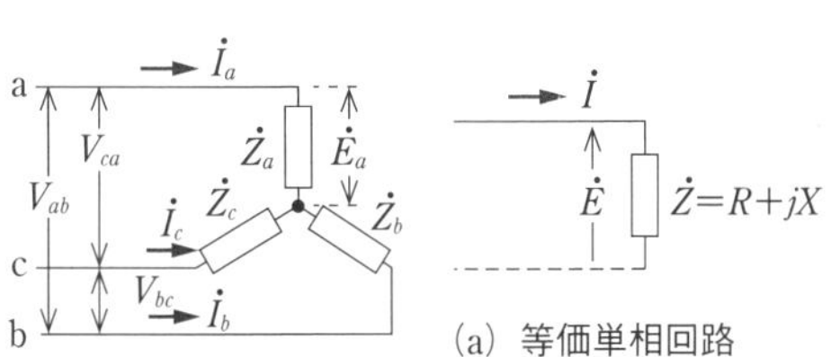

(a) 等価単相回路

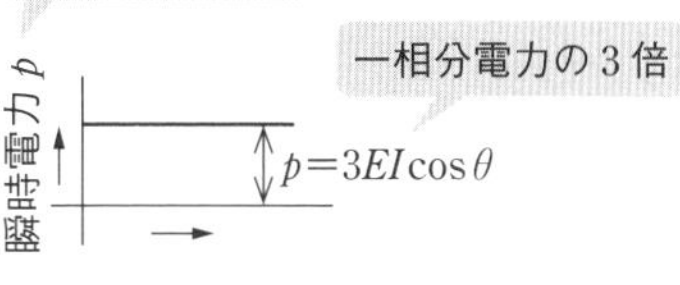

(b) 三相瞬時電力

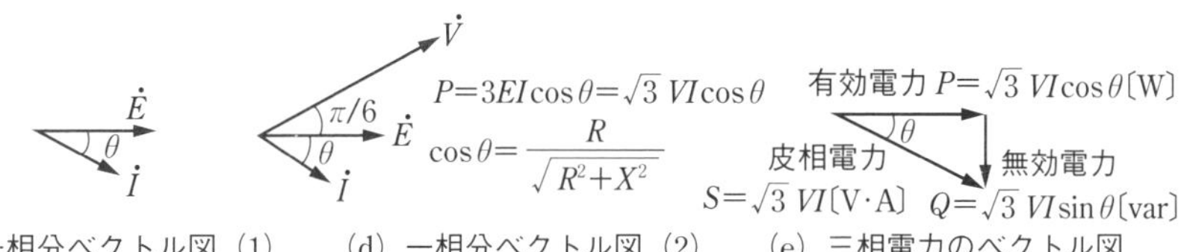

(c) 一相分ベクトル図 (1)　(d) 一相分ベクトル図 (2)　(e) 三相電力のベクトル図

●図 2・83　三相電力の説明図

$$\boldsymbol{Q=3EI\sin\theta=\sqrt{3}\,VI\sin\theta}\ \text{〔var〕} \tag{2・152}$$

で表される．

さらに，三相回路における皮相電力 S は，$S=\sqrt{P^2+Q^2}$ であるから

$$\boldsymbol{S=\sqrt{(\sqrt{3}\,VI\cos\theta)^2+(\sqrt{3}\,VI\sin\theta)^2}=\sqrt{3}\,VI} \tag{2・153}$$

となる．図 2·83 (e) のように，三相回路の皮相電力 S，有効電力 P，無効電力 Q の関係は電力の直角三角形（ベクトル図）で表すことができる．

2　複素数表示とブロンデルの定理

相電圧，相電流を複素数表示すれば，単相交流回路と同様に，進み無効電力を正にとる場合

$$P+jQ=\bar{\dot{E}}_a\dot{I}_a+\bar{\dot{E}}_b\dot{I}_b+\bar{\dot{E}}_c\dot{I}_c \tag{2・154}$$

対称三相回路では，$\bar{a}=a^2$，$\bar{a}^2=a$ の関係を用いれば

$$P+jQ=\bar{\dot{E}}_a\dot{I}_a+a\bar{\dot{E}}_a a^2\dot{I}_a+a^2\bar{\dot{E}}_a a\dot{I}_a=3\bar{\dot{E}}_a\dot{I}_a \tag{2・155}$$

となる（図 2·84）．

電流の合計は $\dot{I}_a+\dot{I}_b+\dot{I}_c=0$ であるため，式 (2·154) から $\bar{\dot{E}}_c(\dot{I}_a+\dot{I}_b+\dot{I}_c)$ を差し引いても値は変わらない．したがって

$$\begin{aligned}\boldsymbol{P+jQ}&=\boldsymbol{\bar{\dot{E}}_a\dot{I}_a+\bar{\dot{E}}_b\dot{I}_b+\bar{\dot{E}}_c\dot{I}_c-\bar{\dot{E}}_c(\dot{I}_a+\dot{I}_b+\dot{I}_c)}\\&=\boldsymbol{(\bar{\dot{E}}_a-\bar{\dot{E}}_c)\dot{I}_a+(\bar{\dot{E}}_b-\bar{\dot{E}}_c)\dot{I}_b=\bar{\dot{V}}_{ac}\dot{I}_a+\bar{\dot{V}}_{bc}\dot{I}_b}\end{aligned} \tag{2・156}$$

となる．これは，図 2·85 のように，**三相電力を測定するための電力計は 2 個でよい**ことを示す．これを**ブロンデルの定理**といい，一般的に表せば「**n 条の電線**

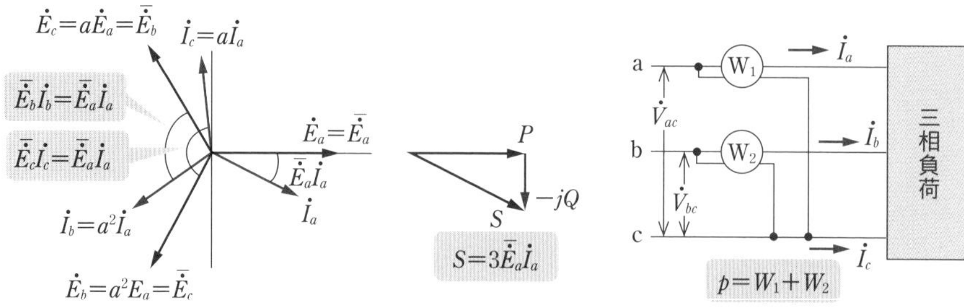

●図 2・84 三相電力の複素数表示　●図 2・85 ブロンデルの定理

で送られた電力は，$n-1$ 個の電力計で測定することができる」.

3 三相負荷の等価インピーダンス

Y 結線負荷において，負荷インピーダンス $\dot{Z} = R + jX$ とすれば，相電圧を $\dot{E}$，相電流を $\dot{I}$，進み力率を正として

$$\boldsymbol{P - jQ = 3\overline{\dot{E}}\dot{I} = 3\overline{\dot{Z}}\overline{\dot{I}}\dot{I} = 3I^2\overline{\dot{Z}} = 3I^2(R - jX)} \qquad (2\cdot157)$$

で表される．逆に，三相電力 P，無効電力 Q，線電流 I となるような負荷は，図 2･86 のような等価抵抗 R_e，等価リアクタンス X_e で表される．

一相分について扱えば，単相交流回路と同様の計算となる．

△ 結線負荷については，図 2･86 のように，まず Y 結線負荷とみなして R_e，X_e を求め，Y-△ 変換により，$\dot{Z}_\triangle = 3\dot{Z}_Y$ として

$$\left.\begin{aligned} R_e' &= 3R_e \\ X_e' &= 3X_e \end{aligned}\right\} \qquad (2\cdot158)$$

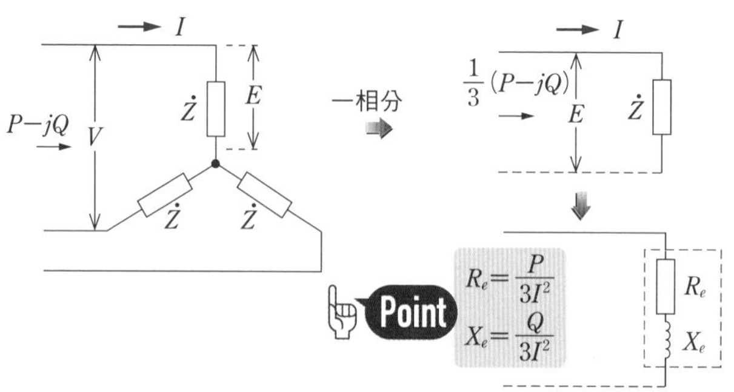

●図 2・86 三相負荷等価インピーダンス（$P-jQ = 3\overline{\dot{E}}\dot{I}$ のとき）

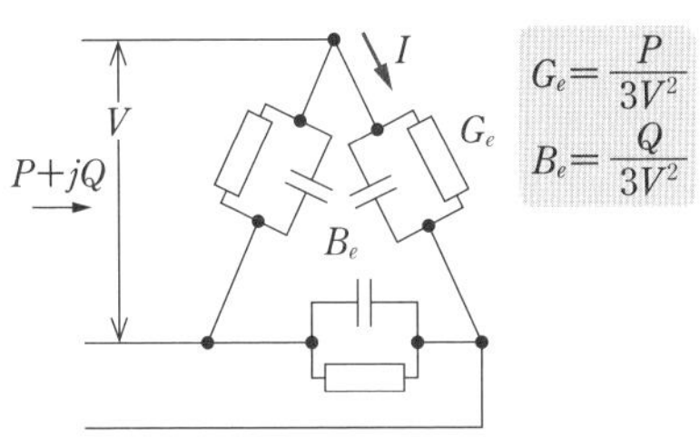

●図 2・87　並列等価アドミタンス

とする．

並列等価負荷として表現する場合は，図 2･87 のような等価コンダクタンス G_e，等価サセプタンス B_e で表される．

4　V　結　線

V 結線とは，△ 結線の 3 電源のうち，1 電源を取り除いた結線方式をいう．この V 結線は，高圧配電線などで採用される．図 2･88 は，V 結線の電源における電圧の関係を示している．

図 2･88 において，V 結線の相電圧 $\dot{E}_{ab}$ は線間電圧 $\dot{V}_{ab}$ と等しく，相電圧 $\dot{E}_{bc}$ は線間電圧 $\dot{V}_{bc}$ と等しい．そして，$\dot{V}_{ca}=-(\dot{V}_{ab}+\dot{V}_{bc})=-(\dot{E}_{ab}+\dot{E}_{bc})$ と表すことができる．つまり，**V 結線の電源は，△ 結線の 3 電源のうち 1 電源を除いて 2 電源で行う．線間電圧は対称三相電圧となっている**．

一方，**V 結線の回路における電流は**，図 2･89 から

$$\dot{I}_a=\dot{I}_{ab}-\dot{I}_{ca},\ \dot{I}_b=\dot{I}_{bc}-\dot{I}_{ab},\ \dot{I}_c=\dot{I}_{ca}-\dot{I}_{bc}$$

として求めればよい．

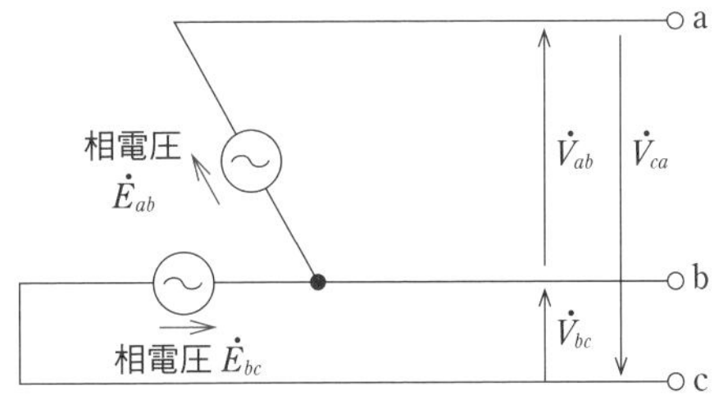

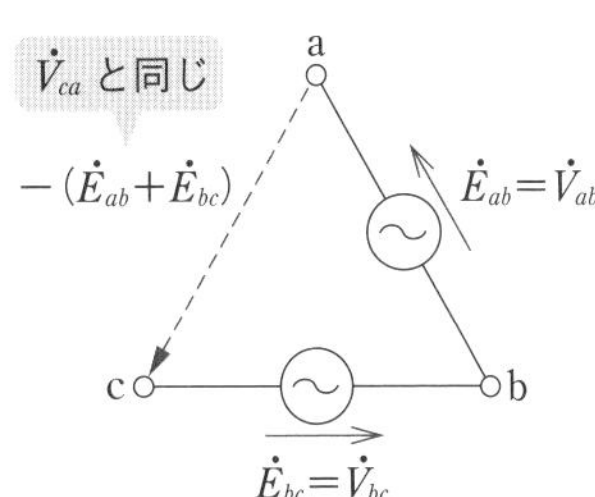

●図 2・88　V 結線の電源における電圧の関係

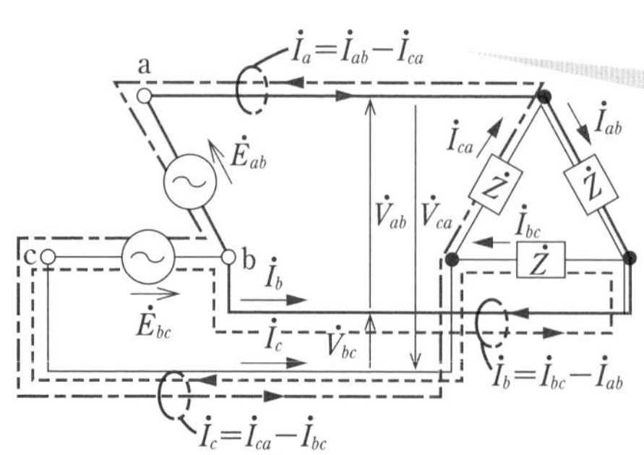

Point

a 相からの線電流 $\dot{I}_a$ は，相電圧 $\dot{E}_{ab}$ に基づく相電流 $\dot{I}_{ab}$ から，仮想的な電源 $\dot{E}_{ca}=-(\dot{E}_{ab}+\dot{E}_{bc})$ に基づく相電流 $\dot{I}_{ca}$ を差し引いた電流

b 相からの線電流 $\dot{I}_b$ は，相電圧 $\dot{E}_{bc}$ に基づく相電流 $\dot{I}_{bc}$ から，相電圧 $\dot{E}_{ab}$ に基づく相電流 $\dot{I}_{ab}$ を差し引いた電流

c 相からの線電流 $\dot{I}_c$ は，仮想的な電源 $\dot{E}_{ca}=-(\dot{E}_{ab}+\dot{E}_{bc})$ に基づく相電流 $\dot{I}_{ca}$ から，相電圧 $\dot{E}_{bc}$ に基づく相電流 $\dot{I}_{bc}$ を差し引いた電流

●図 2・89　V 結線回路の電流

問題46 R1 B-16

図のように線間電圧 200 V，周波数 50 Hz の対称三相交流電源に RLC 負荷が接続されている．$R=10\,\Omega$，電源角周波数を ω〔rad/s〕として，$\omega L=10\,\Omega$，$\dfrac{1}{\omega C}=20\,\Omega$ である．次の (a) および (b) の問に答えよ．

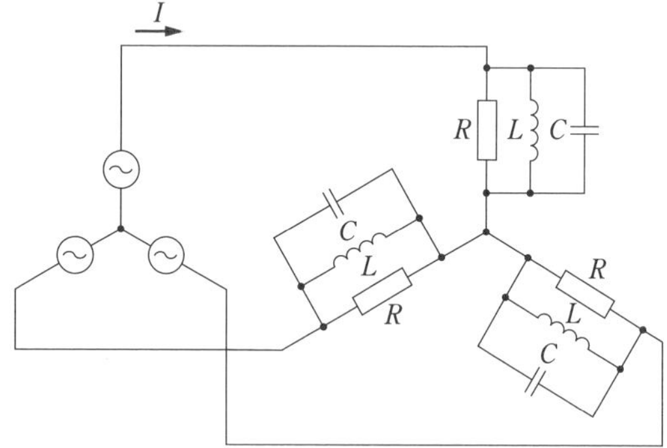

(a) 電源電流 I の値〔A〕として，最も近いものを次の (1)～(5) のうちから一つ選べ．

(1) 7　(2) 10　(3) 13　(4) 17　(5) 22

(b) 三相負荷の有効電力の値〔kW〕として，最も近いものを次の (1)～(5) のうちから一つ選べ．

(1) 1.3　(2) 2.6　(3) 3.6　(4) 4.0　(5) 12

対称三相電源と平衡三相負荷の三相交流回路は，電源と負荷を Y 結線に変換し，一相分の単相交流回路計算で求める．問題図の負荷の一相分は RLC 並列回路なので，解図のように電流のベクトル図（電流の三角形）を書く．

(a) 相電圧 $\dot{E}$ を基準とすれば，抵抗 R，コイル L，コンデンサ C に流れる電流は解図のようになり

$$\dot{I}_R = \frac{\dot{E}}{R} = \frac{200/\sqrt{3}}{10} = \frac{20}{\sqrt{3}}\,\text{A}$$

$$\dot{I}_L = \frac{\dot{E}}{j\omega L} = \frac{200/\sqrt{3}}{j10} = -j\frac{20}{\sqrt{3}}\,\text{A}$$

$$\dot{I}_C = j\omega C\dot{E} = j\frac{1}{20}\cdot\frac{200}{\sqrt{3}} = j\frac{10}{\sqrt{3}}\,\text{A}$$

である．電源電流 $\dot{I} = \dot{I}_R + \dot{I}_L + \dot{I}_C$ であるから

$$\dot{I} = \dot{I}_R + \dot{I}_L + \dot{I}_C$$

$$= \frac{20}{\sqrt{3}} - j\frac{20}{\sqrt{3}} + j\frac{10}{\sqrt{3}} = \frac{10}{\sqrt{3}}(2-j)\,\text{A}$$

となる．

$$\therefore\quad |\dot{I}| = \frac{10}{\sqrt{3}}\sqrt{2^2+1^2} = \frac{10}{\sqrt{3}}\sqrt{5} = \frac{10}{3}\sqrt{15} \fallingdotseq \mathbf{13\,A}$$

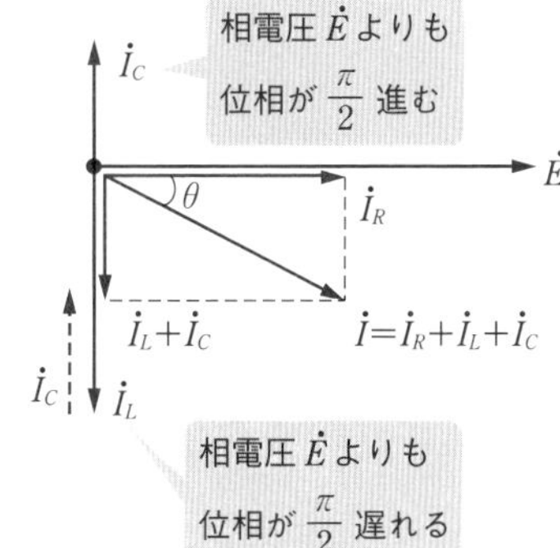

●解図

(b) 負荷の一相分の有効電力は抵抗 R で消費される電力 $I_R{}^2R$ であるから，三相負荷の有効電力 P は式 (2･157) より

$$P = 3I_R{}^2R = 3\times\left(\frac{20}{\sqrt{3}}\right)^2\times 10 = 4\,000\,\text{W} = \mathbf{4\,kW}$$

解答 ▶ (a)-(3)，(b)-(4)

問題47 ✓ ✓ ✓ H26 B-16

図 1 のように，線間電圧 200 V，周波数 50 Hz の対称三相交流電源に 1 Ω の抵抗と誘導性リアクタンス $\frac{4}{3}$ Ω のコイルとの並列回路からなる平衡三相負荷（Y 結線）が接続されている．また，スイッチ S を介して，コンデンサ C（△ 結線）を接続することができるものとする．次の (a) および (b) の問に答えよ．

(a) スイッチ S が開いた状態において，三相負荷の有効電力 P の値〔kW〕と無効電力 Q の値〔kvar〕の組合せとして，正しいのは次のうちどれか．

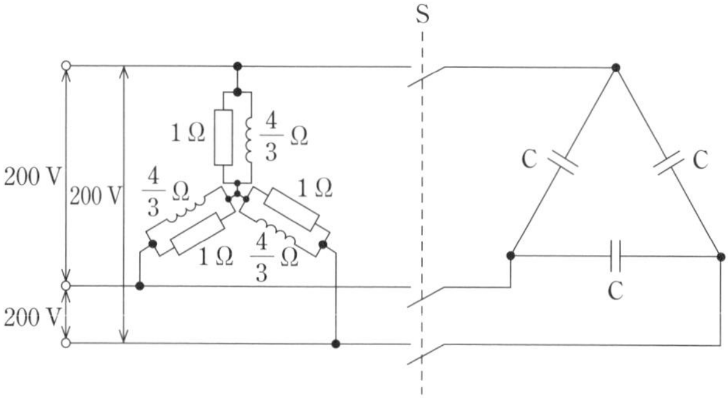

●図 1

	P	Q
(1)	40	30
(2)	40	53
(3)	80	60
(4)	120	90
(5)	120	160

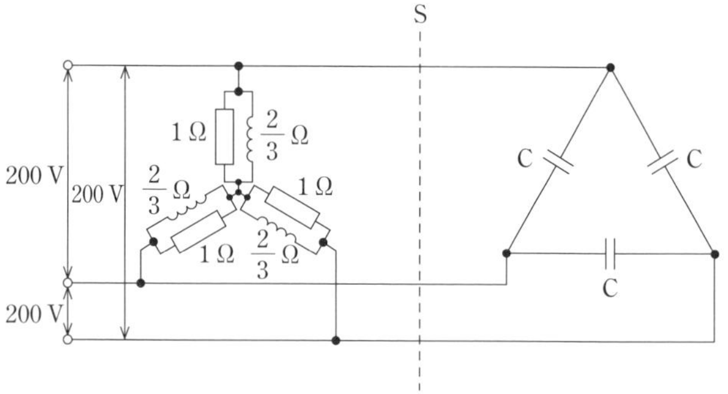

●図 2

(b) 図 2 のように三相負荷のコイルの誘導性リアクタンスを $\dfrac{2}{3}\Omega$ に置き換え，スイッチ S を閉じてコンデンサ C を接続する．このとき，電源から見た有効電力と無効電力が図 1 の場合と同じ値となったとする．コンデンサ C の静電容量の値〔μF〕として，最も近いのは次のうちどれか．

(1) 800　(2) 1 200　(3) 2 400　(4) 4 800　(5) 7 200

△結線は，△-Y 変換し，等価単相回路として計算する．そして，平衡三相負荷の全消費電力は一相分の消費電力の 3 倍である．

(a) 等価単相回路は解図 1 である．一相分の有効電力を P_1，三相負荷の有効電力を P_3 として

$$P_1 = \frac{E^2}{R} = \frac{(200/\sqrt{3})^2}{1} = \frac{40\,000}{3}\,\mathrm{W}$$

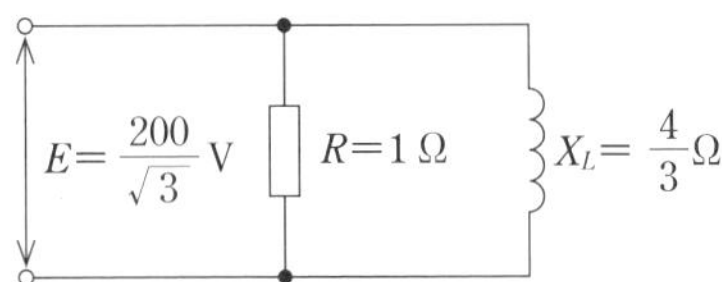

●解図１　等価単相回路

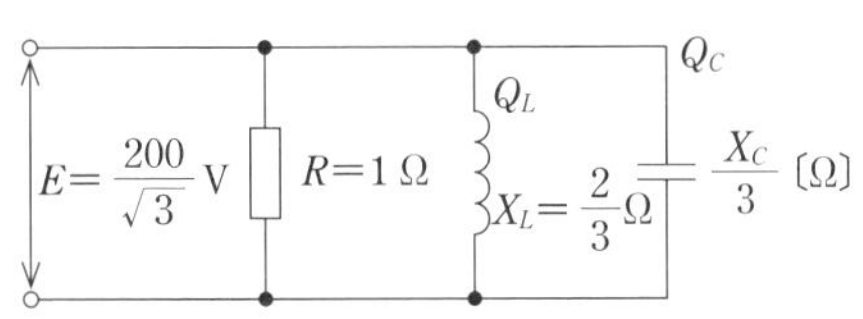

●解図２　等価単相回路

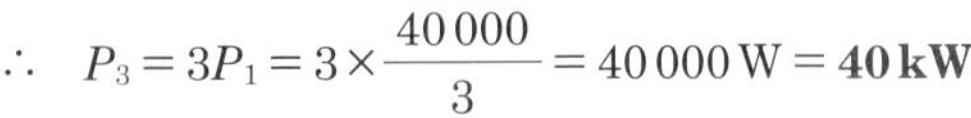

$$\therefore\quad P_3=3P_1=3\times\frac{40\,000}{3}=40\,000\,\mathrm{W}=\mathbf{40\,kW}$$

一相分の無効電力を Q_1，三相負荷の無効電力を Q_3 として

$$Q_1=\frac{E^2}{X_L}=\frac{(200/\sqrt{3})^2}{4/3}=10\,000\,\mathrm{var}=10\,\mathrm{kvar}$$

$$\therefore\quad Q_3=3Q_1=\mathbf{30\,kvar}$$

(b) △結線のコンデンサ（容量性リアクタンス X_C）を△-Y変換すると，式（2･145）より，$X_C/3$ となるから，問題図２の等価単相回路は解図２となる．遅れ無効電力を正とすれば，解図２の遅れ無効電力は

$$Q_L-Q_C=\frac{E^2}{X_L}-\frac{E^2}{X_C/3}=\frac{(200/\sqrt{3})^2}{2/3}-\frac{(200/\sqrt{3})^2}{X_C/3}$$

$$=2\times10^4-\frac{4\times10^4}{X_C}\ \text{〔var〕}=20-\frac{40}{X_C}\ \text{〔kvar〕}$$

と表されるから，題意より

$$20-\frac{40}{X_C}=10\qquad\therefore\quad X_C=4\,\Omega$$

$$X_C=\frac{1}{\omega C}=\frac{1}{2\pi fC}\ \text{より}$$

$$C=\frac{1}{2\pi fX_C}=\frac{1}{2\pi\times50\times4}=796\times10^{-6}\,\mathrm{F}\fallingdotseq\mathbf{800\,\mu F}$$

解答 ▶ (a)-(1)　　(b)-(1)

問題48 ✓ ✓ ✓ H20 B-15

図のように，抵抗 6Ω と誘導性リアクタンス 8Ω を Y 結線し，抵抗 r〔Ω〕を△結線した平衡三相負荷に，200 V の対称三相交流電源を接続した回路がある．抵抗 6Ω と誘導性リアクタンス 8Ω に流れる電流の大きさを I_1〔A〕，抵抗 r〔Ω〕に流れる電流の大きさを I_2〔A〕とするとき，次の (a) および (b) に答えよ．

(a) 電流 I_1〔A〕と電流 I_2〔A〕の大きさが等しいとき，抵抗 r〔Ω〕の値として，最も近いのは次のうちどれか．

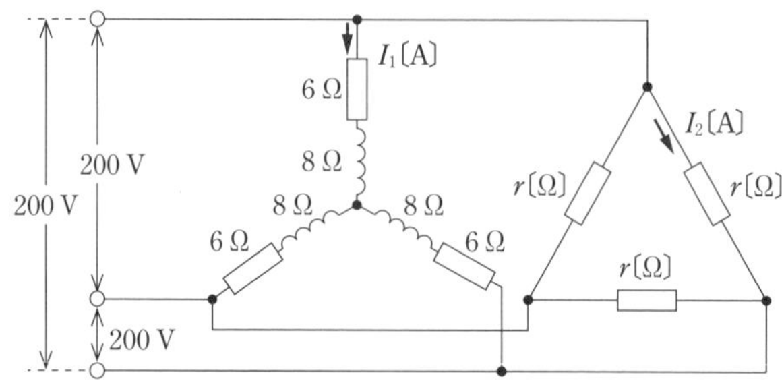

(1) 6.0　(2) 10.0　(3) 11.5　(4) 17.3　(5) 19.2

(b) 電流 I_1〔A〕と電流 I_2〔A〕の大きさが等しいとき，平衡三相負荷が消費する電力〔kW〕の値として，最も近いのは次のうちどれか．

(1) 2.4　(2) 3.1　(3) 4.0　(4) 9.3　(5) 10.9

Y 結線の負荷と △ 結線の負荷が並列接続されている．電源電圧が線間電圧で与えられていることに注意して，等価単相回路として計算すればよい．

(a) Y 結線の負荷の等価単相回路は解図 (a)，△ 結線の負荷の等価単相回路は解図 (b) になる．解図 (a) の負荷インピーダンス $\dot{Z}=6+j8$ であるから

$$I_1=\frac{E}{Z}=\frac{200/\sqrt{3}}{\sqrt{6^2+8^2}}=\frac{200/\sqrt{3}}{10}=\frac{20}{\sqrt{3}}\,\mathrm{A}$$

$$I_2=\frac{V}{r}=\frac{200}{r}$$

ここで，題意より $I_1=I_2$ であるから

$$\frac{20}{\sqrt{3}}=\frac{200}{r}\qquad \therefore\quad r=\frac{200\sqrt{3}}{20}=10\sqrt{3}\fallingdotseq\mathbf{17.3\,\Omega}$$

(b) 平衡三相負荷が消費する電力 P は，Y 結線と △ 結線の抵抗分による消費電力の和となる．題意から，$I_1=I_2$ となるときであるため，(a) を利用すると，$I_1=I_2=20/\sqrt{3}$，$r=10\sqrt{3}$ である．

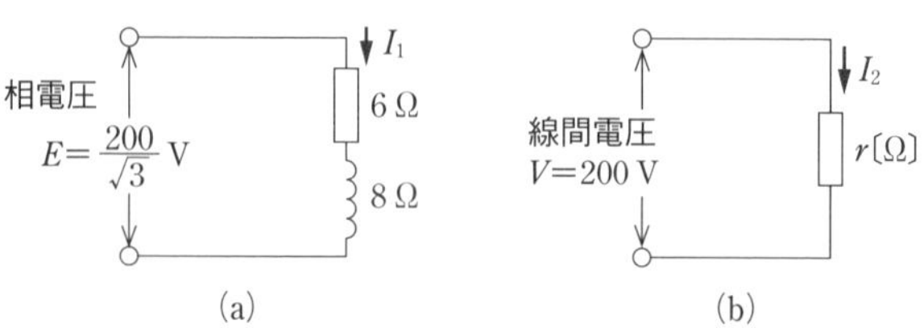

●解図　等価単相回路

$$P=3\times I_1{}^2\times 6+3\times I_2{}^2\times r=3\times\left(\frac{20}{\sqrt{3}}\right)^2\times 6+3\times\left(\frac{20}{\sqrt{3}}\right)^2\times 10\sqrt{3}$$

$$=2\,400+4\,000\sqrt{3}\fallingdotseq 9328\,\text{W}\fallingdotseq \mathbf{9.3\,kW}$$

解答 ▶ (a)-(4), (b)-(4)

問題49 H19 B-15

平衡三相回路について，次の (a) および (b) に答えよ．

(a) 図 1 のように，抵抗 R とコイル L からなる平衡三相負荷に，線間電圧 200 V，周波数 50 Hz の対称三相交流電源を接続したところ，三相負荷全体の有効電力は $P=2.4$ kW で，無効電力は $Q=3.2$ kvar であった．負荷電流 I〔A〕の値として，最も近いのは次のうちどれか．

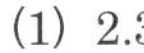

(1) 2.3　(2) 4.0　(3) 6.9
(4) 9.2　(5) 11.5

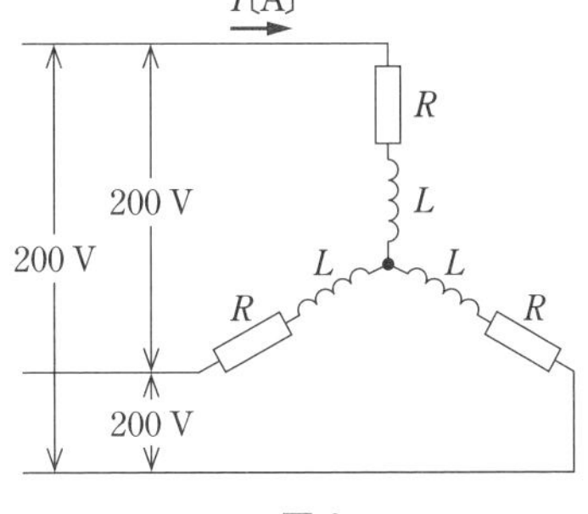

●図 1

(b) 図 1 に示す回路の各線間に同じ静電容量のコンデンサ C を図 2 に示すように接続した．このとき，三相電源から見た力率が 1 となった．このコンデンサ C の静電容量〔μF〕の値として，最も近いのは次のうちどれか．

(1) 48.8　(2) 63.4　(3) 84.6
(4) 105.7　(5) 146.5

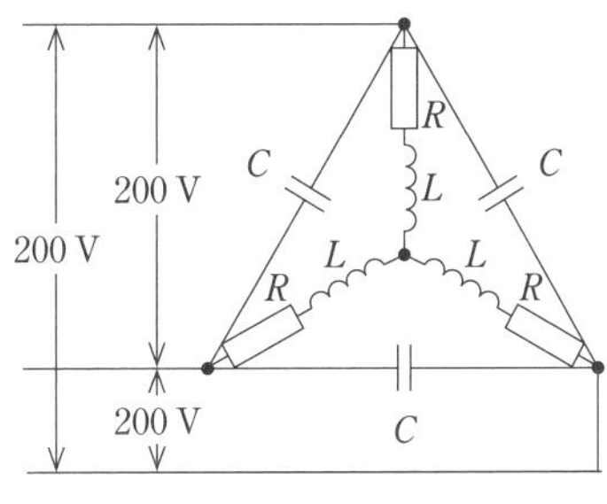

●図 2

平衡三相負荷の有効電力 P と無効電力 Q は，式 (2·150) と式 (2·152) で与えられるので，皮相電力 $S=\sqrt{P^2+Q^2}=\sqrt{(\sqrt{3}VI\cos\theta)^2+(\sqrt{3}VI\sin\theta)^2}=\sqrt{3}VI$ となる．

(a) 皮相電力 $S=\sqrt{P^2+Q^2}=\sqrt{2.4^2+3.2^2}=\sqrt{16}=4\,\text{kV·A}$

また，$S=\sqrt{3}VI$ であるから，負荷電流 I は

$$I=\frac{S}{\sqrt{3}V}=\frac{4\,000}{\sqrt{3}\times 200}=\frac{20}{\sqrt{3}}\fallingdotseq \mathbf{11.5\,A}$$

(b) 問題図 1 の R と X ($=\omega L$) を求めると，図 2·86 および式 (2·157) より

$$R=\frac{P}{3I^2}=\frac{2\,400}{3\left(\frac{20}{\sqrt{3}}\right)^2}=\frac{2\,400}{400}=6\,\Omega$$

$$X=\frac{Q}{3I^2}=\frac{3\,200}{3\left(\frac{20}{\sqrt{3}}\right)^2}=\frac{3\,200}{400}=8\,\Omega$$

次に，問題図 2 の △ 結線の C を Y 結線に変換して，$R+jX$ に $-jX_C$ を並列接続した等価単相回路として，解図を扱えばよい．

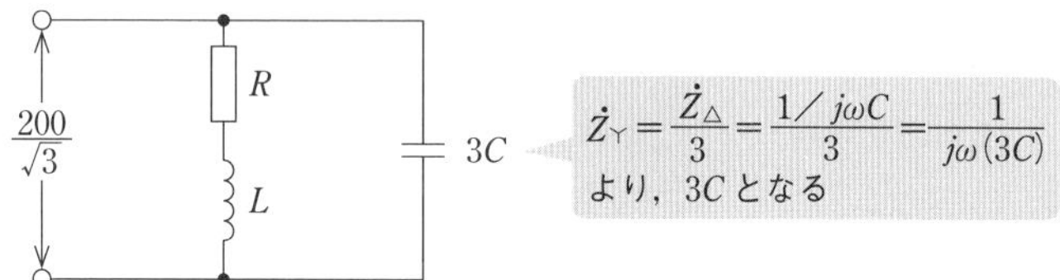

●解図 等価単相回路

解図の合成インピーダンス $\dot{Z}$ は，$-jX_C=\frac{1}{j3\omega C}$ とおけば

$$\dot{Z}=\frac{-jX_C(R+jX)}{R+jX-jX_C}=\frac{-jX_C(6+j8)}{6+j8-jX_C}=\frac{(8-j6)X_C}{6+j(8-X_C)}$$

$$=\frac{(8-j6)X_C\{6-j(8-X_C)\}}{\{6+j(8-X_C)\}\{6-j(8-X_C)\}}=\frac{6(8-j6)X_C-j(8-j6)X_C(8-X_C)}{6^2+(8-X_C)^2}$$

$$=\frac{6X_C{}^2+j4X_C(2X_C-25)}{6^2+(8-X_C)^2}$$

ここで，題意から，三相電源から見た力率が 1 であるから，上式の $\dot{Z}$ の虚数部分は 0 となる．

$$\therefore\ \frac{j4X_C(2X_C-25)}{6^2+(8-X_C)^2}=0 \qquad \therefore\ 2X_C-25=0 \quad (\because\ X_C\neq 0)$$

$$\therefore\ X_C=\frac{25}{2}$$

また，$-jX_C=\frac{1}{j3\omega C}=-j\frac{1}{3\omega C}$ より，$X_C=\frac{1}{3\omega C}$

$$\therefore\ C=\frac{1}{3\omega X_C}=\frac{1}{3\times2\pi\times50\times(25/2)}\,\mathrm{F}=\frac{10^6}{3\times2\pi\times50\times(25/2)}\,\mu\mathrm{F}$$

$$\fallingdotseq \mathbf{84.6\,\mu F}$$

解答 ▶ (a)-(5)，(b)-(3)

問題50　　H27 B-17

図のような Y 結線電源と三相平衡負荷からなる平衡三相回路において，$R=5\,\Omega$，$L=16\,\mathrm{mH}$ である．また，電源の線間電圧 e_a〔V〕は，時刻 t〔s〕において $e_a=100\sqrt{6}\sin(100\pi t)$〔V〕と表され，線間電圧 e_b〔V〕は e_a〔V〕に対して振幅が等しく，位相が 120° 遅れている．ただし，電源の内部インピーダンスは零である．このとき，次の (a) および (b) の問に答えよ．

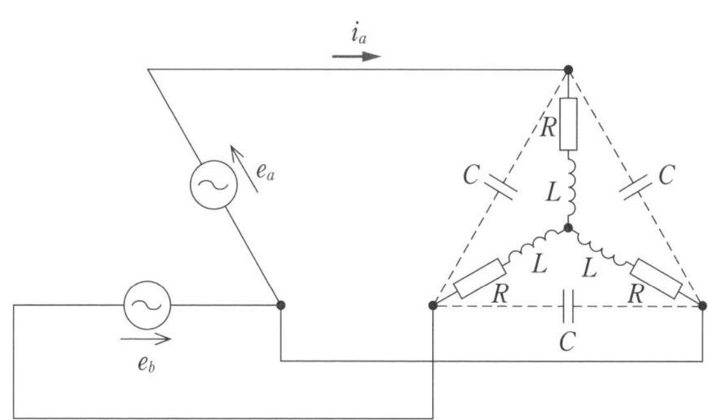

(a) 図の点線で示された配線を切断し，3 個のコンデンサを三相回路から切り離したとき，三相電力 P の値〔kW〕として，最も近いのは次のうちどれか．

(1) 1　(2) 3　(3) 6　(4) 9　(5) 18

(b) 点線部を接続することによって同じ特性の 3 個のコンデンサを接続したところ，i_a の波形は e_a の波形に対して位相が 30° 遅れていた．このときのコンデンサ C の静電容量の値〔F〕として，最も近いのは次のうちどれか．

(1) 3.6×10^{-5}　(2) 1.1×10^{-4}　(3) 3.2×10^{-4}　(4) 9.6×10^{-4}　(5) 2.3×10^{-3}

Y 結線の電源でも，負荷から見れば対称三相電源であるため，解図 1 のような等価単相回路として計算する．

(a) まず，e_a の式から線間電圧の実効値 E_a は式 (2･53) より $E_a=100\sqrt{6}/\sqrt{2}=100\sqrt{3}$ となる．

したがって，a 相の相電圧の大きさ E_{Ya} は

$$E_{Ya}=\frac{E_a}{\sqrt{3}}=\frac{100\sqrt{3}}{\sqrt{3}}=100\,\mathrm{V}$$

一方，$X_L=2\pi fL=2\pi\times50\times16\times10^{-3}=5\,\Omega$ で，負荷インピーダンス $\dot{Z}=R+jX_L=5+j5$ であるから

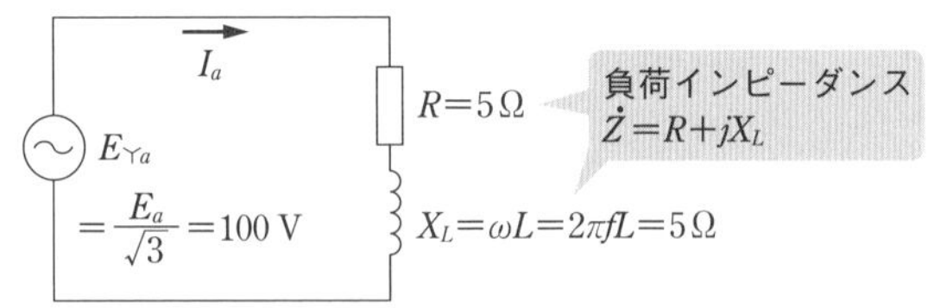

●解図 1

$$\therefore\quad I_a=\frac{E_{\curlyvee a}}{Z}=\frac{100}{\sqrt{R^2+X_L{}^2}}=\frac{100}{\sqrt{5^2+5^2}}=10\sqrt{2}\,\mathrm{A}$$

三相電力 P は式 (2･157) より $P=3I^2R$ であるから，

三相電力 $P=3I_a{}^2R=3(10\sqrt{2})^2\times5=3\,000\mathrm{W}=\mathbf{3\,kW}$

(b) 相電圧 $\dot{E}_{\curlyvee a}$ を基準にしたベクトル図を解図 2 (a) に示す．

題意より $\dot{I}_a$ の位相は $\dot{E}_a$ に対して 30° 遅れているので，$\dot{I}_a$ は $\dot{E}_{\curlyvee a}$ と同相であり，電源側から見た負荷とコンデンサの力率は 1 である．コンデンサを式 (2･145) より △-Y 変換した等価単相回路を解図 2 (b) に示す．解図 2 (b) のように $\dot{I}_{RL}$，$\dot{I}_C$ を仮定すれば

$$\dot{I}_{RL}=\frac{\dot{E}_{\curlyvee a}}{R+jX_L}=\frac{100}{5+j5}=\frac{100(5-j5)}{(5+j5)(5-j5)}=10-j10\ \text{〔A〕}$$

ここで，解図 2 (c) のように $\dot{I}_a=\dot{I}_{RL}+\dot{I}_C$ が $\dot{E}_{\curlyvee a}$ と同相となるためには $\dot{I}_C$ は $j10$ とならなければならない．このとき，$\dot{I}_a=\dot{I}_{RL}+\dot{I}_C=10-j10+j10=10$ となる．

$\dot{I}_C=j3\omega C\dot{E}_{\curlyvee a}$ であるから，$|\dot{I}_C|=|j3\omega C\dot{E}_{\curlyvee a}|$

$$\therefore\quad 10=3\times2\times\pi\times50\times C\times100$$

$$\therefore\quad C=\frac{1}{100\pi\times3\times10}\fallingdotseq\mathbf{1.1\times10^{-4}\,F}$$

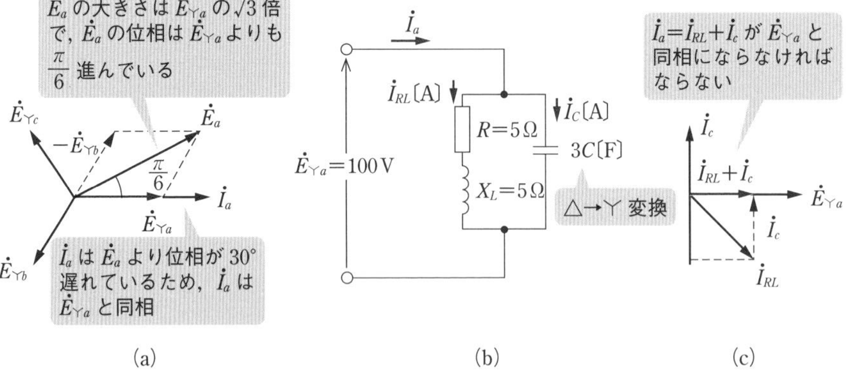

●解図 2

解答 ▶ (a)-(2)，(b)-(2)

過渡現象と時定数

[★★★]

1 *RL* 回路

抵抗 R〔Ω〕とインダクタンス L〔H〕の直列回路に直流電圧 E〔V〕を加えると，電流 i〔A〕は図 2·90 のような変化曲線を描き，最終的に直流電流 $I_0(=E/R)$ に達する．スイッチを入れてから t〔s〕後の電流 i は

$$L\frac{di}{dt}+Ri=E \qquad (2\cdot159)$$

という微分方程式に従って変化し，その解は

$$i=\frac{E}{R}(1-\varepsilon^{-\frac{R}{L}t})=I_0(1-\varepsilon^{-\frac{t}{T}}) \qquad (2\cdot160)$$

時定数 $T=\frac{L}{R}$〔s〕

ただし，$\varepsilon=2.71828$（自然対数の底），$I_0=E/R$，$T=L/R$ である．

i は，L/R〔s〕後に，$I_0(1-\varepsilon^{-1})=0.632I_0$ となる．また，図 2·90 の **i の変化曲線上において，任意の時刻で接線を引き，最終値 I_0 と交わる時間を求めるとすべて L/R〔s〕となる．**

このような性質をもつ時間 **$T=L/R$〔s〕**を，この ***RL* 直列回路の時定数**といい，過渡現象の継続時間の目安となる代表値である．

一方，図 2·90 の R，L の電圧 v_R，v_L は図 2·91 のようになる．

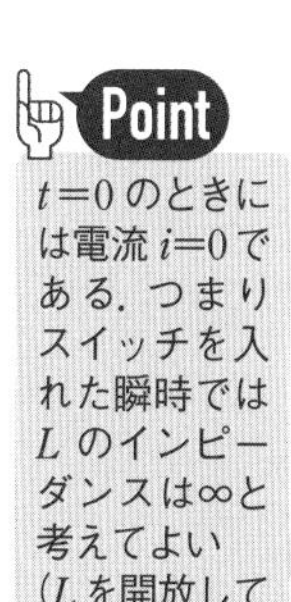

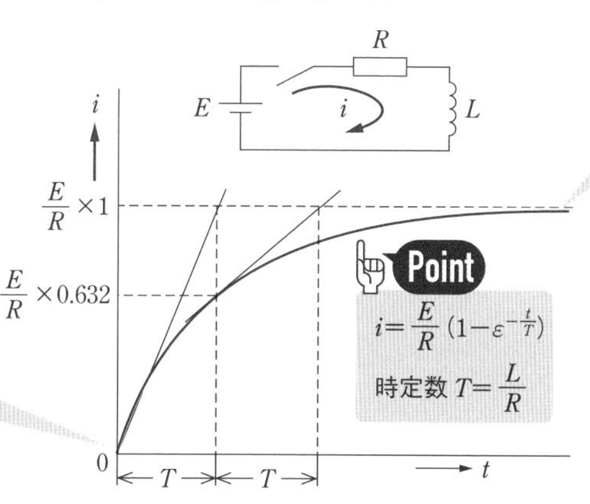

Point
一定の状態（定常状態）に達するときには，インダクタンス L の両端には電圧がかからないため，電流 i は E/R になっていく．十分に時間が経過した後では L を短絡したとみなせばよく，i は E/R となる

●図 2・90 電流の時間的変化と *RL* 回路の時定数

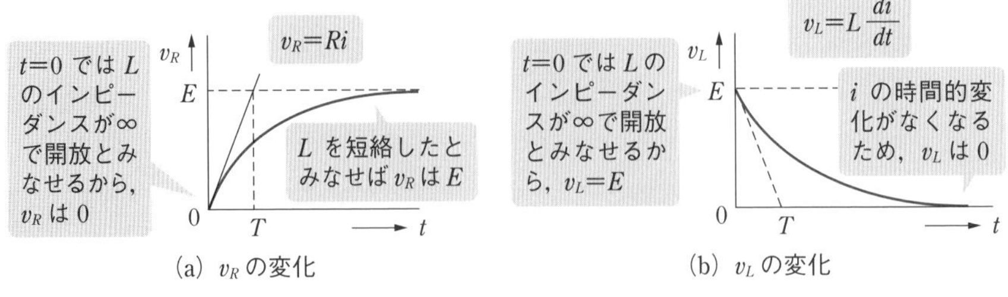

●図 2・91　図 2・90 の R と L の電圧の時間的変化

2 RC 回路

抵抗 R〔Ω〕と静電容量 C〔F〕の直列回路に直流電圧 E を加えると，C の電荷 q〔C〕および電流 i〔A〕は図 2・92 のような変化曲線を描く．

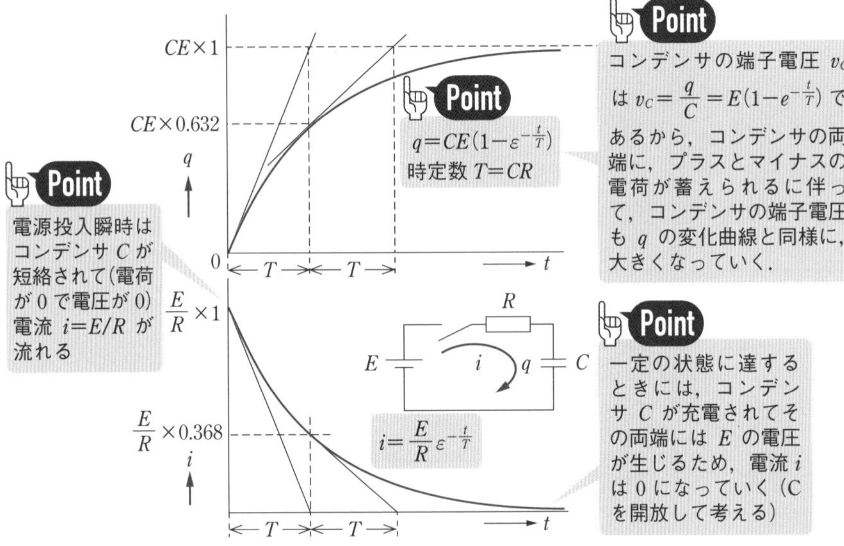

●図 2・92　電荷・電流の時間的変化と RC 回路の時定数

スイッチを入れてから t〔s〕後の電荷 q および i は

$$\left.\begin{aligned} R\frac{dq}{dt}+\frac{1}{C}q=E \\ i=\frac{dq}{dt} \end{aligned}\right\} \qquad (2 \cdot 161)$$

という微分方程式に従って変化し，その解は

$$q = CE\left(1-\varepsilon^{-\frac{t}{CR}}\right) = q_0\left(1-\varepsilon^{-\frac{t}{T}}\right) \qquad (2\cdot162)$$

$$i = \frac{E}{R}\varepsilon^{-\frac{t}{CR}} = I_0\varepsilon^{-\frac{t}{T}} \qquad (2\cdot163)$$

時定数 $T = CR$〔s〕

ただし，$q_0 = CE$，$I_0 = E/R$，$T = CR$ である．

スイッチを入れた瞬時（$t = 0$）の電流は，R のみの回路の直流電流 I_0 と同じである．

スイッチを入れてから，CR〔s〕後に電荷 q は，$q_0(1-\varepsilon^{-1}) = 0.632q_0$ となり，電流 i は，$I_0\varepsilon^{-1} = 0.368I_0$ となる．

また，**q および i の変化曲線の任意の時刻の接線と最終値が交わる時間はすべて CR〔s〕**となる．

すなわち，**RC 直列回路の時定数は $T = CR$〔s〕**である．

問題51 R3 A-10

開放電圧が V〔V〕で出力抵抗が十分に低い直流電圧源と，インダクタンスが L〔H〕のコイルが与えられ，抵抗 R〔Ω〕が図 1 のようにスイッチ S を介して接続されている．時刻 $t = 0$ でスイッチ S を閉じ，コイルの電流 i_L〔A〕の時間に対する変化を計測して，波形として表す．$R = 1\,\Omega$ としたところ，波形が図 2 であったとする．$R = 2\,\Omega$ であればどのような波形となるか，波形の変化を最も適切に表すものを次の（1）～（5）のうちから一つ選べ．

ただし，選択肢の図中の点線が図 2 と同じ波形を表し，実線は $R = 2\,\Omega$ のときの波形を表している．

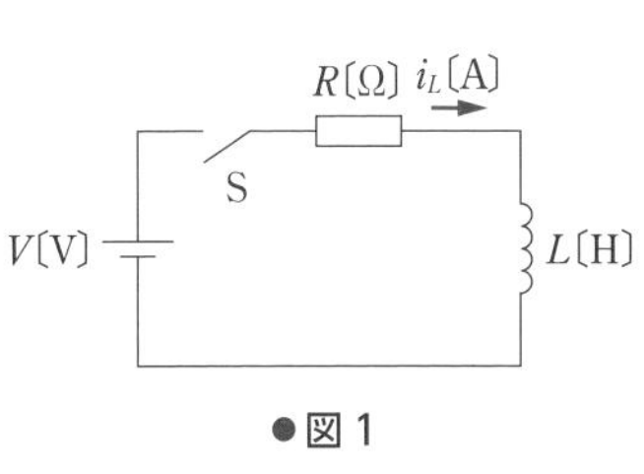

●図 1

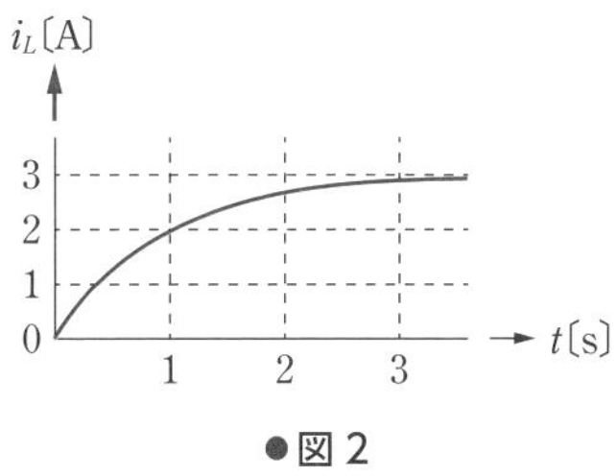

●図 2

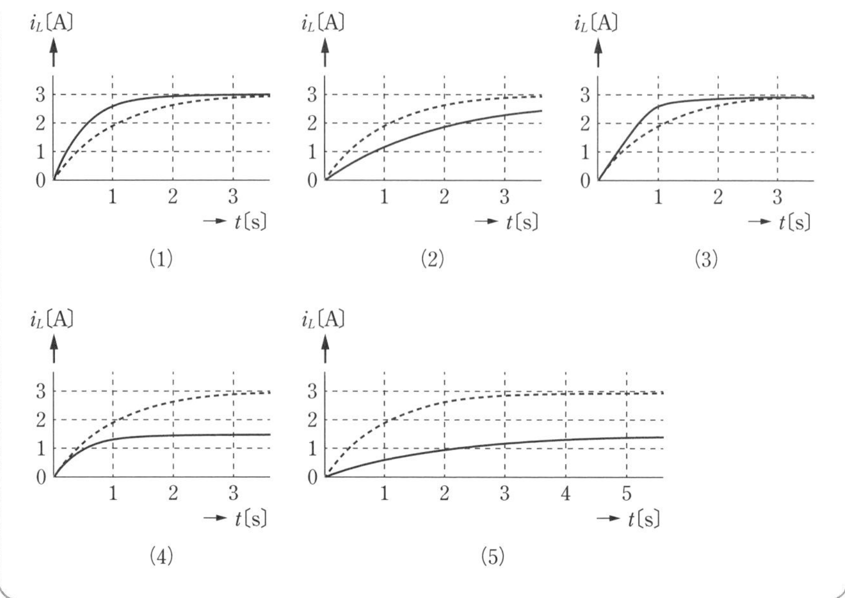

RL 直列回路において，回路の電流の定常値は図 2·90 に示すように，V/R〔A〕であり，時定数は $T = L/R$〔S〕である．

問題図 1 の回路の電流 i_L の定常値は問題図 2 で 3 A であるから

$$i_L = \frac{V}{R} = \frac{V}{1} = 3 \qquad \therefore \quad V = 3 \text{〔V〕}$$

ここで，$R = 1\Omega$ から $R = 2\Omega$ に変えると，回路の電流 i'_L の定常値は，$i'_L = \frac{V}{R} = \frac{3}{2} = 1.5$A となる．このため，答は（4）または（5）である．一方，RL 直列回路の時定数に着眼すると，$R = 1\Omega$ から $R = 2\Omega$ に変更する場合，時定数 $T = \frac{L}{R}$は，$T = \frac{L}{R} = \frac{L}{1} = L$〔s〕から，$T = \frac{L}{R} = \frac{L}{2}$〔s〕になる．つまり，時定数が $\frac{1}{2}$ 倍となるため，電流 i_L は定常値 $i'_L = 1.5$A により早く収束する．したがって，（5）よりも時定数が短い **（4）** が答である．

解答 ▶ (4)

問題52 H24 A-9

図のように，直流電圧 E〔V〕の電源，R〔Ω〕の抵抗，インダクタンス L〔H〕のコイル，スイッチ S_1 と S_2 からなる回路がある．電源の内部インピーダンスは 0 とする．時刻 $t=t_1$〔s〕でスイッチ S_1 を閉じ，その後，時定数 L/R〔s〕に比べて十分に時間が経過した時刻 $t=t_2$〔s〕でスイッチ S_2 を閉じる．このとき，電源から流れる電流 i〔A〕の波形を示す図として，最も近いのは次のうちどれか．

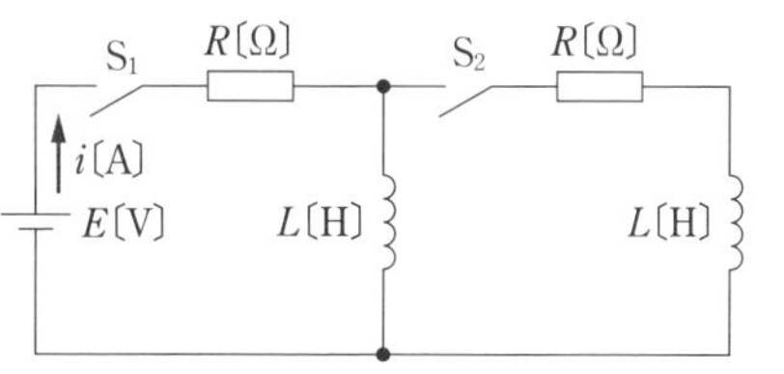

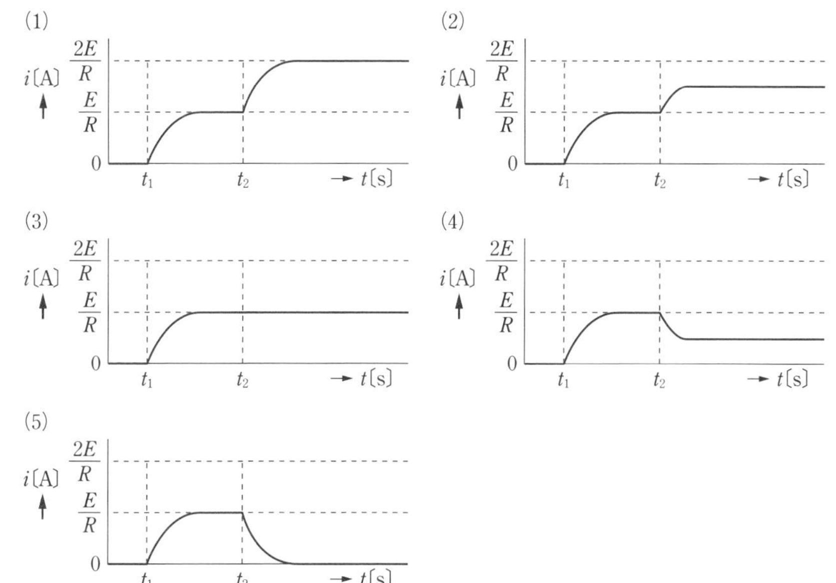

解説　まず，スイッチ S_1 を閉じた後の過渡現象は，図 2･90 や図 2･91，式 (2･159) や式 (2･160) と同じである．時定数 L/R〔s〕に比べて十分に時間が経過すれば，電流 $i=E/R$〔A〕となる．

次に，時刻 $t=t_2$ でスイッチ S_2 を閉じるとき，その直前においては解図 (a) のように L は短絡状態になっており，L の両端の電圧は 0 であるため，S_2 につながる回路には電流が流れない．したがって，$I_1=E/R$〔A〕の電流に変化はなく，そのまま流れ続ける．この様子を示した波形図は **(3)** となる．

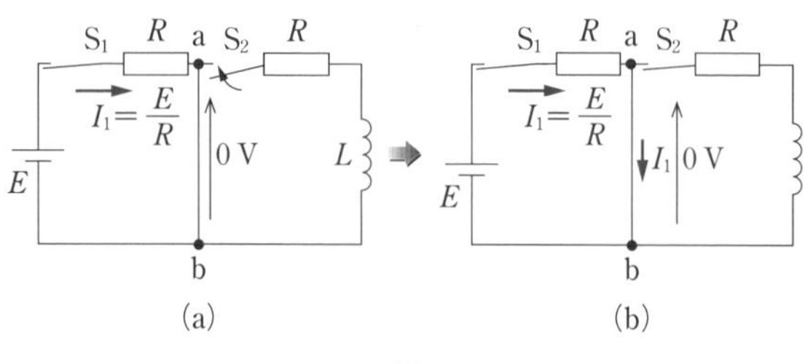

●解図

解答 ▶ (3)

問題53 H23 A-10

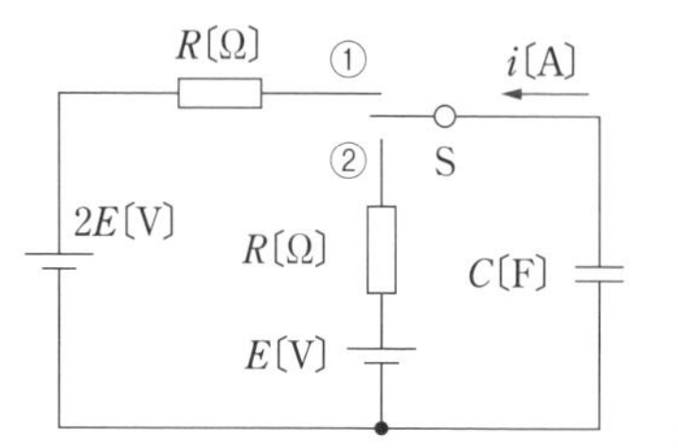

図のように，2 種類の直流電源，R〔Ω〕の抵抗，静電容量 C〔F〕のコンデンサおよびスイッチ S からなる回路がある．この回路において，スイッチ S を①側に閉じて回路が定常状態に達した後に，時刻 $t=0$s でスイッチ S を①側から②側に切り換えた．②側への切り換え以降の，コンデンサから流れ出る電流 i〔A〕の時間変化を示す図として，正しいのは次のうちどれか．

(1)
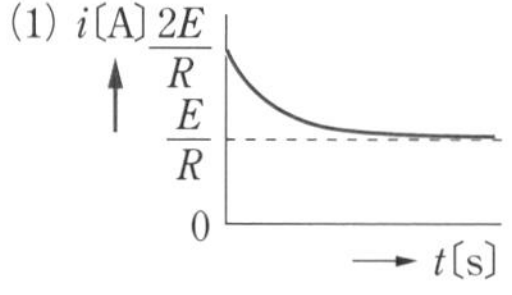

(2)
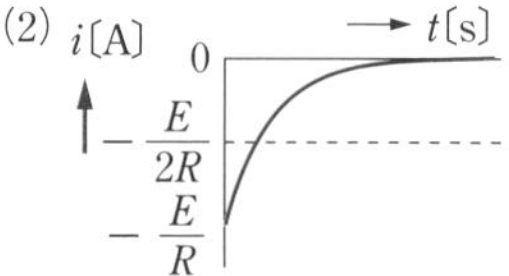

(3)
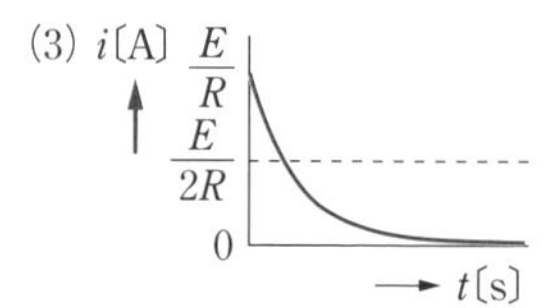

(4)
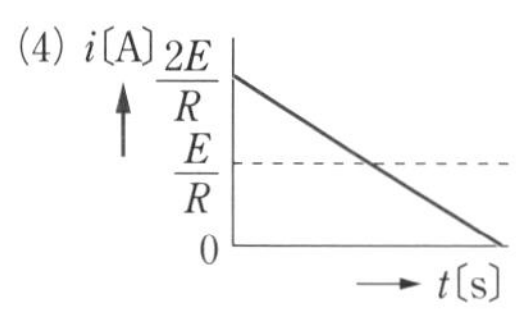

(5)
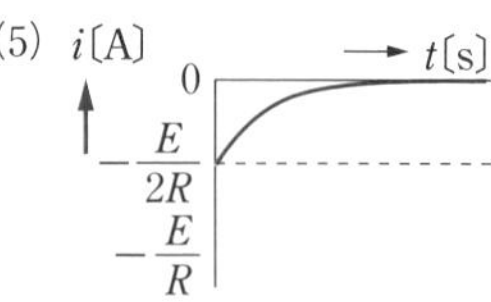

解説 まず，スイッチ S を①側に閉じた定常状態では，コンデンサ C には $q=C\times 2E=2CE$〔C〕の電荷が蓄積され，その両端の電圧は $2E$ となっている．次に，スイッチ S を②側に切り換えると，コンデンサ両端の電圧は $2E$ で直流電源 E よりも大きいから，問題図の電流の向きに流れることになり，$t=0$ では $i=\dfrac{2E-E}{R}=\dfrac{E}{R}$〔A〕の電流が流れる．さらに，時間が経つにつれ，コンデンサの電荷は放電して，i は減少し，

コンデンサの両端の電圧が直流電源 E と等しくなる時点で，$i=0$ A となる．これらの時間変化を示す図は (3) である．

解答 ▶ (3)

問題54 H26 A-11

図のように，直流電圧 E〔V〕の電源が 2 個，R〔Ω〕の抵抗が 2 個，静電容量 C〔F〕のコンデンサ，スイッチ S_1 と S_2 からなる回路がある．スイッチ S_1 と S_2 の初期状態は，共に開いているものとする．電源の内部インピーダンスは零とする．時刻 $t=t_1$〔s〕でスイッチ S_1 を閉じ，その後，時定数 CR〔s〕に比べて十分に時間が経過した時刻 $t=t_2$〔s〕でスイッチ S_1 を開き，スイッチ S_2 を閉じる．このとき，コンデンサの端子電圧 v〔V〕の波形を示す図として，最も近いのは次のうちどれか．ただし，コンデンサの初期電荷は零とする．

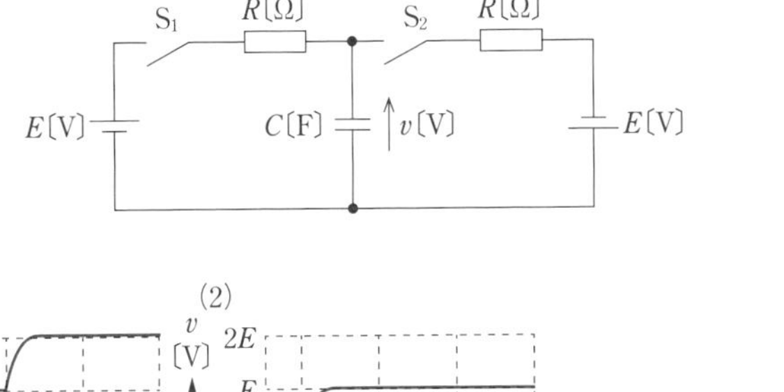

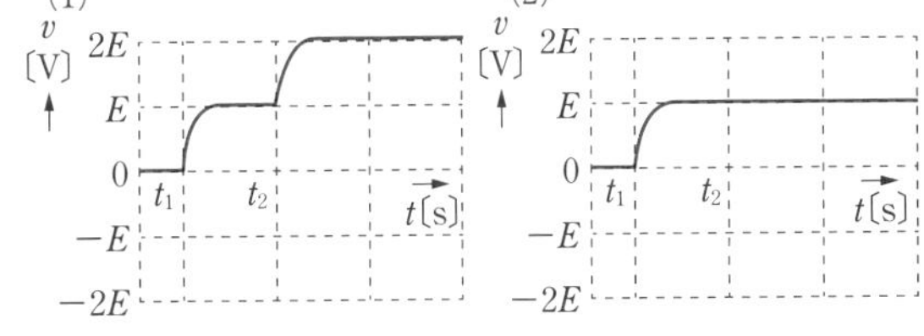

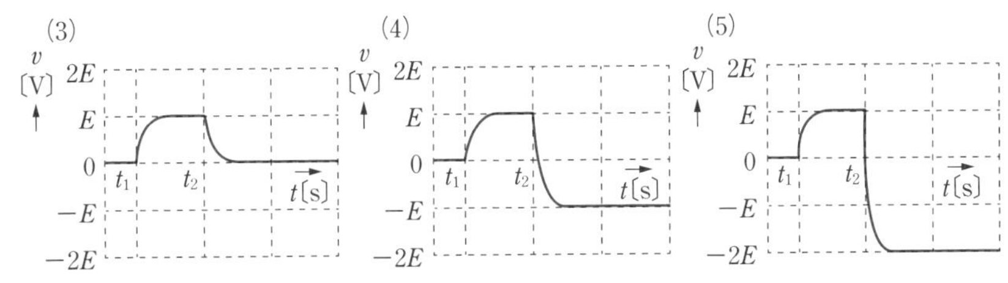

解説 スイッチ S_1 を閉じた瞬間 ($t=t_1$) には，コンデンサの初期電荷は零なので，$v=0$ V である．その後，時間が経過するにつれて，コンデンサは充電され，コンデンサの端子電圧は上昇して，$v=E$〔V〕となる．次に，スイッチ S_1 を開いてスイッチ S_2 を閉じた瞬間 ($t=t_2$) には，解図のようにコンデンサは放電を開始し，コンデン

サの端子電圧 v は徐々に低下して 0 V となる．その後，コンデンサは逆向きに充電されることにより v はさらに低下して $v=-E$〔V〕になる．これらの時間変化を示す図は (4) である．

●解図　$t \geqq t_2$ における回路

解答 ▶ (4)

問題55　R2 A-10

図の回路のスイッチを閉じたあとの電圧 $v(t)$ の波形を考える．破線から左側にテブナンの定理を適用することで，回路の時定数〔s〕と $v(t)$ の最終値〔V〕の組合せとして，最も近いものを次の (1)～(5) のうちから一つ選べ．ただし，初めスイッチは開いており，回路は定常状態にあったとする．

	時定数〔s〕	最終値〔V〕
(1)	0.75	10
(2)	0.75	2.5
(3)	4	2.5
(4)	1	10
(5)	1	0

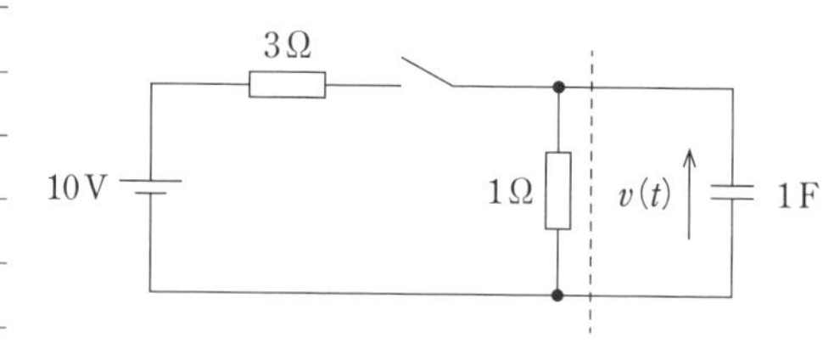

定常状態では，コンデンサには電流が流れないため，開放とみなすことができる．つまり，問題図の回路は解図の回路と等価である．

定常状態では解図の回路と等価であるから，電流の定常値 I は，$I=\dfrac{10}{3+1}=2.5\,\mathrm{A}$ となる．

問題図のコンデンサの端子電圧は，1Ω の抵抗の端子電圧と同じであることから，$v(t)$ の最終値 V は，$V=IR=2.5\times 1=\mathbf{2.5\,V}$ である．

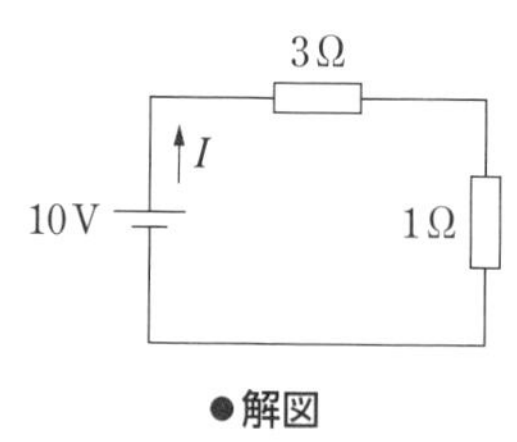

●解図

一方，破線から左側にテブナンの定理を適用すると，図 2･15 に示すように，10 V の電圧源を短絡し，3Ω の抵抗と 1Ω の抵抗とが並列接続されているため，$R_0=\dfrac{3\times 1}{3+1}=0.75\,\Omega$ となる．したがって，図 2･92 の RC 回路において，時定数 T は $T=CR$ であることを利用すれば，時定数 $T=CR_0=1\times 0.75=\mathbf{0.75\,s}$

解答 ▶ (2)

問題56　H19 A-10

下図に示す 5 種類の回路は，R〔Ω〕の抵抗と静電容量 C〔F〕のコンデンサの個数と組合せを異にしたものである．コンデンサの初期電荷を零として，スイッチ S を閉じたときの回路の過渡的な現象を考える．そのとき，これら回路のうちで時定数が最も大きい回路を示す図として，正しいのは次のうちどれか．

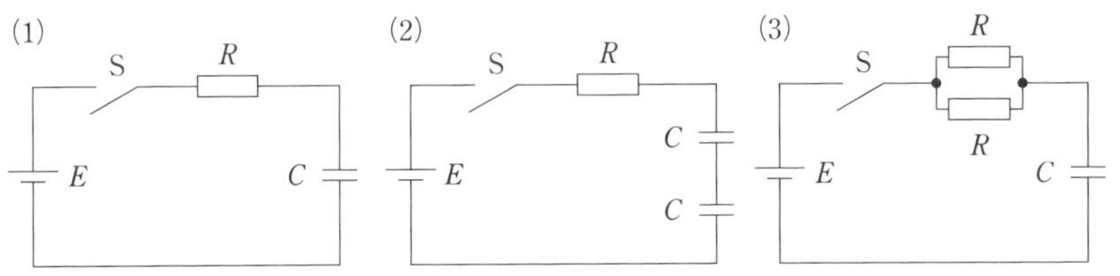

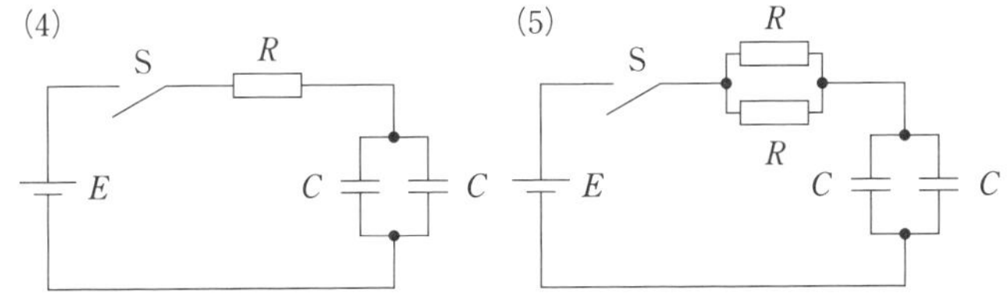

図 2·92 の RC 直列回路の時定数 T は，図 2·92 や式 (2·163) に示すように，$T = CR$ である．

(1) の回路の時定数は $T_1 = CR$〔s〕である．

(2) の回路は，コンデンサ C が 2 個直列になっており，合成静電容量は $C/2$ であるから，時定数は $T_2 = C/2 \times R = CR/2$〔s〕となる．

(3) の回路は抵抗 R が 2 個並列になっており，合成抵抗は $R/2$ であるから，時定数は $T_3 = C \times R/2 = CR/2$〔s〕となる．

一方，(4) の回路はコンデンサ C が 2 個並列になっており，合成静電容量が $2C$ であるから，時定数は $T_4 = 2C \times R = 2CR$〔s〕となる．

同様に，(5) の回路の時定数は $T_5 = 2C \times R/2 = CR$〔s〕となる．

したがって，時定数が最も大きいのは $2CR$ で，(4) の回路となる．

解答 ▶ (4)

ひずみ波交流

[★]

1 高調波

正弦波でない交流を，**ひずみ波交流**という．ひずみ波交流は，周波数の違ういくつかの正弦波交流を重ね合せた形に表すことができ，この中で最も低い周波数の正弦波交流を**基本波**，その整数倍の周波数の正弦波成分を**高調波**という．

n 倍の周波数のとき，第 n 次高調波ともいう．ここでは，ひずみ波のままでなく，基本波や高調波成分が与えられた場合の回路計算方法を説明する．

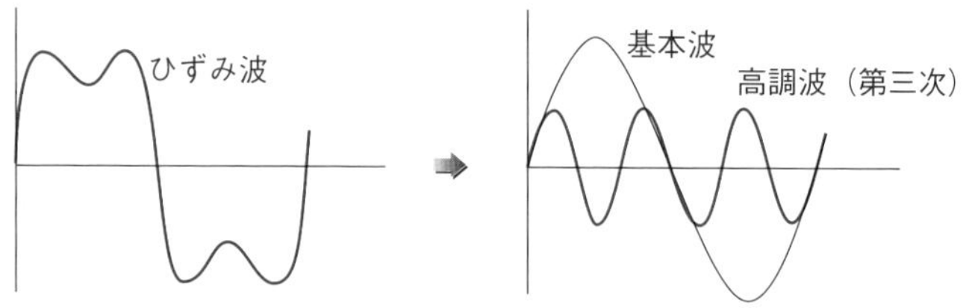

●図 2・93　ひずみ波と高調波

2 ひずみ波の実効値

ひずみ波電流の瞬時値が，直流を含めて

$$i = I_0 + I_{m1}\sin(\omega t - \phi_1) + I_{m2}\sin(2\omega t - \phi_2) + \cdots \qquad (2\cdot164)$$

の形で表されるとき，この電流の実効値は「瞬時値の 2 乗平均の平方根」であるので

$$I = \sqrt{\frac{1}{T}\int_0^T i^2 dt} \qquad (2\cdot165)$$

となる．ここで，i^2 は

$$\begin{aligned} i^2 = {} & I_0{}^2 + I_{m1}{}^2\sin^2(\omega t - \phi_1) + I_{m2}{}^2\sin^2(2\omega t - \phi_2) + \cdots \\ & + I_0 I_{m1}\sin(\omega t - \phi_1) + I_0 I_{m2}\sin(2\omega t - \phi_2) + \cdots \\ & + I_{m1} I_{m2}\sin(\omega t - \phi_1)\sin(2\omega t - \phi_2) + \cdots + \cdots \end{aligned} \qquad (2\cdot166)$$

となって複雑であるが，平均すると，第 2 行以降は 0 となり，第 1 行は

$$\sin^2(\omega t - \phi_1) = \frac{1-\cos 2(\omega t - \phi_1)}{2}$$

であるから，1/2 が残って

$$\boldsymbol{I} = \sqrt{\boldsymbol{I_0}^2 + \frac{\boldsymbol{I_{m1}}^2}{\boldsymbol{2}} + \frac{\boldsymbol{I_{m2}}^2}{\boldsymbol{2}} + \cdots} = \sqrt{\boldsymbol{I_0}^2 + \boldsymbol{I_1}^2 + \boldsymbol{I_2}^2 + \cdots} \qquad (2 \cdot 167)$$

（ただし，I_1，I_2 は $I_1 = I_{m1}/\sqrt{2}$，$I_2 = I_{m2}/\sqrt{2}$ のように各周波数成分の実効値）となり，**ひずみ波の実効値は各周波数成分の実効値の 2 乗和の平方根**である．

このことは，電圧のひずみ波においても同様で，ひずみ波の実効値 V は，

$$V = \sqrt{V_0^2 + V_1^2 + V_2^2 + \cdots} \qquad (2 \cdot 168)$$

一方，ひずみの程度を表すのに，次式のひずみ率が用いられる．

$$\textbf{ひずみ率} = \frac{\textbf{高調波分実効値}}{\textbf{基本波分実効値}} = \frac{\sqrt{\boldsymbol{I_2}^2 + \boldsymbol{I_3}^2 + \cdots}}{\boldsymbol{I_1}} \qquad (2 \cdot 169)$$

3 ひずみ波の回路計算

抵抗は周波数に無関係であるが，リアクタンスは周波数によって変化するので，高調波成分に対するインピーダンスは，第 n 次高調波に対して次のようになる．

インダクタンス L……$\boldsymbol{jn\omega L}$

静電容量 C……………$\dfrac{\boldsymbol{1}}{\boldsymbol{jn\omega C}}$ $\qquad (2 \cdot 170)$

Point
基本波分の $j\omega L$，$\dfrac{1}{j\omega C}$ で，$\omega \to n\omega$ として置き換え

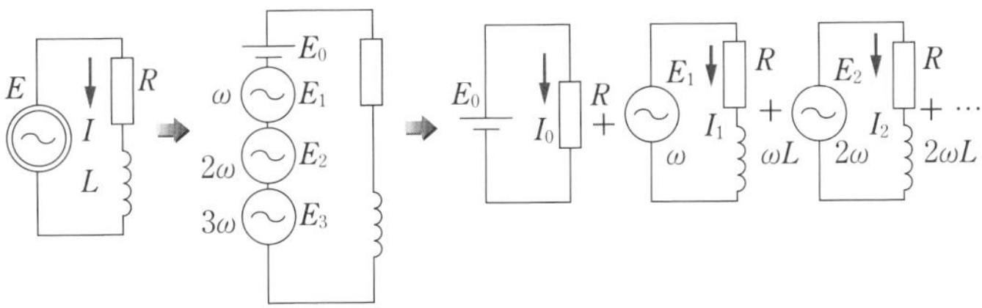

●図 2・94　ひずみ波の回路計算

電源に高調波成分が含まれるときの電流を求めるには，図 2·94 のように直流，基本波，高調波のおのおのについてのインピーダンスを用いた単独の回路計算を行い，最後にこれらを重ね合せ，実効値は，式 (2·167) や 式 (2·168) のように，各高調波実効値の 2 乗和の平方根となる．

4 ひずみ波の電力と力率

ひずみ波の電力は，同じ次数の成分ごとの電力の和となり，異なる次数の間では１周期の平均は０となって現れてこない．すなわち，図 2･94 の回路における有効電力は

$$\boldsymbol{P = E_0 I_0 + \sum_{i=1}^{n} E_i I_i \cos\theta_i} \qquad (2 \cdot 171)$$

となる．式 (2･171) の第１項は直流成分を示す．

一方，総合力率は，電圧と電流の積，つまり皮相電力で有効電力を割った値であるから

$$\textbf{総合力率} = \boldsymbol{\frac{P}{EI} = \frac{\sum E_i I_i \cos\theta_i}{\sqrt{\sum E_i^2}\sqrt{\sum I_i^2}}} \qquad (2 \cdot 172)$$

となる．なお，**この場合，直流成分は含めない．**

問題57 H10 A-9

$v = 200\sin\omega t + 40\sin 3\omega t + 30\sin 5\omega t$〔V〕で表されるひずみ波交流電圧の波形のひずみ率の値として，正しいのは次のうちどれか．ただし，ひずみ率は次の式による．

$$\text{ひずみ率} = \frac{\text{高調波の実効値〔V〕}}{\text{基本波の実効値〔V〕}}$$

(1) 0.05　(2) 0.1　(3) 0.15　(4) 0.2　(5) 0.25

ひずみ波交流電圧 v の式から，式 (2･168)，式 (2･169) に基づいて計算する．

解説 高調波の実効値 $E = \sqrt{E_3{}^2 + E_5{}^2} = \sqrt{\left(\dfrac{E_{m3}}{\sqrt{2}}\right)^2 + \left(\dfrac{E_{m5}}{\sqrt{2}}\right)^2}$

$$= \sqrt{\left(\frac{40}{\sqrt{2}}\right)^2 + \left(\frac{30}{\sqrt{2}}\right)^2} = \frac{50}{\sqrt{2}}\ \mathrm{V}$$

基本波の実効値 $E_1 = \dfrac{E_{m1}}{\sqrt{2}} = \dfrac{200}{\sqrt{2}}\ \mathrm{V}$

$$\therefore\ \text{ひずみ率} = \frac{E}{E_1} = \frac{50/\sqrt{2}}{200/\sqrt{2}} = \frac{1}{4} = \mathbf{0.25}$$

解答 ▶ (5)

問題58 R1 A-8

図の回路において，正弦波交流電源と直流電源を流れる電流 I の実効値〔A〕として，最も近いものを次の(1)～(5)のうちから一つ選べ．ただし，E_a は交流電圧の実効値〔V〕，E_d は直流電圧の大きさ〔V〕，X_C は正弦波交流電源に対するコンデンサの容量性リアクタンスの値〔Ω〕，R は抵抗値〔Ω〕とする．

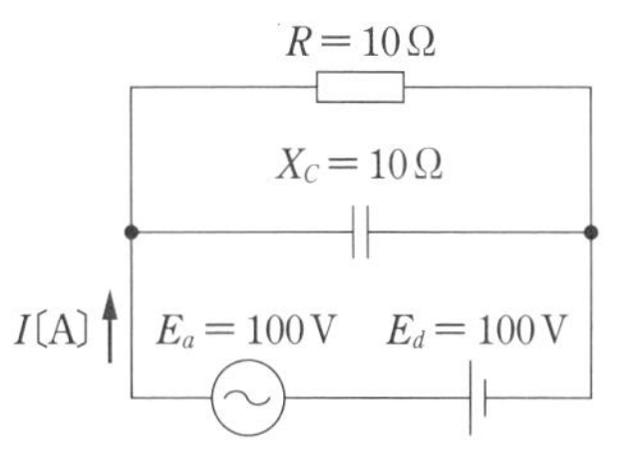

(1) 10.0　(2) 14.1　(3) 17.3　(4) 20.0　(5) 40.0

問題図の回路は，図 2·14 の重ね合せの定理に基づけば，解図 (a) に示す直流電源 E_d のみの回路と，解図 (b) に示す交流電源 E_a のみの回路を重ね合わせればよい．（図 2·94 参照）

まず，解図 (a) では，コンデンサは充電後に電流が流れないため，開放とみなすことができるから，$I_d=\dfrac{100}{10}=10\,\text{A}$ となる．

一方，解図 (b) では，電源電圧を位相の基準とすれば，抵抗 R，コンデンサ C それぞれに電源電圧がかかるから，抵抗 R，コンデンサ C に流れる電流はそれぞれ $\dfrac{E_a}{R}=\dfrac{100}{10}=10\,\text{A}$，$\dfrac{E_a}{-jX_C}=\dfrac{100}{-j10}=j10\,\text{A}$ であり，$\dot{I}_a=10+j10\,\text{A}$ となる．ゆえに，式 (2·64) より

$$|\dot{I}_a|=\sqrt{10^2+10^2}=10\sqrt{2}\,\text{A}$$

したがって，問題図の電流 I は解図 (a) と (b) を重ね合せたものであり，

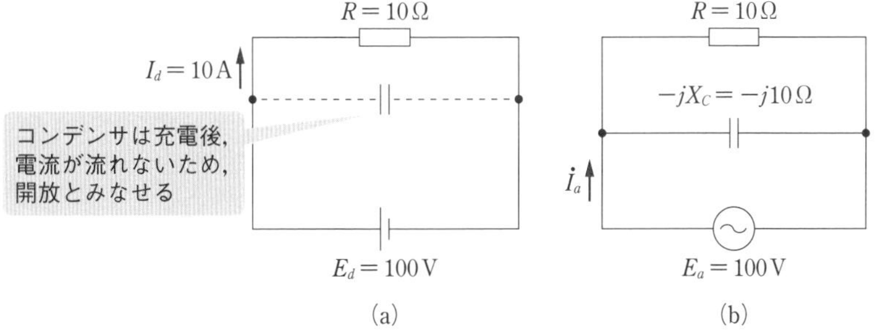

●解図

式（2･167）より

$$I=\sqrt{I_d{}^2+I_a{}^2}=\sqrt{10^2+(10\sqrt{2})^2}=10\sqrt{3}=\mathbf{17.3\,A}$$

解答 ▶（3）

問題59

図のように表現される a-b 端子間のインピーダンスがあり，その大きさは基本波に対して，25 Ω であるという．このインピーダンスは，第 5 調波に対して，その大きさ〔Ω〕の値として，正しいのは次のうちどれか．

15 Ω　10 Ω　X_C〔Ω〕　a　b

（1）15.0　（2）27.3　（3）46.5　（4）50.6　（5）66.5

問題図のインピーダンスは $\dot{Z}=R+jX_L-jX_C$ であるから，$|\dot{Z}|^2=R^2+(X_L-X_C)^2$ となる．ここで，基本波に対して，$15^2+(10-X_C)^2=25^2$ であるから

$\therefore\ X_C=10\pm\sqrt{25^2-15^2}=30\,\Omega$（正），$-10\,\Omega$（不適）

第 5 調波に対しては，式（2･170）に示すように

$$X_L{}'=5X_L=5\times10=50\,\Omega \qquad X_C{}'=\frac{X_C}{5}=\frac{30}{5}=6\,\Omega$$

したがって，第 5 調波に対するインピーダンス $Z_{ab}{}'$ は

$$Z_{ab}{}'=\sqrt{R^2+(X_L{}'-X_C{}')^2}=\sqrt{15^2+(50-6)^2}=\sqrt{15^2+44^2}\fallingdotseq\mathbf{46.5\,\Omega}$$

解答 ▶（3）

問題60　H8 A-11

電圧 e および電流 i の瞬時値が次式のように表される場合，電力〔kW〕の値として，正しいのは次のうちどれか．

$$e=100\sin\omega t+50\sin\left(3\omega t-\frac{\pi}{6}\right)\ \text{〔V〕}$$

$$i=20\sin\left(\omega t-\frac{\pi}{6}\right)+10\sqrt{3}\sin\left(3\omega t+\frac{\pi}{6}\right)\ \text{〔A〕}$$

（1）0.95　（2）1.08　（3）1.16　（4）1.29　（5）1.34

平均電力は同じ周波数成分について，実効値 E, I，位相差 θ として，式（2･171）のように $\Sigma EI\cos\theta$ から求まる．

$$P=\frac{100}{\sqrt{2}}\cdot\frac{20}{\sqrt{2}}\cos\left\{\omega t-\left(\omega t-\frac{\pi}{6}\right)\right\}+\frac{50}{\sqrt{2}}\cdot\frac{10\sqrt{3}}{\sqrt{2}}\cos\left\{\left(3\omega t-\frac{\pi}{6}\right)-\left(3\omega t+\frac{\pi}{6}\right)\right\}$$

$$=1000\times\frac{\sqrt{3}}{2}+250\times\sqrt{3}\times\frac{1}{2}\fallingdotseq 1082=\mathbf{1.08\,kW}$$

解答 ▶ (2)

問題61 ☑☑☑

$R=5\,\Omega$ の抵抗に，ひずみ波交流電流 $i=6\sin\omega t+2\sin 3\omega t$〔A〕が流れた．

このとき，抵抗 $R=5\,\Omega$ で消費される平均電力 P の値〔W〕として，最も近いのは次のうちどれか．ただし，ω は角周波数〔rad/s〕，t は時刻〔s〕とする．

(1) 40　(2) 90　(3) 100　(4) 180　(5) 200

ひずみ波電流の実効値 I は式（2·167）より

$$I=\sqrt{(6/\sqrt{2})^2+(2/\sqrt{2})^2}=\sqrt{20}\ \mathrm{A}$$

$$P=RI^2=5\times(\sqrt{20})^2=\mathbf{100\,W}$$

解答 ▶ (3)

練習問題

■ **1** (H28 A-6)

図のような抵抗の直並列回路に直流電圧 $E = 5\,\mathrm{V}$ を加えたとき，電流比 I_2/I_1 の値として，最も近いのは次のうちどれか．

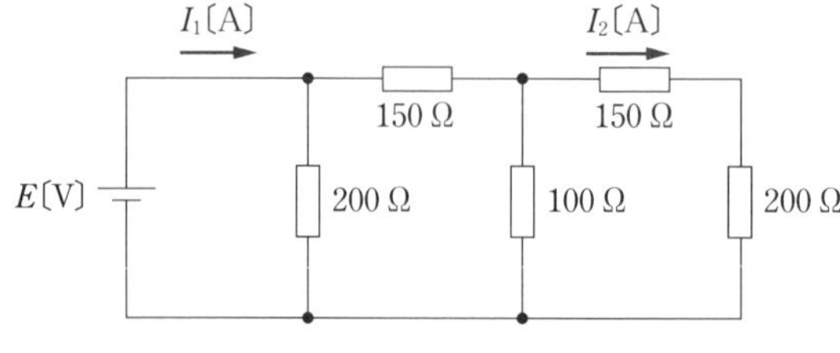

(1) 0.1　(2) 0.2
(3) 0.3　(4) 0.4　(5) 0.5

■ **2** (H29 A-5)

図のように直流電源と 4 個の抵抗からなる回路がある．この回路において 20 Ω の抵抗に流れる電流 I の値〔A〕として，最も近いのは次のうちどれか．

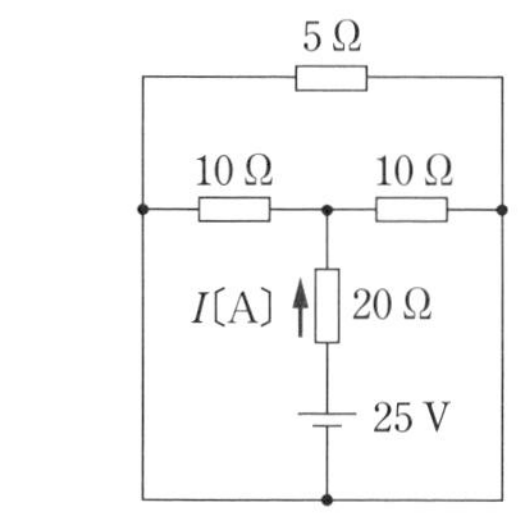

(1) 0.5　(2) 0.8　(3) 1.0
(4) 1.2　(5) 1.5

■ **3** (H25 A-8)

図に示すような抵抗の直並列回路がある．この回路に直流電圧 5 V を加えたとき，電源から流れ出る電流 I〔A〕の値として，最も近いのは次のうちどれか．

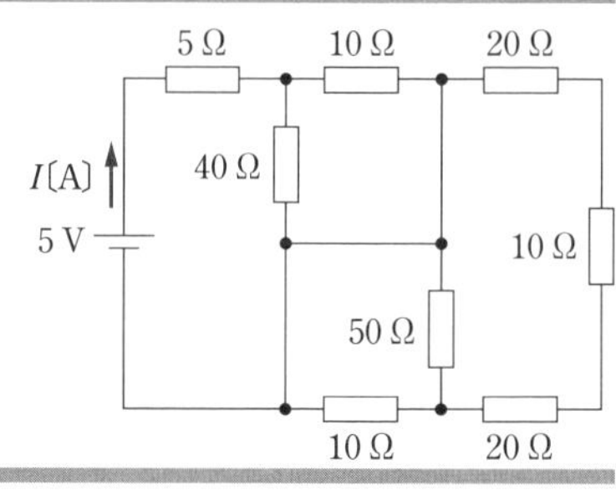

(1) 0.2　(2) 0.4　(3) 0.6
(4) 0.8　(5) 1.0

■ **4** (H25 A-6)

図の直流回路において，抵抗 $R = 10\,\Omega$ で消費される電力〔W〕の値として，最も近いのは次のうちどれか．

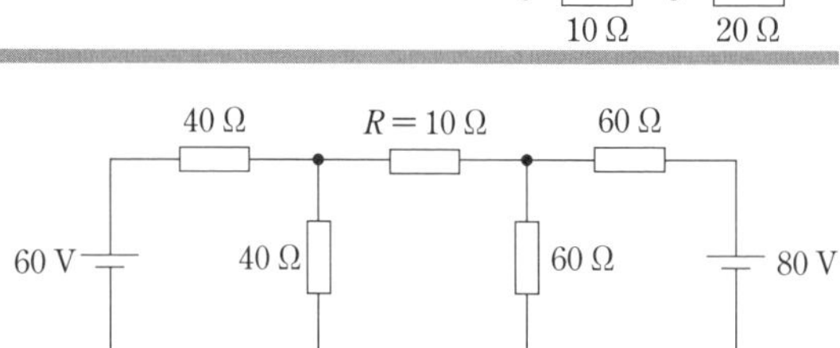

(1) 0.28　(2) 1.89
(3) 3.79　(4) 5.36
(5) 7.62

■ **5** (R1 A-7)

図のように，三つの抵抗 R_1〔Ω〕，R_2〔Ω〕R_3〔Ω〕とインダクタンス L〔H〕のコイルと静電容量 C〔F〕のコンデンサが接続されている回路に V〔V〕の直流電源が接続されている．定常状態において直流電源を流れる電流の大きさを表す式として，正しいものを次の（1）～（5）のうちから一つ選べ．

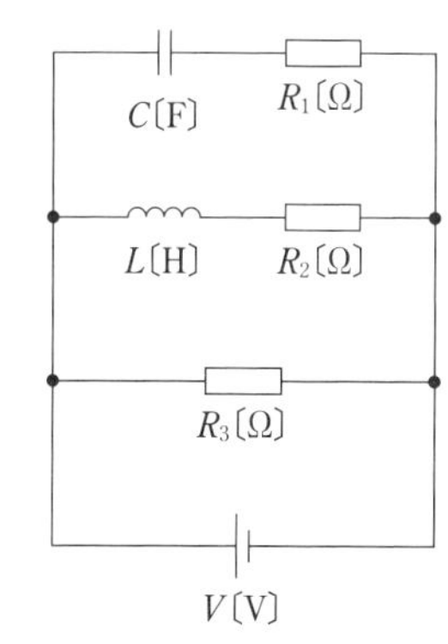

（1）$\dfrac{V}{R_3}$　（2）$\dfrac{V}{\dfrac{1}{\dfrac{1}{R_1}+\dfrac{1}{R_2}}}$　（3）$\dfrac{V}{\dfrac{1}{\dfrac{1}{R_1}+\dfrac{1}{R_3}}}$

（4）$\dfrac{V}{\dfrac{1}{\dfrac{1}{R_2}+\dfrac{1}{R_3}}}$　（5）$\dfrac{V}{\dfrac{1}{\dfrac{1}{R_1}+\dfrac{1}{R_2}+\dfrac{1}{R_3}}}$

■6 （R1 A-9）

図は，実効値が 1 V で角周波数 ω〔krad/s〕が変化する正弦波交流電源を含む回路である．いま，ω の値が $\omega_1 = 5\,\text{krad/s}$, $\omega_2 = 10\,\text{krad/s}$, $\omega_3 = 30\,\text{krad/s}$ と 3 通りの場合を考え，$\omega = \omega_k$（$k = 1, 2, 3$）のときの電流 i〔A〕の実効値を I_k と表すとき，I_1，I_2，I_3 の大小関係として，正しいものを次の（1）～（5）のうちから一つ選べ．

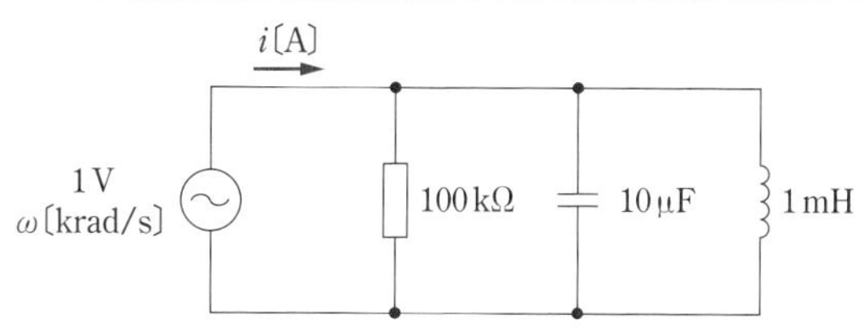

（1）$I_1 < I_2 < I_3$　（2）$I_1 = I_2 < I_3$　（3）$I_2 < I_1 < I_3$

（4）$I_2 < I_1 = I_3$　（5）$I_3 < I_2 < I_1$

■7 （H27 A-9）

図のように，静電容量 $C_1 = 10\,\mu\text{F}$，$C_2 = 900\,\mu\text{F}$，$C_3 = 100\,\mu\text{F}$，$C_4 = 900\,\mu\text{F}$ のコンデンサからなる直並列回路がある．この回路に周波数 $f = 50\,\text{Hz}$ の交流電圧 V_{in}〔V〕を加えたところ，C_4 の両端の交流電圧は V_{out}〔V〕であった．このとき，$\dfrac{V_{\text{out}}}{V_{\text{in}}}$ の値として，最も近いのは次のうちどれか．

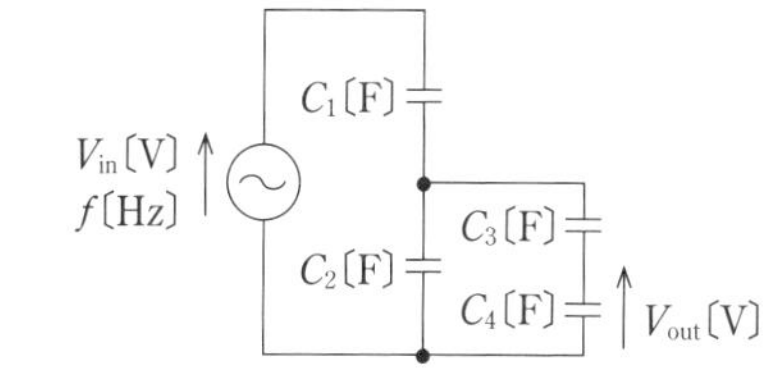

（1）$\dfrac{1}{1000}$　（2）$\dfrac{9}{1000}$　（3）$\dfrac{1}{100}$　（4）$\dfrac{99}{1000}$　（5）$\dfrac{891}{1000}$

■8 (H16 A-8)

図 1 のような抵抗 R〔Ω〕と誘導性リアクタンス X〔Ω〕との直列回路がある．この回路に正弦波交流電圧 $E=100$ V を加えたとき，回路に流れる電流は 10 A であった．この回路に図 2 のように，さらに抵抗 11 Ω を直列接続したところ，回路に流れる電流は 5 A になった．抵抗 R〔Ω〕の値として，最も近いのは次のうちどれか．

(1) 5.5　(2) 8.1　(3) 8.6　(4) 11.4　(5) 16.7

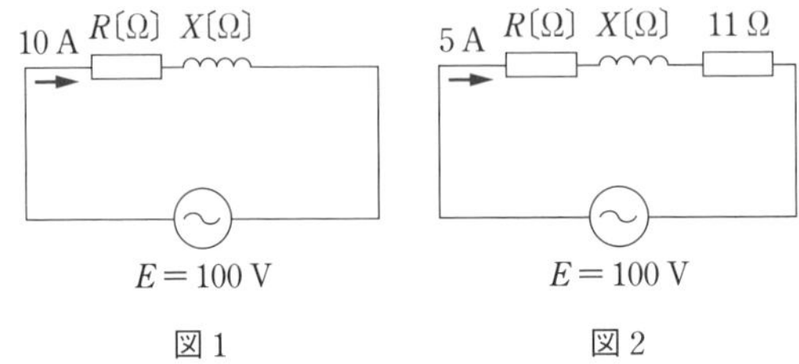

図 1　図 2

■9 (R4 上 A-8)

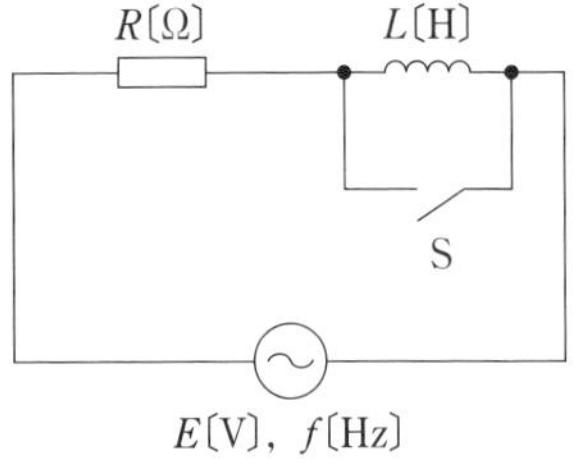

図のように，周波数 f〔Hz〕の正弦波交流電圧 E〔V〕の電源に，R〔Ω〕の抵抗，インダクタンス L〔H〕のコイルとスイッチ S を接続した回路がある．スイッチ S が開いているときに回路が消費する電力〔W〕は，スイッチ S が閉じているときに回路が消費する電力〔W〕の $\frac{1}{2}$ になった．このとき，L〔H〕の値を表す式として，正しいものを次の (1)～(5) のうちから一つ選べ．

(1) $2\pi fR$　(2) $\dfrac{R}{2\pi f}$　(3) $\dfrac{2\pi f}{R}$　(4) $\dfrac{(2\pi f)^2}{R}$　(5) $\dfrac{R}{\pi f}$

■10 (H10 A-12)

図のような交流回路において，電圧 $\dot{V}$〔V〕および電流 $\dot{I}$〔A〕が次の式で表されるとき，抵抗 R で消費される電力 P〔W〕およびこの回路の力率 $\cos\phi$ の値として，正しいものを組み合わせたのは次のうちどれか．

$\dot{V}=3+j4$〔V〕

$\dot{I}=4+j3$〔A〕

	P	$\cos\phi$
(1)	12	0.75
(2)	12	0.87
(3)	12	0.96
(4)	24	0.87
(5)	24	0.96

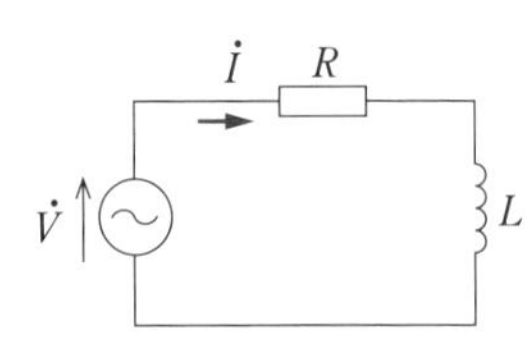

■ 11 (H25 A-10)

図は，インダクタンス L〔H〕のコイルと静電容量 C〔F〕のコンデンサ，並びに R〔Ω〕の抵抗の直列回路に，周波数が f〔Hz〕で実効値が V（$\neq 0$）〔V〕である電源電圧を与えた回路を示している．この回路において，抵抗の端子間電圧の実効値 V_R〔V〕が零となる周波数 f〔Hz〕の条件を全て列挙したものとして，正しいのは次のうちどれか．

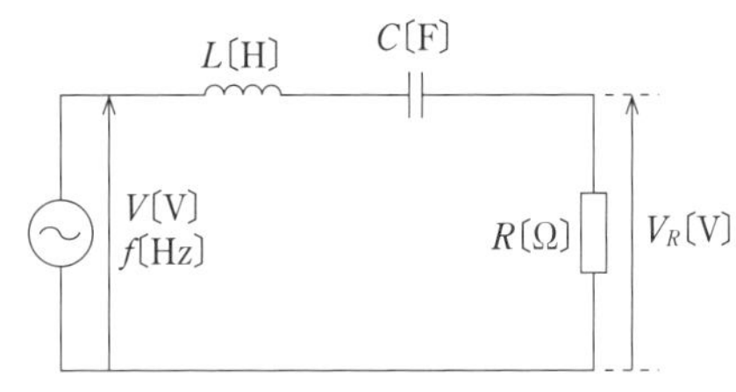

(1) 題意を満たす周波数はない　(2) $f=0$　(3) $f=\dfrac{1}{2\pi\sqrt{LC}}$

(4) $f=0$，$f\to\infty$　(5) $f=\dfrac{1}{2\pi\sqrt{LC}}$，$f\to\infty$

■ 12 (H26 A-9)

図のように，二つの LC 直列共振回路 A，B があり，それぞれの共振周波数が f_A〔Hz〕，f_B〔Hz〕である．これら A，B をさらに直列に接続した場合，全体としての共振周波数が f_{AB}〔Hz〕になった．f_A，f_B，f_{AB} の大小関係として，正しいのは次のうちどれか．

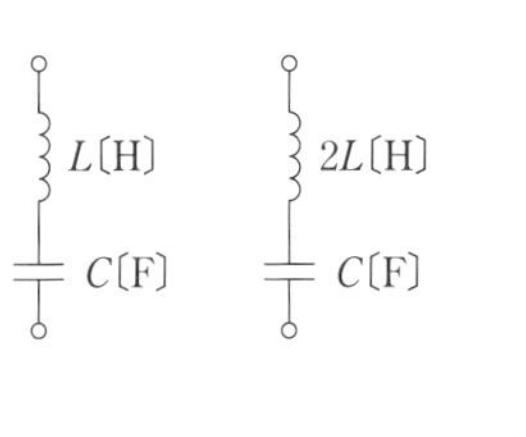

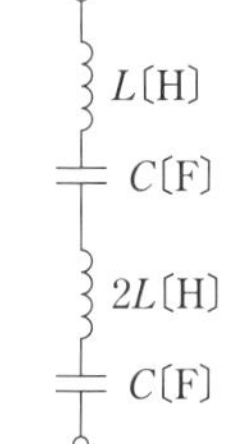

回路 A　　回路 B　　回路 A と回路 B の直列接続

(1) $f_A < f_B < f_{AB}$

(2) $f_A < f_{AB} < f_B$　(3) $f_{AB} < f_A < f_B$

(4) $f_{AB} < f_B < f_A$　(5) $f_B < f_{AB} < f_A$

■ 13 (R4上 A-9)

図のように，5 Ω の抵抗，200 mH のインダクタンスをもつコイル，20 μF の静電容量をもつコンデンサを直列に接続した回路に周波数 f〔Hz〕の正弦波交流電圧 E〔V〕を加えた．周波数 f を回路に流れる電流が最大となるように変化させたとき，コイルの両端の電圧の大きさは抵抗の両端の電圧の大きさの何倍か．最も近いものを次の (1)～(5) のうちから一つ選べ．

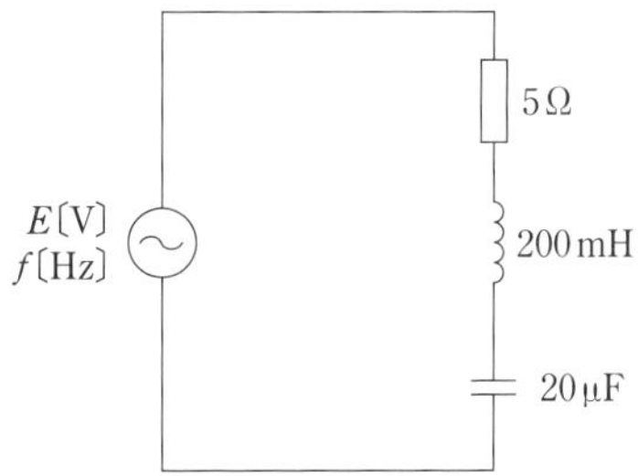

(1)　5　(2) 10　(3) 15

(4) 20　(5) 25

■ 14 (H22 A-10)

図に示す回路において，スイッチ S を閉じた瞬間（時刻 $t=0$）に点 A を流れる電流を I_0〔A〕とし，十分に時間が経ち，定常状態に達したのちに点 A を流れる電流を I〔A〕とする．電流比 I_0/I の値を 2 とするために必要な抵抗 R_3〔Ω〕の値を表す式として，正しいのは次のうちどれか．ただし，コンデンサの初期電荷は 0 とする．

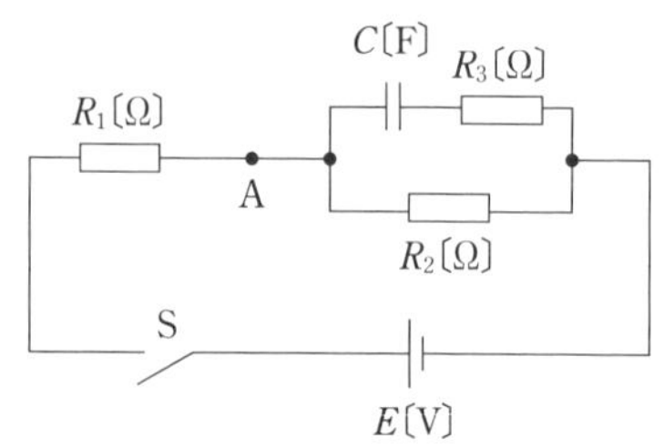

(1) $\dfrac{R_1}{R_1+R_2}\left(\dfrac{R_1}{2}+R_2\right)$　(2) $\dfrac{R_1}{R_1+R_2}\left(\dfrac{R_2}{3}-R_1\right)$　(3) $\dfrac{R_1}{R_1+R_2}(R_1-R_2)$

(4) $\dfrac{R_2}{R_1+R_2}(R_1+R_2)$　(5) $\dfrac{R_2}{R_1+R_2}(R_2-R_1)$

■ 15 (H25 A-12)

図の回路において，十分に長い時間開いていたスイッチ S を時刻 $t=0\,\text{ms}$ から時刻 $t=15\,\text{ms}$ の間だけ閉じた．このとき，インダクタンス 20 mH のコイルの端子間電圧 v〔V〕の時間変化を示す図として，最も近いのは下図のうちどれか．

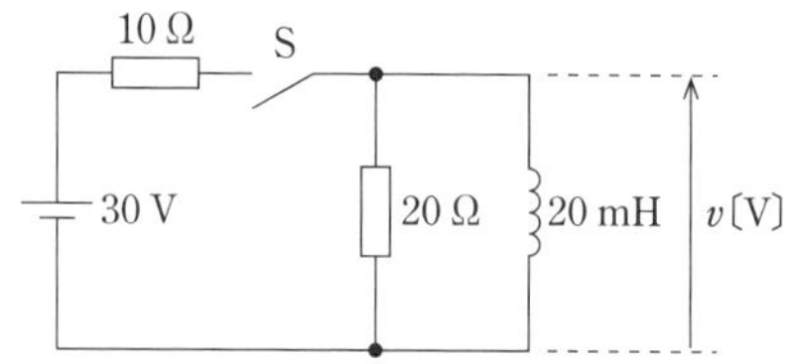

(1)
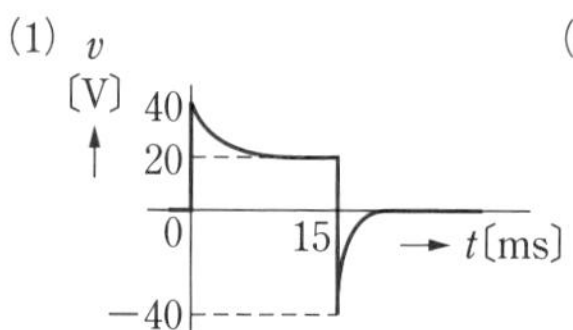

(2)
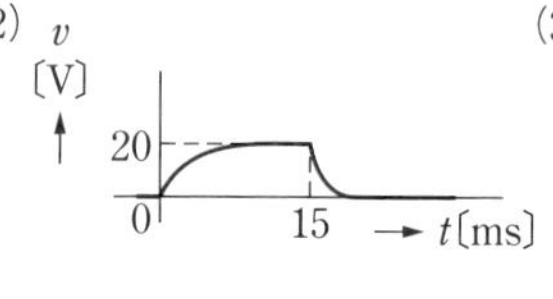

(3)
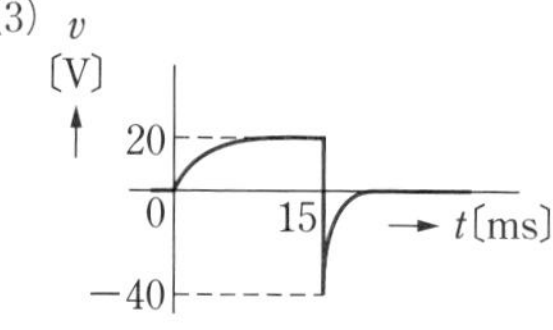

(4)
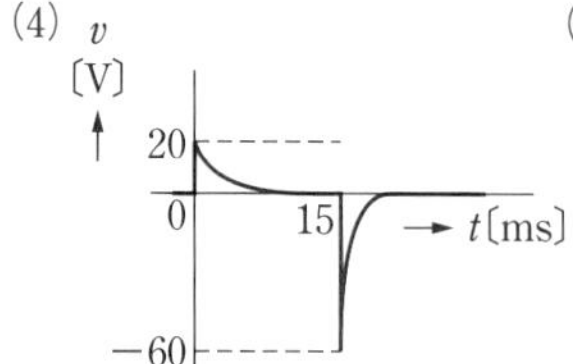

(5)
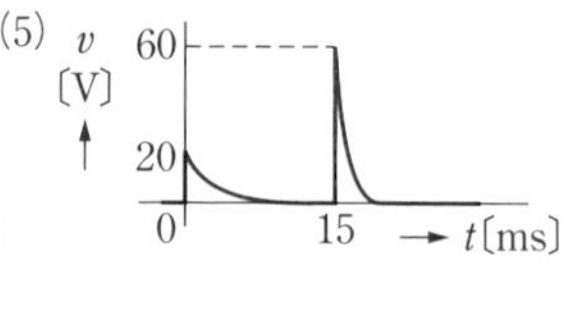

■ 16 (H27 A-10)

図のように，直流電圧 E〔V〕の電源，抵抗 R〔Ω〕の抵抗器，インダクタンス L〔H〕のコイルまたは静電容量 C〔F〕のコンデンサ，スイッチ S からなる 2 種類の回路（RL 回路，RC 回路）がある．各回路において，時刻 $t=0\,\text{s}$ でスイッチ S を閉じたとき，

回路を流れる電流 i〔A〕，抵抗の端子電圧 v_r〔V〕，コイルの端子電圧 v_l〔V〕，コンデンサの端子電圧 v_c〔V〕の波形の組合せを示す図として，正しいのは次のうちどれか．ただし，電源の内部インピーダンスおよびコンデンサの初期電荷は零とする．

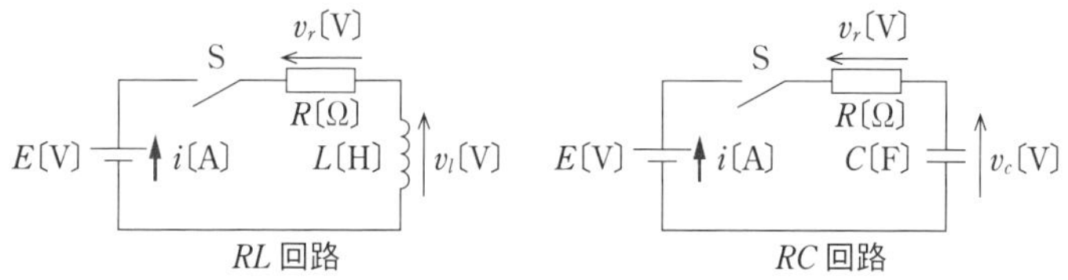

RL 回路　　RC 回路

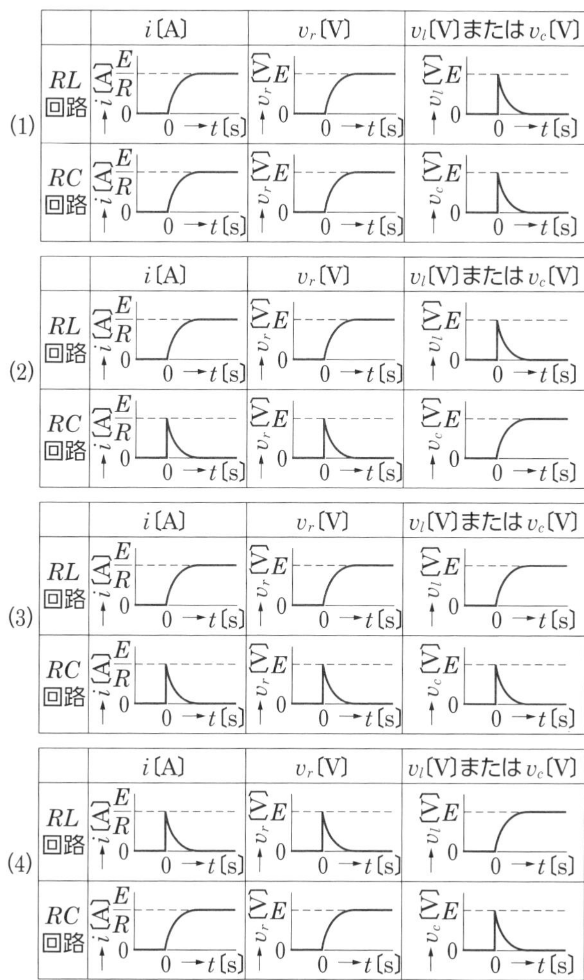

(5)

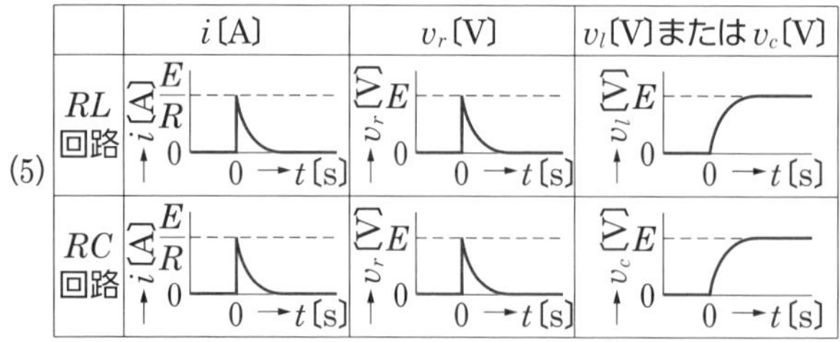

■17 (R4上 A-10)

図の回路において，スイッチ S が開いているとき，静電容量 $C_1=4\,\mathrm{mF}$ のコンデンサには電荷 $Q_1=0.3\,\mathrm{C}$ が蓄積しており，静電容量 $C_2=2\,\mathrm{mF}$ のコンデンサの電荷は $Q_2=0\,\mathrm{C}$ である．この状態でスイッチ S を閉じて，それから時間が十分に経過して過渡現象が終了した．この間に抵抗 R〔Ω〕で消費された電気エネルギー〔J〕の値として，最も近いものを次の (1)～(5) のうちから一つ選べ．

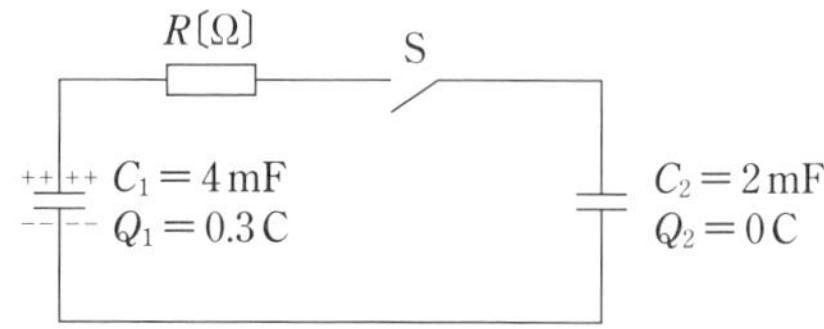

(1) 1.25　　(2) 2.50　　(3) 3.75　　(4) 5.63　　(5) 7.50

■18 (H14 B-12)

図 1 の抵抗回路において，抵抗 R〔Ω〕の消費する電力は 72W である．このときの p-q 端子の電圧〔V〕を求める．次の (a) および (b) に答えよ．

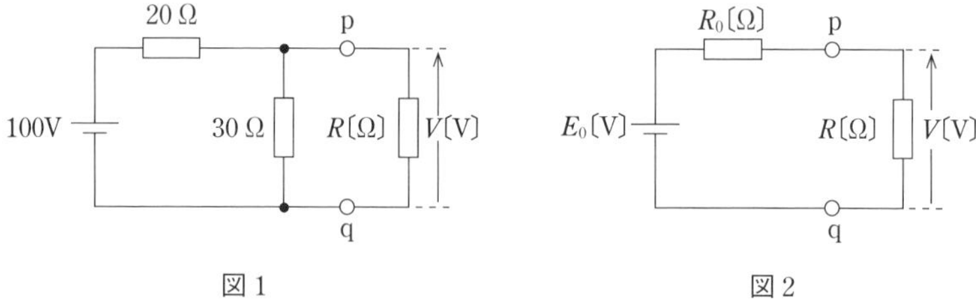

図 1　　　　図 2

(a) 図 1 の p-q 端子から左側を見た回路は，図 2 に示すように，電圧源 E_0〔V〕と内部抵抗 R_0〔Ω〕の電源回路に置き換えることができる．E_0〔V〕と R_0〔Ω〕の値として，正しいものを組み合わせたのは次のうちどれか．

(1) $E_0=40$，$R_0=6$　　(2) $E_0=60$，$R_0=12$　　(3) $E_0=100$，$R_0=20$

(4) $E_0=60$，$R_0=30$　　(5) $E_0=40$，$R_0=50$

(b) 抵抗 R〔Ω〕が 72 W を消費するときの R〔Ω〕の値には二つある．それぞれに対応した電圧〔V〕のうち，高いほうの電圧〔V〕の値として，正しいのは次のうちどれか.

(1) 36　(2) 50　(3) 72　(4) 84　(5) 100

■ **19** (H27 B-16)

図1の端子 a-d 間の合成静電容量について，次の (a) および (b) の問に答えよ.

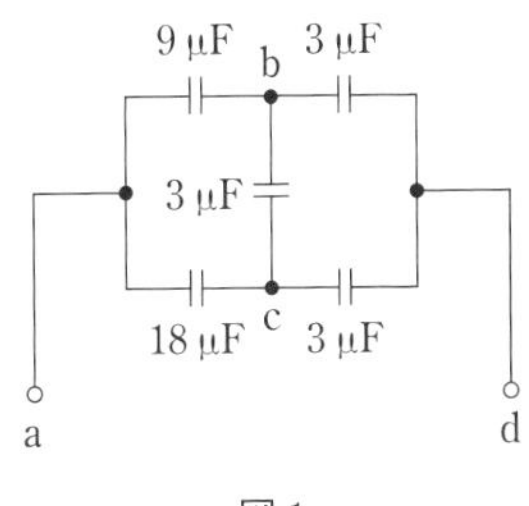

図1

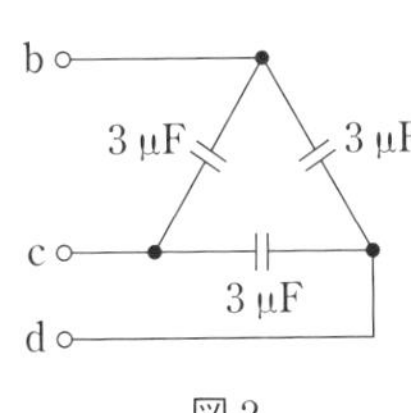

図2

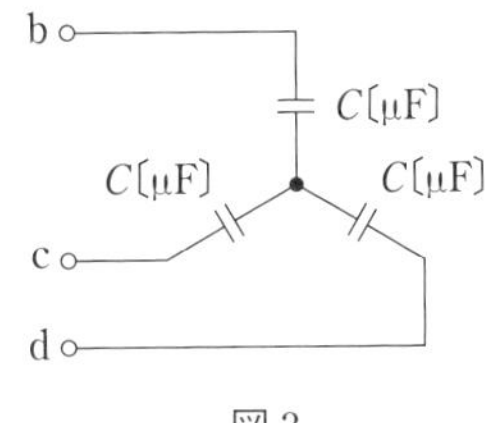

図3

(a) 端子 b-c-d 間は図2のように △ 結線で接続されている. これを図3のように Y 結線に変換したとき，電気的に等価となるコンデンサ C の値〔μF〕として，最も近いのは次のうちどれか.

(1) 1.0　(2) 2.0　(3) 4.5　(4) 6.0　(5) 9.0

(b) 図3を用いて，図1の端子 b-c-d 間を Y 結線回路に変換したとき，図1の端子 a-d 間の合成静電容量 C_0 の値〔μF〕として，最も近いのは次のうちどれか.

(1) 3.0　(2) 4.5　(3) 4.8　(4) 6.0　(5) 9.0

■ **20** (H12 B-11)

図のような回路において，抵抗 R_2 に流れる電流 $\dot{I}_2$ の値が 5 A であるとき，次の (a) および (b) に答えよ. ($15^2=225$, $25^2=625$, $35^2=1225$)

(a) 抵抗 R_1 に流れる電流 $\dot{I}$〔A〕の値として，正しいのは次のうちどれか. ただし，$\dot{I}_2$ を基準ベクトルとする.

(1) $5+j5$　(2) $5-j5$

(3) $10+j5$　(4) $10+j10$

(5) $10-j10$

(b) この回路の電源電圧 $\dot{V}$ の大きさ $|\dot{V}|$〔V〕の値として，正しいのは次のうちどれか.

(1) 100　(2) 150　(3) 200　(4) 250　(5) 350

■ 21 (H29 B-16)

図のように，線間電圧 V〔V〕，周波数 f〔Hz〕の対称三相交流電源に，R〔Ω〕の抵抗とインダクタンス L〔H〕のコイルからなる三相平衡負荷を接続した交流回路がある．この回路には，スイッチ S を介して，負荷に静電容量 C〔F〕の三相平衡コンデンサを接続することができる．次の (a) および (b) の問に答えよ．

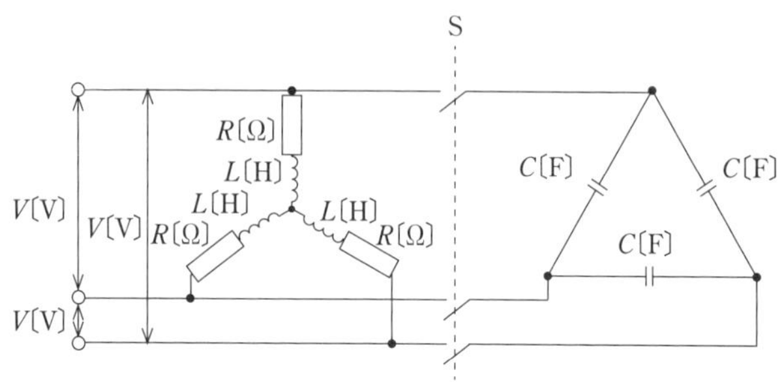

(a) スイッチ S を開いた状態において，$V=200\,\mathrm{V}$, $f=50\,\mathrm{Hz}$, $R=5\,\Omega$, $L=5\,\mathrm{mH}$ のとき，三相負荷全体の有効電力の値〔W〕と力率の値の組合せとして，最も近いのは次のうちどれか．

	有効電力	力率
(1)	2.29×10^3	0.50
(2)	7.28×10^3	0.71
(3)	7.28×10^3	0.95
(4)	2.18×10^4	0.71
(5)	2.18×10^4	0.95

(b) スイッチ S を閉じてコンデンサを接続したとき，電源から見た負荷側の力率が 1 になった．このとき，静電容量 C の値〔F〕を示す式として，正しいのは次のうちどれか．ただし，角周波数を ω〔rad/s〕とする．

(1) $C=\dfrac{L}{R^2+\omega^2L^2}$　(2) $C=\dfrac{\omega L}{R^2+\omega^2L^2}$　(3) $C=\dfrac{L}{\sqrt{3}(R^2+\omega^2L^2)}$

(4) $C=\dfrac{L}{3(R^2+\omega^2L^2)}$　(5) $C=\dfrac{\omega L}{3(R^2+\omega^2L^2)}$

■ 22 (H28 B-15)

図のように，r〔Ω〕の抵抗 6 個が線間電圧の大きさ V〔V〕の対称三相電源に接続されている．b 相の×印の位置で断線し，c-a 相間が単相状態になったとき，次の (a) および (b) の問に答えよ．ただし，電源の線間電圧の大きさおよび位相は，断線によって変化しないものとする．

(a) 図中の電流 I の大きさ〔A〕は，断線前の何倍となるか．その倍率として，最も近いのは次のうちどれか．

(1) 0.50　(2) 0.58　(3) 0.87
(4) 1.15　(5) 1.73

(b) ×印の両端に現れる電圧の大きさ〔V〕は，電源の線間電圧の大きさ V〔V〕の何倍となるか．その倍率として，最も近いのは次のうちどれか．

(1) 0　(2) 0.58　(3) 0.87
(4) 1.00　(5) 1.15

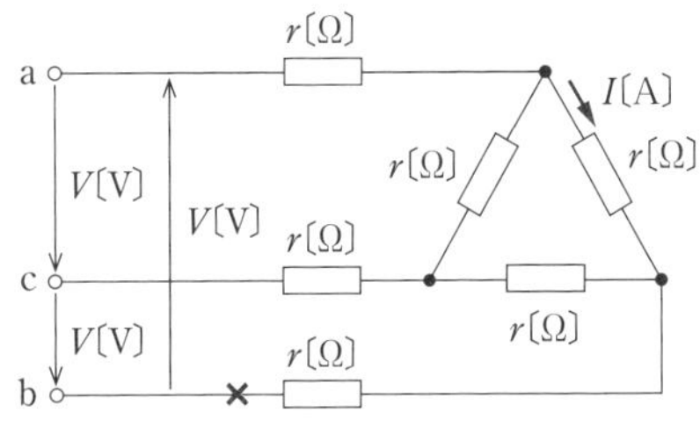

■ 23 (H30 B-15)

図のように，起電力 $\dot{E}_a$〔V〕，$\dot{E}_b$〔V〕，$\dot{E}_c$〔V〕をもつ三つの定電圧源に，スイッチ S_1，S_2，$R_1 = 10\,\Omega$ および $R_2 = 20\,\Omega$ の抵抗を接続した交流回路がある．次の (a) および (b) の問に答えよ．ただし，$\dot{E}_a$〔V〕，$\dot{E}_b$〔V〕，$\dot{E}_c$〔V〕の正の向きはそれぞれ図の矢印のようにとり，これらの実効値は 100 V，位相は $\dot{E}_a$〔V〕，$\dot{E}_b$〔V〕，$\dot{E}_c$〔V〕の順に $\dfrac{2}{3}\pi$〔rad〕ずつ遅れているものとする．

(a) スイッチ S_2 を開いた状態でスイッチ S_1 を閉じたとき，R_1〔Ω〕の抵抗に流れる電流 $\dot{I}_1$ の実効値〔A〕として，最も近いのは次のうちどれか．

(1) 0　(2) 5.77　(3) 10.0
(4) 17.3　(5) 20.0

(b) スイッチ S_1 を開いた状態でスイッチ S_2 を閉じたとき，R_2〔Ω〕の抵抗で消費される電力の値〔W〕として，最も近いのは次のうちどれか．

(1) 0　(2) 500　(3) 1 500
(4) 2 000　(5) 4 500

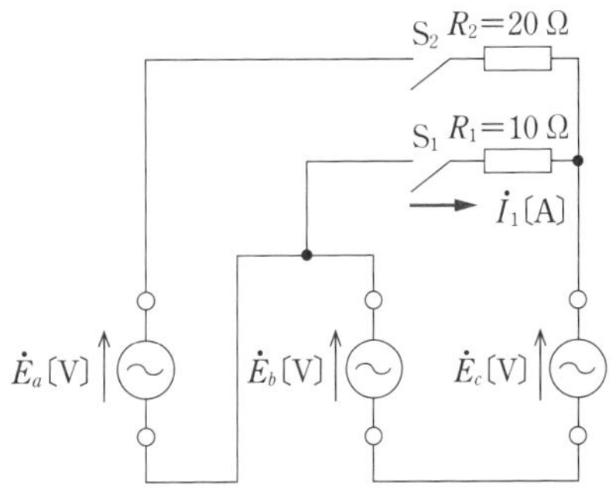

■ 24 (H22 B-15)

図の平衡三相回路について，次の (a) および (b) に答えよ．

(a) 端子 a，c に 100 V の単相交流電源を接続したところ，回路の消費電力は 200 W であった．抵抗 R〔Ω〕の値として，正しいのは次のうちどれか．

(1) 0.30　(2) 30　(3) 33
(4) 50　(5) 83

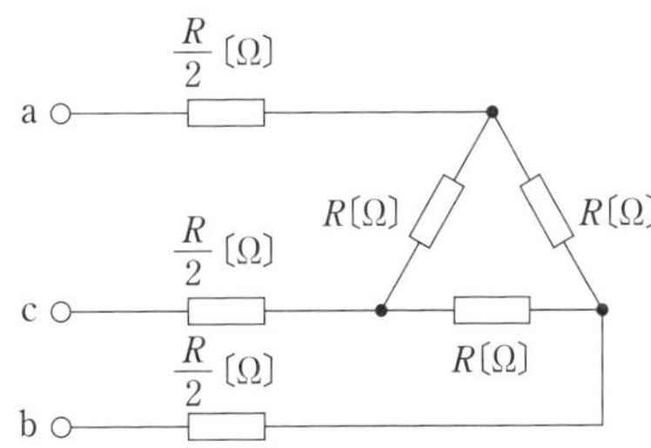

(b) 端子 a, b, c に線間電圧 200 V の対称三相交流電源を接続したときの全消費電力〔kW〕の値として，正しいのは次のうちどれか.

(1) 0.48　(2) 0.80　(3) 1.2　(4) 1.6　(5) 4.0

■ 25 (R4上 B-15)

図のように，線間電圧 200 V の対称三相交流電源に，三相負荷として，誘導性リアクタンス $X = 9\,\Omega$ の 3 個のコイルと R〔Ω〕，20 Ω，20 Ω，60 Ω の 4 個の抵抗を接続した回路がある. 端子 a, b, c から流入する線電流の大きさは等しいものとする. この回路について，次の (a) および (b) の問に答えよ.

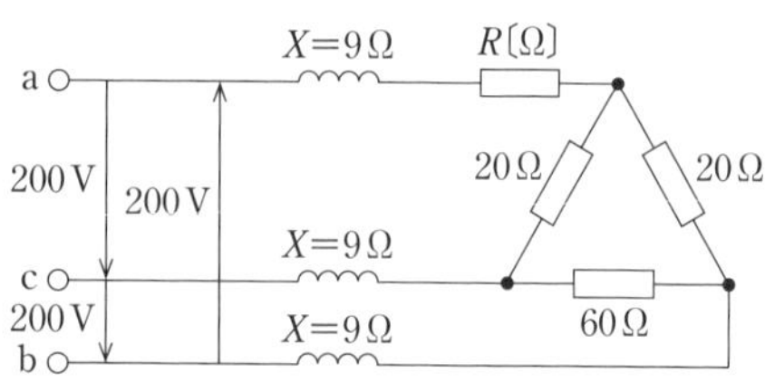

(a) 線電流の大きさが 7.7 A，三相負荷の無効電力が 1.6 kvar であるとき，三相負荷の力率の値として，最も近いものを次の (1)～(5) のうちから一つ選べ.

(1) 0.5　(2) 0.6　(3) 0.7　(4) 0.8　(5) 1.0

(b) a 相に接続された R の値〔Ω〕として，最も近いものを次の (1)～(5) のうちから一つ選べ.

(1) 4　(2) 8　(3) 12　(4) 40　(5) 80

Chapter 3

電子理論

学習のポイント

電子理論は，基礎的な内容が A 問題として出題され，トランジスタ回路や演算増幅器（オペアンプ）の計算問題が B 問題の選択問題として出題されやすい．

ここでは，真空中の電子の運動，半導体，ダイオード，トランジスタ，演算増幅器，各種の半導体素子，帰還増幅回路・発振回路・パルス回路，変調と復調，各種の効果について解説している．

これまで，A 問題として出題されている内容は，真空中の電子の運動，固体中の電子や半導体，バイポーラトランジスタや電界効果トランジスタの特徴および計算，電圧利得の計算，演算増幅器の特徴，帰還増幅回路，各種の効果などである．

一方，B 問題は，トランジスタ回路の計算，電圧利得・電力利得の計算，演算増幅器の計算などがよく出題されているため，十分に学習することが必要である．

また，発振回路やパルス回路，変調と復調についても出題されることがあるので，本章の内容を幅広く学習することも大切である．

真空中の電子の運動

［★★★］

1 電界中の電子

電子の電荷を$-q$〔C〕，質量をm〔kg〕とする．数値は

$$-q=-1.602\times10^{-19}\,\mathrm{C}$$

$$m=9.108\times10^{-31}\,\mathrm{kg}$$

電界E〔V/m〕の中で，電子は

$$F=qE\ 〔\mathrm{N}〕 \tag{3・1}$$

の力を受け，陽極に向かって運動する．力学の公式により，加速度a〔$\mathrm{m/s^2}$〕で質量mの物体が運動するときの力F'は

$$F'=ma\ 〔\mathrm{N}〕 \tag{3・2}$$

$F=F'$とすれば，電子の電界による加速度は

$$\boldsymbol{a=\frac{qE}{m}}\ 〔\mathbf{m/s^2}〕 \tag{3・3}$$

となり，電界Eに比例する．図3·1のように，平行平板電極の電圧V〔V〕，間隔d〔m〕とすれば，電界$E=V/d$で一定であるから，加速度$a=qE/m=qV/(md)$で一定となる．そこで，y軸方向の電子の初速度をv_{0y}とすればt〔s〕後は

$$\boldsymbol{v_y=v_{0y}+at=v_{0y}+\frac{q}{m}\cdot\frac{V}{d}t}\ 〔\mathbf{m/s}〕 \tag{3・4}$$

等加速度直線運動の速度の公式

の速度となる．運動距離yは

$$\boldsymbol{y=v_{0y}t+\frac{1}{2}\cdot\frac{q}{m}\cdot\frac{V}{d}t^2}\ 〔\mathbf{m}〕 \tag{3・5}$$

等加速度直線運動の変位の公式を適用

したがって，横軸に時刻tをとり，式（3·5）で与えられる運動を表すと，図

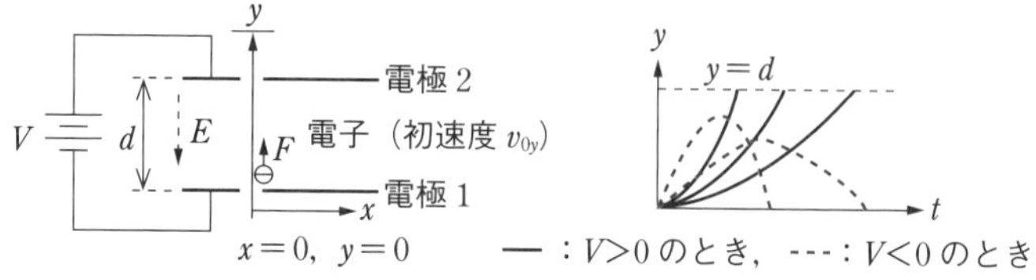

●図3・1　一様電界中の電子の運動

3·1のように**一群の放物線**が得られる．図3·1に示すように，$V<0$のときには，赤色の破線に示すように，電子は減速を受ける．

一方，$v_{oy}=0$，$y=d$とすれば，式(3·5)から

$$t=d\sqrt{\frac{2m}{qV}} \tag{3・6}$$

となり，これを式(3·4)へ代入すれば，電極1（陰極）の電子が電極2（陽極）に達したときの速度は

$$\boldsymbol{v=\sqrt{\frac{2q}{m}V}}\ \text{〔m/s〕} \tag{3・7}$$

となる．この式(3·7)は，エネルギー的にみると，運動エネルギー(1/2) mv^2がqVに等しいことから

$$\boldsymbol{\frac{1}{2}mv^2=qV} \tag{3・8}$$

Point
エネルギー保存の法則
運動エネルギー$\frac{1}{2}mv^2$＝位置エネルギーqV

からも求まる．

電位差1Vで得られる運動エネルギーを1eV（電子ボルト）といい，式(3·8)から次式が得られる．

$$\boldsymbol{1\,\text{eV}=1.602\times10^{-19}\,\text{J}} \tag{3・9}$$

Chapter 3

2 磁界中の電子

まず，図3·2に示すように，磁束密度B〔T〕，電子の電荷を$-q$〔C〕，速度を

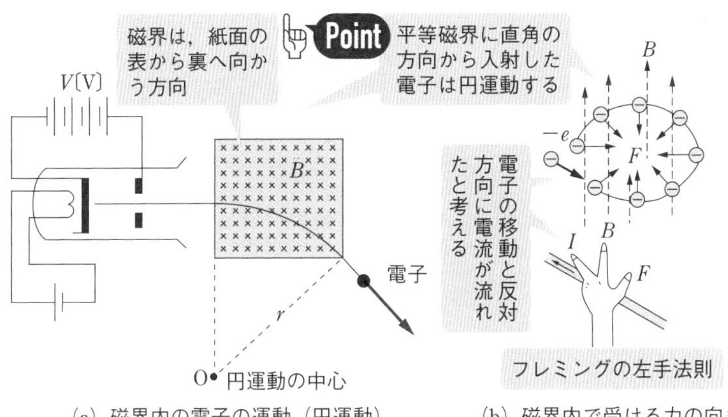

(a) 磁界内の電子の運動（円運動）　(b) 磁界内で受ける力の向き

●図3・2 磁界中の電子の運動

v〔m/s〕とすると，電子が磁界の中で受ける力つまり**ローレンツ力**は qvB〔N〕となる．この**ローレンツ力の向きは，常に電子の運動方向に対して垂直であるから，電子は円運動をする．**

円運動の半径と周期は，磁界による力と遠心力とのつり合いから求めることができる．ここで，その半径を r とすれば，つり合いの条件から

$$qvB = \frac{mv^2}{r} \tag{3・10}$$

$$\therefore \quad r = \frac{mv}{qB} \text{〔m〕} \tag{3・11}$$

さらに，円運動の周期を T とすると，$T = 2\pi r/v$ の関係から

$$T = \frac{2\pi r}{v} = \frac{2\pi}{v} \cdot \frac{mv}{qB} = \frac{2\pi m}{qB} \text{〔s〕} \tag{3・12}$$

また，回転の角速度（角周波数）ω_c は

$$\omega_c = \frac{2\pi}{T} = \frac{qB}{m} = 1.759 \times 10^{11} B \text{〔rad/s〕} \tag{3・13}$$

となる．

問題1 R1 A-12

図のように，極板間の距離 d〔m〕の平行板導体が真空中に置かれ，極板間に強さ E〔V/m〕の一様な電界が生じている．質量 m〔kg〕，電荷量 q（>0）〔C〕の点電荷が正極から放出されてから，極板間の中心 $\frac{d}{2}$〔m〕に達するまでの時間 t〔s〕を表す式として，正しいものを次の（1）～（5）のうちから一つ選べ．ただし，点電荷の速度は光速より十分小さく，初速度は 0 m/s とする．また，重力の影響は無視できるものとし，平行板導体は十分大きいものとする．

(1) $\sqrt{\dfrac{md}{qE}}$　(2) $\sqrt{\dfrac{2md}{qE}}$

(3) $\sqrt{\dfrac{qEd}{m}}$　(4) $\sqrt{\dfrac{qE}{md}}$

(5) $\sqrt{\dfrac{2qE}{md}}$

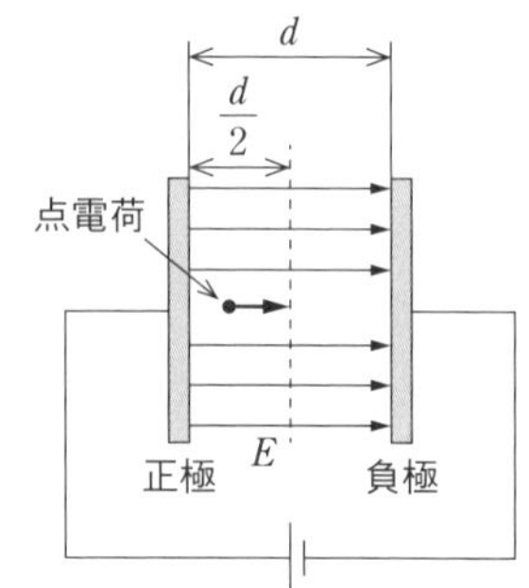

質量 m〔kg〕，加速度 a〔m/s^2〕，力 F〔N〕には $F=ma$ の関係がある．物体が初速度 v_o〔m/s〕，加速度 a〔m/s^2〕で時刻 0s から等加速度直線運動をするとき，時刻 t〔s〕における移動距離 y〔m〕は，$y=v_ot+\dfrac{1}{2}at^2$ で表すことができる．これらを適用して導いた式 (3·1) ～式 (3·5) を用いればよい．

正の点電荷には静電力 qE が働くから，加速度を a〔m/s^2〕とすれば，$ma=qE$ となる．つまり，$a=\dfrac{qE}{m}$ となる．そして，点電荷は電界の向きに等加速度直線運動をするが，初速度 $v_o=0$ であるから，$y=\dfrac{1}{2}at^2=\dfrac{qE}{2m}t^2$ である．ここで，

$y=\dfrac{d}{2}$ とおけば，$\dfrac{d}{2}=\dfrac{qE}{2m}t^2$

$$\therefore\quad t=\sqrt{\frac{\boldsymbol{md}}{\boldsymbol{qE}}}$$

解答 ▶ (1)

問題2　H27 A-12

ブラウン管は電子銃，偏向板，蛍光面などから構成される真空管であり，オシロスコープの表示装置として用いられる．図のように，電荷 $-e$〔C〕をもつ電子が電子銃から一定の速度 v〔m/s〕で z 軸に沿って発射される．電子は偏向板の中を通過する間，x 軸に平行な平等電界 E〔V/m〕から静電力 $-eE$〔N〕を受け，x 方向の速度成分 u〔m/s〕を与えられ進路を曲げられる．偏向板を通過後の電子は z 軸と $\tan\theta=\dfrac{u}{v}$ となる角度 θ をなす方向に直進して蛍光面に当たり，その点を発光させる．このとき発光する点は蛍光面の中心点から x 方向に距離 X〔m〕だけシフトした点となる．

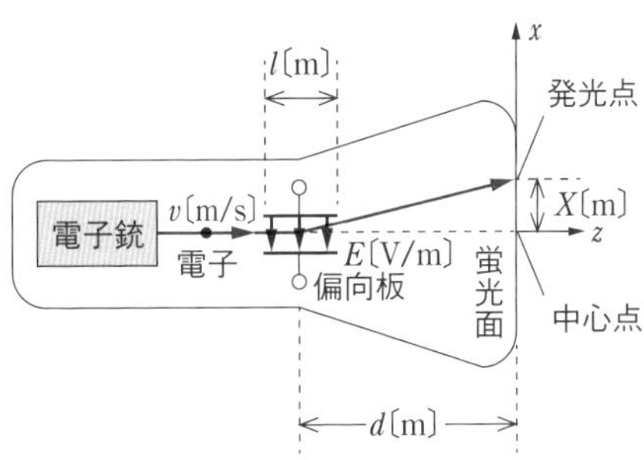

u と X を表す式の組合せとして，正しいのは次のうちどれか．ただし，電子の静止質量を m〔kg〕，偏向板の z 方向の大きさを l〔m〕，偏向板の中心から蛍光面までの距離を d〔m〕とし，$l \ll d$ と仮定してよい．また，速度 v は光速に比べて十分小さいものとする．

	u	X
(1)	$\dfrac{elE}{mv}$	$\dfrac{2eldE}{mv^2}$
(2)	$\dfrac{elE^2}{mv}$	$\dfrac{2eldE}{mv^2}$
(3)	$\dfrac{elE}{mv^2}$	$\dfrac{eldE^2}{mv}$
(4)	$\dfrac{elE^2}{mv^2}$	$\dfrac{eldE}{mv}$
(5)	$\dfrac{elE}{mv}$	$\dfrac{eldE}{mv^2}$

電界中の電子の運動を示すものであり，式（3·1）～式（3·5）を計算したのと同様に考えればよい．

解説 問題図において，電子は偏向板内の電界 E より x 方向の力 $F = eE$ を受けるので，その方向に加速度 $a = F/m = eE/m$〔m/s²〕を生じる．つまり，電子は x 方向に初速度零で等加速度運動する．一方，電子は z 方向の力を受けないため，速度 v で等速直線運動する．そこで，電子が偏向板を通過するのに要する時間 t は $t = l/v$〔s〕である．電子はこの t の間，x 方向に等加速度運動するので，偏向板を出るときの x 方向の速度成分は $u = at = \boldsymbol{\dfrac{elE}{mv}}$ **〔m/s〕**である．

また，x 方向への移動距離 X_1 は初速度零の等加速度運動ゆえ

$$X_1 = \frac{1}{2}at^2 = \frac{1}{2}\cdot\frac{eE}{m}\cdot\left(\frac{l}{v}\right)^2 = \frac{eEl^2}{2mv^2}\ \text{〔m〕}$$

次に，偏向板右端から蛍光面までの距離は $d - \dfrac{l}{2}$ で，$l \ll d$ より d とみなせるので，この間の電子の x 方向の移動距離 X_2 は

$$X_2 = d\tan\theta = d\frac{u}{v} = \frac{eEld}{mv^2}\ \text{〔m〕}$$

$$\therefore\quad X = X_1 + X_2 = \frac{eEl^2}{2mv^2} + \frac{eEld}{mv^2} = \frac{eEl(l+2d)}{2mv^2} = \boldsymbol{\frac{eldE}{mv^2}}\ \textbf{〔m〕}$$

（$\because$ $l+2d$ は $l \ll d$ より $2d$ とみなせる）

解答 ▶ (5)

問題3 ✓ ✓ ✓ R4上 A-12

真空中において，電子の運動エネルギーが 400 eV のときの速さが 1.19×10^7 m/s であった．電子の運動エネルギーが 100 eV のときの速さ〔m/s〕の値として，正しいのは次のうちどれか．ただし，電子の相対性理論効果は無視するものとする．

(1) 2.98×10^6　(2) 5.95×10^6　(3) 2.38×10^7　(4) 2.98×10^9
(5) 5.95×10^9

電子の運動エネルギーは，式 (3·8) のように $\dfrac{1}{2}mv^2 = qV$ となる．

解説 電子の運動エネルギーが 400 eV のときの速さが 1.19×10^7 m/s であるから

$$\frac{1}{2}m = \frac{qV}{v^2} = \frac{400}{(1.19\times10^7)^2}$$

電子の運動エネルギーが 100 eV のときの速さを v_o として

$$\frac{1}{2}mv_0{}^2 = 100$$

$$\therefore \quad v_o = \sqrt{\frac{100}{\frac{1}{2}m}} = \sqrt{\frac{100}{\frac{400}{(1.19\times10^7)^2}}} = \mathbf{5.95\times10^6\ m/s}$$

解答 ▶ (2)

問題4 ✓ ✓ ✓ H24 A-12

次の文章は，図に示す「磁界中における電子の運動」に関する記述である．

真空中において，磁束密度 B〔T〕の一様な磁界が紙面と平行な平面の［（ア）］へ垂直に加わっている．ここで，平面上の点 a に電荷 $-e$〔C〕，質量 m_0〔kg〕の電子を置き，図に示す向きに速さ v〔m/s〕の初速度を与えると，電子は初速度の向きおよび磁界の向きのいずれに対しても垂直で図に示す向きの電磁力 F_A〔N〕を受ける．この力のために電子は加速度を受けるが速度の大きさは変わらないので，その方向のみが変化する．したがって，電子はこの平面上で時計回りに速さ v〔m/s〕の円運動をする．この円の半径を r〔m〕とすると，電子の運動は，磁界が電子に作用する電磁力の大きさ $F_A = evB$〔N〕と遠心力 $F_B = \dfrac{m_0}{r}v^2$〔N〕とがつり合った円運動であるので，その半径は $r =$［（イ）］〔m〕と計算される．したがって，この円運動の周期は $T =$［（ウ）］〔s〕，角周波数は $\omega =$［（エ）］〔rad/s〕となる．ただし，電子の速さ v〔m/s〕は，光速より十分小さいものとする．また，重力の影響は無視できるものとする．

上記の空白箇所（ア），（イ），（ウ）および（エ）に当てはまる組合せとして，正しいのは次のうちどれか．

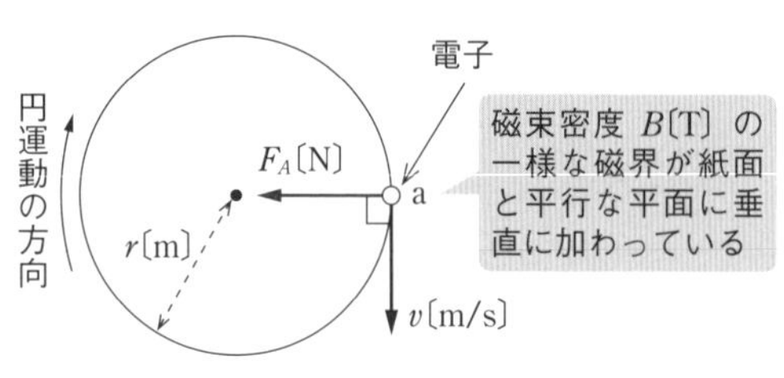

	（ア）	（イ）	（ウ）	（エ）
(1)	裏から表	$\dfrac{m_0v}{eB^2}$	$\dfrac{2\pi m_0}{eB}$	$\dfrac{eB}{m_0}$
(2)	表から裏	$\dfrac{m_0v}{eB}$	$\dfrac{2\pi m_0}{eB}$	$\dfrac{eB}{m_0}$
(3)	表から裏	$\dfrac{m_0v}{eB}$	$\dfrac{2\pi m_0}{e^2B}$	$\dfrac{2e^2B}{m_0}$
(4)	表から裏	$\dfrac{2m_0v}{eB}$	$\dfrac{2\pi m_0}{eB^2}$	$\dfrac{eB^2}{m_0}$
(5)	裏から表	$\dfrac{m_0v}{2eB}$	$\dfrac{\pi m_0}{eB}$	$\dfrac{eB}{m_0}$

磁界の方向に関しては，フレミングの左手法則を用いる．電流の向きは電子の移動と反対方向であることに留意すれば，同法則より，磁界の方向は紙面と平行な面の表から裏へ垂直に加わることがわかる．

（イ）～（エ）に関しては，式（3･10）～式（3･13）と同様に計算すればよい．

解答 ▶ (2)

問題5 H21 A-12

図 1 のように，真空中において強さが一定で一様な磁界中に，速さ v〔m/s〕の電子が磁界の向きに対して θ〔°〕の角度（$0° < \theta$〔°〕$< 90°$）で突入した．この場合，電子は進行方向にも磁界の向きにも［（ア）］方向の電磁力を常に受けて，その軌跡は，［（イ）］を描く．

次に，電界中に電子を置くと，電子は電界の向きと［（ウ）］方向の静電力を受ける．また，図 2 のように，強さが一定で一様な電界中に，速さ v〔m/s〕の電子が電界の向きに対して θ〔°〕の角度（$0° < \theta$〔°〕$< 90°$）で突入したとき，その軌跡は，［（エ）］を描く．

上記の空白箇所（ア），（イ），（ウ）および（エ）に当てはまる語句として，正しいものを組み合わせたのは次のうちどれか．

	（ア）	（イ）	（ウ）	（エ）
(1)	反対	らせん	反対	放物線
(2)	直角	円	同じ	円
(3)	同じ	円	直角	放物線
(4)	反対	らせん	同じ	円
(5)	直角	らせん	反対	放物線

磁界の向き
v〔m/s〕
θ〔°〕
電子

●図 1

電子
v〔m/s〕
θ〔°〕
電界の向き

●図 2

解説　磁界中の電子には，解図 1 (a) に示す磁界と**直角**方向の速度成分 $v_1 = v\sin\theta$ に対して，$F = qv_1B$〔N〕（ただし，q は電子の電荷〔C〕，B は磁束密度〔T〕）の力が紙面と平行な面の表から裏へ垂直に作用し，紙面と垂直な平面上において向心力として作用するため，電子はその平面上で円運動する．一方，磁界と同一方向の速度成分 $v_2 = v\cos\theta$ に対しては力が作用しないため，電子は紙面の左横方向に定速度 v_2 で移動する．これらの両者の運動が合成されて，電子は解図 1 (b) のように，**らせん**の軌跡を描く．

次に，電界中の電子には，解図 2 (a) に示す電界と直角方向の速度成分 $v_1 = v\sin\theta$ には力が作用しないため，電子は紙面の右横方向に定速度 v_1 で移動する．一方，電子は電界と反対方向の力 f を受けるので，電子は電界と**反対**方向に等加速度運動する．これらの両者の運動が合成されて，電子は解図 2 (b) のように，**放物線**の軌跡を描く．

数式的に扱えば，t〔s〕後の電子の位置は $x = v_1t$，$y = -v_2t + \dfrac{1}{2}\cdot\dfrac{qE}{m}t^2$（式 (3·5)

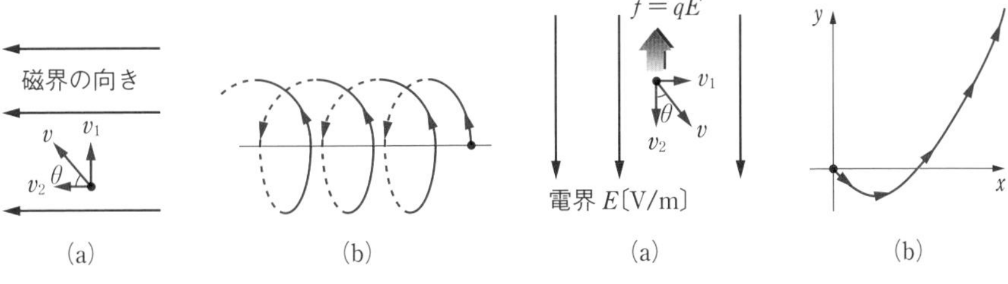

●解図 1　磁界中の電子

●解図 2　電界中の電子

利用）であるから，$y=\dfrac{qE}{2m}\left(\dfrac{x}{v_1}\right)^2-\dfrac{v_2}{v_1}x$ となる．つまり，電子の運動は x の二次関数で表されるため，解図 2 (b) のような**放物線**の軌跡を描く．

解答 ▶ (5)

問題6 R3 A-12

図のように，x 方向の平等電界 E〔V/m〕，y 方向の平等磁界 H〔A/m〕が存在する真空の空間において，電荷 $-e$〔C〕，質量 m〔kg〕をもつ電子が z 方向の初速度 v〔m/s〕で放出された．この電子が等速直線運動をするとき，v を表す式として，正しいものを次の (1)～(5) のうちから一つ選べ．ただし，真空の誘電率を ε_0〔F/m〕，真空の透磁率を μ_0〔H/m〕とし，重力の影響を無視する．また，電子の質量は変化しないものとする．図中の⊙は紙面に垂直かつ手前の向きを表す．

v〔m/s〕
−e〔C〕
m〔kg〕

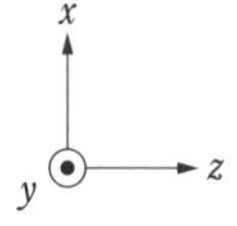

(1) $\dfrac{\varepsilon_0 E}{\mu_0 H}$　(2) $\dfrac{E}{H}$　(3) $\dfrac{E}{\mu_0 H}$

(4) $\dfrac{H}{\varepsilon_0 E}$　(5) $\dfrac{\mu_0 H}{E}$

電荷 q〔C〕が電界 E〔V/m〕から受ける静電力 F_1 は式 (3·1) から $F_1=qE$〔N〕である．また，電荷 q〔C〕が磁束密度 B〔T〕の磁界中を，磁界と直角方向に速度 v〔m/s〕で運動するときのローレンツ力 F_2 は $F_2=qvB$〔N〕である．

解説 題意から，$F_1=eE$ であり，静電力 F_1 は電子が負電荷ゆえ，電界と逆向きになる．一方，ローレンツ力 F_2 は，式 (1·56) の $B=\mu_0 H$ を考慮すれば，$F_2=evB=ev(\mu_0 H)$ となる．そして，ローレンツ力 F_2 の向きはフレミングの左手法則から，解図のように，x 軸の正の向きとなる．電子が等速直線運動するためには，$F_1=F_2$ となればよいから，$eE=ev(\mu_0 H)$

$$\therefore\quad v=\frac{\boldsymbol{E}}{\boldsymbol{\mu_0 H}}$$

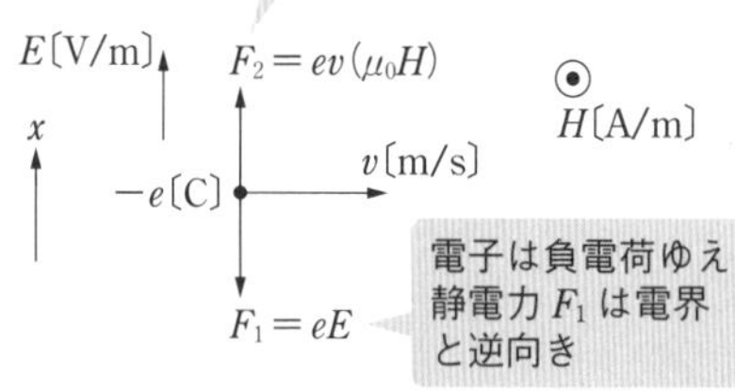

●解図

解答 ▶ (3)

固体中の電子

［★★★］

1 金属の導電率

図 3·3 に示すように，原子は，**原子核**と**電子**から構成されており，電子は電子のまわりにある層（電子殻）に分かれて原子核のまわりを回転している．

しかし一般に，金属原子は**価電子**（最外殻にある電子）の束縛力が弱いため，結晶中では原子核の束縛から離れて結晶中を自由に動くことができる．これを**自由電子**という．金属が電流をよく通すのは，この自由電子による．

自由電子は，図 3·4 のように金属の両端に電圧が加わっていないときには，それぞれがさまざまな速度で運動しているため，それらの速度を合成すると 0 になる．つまり，金属中を勝手に電流が流れることはない．

さて，次に，図 3·5 に示すように，金属の両端に電圧を加えると電界 E が金属中に生ずる．この電界によって電子は $F=qE$〔N〕の力を受け，電界 E と逆

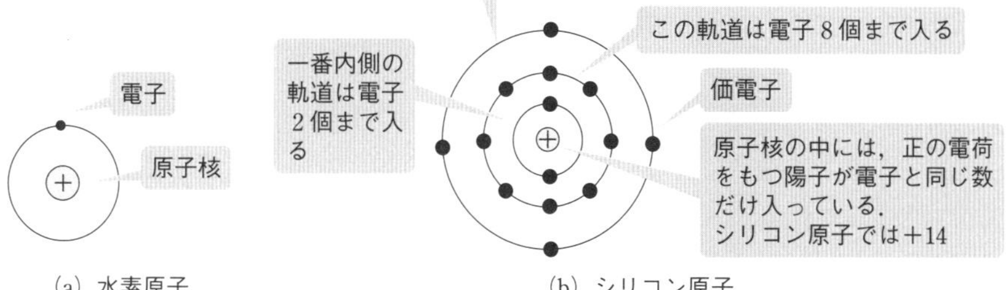

●図 3・3　原子の模型

●図 3・4　自由電子の運動（電界 0）

●図 3・5　金属の導電現象

向きに電子が加速され，電位の低いほうから高いほうへ向かって移動することによって，金属中に電流が流れる（**電子の移動方向と電流の向きとは逆**）．

個々の電子は，金属中を移動するときに電界 E により加速され，一方，金属原子と衝突しては減速するという運動を繰り返す．このため個々の電子の速度はさまざまであるが，電子の数は極めて多いため，全体から見れば平均化されて一定の速度で動いているように見える．これを**平均速度**といい，電界 E に比例し

$$v = \mu E \text{〔m/s〕} \quad (3\cdot14)$$

となる．このμを**移動度**という．実際には個々の電子の速度がまちまちであるにもかかわらず，電流は一定の大きさで流れ続ける．

そこで，金属導体の電子密度（自由電子）を n〔個/m^3〕，電子の平均速度を v〔m/s〕とすると，金属中を流れる電流密度 J〔A/m^2〕は，電子の電荷 $q = 1.602 \times 10^{-19}$ C として

$$J = qnv = qn\mu E = \sigma E \text{〔A/m}^2\text{〕} \quad (3\cdot15)$$

単位から

$$\left[\frac{\text{C}}{\text{個}}\right]\cdot\left[\frac{\text{個}}{\text{m}^3}\right]\cdot\left[\frac{\text{m}}{\text{s}}\right] = \text{〔A/m}^2\text{〕}$$

となる．σ は1章1-6節オームの法則で示した導電率である．

2 半導体の性質

電気伝導の立場から見ると，物質は，導体，絶縁体，半導体に分類できる．導体とは $10^{-8} \sim 10^{-5}\,\Omega\cdot\text{m}$ の抵抗率をもつもの，絶縁体とは $10^{8}\,\Omega\cdot\text{m}$ 以上程度の抵抗率をもつものをいう．この中間の抵抗率をもつものが**半導体**である．種々の物質の抵抗率を示したものが図3･6である．このような抵抗率の違いは，物質を構成する原子の電子を拘束する力の違いにより生ずる．導体ではその拘束力が弱く，絶縁体では強く，半導体では中程度の拘束力をもつ．

代表的な半導体である **Si（シリコン）** または，けい素について考えると，これは周期律表の第Ⅳ族の元素であるから，図3･3に示すように，最外殻に4個の価電子をもつ原子構造を有する．図3･7に示すように，各Si（シリコン）の原子は，隣接して位置する4個の他の原子からおのおの1個ずつの電子を共有して，自分の4個の価電子とともに8個の電子をもつ安定な軌道を形成して結合している．これを**共有結合**という．

第Ⅳ族の元素のうち，最も原子量の小さいC（炭素）は，この共有結合が極めて強く電子が自由に動き回れないので，絶縁物である．これに対し，原子量の大きいSn（すず）では，結合が弱く導体となる．それらの中間の **Si（シリコン）**，

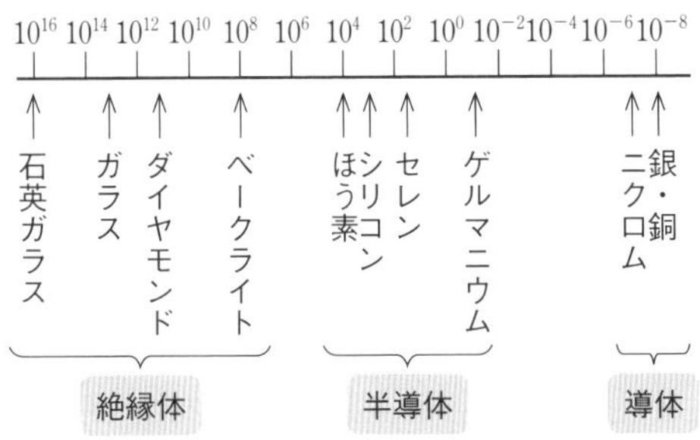

●図3・6 種々の材料の抵抗率〔Ω･m〕

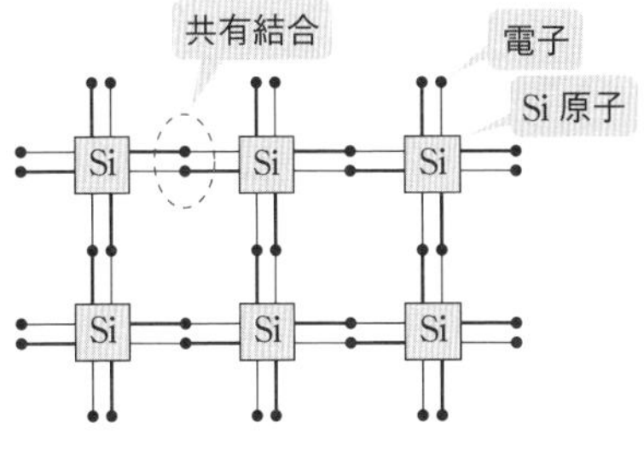

●図3・7 Si（シリコン）の原子配列

Ge（ゲルマニウム）のみが半導体の性質を示すことになる．

半導体の純度を極めて高く精製したものを**真性半導体**と呼ぶ．**真性半導体の共有結合は弱く**，図3･8に示す仕組みにより，**電気伝導が行われる**．

図3･8のプロセス③において，価電子が自由電子となって移動した後には，正の電荷をもった孔ができる．この孔を**正孔**または**ホール**という．自由電子や正孔を電荷の運び手という意味で**キャリヤ**という．

Point

半導体は温度が上昇するほど電気抵抗は小さくなる．
(導体は電気抵抗が大きくなる)

高純度の Si や Ge（真性半導体）では電子と正孔は同数であるが，不純物を微量混ぜることにより，電子と正孔の数や比率を変えることができる．

したがって，**半導体に外部から熱を与えると**，**電気伝導を担うキャリヤの自由電子と正孔の数が増すため**，**電気伝導度が大きくなる**，つまり**抵抗率は温度の上**

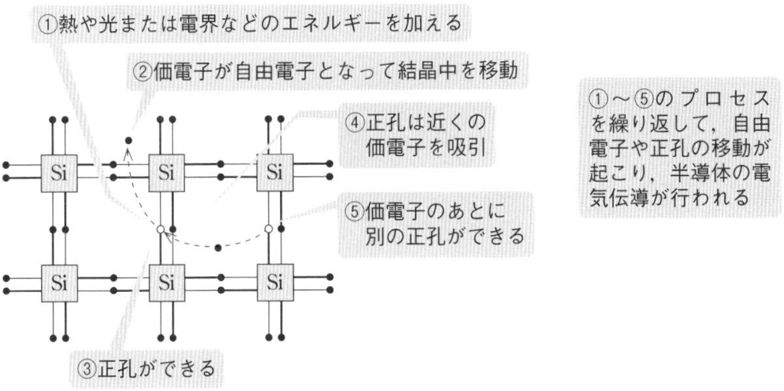

●図3・8 電子・正孔対の発生と移動

昇とともに小さくなる（これに対して，**多くの金属などの導体は**，1 章 1-6 節 4 項の抵抗率の温度係数で述べたように，**抵抗率が大きくなる**ことに注意する）．

図 3·9 に示すように，不純物として **3 価の原子**（**B**（**ほう素**），**In**（**インジウム**），**Ga**（**ガリウム**）など）を混ぜると，4 価の Si や Ge と結合する電子が 1 個不足する．この価電子の不足により正孔が生じ，これが電気伝導の役目を果たす．この場合，結晶全体としては多数の正孔が存在する．このように，正孔が自由電子の数よりも多い半導体を **p 形半導体**といい，p 形半導体をつくるために加えた 3 価の不純物を**アクセプタ**という．

p は positive（正）

p 形半導体では，正孔が多数キャリヤで，自由電子が少数キャリヤである．

一方，図 3·10 に示すように，不純物として **5 価の原子**（**As**（**ひ素**），**P**（**りん**），

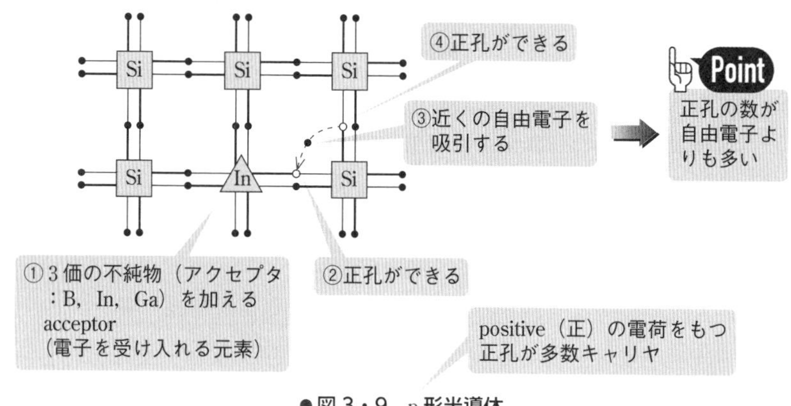

●図 3・9　p 形半導体

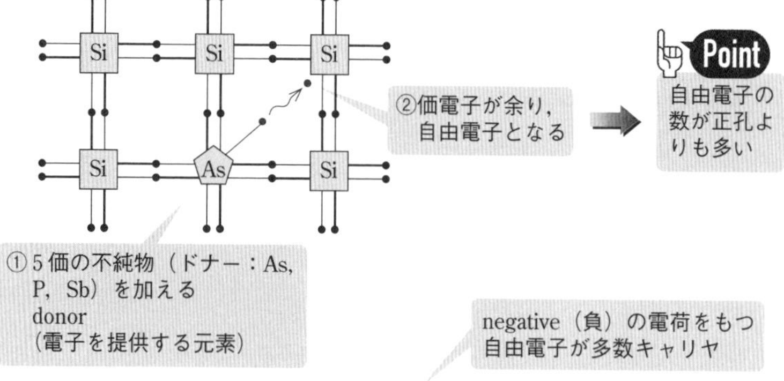

●図 3・10　n 形半導体

Sb（アンチモン）など）を混ぜると，4 価の Si や Ge と結合して，なお 1 個の電子が余分となる．この余った電子は結合から外れて自由電子となり，これが電気伝導の役目を果たす．結晶全体としては多数の自由電子が存在することになる．このように，自由電子が正孔の数よりも多い半導体を **n 形半導体**といい，n 形半導体をつくるために加えた 5 価の不純物を**ドナー**という．

n は negative（負）

問題7 ✓✓✓ H18 A-11

極めて高い純度に精製されたけい素（Si）の真性半導体に，微量のほう素（B）またはインジウム(In)などの（ア）価の元素を不純物として加えたものを（イ）形半導体といい，このとき加えた不純物を（ウ）という．

上記の空白箇所（ア），（イ）および（ウ）に当てはまる語句または数値の組合せとして，正しいのは次のうちどれか．

	（ア）	（イ）	（ウ）
(1)	5	n	ドナー
(2)	3	p	アクセプタ
(3)	3	n	ドナー
(4)	5	n	アクセプタ
(5)	3	p	ドナー

解説 3-2 節 2 項の半導体の性質に示すように，真性半導体，p 形半導体，n 形半導体の定義を十分に理解しておくことが重要である．

解答 ▶ (2)

問題8 ✓✓✓ H25 A-11

極めて高い純度に精製されたシリコン（Si）の真性半導体に，微量のりん（P），ひ素（As）などの（ア）価の元素を不純物として加えたものを（イ）形半導体といい，このとき加えた不純物を（ウ）という．ただし，Si，P，As の原子番号は，それぞれ 14，15，33 である．

上記の空白箇所（ア），（イ）および（ウ）に当てはまる組合せとして，正しいのは次のうちどれか．

	（ア）	（イ）	（ウ）
(1)	5	p	アクセプタ
(2)	3	n	ドナー
(3)	3	p	アクセプタ
(4)	5	n	アクセプタ
(5)	5	n	ドナー

解答 ▶ (5)

問題9 H28 A-11

半導体に関する記述として，誤っているのは次のうちどれか．

(1) 極めて高い純度に精製されたシリコン（Si）の真性半導体に，価電子の数が3個の原子，たとえばほう素（B）を加えるとp形半導体になる．

(2) 真性半導体に外部から熱を与えると，その抵抗率は温度の上昇とともに増加する．

(3) n形半導体のキャリヤは正孔より自由電子の方が多い．

(4) 不純物半導体の導電率は金属よりも小さいが，真性半導体よりも大きい．

(5) 真性半導体に外部から熱や光などのエネルギーを加えると電流が流れ，その向きは正孔の移動する向きと同じである．

3-2節2項の半導体の性質に示すように，半導体に外部から熱を与えると，その抵抗率は温度の上昇とともに減少する．したがって，**(2)** が誤りである．

解答 ▶ (2)

問題10 H19 B-17

直径1.6 mmの銅線中に10 Aの直流電流が一様に流れている．この銅線の長さ1 m当たりの自由電子の個数を1.69×10^{23}個，自由電子1個の電気量を-1.60×10^{-19} Cとして，次の(a)および(b)に答えよ．なお，導体中の直流電流は自由電子の移動によってもたらされているとみなし，その移動の方向は電流の方向と逆である．

また，ある導体の断面を1秒間に1 Cの割合で電荷が通過するときの電流の大きさが1 Aと定義される．

(a) 10 Aの直流電流が流れているこの銅線の中を移動する自由電子の平均移動速度v〔m/s〕の値として，最も近いのは次のうちどれか．

(1) 1.37×10^{-7}　(2) 3.70×10^{-4}　(3) 1.92×10^{-2}

(4) 1.84×10^{2}　(5) 3.00×10^{8}

(b) この銅線と同じ材質の銅線の直径が3.2 mm，流れる直流電流が30 Aであるとき，自由電子の平均移動速度〔m/s〕は(a)の速度の何倍になるか．その倍数として，最も近いのは次のうちどれか．

なお，銅線の単位体積当たりの自由電子の個数は同一である．

(1) 0.24　(2) 0.48　(3) 0.75　(4) 6.0　(5) 12

自由電子の平均移動速度を v〔m/s〕，直径 1.6 mm の銅線の 1 m 当たりの自由電子の個数を n〔個/m〕，自由電子 1 個の電気量を q〔C/個〕とすれば，銅線に流れる直流電流 I〔A〕は，式（3·15）と同様に考えれば，

$$I\,〔\mathrm{A}〕= q\,〔\mathrm{C/個}〕\times n\,〔個/\mathrm{m}〕\times v\,〔\mathrm{m/s}〕$$

となる．

（a）$v = \dfrac{I}{qn} = \dfrac{10}{1.60\times10^{-19}\times1.69\times10^{23}} \fallingdotseq \mathbf{3.70\times10^{-4}\ m/s}$ となる．

（b）直径が 2 倍になると，導体の断面積が 4 倍になるため，銅線の単位長さ当たりの自由電子の個数 n は 4 倍になる．一方，電流は 3 倍になっている．そこで，電子の平均移動速度 v は上述のように $v = \dfrac{I}{qn}$ であるから，3/4 = **0.75 倍**になる．

解答 ▶ (a)-(2)，(b)-(3)

ダイオードと電源回路・波形整形回路

［★］

1 キャリヤのふるまいとpn接合

半導体に電界を加えると，キャリヤである正孔と自由電子は電界による力を受け，正孔は電界の向きに，自由電子は電界とは逆向きに移動する．この移動によって，電界の向きに電流が流れる現象を**ドリフト**といい，この電流を**ドリフト電流**という．

一方，半導体内部でキャリヤの濃度に差があると，濃度の高い部分から低い部分に向かってキャリヤの移動が起こる．これを**拡散**という．拡散によってキャリヤが移動して流れる電流を**拡散電流**という．

半導体素子において，基本となるのがp形半導体とn型半導体を接合した**pn接合**である．pn接合におけるキャリヤのふるまいを図3·11に示す．

pn接合においては，拡散により，接合面付近のp形領域の正孔はn形領域へ，n形領域の自由電子はp形領域へ移動する．このように拡散によってもう一方の領域に移動したキャリヤを**注入キャリヤ**という．拡散によって移動する正孔と自

接合面付近では，p形半導体内のキャリヤの正孔がn形領域に拡散し，n形半導体内のキャリヤの自由電子がp形領域へ拡散

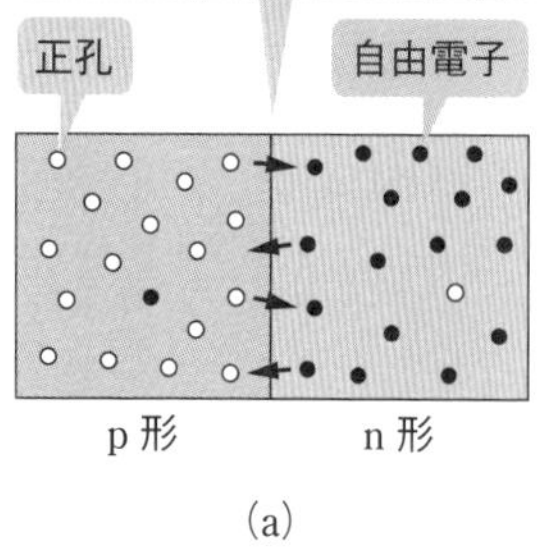

(a)

拡散によってp形領域の正孔は移動してなくなるため，その後には負に帯電した原子だけが残り，負の電荷が生ずる．同様に，n形領域の自由電子が移動した後には正に帯電した原子が残り，正の電荷が生ずる．この正と負の電荷により電界が発生し，拡散は停止

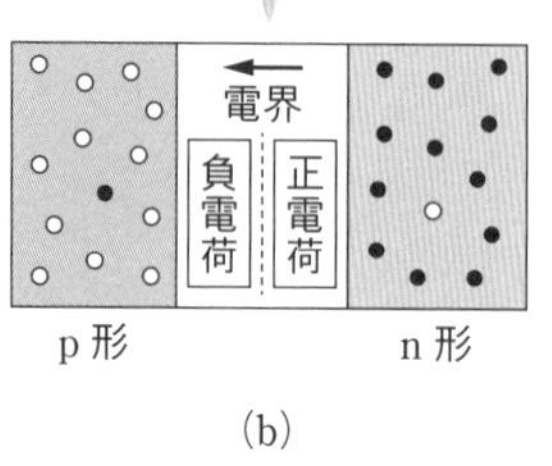

(b)

Point

接合面付近では，正孔と自由電子が拡散によって移動し，互いに再結合して消滅するため，キャリヤが存在しない領域（空乏層）ができる

空乏層

p形　n形

(c)

●図3・11　pn接合面におけるキャリヤのふるまいと空乏層の形成

由電子が接合面付近で出会うと，**キャリヤの再結合**によってキャリヤが消滅し，接合面付近ではキャリヤが存在しない領域ができる．この領域を**空乏層**という．空乏層はいずれのキャリヤも存在しないため，電流が流れにくい性質をもつ．

2 ダイオード

p 形半導体と n 形半導体を接合したものが**ダイオード**である．pn 接合の p 形側を**アノード**，n 形側を**カソード**という．図 3･12 (a) は，電圧を加えない状態であり，1 項に示すように，pn 接合面付近に電子・正孔が存在しない空乏層ができる．

図 3･12 (b) に示すように，外部電圧 E が p 形領域を正電位，n 形領域を負電位となるようにしたとき，多数キャリヤの移動が可能となり，電流が流れる．このとき，pn 接合は，**順方向**，または**順方向バイアス**になっているという．

他方，図 3･12 (c) は，外部電圧 E が p 形領域を負電位，n 形領域を正電位になるようにしたとき，空乏層が大きくなって多数キャリヤの移動ができないため，

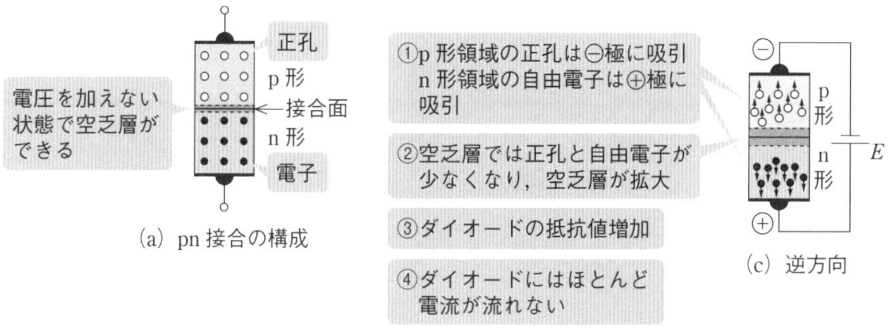

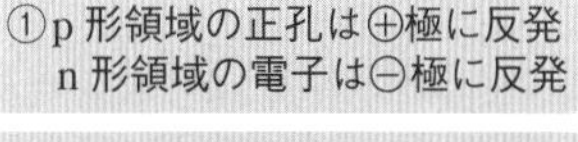

②p 形領域の正孔と n 形領域の電子が空乏層に入り込む

③空乏層の領域では正孔と自由電子が結合し，空乏層が狭くなる

④ダイオードの抵抗値低下

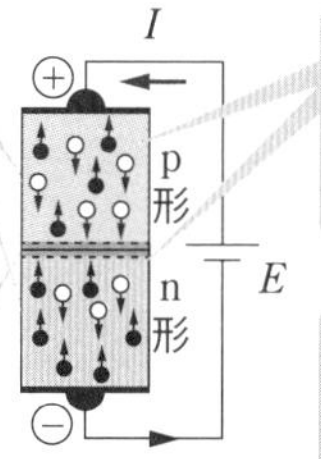

(b) 順方向

⑤正孔と自由電子は空乏層を通り抜け相手の領域へ達する

⑥自由電子は移動し，自由電子は電源から順次補給されるためダイオードに電流が流れる

アノード

カソード

(d) 図記号

●図 3・12 ダイオードの動作原理

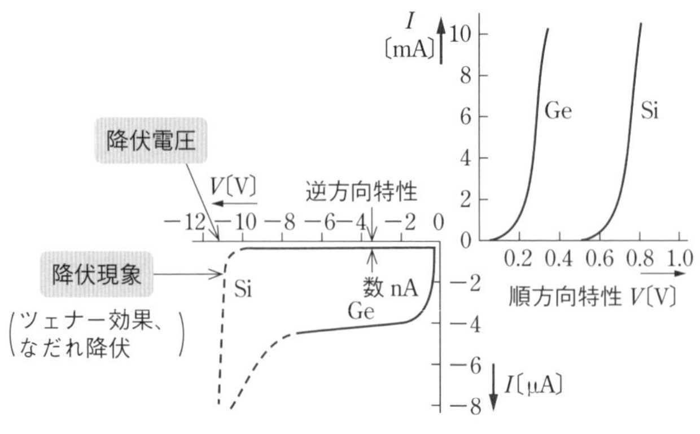

●図 3・13　ダイオードの電圧-電流特性

電流がほとんど流れない．このとき，pn 接合は**逆方向**，または**逆方向バイアス**になっているという．

このように，ダイオードは順方向には電流を流しやすく，逆方向にはほとんど電流を流さない．この作用をダイオードの**整流作用**という．

なお，実際のダイオードの電圧-電流特性は図 3･13 に示すように，ダイオードに逆方向の電圧を加えたとき，極めてわずかであるが逆方向に電流が流れる．さらに逆方向の電圧を大きくしていくと,ある値で急に電流が流れるようになる．これを**降伏現象**（**ツェナー効果**，**なだれ降伏**）という．それを利用したシリコンダイオードは，図 3･13 に示すように，逆電流が広範囲に変化しても逆電圧がほとんど変わらないことから，定電圧発生装置に用いられる．

3 電源回路

ここでは，ダイオードの活用として，交流を直流に変換する電源回路を扱う．図 3･14（a）は，商用交流から直流電圧を得る基本原理をブロック図に示したものであり，同図（b）はその各部分における電圧波形を示したものである．

まず，商用交流電圧 v_{ac} は，①のトランスによって所要振幅の交流電圧 v_i に変換され，**整流回路**に入力される．②の整流回路には，半波整流，全波整流などの各方式があり，図 3･14（b）では全波整流した場合の脈流波形を示している．**平滑回路**はコンデンサやインダクタンスで構成され，脈流電圧を直流電圧に平滑する．出力の V_{dc} に電圧変動分（リプル）を含むが，直流電圧として使用することができる．

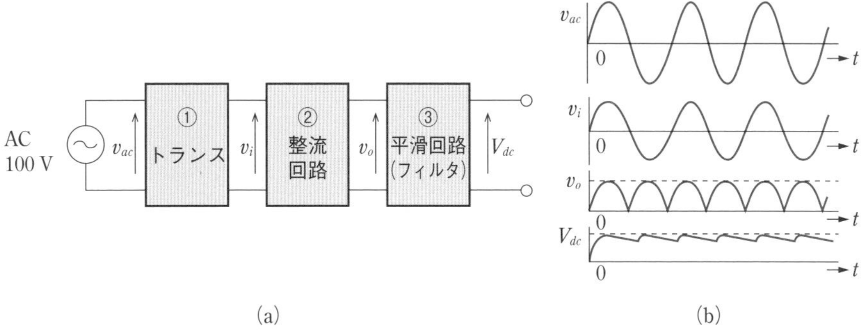

●図 3・14　電源回路と各部の電圧波形

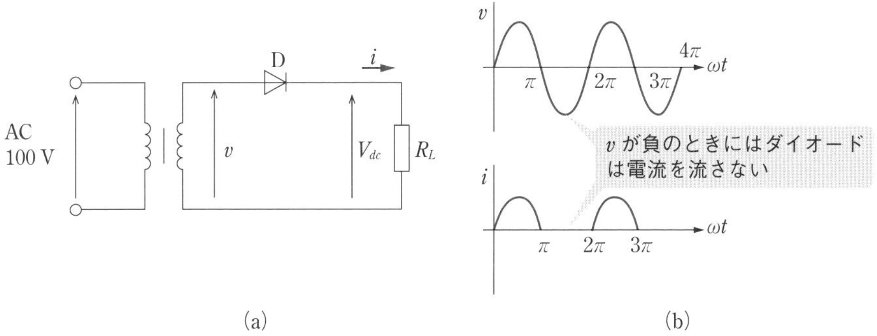

●図 3・15　半波整流回路とその波形

最も基本的な整流回路として，図 3･15 (a) に半波整流回路を示す．また，同図 (b) がその v と i の関係を示したものである．

次に，ダイオードを 2 個用いてトランスの二次側巻線の中性点を利用したトランス形（センタータップ形）全波整流回路を図 3･16 (a) に，その全波整流波形を同図 (b) に示す．この整流回路は，トランス二次側巻線の中性点を負荷に対してグラウンドにとり，交流の正の半サイクル（⟶）ではダイオード D_1 が導通し，交流の負の半サイクル（‐‐▸）ではダイオード D_2 が導通するように構成されている．このため，i は常に図の矢印の方向に電流が流れ，V_{dc} は常に正となる．

さらに，ダイオード 4 個を使用して，図 3･17 のようなブリッジ形全波整流回路を構成することもできる．交流電圧が正の半サイクル（⟶）ではダイオード D_4 と D_2 が導通し，負の半サイクル（‐‐▸）ではダイオード D_3 と D_1 が導通して，

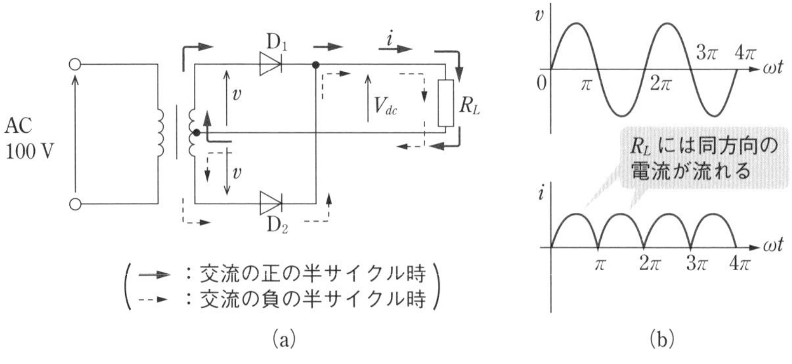

●図 3・16　トランス形全波整流回路とその波形

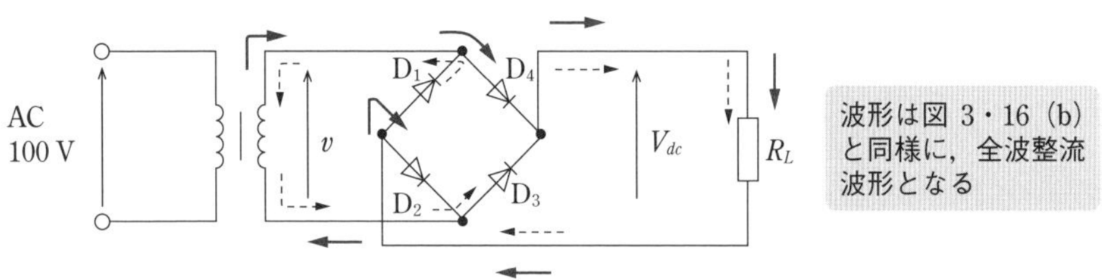

●図 3・17　ダイオードブリッジ形全波整流回路

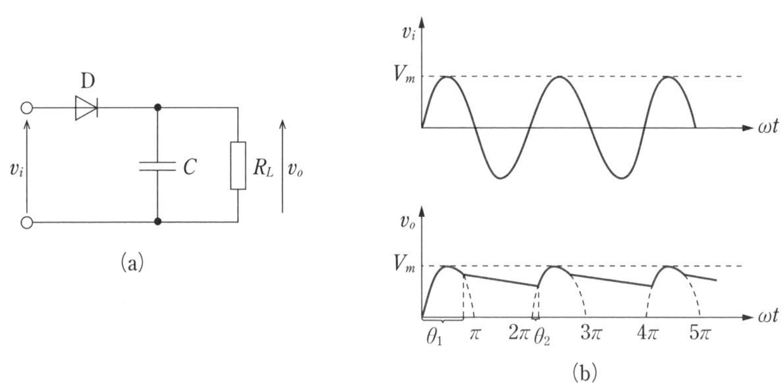

●図 3・18　コンデンサ平滑回路とその波形

負荷抵抗 R_L には同方向の整流電流が流れる．

平滑回路の最も基本的な回路としては，図 3･18 (a) のコンデンサ平滑回路があり，同図 (b) がその波形を示したものである．

交流電圧 v_i が正の半周期になり，上昇し始めると，ダイオード D は導通状態になり，コンデンサ C は充電される．そして v_o は $\omega t = \pi/2$ のときにピークとなる．

さらに，交流入力電圧が下降し始めると，負荷電圧はその瞬時値に対応して減少する．コンデンサの端子間電圧は，時定数 CR_L で指数関数的に減少するので，ある位相角 $\omega t = \theta_1$ 以降では，交流入力電圧の瞬時値のほうがコンデンサの端子間電圧よりも小さくなるため，ダイオード D は遮断状態となる．

一方，位相角 θ_2 は，次のサイクルで，交流入力電圧の瞬時値がコンデンサの端子間電圧に等しくなる時点である．これ以降，再びダイオード D は導通状態になり，コンデンサ C は充電される．

以上の動作を周期的に繰り返すことになる．

4 波形整形回路

ダイオードを活用した回路として，**波形整形回路**がある．これは，入力波形の一部を切り取り，残った部分を出力する回路である．この波形整形回路の一種である**クリッパ回路**について説明する．

図 3･19 のベースクリッパ回路において，入力端子 a–b 間に正弦波電圧 $v_i =$

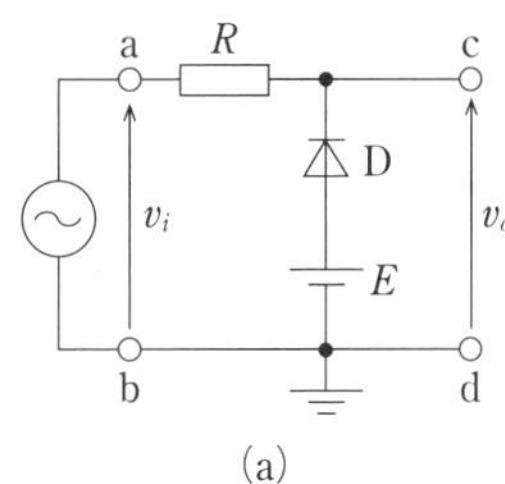

(a)

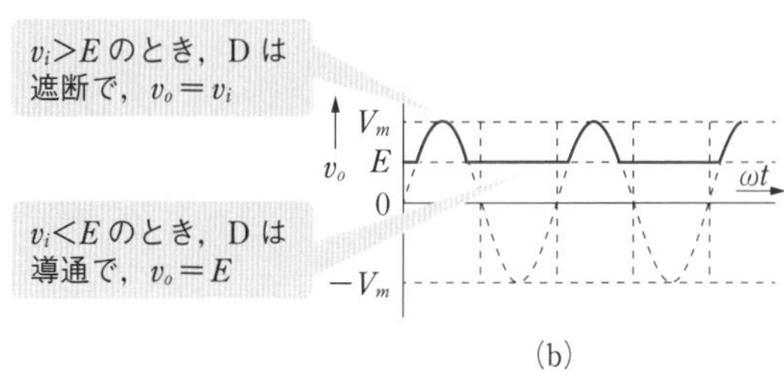

(b)

●図 3・19　ベースクリッパ回路

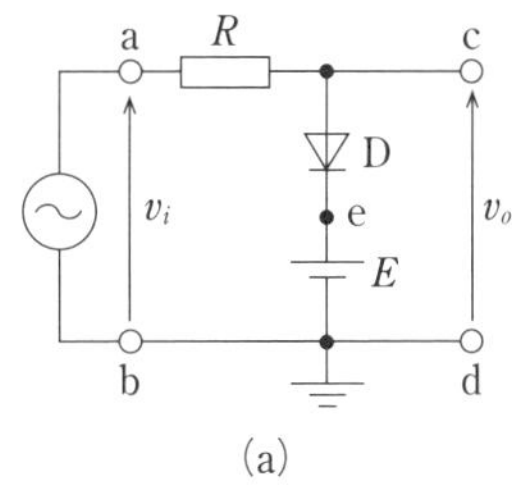

(a)

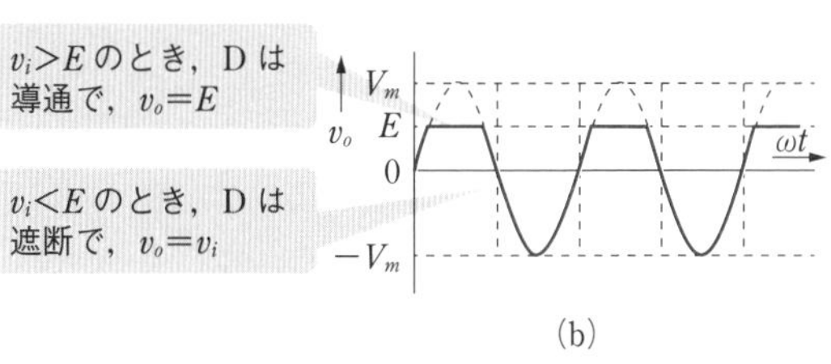

(b)

●図 3・20　ピーククリッパ回路

$V_m \sin\omega t$〔V〕を加えるとき（ただし，$V_m>E$），$v_i>E$ であればダイオードDは遮断状態であり，c–d 間電圧 v_o は v_i と同じになり，$v_i<E$ であればダイオードDは導通状態となって c–d 間電圧 v_o は E となる．図 3・20 のピーククリッパ回路も同様に考えればよい．

問題11 H7 A-8

図のようなダイオードを用いた回路において，C はコンデンサ，R は抵抗である．入力端子に正弦波電圧 e_i を加えたとき，出力端子に生じる電圧 e_o の波形（時間変化）はどのようになるか．正しいものを，次のうちから選べ．ただし，C と R の積は，入力電圧の周期に比べて大きいものとする．

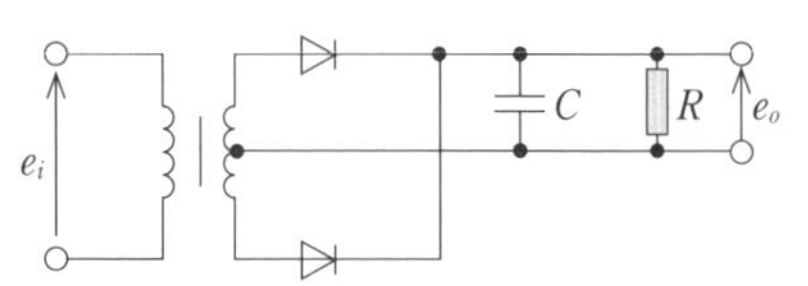

(1)

(2)
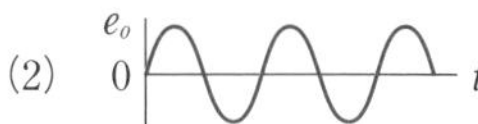

(3)

(4)
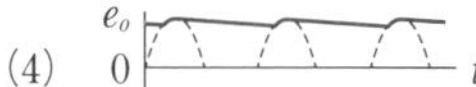

(5)

解説 図 3・16 のトランス形全波整流回路に，図 3・18 のコンデンサ平滑回路が接続されているから，図 3・16（b）の波形と図 3・18（b）の波形を組み合わせればよい．

解答 ▶ (3)

問題12 H24 A-13

図は，抵抗 R_1〔Ω〕とダイオードからなるクリッパ回路に負荷となる抵抗 R_2〔Ω〕（$=2R_1$〔Ω〕）を接続した回路である．入力直流電圧 V〔V〕と R_1〔Ω〕に流れる電流 I〔A〕の関係を示す図として，最も近いのは次のうちどれか．ただし，順電流が流れているときのダイオードの電圧は，0V とする．また，逆電圧が与えられているダイオードの電流は，0A とする．

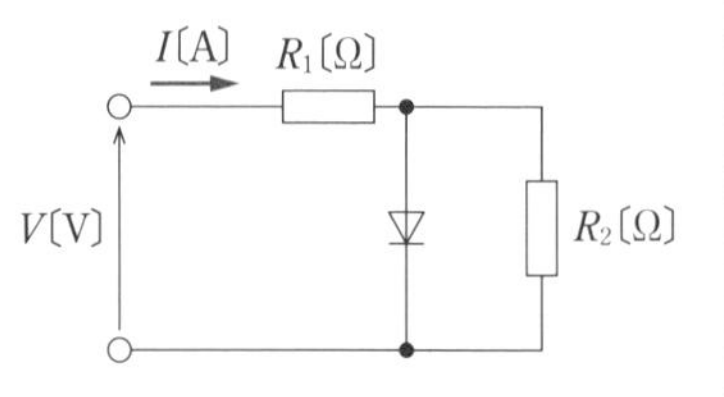

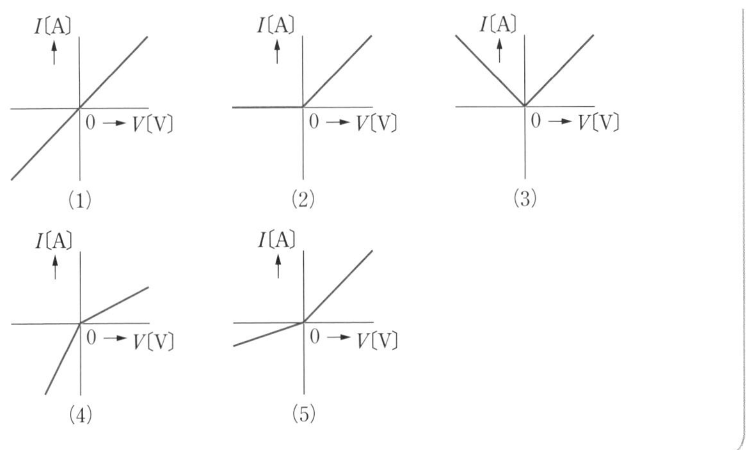

入力電圧 $V>0$ のとき，ダイオードは順方向であり，ダイオードの端子間電圧は 0 となる．一方，入力電圧 $V<0$ のとき，ダイオードは逆方向であり，ダイオードの通過電流は 0 となる．

解説　$V \geqq 0$ のときの等価回路は解図（a）で

$$I=\frac{V}{R_1}$$

となる．

一方，$V<0$ のときの等価回路は解図（b）で

$$I=\frac{V}{R_1+R_2}=\frac{V}{R_1+2R_1}=\frac{V}{3R_1}$$

となる．

つまり，傾きが $\frac{1}{3R_1}$ であり，$V \geqq 0$ の場合の直線の傾き $\frac{1}{R_1}$ に比べて，傾きは小さい．

これを満たすのは，**(5)** の図である．

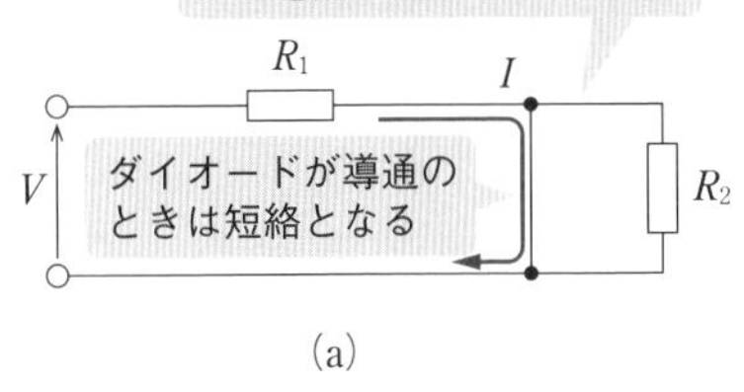

(a)

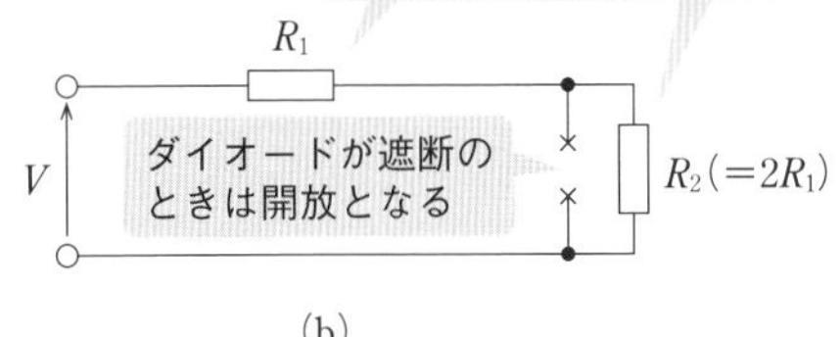

(b)

●解図

解答 ▶ (5)

問題⑬ H30 A-13

図は，ダイオード D，抵抗値 R〔Ω〕の抵抗器，および電圧 E〔V〕の直流電源からなるクリッパ回路に，正弦波電圧 $v_i = V_m \sin \omega t$〔V〕（ただし，$V_m > E > 0$）を入力したときの出力電圧 v_o〔V〕の波形である．下図（a）～（e）のうち図の出力波形が得られる回路として，正しいものの組合せは次のうちどれか．ただし，ω〔rad/s〕は角周波数，t〔s〕は時間を表す．また，順電流が流れているときのダイオードの端子間電圧は 0V とし，逆電圧が与えられているときのダイオードに流れる電流は 0A とする．

（1）（a），（e）　（2）（b），（d）　（3）（a），（d）　（4）（b），（c）
（5）（c），（e）

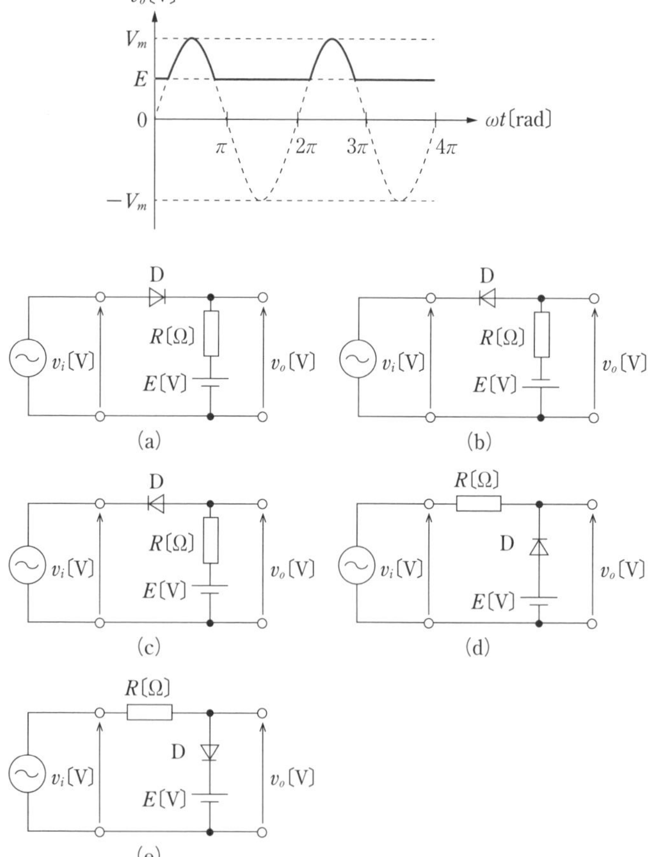

ダイオード D は，順方向電圧が加われば導通状態であり，逆方向電圧が加われば遮断状態として考えればよい．本問は，図 3·19 のベースクリッパ回路に該当する．

解説 問題図の出力電圧波形は，正弦波電圧が直流電圧 E より高いときには正弦波電圧，そうでないときには直流電圧 E を出力している．図（**d**）は，図 3·19 の解説に示すように，問題図の出力電圧波形を出す．また，図(**a**)は，$v_i = V_m \sin\omega t > E$ であればダイオード D は導通状態となって出力電圧 v_o は $v_o = v_i = V_m \sin\omega t$ となる．一方，$v_i < E$ であればダイオード D は遮断状態となって $v_o = E$ となる．他方，図（c）や図（e）は図 3·20 のような出力電圧波形を出すピーククリッパ回路に該当する．

解答 ▶ (3)

トランジスタと基本増幅回路

［★★★］

1 接合トランジスタ

トランジスタは，図 3·21 のように**スイッチとしての働き**や，小さな信号を大きな信号にする（**増幅作用**）など，さまざまな電子回路に用いられる．

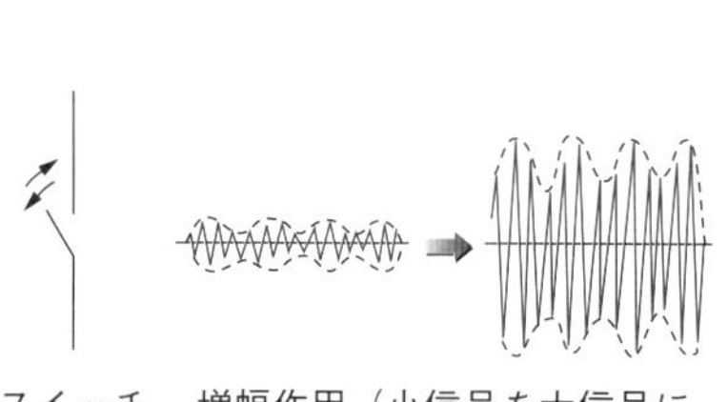

●図 3・21　トランジスタの機能

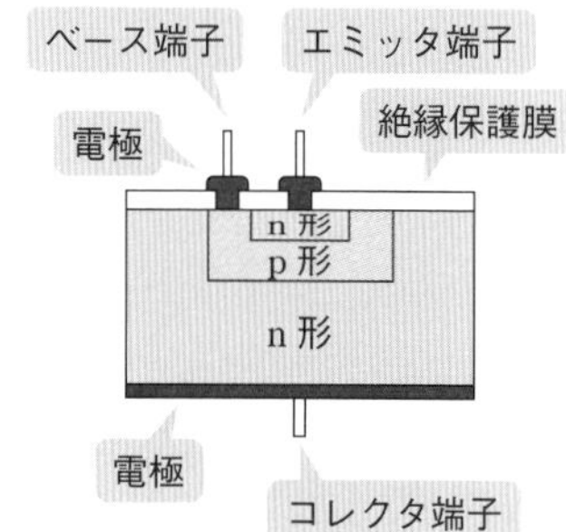

●図 3・22　接合トランジスタの物理的構造（npn 形）

接合トランジスタ（または，**バイポーラトランジスタ**）は，図 3·22 のような物理的構造をしており，図 3·23 のように **npn 形**と **pnp 形**とがある．図 3·23 で，**B** は**ベース**，**C** は**コレクタ**，**E** は**エミッタ**と呼ばれ，図記号において**エミッタの矢印の向きは電流の流れる向き**を示す．

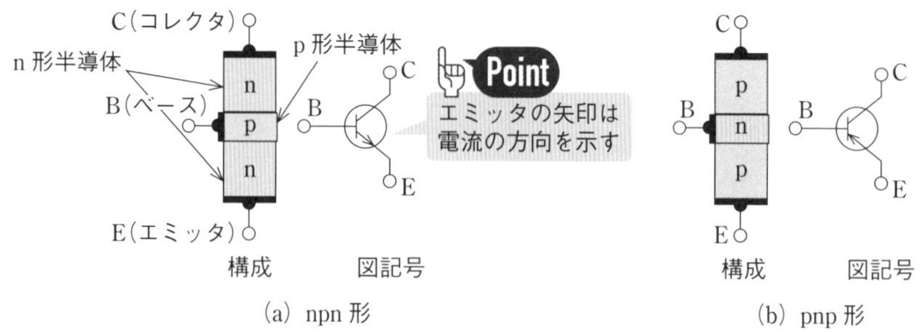

●図 3・23　接合トランジスタの構成と図記号

トランジスタは二つの pn 接合をもち，エミッタ-ベース間の接合を**エミッタ接合**，コレクタ-ベース間の接合を**コレクタ接合**と呼ぶ．

2 トランジスタの接地方式と動作原理

トランジスタは 3 端子なので，**1 端子を入出力共通**とする．図 3･24 のように，共通端子の名称をとって，**エミッタ接地**，**ベース接地**，**コレクタ接地**という．

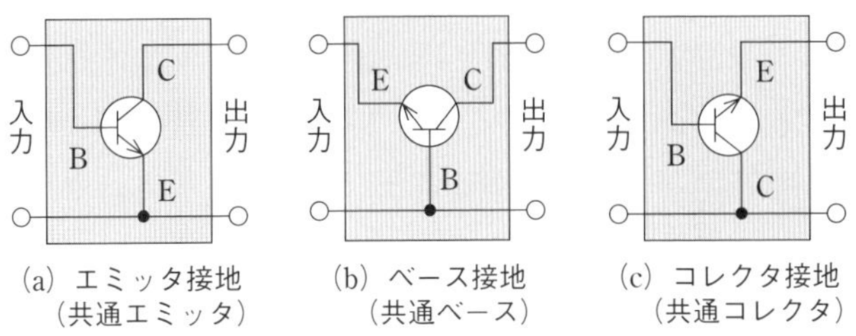

●図 3・24 トランジスタの接地方式

トランジスタを動作させるには，図 3･25 のように，**エミッタの矢印の方向に電流が流れるような向きに 2 個の電源が必要**となる．

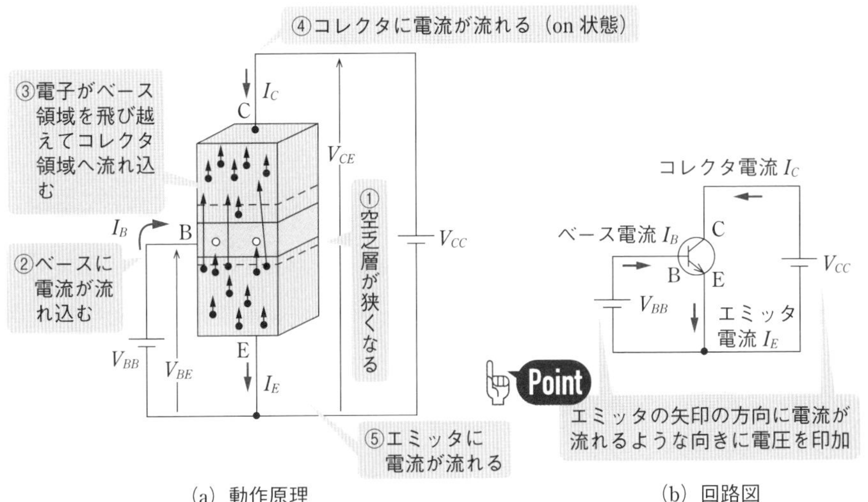

●図 3・25 npn 形トランジスタの動作原理

この場合，npn 形トランジスタは次のように動作する．

①ベース B とエミッタ E 間の接合面には順方向電圧 V_{BE} が加わり，空乏層が狭くなりキャリヤが移動しやすい状態になる．

②ベース B とエミッタ E 間に順方向電圧が加えられているので，エミッタから多くのキャリヤ（電子）がベース領域に流れ込む．その際，1%程度の電子がベースの正孔と結合し消滅する．この消滅した分を直流電源 V_{BB} よりベース電流 I_B として補給する．

③ベース領域は非常に薄く作られているため，ベース領域で正孔と結合しなかったほとんどの電子は，コレクタ C とベース B 間の接合面に達し，コレクタ C とエミッタ E 間に加えられている直流電圧 V_{CE} により，空乏層を飛び越えコレクタ領域に流れ込む．

④コレクタ領域に到達した電子は，コレクタ内を移動し，コレクタ端子から電源 V_{CC} の正側に戻るので，コレクタ電流 I_C が流れる．

⑤エミッタ E には電源 V_{CC} より電子が補給され，エミッタ電流 I_E が流れる．各部の電流には次のような関係が成り立つ（図 3･26 参照）．

$$\boldsymbol{I_E = I_C + I_B} \qquad (3 \cdot 16)$$

一般に，I_B は I_C と比較しても極めて小さい値のため，$I_E = I_C$ として扱うことが多い．この状態をトランジスタが **on 状態**にあるという．トランジスタの動作の基本は，ベースに流れる電流によってトランジスタ全体が働くということであり，このような素子を**電流制御形素子**という．

そして，トランジスタはベース電流を流さないときはコレクタ電流が流れないが，ベース電流を流すとコレクタ電流が流れる性質を利用して，トランジスタをスイッチとして使うことができる．これをトランジスタの**スイッチング作用**という．トランジスタをスイッチとして考えると，ベース電流が流れていない時にはコレクタ・エミッタ間が off 状態になり，ベース電流が流れているときにはコレクタ・エミッタ間が on 状態になる．

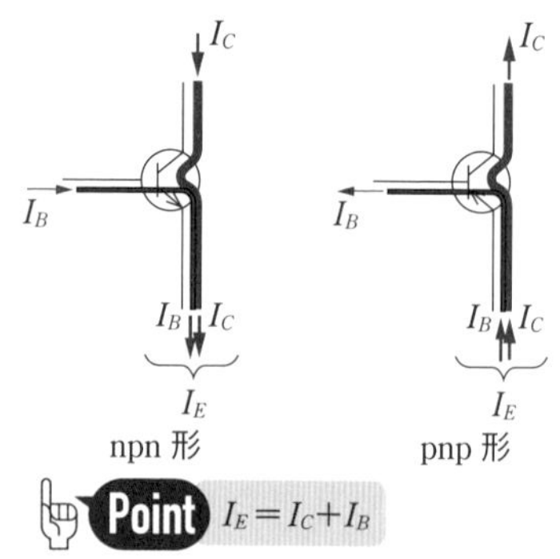

●図 3・26　トランジスタにおける I_E，I_C，I_B の関係

3 ベース接地トランジスタ

図3·27のベース接地回路において，V_{EB}（エミッタ-ベース間電圧）を変化させるとき，電流の微小変化分ΔI_Eに対するΔI_Cの比は

αは1より小さく，α≒0.95～0.995程度

$$\boldsymbol{\alpha}=\frac{\Delta I_C}{\Delta I_E} \tag{3・17}$$

となり，αを**ベース接地電流増幅率**という．

ここで，コレクタ電流はエミッタ電流より，ベースで再結合して失われた正孔の分だけ小さくなるため，**αは1より小さく，α≒0.95～0.995程度の値となる**．

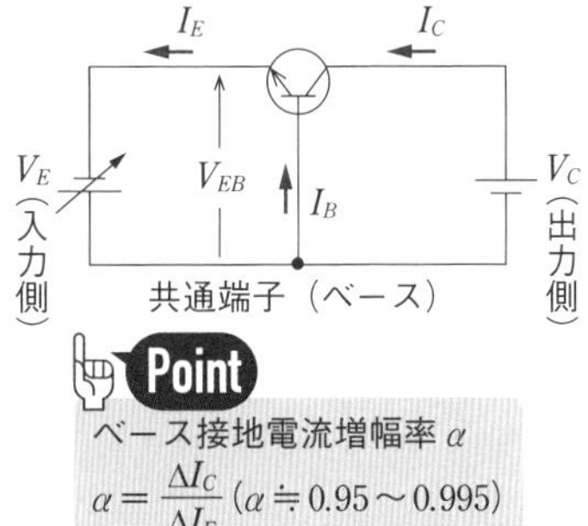

●図3・27　ベース接地回路

4 エミッタ接地トランジスタ

図3·28のエミッタ接地回路で，V_{BE}（ベース-エミッタ間電圧）を変化させるとき，電流の微小変化分ΔI_Bに対するΔI_Cの比は

$$\boldsymbol{\beta}=\frac{\Delta I_C}{\Delta I_B} \tag{3・18}$$

となり，βを**エミッタ接地電流増幅率**という．

ここで，式(3·16)，式(3·17)から

$$\left.\begin{aligned}\alpha&=\frac{\Delta I_C}{\Delta I_E}\\ \Delta I_E&=\Delta I_B+\Delta I_C\end{aligned}\right\} \tag{3・19}$$

の関係が成り立つため

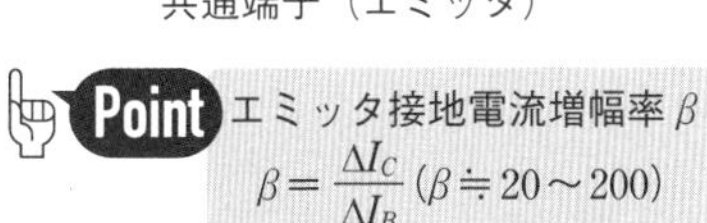

●図3・28　エミッタ接地回路

$$\boldsymbol{\beta}=\frac{\Delta I_C}{\Delta I_B}=\frac{\Delta I_C}{\Delta I_E-\Delta I_C}=\frac{\dfrac{\Delta I_C}{\Delta I_E}}{1-\dfrac{\Delta I_C}{\Delta I_E}}=\frac{\boldsymbol{\alpha}}{\mathbf{1}-\boldsymbol{\alpha}} \tag{3・20}$$

βは20～200程度

となる．すなわち，**α の値が 0.95～0.995 程度であるので，β の値は 20～200 程度**である．いいかえれば，**エミッタ接地回路では，ベース電流をわずかに変化させると，それよりはるかに大きなコレクタ電流の変化が得られる**ことを示している．

5 トランジスタの静特性

トランジスタに負荷を接続しない状態の電圧と電流の電気的特性を**静特性**といい，回路設計の基本となる特性である．トランジスタの代表的な電圧-電流特性としては，次の四つがある．その一例を図 3·29 に示す．

①図 3·29 の **V_{BE}-I_B 特性（入力特性）** は，コレクタ-エミッタ間の電圧 V_{CE}

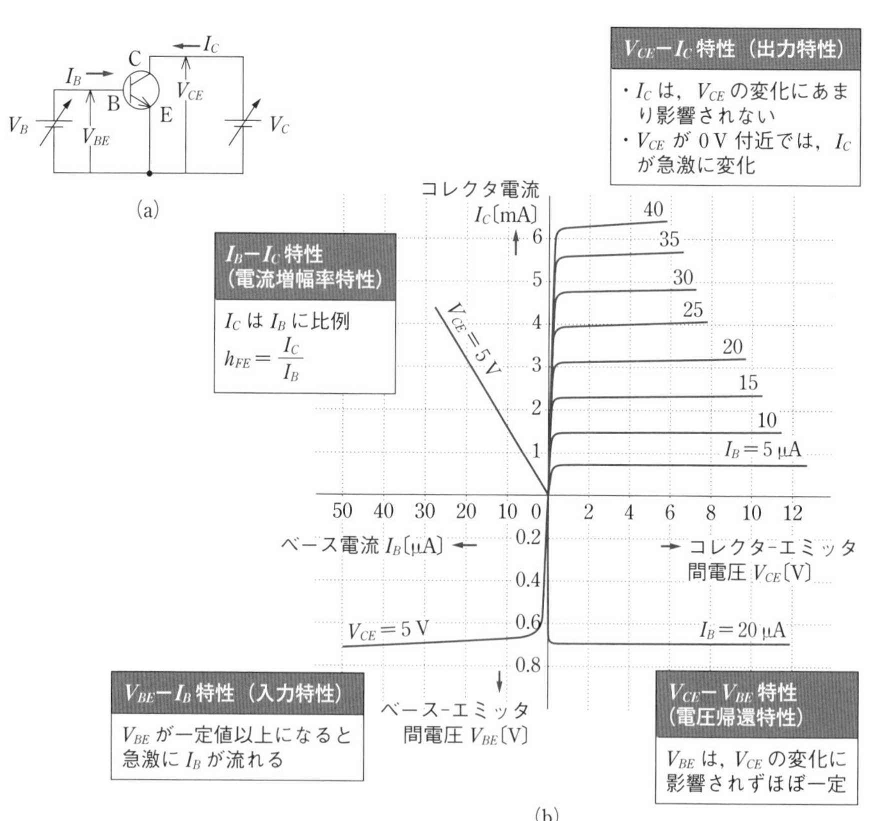

●図 3・29 トランジスタの静特性（例）

を一定に保ったときの入力電圧 V_{BE} と入力電流 I_B との関係を表している．

②図 3･29 の $\boldsymbol{I_B}$-$\boldsymbol{I_C}$ **特性**（**電流増幅率特性**）は，コレクタ-エミッタ間の電圧 V_{CE} を一定に保ったときの入力電流 I_B と出力電流 I_C との関係を表している．ベースの直流電流 I_B とコレクタの直流電流 I_C との比を

$$\boldsymbol{h_{FE}=\frac{I_C}{I_B}} \tag{3・21}$$

で表し，h_{FE} を**直流電流増幅率**という．

I_B-I_C 特性はほぼ直線となるので，この場合，電流増幅率 β と等しくなり，$\boldsymbol{h_{FE}\fallingdotseq\beta}$ と考えてよい．

③図 3･29 の $\boldsymbol{V_{CE}}$-$\boldsymbol{I_C}$ **特性**（**出力特性**）は，ベース電流 I_B を一定に保ったときの出力電圧 V_{CE} と出力電流 I_C との関係を表している．

④図 3･29 の $\boldsymbol{V_{CE}-V_{BE}}$ **特性**（**電圧帰還特性**）は，ベース電流 I_B を一定に保ったときのコレクタ-エミッタ間電圧 V_{CE} とベース-エミッタ間電圧 V_{BE} との関係を表している．

6　増幅の基礎と基本増幅回路

トランジスタを使って信号を増幅する場合，図 3･30 (a) のように，まず，トランジスタに直流の電圧・電流を与えて動作させ，次に，同図 (b) のように，ΔV_B のような増幅したい信号を加える．

図 3･30 (a) の回路で，ベース電流 I_B を流すと，式 (3･21) より，コレクタ電流 $I_C=h_{FE}I_B$ が流れる．一方，同図 (b) の回路で，V_{CE} を一定にして，ベースに微小電圧 ΔV_B を V_{BB} に直列に加えると，ベース電流が微小量 ΔI_B だけ変化し，コレクタ電流も微小量 ΔI_C だけ変化する．ΔI_B と ΔI_C の比をとり，次の h_{fe} を**小信号電流増幅率**という．

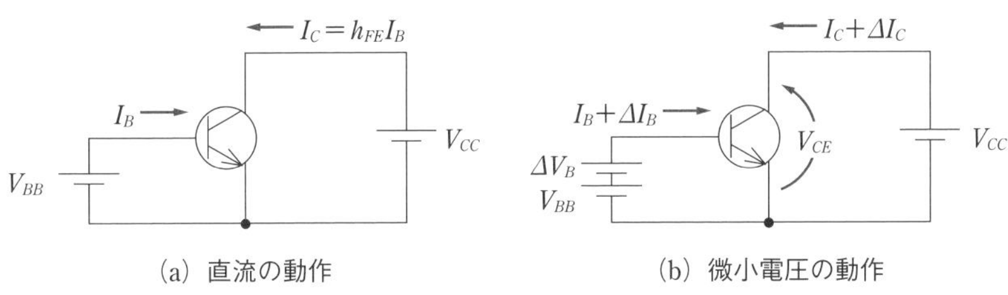

●図 3・30　電流の増幅作用

$$\boldsymbol{h_{fe}=\frac{\Delta I_C}{\Delta I_B}} \qquad (3\cdot22)$$

式（3·21）の h_{FE} と式（3·22）の h_{fe} の値は，図3·31の I_B-I_C 特性曲線に示すように，厳密には，I_B の変化に対しての I_C は直線的に変化しないため，一致した値にならない．しかし，I_B-I_C 特性はほぼ直線と扱うことも多く，この場合には $\boldsymbol{h_{fe}\fallingdotseq h_{FE}\fallingdotseq\beta}$ となる．

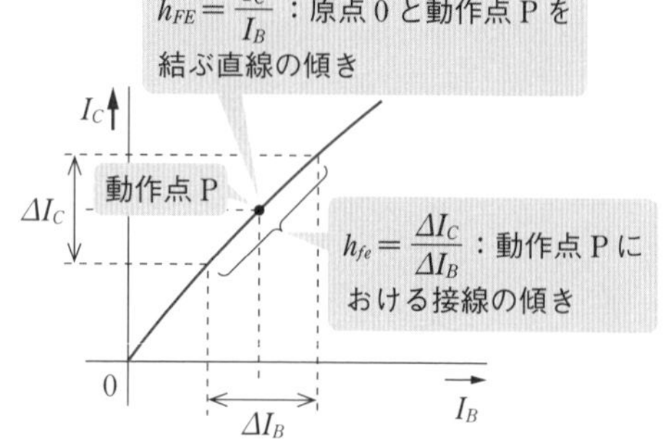

●図3・31　h_{FE} と h_{fe} の違い

図3·32は，npn形トランジスタを使ったエミッタ接地形増幅回路の基本形である．図3·32の回路は，図3·30の微小電圧 ΔV_B の代わりに，微小な振幅の交流電圧 v_i を加えたものである．つまり，ベース側に正弦波入力電圧 v_i を加え，コレクタ側から増幅された正弦波出力を取り出す．

次に，エミッタ接地回路の動作を説明する．図3·32のエミッタ接地形増幅回路において，まず直流回路だけを取り出すと，図3·33（a）となる．このとき，トランジスタのコレクタ-エミッタ間電圧 V_{CE} は

$$V_{CE}=V_{CC}-V_{RC}=V_{CC}-R_CI_{CC} \qquad (3\cdot23)$$

である．そして，図3·33（b）のように，ベースに交流入力電圧 v_i を加えると，ベースにはベース電流 I_B（＝直流分 I_{BB}＋交流分 i_b）が流れ，コレクタにはコレクタ電流 I_C（＝直流分 I_{CC}＋交流分 i_c）が流れるため

$$v_{CE}=V_{CC}-v_{RC}=V_{CC}-R_C(I_{CC}+i_c) \qquad (3\cdot24)$$

となる．ここで，$v_{CE}=V_{CE}$(直流分)$+v_{ce}$(交流分）であり，これを式（3·24）へ代入すれば

$$V_{CE}+v_{ce}=V_{CC}-R_CI_{CC}-R_Ci_c$$

上式において，式（3·23）より $V_{CE}=V_{CC}-R_CI_{CC}$ であるから，交流分は

$$v_{ce}=-R_Ci_c \qquad (3\cdot25)$$

Point 負の符号は逆位相を示す

となる．したがって，v_{ce} を交流の出力電圧 v_o とすれば，v_o の大きさは抵抗 R_C を大きくすることにより，交流の入力電圧 v_i より大きくすることができる．

つまり，この**エミッタ接地増幅回路は，電流が $\boldsymbol{h_{fe}}$ 倍されることに加えて，電圧も増幅**することができる．なお，式（3·25）における負の符号は $\boldsymbol{v_{ce}}$ **と** $\boldsymbol{R_Ci_c}$ **の位相が180°異なる（逆位相になる）**ことを表す．

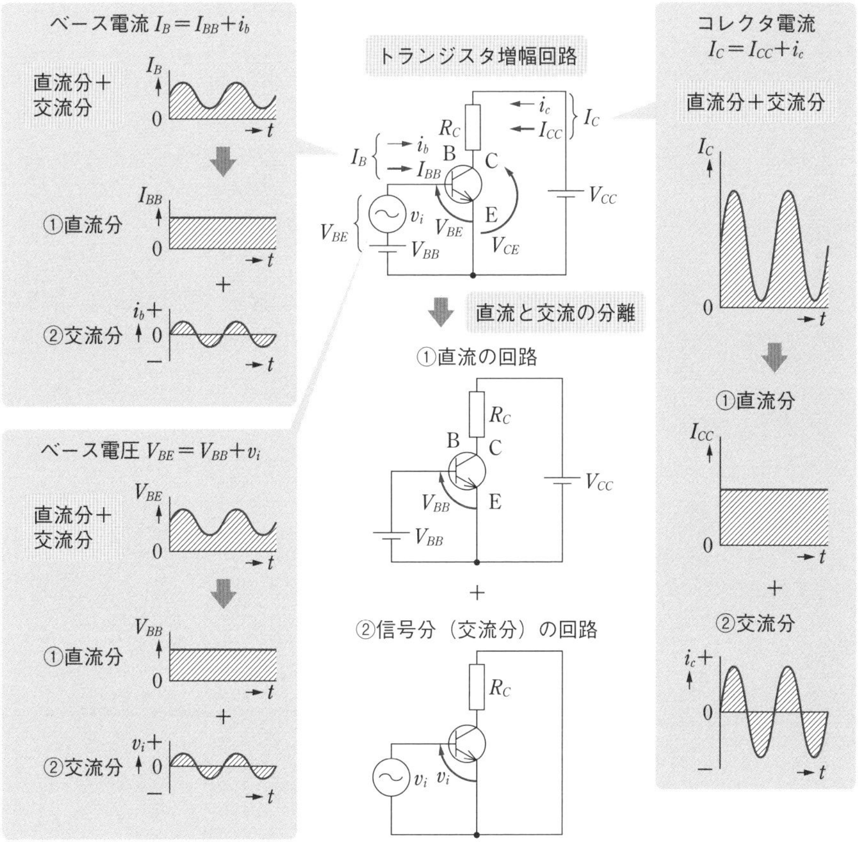

ベース電流 $I_B = I_{BB} + i_b$

直流分＋交流分

I_B　0　t

①直流分　I_{BB}　0　t

＋

②交流分　i_b＋　0　−　t

ベース電圧 $V_{BE} = V_{BB} + v_i$

直流分＋交流分

V_{BE}　0　t

①直流分　V_{BB}　0　t

＋

②交流分　v_i＋　0　−　t

トランジスタ増幅回路

R_C　i_c　I_{CC}　I_C　I_B　i_b　I_{BB}　B　C　E　v_i　V_{BE}　V_{CE}　V_{BB}　V_{CC}

直流と交流の分離

①直流の回路

R_C　B　C　E　V_{BB}　V_{CC}

＋

②信号分（交流分）の回路

R_C　v_i　v_i

コレクタ電流 $I_C = I_{CC} + i_c$

直流分＋交流分

I_C　0　t

①直流分　I_{CC}　0　t

＋

②交流分　i_c＋　0　−　t

●図 3・32　トランジスタ増幅回路（エミッタ接地）と各部の波形

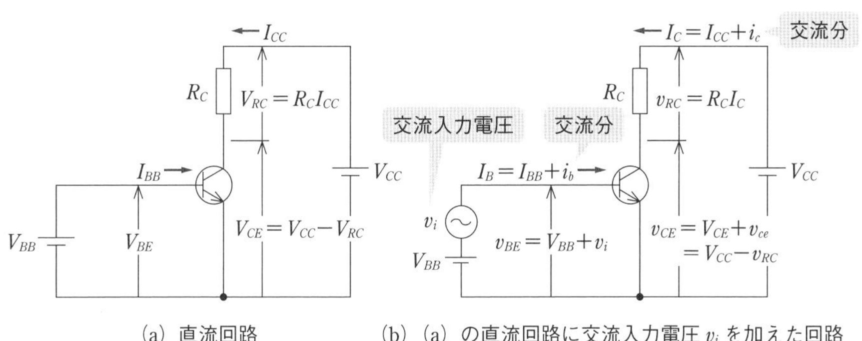

(a) 直流回路　　(b) (a) の直流回路に交流入力電圧 v_i を加えた回路

●図 3・33　エミッタ接地増幅回路の動作

さて，図 3･33（a）の直流分だけの回路において，式（3･23）が成立するが，これを変形すると，コレクタ電流 I_{CC} は

$$I_{CC}=\frac{V_{CC}}{R_C}-\frac{V_{CE}}{R_C} \tag{3・26}$$

となる．これをトランジスタの V_{CE}-I_{CC} 特性曲線上に書くと，図 3･34 における直線 AB になる．この直線を**負荷線**または**直流負荷線**という．

ここで，図 3･33 のエミッタ接地増幅回路において，入力電圧 $v_i=0$ V のとき，ベース電流 $I_{BB}=15$ μA が流れているとすれば，図 3･34 の V_{CE}-I_{CC} 特性（出力特性）曲線上の $I_{BB}=15$ μA における特性曲線と負荷線との交点 P が**動作点**となる．

次に，入力電圧 v_i を加えて，ベース電流 I_B を 15 μA を中心として ±10 μA 変化させれば，この回路は負荷線上で点 P を中心に点 Q と点 R の間を動く．これらの動作波形は図 3･35 のように作図できる．

図 3･35 において，入力電圧 $v_i=0.1$ V を加えることにより，ベース電流 i_b は 15 μA を中心に ±10 μA 変化し，それに応じてコレクタ電流 i_c は ±2 mA，出力電圧 v_o は ±3 V だけ変化する．ここで，出力電圧であるコレクタ電圧の交流分 v_o は，後述の図 3･38 のように直流阻止コンデンサを接続することによって得られる．なお，**i_b と i_c は同位相であるが，v_i と v_o は逆位相となる．**

さて，増幅回路の増幅度 A は

$$A=\frac{出力信号の大きさ}{入力信号の大きさ} \tag{3・27}$$

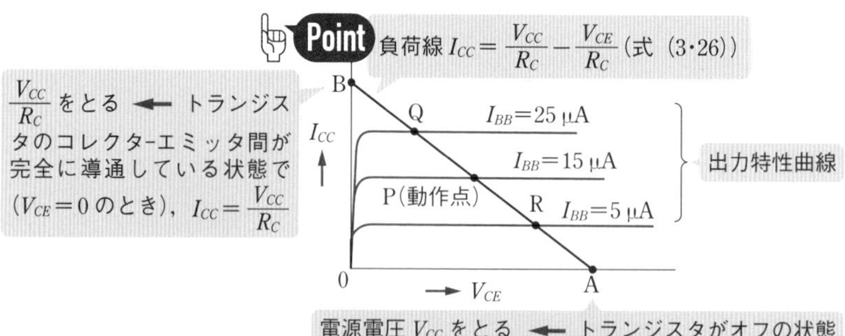

●図 3・34　負荷線と動作点

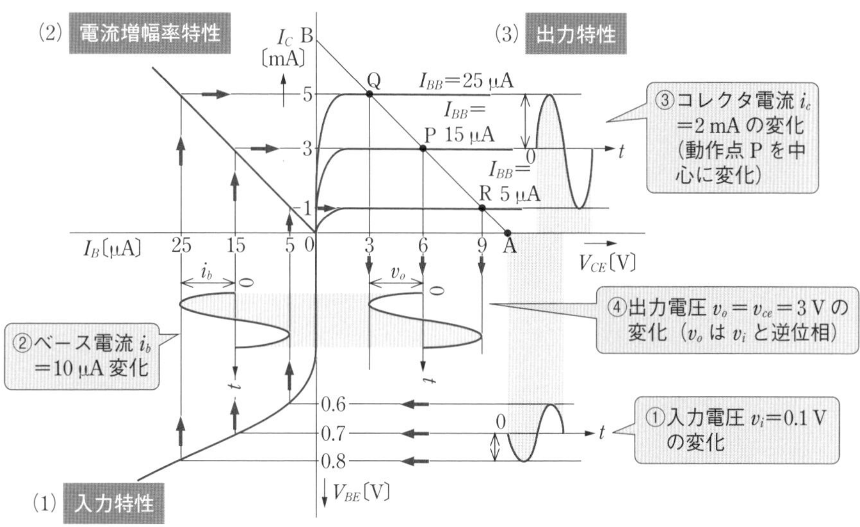

●図 3・35　動作波形の作図

で表される．ここで，図 3･36 の回路において，電流増幅度 A_i は

$$\boldsymbol{A_i = \frac{i_o}{i_i} = \frac{i_c}{i_b} = h_{fe}} \qquad (3 \cdot 28)$$

となる．

たとえば，図 3･33 および図 3･35 の例では，電流増幅度は

$$A_i = \frac{i_c}{i_b} = \frac{2\,\mathrm{mA}}{10\,\mu\mathrm{A}} = 200$$

となる．

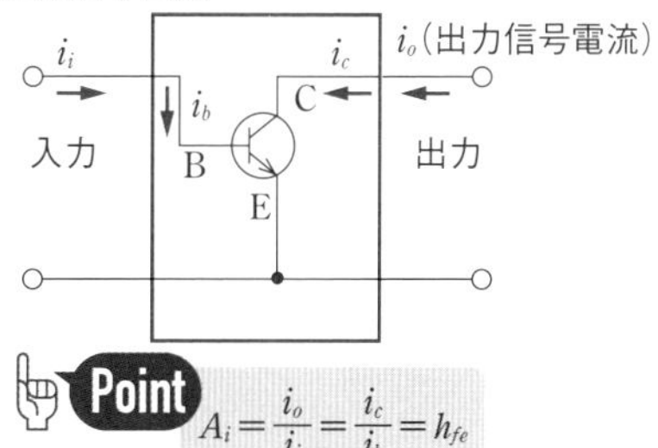

●図 3・36　電流増幅度

次に，図 3･37 のように抵抗 R_C を接続すると，R_C には直流分と交流信号分の和の電圧 v_{RC} が生ずる．

$$v_{RC} = R_C(I_{CC} + i_c) = R_C I_{CC} + R_C i_c \qquad (3 \cdot 29)$$

図 3･38 のように，**コンデンサ C を通すと，直流分は阻止され，交流信号分のみが通過するので，交流信号分 $R_C i_c$ だけの電圧として取り出すことができる．** また，交流信号分に対して V_{CC} は関係しないので，一般に出力端子は図 3･39 のようにコレクタ-エミッタ間（コレクタ-接地間）をとる．

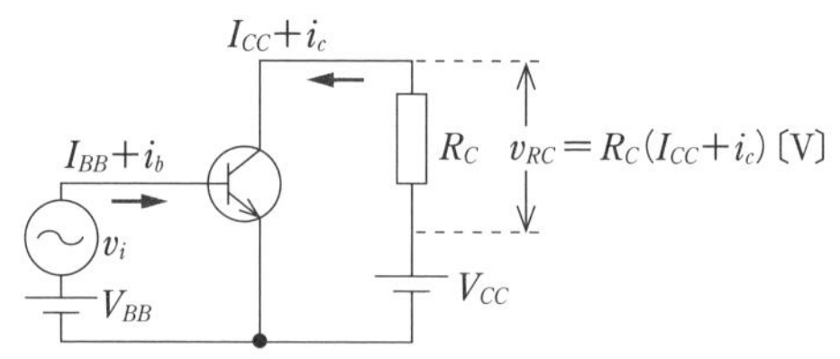

●図 3・37　負荷抵抗 R_C にかかる電圧

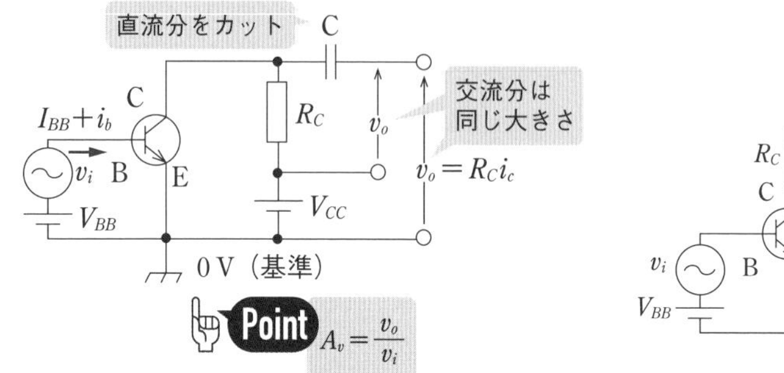

●図 3・38　交流信号分に対する電圧

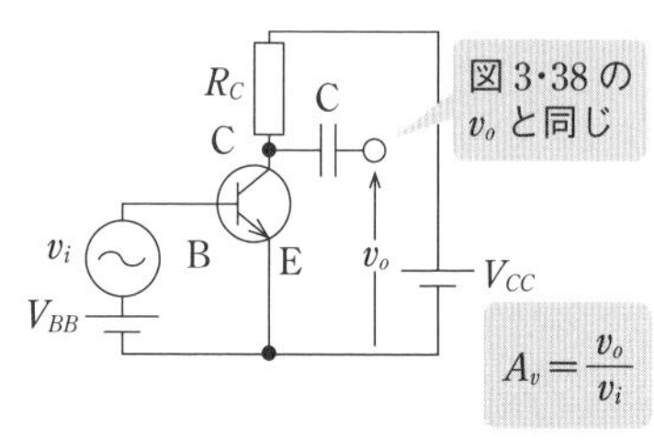

●図 3・39　電圧増幅度

入力信号電圧 v_i と出力信号電圧 v_o の比の絶対値を**電圧増幅度 A_v** という．

$$\boldsymbol{A_v=\left|\frac{v_o}{v_i}\right|} \qquad (3 \cdot 30)$$

たとえば，図 3·33 (a) および図 3·35 の例では，電圧増幅度は

$$A_v=\frac{v_o}{v_i}=\frac{3\,\text{V}}{0.1\,\text{V}}=30$$

となる．

また，増幅度を常用対数で表したものを**利得**といい，単位は**〔dB〕（デシベル）**が用いられる．**電圧利得**は，式 (3·30) より

$$\boldsymbol{G_v=20\log_{10}A_v\ \text{〔dB〕}} \qquad (3 \cdot 31)$$

となる．

一方，入力信号電流 i_i と出力信号電流 i_0 の比の絶対値を**電流増幅度 A_i** という．

$$\boldsymbol{A_i=\left|\frac{i_o}{i_i}\right|} \qquad (3 \cdot 32)$$

また，**電流利得**は

$$\boldsymbol{G_i=20\log_{10}A_i\ \text{〔dB〕}} \qquad (3 \cdot 33)$$

となる．

他方，信号の入力電力 p_i と出力電力 p_o の比の絶対値を**電力増幅度** $\boldsymbol{A_p}$ といい，

$$\boldsymbol{A_p = \left|\frac{p_o}{p_i}\right| = \left|\frac{v_o i_o}{v_i i_i}\right|} \qquad (3\cdot34)$$

となる．また，**電力利得**は

$$\boldsymbol{G_p = 10\log_{10} A_p} \ \text{〔dB〕} \qquad (3\cdot35)$$

となる．

7 バイアス回路

図 3·25 にも示したように，トランジスタを動作させるには，V_{CC} と V_{BB} の 2 個の直流電源が必要となる．しかし，電源を 2 個使うのは不経済であるから，抵抗で分圧して V_{BB} をつくり，電源は V_{CC} 1 個でまかなう．これを **1 電源方式**という．このためには，図 3·40 のようなバイアス方式がある．

図 3·40 の**固定バイアス回路**では

V_{CC}～ベース回路の一巡を見る

$$\boldsymbol{V_{BE} = V_{CC} - V_{RB} = V_{CC} - R_B I_B} \ \text{〔V〕} \qquad (3\cdot36)$$

の関係が成り立つので

固定バイアス回路	自己バイアス回路	電流帰還バイアス回路
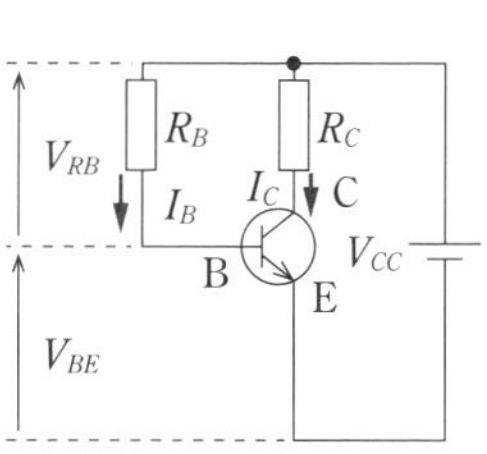	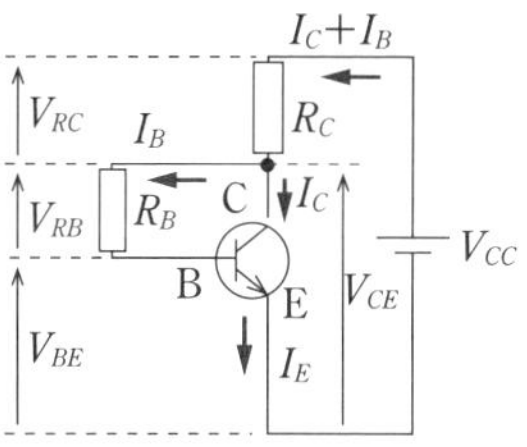	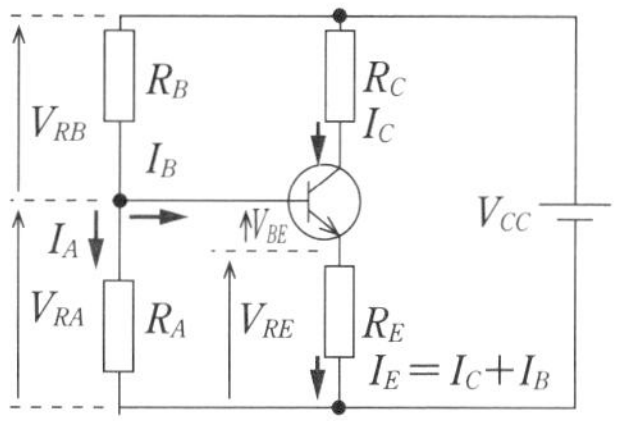 I_A の値は I_B の 10 倍程度 V_{RE} は V_{CC} の 10～20%程度
・回路が簡単 ・温度変化に対して動作が不安定になる ・I_C の変動が大きい	・回路が簡単 ・温度変化に対する安定性は固定バイアスに比べるとよい ・I_C の変動が改善される	・回路素子が多い ・温度変化に対する安定性は最も高く，一般によく使われている ・I_C の変動が小さい

●図 3・40　バイアス回路の比較

$$I_B = \frac{V_{CC} - V_{BE}}{R_B} \text{〔A〕} \tag{3・37}$$

となる．さらに，式（3·21）より，コレクタ電流は

$$I_C = h_{FE} I_B = \frac{h_{FE}(V_{CC} - V_{BE})}{R_B} \text{〔A〕} \tag{3・38}$$

となる．$V_{CC} \gg V_{BE}$ であれば，V_{BE} の変化に対して I_C の変化は比較的小さいが，h_{FE} の変化に対しては I_C の変化が大きくなることが欠点である．固定バイアス回路は，回路構成が簡単であるが，温度が変化すると動作が不安定になる．

次に，**自己バイアス回路**では

V_{CC}～コレクタ回路の一巡を見る

$$\boldsymbol{V_{CE} = V_{CC} - R_C(I_B + I_C) = R_B I_B + V_{BE}} \text{〔V〕} \tag{3・39}$$

ベース回路とエミッタ回路を見る

という関係が成り立つので

$$I_B = \frac{V_{CE} - V_{BE}}{R_B} = \frac{V_{CC} - R_C(I_B + I_C) - V_{BE}}{R_B} \tag{3・40}$$

となる．$I_C \gg I_B$ なので $I_B + I_C \fallingdotseq I_C$ とすれば

$$I_B \fallingdotseq \frac{V_{CC} - R_C I_C - V_{BE}}{R_B} \text{〔A〕} \tag{3・41}$$

となる．この回路は，R_C に（$I_B + I_C$）の電流が流れて電圧が下がる．トランジスタの温度上昇などで I_C が増加すると，R_C による電圧降下が大きくなり，V_{CE} が減少することにより，I_B が減少する．したがって，I_C の増加が抑制されて動作が安定する．この回路は，**電圧帰還バイアス回路**とも呼び，固定バイアス回路に比べてバイアス安定性が良い．

さらに，**電流帰還バイアス回路**では，バイアス電圧 V_{BE} は

$$\boldsymbol{V_{BE} = R_A I_A - R_E(I_C + I_B)} \text{〔V〕} \tag{3・42}$$

図の左下隅のループを見る

となる．トランジスタの温度上昇などで I_C が増加すると，エミッタ電流 I_E も増加するので R_E の電圧降下が大きくなり，エミッタ電位が上昇する．その結果，V_{BE} が減少して I_B が減少するので，I_C も減少し，動作が安定する．

電流帰還バイアス回路は，図 3·40 の 3 種類のバイアス回路の中で最も安定性が良い．しかし，常に抵抗 R_A，R_B に電流が流れているため，電力損失が大きいという欠点がある．

8　h 定数によるトランジスタの等価回路

いま，図 3･41 のようにトランジスタを四端子網と考え，入力側交流電圧および電流を v_1，i_1，出力側交流電圧および電流を v_2，i_2 とする．

●図 3・41　トランジスタの四端子回路

このとき，v_1，i_2 を四つの定数を用いて書き表すと次式が得られる．

$$v_1 = h_i i_1 + h_r v_2 \tag{3・43}$$

$$i_2 = h_f i_1 + h_o v_2 \tag{3・44}$$

上式における四つの定数 h_i, h_r, h_f, h_o をトランジスタの **h パラメータ**といい，それぞれ次の意味をもつ．

式 (3･43) で $v_2 = 0$ として式変形．以下同様

$$h_i = \left(\frac{v_1}{i_1}\right)_{v_2=0}$$ ：出力端短絡時の入力インピーダンス〔Ω〕

$$h_r = \left(\frac{v_1}{v_2}\right)_{i_1=0}$$ ：入力端開放時の電圧帰還率

$$h_f = \left(\frac{i_2}{i_1}\right)_{v_2=0}$$ ：出力端短絡時の電流増幅率

$$h_o = \left(\frac{i_2}{v_2}\right)_{i_1=0}$$ ：入力端開放時の出力アドミタンス〔S〕

さらに，図 3･42 のようにエミッタ接地回路において，トランジスタの h パラメータを使って電圧および電流の関係を表すと，次のようになる．

$$\boldsymbol{v_b = h_{ie} i_b + h_{re} v_c} \tag{3・45}$$

$$\boldsymbol{i_c = h_{fe} i_b + h_{oe} v_c} \tag{3・46}$$

ここで，エミッタ接地における h パラメータは添字に e を付けて，それぞれ h_{ie}, h_{re}, h_{fe}, h_{oe} で表される．

図 3･43 および図 3･44 は，エミッタ接地形増幅回路およびトランジスタの静特性における h パラメータの意味を示している．図 3･44 の V_{CE}-I_C 特性（第 1 象限）に動作点

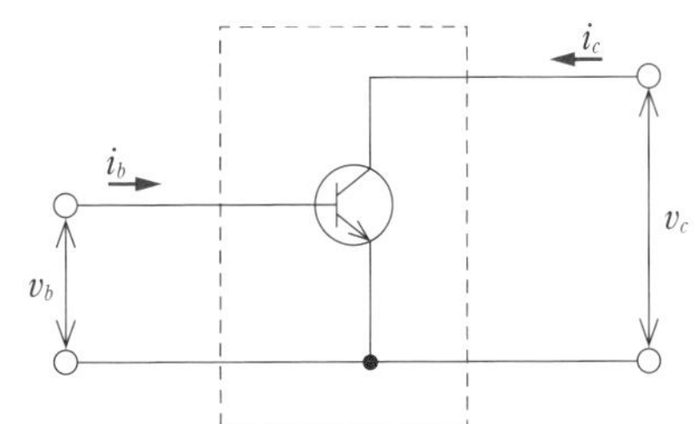

●図 3・42　トランジスタの入出力電圧・電流

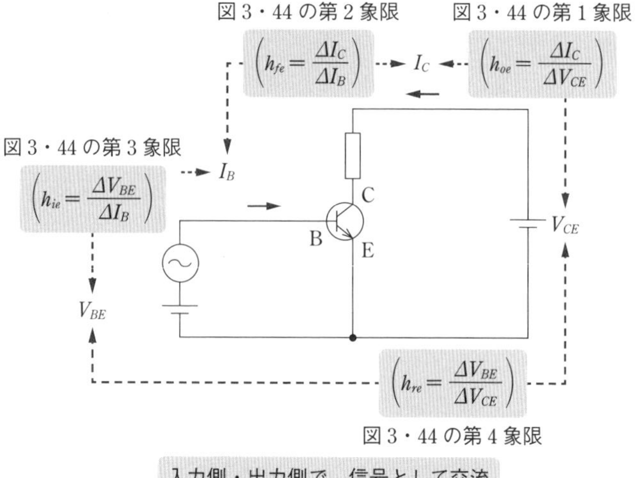

●図 3・43　トランジスタの電圧・電流と h パラメータの関係

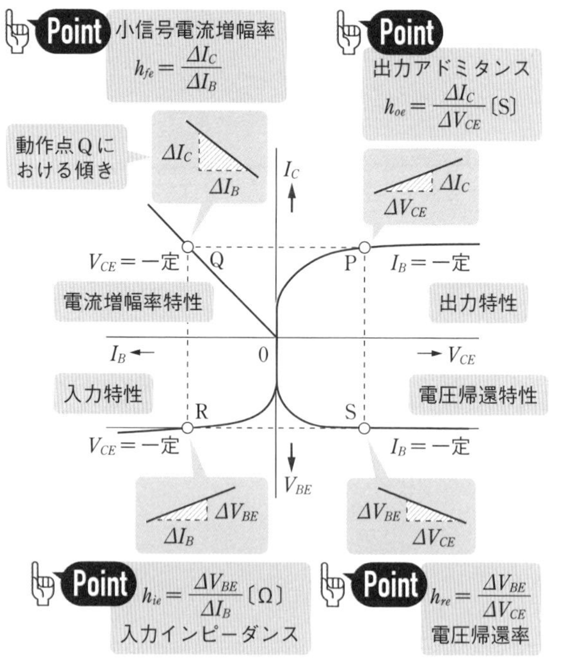

●図 3・44　トランジスタの静特性と h パラメータ

P を設定すると，その他の特性曲線に点 Q，R，S が定まる．この 4 つの点における静特性の微小変化分の比，つまり特性曲線における接線の傾きが h パラメータになる．

さて，式（3･45），式（3･46）を回路図に書き表したものが図 3･45 で，これをトランジスタのエミッタ接地における **h パラメータ π 形等価回路**という．

一般に，$h_{re}v_c$ は $h_{ie}i_b$ に比べて非常に小さく，また並列抵抗 $1/h_{oe}$ の値は，出力端に接続する負荷抵抗に比べて極めて大きいので，これらを省略すると，図 3･46 のような**簡略化した等価回路**が得られる．

さて，図 3･47 のトランジスタ回路において，交流等価回路を導いてみる．ここで，コンデンサ C_1 と C_2 は**結合コンデンサ（カップリングコンデンサ）**と呼ばれ，それぞれ入力信号と出力信号から直流分をカットする．また，コンデンサ C_3 は**バイパスコンデンサ**と呼ばれ，交流分に対して安定抵抗 R_E を短絡させるために挿入している．そこで，交流信号に対してコンデンサ C_1，C_2，C_3 と直流電圧源 E は短絡されていると考えることができるため，R_B，R_C を下へ折り返し，図 3･46 の等価回路を適用すると，図 3･48 のようになる．このとき，$i_b = v_i/h_{ie}$，$i_c = h_{fe}i_b$ から，電流増幅度と電圧増幅度は次式となる．

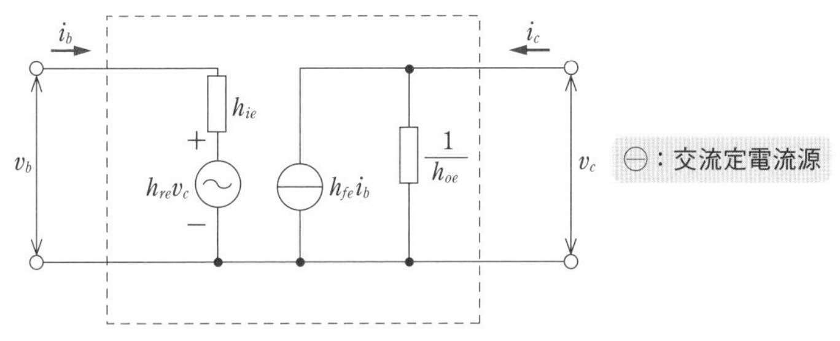

●図 3・45　h パラメータ π 形等価回路

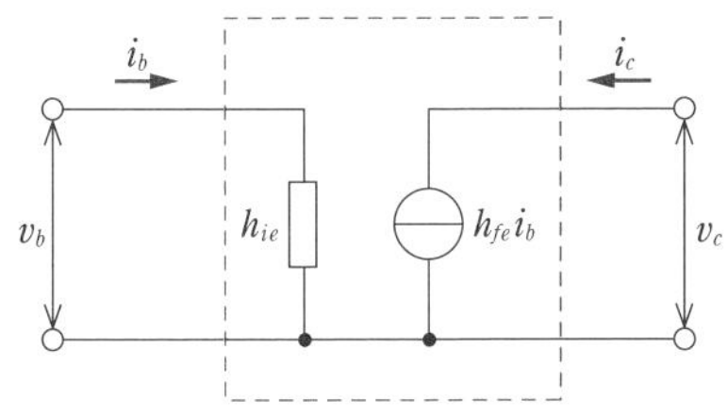

●図 3・46　簡略化した等価回路

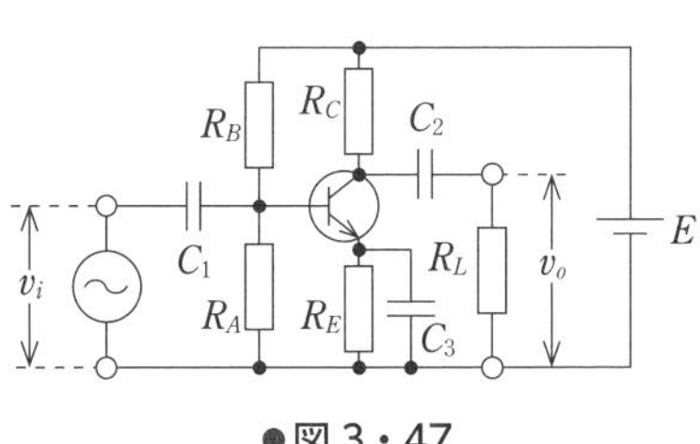

●図 3・47

$$\text{電流増幅度 } A_i = \frac{i_c}{i_b} = h_{fe} \tag{3・47}$$

$$\text{電圧増幅度 } A_v = \frac{v_{ce}}{v_{be}} = \frac{R_L' i_c}{h_{ie} i_b} = R_L' \frac{h_{fe}}{h_{ie}} \tag{3・48}$$

$R_L' = \dfrac{R_L R_C}{R_L + R_C}$

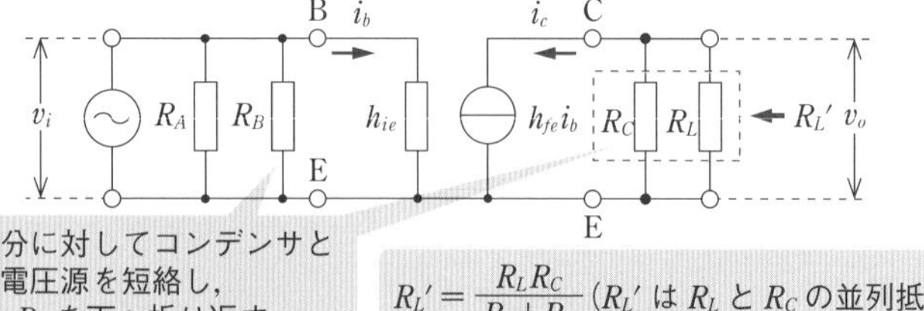

Point
交流分に対してコンデンサと直流電圧源を短絡し，R_B と R_C を下へ折り返す

$R_L' = \dfrac{R_L R_C}{R_L + R_C}$（$R_L'$ は R_L と R_C の並列抵抗）

●図 3・48　図 3・47 の交流等価回路

9 トランジスタの接地方式の比較

3 項でベース接地形増幅回路について述べたものの，これまで主にエミッタ接地形増幅回路について説明してきた．そこで，エミッタ接地，ベース接地，コレ

Point
接地方式の見分け方：入力端子の片側と出力端子の片側が交流的に短絡になっている線を見つける．その線がトランジスタのどの端子につながっているかで接地方式が分かる．

●表 3・1　トランジスタの各接地方式の特徴

種　　類	エミッタ接地	ベース接地	コレクタ接地
回　路　図	入力電圧 R_C v_i V_{BB} V_{CC} 出力電圧	入力電圧 R_C v_i V_{BB} 出力電圧 V_{CC}	入力電圧 v_i V_{BB} R_E V_{CC} 出力電圧
電 流 増 幅 度	大	1	大
電 圧 増 幅 度	大	大	1
電 力 増 幅 度	大	中	小
入力インピーダンス	中	小	大
出力インピーダンス	中	大	小
位　　相	逆　相	同　相	同　相

（注）━━は交流成分が接地している接続線

クタ接地方式の特徴について表 3·1 にまとめておく.

コレクタ接地回路は，電圧増幅度がほぼ 1 で電圧増幅はできないものの，電流増幅度が大きい．また，エミッタ電圧が入力電圧に追従（フォロー）するため，**エミッタホロワ**とも呼ばれる．さらに，入力インピーダンスが高く，出力インピーダンスが低いので，**インピーダンス変換作用**（高インピーダンス→低インピーダンス）をもっている．

10 A 級・B 級・C 級増幅回路

A 級増幅回路は，図 3·49 に示すように，V_{BE}-I_C 特性において，動作点を点 P_A におき，無信号時でもコレクタ電流が流れた状態で動作させるものである．特性における直線部分を増幅に利用するため，波形のひずみがなく線形性がよい．しかし，無信号時にも電力が必要になるため，電源効率（＝出力電力/電源供給電力）は 50%以下になる．

B 級増幅回路は，図 3·50 に示すように，V_{BE}-I_C 特性において，動作点を点 P_B において動作させるものである．動作点が点 P_B にあるため，出力信号 I_C は半周期分しか得られない．しかし，この半周期分は，大きな振幅の I_C を得ることができる．また，入力信号が無いときには直流電流 I_C が流れないため，A 級増幅に比べて効率が良いことも利点である．

図 3·51 は，**B 級プッシュプル電力増幅回路**の基本回路である．入力信号の正の半サイクルでは，トランス T_1 には i_{B1} の方向に電流が流れて npn 形トランジ

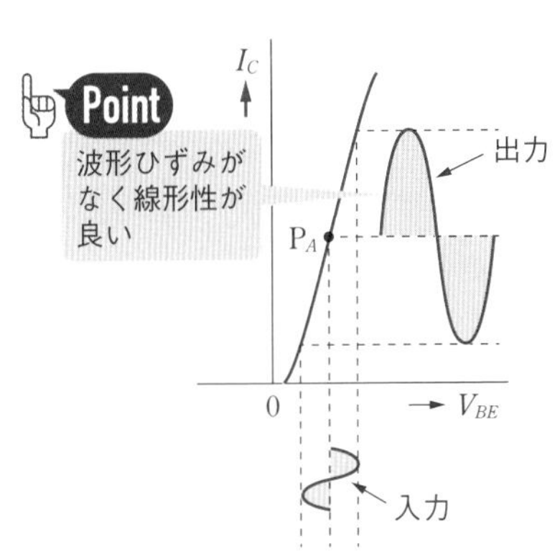

●図 3・49　A 級増幅の原理

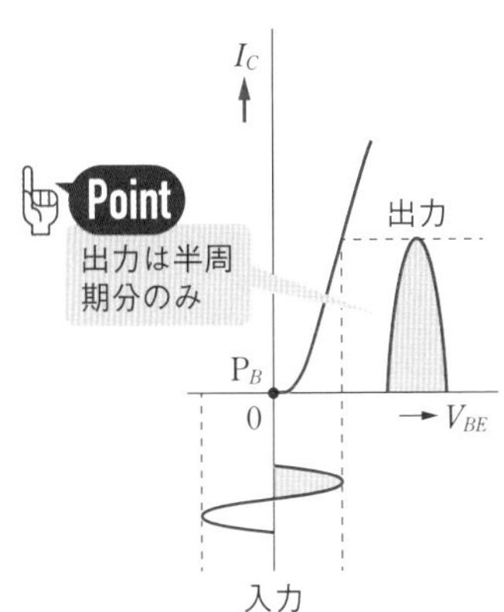

●図 3・50　B 級増幅の原理

スタ Tr_1 が導通して i_{C1} が流れるから，出力トランス T_2 の半分が動作して図 3･51 のような増幅された出力信号が得られる．同様に，入力信号が負の半サイクルでは，Tr_2 のベース電流が流れて Tr_2 が導通して i_{C2} が流れるため，出力トランス T_2 の下半分に電流が流れる．これらにより，図 3･51 の出力信号が得られる．

C 級増幅回路は，図 3･52 に示すように，V_{BE}-I_C 特性において，動作点を点 P_C において動作させるものである．入力波形の一部分だけを増幅するため，出力波形はひずみ，振幅に情報をもつ低周波回路には使用できない．しかし，電源効率が高いことを利用して高周波発振回路によく用いられる．

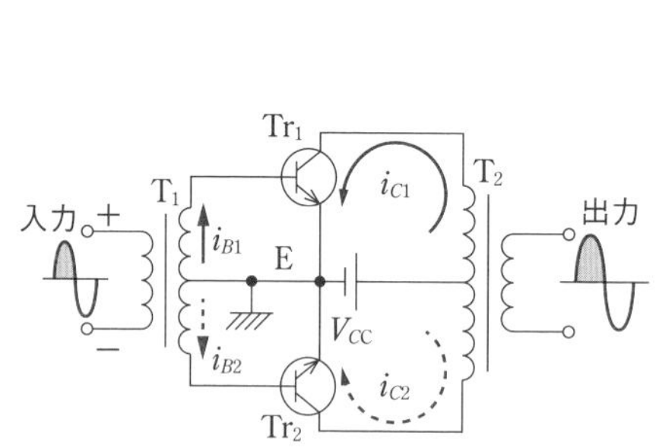

●図 3・51 B 級プッシュプル電力増幅回路

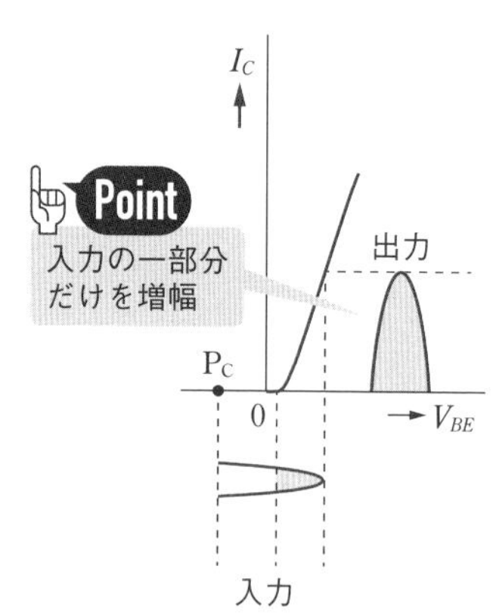

●図 3・52 C 級増幅の原理

問題14 H9 A-13

図はあるエミッタ接地トランジスタの静特性を示す．この特性より，ベース電流 $I_B = 40\ \mu A$, コレクタ・エミッタ間の電圧 $V_{CE} = 6\ V$ における電流増幅率 β (又は h_{fe}) および出力抵抗 r_0〔Ω〕の値として，正しいものを組み合わせたのは次のうちどれか．

(1) $\beta = 80$　　$r_0 = 30\,000$
(2) $\beta = 100$　　$r_0 = 10\,000$
(3) $\beta = 100$　　$r_0 = 20\,000$
(4) $\beta = 200$　　$r_0 = 10\,000$
(5) $\beta = 200$　　$r_0 = 20\,000$

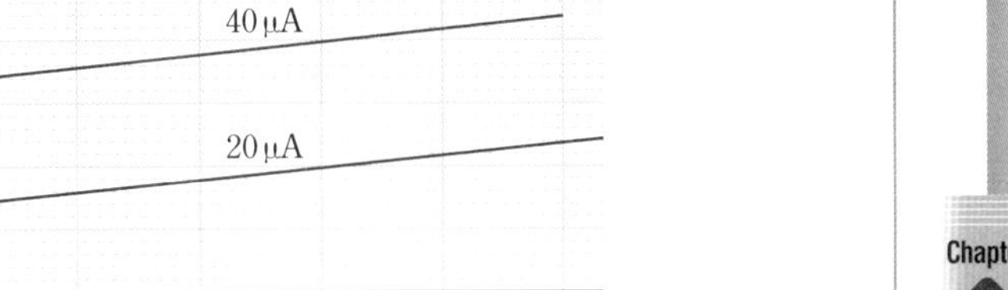

式（3·18）より，$\beta = \dfrac{\Delta I_C}{\Delta I_B}$ から求める．また，出力抵抗 r_0 は式（3·46）または図 3·44 より，$r_0 = \dfrac{\Delta V_{CE}}{\Delta I_C}$ から求める．

問題図において，$V_{CE} = 6\,\mathrm{V}$，$I_B = 40\,\mu\mathrm{A}$ のときの $I_C = 4\,\mathrm{mA}$ である．また，$V_{CE} = 6\,\mathrm{V}$，$I'_B = 60\,\mu\mathrm{A}$ のときの $I'_C = 6\,\mathrm{mA}$ であるから

$$\beta = \frac{\Delta I_C}{\Delta I_B} = \frac{I'_C - I_C}{I'_B - I_B} = \frac{(6-4)\times 10^{-3}}{(60-40)\times 10^{-6}} = \mathbf{100}$$

一方，図 3·44 より，$h_{oe} = \dfrac{\Delta I_C}{\Delta V_{CE}}$ が出力アドミタンスであり，出力抵抗はその逆数であるから

$$r_0 = \frac{1}{h_{oe}} = \frac{\Delta V_{CE}}{\Delta I_C}$$

問題のグラフを読み取ると，$I_B = 40\,\mu\mathrm{A}$ で $V_{CE} = 6\,\mathrm{V}$ のときの $I_C = 4\,\mathrm{mA}$ であり，$I_B = 40\,\mu\mathrm{A}$ で $V_{CE} = 4\,\mathrm{V}$ のときの $I_C = 3.8\,\mathrm{mA}$ であるから

$$r_0 = \frac{\Delta V_{CE}}{\Delta I_C} = \frac{6-4}{(4-3.8)\times 10^{-3}} = \mathbf{10\,000\,\Omega}$$

解答 ▶ (2)

問題⑮ ✓ ✓ ✓ H29 A-13

図1は，固定バイアス回路を用いたエミッタ接地トランジスタ増幅回路である．図2は，トランジスタの五つのベース電流 I_B に対するコレクタ-エミッタ間電圧 V_{CE} とコレクタ電流 I_C との静特性を示している．この V_{CE}-I_C 特性と直流負荷線との交点を動作点という．図1の回路の直流負荷線は図2のように与えられる．動作点が $V_{CE}=4.5\,\text{V}$ のとき，バイアス抵抗 R_B の値〔MΩ〕として，最も近いのは次のうちどれか．ただし，ベース-エミッタ間電圧 V_{BE} は，直流電源電圧 V_{CC} に比べて十分小さく無視できるものとする．なお，R_L は負荷抵抗であり，C_1，C_2 は結合コンデンサである．

(1) 0.5　(2) 1.0　(3) 1.5　(4) 3.0　(5) 6.0

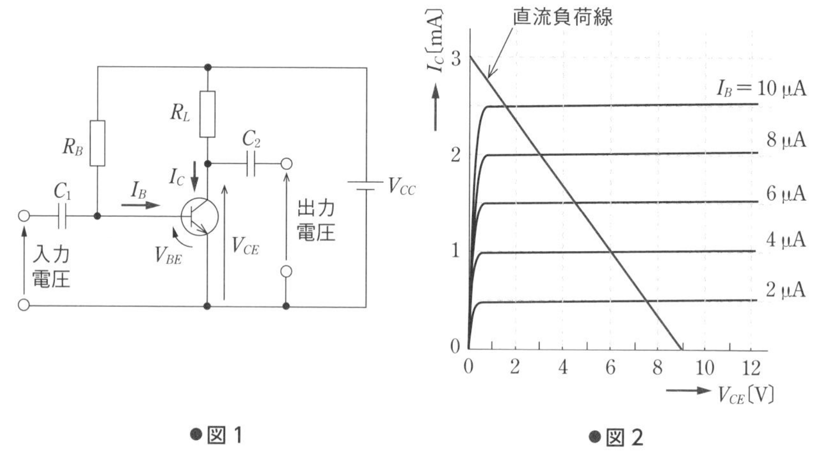

●図1　●図2

問題図2から，$V_{CE}=4.5\,\text{V}$ における I_B，I_C を求める．問題図1は固定バイアス回路であり，コレクタ回路では $V_{CC}=R_LI_C+V_{CE}$，ベース回路では $V_{CC}=R_BI_B+V_{BE}$ が成り立つ．

解説 問題図2において，$V_{CE}=4.5\,\text{V}$ に対応する I_C，I_B をグラフから読み取ると，解図のように，$I_C=1.5\,\text{mA}$，$I_B=6\,\mu\text{A}$ となる．

一方，コレクタ回路の関係式 $V_{CC}=R_LI_C+V_{CE}$ において，$I_C=0$ とすれば $V_{CC}=V_{CE}=9\,\text{V}$（問題図2のグラフからの読み取り）となる．

他方，ベース回路の関係式 $V_{CC}=R_BI_B+V_{BE}$

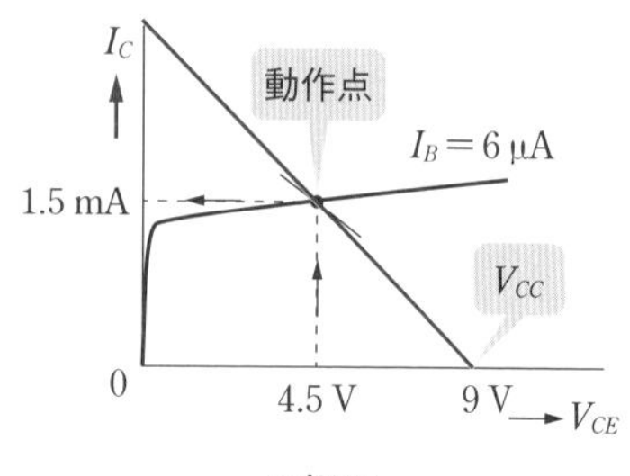

●解図

で題意から $V_{CC} \gg V_{BE}$ なので $V_{CC} = R_B I_B$ となる．したがって

$$R_B = \frac{V_{CC}}{I_B} = \frac{9}{6\times10^{-6}} = \mathbf{1.5\ M\Omega}$$

解答 ▶ (3)

問題16 H10 A-13

図のようなトランジスタ増幅回路において，入力側の電圧 $v_i = 0.2\,\mathrm{V}$，電流 $i_i = 40\ \mu\mathrm{A}$ であるとき，出力側の電圧 $v_o = 5\,\mathrm{V}$，電流 $i_o = 4\ \mathrm{mA}$ であった．この増幅回路の電力利得〔dB〕の値として，正しいのは次のうちのどれか．ただし，$\log_{10}2 = 0.301$，$\log_{10}3 = 0.477$，$\log_{10}5 = 0.699$ とする．

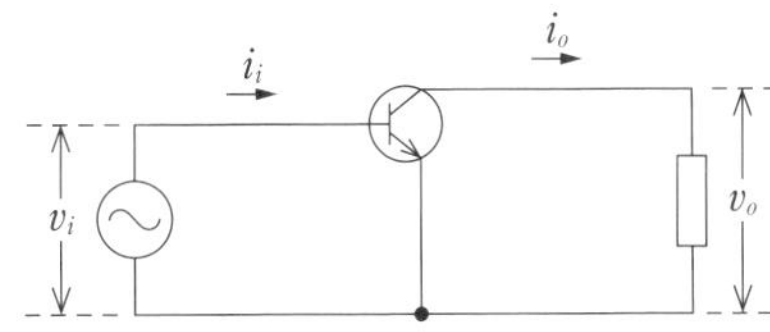

(1) 16　(2) 25　(3) 34　(4) 43　(5) 52

電力利得 G_p は式 (3·34)，式 (3·35) より，$G_p = 10\log_{10}\left|\dfrac{v_o i_o}{v_i i_i}\right|$

なお，対数の公式として，$\log_{10}(MN) = \log_{10}M + \log_{10}N$，$\log_{10}\left(\dfrac{M}{N}\right) = \log_{10}M - \log_{10}N$，$\log_{10}M^r = r\log_{10}M$，$\log_{10}1 = 0$，$\log_{10}10 = 1$ をよく使えるようにしておく．

電力利得 G_p は式 (3·34)，式 (3·35) より

$$G_p = 10\log_{10}\left|\frac{p_o}{p_i}\right| = 10\log_{10}\left|\frac{v_o i_o}{v_i i_i}\right| = 10\log_{10}\frac{5\times4\times10^{-3}}{0.2\times40\times10^{-6}}$$

$$= 10\log_{10}\left(\frac{5}{2}\times10^3\right) = 10\log_{10}10^3 + 10\ (\log_{10}5 - \log_{10}2)$$

$$= 10\times3\times\log_{10}10 + 10\ (0.699 - 0.301)\ = 33.98\,\mathrm{dB} \fallingdotseq \mathbf{34\ dB}$$

解答 ▶ (3)

問題17

H12 A-7

次の図のようにブロック図で示す二つの増幅器を縦続接続した回路があり，増幅器 1 の電圧増幅度は 10 である．いま入力電圧 v_i の値として 0.4 mV の信号を加えたとき，出力電圧 v_o の値は 0.4 V であった．増幅器 2 の電圧利得〔dB〕の値として，正しいのは次のうちどれか．

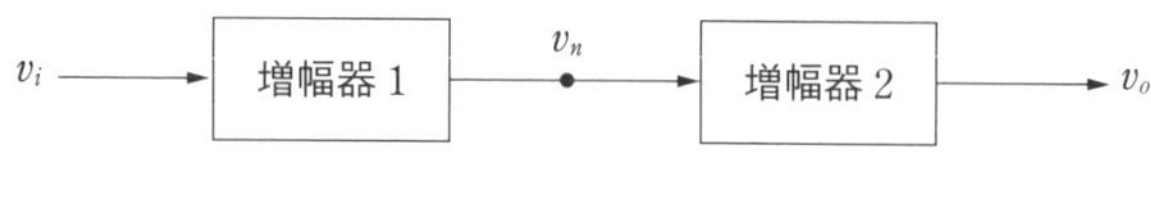

(1) 10　(2) 20　(3) 40　(4) 50　(5) 60

電圧利得 G_v は式 (3·30)，式 (3·31) より，$G_v = 20\log_{10}\left|\dfrac{v_o}{v_i}\right|$

増幅器 1 の電圧増幅度が 10 であるから，増幅器 2 の入力電圧は

$v_n = 10v_i = 10 \times 0.4 = 4\,\text{mV}$

したがって，式 (3·31) より，増幅器 2 の電圧利得 G_v は

$$G_v = 20\log_{10}\frac{v_o}{v_n} = 20\log_{10}\frac{0.4}{4\times 10^{-3}} = 20\log_{10}100$$
$$= 20\log_{10}10^2 = 20\times 2\times\log_{10}10 = \mathbf{40\ dB}$$

問題 16 のポイントに示すように，$\log_{10}M^r = r\log_{10}M$，$\log_{10}10 = 1$

解答 ▶ (3)

問題18

H17 A-12

図は，エミッタを接地したトランジスタ電圧増幅器の簡易小信号等価回路である．この回路において，電圧増幅度が 120 となるとき，負荷抵抗 R_L〔kΩ〕の値として，最も近いのは次のうちどれか．

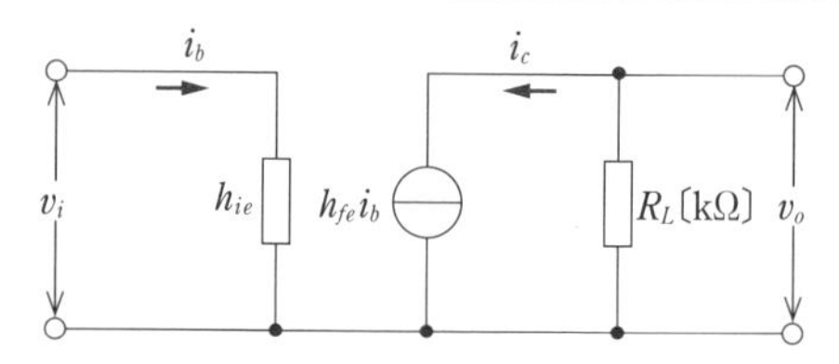

ただし，v_i を入力電圧，v_o を出力電圧とし，トランジスタの電流増幅率 $h_{fe} = 140$，入力インピーダンス $h_{ie} = 2.30\,\text{k}\Omega$ とする．

(1) 0.37　(2) 1.97　(3) 2.68　(4) 5.07　(5) 7.30

問題図の簡易小信号等価回路では，$v_o = R_Li_c$，$i_c = h_{fe}i_b$，$v_i = h_{ie}i_b$ が成り立つ．

 $v_o = R_L i_c$ に，$i_c = h_{fe} i_b$，$i_b = \dfrac{v_i}{h_{ie}}$ を代入すれば

$$v_o = R_L i_c = h_{fe} R_L i_b = \frac{h_{fe} R_L v_i}{h_{ie}}$$

$$\therefore \quad \frac{v_o}{v_i} = \frac{h_{fe} R_L}{h_{ie}} = \frac{140 R_L}{2.3 \times 10^3} = 120$$

$$\therefore \quad R_L = \frac{120 \times 2.3 \times 10^3}{140} = \mathbf{1.97\ k\Omega}$$

解答 ▶ (2)

問題⑲ R2 B-18

図 1 に示すエミッタ接地トランジスタ増幅回路について，次の (a) および (b) の問に答えよ．ただし，I_B〔μA〕，I_C〔mA〕はそれぞれベースとコレクタの直流電流であり，i_b〔μA〕，i_C〔mA〕はそれぞれの信号分である．また，V_{BE}〔V〕，V_{CE}〔V〕はそれぞれベース - エミッタ間とコレクタ - エミッタ間の直流電圧であり，v_{be}〔V〕，v_{ce}〔V〕はそれぞれの信号分である．さらに，v_i〔V〕，v_o〔V〕はそれぞれ信号の入力電圧と出力電圧，V_{CC}〔V〕はバイアス電源の直流電圧，R_1〔kΩ〕と R_2〔kΩ〕は抵抗，C_1〔F〕，C_2〔F〕はコンデンサである．なお，$R_2 = 1$ kΩ であり，使用する信号周波数において C_1，C_2 のインピーダンスは無視できるほど十分小さいものとする．

(a) 図 2 はトランジスタの出力特性である．トランジスタの動作点を $V_{CE} = \dfrac{1}{2} V_{CC} = 6$ V に選ぶとき，動作点でのベース電流 I_B の値〔μA〕として，最も近いものを次の (1)～(5) のうちから一つ選べ．

(1) 20　(2) 25　(3) 30　(4) 35　(5) 40

(b) 小問 (a) の動作点において，図 1 の回路に交流信号電圧 v_i を入力すると，最大値 10 μA の交流信号電流 i_b と小問 (a) の直流電流 I_B の和がベース (B) に流れた．このとき，図 2 の出力特性を使って求められる出力交流信号電圧 v_o（$= v_{ce}$）の最大値〔V〕として，最も近いものを次の (1)～(5) のうちから一つ選べ．ただし，動作点付近においてトランジスタの出力特性は直線で近似でき，信号波形はひずまないものとする．

(1) 1.0　(2) 1.5　(3) 2.0　(4) 2.5　(5) 3.0

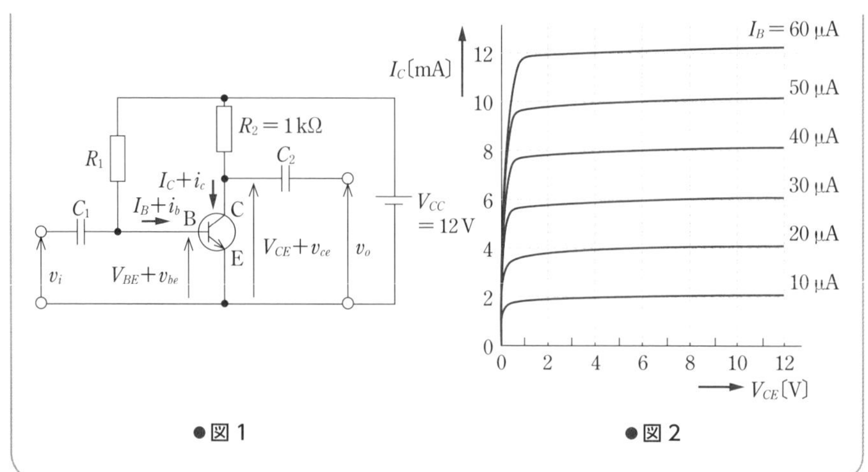

●図 1　　●図 2

まずは直流成分だけを考え，図 3·34 や式（3·26）の負荷線を描いて動作点を調べる．その後，図 3·35 のように，交流成分に対する信号増幅を求める．

(a) 直流成分だけを考えると，式（3·23）のように，$V_{CE} = V_{CC} - R_2 I_C$ が成立するため，これを変形して

$$I_C = \frac{V_{CC} - V_{CE}}{R_2} = \frac{12 - V_{CE}}{1 \times 10^3}$$

この直線の式を問題図 2 の中に描くと，解図 1 のとおりになる．$V_{CE} - I_C$ 特性と上記

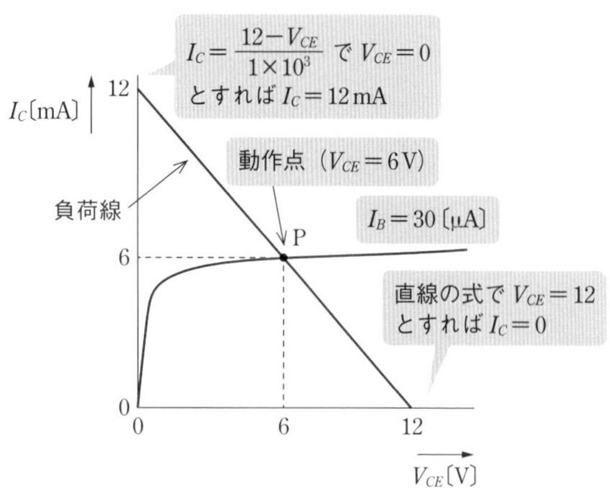

●解図 1

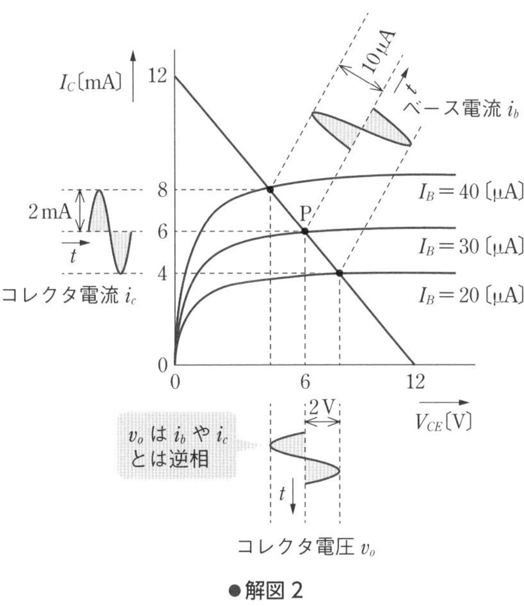

●解図 2

の直線との交点が動作点である．$V_{CE} = 6\,\text{V}$ となるベース電流 I_B は，解図 1 のグラフより $I_B = \mathbf{30\ \mu A}$

(b) 本文の図 3·35 と同様に考えればよい．最大値 10 µA の交流信号電流 i_b と直流電流 I_B の和がベースに流れているので，解図 1 の動作点 P を中心に，ベース電流 I_B が ±10 µA 変化する．これを示したのが，解図 2 である．解図 2 において，$I_B = 40\,\mu\text{A}$，20 µA のそれぞれの特性曲線と直線との交点を読み取ると，コレクタ電流 I_C は 8 mA，4 mA であり，動作点 P を中心に ±2 mA 変化する．したがって，出力交流信号電圧 v_o (= v_{ce}) の最大値は，式 (3·25) に示すとおり，$v_o = 1\times10^3\times2\times10^{-3} = \mathbf{2\ V}$ となる．なお，式 (3·25) の負の符号や解図 2 に示すように，出力交流信号電圧 v_o は i_b や i_c とは逆位相になる．

解答 ▶ (a)-(3)，(b)-(3)

問題20 ☐☐☐ H18 B-18

図 1 のようなトランジスタ増幅回路がある．次の (a) および (b) に答えよ．ただし，R_A，R_B，R_C，R_E，R_L は抵抗，C_1，C_2，C_3 はコンデンサ，V_{DD} は直流電圧源，v_i，v_o は交流信号電圧とする．

(a) 図 1 の回路を交流信号に注目し，交流回路として考える．この場合，この回路を図 2 のような等価な回路に置き換えることができる．このとき等

価な抵抗 R_1, R_2 の値を表す式として，正しいのは次のうちどれか．ただし，C_1, C_2, C_3 のインピーダンスは十分小さく無視できるものとする．

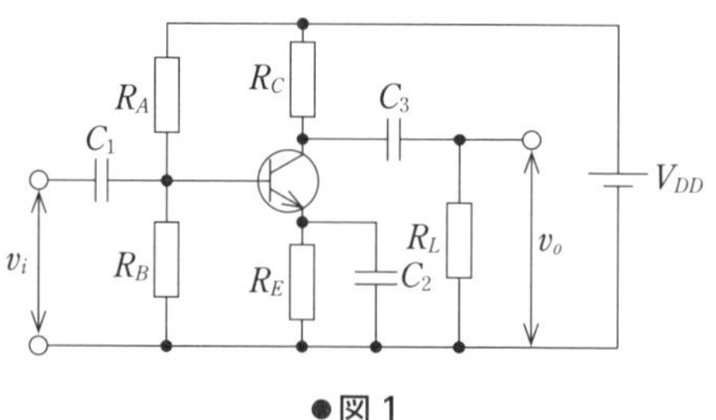

●図 1

	R_1	R_2
(1)	$\dfrac{R_AR_B}{R_A+R_B}$	$\dfrac{R_CR_L}{R_C+R_L}$
(2)	$\dfrac{R_BR_E}{R_B+R_E}$	$\dfrac{R_AR_C}{R_A+R_C}$
(3)	$\dfrac{R_BR_E}{R_B+R_E}$	$\dfrac{R_CR_L}{R_C+R_L}$
(4)	$\dfrac{R_AR_C}{R_A+R_C}$	$\dfrac{R_ER_L}{R_E+R_L}$
(5)	$\dfrac{R_AR_B}{R_A+R_B}$	$\dfrac{R_ER_L}{R_E+R_L}$

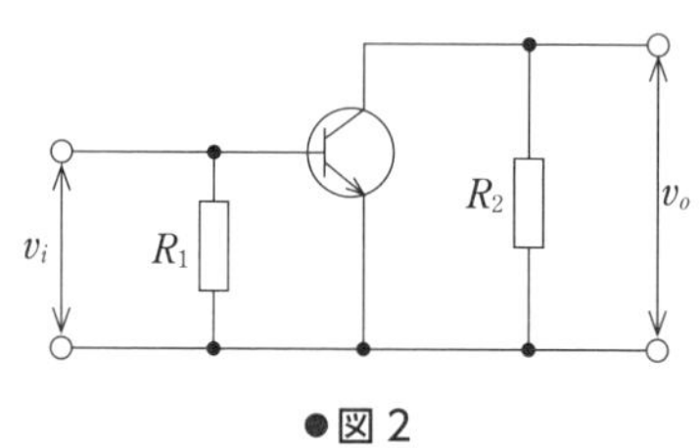

●図 2

(b) 図 2 の回路で，トランジスタの入力インピーダンス $h_{ie}=6\,\mathrm{k\Omega}$，電流増幅率 $h_{fe}=140$ であった．この回路の電圧増幅度の大きさとして，最も近いのは次のうちどれか．ただし，図 1 の回路において，各抵抗は $R_A=100\,\mathrm{k\Omega}$，$R_B=25\,\mathrm{k\Omega}$，$R_C=8\,\mathrm{k\Omega}$，$R_E=2.2\,\mathrm{k\Omega}$，$R_L=15\,\mathrm{k\Omega}$ とし，出力アドミタンス h_{oe} および電圧帰還率 h_{re} は無視できるものとする．

(1) 15.7　(2) 82　(3) 122　(4) 447　(5) 753

解図 (a) に示すように，交流信号に対してコンデンサと直流電源は短絡されていると考えることができるため，R_A と R_C を下へ折り返す．R_E は C_2 により短絡されているため，入力側から見れば，R_A と R_B の並列抵抗がベース-エミッタ間に接続されていることになる．一方，C_3 が短絡されていると，R_C と R_L の並列抵抗がコレクタ-エミッタ間に接続されていることになる．（図 3·47 と図 3·48 の考え方を参照）

(a) 上述のポイントを踏まえ，問題図 2 と解図 (a) を比べれば

$$\boldsymbol{R_1=\frac{R_AR_B}{R_A+R_B},\quad R_2=\frac{R_CR_L}{R_C+R_L}}$$

となる．

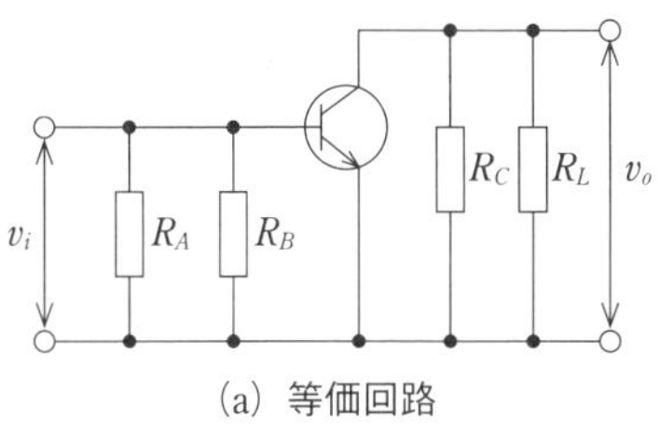

(a) 等価回路

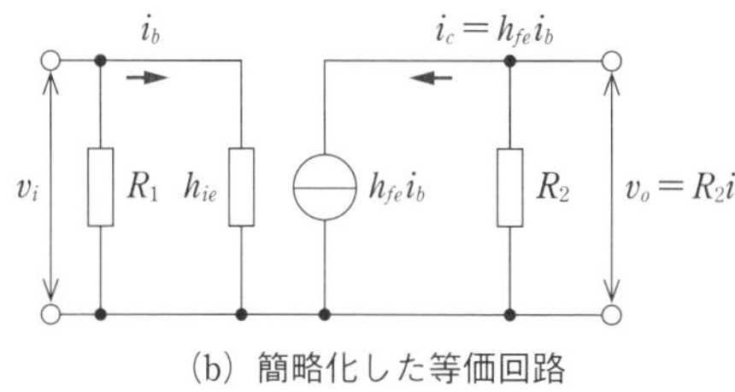

(b) 簡略化した等価回路

●解図

(b)　図 3·46 の簡略化した等価回路の考え方を適用すれば，解図 (a) は解図 (b) のように置き換えられる．$i_b = v_i/h_{ie}$ であるから

$$v_o = R_2 i_c = R_2 h_{fe} i_b = R_2 h_{fe} \frac{v_i}{h_{ie}}$$

$$\therefore \quad \text{電圧増幅度}\ A_v = \frac{v_o}{v_i} = \frac{h_{fe}}{h_{ie}} R_2 = \frac{140 \times 5.22}{6} \fallingdotseq \mathbf{122}$$

$$\left(\because \quad R_2 = \frac{R_C R_L}{R_C + R_L} = \frac{8 \times 15}{8 + 15} \fallingdotseq 5.22\,\text{k}\Omega \right)$$

解答 ▶ (a)-(1)，(b)-(3)

問題21 ✓ ✓ ✓　H23 B-18

図 1 のトランジスタによる小信号増幅回路について，次の (a) および (b) に答えよ．ただし，各抵抗は，$R_A = 100\,\text{k}\Omega$，$R_B = 600\,\text{k}\Omega$，$R_C = 5\,\text{k}\Omega$，$R_D = 1\,\text{k}\Omega$，$R_o = 200\,\text{k}\Omega$ である．C_1，C_2 は結合コンデンサで，C_3 はバイパスコンデンサである．また，$V_{CC} = 12\,\text{V}$ は直流電源電圧，$V_{be} = 0.6\,\text{V}$ はベース-エミッタ間の直流電圧とし，v_i〔V〕は入力小信号電圧，v_o〔V〕は出力小信号電圧とする．

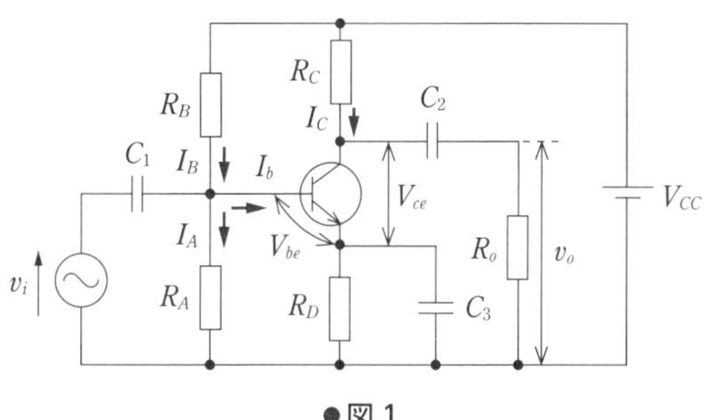

●図 1

(a) 小信号増幅回路の直流ベース電流 I_b〔A〕が抵抗 R_A, R_C の直流電流 I_A〔A〕や I_C〔A〕に比べて十分に小さいものとしたとき，コレクタ-エミッタ間の

直流電圧 V_{ce}〔V〕の値として，最も近いのは次のうちどれか.

(1) 1.1　(2) 1.7　(3) 4.5　(4) 5.3　(5) 6.4

(b) 小信号増幅回路の交流等価回路は，結合コンデンサおよびバイパスコンデンサのインピーダンスを無視することができる周波数において，一般に，図 2 の簡易等価回路で表される.

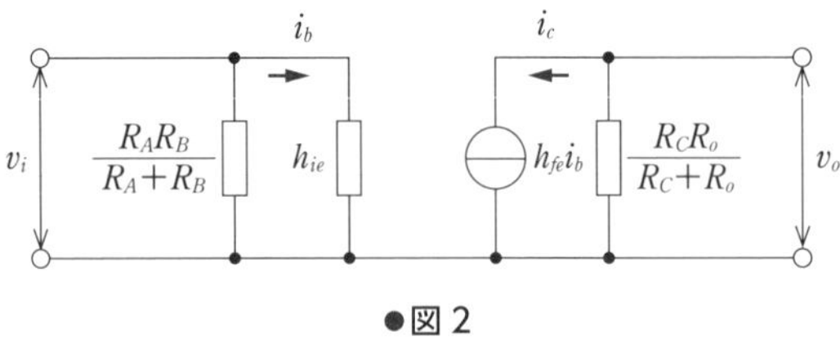

●図 2

ここで，i_b〔A〕はベースの信号電流，i_c〔A〕はコレクタの信号電流で，この回路の電圧増幅度 A_{vo} は下式となる.

$$A_{vo}=\left|\frac{v_o}{v_i}\right|=\frac{h_{fe}}{h_{ie}}\cdot\frac{R_C R_o}{R_C+R_o} \quad \cdots\cdots①$$

また，コンデンサ C_1 のインピーダンスの影響を考慮するための等価回路を図 3 に示す.

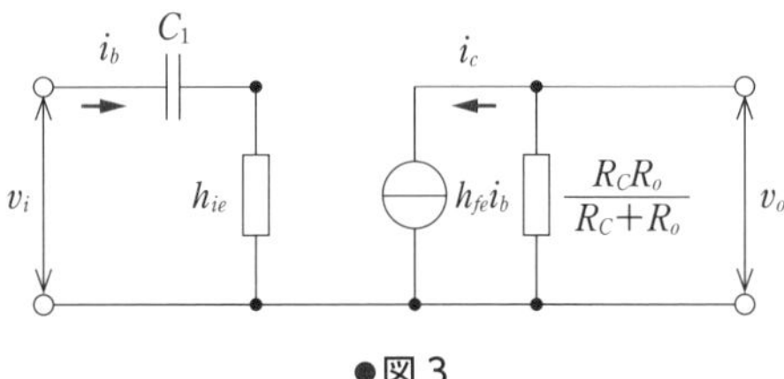

●図 3

このとき，入力小信号電圧のある周波数において，図 3 を用いて得られた電圧増幅度が式①で示す電圧増幅度の $1/\sqrt{2}$ となった. この周波数〔Hz〕の大きさとして，最も近いのは次のうちどれか. ただし，エミッタ接地の小信号電流増幅率 $h_{fe}=120$，入力インピーダンス $h_{ie}=3\times10^3\,\Omega$，コンデンサ C_1 の静電容量 $C_1=10\,\mu\mathrm{F}$ とする.

(1) 1.2　(2) 1.6　(3) 2.1　(4) 5.3　(5) 7.9

エミッタ接地増幅回路は，バイアス回路を構成する直流回路と増幅したい交流信号を扱う交流回路に分離して考えることができる．直流に対しては，3 個のコンデンサ C_1，C_2，C_3 のインピーダンスが非常に大きいと考えるから，直流等価回路は解図 1 のとおりとなる．
一方，交流回路は，交流に対しては 3 個のコンデンサ C_1，C_2，C_3 と直流電源 V_{CC} のインピーダンスが非常に小さく短絡して R_B や R_C を下へ折り返したうえで，図 3·46 のトランジスタの簡略化した等価回路を適用すれば問題図 2 のとおりとなる．

(a) 題意より，I_b が I_A に比べて十分に小さいから，$I_A \fallingdotseq I_B$ が成り立つため，解図 1 の直流回路で次式が成立する．

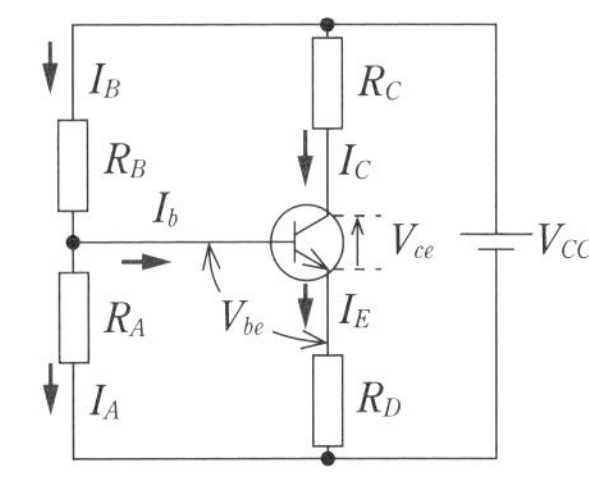

●解図 1　図 1 の直流等価回路

$$R_AI_A+R_BI_B=R_AI_A+R_BI_A=V_{CC}$$

$$\therefore\quad I_A=\frac{V_{CC}}{R_A+R_B} \quad \cdots\cdots ②$$

一方，ベース電圧に着目すると，キルヒホッフの法則から

$$R_AI_A=V_{be}+R_DI_E$$

ここで，$I_E=I_b+I_C$ であるが，題意より，I_b は I_C に比べて十分に小さいため，$I_E=I_C+I_b \fallingdotseq I_C$ であるから

$$R_AI_A=V_{be}+R_DI_C \quad \cdots\cdots ③$$

式②を式③へ代入して

$$\frac{R_AV_{CC}}{R_A+R_B}=V_{be}+R_DI_C$$

$$\therefore\quad I_C=\frac{R_AV_{CC}}{(R_A+R_B)R_D}-\frac{V_{be}}{R_D} \quad \cdots\cdots ④$$

他方，コレクタ-エミッタ側の直流回路に着目すれば

$$R_CI_C+V_{ce}+R_DI_E=V_{CC}$$

この式に $I_E \fallingdotseq I_C$ を利用するとともに，式④を代入して変形すれば

$$V_{ce}=V_{CC}-(R_C+R_D)I_C=V_{CC}-(R_C+R_D)\left\{\frac{R_AV_{CC}}{(R_A+R_B)R_D}-\frac{V_{be}}{R_D}\right\}$$

$$=12-(5+1)\left\{\frac{100\times12}{(100+600)\times1}-\frac{0.6}{1}\right\} \fallingdotseq \mathbf{5.3\,V}$$

(b) 入力側交流等価回路は解図 2 になるが，$\dfrac{R_AR_B}{R_A+R_B} \gg h_{ie}$ のため，$\dfrac{R_AR_B}{R_A+R_B}$ を省略すると，問題図 3 になる．

問題図 3 の回路において

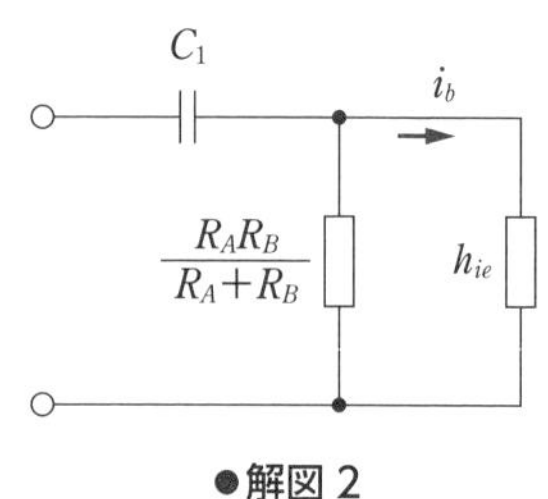

●解図 2

$$i_b = \frac{v_i}{h_{ie}+\dfrac{1}{j\omega C_1}}, \quad i_c = h_{fe}i_b,$$

$$v_o = -\frac{R_CR_o}{R_C+R_o}i_c$$

が成り立つため

$$v_o = -\frac{R_CR_o}{R_C+R_o}i_c = -\frac{R_CR_o}{R_C+R_o}h_{fe}i_b = -\frac{R_CR_o}{R_C+R_o}\cdot h_{fe}\cdot\frac{v_i}{h_{ie}+\dfrac{1}{j\omega C_1}}$$

$$\therefore \quad \text{電圧増幅度}\, A_v = \left|\frac{v_o}{v_i}\right| = \frac{h_{fe}}{\sqrt{h_{ie}{}^2+\dfrac{1}{\omega^2C_1{}^2}}}\cdot\frac{R_CR_o}{R_C+R_o}$$

$$\therefore \quad \frac{A_v}{A_{vo}} = \frac{h_{fe}}{\sqrt{h_{ie}{}^2+\dfrac{1}{\omega^2C_1{}^2}}}\cdot\frac{R_CR_o}{R_C+R_o}\cdot\frac{h_{ie}}{h_{fe}}\cdot\frac{R_C+R_o}{R_CR_o} \quad (\because \text{ 式①を利用})$$

$$= \frac{h_{ie}}{\sqrt{h_{ie}{}^2+\dfrac{1}{\omega^2C_1{}^2}}} = \frac{1}{\sqrt{2}} \quad (\because \text{ 題意より})$$

$$\therefore \quad \frac{3\times10^3}{\sqrt{(3\times10^3)^2+\dfrac{1}{(2\pi f\times10\times10^{-6})^2}}} = \frac{1}{\sqrt{2}}$$

$$\therefore \quad 18\times10^6 = 9\times10^6+\frac{1}{(2\pi f\times10^{-5})^2}$$

$$\therefore \quad f = \frac{1}{2\pi\times10^{-5}}\times\sqrt{\frac{1}{9\times10^6}} = \frac{1}{2\pi\times10^{-5}}\times\frac{1}{3\times10^3}$$

$$\fallingdotseq \mathbf{5.3\,Hz}$$

解答 ▶ (a)-(4)，(b)-(4)

演算増幅器

［★★★］

1 演算増幅器の考え方

演算増幅器は信号の増幅やアナログ信号の加算・減算など演算のできる増幅器で，**オペアンプ**とも呼ばれている．

演算増幅器はアナログ計算機のための回路として発達してきたものであり，演算という言葉もここに由来している．

さて，演算増幅器は次の特性を満足する電圧増幅器であるといえる．

①**電圧増幅度** $A_v = \infty$ である．

②**帯域は** $0 \sim \infty$ である．

（直流でも交流（すべての周波数）でも増幅できる）

Point

③**入力インピーダンスは** $Z_i = \infty$ である．

（入力端子から電流が入っていかない．）

（入力電圧は電圧降下せず入力される）

④**出力インピーダンスは** $Z_o = 0$ である．

（出力電圧も電圧降下せず出力される）

⑤**入力** $V_i = 0$ **のとき出力** $V_o = 0$ **であって雑音がない．**

⑥**安定に帰還がかけられる．**

以上のような理想的回路を想定するとき，これを図 3･53 のようなブロック図で表す．集積回路としての演算増幅器は，通常 2 入力，1 出力で，両方の入力電圧の差に応じて出力が決まるようになっている．このような形式を**差動増幅器形の演算増幅器**と呼んでいる．

また，図 3･54 に理想的な演算増幅器の等価回路を示した．同図に示すように，$V_o = A_v(V_p - V_n)$ で $A_v = \infty$ であるから，$V_p = V_n$ でなければならない．つまり，入力端子間の電圧は 0V で短絡しているように動作するため，これを**仮想短絡（イマジナリショート）**という．

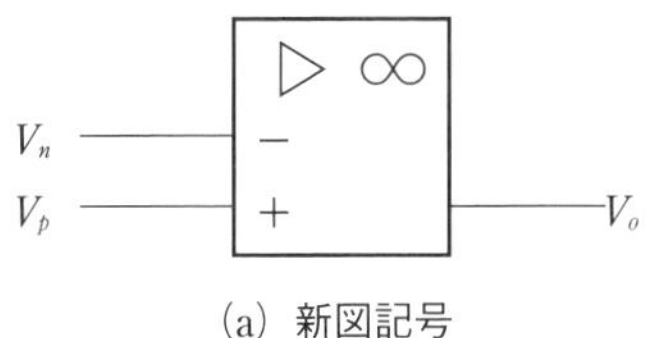

(a) 新図記号

−
+

(b) 旧図記号

●図 3・53　演算増幅器

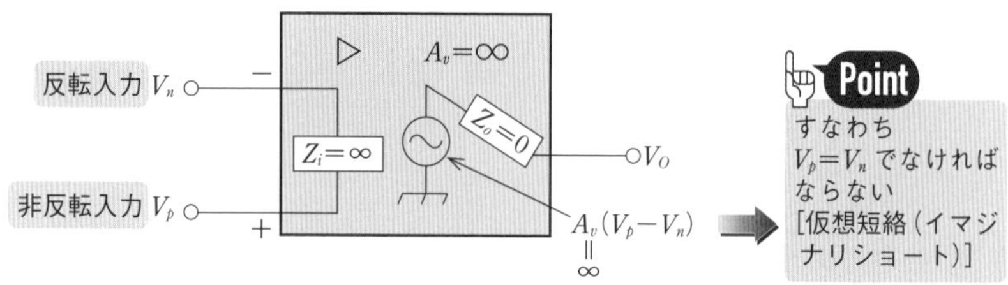

●図 3・54 理想演算増幅器の等価回路

2 反転増幅器

演算増幅器の最も基本的な応用は，図 3･55 に示す**反転増幅器**としての応用である．この回路は図に示すように，出力を抵抗 R_f を通してマイナス側の入力にフィードバックし，入力は同じ入力に抵抗 R_i を経由して接続する．プラス側の入力はアースに接続する．

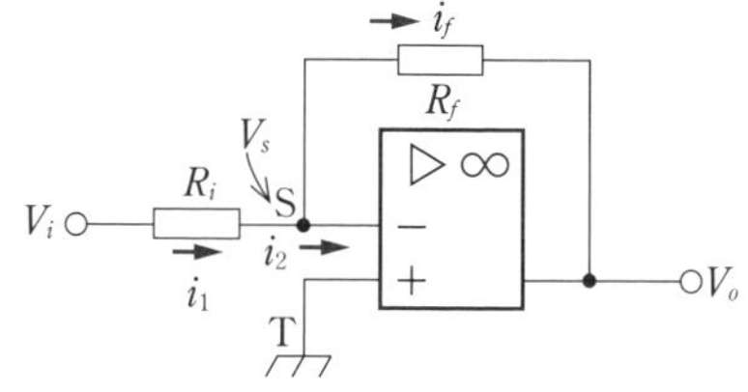

●図 3・55 反転増幅器

この図 3･55 の電圧増幅度を求めよう．理想演算増幅器の条件 ($A_v=\infty$) から，入力の両端子 (点 S，点 T) 間の電位差は 0，すなわち点 S の電位は，点 T がアースされていることから $V_s=0$ となる．なぜならば，電圧 V_s が点 T の電圧と等しくなければ，出力は無限大となってしまうからである．

$$\left.\begin{aligned} V_i-0&=R_i i_1 \qquad (\because \quad V_s=0) \\ 0-V_o&=R_f i_f \end{aligned}\right\} \tag{3・49}$$

さらに，演算増幅器の入力インピーダンスが ∞ であるから，$i_2=0$ であり

$$i_1=i_f \tag{3・50}$$

となる．

ここで，式 (3･49)，式 (3･50) から

$$\frac{V_o}{V_i}=-\frac{R_f}{R_i} \tag{3・51}$$

Point 負の符号は位相反転⇒反転増幅器

となる．

つまり，閉ループ利得 V_o/V_i は，外付け素子 R_i と R_f のみに依存し，負の符号は位相反転を意味する．

問題22

図の回路の V_o/V_i を表すものは，次のうちどれか.

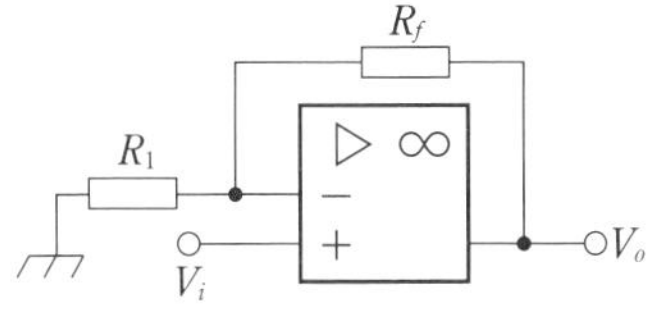

(1) $-\dfrac{R_f}{R_1}$　(2) $1-\dfrac{R_f}{R_1}$　(3) $1-\dfrac{R_1}{R_f}$

(4) $1+\dfrac{R_f}{R_1}$　(5) $1+\dfrac{R_1}{R_f}$

解図において，演算増幅器の特性から，$i_1=i_f$, $V_s=V_i$ となることを利用する.

解説　解図のように電流，電圧を仮定すれば

$$i_f=\frac{V_o-V_s}{R_f}\qquad i_1=\frac{V_s-0}{R_1}$$

で $i_1=i_f$ から

$$\frac{V_o-V_s}{R_f}=\frac{V_s}{R_1}$$

$$\therefore\quad V_s=\frac{R_1V_o}{R_1+R_f}$$

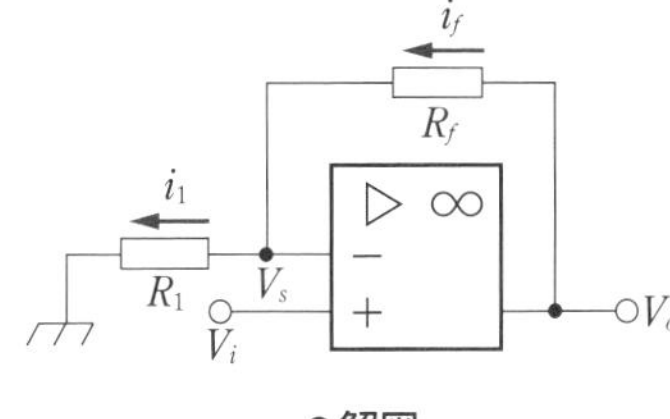

●解図

演算増幅器の条件から，$V_s=V_i$ であるから

$$V_i=\frac{R_1V_o}{R_1+R_f}$$

Point　符号は正で位相が反転しない⇒非反転増幅器

$$\therefore\quad V_o=\frac{R_1+R_f}{R_1}V_i=\left(1+\frac{R_f}{R_1}\right)V_i\qquad\therefore\quad \frac{V_o}{V_i}=\mathbf{1+\frac{R_f}{R_1}}$$

閉ループ利得 V_o/V_i は R_1, R_f に依存し，位相反転がないため，式 (3･51) とは異なり，**非反転増幅器**と呼ばれる.

解答 ▶ (4)

問題23　H22 A-18

演算増幅器（オペアンプ）について，次の (a) および (b) に答えよ.

(a) 演算増幅器の特徴に関する記述として，誤っているのは次のうちどれか.

(1) 反転増幅と非反転増幅の二つの入力端子と一つの出力端子がある.

(2) 直流を増幅できる.

(3) 入出力インピーダンスが大きい.

(4) 入力端子間の電圧のみを増幅して出力する一種の差動増幅器である.

(5) 増幅度が非常に大きい.

(b) 図 1，2 のような直流増幅回路がある．それぞれの出力電圧 V_{o1}〔V〕，V_{o2}〔V〕の値として，正しいものを組合せたのは次のうちどれか．ただし，演算増幅器は理想的なものとし，$V_{i1}=0.6\,\mathrm{V}$ および $V_{i2}=0.45\,\mathrm{V}$ は入力電圧である.

	V_{o1}	V_{o2}
(1)	6.6	3.0
(2)	6.6	−3.0
(3)	−6.6	3.0
(4)	−4.5	9.0
(5)	4.5	−9.0

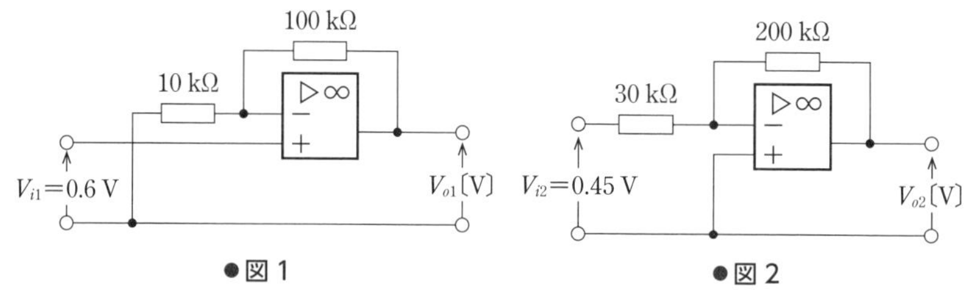

●図 1　●図 2

問題図 1 は非反転増幅器，問題図 2 は反転増幅器である．演算増幅器の特性である二つの入力端子は同電位であること，入力インピーダンスは∞であることを利用して解く.

(a) 理想的な演算増幅器では，入力インピーダンス $Z_i=\infty$，出力インピーダンス $Z_o=0$ ゆえ，**(3)** が誤りである.

(b) 解図 1，2 のように，i_1，i_2，V_+，V_-を設定する.

まず，解図 1 において，問題 22 と同様に考えれば

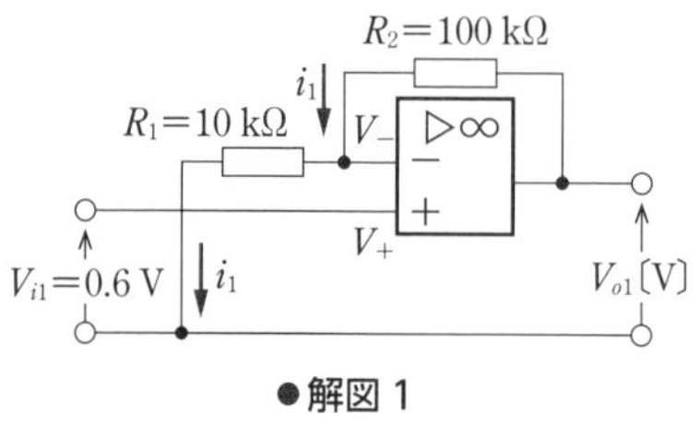

●解図 1

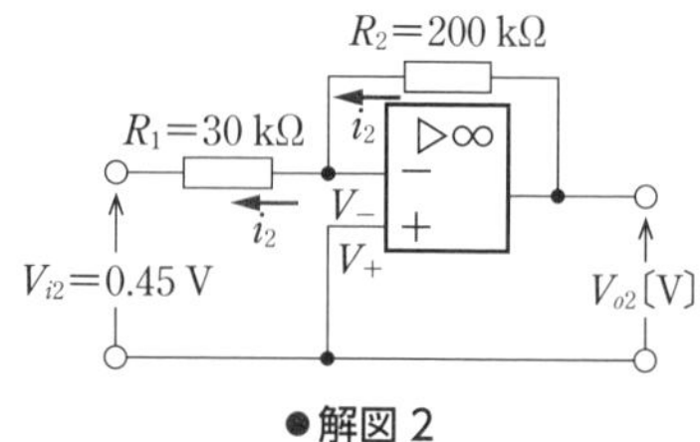

●解図 2

$$i_1=\frac{V_{o1}-V_-}{R_2} \qquad i_1=\frac{V_- -0}{R_1} \qquad V_-=V_+=V_{i1}$$

が成り立つ.

$$\therefore \quad \frac{V_{o1}-V_{i1}}{R_2}=\frac{V_{i1}-0}{R_1}$$

$$\therefore \quad V_{o1}=\frac{R_1+R_2}{R_1}V_{i1}=\frac{10+100}{10}\times 0.6=\mathbf{6.6\,V}$$

次に，解図 2 において，図 3･55 や式 (3･49) ~ 式 (3･51) と同様に考えれば

$$i_2=\frac{V_{o2}-V_-}{R_2} \qquad i_2=\frac{V_- -V_{i2}}{R_1} \qquad V_-=V_+=0$$

が成り立つ.

$$\therefore \quad \frac{V_{o2}-0}{R_2}=\frac{0-V_{i2}}{R_1}$$

$$\therefore \quad V_{o2}=-\frac{R_2}{R_1}V_{i2}=-\frac{200}{30}\times 0.45=\mathbf{-3.0\,V}$$

解答 ▶ (a)-(3)，(b)-(2)

問題24 H27 A-18

演算増幅器（オペアンプ）について，次の (a) および (b) の問に答えよ.

(a) 演算増幅器は，その二つの入力端子に加えられた信号の［（ア）］を高い利得で増幅する回路である．演算増幅器の入力インピーダンスは極めて［（イ）］ため，入力端子電流は［（ウ）］とみなしてよい．一方，演算増幅器の出力インピーダンスは非常に［（エ）］ため，その出力端子電圧は負荷による影響を［（オ）］．さらに演算増幅器は利得が非常に大きいため，抵抗などの部品を用いて負帰還をかけたときに安定した有限の電圧利得が得られる.

上記の空白箇所（ア），（イ），（ウ），（エ）および（オ）に当てはまる組合せとして，正しいのは次のうちどれか.

	（ア）	（イ）	（ウ）	（エ）	（オ）
(1)	差動成分	大きい	ほぼ零	小さい	受けにくい
(2)	差動成分	小さい	ほぼ零	大きい	受けやすい
(3)	差動成分	大きい	極めて大きな値	大きい	受けやすい
(4)	同相成分	大きい	ほぼ零	小さい	受けやすい
(5)	同相成分	小さい	極めて大きな値	大きい	受けにくい

(b) 図のような直流増幅回路がある．この回路に入力電圧 0.5 V を加えたとき，出力電圧 V_o の値〔V〕と電圧利得 A_V の値〔dB〕の組合せとして，最も近いのは次のうちどれか．ただし，演算増幅器は理想的なものとし，$\log_{10}2 = 0.301$，$\log_{10}3 = 0.477$ とする．

	V_o	A_V
(1)	7.5	12
(2)	−15	12
(3)	−7.5	24
(4)	15	24
(5)	7.5	24

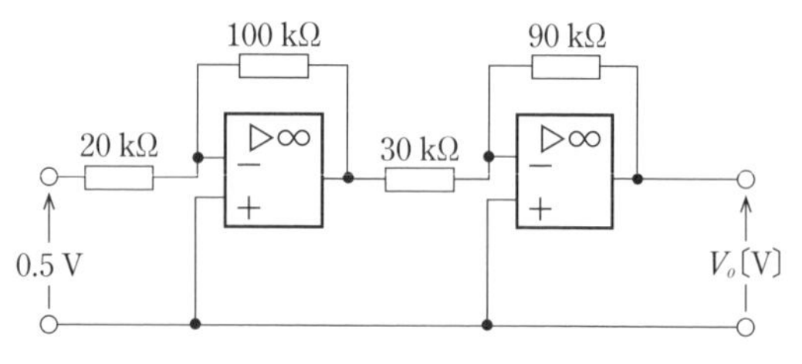

理想演算増幅器の計算に関しては，図 3·54 の等価回路の特徴を踏まえて計算すればよい．

(a) 本節 1 項の演算増幅器の考え方や図 3·54 の等価回路をよく理解していれば，容易である．

(b) 問題図は，図 3·55 の反転増幅器を 2 段接続した回路である．そこで，問題図の左側の前段の電圧増幅度 A_1，右側の後段の電圧増幅度 A_2 は，式 (3·51) を利用して

$$A_1 = -\frac{R_f}{R_i} = -\frac{100}{20} = -5,\ A_2 = -\frac{R_f}{R_i} = -\frac{90}{30} = -3$$

ゆえに，問題図の全体を通じた電圧増幅度 A は

$$A = A_1A_2 = (-5)\times(-3) = 15$$

（左側の前段の反転増幅器の入力電圧を V_i，出力電圧を V_n，右側の後段の反転増幅器の入力電圧を V_n，出力電圧を V_o とすれば，$V_n = A_1V_i$，$V_o = A_2V_n$ が成り立つ．したがって，$V_o = A_2V_n = A_1A_2V_i$ となり，問題図の全体を通じた電圧増幅度 A は $A = A_1A_2$ となる．）

したがって，$V_o = AV_i = 15\times0.5 = \mathbf{7.5\ V}$

一方，電圧利得 A_V は式 (3·31) より

$$\begin{aligned} A_V &= 20\log_{10}A = 20\log_{10}15 = 20\log_{10}(30/2) \\ &= 20\log_{10}30 - 20\log_{10}2 \\ &= 20(\log_{10}10 + \log_{10}3) - 20\log_{10}2 \\ &= 20\times(1+0.477) - 20\times0.301 \fallingdotseq \mathbf{24\ dB} \end{aligned}$$

対数の公式として
$\log_{10}(MN) = \log_{10}M + \log_{10}N$
$\log_{10}\left(\frac{M}{N}\right) = \log_{10}M - \log_{10}N$ を活用

解答 ▶ (a)-(1)　,　(b)-(5)

各種の半導体素子

［★★］

1 接合形 FET

3-4 節で述べた接合トランジスタでは出力電流を入力電流により制御したが，**電界効果トランジスタ**では出力電流を入力電圧により制御し，**FET** と呼ばれる．

接合形 FET は図 3･56 のような構造を有し，ソースとドレインとの間の電流通路を**チャネル**という．またチャネルに p 形半導体，n 形半導体を用いたものをそれぞれ **p チャネル接合形 FET**，**n チャネル接合形 FET** という．

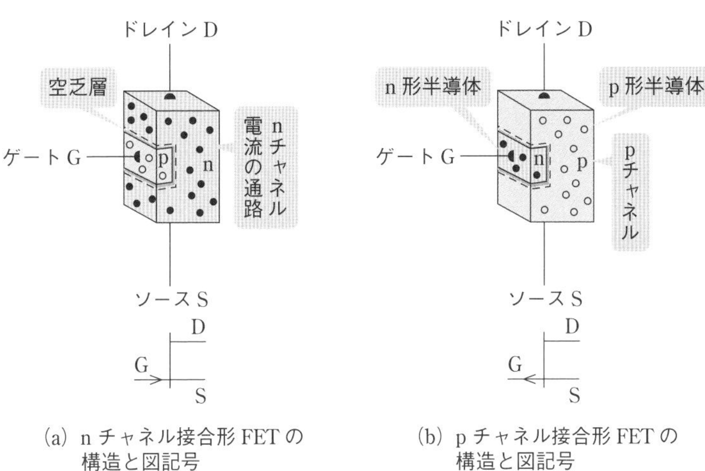

(a) n チャネル接合形 FET の構造と図記号

(b) p チャネル接合形 FET の構造と図記号

●図 3・56　接合形 FET の構造と図記号

まず，n チャネル接合形 FET の基本的な動作原理を調べるために，図 3･57 に示すように，ドレイン（D）とソース（S）の間に直流電圧（ドレイン電圧）V_{DS} を加える．その動作は，図 3･57 に示すとおりである．

次に，直流電源 V_{DD} と V_{GG} を加えた場合の動作を図 3･58 に示す．

この場合，図 3･58 に示すように，ドレイン電圧 V_{DS} を一定にしてゲート電圧 V_{GS} を加え，逆方向に増やしていくと，空乏層が広がりチャネルが狭くなって，電子が移動しにくい状態となる．つまり，ドレイン電流 I_D が減少する．逆に，

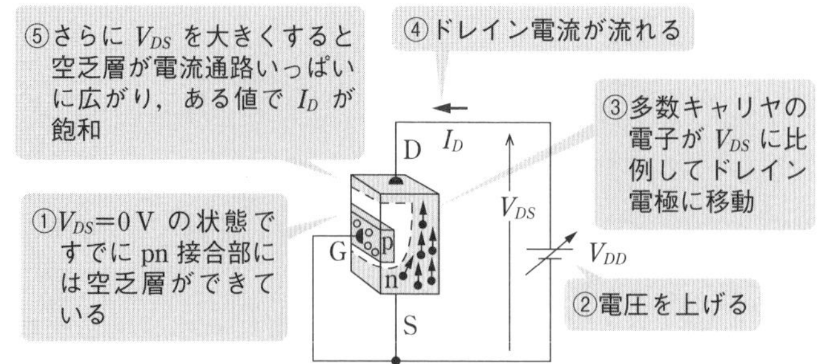

●図3・57　直流電源 V_{DD} のみ印加して上昇させたときの動作（n チャネル接合形 FET）

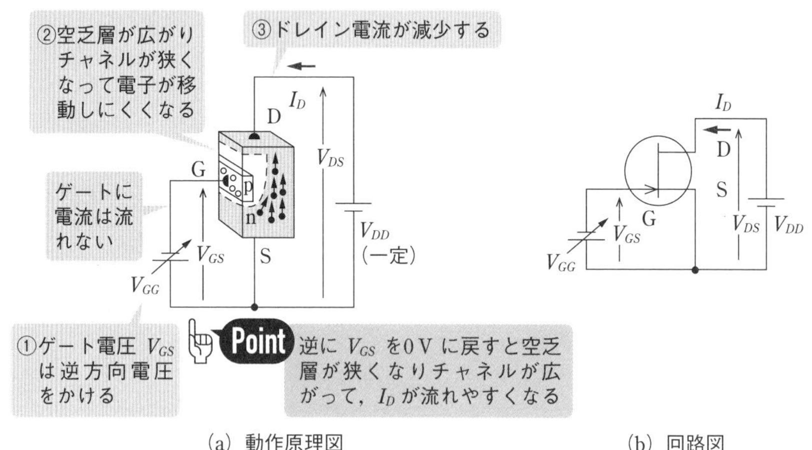

●図3・58　V_{DD} と V_{GG} を印加した場合の動作（n チャネル接合形 FET）

V_{GS} を 0V 方向に戻すと，空乏層が狭くなりチャネルが広がって，I_D が流れやすくなる．

接合形 FET は，ゲート電圧を変化させて空乏層を変え，ドレイン電流を変化させることから，**電圧制御形素子**と呼ばれる．

図 3·59 は n チャネル接合形 FET の静特性である．

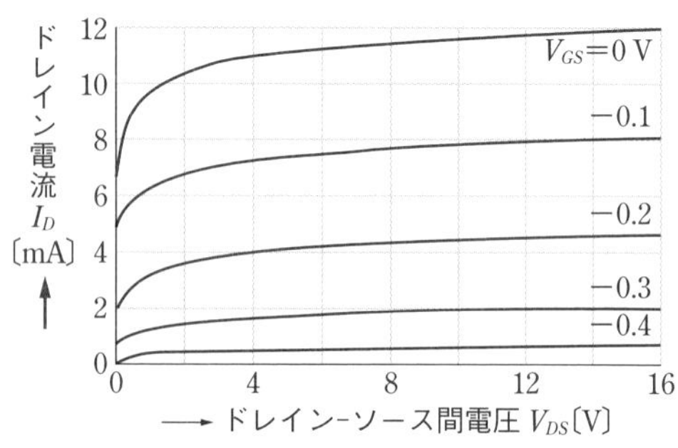

●図3・59　n チャネル接合形 FET の V_{DS}-I_D 特性

次に，n チャネル接合形

FET を用いて，図 3･58（b）の回路でドレイン-ソース間電圧 V_{DS} を一定にし，ゲート-ソース間電圧 V_{GS} を変化させたときのドレイン電流 I_D の変化を示したのが図 3･60 である．同図で，$I_D = 0$A となるような V_{GS} を**ピンチオフ電圧**という．図 3･60 において点 P を動作点とすれば，点 P における接線の傾き g_m とおくと

$$g_m = \frac{\Delta I_D}{\Delta V_{GS}} \ \text{〔S〕} \qquad (3 \cdot 52)$$

Point
P 点における接線の傾き
$g_m = \dfrac{\Delta I_D}{\Delta V_{GS}}$

V_{DS}＝一定
動作点
P
ΔI_D
ΔV_{GS}
ピンチオフ電圧
V_P
ドレイン電流 I_D
ゲート-ソース間電圧 V_{GS}
0

●図 3・60　V_{GS}-I_D 特性

になり，この g_m を**相互コンダクタンス**という．そして，式（3･52）の ΔV_{GS}，ΔI_D を小信号の交流電圧・電流として v_{gs}，i_d に置き換えれば，式（3･52）を変形し

$$i_d = g_m v_{gs} \qquad (3 \cdot 53)$$

Point 定電流源 $g_m v_{gs}$ で表現

となる．これを基に FET の等価回路を示すと，図 3･61 になる．同図（b）で，r_g は FET の入力インピーダンス，r_d は FET の出力インピーダンスである．

さて，FET による小信号増幅回路について解説する．図 3･62（a）の回路を直流分回路と交流分回路に分離する．

図 3･62（b）の直流分回路において，ゲートには電流が流れないため，R_G の電圧降下は 0 である．このため，抵抗 R_S の両端の電圧降下 V_S の大きさがそのままゲート-ソース間の電圧 V_{GS} の大きさとなることから

$$V_{GS} = -V_S = -R_S I_D \qquad (3 \cdot 54)$$

となる．式（3･54）の直線を，図 3･60 のような FET の V_{GS}-I_D 特性上に描くと，

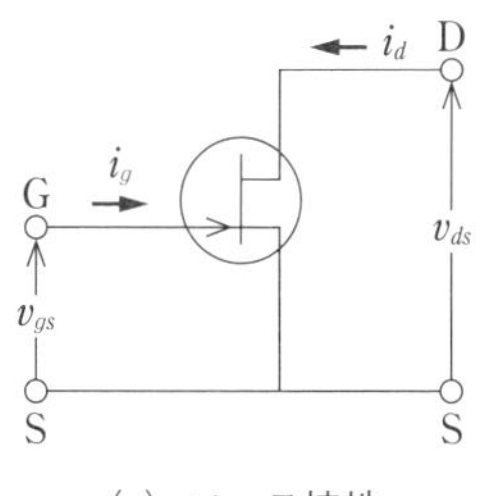

（a）ソース接地

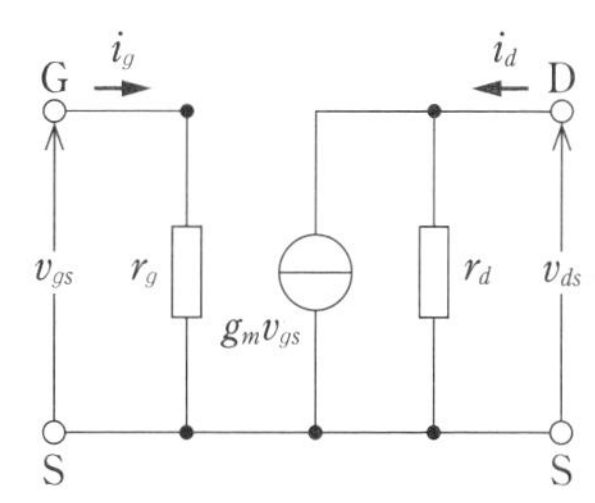

（b）等価回路

相互コンダクタンス g_m による定電流源 $g_m v_{gs}$ で表現

●図 3・61　FET の交流等価回路

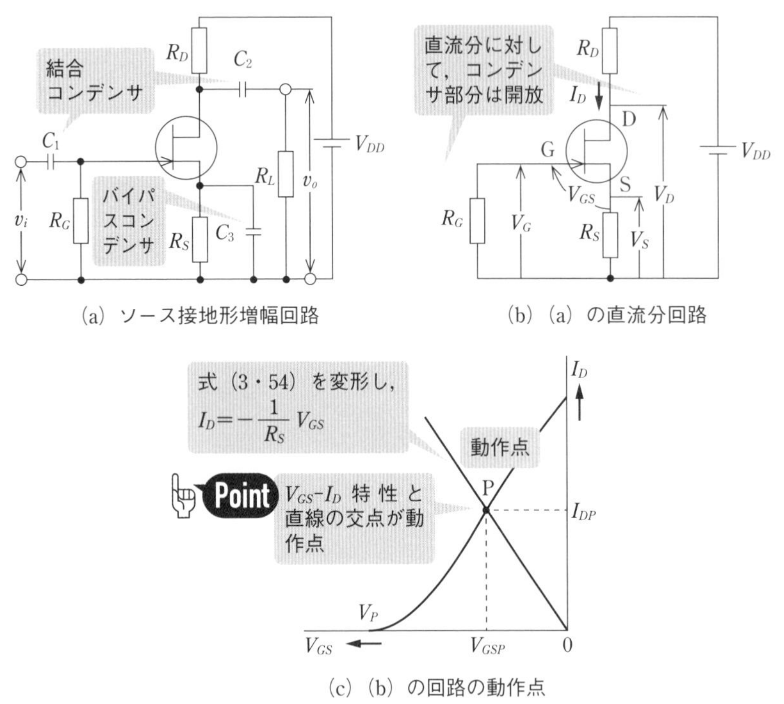

（a）ソース接地形増幅回路

（b）（a）の直流分回路

（c）（b）の回路の動作点

●図 3・62　FET の増幅回路と直流分動作解析

図 3･62 (c) のとおりとなる.

次に，図 3･62 (a) の交流分等価回路を示すと図 3･63 になる．これは，交流信号分に対してコンデンサ C_1，C_2，C_3 と直流電圧源 V_{DD} は短絡されていると考えることができるため，R_D を下へ折り返し，図 3･61 の等価回路を適用したも

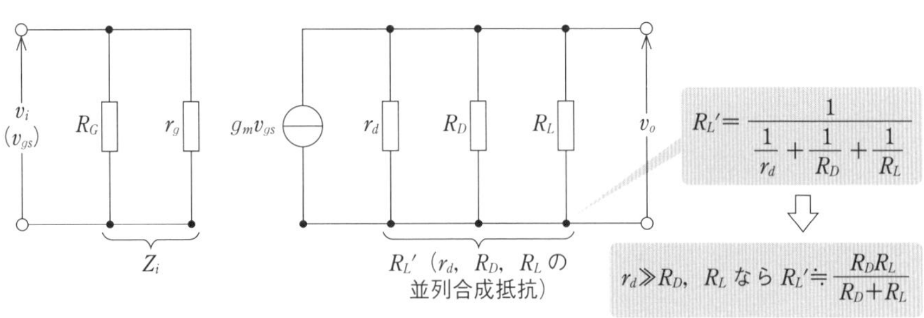

●図 3・63　図 3・62（a）の交流分等価回路

のである．図 3･63 において，$v_o = g_m v_{gs} \cdot R'_L$ より，

$$\text{電圧増幅度 } A_v = \left| \frac{v_o}{v_i} \right| = g_m R'_L = \frac{g_m}{\dfrac{1}{r_d} + \dfrac{1}{R_D} + \dfrac{1}{R_L}}$$

$$\fallingdotseq g_m \frac{R_D R_L}{R_D + R_L} \quad (r_d \gg R_D,\ R_L \text{ のとき}) \tag{3・55}$$

となる．

2 MOS 形 FET

図 3･64 に **MOS 形 FET** の原理図を示す．p 形半導体基板にソース（S）とドレイン（D）の二つの電極を設け，その下に n 形不純物を拡散させて n 形部分をつくる．また，ソースとドレインの間に，基板と絶縁層である SiO_2 層を隔ててゲート（G）電極を設ける．

図 3･64（b）は，n チャネル MOS 形 FET において，ゲート-ソース間電圧 V_{GS}，ドレイン-ソース間電圧 V_{DS} を加えたときの動作原理である．V_{GS} を加えると，p 形基板に**反転層**が形成され，この状態で V_{DS} を加えるとドレイン電流

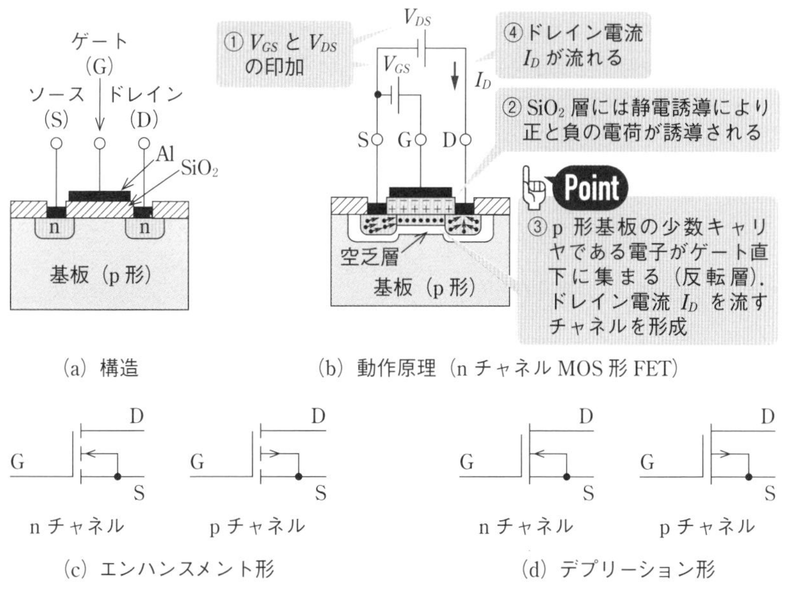

●図 3・64　MOS 形 FET の構造・原理と図記号

I_D が流れる．さらに，V_{DS} を増加すると，図 3･65 に示すように，ドレイン電流 I_D はある値で飽和する．一方，V_{DS} を一定にして，ゲート電圧 V_{GS} を増やしていくとチャネル幅が広がり，I_D が増加する（図 3･66 を参照）．

つまり，**MOS 形 FET は，ゲート電圧を変化させることにより反転層を変化させ，ドレイン電流を変化させる電圧制御形素子**である．

なお，この例は，ゲートに正電圧を加えてチャネルを構成する**エンハンスメント形**といわれるものである．

enhancement：増加の意味．正の V_{GS} で I_D を制御（増加）する

このほかに，あらかじめチャネルが構成されており，図 3･67 に示すように，V_{GS} を負に大きくしていくにつれて I_D が減少する特性をもった FET を**デプリーション形（デプレション形）**という．

depletion：減少の意味

さて，MOS 形 FET は，その構造上，ゲート電極に流入する電流が極めて小さいという特徴をもっている．この利点を生かすため，**MOS 形 FET はほとんどの場合ソース接地形で使用**される．つまり，**ゲートを入力とし，ドレインを出**

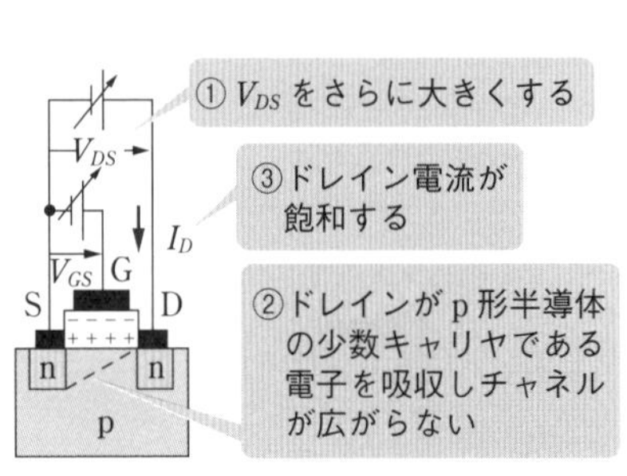

●図 3・65 ドレイン電流の飽和

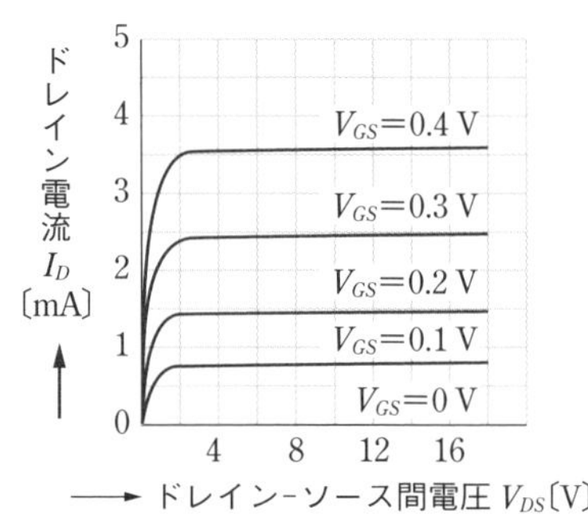

●図 3・66 n チャネルエンハンスメント形 MOS 形 FET の静特性

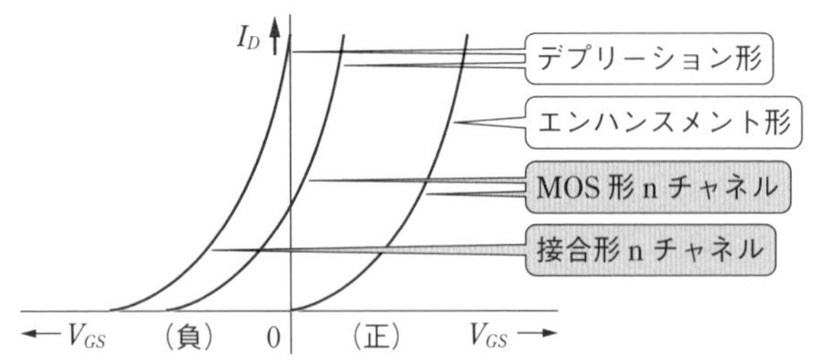

●図 3・67 エンハンスメント形とデプリーション形

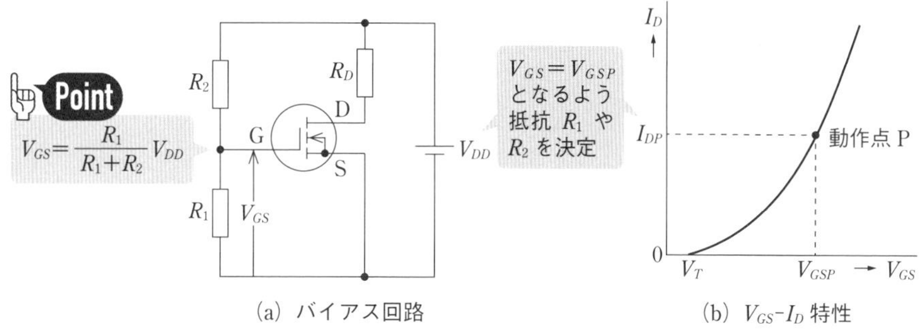

(a) バイアス回路　　(b) V_{GS}-I_D 特性

●図 3・68　n チャネルエンハンスメント形 MOS 形 FET のバイアス回路

力とし，ソースを入出力の共通端子とする．

そこで，n チャネルのエンハンスメント形の MOS 形 FET のバイアス回路は，図 3･68 (a) に示すとおりであり，そのゲート-ソース間電圧 V_{GS} とドレイン電流 I_D の関係を示す V_{GS}-I_D 特性は同図 (b) のとおりである．

図 3･68 (a) のバイアス回路において，ゲート-ソース間電圧 V_{GS} は，FET の入力インピーダンスが∞であり，電源電圧 V_{DD} が抵抗 R_1 と抵抗 R_2 で分配された電圧であることから

$$\boldsymbol{V_{GS}=\frac{R_1}{R_1+R_2}V_{DD}} \tag{3・56}$$

となる．この値が図 3･68 (b) の動作点 P の電圧 V_{GSP} に等しくなるように，抵抗 R_1 や R_2 を決める．

次に，MOS 形 FET の増幅回路に関する動作解析の基本的な考え方について説明する．図 3･69 の MOS 形 FET の増幅回路において，入力交流電圧（振幅 1V）を与えるときに出力電圧がどのように変化するのかについて考察する．

まず，ゲート-ソース間電圧 V_{GS} に関しては，式 (3･56) より，V_{GS} は V_{DD} を R_1 と R_2 で分配した電圧に等しい．

$$V_{GS}=V_{DD}\cdot\frac{R_1}{R_1+R_2}=12\times\frac{10}{10+20}=4\,\mathrm{V}$$

次に，静特性上に負荷線を描く．負荷線は $I_D=0\,\mathrm{mA}$ のときの V_{DS} と，$V_{DS}=0\,\mathrm{V}$ のときの I_D を計算して，この 2 点を直線で結べばよい．この負荷線と，上述のように計算した $V_{GS}=4\,\mathrm{V}$ の特性曲線との交点が動作点 P となる．

図 3･69 (b) に示すように，V_{GS} に振幅 1V の交流電圧が入力されると，特性

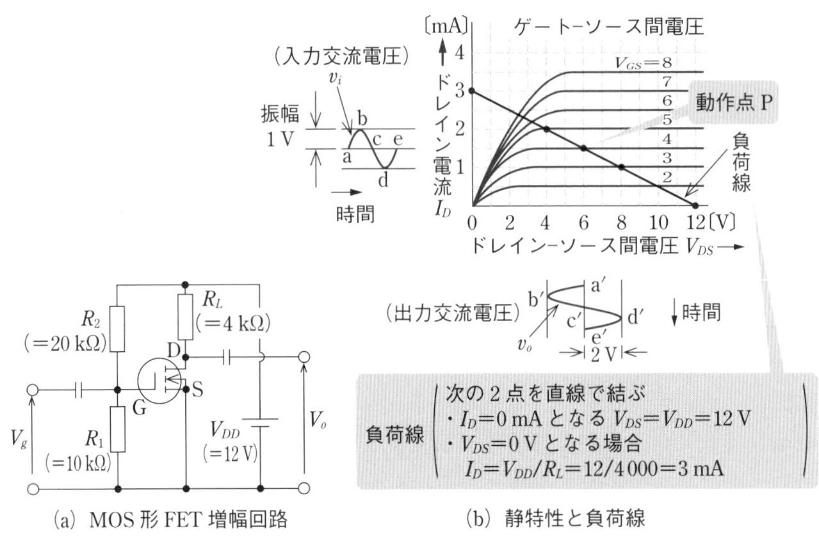

(a) MOS形FET増幅回路　　(b) 静特性と負荷線

●図3・69　MOS形FETの増幅回路の動作解析例

曲線上の V_{GS} は 3V (＝4−1) から 5V (＝4+1) まで変化する．このため，負荷線とは V_{GS}＝3V のとき V_{DS}＝8V で交わり，V_{GS}＝5V のとき V_{DS}＝4V で交わる．

V_{DS} はこのように 4～8V の変化をするが，出力部には結合コンデンサがあるため，直流分はカットされる．直流分出力は 6V であるから，出力 V_o は−2～+2V の変化をすることになる．

3 サイリスタ

サイリスタは，図3･70のように，p形半導体とn形半導体を4層構造にした三つの電極をもつ半導体素子である．三つの電極はそれぞれアノード (A)，ゲート (G)，カソード (K) と呼ばれ，図3･70 (b) のような図記号で表せる．このサイリスタに，図3･70 (c) に示すアノード電圧 E_A をA-K間に加えても，E_A は n_1p_2 接合面に対して逆方向電圧になっているため，A-K間にはアノード電流 I_A はほとんど流れない．しかし，ゲートGにわずかな電流 I_g を流した状態で E_A を加えると，E_A がある大きさ E_{A3} になったとき，図3･70 (d) の特性曲線に示すように，急に大きな電流 I_A が流れるようになる．この特性を利用して，サイリスタは大電力の整流や電車の電動機の駆動制御，誘導電動機の制御などに使用されている．

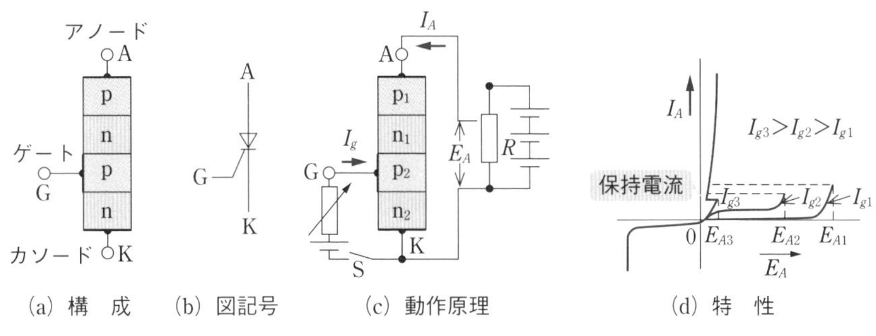

●図 3・70 サイリスタの構成と特性例

4 その他の半導体素子

ダイオード，接合トランジスタ，電界効果トランジスタ，サイリスタのほかにも，表 3･2 のような半導体素子がある．

●表 3・2 各種の半導体素子

名 称	原 理	用 途
可変容量ダイオード（バラクタダイオード）	可変容量ダイオードは逆方向電圧をかえると静電容量が変化するダイオードである．p 形半導体と n 形半導体を接合すると，p 形半導体のキャリヤ（正孔）と n 形半導体のキャリヤ（電子）が pn 接合面付近で拡散し，互いに結合すると消滅して空乏層が生じる．可変容量ダイオードに逆方向電圧を印加し，その大きさを大きくすると，空乏層の領域の幅が広くなり，静電容量の値は小さくなる．	無線通信の同調回路
定電圧ダイオード	定電圧ダイオードは逆電圧時の降伏現象による定電圧特性を利用している．（図 3・13 を参照）	安定化電源装置
発光ダイオード（LED）	pn 接合のダイオードの両端に電圧が順方向にかかったとき，電子と正孔が再結合するときのエネルギーが光として放出される．（図 3・95 参照）	表示器 光通信の発光素子
レーザダイオード（LD）	ダイオードの pn 接合に大きい順方向電流を流すと接合面で光を放出し，この光が反射鏡で反射してレーザ光となる．（図 3・96 参照）	光通信の発光素子

5 集積回路

集積回路（IC；Integrated Circuit）とは，多数のトランジスタ・ダイオード・抵抗等の電子回路素子を一体にして，シリコン等の半導体基板上に作り込んだ回路のことである．IC は，ダイオードやトランジスタ等の個別の部品を使用する回路と比べて，①部品点数が少ない，②小形軽量，③消費電力が小さい，④高速動作が可能, ⑤大容量のコンデンサやコイルは製作が困難, といった特徴がある.

ICを構造から分類すると, **モノリシックIC**と**ハイブリッドIC**に分けられる. そして, モノリシックICは, **バイポーラIC**と**MOS IC**に分けられる. バイポーラICはトランジスタを使ったものであり, このバイポーラICをアナログ回路に使ったものとして演算増幅器がある. また, MOS ICは, MOS FETを中心として作られたICである. これに対し, **ハイブリッドIC**とは, 絶縁基板上に, ICチップ, 抵抗, コンデンサ等の回路素子が組み込まれているものである.

他方, ICを機能から分類すると, **アナログIC**と**ディジタルIC**に分けられる. アナログICとは, 通信機器, 電源回路, オーディオアンプ等のアナログ回路で使われるICである. アナログICには, 演算増幅器やリニアICなどがある. ディジタルICは, コンピュータやディジタル時計などの機器に論理回路や記憶回路として使われるICであり, 一般的にC MOS ICが使われている.

MOS ICにおいて, pチャネルとnチャネルのMOS FETを用いて構成されるものを**相補形**(complementary)といい, その頭文字のCをとって**C MOS IC**という. 例えば, 図3･71(a)の回路(NOT回路)をICで作るとき, その断面構造は図3･71(b)のようになる. また, 図3･71(c)は, NOT演算を, NANDゲート(NOTとANDをまとめたもの)で表現したものである.

次に, 図3･71のNOT回路の動作について, 説明する. 図3･71(a)の入力端子の電位をV_{DD}にすると図3･72(a)の回路となる. 同図で, pチャネルMOSはゲートとソースの電位が同じなのでOffになり, nチャネルMOSはゲー

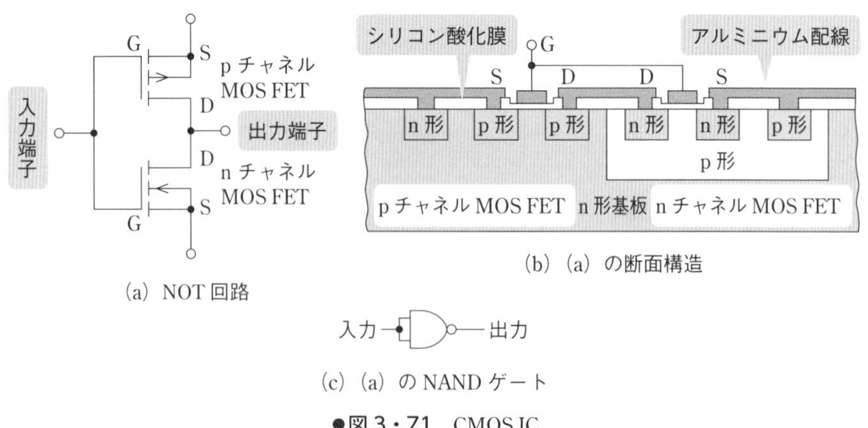

(a) NOT回路

(b) (a)の断面構造

(c) (a)のNANDゲート

●図3・71 CMOS IC

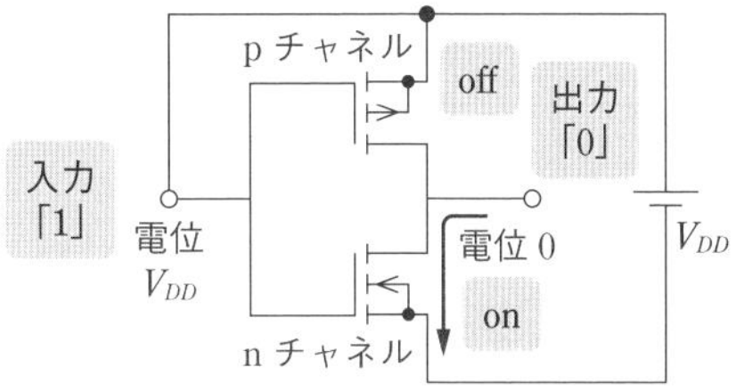

(a) 入力端子の電位 V_{DD} のとき（入力「1」）

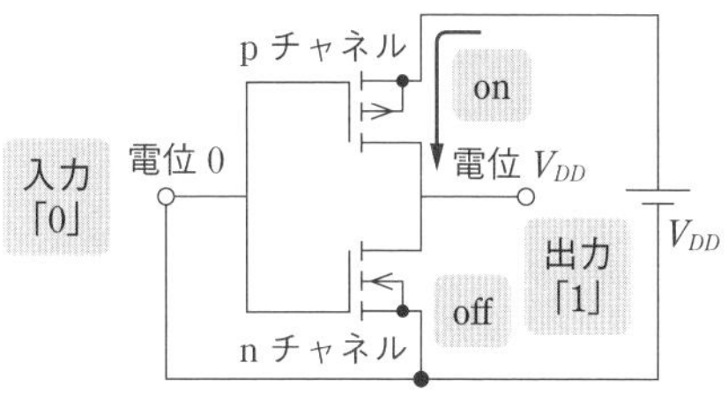

(b) 入力端子の電位 0V のとき（入力「0」）

●図 3・72　CMOS IC（NOT 回路）の動作

ト-ソース間に電圧がかかって on になるため，出力端子がグラウンドとつながり電位が 0V になる．すなわち，入力「1」に対し，出力「0」となる．一方，入力端子の電位を 0V にすると，n チャネル MOS はゲートとソースの電位が同じなので off になり，p チャネル MOS はゲート-ソース間に電圧がかかって on になるため，出力端子の電位は V_{DD} になる．すなわち，入力「0」に対し，出力「1」となる．

問題25　H15 A-10

バイポーラトランジスタと電界効果トランジスタ (FET) に関する記述として，誤っているのは次のうちどれか．

(1) バイポーラトランジスタは，消費電力が FET より大きい．

(2) バイポーラトランジスタは電圧制御素子，FET は電流制御素子といわれる．

(3) バイポーラトランジスタの入力インピーダンスは，FET のそれよりも低い．

(4) バイポーラトランジスタのコレクタ電流は自由電子および正孔の両方が関与し，FET のドレイン電流は自由電子または正孔のどちらかが関与する．

(5) バイポーラトランジスタは，静電気に対して FET より破壊されにくい．

解説　バイポーラトランジスタは，ベース電流でコレクタ電流を制御するため，電流制御素子といわれる．一方，FET はゲート電圧でドレイン電流を制御するため，電圧制御素子といわれる．つまり，選択肢の **(2)** は，説明が逆である．

解答 ▶ (2)

問題26 H16 A-10

電界効果トランジスタ（FET）に関する記述として，誤っているのは次のうちどれか．

(1) 接合形と MOS 形に分類することができる．
(2) ドレインとソースとの間の電流の通路には，n 形と p 形がある．
(3) MOS 形はデプレション形とエンハンスメント形に分類できる．
(4) エンハンスメント形はゲート電圧に関係なくチャネルができる．
(5) ゲート電圧で自由電子または正孔の移動を制御できる．

解説 エンハンスメント形はゲート電圧が加わっていない場合はチャネルが形成されず，ゲート電圧が加わることによりチャネルが形成される．一方，デプレション形は，ゲート電圧が加わっていなくても，チャネルが形成されている．したがって，(4) が誤りである．

解答 ▶ (4)

問題27 H23 A-11（類 R4 上 A-11）

次の文章は電界効果トランジスタに関する記述である．

図に示す MOS 形電界効果トランジスタ（MOS 形 FET）は，p 形基板表面に n 形のソースとドレイン領域が形成されている．また，ゲート電極は，ソースとドレイン間の p 形基板表面上に薄い酸化膜の絶縁層（ゲート酸化膜）を介してつくられている．ソース S と p 形基板の電位を接地電位とし，ゲート G にしきい値電圧以上の正の電圧 V_{GS} を加えることで，絶縁層を隔てた p 形基板表面近くでは，（ア）が除去され，チャネルと呼ばれる（イ）の薄い層ができる．これによりソース S とドレイン D が接続される．この V_{GS} を上昇させるとドレイン電流 I_D は（ウ）する．

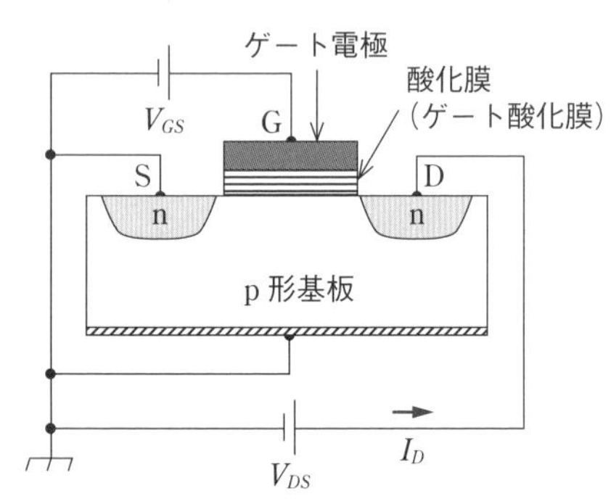

また，この FET は（エ）チャネル MOS 形 FET と呼ばれている．

上記の空白箇所（ア），（イ），（ウ）および（エ）に当てはまる組合せとして，正しいのは次のうちどれか．

	(ア)	(イ)	(ウ)	(エ)
(1)	正孔	電子	増加	n
(2)	電子	正孔	減少	p
(3)	正孔	電子	減少	n
(4)	電子	正孔	増加	n
(5)	正孔	電子	増加	p

解説 本節 2 項の MOS 形 FET の説明を参照する．また，n チャネル接合形 FET の動作原理が出題されているため，これも学習しておく．

解答 ▶ (1)

問題28 H21 A-13

図 (a) にソース接地の FET 増幅器の静特性に注目した回路を示す．

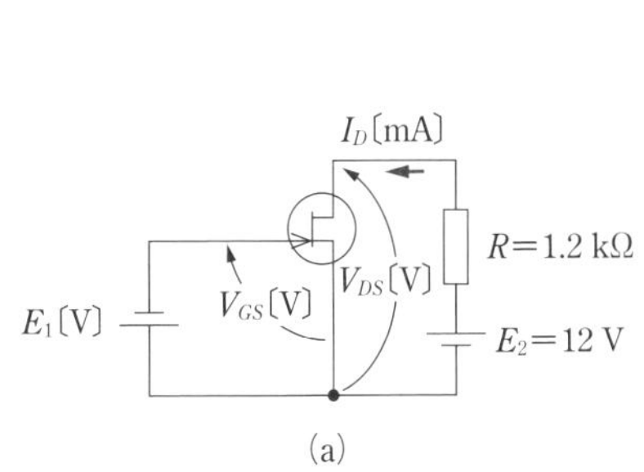

(a)

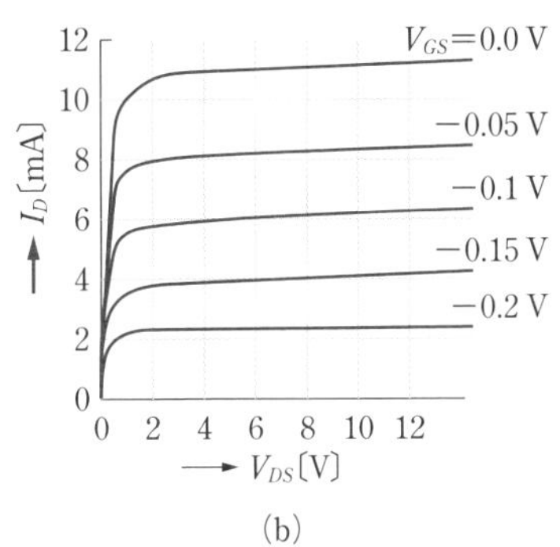

(b)

この回路の FET のドレイン-ソース間電圧 V_{DS} とドレイン電流 I_D の特性は，図 (b) に示す．図 (a) の回路において，ゲート-ソース間電圧 $V_{GS}=-0.1\,\text{V}$ のとき，ドレイン-ソース間電圧 V_{DS}〔V〕，ドレイン電流 I_D〔mA〕の値として，最も近いものを組合せたのは次のうちどれか．ただし，直流電源電圧 $E_2=12\,\text{V}$，負荷抵抗 $R=1.2\,\text{k}\Omega$ とする．

	V_{DS}	I_D
(1)	0.8	5.0
(2)	3.0	5.8
(3)	4.2	6.5
(4)	4.8	6.0
(5)	12	8.4

問題図 (a) において，$E_2=RI_D+V_{DS}$ が成立する．これを変形すると，$I_D=\dfrac{1}{R}(E_2-V_{DS})$ になり，この直線を問題図 (b) に描く．$V_{GS}=-0.1\,\text{V}$ の静特性とその直線の交点が動作点となる．

解説 上述のポイントより

$$I_D=\frac{1}{R}(E_2-V_{DS})=\frac{1}{1.2}(12-V_{DS})=10-\frac{1}{1.2}V_{DS}$$

となる．この直線は，$V_{DS}=0$ のとき $I_D=$ 10 mA となり，一方，$I_D=0$ のとき $V_{DS}=$ 12 V となる．このため，$(V_{DS}, I_D)=(0, 10)$，$(12, 0)$ の 2 点をグラフ上に取って直線で結ぶと，解図となる．この直線と，$V_{GS}=-0.1$ V のときの静特性との交点が動作点となり，$I_D=$ **6mA**である．これを直線の式 $I_D=10-\frac{1}{1.2}V_{DS}$ へ代入して V_{DS} を求める．

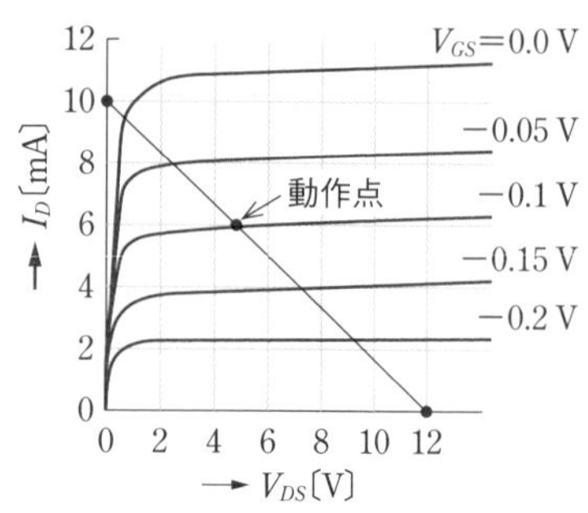

●解図

$$6=10-\frac{1}{1.2}V_{DS}\quad\therefore\quad V_{DS}=\mathbf{4.8V}$$

解答 ▶ (4)

問題29 R3 A-13

図は，電界効果トランジスタ〔FET〕を用いたソース接地増幅回路の簡易小信号交流等価回路である．この回路の電圧増幅度 $A_V=\left|\frac{v_o}{v_i}\right|$ を近似する式として，正しいものを次の (1)～(5) のうちから一つ選べ．ただし，図中の S，G，D はそれぞれソース，ゲート，ドレインであり，v_i〔V〕，v_o〔V〕v_{gs}〔V〕は各部の電圧，g_m〔S〕は FET の相互コンダクタンスである．また，抵抗 r_d〔Ω〕は抵抗 R_L〔Ω〕に比べて十分大きいものとする．

(1) 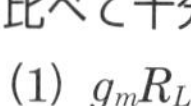 g_mR_L　(2) g_mr_d

(3) $g_m(R_L+r_d)$　(4) $\frac{g_mr_d}{R_L}$　(5) 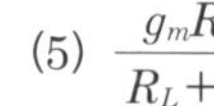 $\frac{g_mR_L}{R_L+r_d}$

FET の相互コンダクタンスは，式 (3·53) に示すように，$g_m=\frac{i_d}{v_{gs}}$ である．入力 v_i と出力 v_o を，問題図の回路から求める．

問題図から，$v_i = v_{gs}$ となる．一方，出力電力 v_o に関して，電流源 $g_m v_{gs}$ の電流が抵抗 r_d と抵抗 R_L の並列部分に流れるため，式 (2･9) を活用し

$$|v_o| = g_m v_{gs} \Big/ \left(\frac{1}{r_d} + \frac{1}{R_L}\right)$$

ゆえに，電圧増幅度 $A_V = \left|\dfrac{v_o}{v_i}\right| = \dfrac{g_m v_{gs} \Big/ \left(\dfrac{1}{r_d} + \dfrac{1}{R_L}\right)}{v_{gs}} = \dfrac{g_m}{\dfrac{1}{r_d} + \dfrac{1}{R_L}}$ となる．ここで，

$r_d \gg R_L$ であるから，$\dfrac{1}{R_L} \gg \dfrac{1}{r_d}$ となり

$$A_V = \frac{g_m}{\dfrac{1}{r_d} + \dfrac{1}{R_L}} \fallingdotseq \frac{g_m}{\dfrac{1}{R_L}} = \boldsymbol{g_m R_L}$$

解答 ▶ (1)

問題30 H24 B-18

図 1 (a) は，飽和領域で動作する接合形 FET を用いた増幅回路を示し，図中の v_i ならびに v_o はそれぞれ，入力と出力の小信号交流電圧〔V〕を表す．また，図 1 (b) は，その増幅回路で使用する FET のゲート-ソース間電圧 V_{gs}〔V〕に対するドレイン電流 I_d〔mA〕の特性を示している．抵抗 $R_G = 1\,\mathrm{M\Omega}$, $R_D = 5\,\mathrm{k\Omega}$, $R_L = 2.5\,\mathrm{k\Omega}$，直流電源電圧 $V_{DD} = 20\,\mathrm{V}$ とするとき，次の (a) および (b) に答えよ．

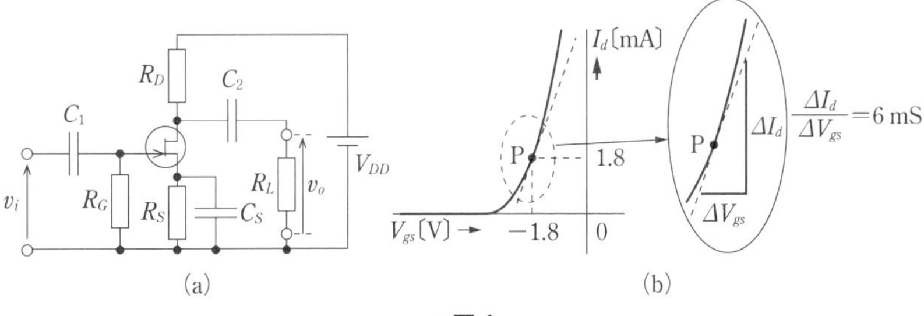

●図 1

(a) FET の動作点が図 1 (b) の点 P となる抵抗 R_S〔kΩ〕の値として，最も近いのは次のうちどれか．

(1) 0.1　(2) 0.3　(3) 0.5　(4) 1　(5) 3

(b) 図 1 (b) の特性曲線の点 P における接線の傾きを読むことで，FET の相互コンダクタンスが $g_m = 6\,\mathrm{mS}$ であるとわかる．この値を用いて，増幅

回路の小信号交流等価回路を書くと図 2 となる．ここで，コンデンサ C_1，C_2，C_S のインピーダンスが使用する周波数で十分に小さいときを考えており，FET の出力インピーダンスが R_D〔kΩ〕や R_L〔kΩ〕より十分大きいとしている．この増幅回路の電圧増幅度 $A_v = \left|\dfrac{v_o}{v_i}\right|$ の値として，最も近いのは次のうちどれか．

(1) 10　(2) 30　(3) 50　(4) 100　(5) 300

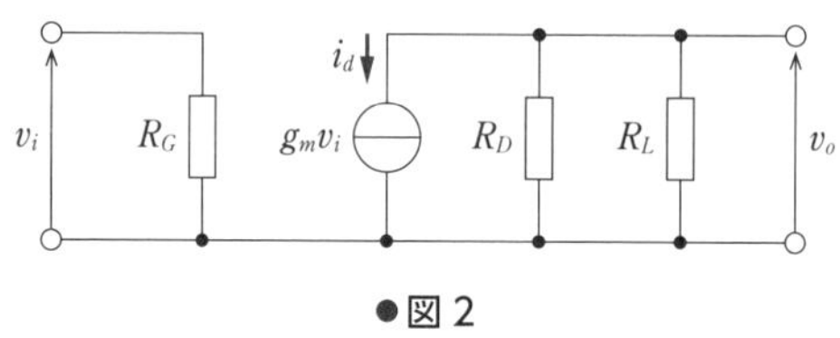

●図 2

動作点を考えるときには，直流分回路を書く．問題図 1 (a) の直流分回路は，直流に対してはコンデンサのインピーダンスが非常に大きく，開放として考えればよいから，解図のようになる．

解説 (a) 解図で，ドレイン電流 I_d はソース電流 I_s と等しいから，R_S には $I_s = I_d = 1.8\,\text{mA}$ が流れる．FET の性質から，ゲートには電流は流れず，R_G に電流が流れないため，ゲート電圧 $V_G = 0$ となる．式 (3･54) と同様に

$$V_G = V_{gs} + R_S I_s = 0$$

$$\therefore\ -1.8 + R_S \times 1.8 = 0$$

（∵ 問題図 1 (b) より，$V_{gs} = -1.8\,\text{V}$ で $I_d = 1.8\,\text{mA}$）

$$\therefore\ R_S = \mathbf{1\,k\Omega}$$

(b) 問題図 2 で，v_o は，電流 $i_d = g_m v_i$ が R_D と R_L の並列回路に流れたときの電圧であるから

$$v_o = -\frac{R_D R_L}{R_D + R_L} i_d = -\frac{R_D R_L}{R_D + R_L} g_m v_i$$

$$\therefore\ A_v = \left|\frac{v_o}{v_i}\right| = \frac{R_D R_L}{R_D + R_L} g_m = \frac{5 \times 2.5}{5 + 2.5} \times 6 = \mathbf{10}$$

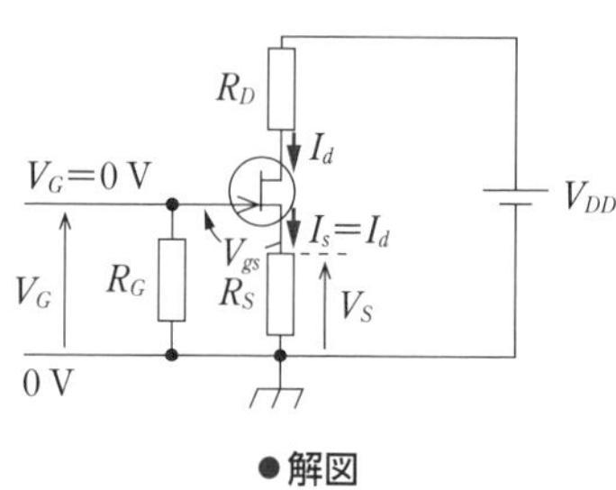

●解図

解答 ▶ (a)-(4)，(b)-(1)

帰還増幅回路・発振回路・パルス回路

［★★］

1 帰還増幅回路

増幅回路の出力信号の一部を入力側に戻すことを**帰還**または**フィードバック**という．帰還がかけられた増幅回路を**帰還増幅回路**という．帰還させる信号が入力信号と同相の場合を**正帰還**，帰還させる信号が入力と逆相の場合を**負帰還**という．

正帰還，負帰還をかけた増幅回路をそれぞれ**正帰還増幅回路**，**負帰還増幅回路**といい，図 3･73 に示すとおりである．負帰還をかけることで，増幅回路が安定するほか，周波数特性や入出力インピーダンスを改善したり，ノイズを低下させたりすることができる．

図 3･73 (c) で，増幅回路の電圧増幅度 A_v，帰還回路の帰還率 $\beta\left(=\dfrac{v_f}{v_o}\right)$ を用いて，$v_f=\beta v_o$，$v_t=v_i-v_f$，$v_o=A_v v_t$ が成り立つから，$v_o=A_v v_t=A_v(v_i-v_f)=A_v(v_i-\beta v_o)=A_v v_i-A_v\beta v_o$ となる．これを変形すれば

$$v_o=\frac{A_v}{1+A_v\beta}v_i \qquad (3\cdot57)$$

式 (3･57) で $A_v\beta\gg1$ なら，$1+A_v\beta\fallingdotseq A_v\beta$ となるため，式 (3･57) は，$v_o=\dfrac{A_v}{1+A_v\beta}v_i\fallingdotseq\dfrac{A_v}{A_v\beta}v_i=\dfrac{1}{\beta}v_i$ となる．

さらに，負帰還増幅回路全体の電圧増幅度 A_f に関して，A_v と比べれば，

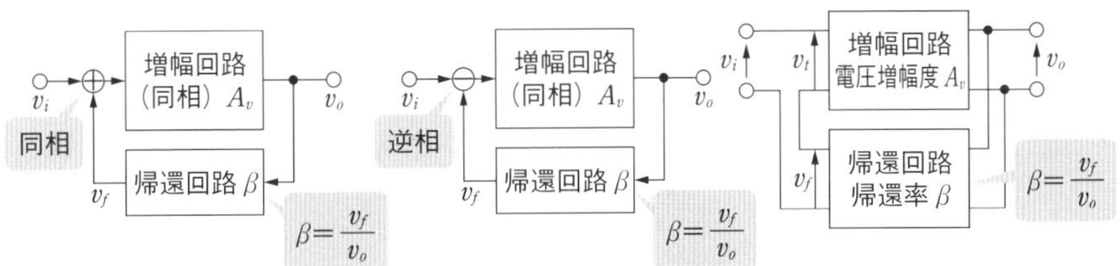

(a) 正帰還増幅回路　(b) 負帰還増幅回路　(c) 負帰還増幅回路

●図 3・73　正帰還増幅回路と負帰還増幅回路

$$A_f - A_v = \frac{A_v}{1+A_v\beta} - A_v = \frac{-A_v{}^2\beta}{1+A_v\beta} < 0 \qquad (3 \cdot 58)$$

となるから，$A_f < A_v$ となる．つまり，電圧増幅度（利得）は低下する．

2 発振回路

発振回路は，図 3·73 (a) に示すように，正帰還増幅回路を応用したものである．

増幅回路の出力を帰還回路を通して入力側に正帰還させ，再び増幅しては入力側に正帰還させるという動作を繰り返すと，出力は徐々に増大し，外部から入力信号を加えることなく，ある周波数をもった持続的な電気信号出力が得られる．これが**発振**の原理である．

発振条件としては，次の二つが必要である．

①位相条件：v_f と v_i が同位相であること．

②利得条件：増幅回路の電圧増幅度を A_v，帰還回路の帰還率を β とすれば

$$\boldsymbol{A_v\beta \geqq 1 \quad (A_v = v_o/v_i,\ \beta = v_f/v_o)} \qquad (3 \cdot 59)$$

が成り立つこと．

さて，図 3·74 の発振回路について考える．ここで，$\dot{Z}_1$，$\dot{Z}_2$，$\dot{Z}_3$ は回路に接続されたインピーダンスである．

式 (3·28) および図 3·74 から，電流増幅度 A は

$$A = \frac{|\dot{i}_c|}{|\dot{i}_b|} = h_{fe} \qquad (3 \cdot 60)$$

また，帰還電流 $\dot{i}_f$ は図 3・74（c）で 2 章の式 (2·13) を利用すれば

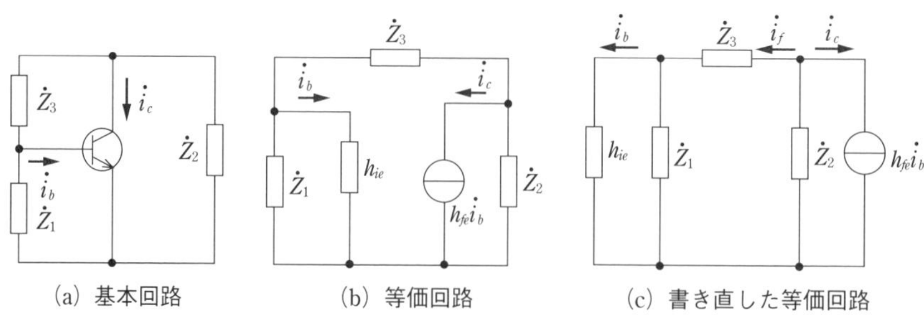

●図 3・74 発振回路

$$\dot{i}_f = -\dot{i}_c \times \frac{\dot{Z}_2}{\dot{Z}_2 + \left(\dot{Z}_3 + \dfrac{h_{ie}\dot{Z}_1}{h_{ie}+\dot{Z}_1}\right)} \tag{3・61}$$

であるから

$$\dot{i}_b = \dot{i}_f \times \frac{\dot{Z}_1}{h_{ie}+\dot{Z}_1} = -\dot{i}_c \frac{\dot{Z}_2}{\dot{Z}_2+\dot{Z}_3+\dfrac{h_{ie}\dot{Z}_1}{h_{ie}+\dot{Z}_1}} \cdot \frac{\dot{Z}_1}{h_{ie}+\dot{Z}_1}$$

$$= \frac{-\dot{i}_c\dot{Z}_1\dot{Z}_2}{\dot{Z}_1(\dot{Z}_2+\dot{Z}_3)+h_{ie}(\dot{Z}_1+\dot{Z}_2+\dot{Z}_3)} \tag{3・62}$$

したがって，帰還率は式 (3･62) から

$$\dot{\beta} = \frac{-\dot{i}_b}{\dot{i}_c} = \frac{\dot{Z}_1\dot{Z}_2}{\dot{Z}_1(\dot{Z}_2+\dot{Z}_3)+h_{ie}(\dot{Z}_1+\dot{Z}_2+\dot{Z}_3)} \tag{3・63}$$

ここで $\dot{Z}_1$，$\dot{Z}_2$，$\dot{Z}_3$ を純リアクタンスとすると，h_{ie} は抵抗分であるので，正帰還させるためには，$\dot{\beta}$ が実数，すなわち式 (3･63) の分母の第 2 項が 0 であることが必要となる．このことから，**発振周波数を決める条件式**として次式が導かれる．

$$\boldsymbol{\dot{Z}_1+\dot{Z}_2+\dot{Z}_3=0} \tag{3・64}$$

また，式 (3･64) を式 (3･63) に代入すれば

$$\dot{\beta} = \frac{\dot{Z}_1\dot{Z}_2}{\dot{Z}_1(\dot{Z}_2+\dot{Z}_3)} = \frac{\dot{Z}_2}{\dot{Z}_2+\dot{Z}_3} = \frac{\dot{Z}_2}{-\dot{Z}_1} \tag{3・65}$$

$$\therefore \quad \beta = \frac{Z_2}{Z_1} \tag{3・66}$$

ここで，式 (3･59) に式 (3･60)，式 (3･66) を代入すると

$$\boldsymbol{A\beta = h_{fe}\frac{Z_2}{Z_1} \geqq 1} \tag{3・67}$$

となり，これは**発振のための利得条件**といわれる．

次に，図 3･75 の**コルピッツ発振回路**，図 3･76 の**ハートレー発振回路**の発振条件と発振周波数を求める．

図 3･75 の**コルピッツ発振回路の発振条件**は，図 3･74 (a) と式 (3･67) に $Z_1 = \dfrac{1}{\omega C_1}$，$Z_2 = \dfrac{1}{\omega C_2}$ を代入すれば

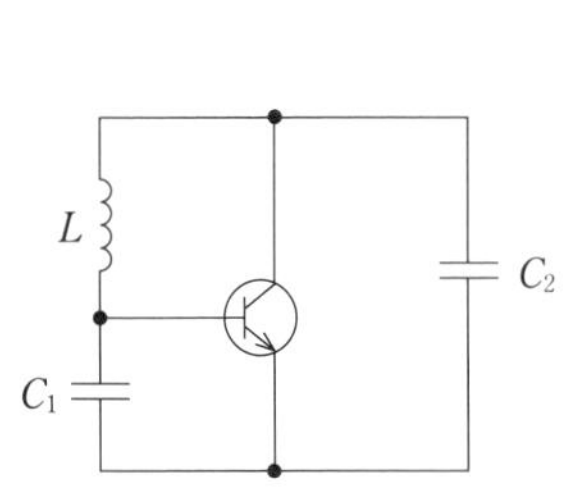

●図 3・75 コルピッツ発振回路

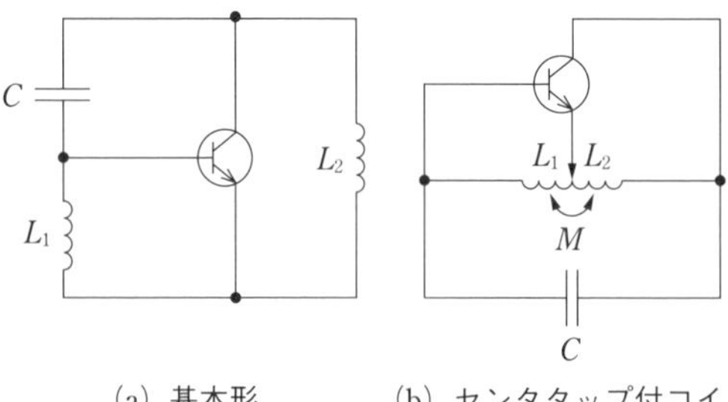

(a) 基本形　(b) センタタップ付コイル

●図 3・76 ハートレー発振回路

$$\boldsymbol{h_{fe} \geqq \frac{C_2}{C_1}} \qquad (3 \cdot 68)$$

となる．また，**発振周波数**は式（3･64）に $\dot{Z}_1=\dfrac{1}{j\omega C_1}$, $\dot{Z}_2=\dfrac{1}{j\omega C_2}$, $\dot{Z}_3=j\omega L$ を代入すれば, $\dfrac{1}{j\omega C_1}+\dfrac{1}{j\omega C_2}+j\omega L=0$ となる．これを変形すると，$\omega^2=\dfrac{C_1+C_2}{LC_1C_2}$ となるから

$$\boldsymbol{f=\frac{\omega}{2\pi}=\frac{1}{2\pi}\sqrt{\frac{C_1+C_2}{LC_1C_2}}} \qquad (3 \cdot 69)$$

となる．

図 3･76 (a) はハートレー発振回路の基本形であるが，実際には 2 つのコイルの代わりに，図 3･76 (b) のセンタタップ付コイルが使われることも多い．このハートレー発振回路の発振条件は, 図 3･74 (a) と式 (3･67) に $Z_1=\omega(L_1+M)$, $Z_2=\omega(L_2+M)$ を代入すれば

$$\boldsymbol{h_{fe} \geqq \frac{L_1+M}{L_2+M}} \qquad (3 \cdot 70)$$

となる．また，**発振周波数**は式（3･64）に $\dot{Z}_1=j\omega(L_1+M)$, $\dot{Z}_2=j\omega(L_2+M)$, $\dot{Z}_3=\dfrac{1}{j\omega C}$ を代入すれば，$j\omega(L_1+M)+j\omega(L_2+M)+\dfrac{1}{j\omega C}=0$ となる．これを変形すると，$\omega^2 C(L_1+L_2+2M)-1=0$ となるから

$$\boldsymbol{f=\frac{\omega}{2\pi}=\frac{1}{2\pi\sqrt{C(L_1+L_2+2M)}}} \qquad (3 \cdot 71)$$

となる．

3 パルス回路

パルスとは，短時間で急激な変化をする電圧・電流のことである．ここでは，パルス回路のうち，波形の変形に利用される微分回路と積分回路を取り上げる．これは，2 章 2-15 節の過渡現象と時定数で述べた 2 項の RC 回路の内容と本質的には同じであるため，その内容を十分に理解することが大切である．

図 3･77 の CR 回路において，スイッチ S を b→a→b→a のように切り換える．つまり，図 3･77 (b) のような入力波形を印加することに相当する．まず，$t=0$ でスイッチ S を b→a に切り換えることにより CR 回路に電圧 V を印加すると，2 章の式 (2･161) ~ 式 (2･163) で述べたような過渡現象を生じる．直観的に説明すると，$t=0$ の電源投入瞬時はコンデンサ C を短絡して考えればよく，$i=V/R$ の電流が流れる．そして，CR 回路の時定数 $T=CR$ が小さいときには，図 3･77 (c) のようにすみやかに電流 $i=0$ となる．これは，時間の経過に伴ってコンデンサ C が V まで充電されると，電荷の移動がなくなり，電流が流れなくなるからである．

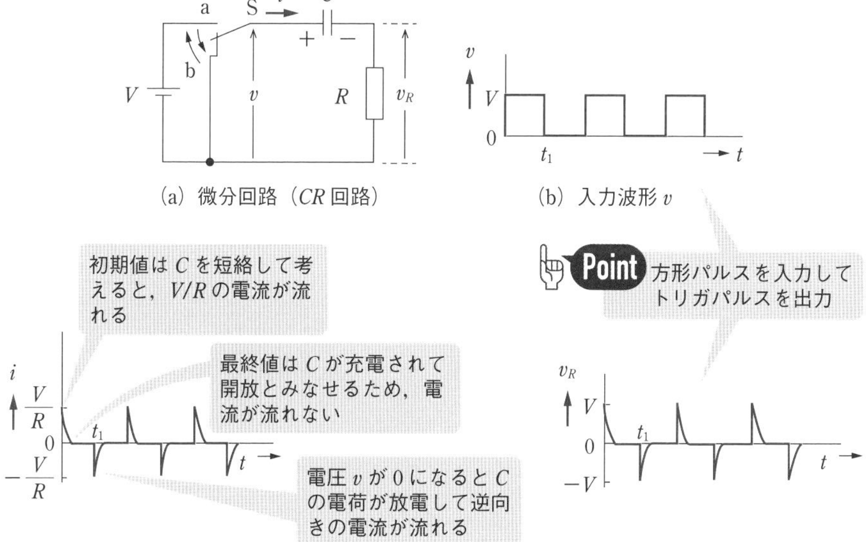

●図 3・77　微分回路および入力波形と出力波形

そして，$t=t_1$ でスイッチ S を a→b に切り換えると，図 3･77 (b) のように入力電圧 v は V から 0 になる．このとき，コンデンサ C の電荷が抵抗 R を通して放電する．この場合，電流の方向は電源投入瞬時（$t=0$）のときの電流とは逆向きであり，$t=t_1$ において $i=-\dfrac{V}{R}$ となる．したがって，電流 i の波形は図 3･77 (c) のとおりとなり，出力電圧 v_R の波形は図 3･77 (d) のようになる．この出力電圧 v_R の波形は，入力電圧を時間 t で微分した波形になることから，図 3･77 (a) の CR 回路を**微分回路**という．出力波形の幅は，時定数 $T=CR$ の大きさによって変化し，時定数が小さければ狭く，時定数が大きければ広くなる．

次に，図 3･78 (a) の RC 回路において，図 (b) の入力波形を印加する．

$t=0$ においてスイッチ S を b→a に切り換えることにより RC 回路に電圧 V を印加すると，2 章の式（2･161）~ 式（2･163）で述べたような過渡現象を生じる．式 (2･162) のコンデンサの電荷 $q=CV(1-e^{-\frac{t}{CR}})$ を利用すると，図 3･78 (a) の回路におけるコンデンサの電圧 v_C は

$$v_C=\frac{q}{C}=V(1-e^{-\frac{t}{CR}}) \qquad (3 \cdot 72)$$

のようになる．直観的に説明すると，$t=0$ の電源投入瞬時はコンデンサ C を短絡して考えればよく，$v_C=0$ となる．そして，コンデンサ C が充電されていき，最終的には $v_C=V$ となる．一方，$v_C=V$ になる前に，スイッチ S を a→b に切り換えると，コンデンサ C の電荷が抵抗 R を通して放電するため，図 3･78 (c) のような出力波形になる．この出力波形 v_C は，入力電圧を時間 t で積分した三角波形になるため，図 3･78 (a) の RC 回路を**積分回路**という．

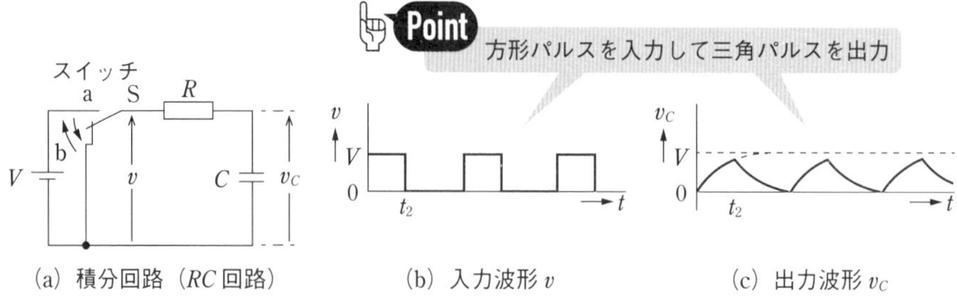

●図 3・78　積分回路および入力波形と出力波形

4 マルチバイブレータ

次に, パルス回路のうち, **マルチバイブレータ**を取り上げる. マルチバイブレータでは, 方形パルスを発生させることができる.

図 3·79 は, マルチバイブレータの原理を示す. 片方のトランジスタのコレクタは, もう一方のトランジスタのベースに接続されている. このため, Tr_1 のベースに電流が流れて Tr_1 が on になっていると, 図 3·79 に示すように, Tr_2 は off になっている. 図 3·79 において, Tr_1 と Tr_2 は同じ性能が示されていても実際にはわずかな差があるため, 両方のトランジスタが同時に on になることはなく, 一方のトランジスタが先に on になると, もう一方のトランジスタは off になる.

マルチバイブレータ回路は三種類に分類される.

まず, **非安定マルチバイブレータ**は, 電源を入れると連続してパルスを発生するものであり, on 状態と off 状態の二つの状態を常に行ったり来たりする回路である. 安定する状態がないため, **無安定マルチバイブレータ**ともいう. 次に, **単安定マルチバイブレータ**は, トリガパルスが入力されると, 設定されたパルス幅の方形パルスを一つだけ出力し, また元の安定状態に戻る. この安定状態が一つであるため, 単安定という. さらに, **双安定マルチバイブレータ**は, トリガパルスの入力のたびに安定した電圧を交互に出力する. 例えば, 出力が on 状態でトリガパルスの入力があると出力が off になり, その off 状態を保つ. 次に, トリガパルスの入力があると, 出力が on になり, その on 状態を保つ. このように on, off 双方の状態で安定できるため, 双安定といい, 双安定マルチバイブレー

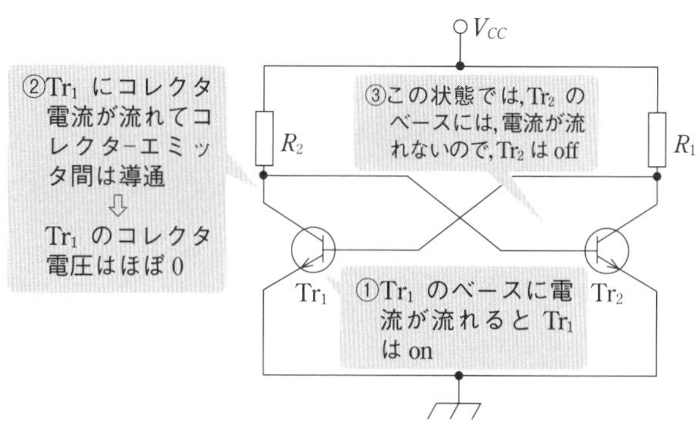

●図 3・79 マルチバイブレータの原理

タは**フリップフロップ回路**ともいう．状態を記憶することができるので，メモリなどの記憶装置の基本回路として利用される．

ここでは，トランジスタを活用した非安定マルチバイブレータの動作を説明する．

図 3･80 において，まず，電源投入によって Tr_1 が on，Tr_2 が off になるタイミングから考察する．Tr_1 が on 状態のときには，Tr_1 のベースに R_1 を通して正の電圧が加わっている．(図 3･80 (a) の①に相当) そして，Tr_1 が on の状態では，Tr_1 のコレクタ電位（出力 1）がグラウンド電位と等しくなり，C_2 に充電された電圧が負の電圧として Tr_2 のベースに加わるので，Tr_2 は off 状態になっている．このとき，$V_{CC} \to R_2 \to C_2$（図 3･80（a）の②に相当）の向きに電流が流れ，C_2 の充電電荷は放電する．一方，Tr_2 が off 状態では，C_1 の出力 2 の側が正の電位になるため，$V_{CC} \to R_{C2} \to C_1$（図 3･80（a）の③に相当）の向きに電流が流れ，C_1 が充電される．C_1 が完全に充電されると，この電流は止まる．

次に，C_2 の放電が完了すると，図 3･80（b）のように，Tr_2 のベースに R_2 を通して正の電圧が加わるので，Tr_2 が on 状態になる．（図 3･80（b）の④に相当）そして，Tr_2 が on 状態では，Tr_2 のコレクタ電位（出力 2）がグラウンド電位と等しくなり，C_1 に充電された電圧が負の電圧として Tr_1 のベースに加わるので，Tr_1 は off 状態になる．このとき，$V_{CC} \to R_1 \to C_1$（図 3･80（b）の⑤に相当）の向きに電流が流れ，C_1 の充電電荷は放電する．一方，Tr_1 が off 状態では，C_2 の出力 1 の側が正の電位になるため，$V_{CC} \to R_{C1} \to C_2$（図 3･80（b）の⑥に相当）

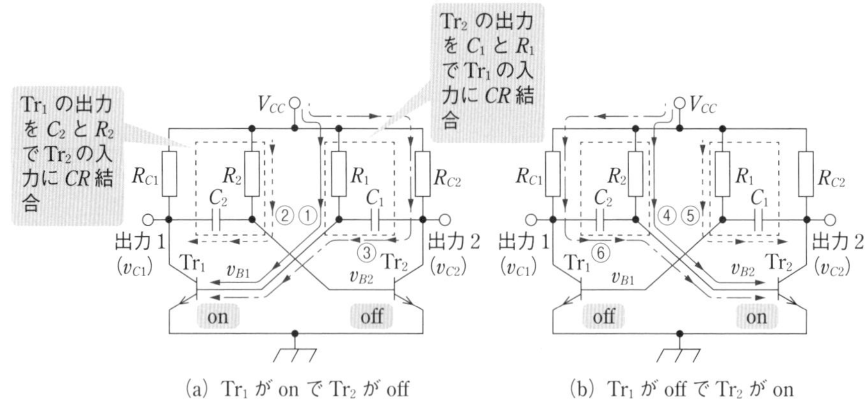

●図 3・80　非安定マルチバイブレータの動作

の向きに電流が流れ，C_2 が充電される．C_2 が完全に充電されると，この電流は止まる．

さらに C_1 の放電が終わると，Tr_1 のベースに R_1 を通して正の電圧が加わるので，Tr_1 が on 状態になる．これにより C_2 に充電された電圧が Tr_2 のベースに加わり，Tr_2 が off 状態になる．つまり，図 3･80 (a) の状態に戻る．以降，両方のトランジスタが on，off の状態を自動的に繰り返す．

図 3･81 に示すように，Tr_1, Tr_2 は，繰り返し周期 T で on，off を繰り返すが

$$\boldsymbol{T = 0.69(C_1R_1 + C_2R_2)} \quad \text{〔S〕} \tag{3・73}$$

で表される．ここで，出力 1 端子のパルス幅 T_1 は時定数 C_1R_1 によって決まり，出力 2 端子のパルス幅 T_2 は時定数 C_2R_2 によって決まる．（なお，式（3･73）の定数 0.69 はコンデンサ C_1，C_2 の電荷が 0 になるまでの時間を計算することで求められるが，省略する．）

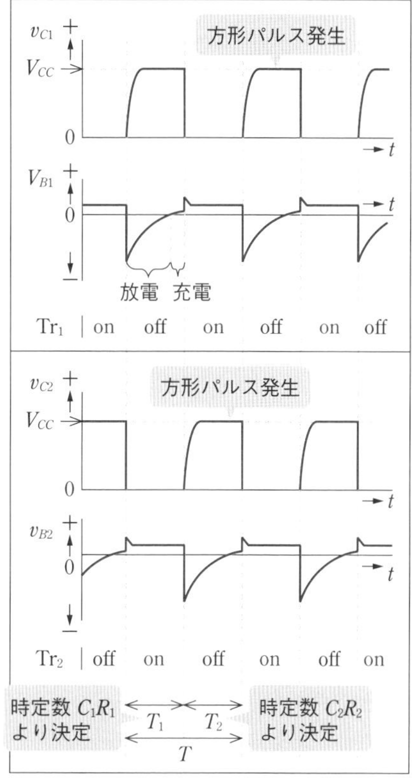

●図 3・81　非安定マルチバイブレータの各部の波形

問題31 R1 A-13

図のように電圧増幅度 A_v（>0）の増幅回路と帰還率 β（$0<\beta \leqq 1$）の帰還回路からなる負帰還増幅回路がある．この負帰還増幅回路に関する記述として，正しいものを次の（1）～（5）のうちから一つ選べ．ただし，帰還率 β は周波数によらず一定であるものとする．

（1）負帰還増幅回路の帯域幅は，負帰還をかけない増幅回路の帯域幅よりも狭くなる．

（2）電源電圧の変動に対して負帰還増幅回路の利得は，負帰還をかけない増幅回路よりも不安定である．

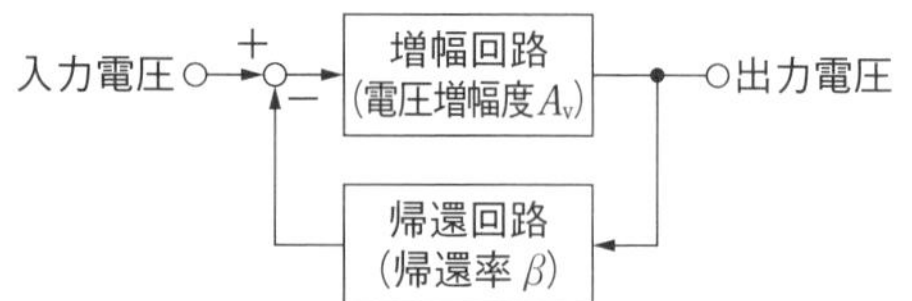

(3) 負帰還をかけることによって，増幅回路の内部で発生するひずみや雑音が増加する.

(4) 負帰還をかけない増幅回路の電圧増幅度 A_v と帰還回路の帰還率 β の積が 1 より十分小さいとき，負帰還増幅回路全体の電圧増幅度は帰還率 β の逆数に近似できる.

(5) 負帰還増幅回路全体の利得は，負帰還をかけない増幅回路の利得よりも低下する.

本節 1 項の帰還増幅回路の解説を参照する. **(5)** は式 (3·58) に示すように，正しい. なお，式 (3·57) において，$A_v\beta \ll 1$ のとき，負帰還増幅回路全体の電圧増幅度 A_f は，$A_f = \dfrac{v_o}{v_i} = \dfrac{A_v}{1+A_v\beta} \fallingdotseq A_v$ となるから，(4) は誤りである.

解答 ▶ (5)

問題32 H23 A-13

図のように，トランジスタを用いた非安定（無安定）マルチバイブレータ回路の一部分がある. ここで，S はトランジスタの代わりの動作をするスイッチ，R_1，R_2，R_3 は抵抗，C はコンデンサ，V_{CC} は直流電源電圧，V_b はベースの電圧，V_c はコレクタの電圧である. ただし，初期条件としてコンデンサ C の初期電荷は零，スイッチ S は開いている状態と仮定する.

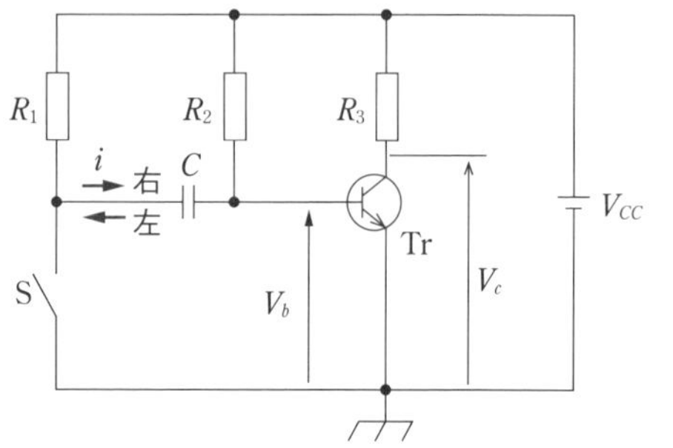

この回路について，次の a および b の問に答えよ.

a. スイッチ S が開いている状態（オフ）のときは，トランジスタ Tr のベースには抵抗 R_2 を介して [(ア)] の電圧が加わるので，トランジスタ Tr は [(イ)] となっている. ベースの電圧 V_b は電源電圧 V_{CC} より低いので，電流 i は図の矢印 “右” の向きに流れてコンデンサ C は充電されている.

b. 次に，スイッチ S を閉じる（オン）と，その瞬間はコンデンサ C に充電されていた電荷でベースの電圧は負となるので，コレクタの電圧 V_c は瞬時に高くなる．電流 i は矢印“ （ウ） ”の向きに流れ，コンデンサ C は （エ） を始めやがてベースの電圧は （オ） に変化し，コレクタの電圧 V_c は下がる．上記の空白箇所（ア），（イ），（ウ），（エ）および（オ）に当てはまる組合せとして，正しいのは次のうちどれか．

	（ア）	（イ）	（ウ）	（エ）	（オ）
(1)	正	オン	左	放電	負から正
(2)	負	オフ	右	充電	正から負
(3)	正	オン	左	充電	正から零
(4)	零	オフ	左	充電	負から正
(5)	零	オフ	右	放電	零から正

解説 本節 4 項のマルチバイブレータの解説を参照する．

トランジスタのオン・オフはベース電圧 V_b で決まる．V_b が正で十分なベース電流が流れるとトランジスタはオン状態になる．

一方，V_b が負の場合，ベース-エミッタ間は逆電圧になるため，トランジスタはオフ状態つまり $V_c = V_{CC}$ となる．このベース電圧は問題図のコンデンサの端子電圧で決まるため，スイッチ S の動作によるコンデンサ C の充放電がトランジスタのオン・オフ動作を決める．問題図の回路における V_b と V_c の時間的な変化を解図 1 に示す．

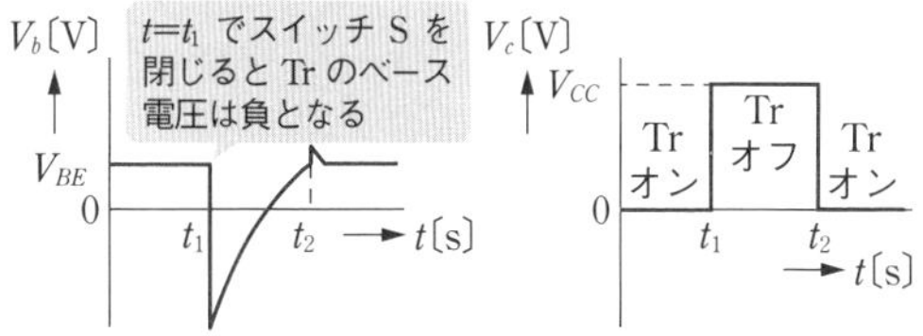

●解図 1 問題図の V_b，V_c の変化

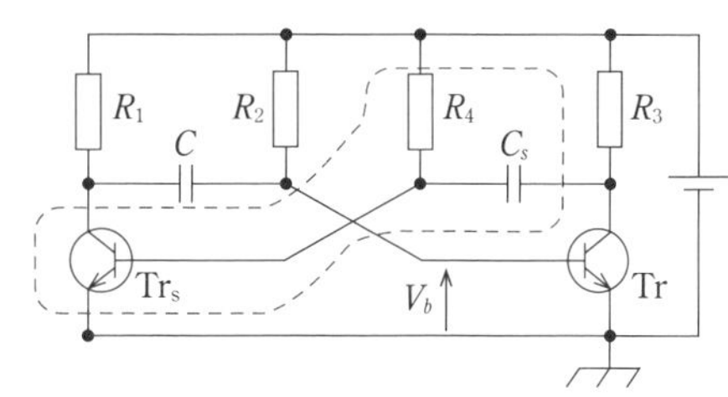

●解図 2 非安定マルチバイブレータ

さらに，解図 2 は，問題図のスイッチ S をトランジスタ $\mathrm{Tr_s}$ で置き換えた非安定マルチバイブレータ回路である．破線の部分がスイッチ S に相当する．

解答 ▶ (1)

問題33 R3 B-18

発振回路について，次の (a) および (b) の問に答えよ．

(a) 図 1 は，ある発振回路のコンデンサを開放し，同時にコイルを短絡した，直流分を求めるための回路図である. 図中の電圧 V_c〔V〕として, 最も近いものを次の (1) ～ (5) から一つ選べ. ただし, 図中の V_{BE} 並びにエミッタ接地トランジスタの直流電流増幅率 h_{FE} をそれぞれ $V_{BE}=0.6\,\text{V}$, $h_{FE}=100$ とする.

(1) 3　(2) 4　(3) 5

(4) 6　(5) 7

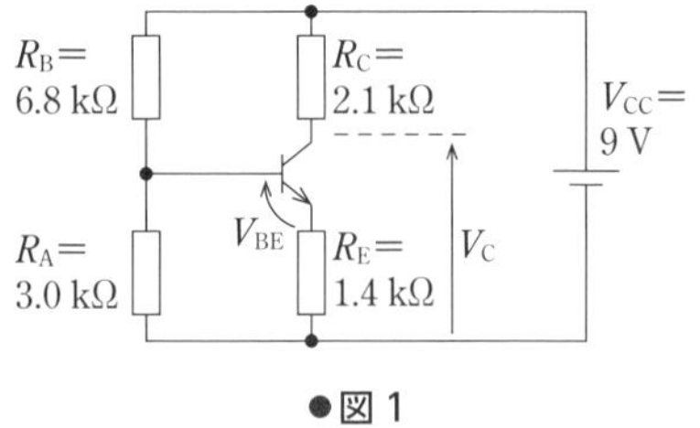

●図 1

(b) 図 2 は, ある発振回路のトランジスタに接続されている, 電極間のリアクタンスを示している. ただし, バイアス回路は省略している. この回路が発振するとき, 発振周波数 f_0〔kHz〕はどの程度の大きさになるか, 最も近いものを次の (1) ～ (5) のうちから一つ選べ.

ただし, 発振周波数は, 図に示されている素子の値のみにより定まるとしてよい.

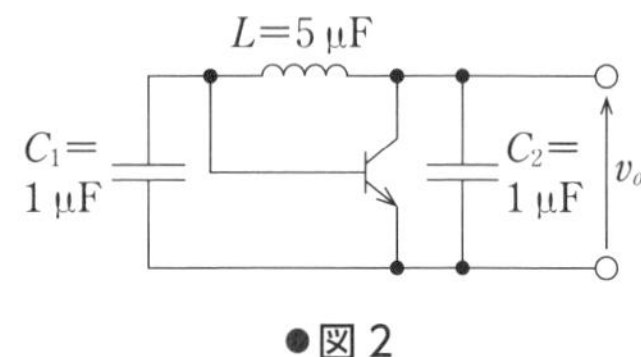

●図 2

(1) 0.1　(2) 1　(3) 10　(4) 100　(5) 1000

抵抗 R_A と R_B は電源電圧 V_{CC} を分圧してトランジスタのベース電圧を決定するためのものである. また, 問題図 2 をよく見ると, 図 3･76 に示すコルピッツ発振回路であることがわかる.

(a) ベース電圧 V_B は, 電源電圧 V_{CC} を R_A と R_B で分圧し, R_A における電圧降下に等しいことから

$$V_B=\frac{R_A}{R_A+R_B}V_{CC}=\frac{3.0}{3.0+6.8}\times 9 \fallingdotseq 2.76\,\text{V}$$

また, エミッタ電流 I_E は, 抵抗 R_E の電圧が V_B-V_{BE} であるため

$$I_E=\frac{V_B-V_{BE}}{R_E}=\frac{2.76-0.6}{1.4\times 10^3} \fallingdotseq 1.54\times 10^{-3}\,\text{A}$$

さらに, 式 (3･16) より $I_E=I_C+I_B$, 式 (3･21) より $I_B=I_C/h_{FE}$ ゆえ

$$I_E=I_C+I_B=I_C+I_C/h_{FE}=(1+1/h_{FE})I_C$$

$$\therefore \quad I_C = \frac{1}{1+\dfrac{1}{h_{FE}}} I_E = \frac{1}{1+\dfrac{1}{100}} \times 1.54 \times 10^{-3} \fallingdotseq 1.52 \times 10^{-3}\,\mathrm{A}$$

したがって，コレクタ電圧 V_C は

$$V_C = V_{CC} - R_C I_C = 9 - 2.1 \times 10^3 \times 1.52 \times 10^{-3} = 5.8\,\mathrm{V}$$

となり，**6 V** である．

(b) コルピッツ発振回路の発振周波数 f は式 (3･69) より，

$$f = \frac{1}{2\pi}\sqrt{\frac{C_1+C_2}{LC_1C_2}} = \frac{1}{2\pi}\sqrt{\frac{1\times10^{-6}+1\times10^{-6}}{5\times10^{-6}\times1\times10^{-6}\times1\times10^{-6}}} \fallingdotseq \mathbf{100\,kHz}$$

解答 ▶ (a)-(4)，(b)-(4)

問題34　H29 B-18

演算増幅器を用いた回路について，次の (a) および (b) の問に答えよ．

(a) 図 1 の回路の電圧増幅度 $\dfrac{v_o}{v_i}$ を 3 とするためには，α をいくらにする必要があるか．α の値として，最も近いのは次のうちどれか．

(1) 0.3　(2) 0.5　(3) 1　(4) 2　(5) 3

(b) 図 2 の回路は，図 1 の回路に，帰還回路として 2 個の 5 kΩ の抵抗と 2 個の 0.1 μF のコンデンサを追加した発振回路である．発振の条件を用いて発振周波数の値 f〔kHz〕として，最も近いのは次のうちどれか．

(1) 0.2　(2) 0.3　(3) 0.5　(4) 2　(5) 3

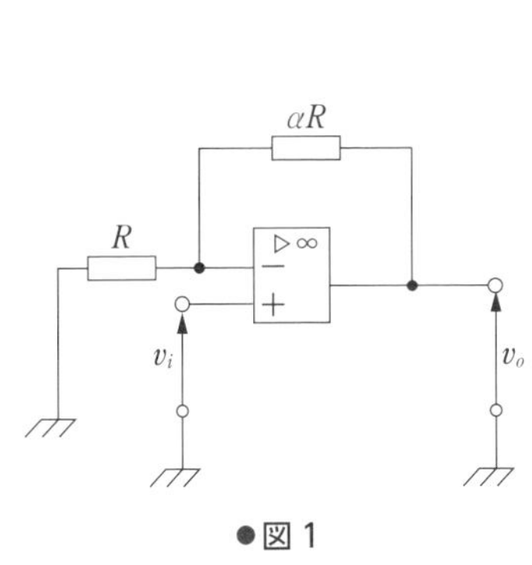

●図 1

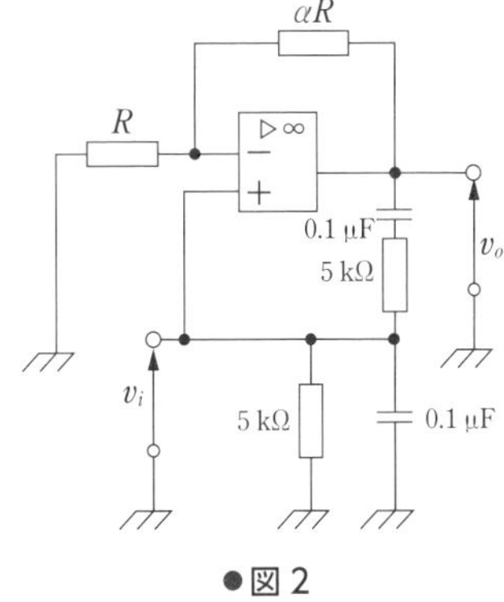

●図 2

発振回路は原理的に正帰還増幅器であり，回路構成は解図 1 となる.

解図 1 において，$A(v_i+\beta v_o)=v_o$ が成立し，これを変形すると $v_o=\dfrac{A}{1-A\beta}v_i$ となる．したがって，入力 v_i が零でも持続的に出力 v_o を得る条件は $1-A\beta=0$ である．つまり一巡した増幅度が 1 になることに相当する．

問題図 2 の発振回路はウィーンブリッジ発振回路と呼ばれ，一般に解図 2 のとおりとなる．解図 1 の β は，解図 2 の赤色の破線で囲んだ部分に相当する．したがって，これに発振条件 $1-A\beta=0$ を適用すればよい．

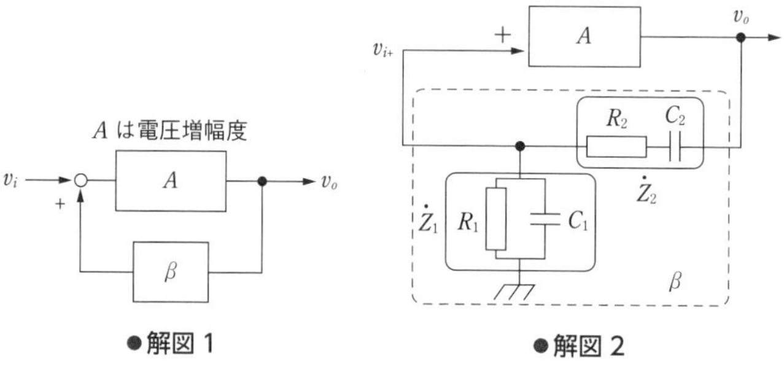

●解図 1　●解図 2

(a) 演算増幅器の反転入力端子の電圧を v_- とすれば，問題 22 で述べた考え方に基づき

$$v_-=\frac{R}{R+\alpha R}v_o$$

ここで，$v_i=v_-$ であるから

$$v_i=\frac{1}{1+\alpha}v_o$$

$$\therefore\quad \frac{v_o}{v_i}=1+\alpha=3\qquad\therefore\quad \alpha=\mathbf{2}$$

(b) 上述のポイントに基づいて，$A\beta$ を計算していく．

$$A\beta=A\frac{\dot{Z}_1}{\dot{Z}_1+\dot{Z}_2}=1\quad\left(\because\quad \text{解図 2 で } v_{i+}=\frac{\dot{Z}_1}{\dot{Z}_1+\dot{Z}_2}v_o\text{ ゆえ，}\beta=\frac{\dot{Z}_1}{\dot{Z}_1+\dot{Z}_2}\right)$$

$$A\frac{\dfrac{1}{1/R_1+j\omega C_1}}{\dfrac{1}{1/R_1+j\omega C_1}+R_2+\dfrac{1}{j\omega C_2}}=1$$

$$A=\left(\frac{1}{1/R_1+j\omega C_1}+R_2+\frac{1}{j\omega C_2}\right)\left(\frac{1}{R_1}+j\omega C_1\right)$$

$$=1+R_2\left(\frac{1}{R_1}+j\omega C_1\right)+\frac{1}{j\omega C_2}\left(\frac{1}{R_1}+j\omega C_1\right)$$

$$=1+\frac{R_2}{R_1}+\frac{C_1}{C_2}+j\left(\omega C_1R_2-\frac{1}{\omega C_2R_1}\right)$$

A が実数ゆえ，$A=1+\dfrac{R_2}{R_1}+\dfrac{C_1}{C_2}$，$\omega C_1R_2-\dfrac{1}{\omega C_2R_1}=0$

$R_1=R_2$，$C_1=C_2$ より $A=1+\dfrac{R_2}{R_1}+\dfrac{C_1}{C_2}=3$ となり，発振条件を満たす

$$\therefore\quad \omega=\frac{1}{\sqrt{C_1C_2R_1R_2}}$$

$$\therefore\quad f=\frac{\omega}{2\pi}=\frac{1}{2\pi\sqrt{C_1C_2R_1R_2}}=\frac{1}{2\pi\sqrt{(0.1\times10^{-6})^2\times(5\times10^3)^2}}$$

$$=318\,\mathrm{Hz}\fallingdotseq\mathbf{0.3\,kHz}$$

解答 ▶ (a)-(4)　，　(b)-(2)

変調と復調

[★]

1 変調と復調

無線通信によって音声や画像などの情報を送る場合，送信機では，まず音声や画像を電気信号（信号波）に変換し，その信号波によって高周波電流に特定の変化を与える必要がある．これを**変調**といい，変調した高周波電流をアンテナに供給すると，音声や画像の信号を含んだ電波が発射される．この電波を受けた受信機では，変調された高周波から元の音声や画像の信号を取り出す．これを**復調**または**検波**と呼んでいる（図 3･82 参照）．

信号波を送るために利用する高い周波数の波を**搬送波**という．これを

$$i = I_m \sin(2\pi f t + \theta) \tag{3・74}$$

で表すと，i は振幅 I_m と周波数 f および位相 θ の 3 要素で変化することがわかる．

信号波で搬送波のどの要素を変調するかによって，**振幅変調**（**AM**），**周波数変調**（**FM**），**位相変調**（**PM**）の三つの変調方式に大別される．また，搬送波が変調された結果，その信号の内容を含んだ新しい波ができるが，これを**被変調波**または単に**変調波**という．

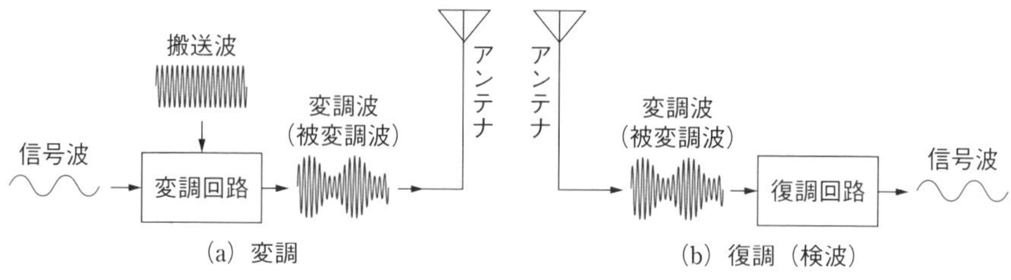

●図 3・82　変調と復調

2 振幅変調

搬送波を $v_c = V_{cm} \sin 2\pi f_c t$，信号波を $v_s = V_{sm} \sin 2\pi f_s t$ として振幅変調を行うと，変調波 $v_o(t)$ は

$$v_o(t) = (V_{cm} + V_{sm}\sin 2\pi f_s t)\sin 2\pi f_c t$$
$$= V_{cm}(1 + m\sin 2\pi f_s t)\sin 2\pi f_c t \qquad (3 \cdot 75)$$

となる．ここで，$m = V_{sm}/V_{cm}$ を**変調度**という．また，変調度を百分率で表した $\dfrac{\boldsymbol{V_{sm}}}{\boldsymbol{V_{cm}}}$**×100**〔%〕を**変調率**という．式 (3･75) を展開して

$$v_o(t) = V_{cm}\sin 2\pi f_c t + \frac{m}{2}V_{cm}\cos 2\pi(f_c - f_s)t - \frac{m}{2}V_{cm}\cos 2\pi(f_c + f_s)t \qquad (3 \cdot 76)$$

となる．式 (3･75) から式 (3･76) の変形において

$$\cos(\alpha - \beta) - \cos(\alpha + \beta) = (\cos\alpha\cos\beta + \sin\alpha\sin\beta) - (\cos\alpha\cos\beta - \sin\alpha\sin\beta) = 2\sin\alpha\sin\beta$$

三角関数の加法定理

を利用している．これらを図示したのが図 3･83，図 3･84 である．

図 3･83 に示すように，変調波 v_o の最大振幅を a，最小振幅を b とすれば，式 (3･75) より $a = V_{cm}(1+m)$，$b = V_{cm}(1-m)$ となることから，両方から V_{cm} を消去して変調度 m を求めると

$$m = \frac{a-b}{a+b} \qquad (3 \cdot 77)$$

となる．

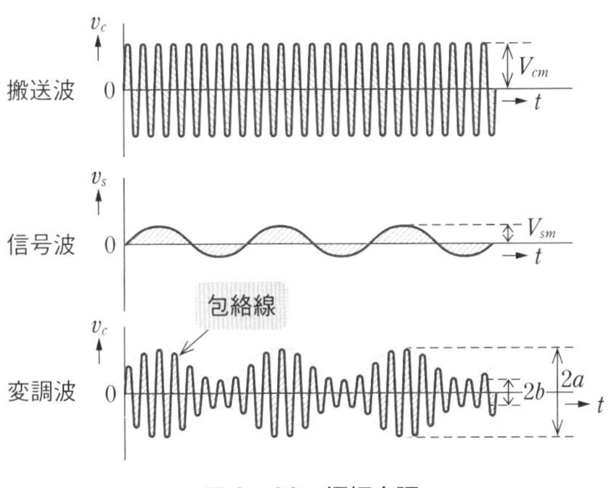

●図 3・83　振幅変調

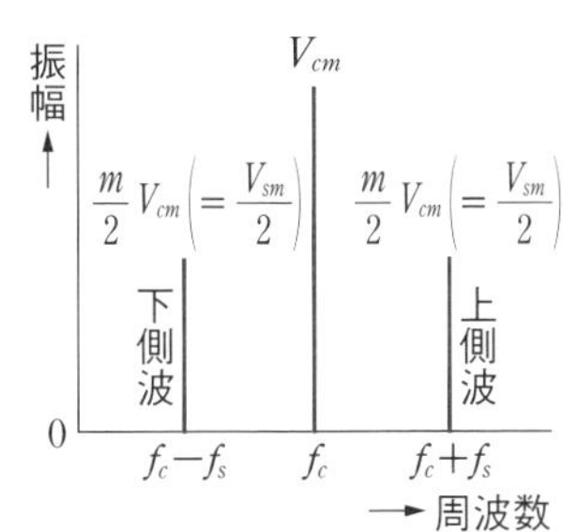

●図 3・84　変調波の各成分

3 周波数変調と位相変調

搬送波を $v_c = V_{cm}\sin 2\pi f_c t$，信号波を $v_s = V_{sm}\sin 2\pi f_s t$ とすれば，周波数変調では，変調波 v_o の周波数は信号波 v_s によって変化を受ける．信号波 v_s によって周波数がずれることを**周波数偏移**というが，変調波の周波数 f は

$$f = f_c + k_f V_{sm}\sin 2\pi f_s t \text{ [Hz]} \qquad (3\cdot78)$$

で表すことができる．ここで，k_f は周波数の偏移の大きさを表す定数である．$v_s = 0$ のとき，変調波の周波数は f_c となり，これを**中心周波数**という．また，図3·85 に示すように，v_s の振幅が最大のとき，周波数偏移は最も大きくなり，これを**最大周波数偏移**（Δf）という．式 (3·78) では，$\Delta f = k_f V_{sm}$ である．そして，変調波 v_o は，**周波数変調指数** $m_f = \Delta f/f_s$ を用いて

$$v_o = V_{cm}\sin(2\pi f_c t - m_f\cos 2\pi f_s t) \text{ [V]} \qquad (3\cdot79)$$

と表すことができる．

位相変調は，信号波の大きさに応じて搬送波の位相を変化させる変調方式である．搬送波を $v_c = V_{cm}\sin 2\pi f_c t$，信号波を $v_s = V_{sm}\sin 2\pi f_s t$ とすれば，変調波 v_o は，**位相変調指数** m_p を用いて

$$\begin{aligned} v_o &= V_{cm}\sin(2\pi f_c t + m_p\sin 2\pi f_s t) \\ &= V_{cm}\sin\left\{2\pi f_c t + m_p\cos\left(2\pi f_s t - \frac{\pi}{2}\right)\right\} \end{aligned} \qquad (3\cdot80)$$

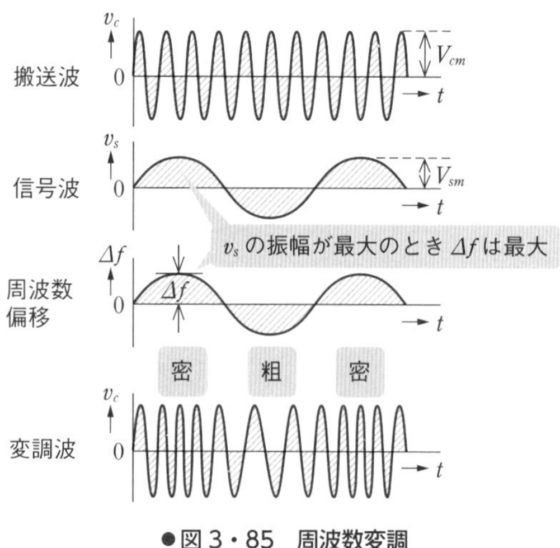

●図 3・85　周波数変調

となる．そして，同じ搬送波と信号波で周波数変調した変調波は式（3·79）であるが，これを変形すると，$v_o = V_{cm}\sin\{2\pi f_c t + m_f\cos(2\pi f_s t + \pi)\}$ となる．つまり，周波数変調波の位相を $\dfrac{\pi}{2}$ 進めたものが位相変調波であることがわかる．

4 パルス変調

パルス変調には，周期的に繰り返すパルスを信号波に応じて，振幅，幅，周波数，位相を連続的に変化させるアナログ変調と，パルスの数，符号を変化させるディジタル変調がある．近年はコンピュータによるディジタル通信方式が多く用いられ，その代表として **PCM**（**パルス符号変調**）がある． pulse-code modulation

図 3·86（d）のように一定数のパルスを一組とした符号をつくり，信号レベルに対応させて送出する方法である．個々のパルスを単位パルスといい，図の場合は四つのパルスを一組としている．これを 4 ビットという．

アナログ信号からディジタル信号に変換する場合には**標本化**が行われる．標本化とは，図 3·87（a）のようにアナログ信号波形の一部を一定の間隔で抜き取り，パルス波形に置き換えるものであり，抜取り間隔を**標本化周波数**，このパルスを

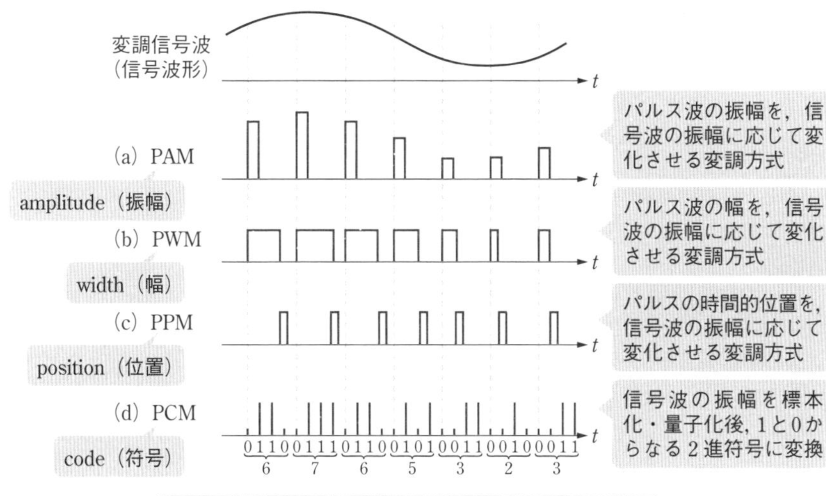

●図 3・86 パルス変調の基本形式

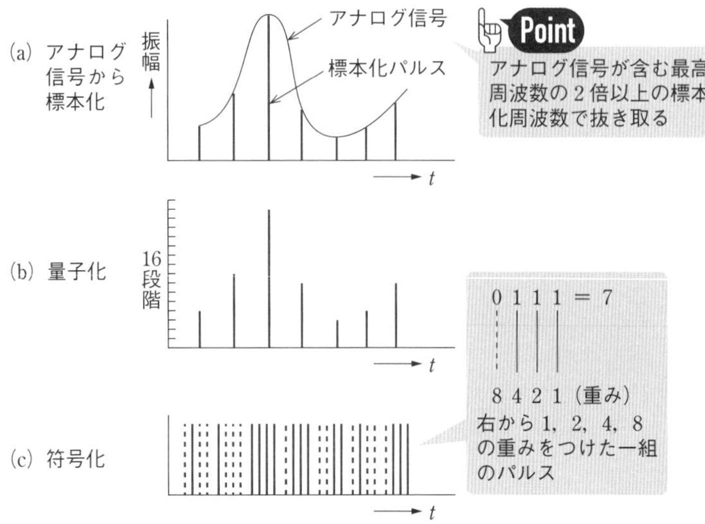

●図3・87 ディジタル信号化の原理（符号化4ビットの例）

標本化パルスという．**標本化パルスは，アナログ信号が含む最高周波数の2倍以上の標本化周波数で抜き取ることにより，元のアナログ信号を再現できる．**

次に，図3·87（b）に示すように，標本化パルスを4ビットの場合に2^4の16段階の等間隔，不連続パルスに置き換える．これを**量子化**という．その後，さらに図3·87（c）のように**符号化**される．パルスの組合せによってつくることができる符号の数は，単位パルスの数をnとすれば2^nの符号ができる．PCMは，5〜8単位の符号を用いれば，ほとんどひずみのない通信を行うことができる．

5 AM変調波の復調

復調とは，変調と逆の操作のことである．AM変調波の復調回路としては，図3·88に示すダイオード検波回路が最も基本的である．

図3·88において，①の変圧器入力側のコンデンサと変圧器のコイルは，搬送波に対して並列共振させることで，搬送波の特定周波数を選択する同調回路を構成している．次に②のダイオードは，順方向の成分のみ通すので，ダイオードの出力電圧は波形の順方向の半分だけを分離したものになる．そして，③では，並列に接続されたコンデンサCと抵抗Rは，ダイオードの出力から搬送波の周波数成分を除去するフィルタである．このコンデンサCは，搬送波の周波数に対

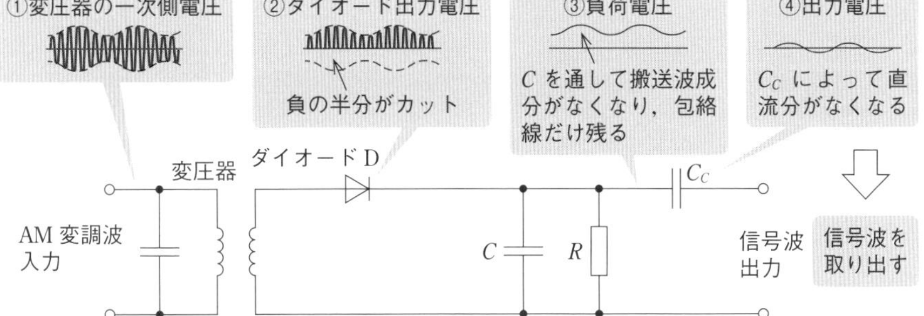

●図 3・88 AM 変調波の復調回路とその波形

しては十分に小さいインピーダンスになり，信号波の周波数に対しては十分に大きなインピーダンスになるような値が選ばれる．コンデンサ C はダイオード出力の搬送波の半周期で充電され，ダイオードを電流が流れない残り半周期で放電を行う．これにより抵抗 R の両端の電圧は包絡線の電圧波形に近いものになる．さらに，④では，直列にコンデンサ C_C を接続して交流成分だけを取り出す．

問題35

変調度 0.4，出力 100 W の AM 波の搬送波の電力〔W〕の値として，正しいのは次のうちどれか．

(1) 71.4　(2) 86.2　(3) 92.6　(4) 96.2　(5) 108.0

AM 変調波の各成分は図 3･84 に示すとおりである．変調波の総電力 P_T は，搬送波電力，上側波電力，下側波電力を足し合わせればよい．

V_{cm} は搬送波の振幅の最大値で実効値は $V_{cm}/\sqrt{2}$ であるから，変調波を抵抗 R に加えたとすれば

$$P_T=\frac{\left(\dfrac{V_{cm}}{\sqrt{2}}\right)^2}{R}+\frac{\left(\dfrac{m}{2}\cdot\dfrac{V_{cm}}{\sqrt{2}}\right)^2}{R}+\frac{\left(\dfrac{m}{2}\cdot\dfrac{V_{cm}}{\sqrt{2}}\right)^2}{R}=\frac{V_{cm}{}^2}{2R}\left(1+\frac{m^2}{2}\right)=P_c\left(1+\frac{m^2}{2}\right)$$

$$\left(ここで，P_c=\frac{V_{cm}{}^2}{2R}とおく\right)$$

となる．条件から，$m=0.4$，$P_T=100$ を上式に代入すれば

$$100=P_c\left(1+\frac{0.4^2}{2}\right)$$

∴ $P_c = \mathbf{92.6\,W}$

解答 ▶ (3)

問題36 H20 B-18

無線通信で行われるアナログ変調，復調に関する記述について，次の (a) および (b) に答えよ.

(a) 無線通信で音声や画像などの情報を送る場合，送信側においては，情報を電気信号（信号波）に変換する．次に信号波より [（ア）] 周波数の搬送波に信号波を含ませて得られる信号を送信する．受信側では，搬送波と信号波の二つの成分を含むこの信号から [（イ）] の成分だけを取り出すことによって，音声や画像などの情報を得る.

搬送波に信号波を含ませる操作を変調という．[（ウ）] の搬送波を用いる基本的な変調方式として，振幅変調（AM），周波数変調（FM），位相変調（PM）がある.

搬送波を変調して得られる信号から元の信号波を取り出す操作を復調または [（エ）] という.

上記の空白箇所（ア），（イ），（ウ）および（エ）に当てはまる語句の組合せとして，正しいのは次のうちどれか.

	（ア）	（イ）	（ウ）	（エ）
(1)	高い	信号波	のこぎり波	検波
(2)	低い	搬送波	正弦波	検波
(3)	高い	搬送波	のこぎり波	増幅
(4)	低い	信号波	のこぎり波	増幅
(5)	高い	信号波	正弦波	検波

(b) 図 1 は，トランジスタの [（ア）] に信号波の電圧を加えて振幅変調を行う回路の原理図である．図 1 中の v_2 が正弦波の信号電圧とすると，電圧 v_1 の波形は [（イ）] に，v_2 の波形は [（ウ）] に，v_3 の波形は [（エ）] に示すようになる．図 2 のグラフより振幅変調の変調率を計算すると約 [（オ）] 〔%〕となる.

上記の空白箇所（ア），（イ），（ウ），（エ）および（オ）に当てはまる語句または数値の組合せとして，正しいのは次のうちどれか．ただし，図 2 のそれぞれの電圧波形間の位相関係は無視するものとする.

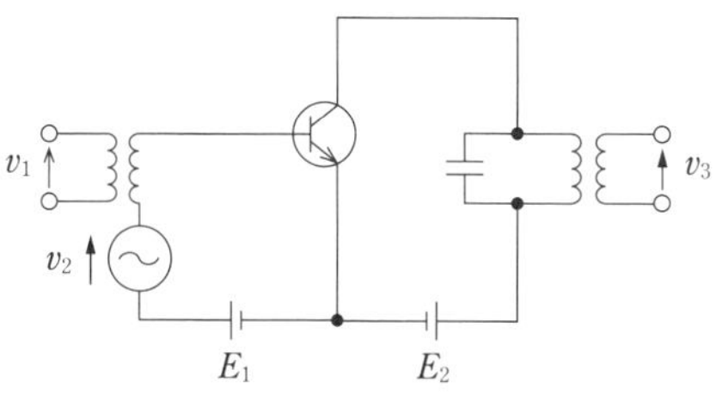

●図1　振幅変調回路の原理図

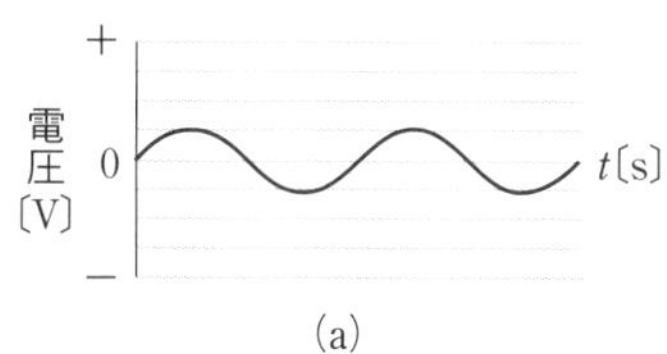

(a)

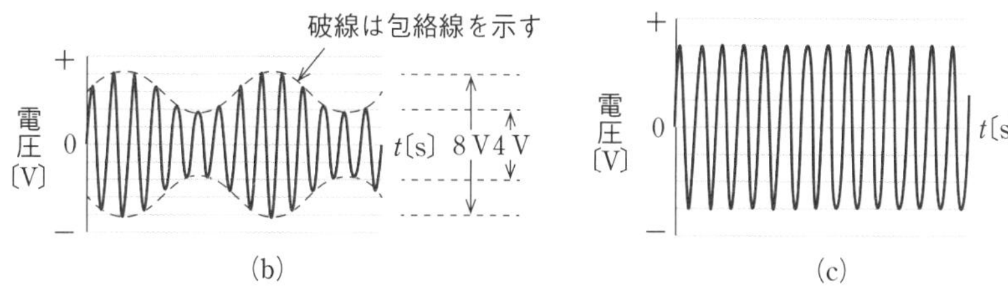

(b)　　　(c)

●図2　電圧 v_1, v_2, v_3 の波形（時間軸は同一）

	(ア)	(イ)	(ウ)	(エ)	(オ)
(1)	ベース	図2 (c)	図2 (a)	図2 (b)	33
(2)	コレクタ	図2 (c)	図2 (b)	図2 (a)	67
(3)	ベース	図2 (b)	図2 (a)	図2 (c)	50
(4)	エミッタ	図2 (b)	図2 (c)	図2 (a)	67
(5)	コレクタ	図2 (c)	図2 (a)	図2 (b)	33

解説　(a) 本節1項の変調と復調を参照する．

(b) 本節2項の振幅変調を参照する．

解図のAM変調波において，搬送波の振幅の最大値を E_c，信号波の振幅の最大値を E_s とすれば，変

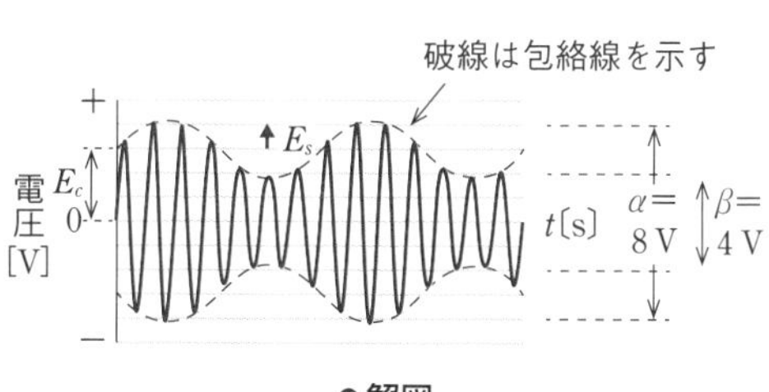

●解図

調度 m は $m = E_s/E_c$ となる.

解図において，次式が成り立つ.

$$\begin{cases} E_c + E_s = \dfrac{\alpha}{2} \\ E_c - E_s = \dfrac{\beta}{2} \end{cases} \quad \therefore \quad \begin{cases} E_c = \dfrac{\alpha+\beta}{4} \\ E_s = \dfrac{\alpha-\beta}{4} \end{cases}$$

変調度は式（3·77）．変調率は変調度を百分率で表したもの

$$\therefore \quad m = \frac{E_s}{E_c} \times 100 = \frac{\alpha-\beta}{4} \times \frac{4}{\alpha+\beta} \times 100 = \frac{\alpha-\beta}{\alpha+\beta} \times 100$$

$$= \frac{8-4}{8+4} \times 100 = \mathbf{33.3\ \%}$$

解答 ▶ (a)-(5)　，　(b)-(1)

問題37　H28 B-18

振幅変調について，次の (a) および (b) の問に答えよ.

(a) 図 1 の波形は，正弦波である信号波によって搬送波の振幅を変化させて得られた変調波を表している．この変調波の変調度の値として，最も近いのは次のうちどれか.

(1) 0.33　(2) 0.5　(3) 1.0　(4) 2.0　(5) 3.0

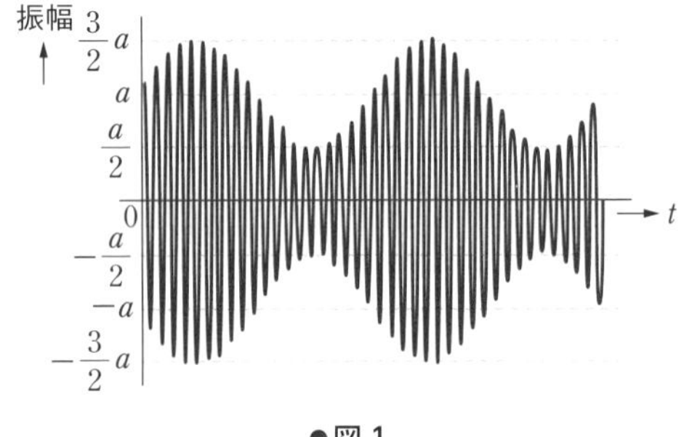

●図 1

(b) 次の文章は，直線検波回路に関する記述である.

振幅変調した変調波の電圧を，図 2 の復調回路に入力して復調したい．コンデンサ C〔F〕と抵抗 R〔Ω〕を並列接続した合成インピーダンスの両端電圧に求められることは，信号波の成分が ［（ア）］ ことと，搬送波の成分が ［（イ）］ ことである．そこで，合成インピーダンスの大きさは，信号波の周波数に対してほぼ抵抗 R〔Ω〕となり，搬送波の周波数に対して十分に ［（ウ）］ なくてはならない.

上記の空白箇所（ア），（イ）および（ウ）に当てはまる組合せとして，正しいのは次のうちどれか.

	(ア)	(イ)	(ウ)
(1)	ある	なくなる	大きく
(2)	ある	なくなる	小さく
(3)	なくなる	ある	小さく
(4)	なくなる	なくなる	小さく
(5)	なくなる	ある	大きく

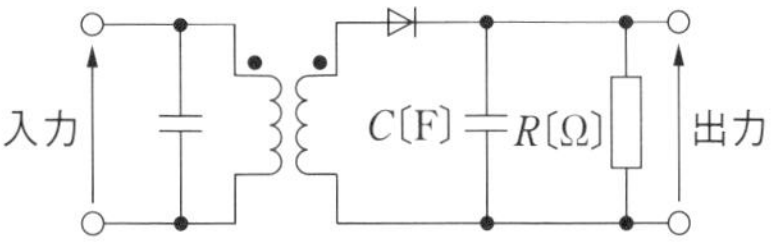

入力　C〔F〕　R〔Ω〕　出力

●図 2

(a)　変調度 m は式 (3·77) を適用して求める.

$$m=\frac{E_s}{E_c}=\frac{\alpha-\beta}{\alpha+\beta}=\frac{\frac{3}{2}a-\frac{a}{2}}{\frac{3}{2}a+\frac{a}{2}}=\frac{a}{2a}=\mathbf{0.5}$$

(b)　考え方は，本節 5 項の AM 変調波の復調を参照する.

解答 ▶ (a)-(2)，(b)-(2)

各種の効果

［★★］

1 熱電効果

図 3·89 のように，2 種類の異なる金属 A と金属 B を接合して閉回路を構成し，その 2 つの接合点を異なる温度 T_1，T_2 に保つと，回路に起電力が生じ，電流が流れる．この現象を**ゼーベック効果**といい，その起電力を**熱起電力**という．また，熱起電力を発生させる装置（2 種類の金属の組合せ）を**熱電対**という．次に半導体で説明する．

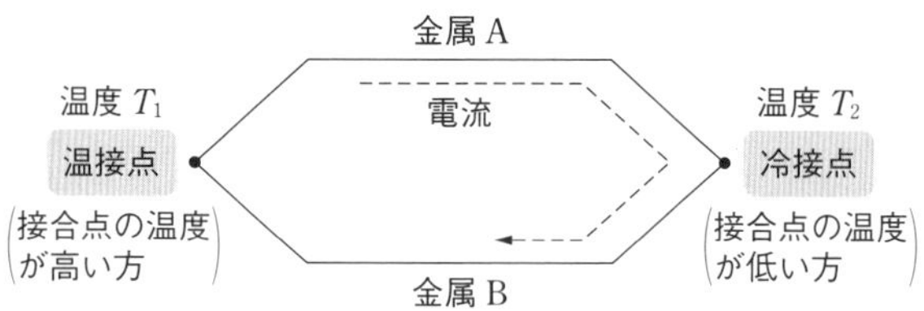

●図 3・89　ゼーベック効果（異なる金属）

図 3·90 のように，p 形半導体と n 形半導体の接合部を熱すると，熱エネルギーを得て，p 形半導体では正孔が，n 形半導体では電子が多くなり，それぞれ低温部へと拡散する．このため低温部では，p 形半導体は正に，n 形半導体は負に帯電し，外部回路に対し熱起電力を生ずる．これが半導体におけるゼーベック効果である．

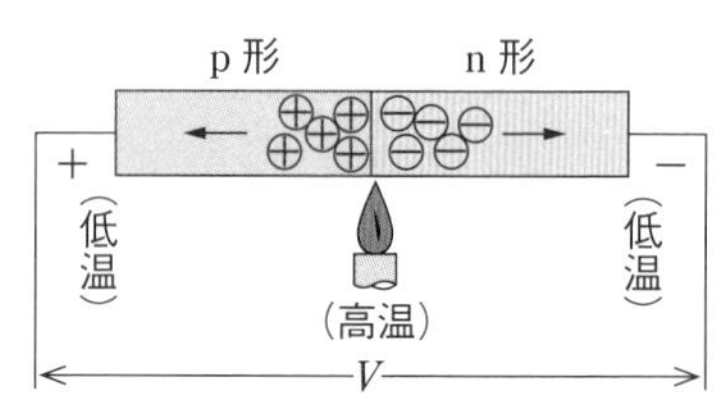

●図 3・90　ゼーベック効果（半導体）

逆に，外部から電流を流す場合，p 形半導体に正孔を，n 形半導体に伝導電子を注入するためにはエネルギーを要するので，電流の方向が図 3·91（a）の場合は，外部回路の接続部で熱エネルギーを吸収して温度が下がり，pn 接合部でこのエネルギーを放出するため発熱する．同図（b）の場合は，この反対となり，pn 接合部で吸熱して温度が下がり，冷凍作用を行う．これが**ペルチェ効果**である．

●図 3・91　ペルチェ効果

2 磁電効果

磁界が導体中の伝導電子または正孔に力を及ぼすために生ずる現象で，たとえば，図 3·92 のように n 形半導体を流れる電流 I〔A〕と直角方向に磁束密度 B〔T〕を加えると，電子の進路が曲げられ，電荷分布が偏り，電界 E〔V/m〕が生ずる．これを**ホール効果**といい，**p 形半導体では電界の方向が n 形半導体の逆**となる．

外部に現れる電圧 E は

$$\boldsymbol{E = R\frac{BI}{d}} \text{〔V〕} \tag{3・81}$$

となり，R〔m^3/C〕を**ホール係数**という．

なお，電流通路の偏りのため抵抗率 ρ も増加するが，これを**磁気抵抗効果**という．磁界の 2 乗に比例し，磁界の方向と関係がない．

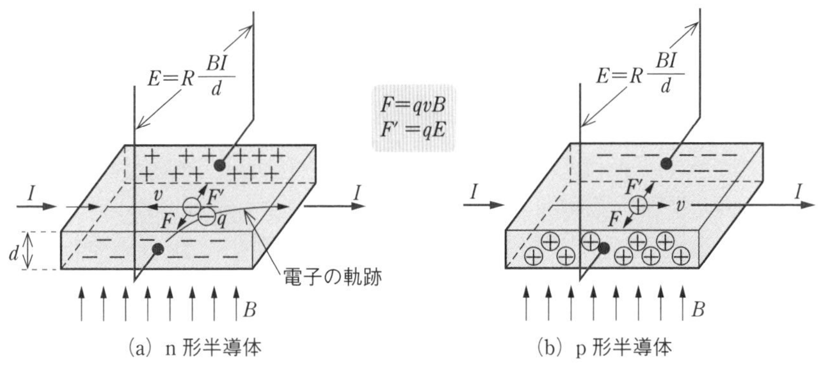

●図 3・92　ホール効果

3 光電効果

振動数ν（ニュー）の光は，hをプランクの定数（$=6.62559\times10^{-34}$ J·s）とすると

$$E=h\nu \text{〔J〕} \qquad (3\cdot82)$$

のエネルギーを有する粒子の性質をもち，これを**光子**という．

図3·93のように，固体に光が当たると，固体表面の電子が光子を吸収してエネルギーを得るので，固体の外へ放出される．これを**光電子放出**（**外部光電効果**または**光電効果**）といい，放出された電子を**光電子**という．

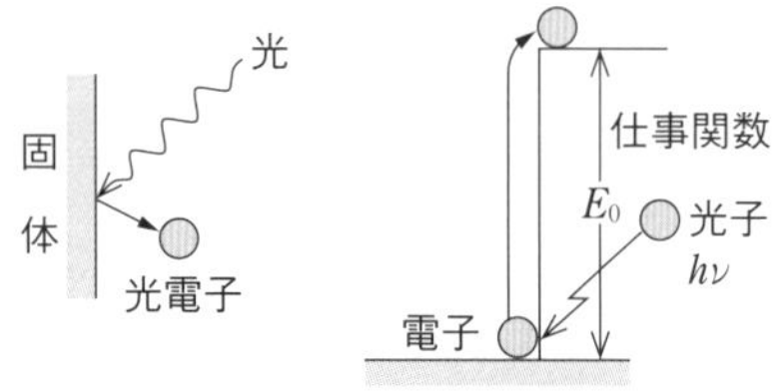

●図3・93　光電子放出（外部光電効果）

固体の表面から電子が放出されるためには，固体によって異なる一定のエネルギーが必要で，これを**仕事関数**という．仕事関数がE_0のとき，光電子が放出されるための条件は

$$h\nu_0=E_0 \qquad (3\cdot83)$$

であり，ν_0を**限界振動数**という．限界振動数以下の光は，いくら強く照射しても光電子は放出されない．

図3·94に示すように，pn接合の半導体を使用した**太陽電池**は，太陽の光エネルギーを電気エネルギーに直接変換するものである．半導体のpn接合部分に光が当たると，光のエネルギーによって新たに正孔と電子が生成され，正孔はp形領域に，電子はn形領域に移動する．この結果，p形領域とn形領域の間に

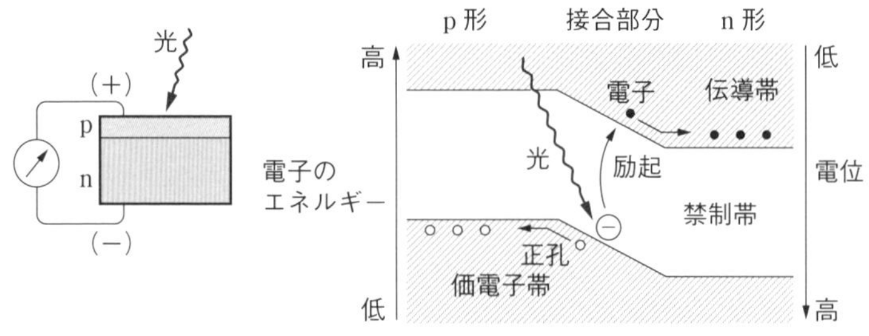

●図3・94　太陽電池の原理

起電力が発生する（**光起電力効果**）．この起電力は光を当てている間持続し，外部電気回路を接続すれば，光エネルギーを電気エネルギーとして取り出すことができる．

一方，半導体に一定値以上のエネルギーをもつ光を照射すると，電子・正孔対が励起され，半導体の導電率が増加する現象を，**光導電効果**といい，照度計などに応用する．光導電効果による電流の増加分は，光の強度が強いほど大きい．

pn 接合部に順電流を流すと，p，n 境界付近で電子と正孔が再結合して消滅する．このとき，シリコンやゲルマニウムでは熱となって放散するが，ZnS（硫化亜鉛），GaAs（ガリウムひ素）では，エネルギー帯幅に対応した光を放射する（図 3·95）．この光をそのまま利用するのが**発光ダイオード**（LED）である．

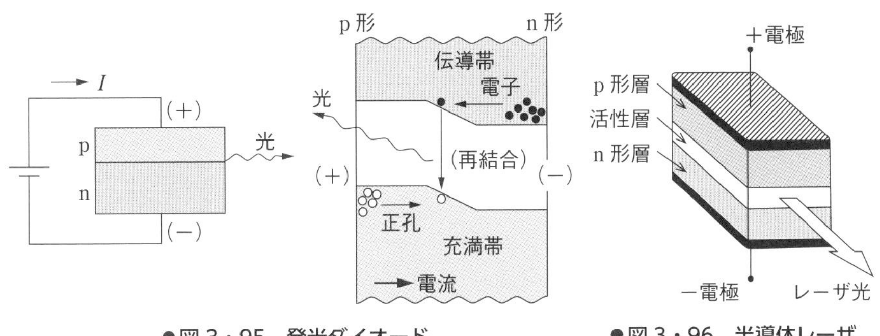

●図 3・95　発光ダイオード

●図 3・96　半導体レーザ

半導体レーザ（**レーザダイオード**）は，図 3·96 のような 3 層構造を成している．p 形層と n 形層に挟まれた層を**活性層**といい，この層は上部の p 形層および下部の n 形層とは性質の異なる材料で作られている．前後の面は半導体結晶による自然な反射鏡になっている．

レーザダイオードに順電流を流すと，活性層の自由電子が正孔と再結合して消滅するとき光を放出する．

この光が二つの反射鏡の間に閉じ込められることによって，誘導放出が起き，同じ波長の光が多量に生じ，外部にその一部が出力される．光の特別な波長だけが共振状態となって誘導放出が誘起されるので，強い同位相のコヒーレントな光が得られる．

4 その他

(1) 熱電子放出，電界放出，二次電子放出

タンタルなどの金属を熱すると，電子がその表面から放出される．この現象を**熱電子放出**という．また，タングステンなどの金属表面の電界強度を十分に大きくすると，常温でもその表面から電子が放出される．この現象を**電界放出**という．一方，電子を金属またはその酸化物・ハロゲン化物などに衝突させると，その表面から新たな電子が放出される．この現象を**二次電子放出**という．

(2) 圧電効果

圧電効果は，水晶やロッシェル塩などの結晶を電極板ではさみ，結晶に外力を加えたときに，圧力に比例した分極（表面電荷）が現れて電圧が発生する現象である．**ピエゾ効果**ともいう．一方，逆に電圧を印加すると物質が変形する現象を逆圧電効果という．圧電現象は，超音波を発生させる圧電振動素子に利用されている．

(3) ルミネセンスとホトルミネセンス

蛍光ランプは，紫外線ランプの管の内側に蛍光物質を塗布している．紫外線は，図3･97に示すように，電子の衝突で励起状態にある水銀原子が安定な元の状態に戻るとき放射される．

このように，物質が光，X線などの刺激を受けて，そのエネルギーを吸収し，それを光として放出する現象の中で，熱放射などの特殊なものを除いた発光現象を**ルミネセンス**という．

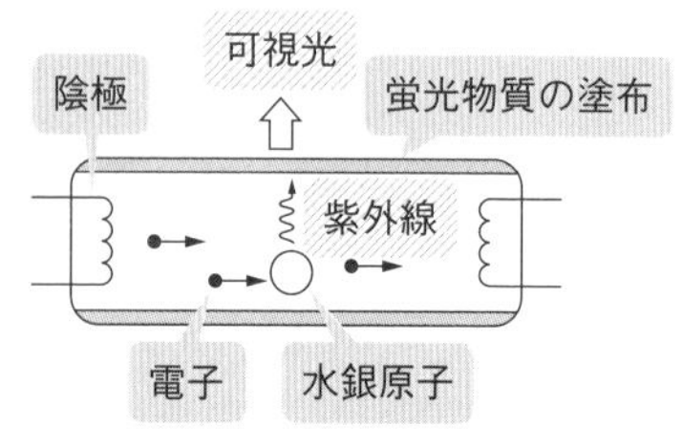

●図3・97　蛍光ランプ

そして，紫外線の照射による蛍光物質の発光を**ホトルミネセンス**という．つまり，蛍光ランプはガラス管の内側の面に蛍光物質を塗り，紫外線を可視光に変換するようにしたものである．

一方，**紫外線ランプ**は，紫外線を透過させる石英ガラス管と，その両端に設けられた電極からなり，ガラス管内には数百パスカルの希ガスおよび微量の水銀が封入されている．両極間に高電圧を印加すると，陰極から出た電子が電界で加速され，希ガス原子に衝突してイオン化する．ここで生じた正イオンは電界で加速

され，陰極に衝突して電子をたたき出して，放電が安定に持続する．管内を走行する電子が水銀原子に衝突すると，電子からエネルギーを得た水銀原子は励起され，特定の波長の紫外線の光子を放出して安定な状態に戻る．これが紫外線ランプの構造と動作原理である．

Chapter 3

問題38　R3 A-5

次の文章は，熱電対に関する記述である．

熱電対の二つの接合点に温度差を与えると，起電力が発生する．この現象を［（ア）］効果といい，このとき発生する起電力を［（イ）］起電力という．熱電対の接合点の温度の高いほうを［（ウ）］接点，低いほうを［（エ）］接点という．

上記の空白箇所（ア）〜（エ）に当てはまる組合せとして，正しいものを次の (1)〜(5) のうちから一つ選べ．

	（ア）	（イ）	（ウ）	（エ）
(1)	ゼーベック	熱	温	冷
(2)	ゼーベック	熱	高	低
(3)	ペルチェ	誘導	高	低
(4)	ペルチェ	熱	温	冷
(5)	ペルチェ	誘導	温	冷

本節1項の熱電効果について十分に理解する．

解答 ▶ (1)

問題39　H22 A-11

次の文章は，図に示す原理図を用いてホール素子の動作原理について述べたものである．

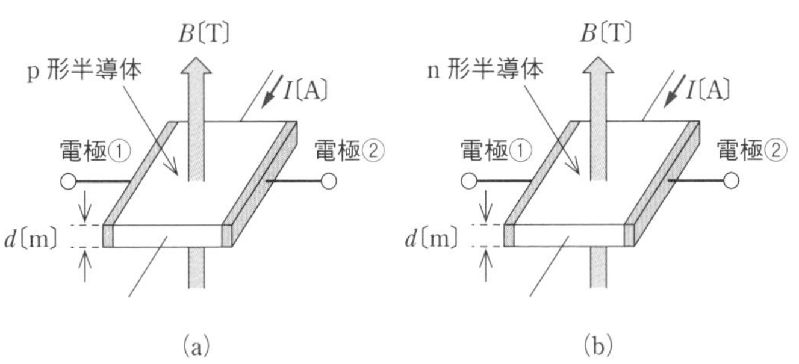

(a)　(b)

図 (a) に示すように，p 形半導体に直流電流 I〔A〕を流し，半導体の表面に対して垂直に下から上向きに磁束密度 B〔T〕の平等磁界を半導体に加えると，半導体内の正孔は進路を曲げられ，電極①には [(ア)] 電荷，電極②には [(イ)] 電荷が分布し，半導体の内部に電界が生じる．また，図 (b) の n 形半導体の場合は，電界の方向は p 形半導体の方向と [(ウ)] である．この電界により，電極①-②間にホール電圧 $V_H = R_H \times$ [(エ)] 〔V〕が発生する．ただし，d〔m〕は半導体の厚さを示し，R_H は比例定数〔m^3/C〕である．

上記の空白箇所（ア），（イ），（ウ）および（エ）に当てはまる語句または式として，正しいものを組み合わせたのは次のうちどれか．

	(ア)	(イ)	(ウ)	(エ)
(1)	負	正	同じ	$\dfrac{B}{Id}$
(2)	負	正	同じ	$\dfrac{Id}{B}$
(3)	正	負	同じ	$\dfrac{d}{BI}$
(4)	負	正	反対	$\dfrac{BI}{d}$
(5)	正	負	反対	$\dfrac{BI}{d}$

ホール効果に関しては，本節 2 項の磁電効果の説明を参照する．

解説 フレミングの左手法則を適用すれば，問題図の半導体のキャリヤがローレンツ力を受ける方向は電極①の方向であるから，問題図 (a) の p 形半導体では電極①に正孔が集まり，問題図 (b) の n 形半導体では電極①に電子が集まる．したがって，電界の方向は，p 形半導体と n 形半導体とでは**反対**になる．

解答 ▶ (5)

問題40 ✓ ✓ ✓ R1 A-11

次の文章は，太陽電池に関する記述である．

太陽光のエネルギーを電気エネルギーに直接変換するものとして，半導体を用いた太陽電池がある．p 形半導体と n 形半導体による pn 接合を用いているため，構造としては，[(ア)] と同じである．太陽電池に太陽光を照射すると，半導体の中で負の電気をもつ電子と正の電気をもつ［（イ）］が対になって生成され，電子はn形半導体の側に，［（イ）］はp形半導体の側に，それぞれ引き寄せられる．その結果，p形半導体に付けられた電極がプラス極，n形半導体に付けられた電極がマイナス極となるように起電力が生じる．両電極間に負荷抵抗を接続すると太陽電池から取り出された電力が負荷抵抗で消費される．その結果，負荷抵抗を接続する前に比べて太陽電池の温度は［（ウ）］．

上記の空白箇所（ア），（イ）および（ウ）に当てはまる組合せとして，正しいものを次の(1)〜(5)のうちから一つ選べ．

	（ア）	（イ）	（ウ）
(1)	ダイオード	正孔	低くなる
(2)	ダイオード	正孔	高くなる
(3)	トランジスタ	陽イオン	低くなる
(4)	トランジスタ	正孔	高くなる
(5)	トランジスタ	陽イオン	高くなる

解説 太陽電池に関しては，本節3項の説明を参照する．負荷を接続する前の太陽電池は，一定量の光の入射エネルギーが，気温と太陽電池の温度差で生ずる放熱量と平衡している．負荷を接続すると，入射エネルギーの一部が電力として消費されるので，その分だけ放熱量が減少する．この熱量を放熱するのに必要な温度差は小さくてよいため，太陽電池の温度は低くなる．

解答 ▶ (1)

問題41 H13 A-6

発光ダイオード(LED)に関する記述について，誤っているのは次のうちどれか．

(1) 主として表示用光源および光通信の送信部の光源として利用されている．

(2) 表示用として利用される場合，表示用電球より消費電力が小さく長寿命である．

(3) ひ化ガリウム（GaAs），りん化ガリウム（GaP）などを用いた半導体のpn接合部を利用する．

(4) 電流を順方向に流した場合，pn接合部が発光する．

(5) 発光ダイオードの順方向の電圧降下は，一般に0.2V程度である．

3-6節の表3·2および図3·95の発光ダイオードの説明を参照する．

解説 発光ダイオードは，電圧が低い間はほとんど電流が増えず，発光もしない．しかし，ある電圧を超えると電圧上昇に対する電流の増え方が著しくなり，電流に応じて発光する．この電圧を順方向降下電圧と呼ぶ．一般的なシリコンダイオードと比較して，発光ダイオードは順方向降下電圧が高く，1.2～3.5V程度である．したがって，**(5)** が誤りである．

解答 ▶ (5)

問題42 H18 A-12

真空中において，図のように電極板の間隔が6mm，電極板の面積が十分広い平行平板電極があり，電極K-P間には2000Vの直流電圧が加えられている．このとき，電極K-P間の電界の強さは約 (ア) 〔V/m〕である．電極Kをヒータで加熱すると表面から (イ) が放出される．ある1個の電子に着目してその初速度を零とすれば，電子が電極Pに達したときの運動エネルギー W は (ウ) 〔J〕となる．ただし，電極K-P間の電界は一様とし，電子の電荷 $e=-1.6\times10^{-19}$ Cとする．

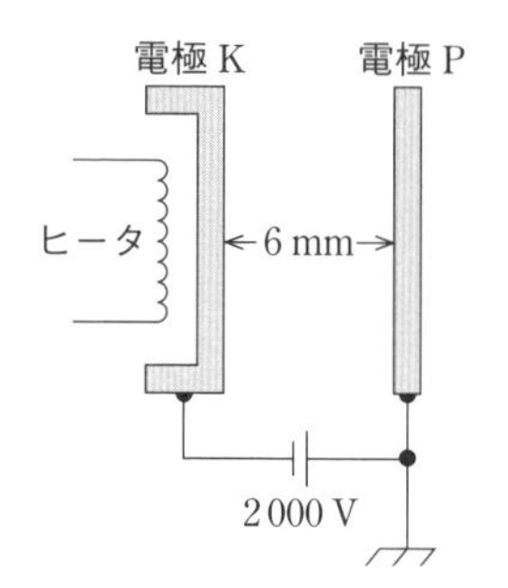

上記の空白箇所（ア），（イ）および（ウ）に当てはまる語句または数値の組合せとして，正しいのは次のうちどれか．

	（ア）	（イ）	（ウ）
(1)	3.3×10^{2}	光電子	1.6×10^{-16}
(2)	3.3×10^{5}	熱電子	3.2×10^{-16}
(3)	3.3×10^{2}	光電子	3.2×10^{-16}
(4)	3.3×10^{2}	熱電子	1.6×10^{-16}
(5)	3.3×10^{5}	熱電子	1.6×10^{-16}

解説 1章の式（1·11）より，電界 $E=\dfrac{V}{d}=\dfrac{2000}{6\times10^{-3}}=\mathbf{3.3\times10^{5}\ V/m}$ である．電極Kを加熱すると，**熱電子**が放出される．電子に作用する力 F は $F=eE$ であり，この力が加わった状態で電子は d だけ動くから，電子が電極Pに到達したときに電界から受け取るエネルギー W は，$W=Fd=eEd=eV=1.6\times10^{-19}\times2000=\mathbf{3.2\times10^{-16}\ J}$ である．これが求める運動エネルギーとなる．

解答 ▶ (2)

練習問題

■ **1** (R3 A-11)

半導体に関する記述として，正しいものを次の (1) ～ (5) のうちから一つ選べ．

(1) ゲルマニウム（Ge）やインジウムリン（InP）は単元素の半導体であり，シリコン（Si）やガリウムヒ素（GaAs）は化合物半導体である．

(2) 半導体内でキャリヤの濃度が一様でない場合，拡散電流の大きさはそのキャリヤの濃度勾配にほぼ比例する．

(3) 真性半導体に不純物を加えるとキャリヤの濃度が変わるが，抵抗率は変化しない．

(4) 真性半導体に光を当てたり熱を加えたりしても電子や正孔は発生しない．

(5) 半導体に電界を加えると流れる電流はドリフト電流と呼ばれ，その大きさは電界の大きさに反比例する．

■ **2** (H30 A-11)

半導体素子に関する記述として，正しいのは次のうちどれか．

(1) pn 接合ダイオードは，それに順電圧を加えると電子が素子中をアノードからカソードへ移動する 2 端子素子である．

(2) LED は，pn 接合領域に逆電圧を加えたときに発光する素子である．

(3) MOS 形 FET は，ゲートに加える電圧によってドレイン電流を制御できる電圧制御形の素子である．

(4) 可変容量ダイオード（バリキャップ）は，加えた逆電圧の値が大きくなるとその静電容量も大きくなる 2 端子素子である．

(5) サイリスタは，p 形半導体と n 形半導体の 4 層構造からなる 4 端子素子である．

■ **3** (H26 A-12)

半導体の pn 接合を利用した素子に関する記述として，誤っているのは次のうちどれか．

(1) ダイオードに p 形が負，n 形が正となる電圧を加えたとき，p 形，n 形それぞれの領域の少数キャリヤに対しては，順電圧と考えられるので，この少数キャリヤが移動することによって，極めてわずかな電流が流れる．

(2) pn 接合をもつ半導体を用いた太陽電池では，その pn 接合部に光を照射すると，電子と正孔が発生し，それらが pn 接合部で分けられ電子が n 形，正孔が p 形のそれぞれの電極に集まる．その結果，起電力が生じる．

(3) 発光ダイオードの pn 接合領域に順電圧を加えると，pn 接合領域でキャリヤの再結合が起こる．再結合によって，そのエネルギーに相当する波長の光が接合部付近から放出される．

(4) 定電圧ダイオード（ツェナーダイオード）はダイオードにみられる順電圧 - 電流特性の急激な降伏現象を利用したものである．

(5) 空乏層の静電容量が，逆電圧によって変化する性質を利用したダイオードを可変容量ダイオードまたはバラクタダイオードという．逆電圧の大きさを小さくしていくと，静電容量は大きくなる．

■4 (H24 A-11)

半導体集積回路（IC）に関する記述として，誤っているのは次のうちどれか．

(1) MOS IC は，MOS 形 FET を中心として作られた IC である．

(2) IC を構造から分類すると，モノリシック IC とハイブリッド IC に分けられる．

(3) CMOS IC は，n チャネル MOS 形 FET のみを用いて構成される IC である．

(4) アナログ IC には，演算増幅器やリニア IC などがある．

(5) ハイブリッド IC では，絶縁基板上に，IC チップや抵抗，コンデンサなどの回路素子が組み込まれている．

■5 (H25 A-13)

バイポーラトランジスタを用いた交流小信号増幅回路に関する記述として，誤っているのは次のうちどれか．

(1) エミッタ接地増幅回路における電流帰還バイアス方式は，エミッタと接地との間に抵抗を挿入するので，自己バイアス方式に比べて温度変化に対する動作点の安定性がよい．

(2) エミッタ接地増幅回路では，出力交流電圧の位相は入力交流電圧の位相に対して逆位相となる．

(3) コレクタ接地増幅回路は，電圧増幅度がほぼ 1 で，入力インピーダンスが大きく，出力インピーダンスが小さい．エミッタホロワ増幅回路とも呼ばれる．

(4) ベース接地増幅回路は，電流増幅度がほぼ 1 である．

(5) CR 結合増幅回路では，周波数の低い領域と高い領域とで信号増幅度が低下する．中域からの増幅度低下が 6 dB 以内となる周波数領域をその回路の帯域幅という．

■6 (H20 A-13)

トランジスタの接地方式の異なる基本増幅回路を図 1，図 2 および図 3 に示す．以下の a～d に示す回路に関する記述として，正しいものを組み合わせたのは次のうちどれか．

a. 図 1 の回路では，入出力信号の位相差は 180° である．

b. 図 2 は，エミッタ接地増幅回路である．

c. 図 2 は，エミッタホロワとも呼ばれる．

d. 図 3 で，エミッタ電流およびコレクタ電流の変化分の比 $\left|\dfrac{\Delta I_C}{\Delta I_E}\right|$ の値は，約 100 である．

ただし，I_B，I_C，I_E は直流電流，v_i，v_o は入出力信号，R_L は負荷抵抗，V_{BB}，V_{CC} は直流電源を示す．

(1) a と b　(2) a と c　(3) a と d　(4) b と d　(5) c と d

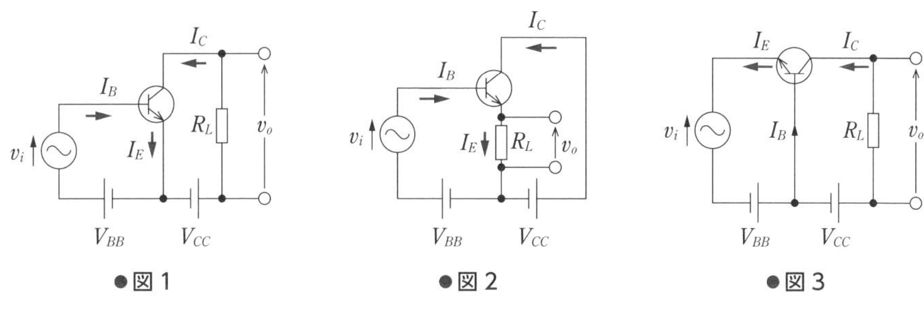

●図 1　●図 2　●図 3

■7 (H15 A-12)

図 1 は，変成器を用いた B 級プッシュプル（push-pull）電力増幅回路の原理図である．図 1 中の空白箇所（ア），（イ）および（ウ）に当てはまる図記号を図 2 の図記号の記号 a～j の中から選ぶとき，正しいものを組み合わせたのは次のうちどれか．

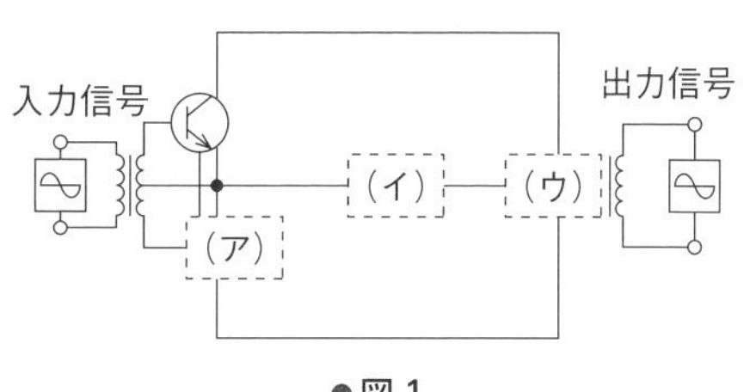

●図 1

	（ア）	（イ）	（ウ）
(1)	f	d	i
(2)	g	a	h
(3)	e	b	j
(4)	h	c	i
(5)	f	d	h

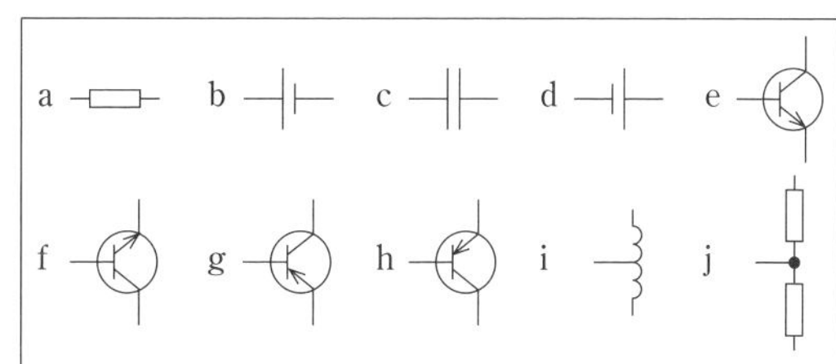

●図 2

■8 (R4上 B-18)

図 1，図 2 および図 3 は，トランジスタ増幅器のバイアス回路を示す．次の (a) および (b) に答えよ．

ただし，V_{CC} は電源電圧，V_B はベース電圧，I_B はベース電流，I_C はコレクタ電流，I_E はエミッタ電流，R，R_B，R_C および R_E は抵抗を示す．

(a) 次の①式，②式および③式は，図 1，図 2 および図 3 のいずれかの回路のベース-エミッタ間の電圧 V_{BE} を示す．

$$V_{BE}=V_B-I_E \cdot R_E \quad \cdots\cdots ①$$

$$V_{BE}=V_{CC}-I_B \cdot R \quad \cdots\cdots ②$$

$$V_{BE}=V_{CC}-I_B \cdot R-I_E \cdot R_C \quad \cdots\cdots ③$$

上記の式と図の組合せとして，正しいものを次の (1) ～ (5) のうちから一つ選べ．

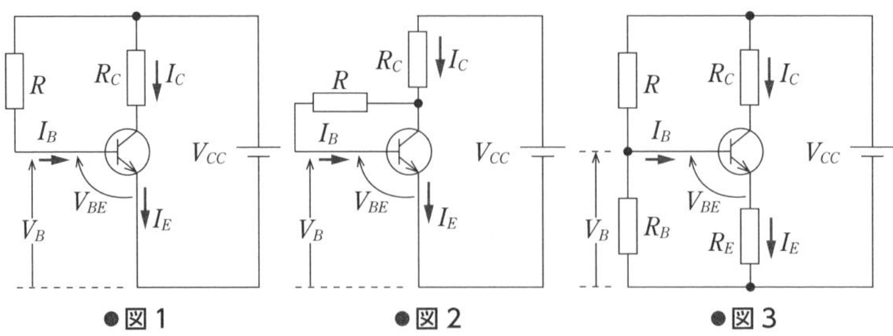

●図1　●図2　●図3

	①式	②式	③式
(1)	図1	図2	図3
(2)	図2	図3	図1
(3)	図3	図1	図2
(4)	図1	図3	図2
(5)	図3	図2	図1

(b) 次の文章①，②および③はそれぞれのバイアス回路における周囲温度の変化と電流 I_C との関係について述べたものである．ただし，h_{FE} は直流電流増幅率を表す．

①温度上昇により h_{FE} が増加すると I_C が増加し，バイアス安定度が悪いバイアス回路の図は［(ア)］である．

② h_{FE} の変化により I_C が増加しようとすると，V_B はほぼ一定であるから V_{BE} が減少するので，I_C や I_E の増加を妨げるように働く．I_C の変化の割合が比較的低く，バイアス安定度が良いものの，電力損失が大きいバイアス回路の図は［(イ)］である．

③ h_{FE} の変化により I_C が増加しようとすると，R_C の電圧降下も増加することでコレクタ・エミッタ間の電圧 V_{CE} が低下する．これにより R の電圧が減少して I_B が減少するので，I_C の増加が抑えられるバイアス回路の図は［(ウ)］である．

上記の空白箇所（ア)，(イ）および（ウ）に当てはまる組合せとして，正しいものを次の（1)～(5）のうちから一つ選べ．

	(ア)	(イ)	(ウ)
(1)	図1	図2	図3
(2)	図2	図3	図1
(3)	図3	図1	図2
(4)	図1	図3	図2
(5)	図2	図1	図3

■9 (H21 B-18)

図 1 の回路は，エミッタ接地のトランジスタ増幅器の交流小信号に注目した回路である．次の (a) および (b) に答えよ．

ただし，R_L〔Ω〕は抵抗，i_b〔A〕は入力信号電流，$i_c = 6\times10^{-3}$ A は出力信号電流，v_b〔V〕は入力信号電圧，$v_c = 6$ V は出力信号電圧である．

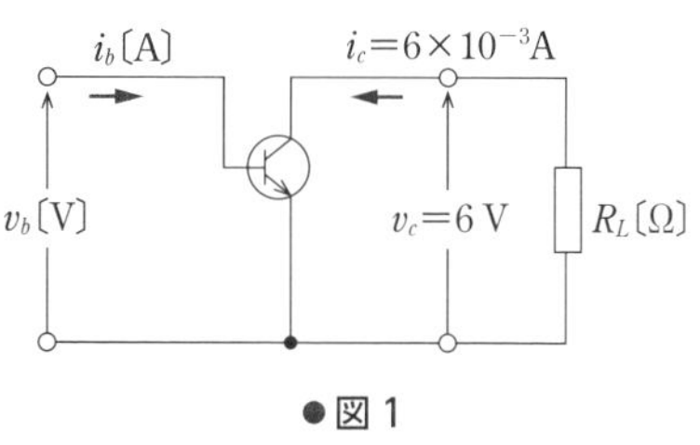

●図 1

(a) 図 1 の回路において入出力信号の関係を表に示す h パラメータを用いて表すと次の式①，②になる．

$v_b = h_{ie}i_b + h_{re}v_c$ ……………①

$i_c = h_{fe}i_b + h_{oe}v_c$ ……………②

名 称	記 号	値の例
（ア）	h_{ie}	$3.5\times10^3\,\Omega$
電圧帰還率	（ウ）	1.3×10^{-4}
電流増幅率	（エ）	140
（イ）	h_{oe}	9×10^{-6} S

表中の空白箇所（ア），（イ），（ウ）および（エ）に当てはまる語句の組合せとして，正しいのは次のうちどれか．

	（ア）	（イ）	（ウ）	（エ）
(1)	入力インピーダンス	出力アドミタンス	h_{fe}	h_{re}
(2)	入力コンダクタンス	出力インピーダンス	h_{fe}	h_{re}
(3)	出力コンダクタンス	入力インピーダンス	h_{re}	h_{fe}
(4)	出力インピーダンス	入力コンダクタンス	h_{re}	h_{fe}
(5)	入力インピーダンス	出力アドミタンス	h_{re}	h_{fe}

(b) 図 1 の回路の計算は，図 2 の簡易小信号等価回路を用いて行うことが多い．この場合，上記 (a) の式①，②から求めた v_b〔V〕および i_b〔A〕の値をそれぞれ真の値としたとき，図 2 の回路から求めた v_b〔V〕および i_b〔A〕の誤差 Δv_b〔mV〕，Δi_b〔μA〕の大きさの組合せとして，最も近いのは次のうちどれか．ただし，h パラメータの値は表に示された値とする．

	Δv_b	Δi_b
(1)	0.78	54
(2)	0.78	6.5
(3)	0.57	6.5
(4)	0.57	0.39
(5)	0.35	0.39

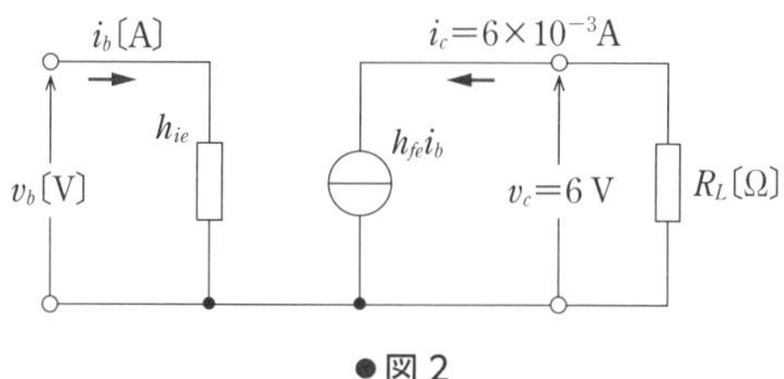

●図 2

Chapter 3

■10 (H16 B-18)

図のようなトランジスタ増幅器がある．次の (a) および (b) に答えよ．

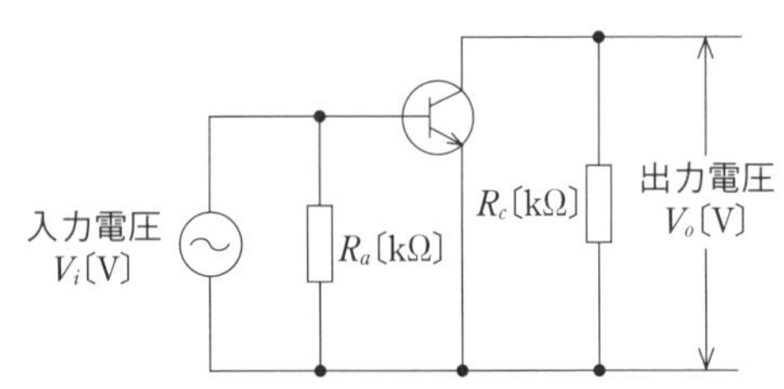

(a) 次の文章は，トランジスタ増幅器について述べたものである．

図の回路は，[(ア)]形のトランジスタの[(イ)]を接地した増幅回路を，交流信号に注目して示している．入力電圧と出力電圧の瞬時値をそれぞれ v_i〔V〕および v_o〔V〕とすると，この回路では v_i に対して v_o は，位相が[(ウ)]ずれる．このときの入力電圧と出力電圧の実効値をそれぞれ V_i〔V〕および V_o〔V〕とすると，電圧利得は[(エ)]〔dB〕の式で表される．

上記の空白箇所（ア），（イ），（ウ）および（エ）に当てはまる語句，式または数値の組合せとして，正しいのは次のうちどれか．

	(ア)	(イ)	(ウ)	(エ)
(1)	npn	エミッタ	180°	$20\log_{10}(V_o/V_i)$
(2)	pnp	コレクタ	180°	$20\log_{10}(V_i/V_o)$
(3)	npn	エミッタ	90°	$20\log_{10}(V_o/V_i)$
(4)	pnp	コレクタ	90°	$20\log_{10}(V_i/V_o)$
(5)	npn	エミッタ	90°	$10\log_{10}(V_o/V_i)$

(b) 図示された増幅回路の抵抗が $R_a = 25\,\mathrm{k\Omega}$, $R_c = 20\,\mathrm{k\Omega}$ で，入力電圧を加えたとき，この回路の電圧利得〔dB〕の値として，最も近いのは次のうちどれか．ただし，トランジスタの電流増幅率 $h_{fe} = 120$，ベース-エミッタ間抵抗 $h_{ie} = 2\,\mathrm{k\Omega}$，$\log_{10}2 = 0.301$，$\log_{10}3 = 0.477$ とする．

(1) 2 800　(2) 1 120　(3) 832　(4) 102　(5) 62

■11 (H17 B-17)

図のような FET 増幅器がある．次の (a) および (b) に答えよ．ただし，R_A，R_B，R_C，R_D，R_E は抵抗，C_1，C_2，C_3 はコンデンサ，V_{DD} は直流電圧源，I_D はドレイン電流，v_1，v_2 は交流電圧とする．

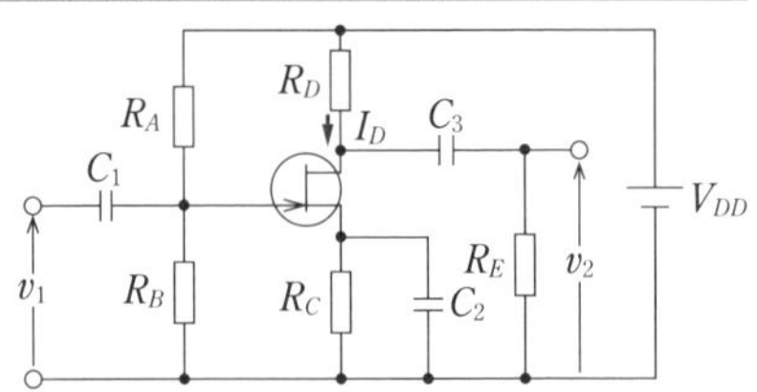

(a) 図の増幅器のトランジスタは，接合形の[(ア)]チャネル FET であり，結合コンデンサは，コンデンサ[(イ)]である．

また，抵抗 （ウ） は，温度変化に対する安定性を高める役割を果たしている．

上記の空白箇所（ア），（イ）および（ウ）に記入する記号の組合せとして，正しいのは次のうちどれか．

	（ア）	（イ）	（ウ）
(1)	n	C_1, C_3	R_A, R_B
(2)	p	C_1, C_2	R_B, R_C
(3)	n	C_1, C_2	R_B, R_D
(4)	p	C_2, C_3	R_A, R_B
(5)	n	C_1, C_3	R_B, R_C

(b) ドレイン電流 $I_D = 6\,\mathrm{mA}$，直流電圧源 $V_{DD} = 24\,\mathrm{V}$ とし，ゲート-ソース間電圧 $V_{GS} = -1.4\,\mathrm{V}$ で動作させる場合，抵抗 R_A，R_B の比 R_A/R_B の値として，最も近いのは次のうちどれか．ただし，抵抗 $R_C = 1.6\,\mathrm{k\Omega}$ とする．

(1) 1.2　(2) 1.9　(3) 2.4　(4) 3.8　(5) 4.7

■ 12 (H26 A-13)

図の回路で，演算増幅器が理想的とすれば，回路の入出力の関係を示すものは，次のうちどれか．

100 kΩ　100 kΩ　V_2　V_1　200 kΩ　▷∞　−　+　V_o

(1) $V_o = V_1 + 2V_2$　(2) $V_o = V_1 + 0.5V_2$

(3) $V_o = -(V_1 + 0.5V_2)$　(4) $V_o = 0.5V_1 + V_2$

(5) $V_o = -(0.5V_1 + V_2)$

■ 13 (H26 A-13)

図のような演算増幅器を用いた能動回路がある．直流入力電圧 V_{in}〔V〕が 3 V のとき，出力電圧 V_{out}〔V〕として，最も近い V_{out} の値は次のうちどれか．ただし，演算増幅器は，理想的なものとする．

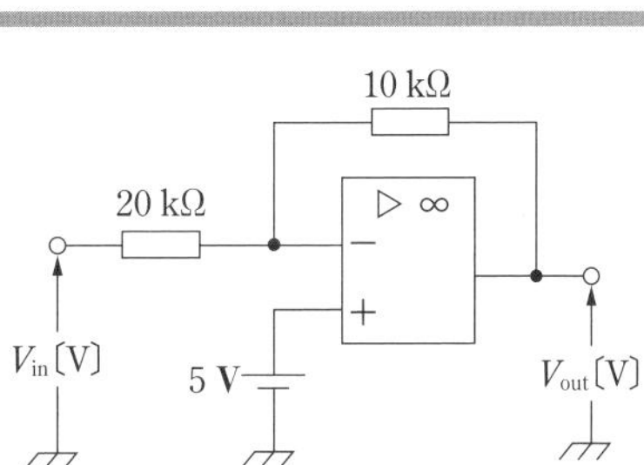

(1) 1.5　(2) 5　(3) 5.5

(4) 6　(5) 6.5

■ 14 (R4 上 A-13)

次の文章は，図 1 の回路の動作について述べたものである．

図 1 は，演算増幅器（オペアンプ）を用いたシュミットトリガ回路である．この演算増幅器には +5 V の単電源が供給されており，0 V から 5 V までの範囲の電圧を出力できるものとする．

・出力電圧 v_{out} は 0〜5 V の間にあるため，演算増幅器の非反転入力の電圧 v^+〔V〕は （ア） の間にある．

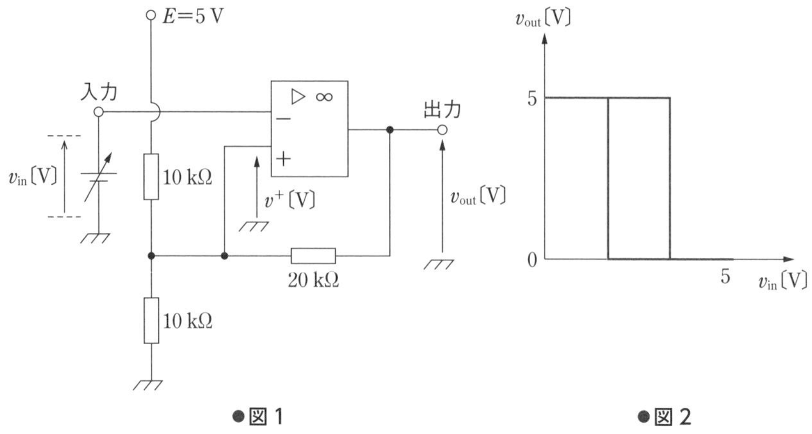

●図 1　　　●図 2

・入力電圧 v_{in} を 0 V から徐々に増加させると，v_{in} が［（イ）］V を上回った瞬間，v_{out} は 5 V から 0 V に変化する．

・入力電圧 v_{in} を 5 V から徐々に減少させると，v_{in} が［（ウ）］V を下回った瞬間，v_{out} は 0 V から 5 V に変化する．

・入力 v_{in} に対する出力 v_{out} の変化を描くと，図 2 のような［（エ）］を示す特性となる．

上記の空白箇所 (ア) ～ (エ) に当てはまる組合せとして，正しいものを次の (1) ～ (5) のうちから一つ選べ．

	(ア)	(イ)	(ウ)	(エ)
(1)	1.25～3.75	3.75	1.25	位相遅れ
(2)	1.25～3.75	1.25	3.75	ヒステリシス
(3)	2～3	2	3	ヒステリシス
(4)	2～3	2.75	2.25	位相遅れ
(5)	2～3	3	2	ヒステリシス

■15 (H19 B-18)

図 1 のように，トランジスタを用いた変成器結合電力増幅回路の基本回路がある．次の (a) および (b) に答えよ．

ただし，I_B〔μA〕，I_C〔mA〕は，ベースとコレクタの直流電流を示し，i_b〔μA〕，i_c〔mA〕はそれぞれの信号分を示す．また，V_{BE}〔V〕はベースとエミッタ間の直流電圧を示し，V_{CE} はコレクタとエミッタ間の直流電圧を示す．V_{BB}〔V〕はバイアス電源の直流電圧，V_{CC}〔V〕は直流電源電圧，v_i〔V〕は信号電圧を示す．また，R_L〔Ω〕は負荷抵抗 R_S〔Ω〕を変成器の一次側から見た場合の等価負荷抵抗を示す．

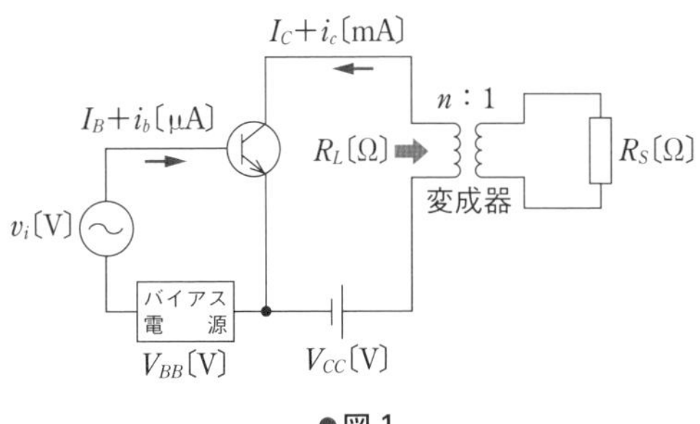

●図 1

(a) 図 1 のトランジスタの V_{BE}-I_B 特性を図 2 に示す．図 2 中の①，②および③で示す点はトランジスタの動作点であり，これらに関する記述として，誤っているのは次のうちどれか．

(1) 出力波形のひずみが最も大きいのは，①である．

(2) プッシュプル電力増幅回路に使われるのは，通常②である．

(3) 電源効率が最もよいのは，②である．

(4) ①での動作は，③の動作よりトランジスタ回路の発熱が少ない．

(5) 出力波形のひずみが最も小さいのは，③である．

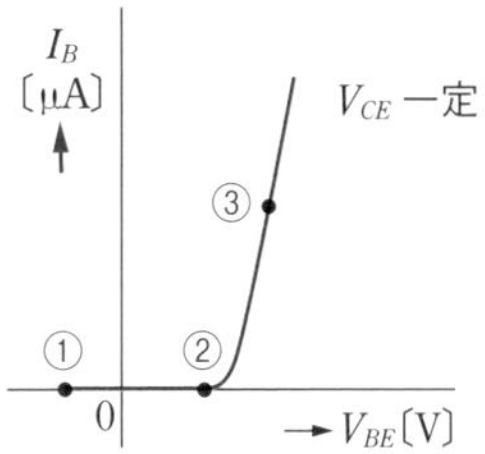

●図 2

(b) 図 1 の基本回路が A 級電力増幅器として動作している場合のトランジスタの V_{CE}-I_C 特性例を図 3 に示す．なお，赤い線は交流負荷線および直流負荷線を，点 P はトランジスタの最適な動作点を示す．

この場合，負荷抵抗 R_S〔Ω〕に供給される最大出力電力 P_{om}〔mW〕の値と変成器の巻数比 n の値として，最も近いものを組み合わせたのは次のうちどれか．

ただし，負荷抵抗 $R_S=8\,\Omega$，電源電圧 $V_{CC}=6\,\text{V}$ とする．また，変成器の巻線抵抗およびトランジスタの遮断領域や飽和領域による特性の誤差は無視できるものとする．

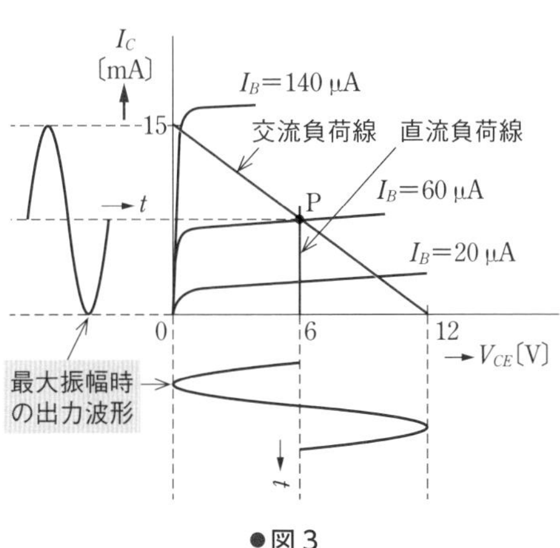

●図 3

	P_{om}〔mW〕	n
(1)	23	10
(2)	23	16
(3)	30	10
(4)	30	16
(5)	45	16

■16 (H26 B-18)

図1は，代表的なスイッチング電源回路の原理図を示している．次の (a) および (b) の問に答えよ．

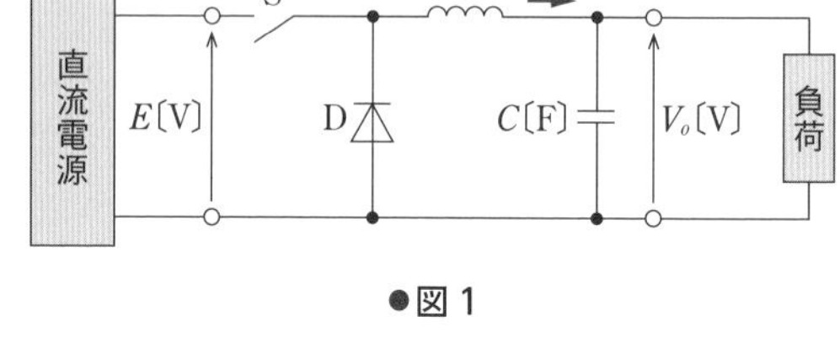

●図1

(a) 回路の説明として，誤っているのは次のうちどれか．

(1) インダクタンス L〔H〕のコイルは，スイッチSがオン（on）のときに電磁エネルギーを蓄え，Sがオフ（off）のときに蓄えたエネルギーを放出する．

(2) ダイオードDは，スイッチSがオンのときには電流が流れず，Sがオフのときに電流が流れる．

(3) 静電容量 C〔F〕のコンデンサは，出力電圧 V_o〔V〕を平滑化するための素子であり，静電容量 C〔F〕が大きいほどリプル電圧が小さい．

(4) コイルのインダクタンスやコンデンサの静電容量値を小さくするためには，スイッチSがオンとオフを繰り返す周期（スイッチング周期）を長くする．

(5) スイッチの実現には，バイポーラトランジスタや電界効果トランジスタが使用できる．

(b) スイッチSがオンの間にコイルの電流 I が増加する量を ΔI_1〔A〕とし，スイッチSがオフの間に I が減少する量を ΔI_2〔A〕とすると，定常的には図2の赤線に示すような電流の変化がみられ，$\Delta I_1 = \Delta I_2$ が成り立つ．

ここで出力電圧 V_o〔V〕のリプルは十分小さく，出力電圧を一定とし，電流 I の増減は図2のように直線的であるとする．また，ダイオードの順方向電圧は0Vと近似する．さらに，スイッチSがオン並びにオフして

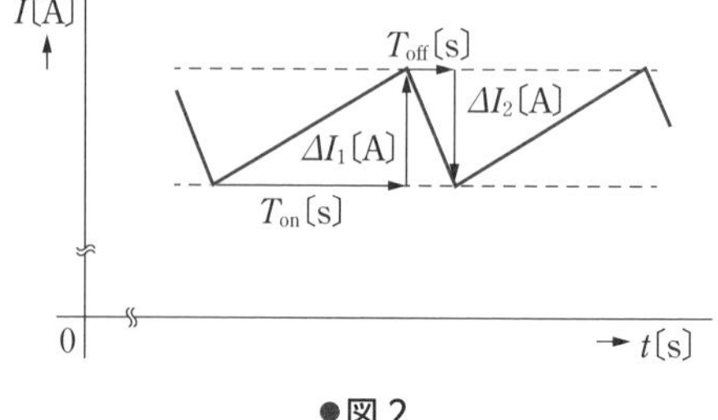

●図2

いる時間をそれぞれ T_{on}〔s〕，T_{off}〔s〕とする．

ΔI_1 と V_o を表す式の組合せとして，正しいのは次のうちどれか．

	ΔI_1	V_o
(1)	$\dfrac{(E-V_o)T_{\mathrm{on}}}{L}$	$\dfrac{T_{\mathrm{off}}E}{T_{\mathrm{on}}+T_{\mathrm{off}}}$
(2)	$\dfrac{(E-V_o)T_{\mathrm{on}}}{L}$	$\dfrac{T_{\mathrm{on}}E}{T_{\mathrm{on}}+T_{\mathrm{off}}}$
(3)	$\dfrac{(E-V_o)T_{\mathrm{on}}}{L}$	$\dfrac{(T_{\mathrm{on}}+T_{\mathrm{off}})E}{T_{\mathrm{off}}}$
(4)	$\dfrac{(V_o-E)T_{\mathrm{on}}}{L}$	$\dfrac{(T_{\mathrm{on}}+T_{\mathrm{off}})E}{T_{\mathrm{on}}}$
(5)	$\dfrac{(V_o-E)T_{\mathrm{on}}}{L}$	$\dfrac{(T_{\mathrm{on}}+T_{\mathrm{off}})E}{T_{\mathrm{off}}}$

■ 17 (H25 B-18)

図は，NOT IC，コンデンサ C および抵抗 R を用いた非安定マルチバイブレータの原理図である．次の (a) および (b) の問に答えよ．

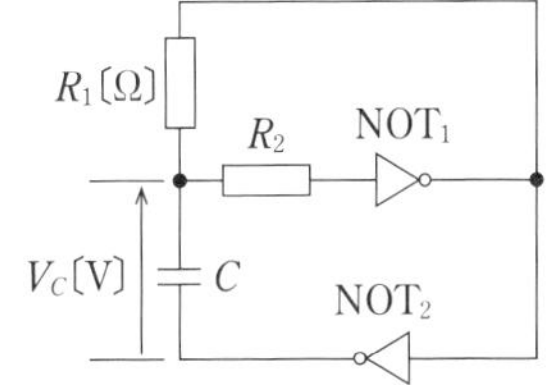

(a) この回路に関する三つの記述（ア）～（ウ）について，正誤の組合せとして，正しいのは次のうちどれか．

（ア）この回路は電源を必要としない．

（イ）抵抗 R_1〔Ω〕の値を大きくすると，発振周波数は高くなる．

（ウ）抵抗 R_2〔Ω〕は，NOT$_1$ に流れる入力電流を制限するための素子である．

	（ア）	（イ）	（ウ）
(1)	正	正	正
(2)	正	正	誤
(3)	正	誤	誤
(4)	誤	正	誤
(5)	誤	誤	正

(b) 次の波形の中で，コンデンサ C の端子間電圧 V_C〔V〕の時間 t〔s〕の経過による変化の特徴を最もよく示している図として，正しいのは次のうちどれか．ただし，いずれの図も 1 周期分のみを示している．

(1)
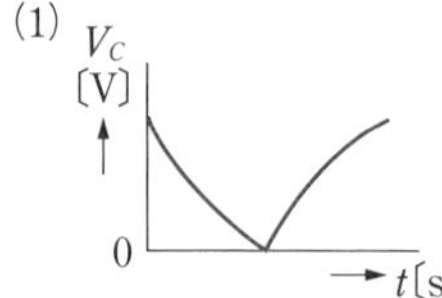

(2)
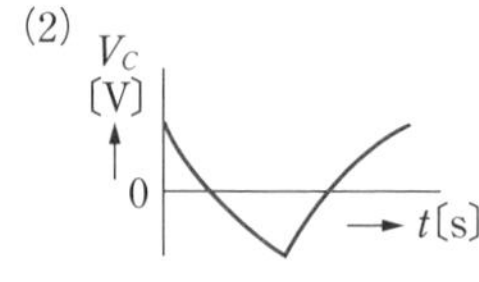

(3)
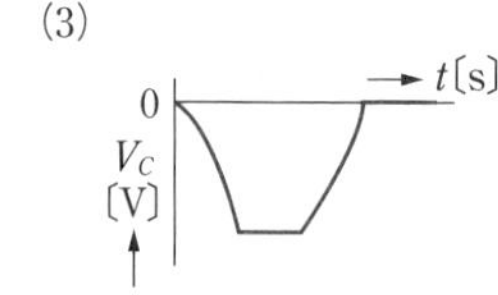

(4)
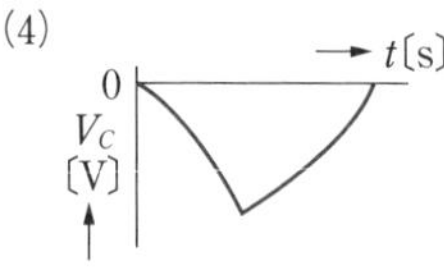

(5)
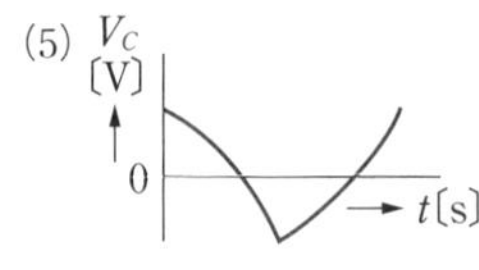

■ 18 (H30 B-16)

エミッタホロワ回路について，次の (a) および (b) の問に答えよ．

(a) 図 1 の回路で $V_{CC} = 10\,\mathrm{V}$，$R_1 = 18\,\mathrm{k\Omega}$，$R_2 = 82\,\mathrm{k\Omega}$ とする．動作点におけるエミッタ電流を 1 mA としたい．抵抗 R_E の値〔kΩ〕として，最も近いのは次のうちどれか．ただし，動作点において，ベース電流は R_2 を流れる直流電流より十分小さく無視できるものとし，ベース - エミッタ間電圧は 0.7 V とする．

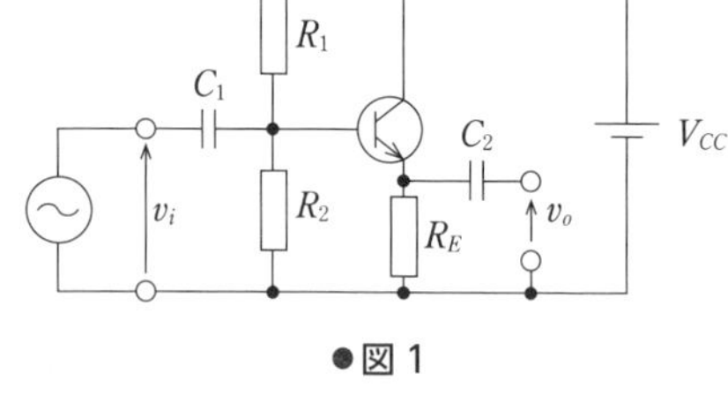

●図 1

(1) 1.3　(2) 3.0　(3) 7.5
(4) 13　(5) 75

(b) 図 2 は，エミッタホロワ回路の交流等価回路である．ただし，使用する周波数において図 1 の二つのコンデンサのインピーダンスが十分に小さい場合を考えている．ここで，$h_{ie} = 2.5\,\mathrm{k\Omega}$，$h_{fe} = 100$ であり，R_E は小問 (a) で求めた値とする．入力インピーダンス $\dfrac{v_i}{i_i}$ の値〔kΩ〕として，最も近いのは次のうちどれか．ただし，v_i と i_i はそれぞれ図 2 に示す入力電圧と入力電流である．

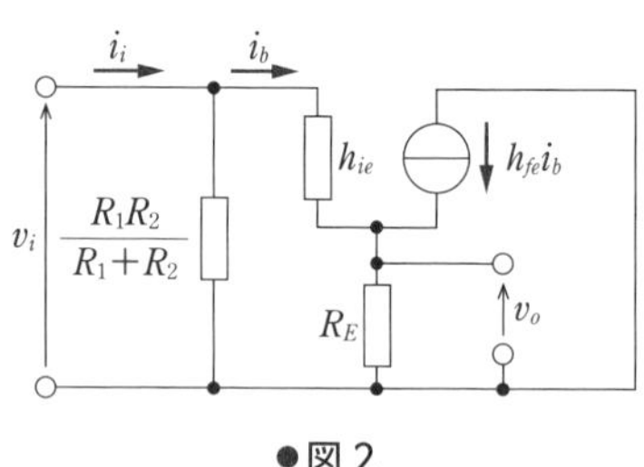

●図 2

(1) 2.5　(2) 15　(3) 80
(4) 300　(5) 750

Chapter

4

電気・電子計測

学習のポイント

電気計測および電子計測は，電磁理論，電気回路，電子理論の応用ともいえる分野である．指示電気計器の動作原理や測定回路などは，1，2，3 章の理解の総仕上げのつもりで取り組んでもらいたい．

指示計器は，動作原理と，適用に関しての出題が繰り返されているので，各節の問題によりよく理解しておく．

電気諸量の測定は，分流器，倍率器，三電圧計法，三電流計法，二電力計法などについて，電気回路の応用として，よく練習しておく必要がある．

回路定数の測定も同様のことがいえるが，特にブリッジに関する計算は，電気回路の問題として出題されることもあるので，よく練習しておくことが望ましい．

ディジタル形や電子式計器による計測については，計器の特徴と計測上の留意点を中心に理解しておく．

さらに，近年，誤差や誤差率に関する出題もあるため，定義や考え方を理解しておく．

指示計器の動作原理と使用法

［★★］

電圧計，電流計など，指針と目盛によって量を読み取る計器を**指示電気計器**という．特に，**直動式指示電気計器**は，測定量の大きさに対応して，動力が発生する仕組みになっており，その動きを読み取って測定量を測る装置である．この指示電気計器の目盛板の記号例を図 4·1 に示す．

●表 4・1　測定量の種類と単位記号

種類	単位記号
電流	A，mA，kA
電圧	V，mV，kV

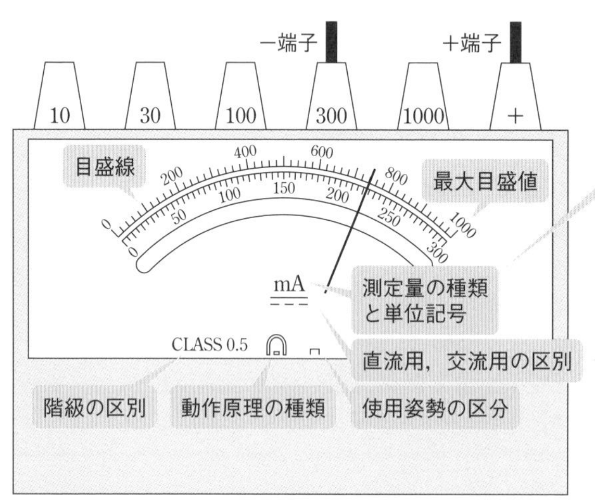

●表 4・2　直流用，交流用の区別

種　類	記　号
直　流	⎓
交　流	～
直流・交流	≂

●図 4・1　指示電気計器の目盛板の記号例

図 4·1 で，階級の区別は計器の誤差の限度を示しており，次節の「4-2 誤差と補正」の表 4·5 に示す．動作原理の種類は表 4·4 に示しており，次項以降で詳しく説明する．また，姿勢の区分は，表 4·3 の使用姿勢の記号を表している．

●表 4・3　使用姿勢の記号

使用姿勢	記　号
鉛直	⊥
水平	⊓
傾斜（例 60°）	∠60°

●表 4・4 指示計器の概要

分類	記号	記号の覚え方	計器の動作原理	使用回路	指 示	適用計器
可動コイル形		U 磁石にコイルがはさまっている	永久磁石とコイル電流の電磁作用	直 流	平均値	電圧計 電流計 抵抗計 温度計 磁束計
可動鉄片形		コイルに鉄片が入っている	軟磁性材に生ずる磁気誘導作用	交 流 (直流)	実効値	電圧計 電流計
電流力計形		可動コイル 1 つと固定コイル 2 つ	固定・可動コイル電流間の電磁作用	交直流	実効値	電圧計 電流計 電力計
整流形	(注)	整流器	整流器の整流作用	交 流	(平均値)×(正弦波の波形率)	電圧計 電流計 回転計
熱電対形	(注) 	熱線と 2 種類の金属	熱電効果作用	交直流	実効値	電圧計 電流計 電力計
静電形		2 つの電極板のうち片方が可動	静電的吸引，反発力	交直流	実効値	電圧計
誘導形		棒を中央に誘導	磁界とうず電流の相互作用	交 流	実効値	電圧計 電流計 電力計 電力量計

(注) 整流形と熱電対形は，可動コイル形と組み合わせて交流も測定できるようにしているから，次のように並べて示す．

1 可動コイル形

図 4･2 のように，永久磁石の磁極片の間に円筒状鉄心を入れ，可動コイルがその空げき内に置かれている．うず巻ばねを通して n 巻のコイルに電流 I を流すとき，磁界は鉄心に対して放射状に平等に分布するので，発生トルクは回転角度によらず常に

$$\tau = nIBhb \ \text{〔N·m〕} \quad (4 \cdot 1)$$

トルク τ = 電磁力 $nIBh$ × 腕の長さ b

となり，電流の 1 乗に比例する．

空げきの磁束密度を大きくできるので，他の方式より高感度となる．

コイルの発生トルクとうず巻ばねの弾性による制御トルクがつり合う角度で指

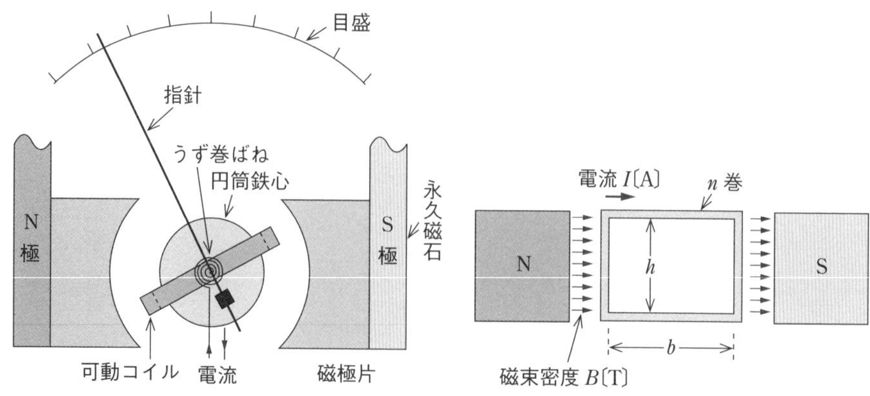

●図 4・2　可動コイル形計器の原理図

針は静止する．うず巻ばねの制御トルクは回転角度に比例するので，指針の回転角度は発生トルクに比例し，目盛は平等目盛となる．

コイル電流が直流と交流成分を含む脈流のときは，指針可動部の慣性モーメントが大きいため，発生トルクの交流成分に応答できず，**指針はコイル電流の平均値を指示**する．**可動コイル形計器は直流用の計器**であり，直接には交流量の測定はできない．

交流を流しても力の向きが逆転し，針が右と左に振れて測れない

2 可動鉄片形

図 4･3 に反発吸引式の原理図を示す．測定する電流を固定コイルに流して，これによる磁界で鉄片を同一方向に磁化し，鉄片間に生じる反発力や吸引力によって可動部分に駆動トルクが働くようにしている．図 4･3 において，A_1，A_2 は固定鉄片であり，B_1，B_2 は軸に取り付けられた可動鉄片を示す．この A_1 と B_1，A_2 と B_2 は互いに同極性のため反発力が働く．角度が開くと反発力が弱くなるが，上下の鉄片対となる A_1 と B_2，A_2 と B_1 には吸引力が働くようになるので，発生トルクを均等に近くすることができる．

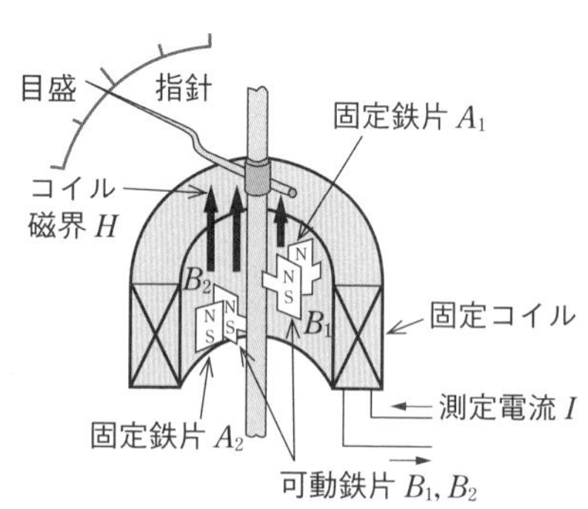

●図 4・3　可動鉄片形（反発吸引式）の原理図

コイルによる磁界 H は測定電流 I に

比例し，各鉄片の強さ m は H に比例する．クーロンの法則により，鉄片間の力 F は，距離 r のとき

$$F=\frac{m_1m_2}{4\pi\mu r^2}\propto H^2\propto I^2 \qquad (4\cdot2)$$

となり，電流の 2 乗に比例する．$I=I_m\sin\omega t$ とすると

$$F\propto {I_m}^2\sin^2\omega t=\frac{{I_m}^2}{2}(1-\cos2\omega t) \qquad (4\cdot3)$$

の関係があり，2ω の周波数成分に可動部は機械的に応答できないので，結局，発生トルクは電流の実効値の 2 乗に比例することになる．**計器の指示値は実効値である.**

発生トルクに比例して目盛ると 2 乗目盛となるが，実際には，鉄片の形，配置を適当にして均等目盛に近くなるようにつくられている．

可動部の構造が簡単なため，丈夫で安価であり，**交流用計器**として広く用いられる．直流回路に使用すると，鉄片のヒステリシスのため誤差が生じる．

3　電流力計形

図 4･4 に電流力計形電力計の原理図を示す．固定コイルの内側に可動コイルを配置し，固定コイルに電流 I を流して，固定コイルに生じる磁界と可動コイル

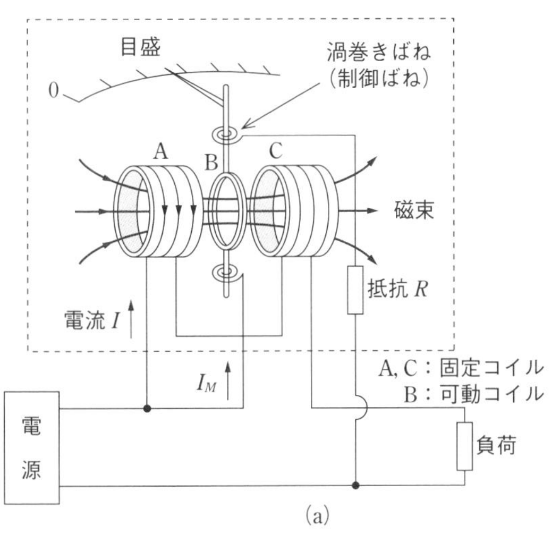

(a)

固定コイルに負荷電流 I を流し，可動コイルに負荷の端子電圧を加えるので，可動コイルの電流 I_M は V に比例する．測定電力 $P=VI\cos\phi$ は計器の振れ θ との関係として，$P=VI\cos\phi=\mathrm{k}\theta$ となる．

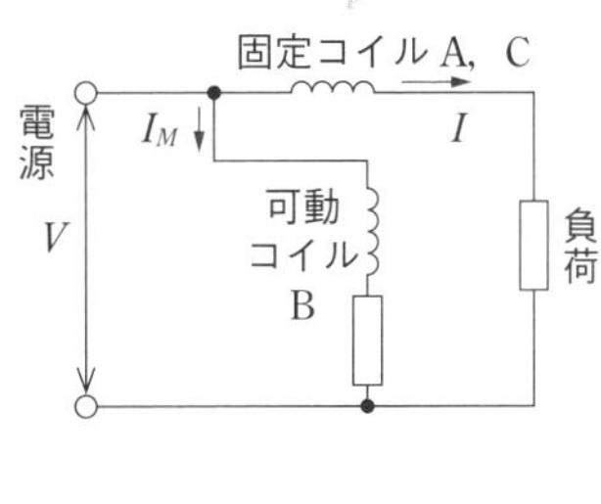

(b)（a）の等価回路

●図 4・4　電流力計形電力計の原理図

に流れる電流 I_M とによる電磁力を利用して，可動コイルに駆動トルクを生じさせる．すなわち，固定コイルの磁束密度 B はコイル電流 I に比例し，可動コイルの電流 I_M により，可動コイルには $BI_M \propto II_M$ のトルク τ が働く．

図 4·4 では，可動コイルに電圧に比例する $kE_m \sin\omega t$，固定コイルに負荷電流 $I_m \sin(\omega t-\phi)$ を流せば

$$\tau \propto kE_m \sin\omega t I_m \sin(\omega t-\phi)$$
$$=\frac{kE_m I_m}{2}\{\cos\phi-\cos(2\omega t-\phi)\} \tag{4・4}$$

$\cos(A-B)-\cos(A+B)=2\sin A\sin B$ の公式を活用

の関係があり，平均トルクとしては

$$\bar{\tau} \propto EI\cos\phi = P \tag{4・5}$$

となって電力に比例したトルクを生じ，**電力計として使用**できる．

一方，両コイルに同じ電流 $I=I_m \sin\omega t$ を流せば，式（4·3）と同様にして，実効値の 2 乗に比例する．すなわち，**実効値指示の計器となる**．

直流と交流との指示差が少なく，直流で目盛定めができるので，**交直流比較器**として，また交流標準用計器として使用されるが，消費電力は大きい．

4　誘　導　形

誘導形計器のうち，これまで，交流の電力量を測定するために，誘導形電力量計がよく使われてきた．これは，図 4·5 に示すように，**アラゴの円盤**の原理を

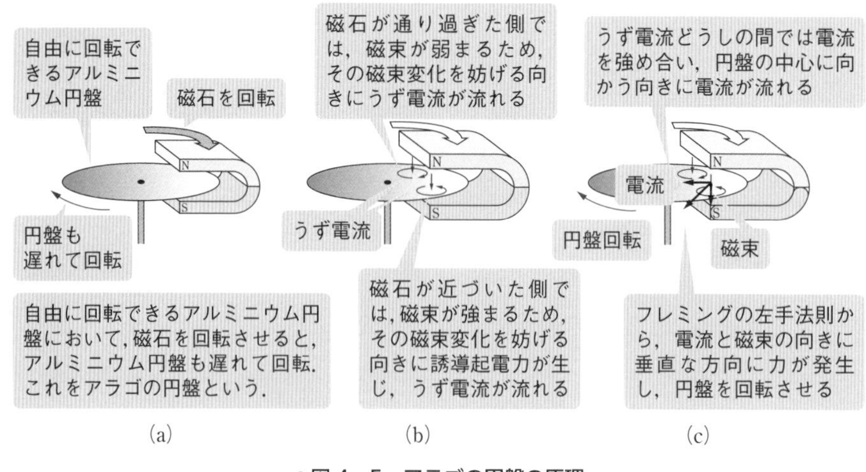

●図 4・5　アラゴの円盤の原理

利用している．

図 4･6 に**誘導形電力量計**を示す．これは，アルミニウム回転円盤をはさんで電圧コイルと電流コイルを置き，電圧コイルには負荷電圧を加え，電流コイルには負荷電流 i_c を流すと，両方のコイルによって円盤を貫く磁束が生ずる．電流コイルによって生ずる磁束は円盤上の点 a と点 c では逆向きになる．一方，電圧コイルは巻数が多く，そのインダクタンスは電流コイルのインダクタンスに比べ極めて大きいので，電圧コイルを流れる電流 i_p によって生ずる点 b の磁束は，点 a の磁束より位相が $\dfrac{\pi}{2}$〔rad〕遅れる．これが図 4･6（b）の移動磁界のベクトル図である．つまり，円盤上の磁束は時間の経過に伴って a→b→c の順に大きくなって移動磁界を作り，これにより円盤のうず電流が流れ，電磁力が生じ，円盤は磁界の移動方向に回転する．このときの電磁力は負荷の電力に比例する．

他方，円盤の回転によって制動磁石により生ずる制動トルクは円盤の回転数に比例する．このため，円盤は両方のトルクがつりあった回転数で回転する．つまり，円盤は負荷電力に比例した回転数で回転する．誘導形電力量計は，この回転数を積算し，電力量を表示する．

式 (4･31) ～式 (4･33) を参照

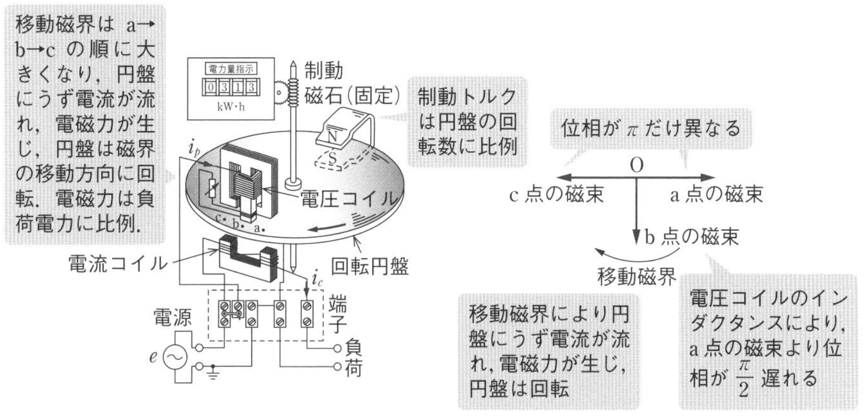

（a）誘導形電力量計の構造　（b）移動磁界のベクトル図

●図 4・6　誘導形電力量計

Chapter 4

5 静電形

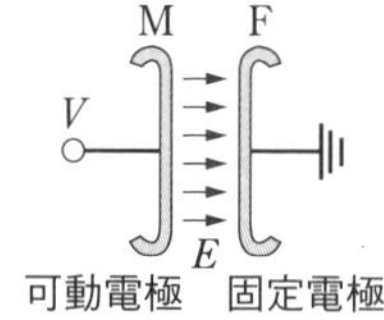

●図 4・7　静電形計器の原理図

図 4·7 のように，固定電極 F と可動電極 M との間に電圧 V を加えると，可動電極は静電力により吸引される．

電極間の静電容量を C とすると，電荷 $Q=CV$，電界 E は V に比例するとして，電極の受ける力 F は $F=QE\propto V^2$ となり，電圧の 2 乗に比例したトルクを生ずるので，交流の場合，実効値に比例するトルクとなる．

目盛は，電極の形を適当にして，均等目盛に近くなるようにつくられている．

静電形計器は消費電流が小さいので，**高電圧，高インピーダンス回路の電圧測定に適している**．

直流と交流の指示差が小さいので，**交直流比較器**に使用される．

6 整流形

図 4·8 や図 4·9 のように，交流電圧や交流電流をダイオードにより整流して直流に変換し，これを可動コイル形計器で指示させる．

可動コイル形計器は整流電流の平均値を示すので，正弦波形の波形率［波形率 $=$ 実効値/平均値 $=(E_m/\sqrt{2})/(2E_m/\pi)=\pi/2\sqrt{2}=1.11$］を用いて，**平均値指示の目盛値を 1.11 倍して実効値目盛としてある**．たとえば，測定電流が 1A（実効値）のとき，平均値の 0.9A 相当の位置を指すが，目盛板には 1.11 倍の 1A を目盛るため，目盛りは正弦波交流の実効値と一致する．

一方，波形が正弦波からひずむと，波形誤差が生ずる．そこで，ひずみ波交流を測定するときには，計器の読みを 1.11 で除して平均値を求め，ひずみ波の波形率倍を実効値として求める．

可動コイル形計器が高感度のため，交流計器中では最も感度がよく，周波数特性も良好であり，目盛はほぼ等分になって読みやすい．

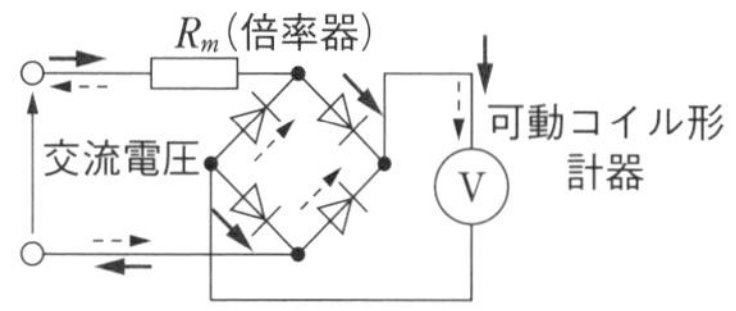

●図 4・8　整流形計器（電圧計）

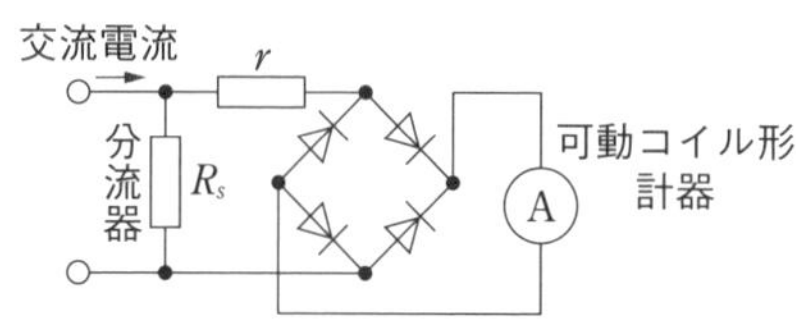

●図 4・9　整流形計器（電流計）

7 熱 電 対 形

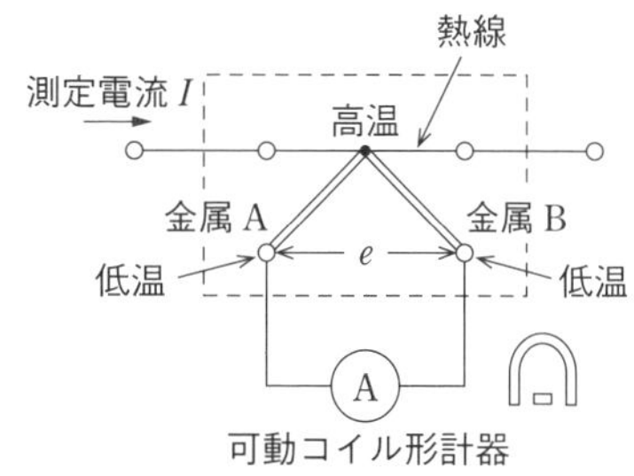

●図 4・10　熱電対形計器の原理図

熱電対形計器は，図 3･89 のゼーベック効果を応用するもので，図 4･10 のように，熱線に測定したい電流を流し，熱線の温度を熱電対で起電力に変換し，これによる電流を可動コイル形計器で指示する．

熱線に測定電流を流すとき，この温度上昇は熱線で発生するジュール熱 I^2R に起因するうえに，熱電対に起こる起電力つまり熱電流（図 4･10 の電流計の振れ）は温度上昇に比例することから，電流計の振れは測定電流 I の 2 乗に比例する．したがって，熱電対形計器は 2 乗目盛となり，定義どおりの**交流実効値を指示**でき，波形誤差がない．**直流から高周波まで使用可能**である．

ただし，熱線の過負荷に対する余裕が少ないので，熱線が切れやすいため，計器の取扱いに注意を要する．

8 ディジタル形

ディジタル形計器は，連続した量（アナログ量）を連続でない離散した量（ディジタル量）に変換して数値で表示するもので，このブロック図を図 4･11 に示す．ここで，A–D 変換器が重要であり，雑音や精度，安定度の面から，実用されているものとしては二重積分方式やパルス幅変調方式などがある．

A–D 変換の際に行う処理が**量子化**である．この量子化においては，連続的な値を 0 と 1 の 2 進数で表し，連続的な値を段階的なディジタル量に変換する．

図 4･12 は二重積分形 A–D 変換器の原理を示すもので，まず入力電圧 V_i を一定時間（t_i）だけ積分する．次に，今度は，逆方向に，基準電圧 V_S で積分し，電圧が 0（元の電圧）になるまでの時間 t_S を計る．この時間（t_S）の計測は一定周波数のクロック信号を使用する．そして，t_i と t_S の比と基準電圧から，入力

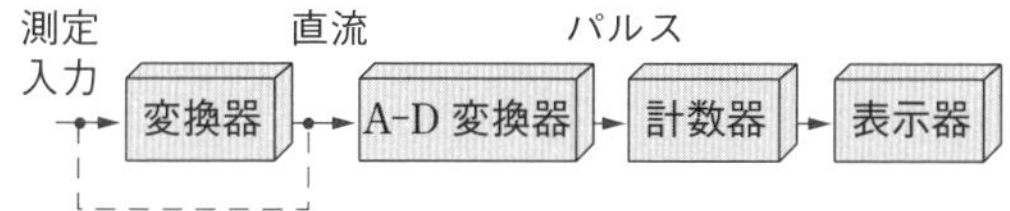

●図 4・11　ディジタル形指示計器の構成ブロック

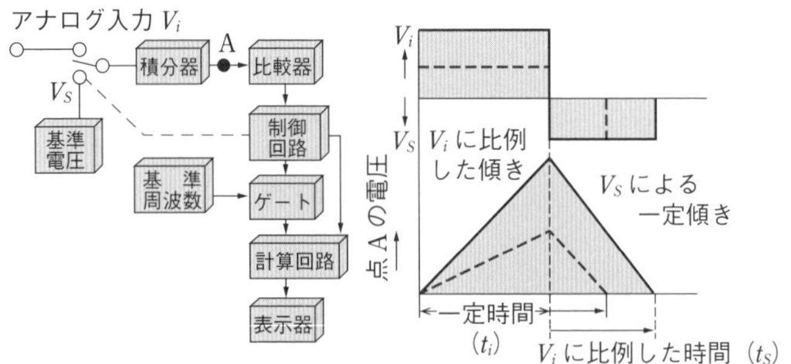

●図 4・12　二重積分形 A-D 変換器の原理

電圧を知ることができる（詳細は問題 6 を参照）.

積分器の特性や基準周波数の変動，周期性雑音などは，2 回の積分により相殺されるので影響が少なくなる．ディジタル形計器は

①測定は自動的で，読取誤差や測定者の個人差がない

②測定精度が高く，経年変化が少ない

③データ処理装置との結合が容易で，測定の自動化，省力化が可能

などの特徴があり，電子技術の進歩により，広く使用されている.

ディジタルマルチメータは，被測定量として直流電圧，直流電流，交流電圧，交流電流，抵抗を扱い，これを入力として入力信号変換部とディジタル電圧計とで構成される．これはスイッチを切り換えることで各種の量を測定できるようにした多機能計器である.

問題 1　R1 A-14

直動式指示電気計器の種類，JIS で示される記号および使用回路の組合せとして，正しいものを次の（1）～（5）のうちから一つ選べ.

	種　類	記　号	使用回路
(1)	永久磁石可動コイル形		直流専用
(2)	空心電流力計形		交流・直流両用
(3)	整流形		交流・直流両用
(4)	誘導形		交流専用
(5)	熱電対形（非絶縁）		直流専用

表 4·4 に示す指示電気計器の動作原理の分類と記号については覚える．覚え方は表 4·4 を参照する．

解説 (1) の記号は誘導形で誤り．**(2)** は正しい．(3) の整流形は交流専用であるから，誤り．(4) の記号は熱電対形であるから，誤り．(5) の記号は可動コイル形であるから，誤り．

解答 ▶ (2)

問題 2　H16 A-14

交流の測定に用いられる測定器に関する記述として，誤っているのは次のうちどれか．

(1) 静電形計器は，低い電圧では駆動トルクが小さく誤差が大きくなるため，高電圧測定用の電圧計として用いられる．

(2) 可動鉄片形計器は，丈夫で安価であるため商用周波数用に広く用いられている．

(3) 振動片形周波数計は，振れの大きな振動片から交流の周波数を知ることができる．

(4) 電流力計形電力計は，交流および直流の電力を測定できる．

(5) 整流形計器は，測定信号の波形が正弦波形よりひずんでも誤差を生じない．

解説 整流形における可動コイル形計器は平均値を示すので，正弦波の波形率 (1.11) を用いて平均値指示の目盛値を 1.11 倍して実効値目盛としている．したがって，波形が正弦波からひずむと，波形誤差が生ずるので，**(5)** は誤り．

なお，振動片形周波数計は，多数の金属性の振動片を内蔵した計器である．それぞれの振動片は，固有の周波数で共振するように作られており，測定入力の周波数に対応した振動片の共振で，周波数を測定することができる．

解答 ▶ (5)

問題 3　H17 A-14

図は，[　(ア)　] の可動鉄片形計器の原理図で，この計器は構造が簡単なのが特徴である．固定コイルに電流を流すと可動鉄片および固定鉄片が [　(イ)　] に磁化され，駆動トルクが生じる．指針軸は渦巻きばね（制御ばね）の弾性によるトルクとつり合うところまで回転し停止する．この計器は，鉄片のヒステリシスや磁気飽和，うず電流やコイルのインピーダンスの変化などで誤差が生じるので，一般に [　(ウ)　] の電圧，電流の測定に用いられる．

上記の空白箇所（ア），（イ）および（ウ）に記入する語句の組み合わせとして，正しいのは次のうちどれか．

	（ア）	（イ）	（ウ）
(1)	反発形	同一方向	商用周波数
(2)	吸引形	逆方向	直流
(3)	反発形	逆方向	商用周波数
(4)	吸引形	同一方向	高周波および商用周波数
(5)	反発形	逆方向	直流

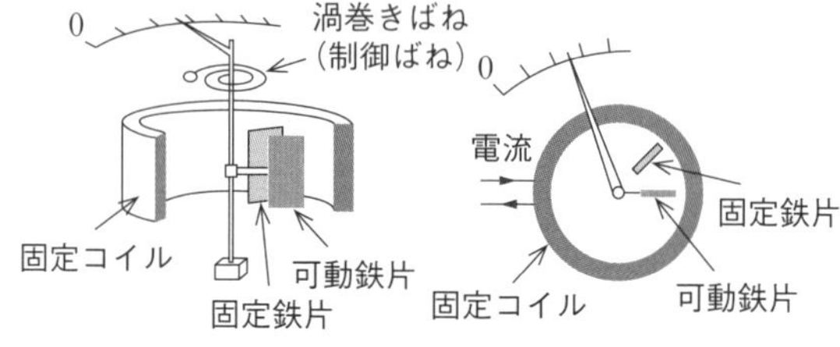

解説 **反発形**の可動鉄片形計器における駆動トルクは，解図に示すように，固定鉄片と可動鉄片がコイル軸の方向に同一極性に磁化され，磁極間の反発力 F によって生ずる．磁化される両鉄片の磁極の強さをそれぞれ m_1，m_2 とすれば，駆動トルク T_D は $T_D = k_1m_1m_2f(\theta) = k_2I^2f(\theta)$ となる．ここで，$f(\theta)$ は，鉄片やコイルの形状によって変わり，均等目盛に近くなるようにつくられている．可動鉄片形計器は，100 Hz 以下の電圧，電流の測定に用いる．

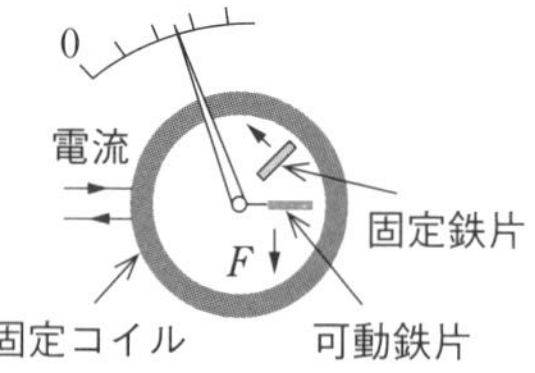

●解図

解答 ▶ (1)

問題4 H17 A-13

商用周波数の正弦波交流電圧 $v = 100\sqrt{2}\sin\omega t$〔V〕をダイオードにより半波整流して，100 Ω の抵抗負荷に供給した．このとき，抵抗負荷に流れる電流を，熱電形電流計で測定すると （ア） 〔mA〕，可動コイル形電流計で測定すると （イ） 〔mA〕を示す．ただし，ダイオードは理想的なものとし，電流計の内部抵抗は無視できるものとする．

上記の空白箇所（ア）および（イ）に記入する数値の組合せとして，最も近いのは次のうちどれか．

	（ア）	（イ）
(1)	450	707
(2)	450	900
(3)	900	450
(4)	707	900
(5)	707	450

熱電形電流計は実効値を指示し，可動コイル形電流計は平均値を指示する．実効値，平均値は，2 章の式 (2·52)，式 (2·54) に基づいて計算する．

解説　$\omega t=\theta$ として，$0\leqq\theta\leqq\pi$ の間に流れる電流 i は，$i=\dfrac{v}{R}=\dfrac{100\sqrt{2}}{100}\sin\theta=\sqrt{2}\sin\theta$〔A〕であり，$\pi\leqq\theta\leqq 2\pi$ の間では半波整流しているので $i=0$ である．

$$\text{実効値 } i_e=\sqrt{\frac{1}{2\pi}\int_0^{2\pi}i^2 d\theta}=\sqrt{\frac{1}{2\pi}\int_0^{\pi}2\sin^2\theta d\theta}=\sqrt{\frac{1}{2\pi}\int_0^{\pi}(1-\cos 2\theta)d\theta}$$

$$=\sqrt{\frac{1}{2\pi}\left[\theta-\frac{1}{2}\sin 2\theta\right]_0^{\pi}}=\frac{1}{\sqrt{2}}\mathrm{A}=\mathbf{707\ mA}$$

$$\text{平均値 } i_a=\frac{1}{2\pi}\int_0^{\pi}\sqrt{2}\sin\theta d\theta=\frac{\sqrt{2}}{2\pi}[-\cos\theta]_0^{\pi}=\frac{\sqrt{2}}{\pi}\mathrm{A}=\mathbf{450\ mA}$$

解答 ▶ (5)

問題 5　H27 A-14

目盛が正弦波交流に対する実効値になる整流形の電圧計（全波整流形）がある．この電圧計で図のような周期 20 ms の繰り返し波形電圧を測定した．

このとき，電圧計の指示の値〔V〕として，最も近いのは次のうちどれか．

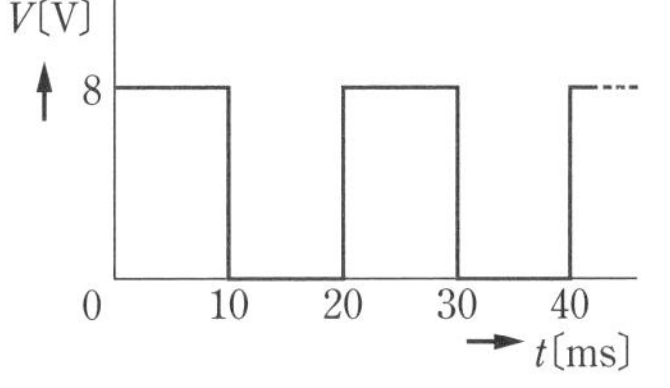

(1) 4.00　(2) 4.44　(3) 4.62
(4) 5.14　(5) 5.66

整流形計器は測定波形を全波整流して可動コイル形計器で計測するため，整流波形の平均値を指示する．しかし，整流形計器は正弦波交流の実効値の測定を前提としているため，正弦波の波形率 (1.11) 倍した目盛りを割り振ることで，見かけ上実効値を示すように工夫されている．

解説　問題図の電圧波形の平均値 V_{av} は 1 周期分に着眼して

$$V_{av}=\frac{8\,\mathrm{V}\times 10\,\mathrm{ms}+0\,\mathrm{V}\times 10\,\mathrm{ms}}{20\,\mathrm{ms}}=4\,\mathrm{V}$$

したがって，電圧計の指示は，$1.11V_{av}=1.11\times 4=\mathbf{4.44\ V}$ である．

解答 ▶ (2)

問題6　R1 B-18

図1は，二重積分形 A-D 変換器を用いたディジタル直流電圧計の原理図である．次の (a) および (b) の問に答えよ．

(a) 図1のように，負の基準電圧$-V_r(V_r>0)$〔V〕と切換スイッチが接続された回路があり，その回路を用いて正の未知電圧$V_x(>0)$を測定する．まず，制御回路によってスイッチがS_1側へ切り換わると，時刻$t=0$s で測定電圧V_x〔V〕が積分器へ入力される．その入力電圧V_i〔V〕の時間変化が図2 (a) であり，積分器からの出力電圧V_o〔V〕の時間変化が図2 (b) である．ただし，$t=0$s での出力電圧を$V_o=0$V とする．時刻t_1におけるV_o〔V〕は，入力電圧V_i〔V〕の期間$0\sim t_1$〔s〕で囲われる面積Sに比例する．積分器の特性で決まる比例定数を$k(>0)$とすると，時刻$t=T_1$〔s〕のときの出力電圧は，$V_m=$ (ア) 〔V〕となる．

定められた時刻$t=T_1$〔s〕に達すると，制御回路によってスイッチがS_2側に切り換わり，積分器には基準電圧$-V_r$〔V〕が入力される．よって，スイッチS_2の期間中の時刻t〔s〕における積分器の出力電圧の大きさは，$V_o=V_m-$ (イ) 〔V〕と表される．

積分器の出力電圧V_oが 0V になると，電圧比較器がそれを検出する．$V_o=0$V のときの時刻を$t=T_1+T_2$〔s〕とすると，測定電圧は，$V_x=$ (ウ) 〔V〕と表される．さらに，図2 (c) のようにスイッチS_1，S_2の各期間T_1〔s〕，T_2〔s〕中にクロックパルス発振器から出力されるクロックパルス数をそれぞれN_1，N_2とすると，N_1は既知なのでN_2をカウントすれば，測定電圧V_xがディジタル信号に変換される．ここでクロックパルスの周期T_sは，クロックパルス発振器の動作周波数に (エ) する．

上記の空白箇所（ア），（イ），（ウ）および（エ）に当てはまる組合せとして，正しいものを次の (1)～(5) のうちから一つ選べ．

	(ア)	(イ)	(ウ)	(エ)
(1)	kV_xT_1	$kV_r(t-T_1)$	$\dfrac{T_2}{T_1}V_r$	反比例
(2)	kV_xT_1	kV_rT_2	$\dfrac{T_2}{T_1}V_r$	反比例
(3)	$k\dfrac{V_x}{T_1}$	$k\dfrac{V_r}{T_2}$	$\dfrac{T_1}{T_2}V_r$	比例
(4)	$k\dfrac{V_x}{T_1}$	$k\dfrac{V_r}{T_2}$	$\dfrac{T_1}{T_2}V_r$	反比例
(5)	kV_xT_1	$kV_r(t-T_1)$	$T_1T_2V_r$	比例

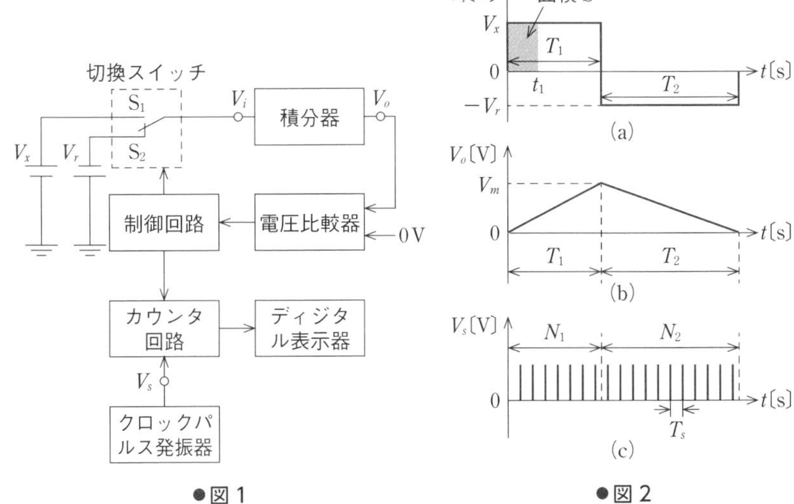

●図 1　　　●図 2

(b) 基準電圧が $V_r = 2.0\,\mathrm{V}$，スイッチの S_1 の期間 T_1〔s〕中のクロックパルス数が $N_1 = 1.0\times10^3$ のディジタル直流電圧計がある．この電圧計を用いて未知の電圧 V_x〔V〕を測定したとき，スイッチ S_2 の期間 T_2〔s〕中のクロックパルス数が $N_2 = 2.0\times10^3$ であった．測定された電圧 V_x の値〔V〕として，最も近いものを次の (1)～(5) のうちから一つ選べ．

(1) 0.5　　(2) 1.0　　(3) 2.0　　(4) 4.0　　(5) 8.0

問題を丁寧に読むと，条件が導出されるようになっている．

(a)（ア）出力電圧 V_o〔V〕は入力電圧 V_i の期間 $0\sim t_1$〔s〕で囲われる面積 S に比例し，比例定数が k であるから，入力電圧 $V_i = V_x$ で $0\sim T_1$〔s〕の期間で囲われる面積 V_xT_1 を考慮すれば，$V_m = \boldsymbol{kV_xT_1}$〔**V**〕となる．

（イ）題意より，時刻 $t \geqq T_1$ において，時刻 T_1 から時刻 t までの期間中でスイッチ S_2 側に切り換わっているとき，基準電圧 $-V_r$〔V〕が積分器に入力されているため，$-kV_r(t-T_1)$ が，時刻 T_1 までの出力 V_m に加算される．$\therefore V_o = \boldsymbol{V_m - kV_r(t-T_1)}$

（ウ）時刻 $t = T_1 + T_2$ のときに $V_o = 0$ となるから，上式に $V_o = 0$，$V_m = kV_xT_1$，$t = T_1 + T_2$ を代入すれば

$$0 = kV_xT_1 - kV_r(T_1 + T_2 - T_1) \quad \therefore V_x = \boldsymbol{\frac{T_2}{T_1}V_r}\text{〔}\mathbf{V}\text{〕}$$

（エ）周期と周波数は互いに逆数の関係があるため，**反比例**である．

(b) クロックパルス数は積分時間に比例するため，

$$\frac{T_2}{T_1}=\frac{N_2}{N_1}$$

となる．ここで，（ウ）の $V_x=\dfrac{T_2}{T_1}V_r$ に代入すれば

$$V_x=\frac{T_2}{T_1}V_r=\frac{N_2}{N_1}V_r=\frac{2.0\times10^3}{1.0\times10^3}\times2.0=\mathbf{4\ V}$$

解答 ▶ (a)-(1)，(b)-(4)

誤差と補正

［★★］

測定値を M，真の値を T とするとき，**絶対誤差**は

$$M-T \tag{4・6}$$

で表される．そして，**相対誤差**は，**絶対誤差の真の値に対する比率で定義**され

$$\varepsilon=\frac{M-T}{T} \tag{4・7}$$

Point $\varepsilon=\dfrac{M-T}{T}\times 100$ (%) が百分率誤差

と表される．これを**誤差率**ともいう．そして，これを百分率で示す（式 (4･7) を 100 倍する）のが**百分率誤差**〔%〕である．また，補正率 α は

$$\boldsymbol{\alpha}=\frac{\boldsymbol{T-M}}{\boldsymbol{M}} \tag{4・8}$$

誤差率と補正率との間には，式 (4･7) と式 (4･8) から

$$(\boldsymbol{\varepsilon}+1)(\boldsymbol{\alpha}+1)=\frac{\boldsymbol{M}}{\boldsymbol{T}}\cdot\frac{\boldsymbol{T}}{\boldsymbol{M}}=1 \tag{4・9}$$

という関係がある．

測定誤差の原因としては，計器の誤差，読取りなど測定者による誤差，測定方法や回路構成上の誤差，測定環境による誤差などがある．

電気計器は，階級に基づいて適切な用途があり，表 4･5 が分類をまとめたものである．**計器の階級は，測定レンジにおける誤差の最大値を百分率〔%〕で表したもので，最大目盛に対する最大誤差（許容差）の割合**である．たとえば，最大目盛 100 mA，階級 1.0 級の電流計における誤差の最大値は 100×0.01＝1 mA となる．

●表 4・5　指示電気計器の階級の区別

階級	許容差〔%〕	用　途
0.2 級	±0.2	副標準器用
0.5 級	±0.5	精密測定用
1.0 級	±1.0	普通測定用
1.5 級	±1.5	工業用で普通測定用
2.5 級	±2.5	精度に重点をおかないもの

1 直流電圧測定

図 4･13 の回路で a–b 間の電圧を測定する場合，電圧計の内部抵抗 r_v が無限大ではないために生ずる誤差は次のようになる.

端子 a–b 間に電圧計を接続する前の電圧を V_{ab} とし，端子 a，b から電源側を見た合成抵抗を R_{ab} とすると，端子 a，b に抵抗 r_v を接続したとき r_v に流れる電流は，2 章 2–4 節のテブナンの定理を適用すると

$$I=\frac{V_{ab}}{R_{ab}+r_v}$$

となる.

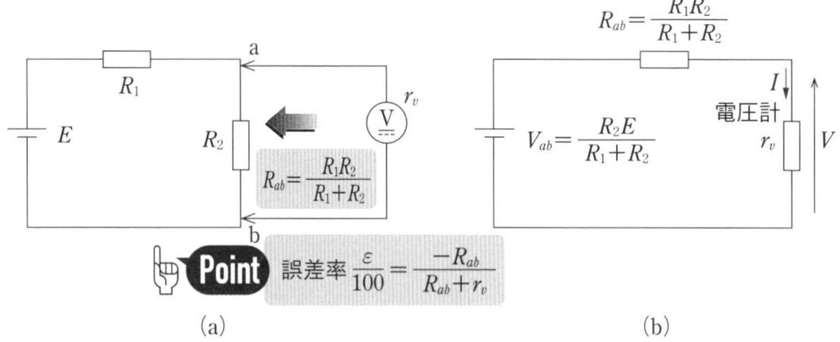

●図 4・13　直流電圧測定法の誤差

ただし，a–b 間の開放電圧は $V_{ab}=\dfrac{R_2E}{R_1+R_2}$，端子 a，b から見た電源側の合成抵抗は $R_{ab}=\dfrac{R_1R_2}{R_1+R_2}$ である．したがって，電圧計を接続したときの端子電圧は

$$V=IR=\frac{V_{ab}r_v}{R_{ab}+r_v}$$

となる．V_{ab} は誤差計算における真値 V_T である.

誤差率を ε〔%〕とすれば

$$\frac{\boldsymbol{\varepsilon}}{\mathbf{100}}=\frac{V-V_T}{V_T}=\frac{\dfrac{V_Tr_v}{R_{ab}+r_v}-V_T}{V_T}=\frac{r_v}{R_{ab}+r_v}-1=\frac{\boldsymbol{-R_{ab}}}{\boldsymbol{R_{ab}+r_v}} \qquad (4\cdot10)$$

となり，負の誤差となる.

2 直流電流測定

図4·14の回路で,電流計の内部抵抗があるために生ずる誤差は次のようになる.

電流計を接続する前のa-b間の電圧をV_{ab}とし，端子a，bから電源側を見た合成抵抗をR_{ab}とすると，端子a，bに抵抗r_aを接続したときr_aに流れる電流Iは，上述の1項と同様に「テブナンの定理」を適用すると$I=V_{ab}/(R_{ab}+r_a)$となる．電流計を接続せず，単に短絡したときの電流が真値I_Tであり$I_T=V_{ab}/R_{ab}$となる.

ただし，接続前のa-b間の電圧は$V_{ab}=R_2E/(R_1+R_2)$，端子a，bから電源側を見た合成抵抗は

$$R_{ab}=\frac{R_1R_2}{R_1+R_2}+R_3$$

である．したがって誤差率ε〔%〕は

$$\frac{\boldsymbol{\varepsilon}}{\mathbf{100}}=\frac{I-I_T}{I_T}=\frac{\dfrac{V_{ab}}{R_{ab}+r_a}-\dfrac{V_{ab}}{R_{ab}}}{\dfrac{V_{ab}}{R_{ab}}}=\frac{\boldsymbol{-r_a}}{\boldsymbol{R_{ab}+r_a}} \tag{4・11}$$

となり，負の誤差となる.

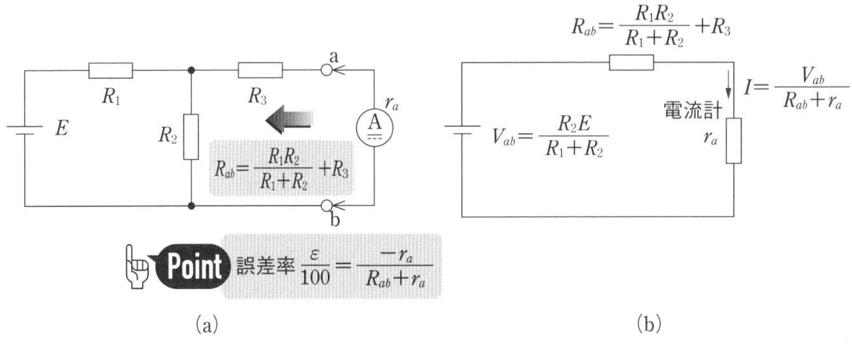

●図4・14 直流電流測定法の誤差

3 直流電力測定

図4·15の回路で，電圧計，電流計の接続方法として，次の2種類があるが，電圧計，電流計に内部抵抗があるために生ずる誤差は次のようになる.

① ［図 4･15（a）のケース］　電圧計は真値 V_0 を計測するが，電流計の計測値は電圧計のコイル電流 I_v が負荷電流 I_0 に加わり，誤差の原因となる．

電力の真値 $P_T = V_0 I_0$ であり，負荷抵抗 $R = V_0/I_0$ となるので，誤差率 ε_a〔%〕は

$$\frac{\boldsymbol{\varepsilon_a}}{\mathbf{100}} = \frac{V_0\left(I_0 + \dfrac{V_0}{r_v}\right) - V_0 I_0}{V_0 I_0} = \frac{1}{r_v}\cdot\frac{V_0}{I_0} = \frac{\boldsymbol{R}}{\boldsymbol{r_v}} \qquad (4\cdot12)$$

となる．逆に言えば，図 4･15（a）の場合，正確な電力を求めるには，電圧計の計測値と電流計の計測値を掛け合わせた数値から，V_0^2/r_v（電圧計の消費電力）を差し引く．

② ［図 4･15（b）のケース］　電流計は真値 I_0 を計測するが，電圧計は電流計コイルの電圧降下分が加わり，誤差の原因となる．誤差率 ε_b〔%〕は

$$\frac{\boldsymbol{\varepsilon_b}}{\mathbf{100}} = \frac{(V_0 + I_0 r_a) I_0 - V_0 I_0}{V_0 I_0} = r_a\cdot\frac{I_0}{V_0} = \frac{\boldsymbol{r_a}}{\boldsymbol{R}} \qquad (4\cdot13)$$

となる．逆に言えば，図 4･15（b）の場合，正確な電力を求めるには，電圧計の計測値と電流計の計測値を掛け合わせた数値から，$I_0^2 r_a$（電流計の消費電力）を差し引く．

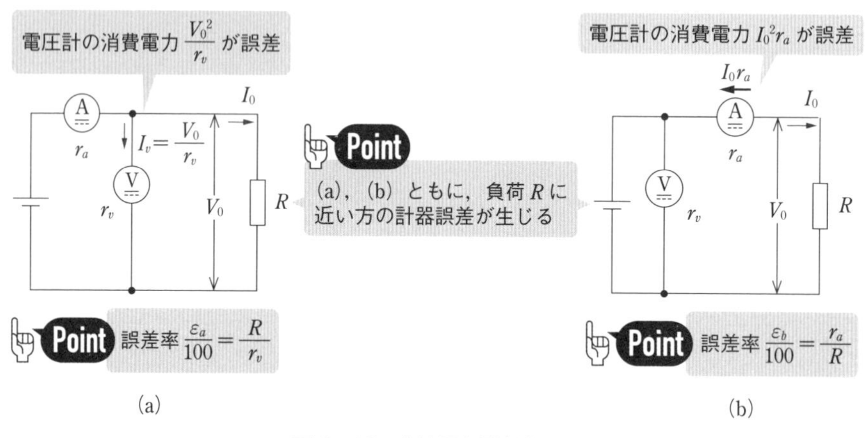

●図 4・15　直流電力測定法の誤差

問題7 H9 A-10

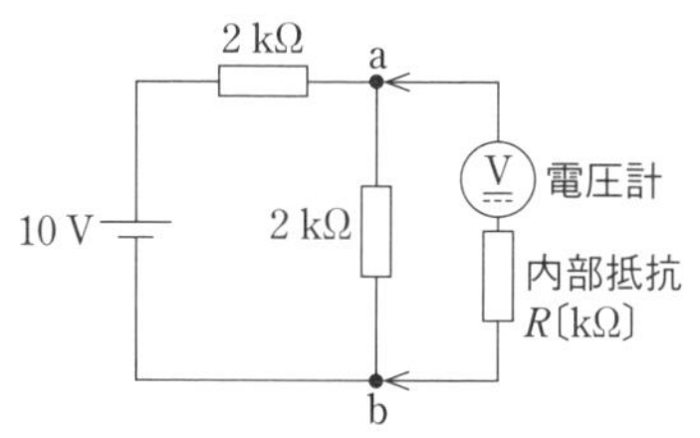

図のような回路において，電圧計を用いて端子 a-b 間の電圧を測定したい．そのとき，電圧計の内部抵抗 R が無限大でないことによって生ずる測定の誤差率を 2％以内とするためには，内部抵抗 R〔kΩ〕の最小値をいくらにすればよいか．正しい値は次のうちどれか．

(1) 38　(2) 49　(3) 52　(4) 65　(5) 70

式 (4·10) を参照して

$$\frac{\varepsilon}{100}=\frac{V-V_T}{V_T}=\frac{\dfrac{V_T R}{R_{ab}+R}-V_T}{V_T}=\frac{R}{R_{ab}+R}-1=\frac{-R_{ab}}{R_{ab}+R}$$

ε は負となるが，絶対値 $|\varepsilon|$ を 2％以下とするためには次の不等式を解く．

$$\frac{R_{ab}}{R_{ab}+R}\leqq\frac{|\varepsilon|}{100}$$

端子 a，b から電源側を見た合成抵抗 R_{ab} は，$R_{ab}=(2\times2)/(2+2)=1\,\text{k}\Omega$ である．上述のポイントで導出した式に関して，R について整理すれば

$$\frac{|\varepsilon|}{100}R\geqq R_{ab}\left(1-\frac{|\varepsilon|}{100}\right)$$

となり，$|\varepsilon|/100$ で両辺を割れば

$$R\geqq R_{ab}\left(\frac{100}{|\varepsilon|}-1\right)=1\times\left(\frac{100}{2}-1\right)=49\,\text{k}\Omega$$

解答 ▶ (2)

問題8 H19 A-14

次の文章は，電圧計と電流計を用いて抵抗負荷の直流電力を測定する場合について述べたものである．

電源 E〔V〕, 負荷抵抗 R〔Ω〕, 内部抵抗 R_v〔Ω〕の電圧計および内部抵抗 R_a〔Ω〕の電流計を，それぞれ図 1，2 のように結線した．図 1 の電圧計および電流計の指示値はそれぞれ V_1〔V〕，I_1〔A〕，図 2 の電圧計および電流計の指示値はそれぞれ V_2〔V〕，I_2〔A〕であった．

図 1 の回路では，測定で求めた電力 V_1I_1〔W〕には，計器の電力損失

Chapter 4

[(ア)]〔W〕が誤差として含まれ，図2の回路では，測定で求めた電力V_2I_2〔W〕には，同様に[(イ)]〔W〕が誤差として含まれる．

したがって，$R_v=10\,\mathrm{k\Omega}$，$R_a=2\,\Omega$，$R=160\,\Omega$であるときは，[(ウ)]の回路を利用するほうが，電力測定の誤差率を小さくできる．ただし，計器の電力損失に対する補正は行わないものとする．

上記の空白箇所(ア)，(イ)および(ウ)に当てはまる語句または式の組合せとして，正しいのは次のうちどれか．

	(ア)	(イ)	(ウ)
(1)	$\dfrac{V_1^2}{R_v}$	$I_2^2R_a$	図2
(2)	$I_1^2R_a$	$\dfrac{V_2^2}{R_v}$	図1
(3)	$I_1^2R_a$	$\dfrac{V_2^2}{R_v}$	図2
(4)	$\dfrac{V_1^2}{R_v}$	$I_2^2R_a$	図1
(5)	$I_1R_a^2$	$\dfrac{V_2^2}{R_v}$	図2

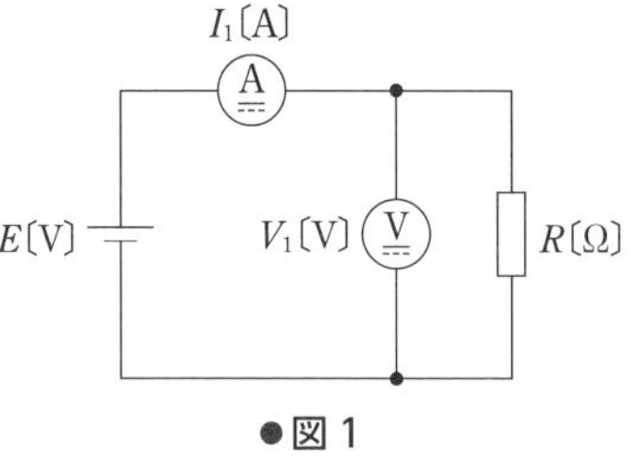

●図1

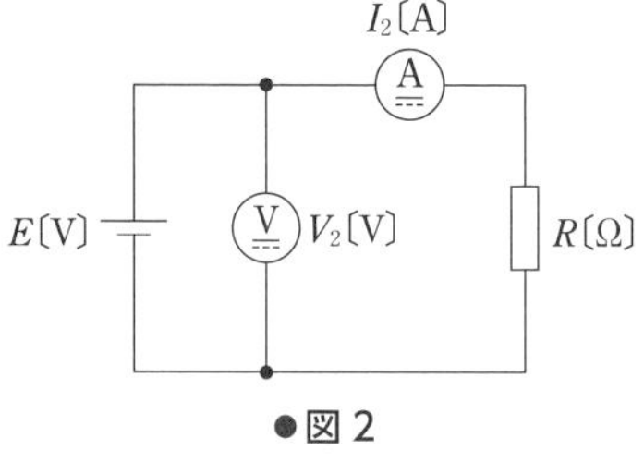

●図2

図4·15，式(4·12)，式(4·13)に示すように，図1では，電圧計に流れる電流$\dfrac{V_1}{R_v}$が電流計に流れるため，$V_1I_1=V_1\left(\dfrac{V_1}{R}+\dfrac{V_1}{R_v}\right)=\dfrac{V_1^2}{R}+\dfrac{V_1^2}{R_v}$となり，誤差は$\boldsymbol{\dfrac{V_1^2}{R_v}}$となる．一方，図(b)では，電流計に加わる電圧$I_2R_a$が電圧計に加わるため，$V_2I_2=(I_2R+I_2R_a)I_2=I_2^2R+I_2^2R_a$となり，誤差は$\boldsymbol{I_2^2R_a}$となる．

解説　上述のポイントに示した誤差を用いれば，図1の誤差率ε_vは

$$\varepsilon_v=\frac{V_1^2/R_v}{V_1^2/R}\times 100=\frac{R}{R_v}\times 100=\frac{160}{10\,000}\times 100=1.6\,\%$$

一方，図2の誤差率ε_aは

$$\varepsilon_a=\frac{I_2^2R_a}{I_2^2R}\times 100=\frac{R_a}{R}\times 100=\frac{2}{160}\times 100=1.25\,\%$$

したがって，**図2**のほうが誤差率が小さい．

解答 ▶ (1)

問題9 R3 B-16

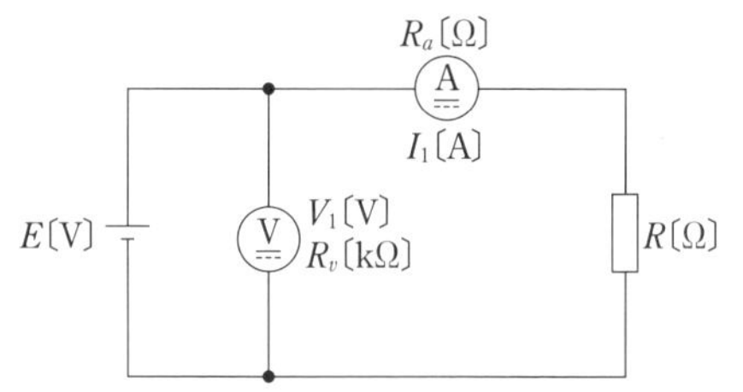

図のように，電源 E〔V〕，負荷抵抗 R〔Ω〕，内部抵抗 R_v〔Ω〕の電圧計および内部抵抗 R_a〔Ω〕の電流計を接続した回路がある．この回路において，電圧計および電流計の指示値がそれぞれ V_1〔V〕，I_1〔A〕であるとき，次の (a) および (b) の問に答えよ．ただし，電圧計と電流計の指示値の積を負荷抵抗 R〔Ω〕の消費電力の測定値とする．

(a) 電流計の電力損失の値〔W〕を表す式として，正しいものを次の (1) ～ (5) のうちから一つ選べ．

(1) $\dfrac{V_1^2}{R_a}$　(2) $\dfrac{V_1^2}{R_a}-I_1^2R_a$　(3) $\dfrac{V_1^2}{R_v}+I_1^2R_a$

(4) $I_1^2R_a$　(5) $I_1^2R_a-I_1^2R_v$

(b) 今，負荷抵抗 $R=320\,\Omega$，電流計の内部抵抗 $R_a=4\,\Omega$ が分かっている．この回路で得られた負荷抵抗 R〔Ω〕の消費電力の測定値 V_1I_1〔W〕に対して，R〔Ω〕の消費電力を真値とするとき，誤差率の値〔%〕として最も近いものを次の (1) ～ (5) のうちから一つ選べ．

(1) 0.3　(2) 0.8　(3) 0.9　(4) 1.0　(5) 1.2

図4·15に示すように，電流計と電圧計の接続方法によって，同図 (a) では $V_0{}^2/r_v$，同図 (b) では $I_0{}^2r_a$ の電力の誤差が生じる

(a) 電流計に流れる電流が I_1 でその内部抵抗が R_a ゆえ，電流計の電力損失は式（1·47）より $\boldsymbol{I_1^2R_a}$ となる．

(b) 真値 $T=I_1^2R=320I_1^2$

一方，測定値 M には電流計の内部抵抗 R_a による電力損失 $I_1^2R_a$ が含まれるため，$M=I_1^2R+I_1^2R_a=320I_1^2+4I_1^2=324I_1^2$ 誤差率εは式（4·7）より，$\varepsilon=\dfrac{324I_1^2-320I_1^2}{320I_1^2}\times100=\mathbf{1.25}$ **%**

解答 ▶ (a)-(4)，(b)-(5)

問題⑩ ✓ ✓ ✓ H28 B-16

図のような回路において，抵抗 R の値〔Ω〕を電圧降下法によって測定した．この測定で得られた値は，電流計 $I=1.600\,\mathrm{A}$，電圧計 $V=50.00\,\mathrm{V}$ であった．次の (a) および (b) の問いに答えよ．ただし，抵抗 R の真の値は 31.21 Ωとし，直流電源，電圧計および電流計の内部抵抗の影響は無視できるものである．また，抵抗 R の測定値は有効数字 4 桁で計算せよ．

(a) 抵抗 R の絶対誤差〔Ω〕として，最も近いのは次のうちどれか．

(1) 0.004　(2) 0.04　(3) 0.14
(4) 0.4　(5) 1.4

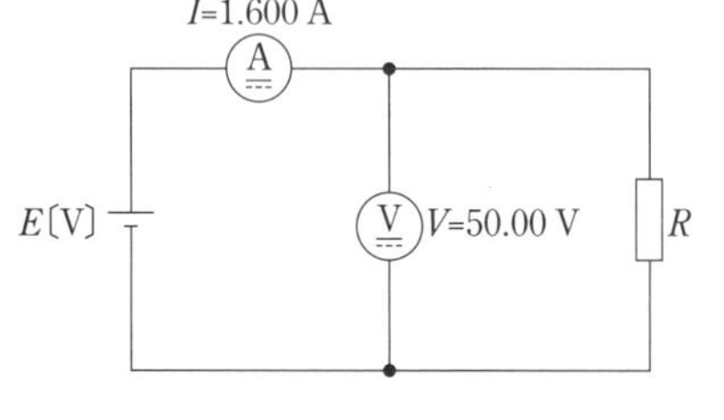

(b) 絶対誤差の真の値に対する比率を相対誤差という．これを百分率で示した，抵抗 R の百分率誤差（誤差率）〔%〕として，最も近いのは次のうちどれか．

(1) 0.0013　(2) 0.03
(3) 0.13　(4) 0.3　(5) 1.3

解説 (a) 抵抗 R の測定値 $R=\dfrac{50.00}{1.600}=31.25\,\Omega$ である．

式 (4･6) より，抵抗 R の絶対誤差は $31.25-31.21=\mathbf{0.04\,\Omega}$ となる．

(b) 題意または式 (4･7) より，百分率誤差は $\dfrac{0.04}{31.21}\times100=\mathbf{0.13\,\%}$ となる．

解答 ▶ (a)-(2)，(b)-(3)

直流電圧・電流の測定

[★★]

被測定量によって計測器に偏位を生じさせ，その偏位量から被測定量を計測する方法を**偏位法**という．指示電気計器を用いる計測は偏位法になる．

一方，被測定量と既知量を比較して平衡状態をつくり検出器の偏位を零にする方法を**零位法**という．例えば，直流電位差計やホイートストンブリッジを用いた抵抗の測定などが零位法になる．

1 直流電圧・電流の測定と測定範囲の拡大

直流電圧や電流の計測は，一般的には可動コイル形計器を使って測定する．可動コイル形計器に直接流せる電流は数十 mA 以下の小さな電流である．測定範囲を拡大するためには，電流計では分流器，電圧計では倍率器を用いる．電流 30 A，電圧 1 000 V 以下では，通常，計器にこれらが内蔵されているため，外付装置は不要である．

(1) 倍率器

電圧計に直列に接続して測定範囲を拡大する抵抗器を**倍率器**という．この倍率器を活用し，電圧計の測定範囲を超える電圧 V を測定するケースについて説明する．

電圧計の内部抵抗を r_v，最大値を v とし，図 4･16 のように電圧計に直列に倍

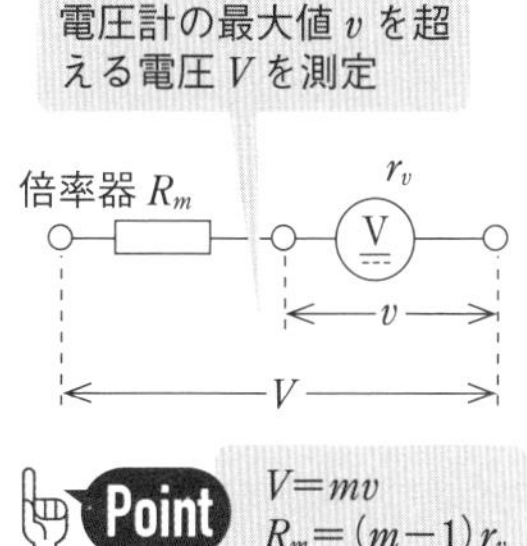

●図 4・16　倍率器

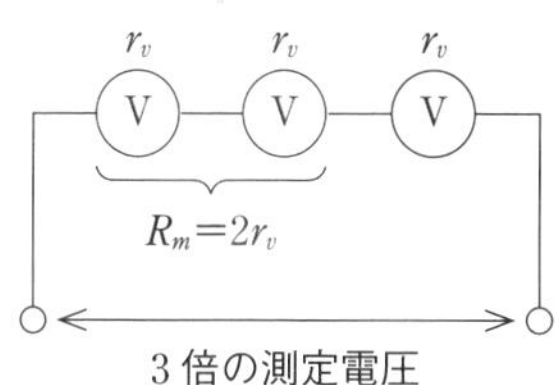

●図 4・17　倍率器の例（3 倍の電圧測定）

率器（抵抗 R_m）を接続すれば，測定電圧 V は

$$\frac{V}{R_m+r_v}=\frac{v}{r_v} \tag{4・14}$$

R_m と r_v が直列接続で，同じ電流が流れる

$$\therefore\quad \boldsymbol{V=\frac{r_v+R_m}{r_v}v=mv}\ \text{〔V〕} \tag{4・15}$$

$m=\dfrac{r_v+R_m}{r_v}$

m を**倍率**といい，m を指定すれば**倍率器 R_m** は

$$\boldsymbol{R_m=(m-1)r_v}\ \text{〔Ω〕} \tag{4・16}$$

2 分流器

電流計に並列に接続して測定範囲を拡大する抵抗器を**分流器**という．この分流器を活用し，電流計の測定範囲を超える電流 I を測定するケースについて説明する．

電流計（内部抵抗 r_a）に並列に分流器（抵抗 R_s）を接続して，測定電流の一部を計器に分流する．図 4·18 から，測定電流を I，計器電流を i とすれば

$$ir_a=(I-i)R_s \tag{4・17}$$

r_a と R_s が並列接続で，同じ電圧降下

$$\therefore\quad \boldsymbol{I=\frac{r_a+R_s}{R_s}i=mi}\ \text{〔A〕} \tag{4・18}$$

$m=\dfrac{r_a+R_s}{R_s}$

m を**倍率**といい，m を指定すれば，**分流器 R_s** は

$$\boldsymbol{R_s=\frac{r_a}{m-1}}\ \text{〔Ω〕} \tag{4・19}$$

電流計の計器電流 i を超える電流 I を測定

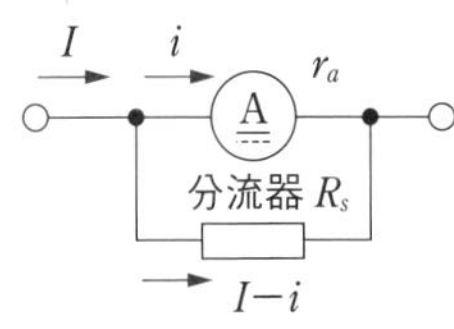

$I=mi$

$R_s=\dfrac{r_a}{m-1}$

●図 4・18　分流器

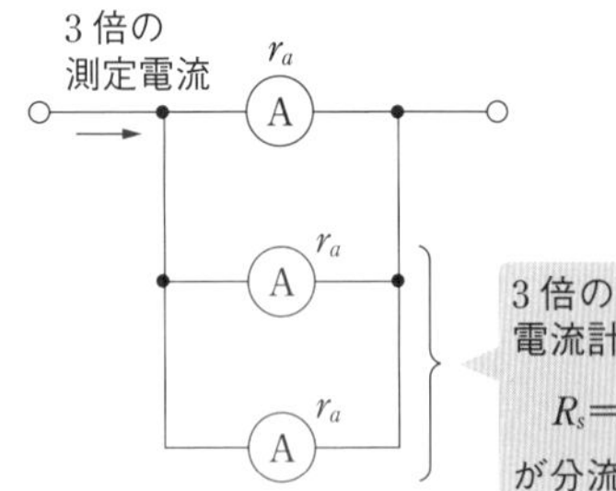

3 倍の電流を測定するには，電流計 2 台分の並列合成抵抗 $R_s=\dfrac{r_a}{3-1}=\dfrac{r_a}{2}$ が分流器の抵抗となる

●図 4・19　分流器の例（3 倍の電流測定）

2 直流電位差計

直流電位差計の原理図は，図 4·20 に示すように，抵抗 R に一定電流 I を流しておき，スイッチ K を標準電池 E_s 側に倒して平衡したとき（検流計の電流が 0）の抵抗値を R_s，K を未知電圧 E_x 側に倒して平衡したときの抵抗値を R_x とすれば，平衡状態では $E_s = R_sI$，$E_x = R_xI$ であるから，未知電圧 E_x は，その両式から I を消去し，

$$E_x = \frac{R_x}{R_s}E_s \text{〔V〕} \qquad (4 \cdot 20)$$

となる．

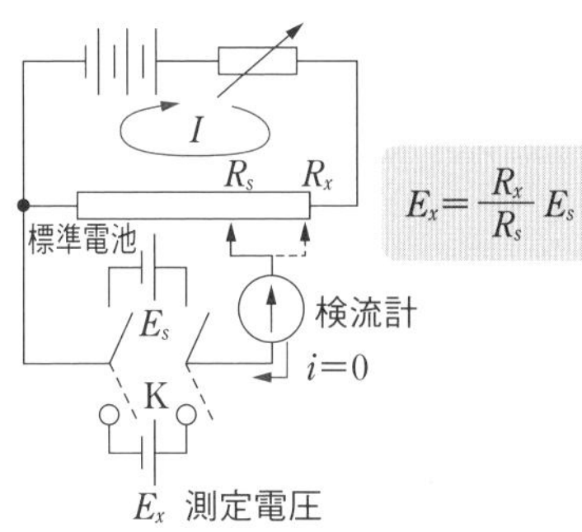

●図 4・20　直流電位差計の原理図

$$E_x = \frac{R_x}{R_s}E_s$$

問題11　H15 B-17

図 1 のように，定格電流 1 mA，内部抵抗 $R_m = 23\,\Omega$ の電流計と抵抗 R_s〔Ω〕の抵抗器で構成された定格電圧 5 V の電圧計がある．次の (a) および (b) に答えよ．ただし，電圧計として用いる電流計の目盛 0～1 mA は，0～5 V に読み替えるものとし，電圧計の端子 a は正極とする．

(a) この抵抗器の R_s〔Ω〕の値として，正しいのは次のうちどれか．

(1) 4 947　(2) 4 960　(3) 4 977　(4) 5 000　(5) 5 023

(b) 図 2 のような電圧 $E_0 = 5$ V，内部抵抗 $R_0 = 50\,\Omega$ の直流電源の端子 c, d に，この電圧計の端子 a，b をそれぞれ接続し，電圧 V_p〔V〕を測定した．電圧計が指示した V_p〔V〕の値として，最も近いのは次のうちどれか．

(1) 4.90　(2) 4.95　(3) 4.97　(4) 5.00　(5) 5.02

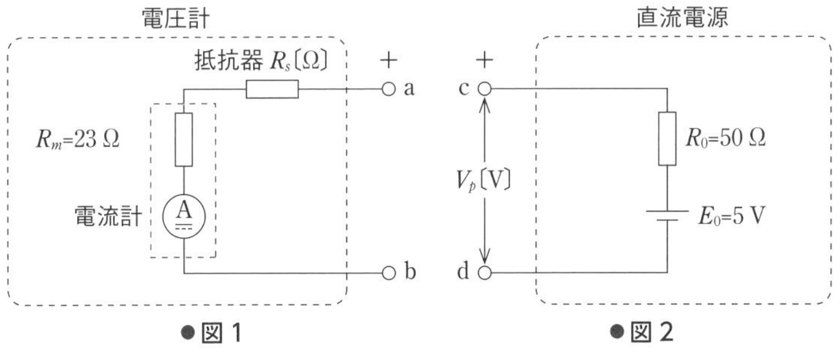

●図 1　●図 2

図 1 の電圧計の端子 a-b 間に定格電圧 5 V を加えるとき，電流計に流れる電流が定格電流の 1 mA になればよい．

(a) 電圧計に流れる電流 I は，$I=\dfrac{5}{R_m+R_s}$ であるから

$$R_s=\frac{5}{I}-R_m=\frac{5}{1\times10^{-3}}-23=5\,000-23=\mathbf{4977\,\Omega}$$

(b) 測定電圧 V_p は，直流電源の電圧 E_0 が，電圧計の抵抗 (R_m+R_s) と，直流電源の内部抵抗 R_0 とで分圧されるから

$$V_p=E_0\times\frac{R_m+R_s}{R_m+R_s+R_0}=5\times\frac{5\,000}{5\,000+50}\fallingdotseq\mathbf{4.95\,V}$$

解答 ▶ (a)-(3)，(b)-(2)

問題12 H22 A-14

次の文章は，直流電流計の測定範囲拡大について述べたものである．

内部抵抗 $r=10$ mΩ，最大目盛 0.5 A の直流電流計 M がある．この電流計と抵抗 R_1〔mΩ〕および R_2〔mΩ〕を図のように結線し，最大目盛が 1 A と 3 A からなる多重範囲電流計をつくった．この多重範囲電流計において端子 3 A と端子＋を使用する場合，抵抗 (ア) 〔mΩ〕が分流器となる．端子 1 A と端子＋を使用する場合には，抵抗 (イ) 〔mΩ〕が倍率 (ウ) 倍の分流器となる．また，3 A を最大目盛とする多重範囲電流計の内部抵抗は (エ) 〔mΩ〕となる．

上記の空白箇所 (ア)，(イ)，(ウ) および (エ) に当てはまる式または数値の組合せとして，正しいのは次のうちどれか．

	(ア)	(イ)	(ウ)	(エ)
(1)	R_2	R_1	$\dfrac{10+R_2}{R_1}+1$	$\dfrac{20}{3}$
(2)	R_1	R_1+R_2	$\dfrac{10+R_2}{R_1}$	$\dfrac{25}{9}$
(3)	R_2	R_1+R_2	$\dfrac{10}{R_1+R_2}+1$	5
(4)	R_1	R_2	$\dfrac{10}{R_1+R_2}$	$\dfrac{10}{3}$
(5)	R_1	R_1+R_2	$\dfrac{10}{R_1+R_2}+1$	$\dfrac{25}{9}$

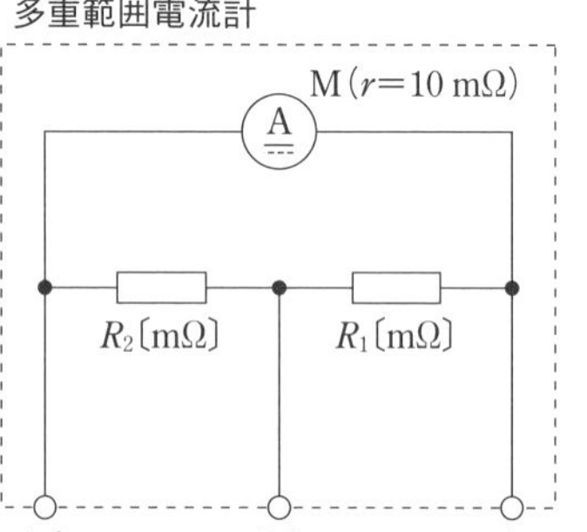

端子 3A と端子＋を使用する場合，解図 1 のようになるから，抵抗 $\boldsymbol{R_1}$ が分流器となる．
次に，端子 1A と端子＋を使用する場合，解図 2 のようになるから，抵抗（$\boldsymbol{R_1}+\boldsymbol{R_2}$）が分流器となり，電流計を流れる電流 I_a は，式（4･17）の導出の考え方，または式（2･13）より，$I_a=\dfrac{R_1+R_2}{R_1+R_2+r}I$ となる．ゆえに，分流器の倍率 m は，$m=\dfrac{I}{I_a}=\dfrac{R_1+R_2+r}{R_1+R_2}=\boldsymbol{1+\dfrac{10}{R_1+R_2}}$ となる．

解図 2 では，$I=1\,\mathrm{A}$ のとき $I_a=0.5\,\mathrm{A}$ であるから

$$m=\frac{I}{I_a}=\frac{1}{0.5}=2$$

$$\therefore\quad m=1+\frac{10}{R_1+R_2}=2\qquad\therefore\quad R_1+R_2=10\,\mathrm{m\Omega}$$

一方，解図 1 では，$I_s=I-I_a=3-0.5=2.5\,\mathrm{A}$ であり $I_a(r+R_2)=I_sR_1$，$R_2=10-R_1$ の両式へ数値を代入すれば

$$0.5(10+10-R_1)=2.5R_1\qquad\therefore\quad R_1=\frac{10}{3}\,\mathrm{m\Omega}$$

$$\therefore\quad R_2=10-R_1=\frac{20}{3}\,\mathrm{m\Omega}$$

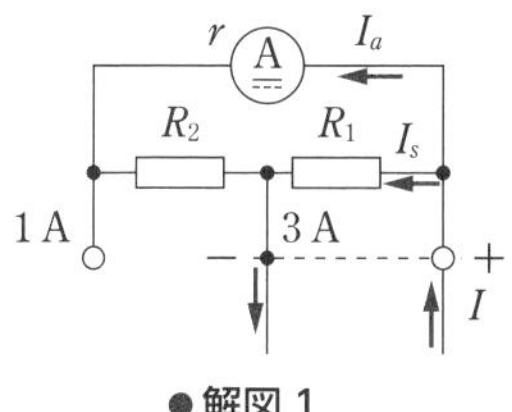

●解図 1

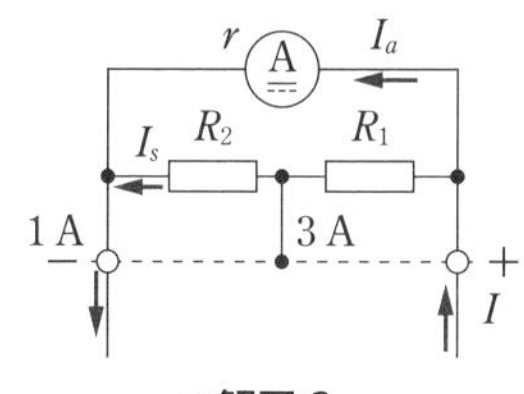

●解図 2

そこで，解図 1 の内部抵抗 R_i は抵抗 R_1 と抵抗（R_2+r）とが並列接続ゆえ

$$R_i=\frac{R_1(R_2+r)}{R_1+(R_2+r)}=\frac{\dfrac{10}{3}\times\left(\dfrac{20}{3}+10\right)}{\dfrac{10}{3}+\dfrac{20}{3}+10}=\boldsymbol{\frac{25}{9}\,\mathrm{m\Omega}}$$

解答 ▶ (5)

問題13 H24 B-17

直流電圧計について，次の (a) および (b) に答えよ．

(a) 最大目盛 1V，内部抵抗 $r_v = 1\,000\,\Omega$ の電圧計がある．この電圧計を用いて最大目盛 15 V の電圧計とするための倍率器の抵抗 R_m〔kΩ〕の値として，正しいのは次のうちどれか．

(1) 12　(2) 13　(3) 14　(4) 15　(5) 16

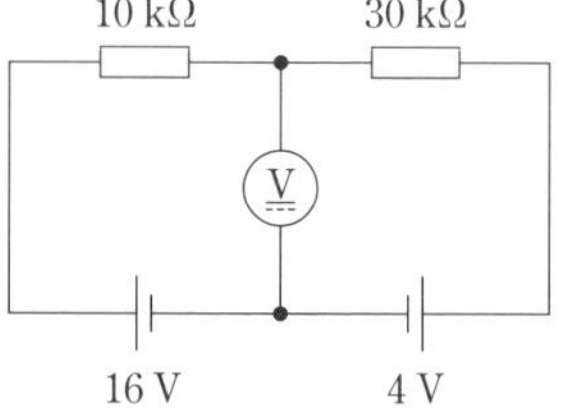

(b) 図のような回路で上記の最大目盛 15 V の電圧計を接続して電圧を測ったときに，電圧計の指示〔V〕はいくらになるか．最も近いのは次のうちどれか．

(1) 7.2　(2) 8.7　(3) 9.4　(4) 11.3　(5) 13.1

電圧計の内部抵抗を r_v，最大値を v とし，図 4·16 のように倍率器を直列接続すると，$\dfrac{v}{r_v} = \dfrac{V}{r_v + R_m}$ が成立する．

解説 (a) $\dfrac{v}{r_v} = \dfrac{V}{r_v + R_m}$ に，$r_v = 1\,\mathrm{k\Omega}$，$v = 1\,\mathrm{V}$，$V = 15\,\mathrm{V}$ を代入すれば

$$\frac{1}{1} = \frac{15}{1 + R_m} \qquad \therefore \quad R_m = \mathbf{14\,k\Omega}$$

(b) 問題図の電圧計を，(a) で求めた $r_v + R_m = 15\,\mathrm{k\Omega}$ の抵抗に置き換えた回路が解図になる．点 a の電位を V_a として，キルヒホッフの法則より

$$\left.\begin{aligned} & I_1 + I_2 = I_3 \\ & I_1 = \frac{16 - V_a}{10} \qquad I_2 = \frac{4 - V_a}{30} \qquad I_3 = \frac{V_a}{15} \end{aligned}\right\}$$

が成り立つ．

$$\therefore \quad \frac{16 - V_a}{10} + \frac{4 - V_a}{30} = \frac{V_a}{15}$$

$$\therefore \quad 48 - 3V_a + 4 - V_a = 2V_a$$

$$\therefore \quad V_a = \frac{52}{6} \fallingdotseq \mathbf{8.7\,V}$$

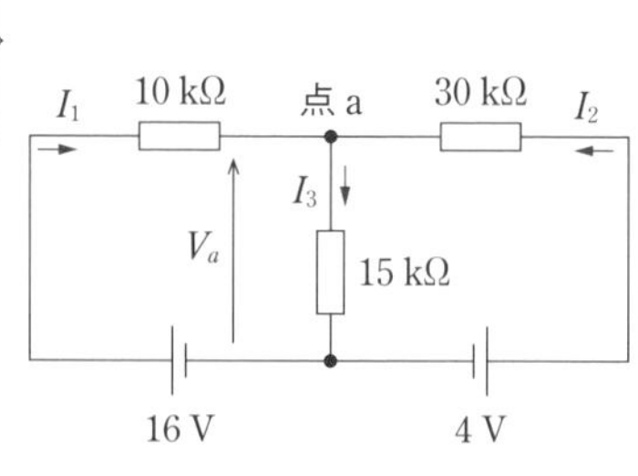

●解図

解答 ▶ (a)-(3)，(b)-(2)

問題14 R2 B-16

最大目盛 150 V，内部抵抗 18 kΩ の直流電圧計 V_1 と最大目盛 300 V，内部抵抗 30 kΩ の直流電圧計 V_2 の二つの直流電圧計がある．ただし，二つの直流電圧計は直動式指示電気計器を使用し，固有誤差はないものとする．次の (a) および (b) の問に答えよ．

(a) 二つの直流電圧計を直列に接続して使用したとき，測定できる電圧の最大の値〔V〕として，最も近いものを次の (1)～(5) のうちから一つ選べ．

(1) 150　(2) 225　(3) 300　(4) 400　(5) 450

(b) 次に，直流電圧 450V の電圧を測定するために，二つの直流電圧計の指示を最大目盛にして測定したい．そのためには，直流電圧計 (ア) に，抵抗 (イ) 〔kΩ〕 を (ウ) に接続し，これに直流電圧計 (エ) を直列に接続する．このように接続して測定することで，各直流電圧計の指示を最大目盛にして測定をすることができる．

上記の空白箇所 (ア)～(エ) に当てはまる組合せとして，正しいものを次の (1)～(5) のうちから一つ選べ．

	(ア)	(イ)	(ウ)	(エ)
(1)	V_1	90	直列	V_2
(2)	V_1	90	並列	V_2
(3)	V_2	90	並列	V_1
(4)	V_1	18	並列	V_2
(5)	V_2	18	直列	V_1

二つの直流電圧計を直列に接続すると，これらの電圧計には同じ電流が流れる．2 つの電圧計のうち，最大電流が小さい電圧計で制限される．

(a) 直流電圧計 V_1 の最大電流 I_{m1} は，$I_{m1}=\dfrac{150}{18\times10^3}=8.33\,\text{mA}$

直流電圧計 V_2 の最大電流 I_{m2} は，$I_{m2}=\dfrac{300}{30\times10^3}=10.0\,\text{mA}$

これらを直列に接続すると同じ電流が流れるが，$I_{m1}<I_{m2}$ なので，測定可能な最大電圧は直流電圧計 V_1 によって制限される．直流電圧計 V_1 の最大電流 $I_{m1}=8.33\,\text{mA}$ が直流電圧計 V_2 に流れるときの V_2 の指示値は内部抵抗 $R_2=30\,\text{k}\Omega$ ゆえ

$$V_2=I_{m1}\cdot R_2=8.33\times30=249.9\,\text{V}$$

つまり 250 V となる．2 つの電圧計を直列接続すれば，150＋250＝**400 V**

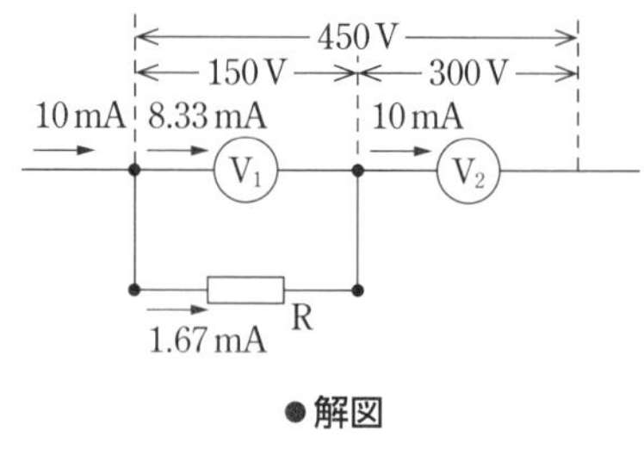

●解図

(b) 直流電圧 450 V を測定するためには，V_1 と V_2 とでそれぞれ最大目盛 150 V と 300 V を測定できるようにする必要がある．このためには，それぞれ最大電流 I_{m1}，I_{m2} を流さなければならない．(a) のように V_1 と V_2 を直列接続するだけでは V_2 に最大電流 I_{m2} を流すと，V_1 の最大電流 I_{m1} を超過する．

そこで，解図に示すように，V_1 に抵抗 R を**並列**に接続して，V_1 の最大電流 I_{m1} を超過する分の電流を分流させる．つまり，$10-8.33=1.67$ mA を抵抗 R に流す．

$$\therefore \quad R=\frac{150}{1.67\times10^{-3}}\fallingdotseq \mathbf{90\ k\Omega}$$

そして，直流電圧計 V_1 と抵抗 R の並列回路と直流電圧計 V_2 とを直列に接続すればよい．

解答 ▶ (a)-(4)，(b)-(2)

交流電圧・電流の測定

［★］

1 実 効 値

商用周波数の交流電圧や電流の実効値測定では，一般的に，可動鉄片形，整流形，ディジタル形を用いる．整流形は通常，平均値の指示を正弦波実効値に換算するよう，波形率（$\pi/2\sqrt{2}=1.11$）を掛けて目盛ってあるため，ひずみ波に対して誤差が生ずることに注意する．

交流電圧や電流の高精度な測定では，電流力計形やディジタル形を用いる．また，配電盤用には可動鉄片形，整流形を用いる．一方，高周波では熱電対形を用いる．さらに，測定範囲を拡大するため，VT や CT が一般的に使われる．

2 測定範囲の拡大

(1) 計器用変圧器（VT，PD）

計器用変圧器は図 4·21 の変圧器であり，一次巻数を n_1，二次巻数を n_2，計器指示値を v とすれば，測定電圧 V は

$$\boldsymbol{V=\frac{n_1}{n_2}v} \qquad (4 \cdot 21)$$

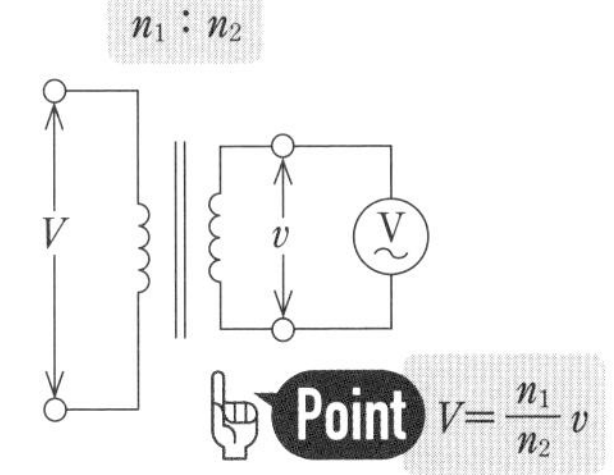

●図 4・21　VT の原理図

となる．式（4·21）の $\frac{n_1}{n_2}$ を**変圧比**または **VT 比**といい，一般的には 2 次側電圧を制御回路に使用しやすい電圧 110V に変換する．負荷電流は，二次回路の導線と計器インピーダンスで定まり，誤差を許容値内に保つため，指定された計器負担 V·A を超えないようにする．

数十 kV 以上の高電圧回路には，コンデンサ形計器用変圧器（PD）が，絶縁上の有利性から広く使用される．

(2) 変流器（CT）

変流器は図 4·22 のように変圧器の一種であり，一次巻数を n_1，二次巻数を n_2，計器電流を i とすると，一次側電流 I は

$$I=\frac{n_2}{n_1}i\ 〔\mathrm{A}〕 \quad (4\cdot22)$$

となる．一次巻数は，貫通形やブッシング形の場合，$n_1=1$ となる場合もある．式 (4·22) で一次側電流と二次側電流の比 $\frac{n_2}{n_1}$ を**変流比**または**CT 比**という．一般的には，二次側電流を 5A で表現することが多く，変流比表現は例えば 1200/5 のように表現される．これは，一次側に 1200A 流れるときに二次側に 5A の電流が流れることを示す．

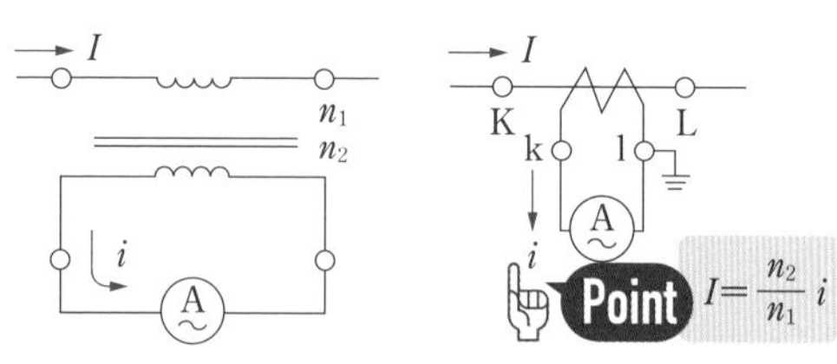

●図 4・22　CT の原理図

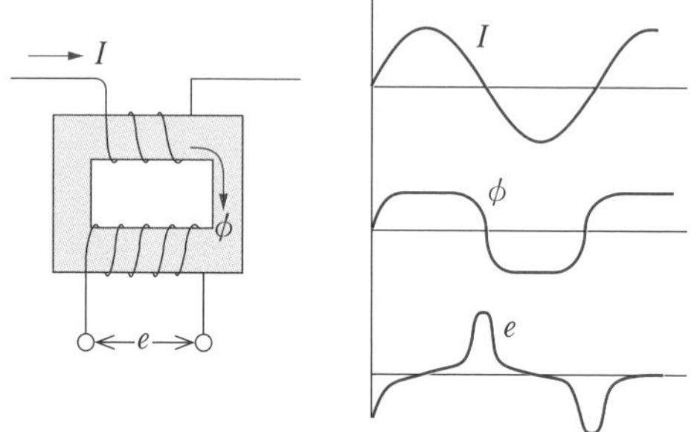

●図 4・23　CT 二次回路開放時の現象

変流器の二次回路を開放すると，一次側電流はすべて励磁電流となり，鉄心磁束 ϕ を飽和させるので，図 4·23 のように，二次電圧 e は ϕ の時間変化率に比例し，高い波高値をもつひずみ波となる．このため，変流器の巻線や計器，回路の絶縁破壊を生ずる危険がある．また，鉄損が増大し，温度が上昇する．したがって，通電中の二次回路を開放しないように注意を要する．

問題15　H8 A-10

商用周波数程度の周波数の交流電流を可動鉄片形電流計で測定したところ，その指示値は $\sqrt{2}$ A であった．この場合の電流 i〔A〕の波形として，正しいのは次のうちどれか．

(1)
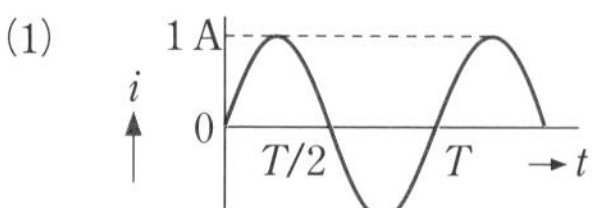

(2)
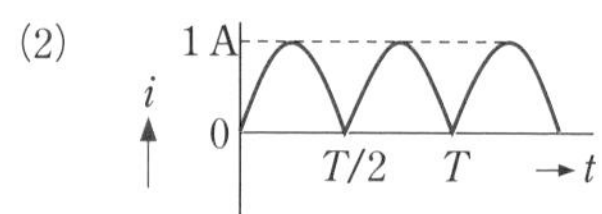

(3)
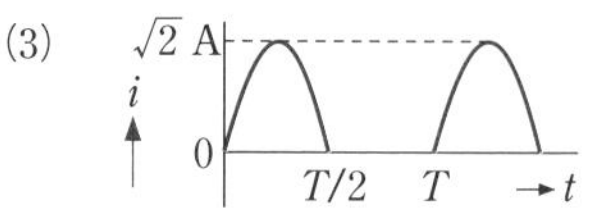

(4)
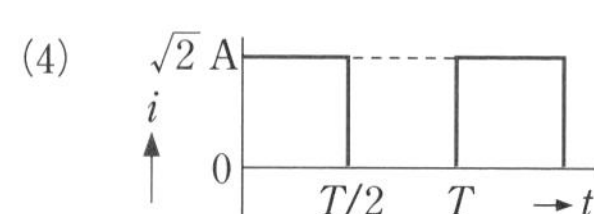

(5) $\sqrt{2}$ A, i, 0, $T/2$, T, $\to t$

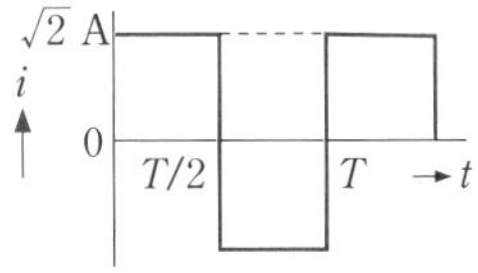

可動鉄片形電流計は実効値を指示する．各電流波形の実効値は2章の式 (2·52) のように $I_e = \sqrt{\dfrac{1}{T}\displaystyle\int_0^T i^2 dt}$ で計算する．

（1）の正弦波交流の実効値 I_{e1} は，2章の式 (2·53) より，$I_{e1} = \dfrac{1}{\sqrt{2}}$

（2）の波形は，$I_{e2} = \sqrt{\dfrac{2}{T}\displaystyle\int_0^{\frac{T}{2}} \sin^2 \omega t dt} = \sqrt{\dfrac{2}{T}\displaystyle\int_0^{\frac{T}{2}} \dfrac{1}{2}(1-\cos 2\omega t)dt} = \dfrac{1}{\sqrt{2}}$

（3）の波形は，$I_{e3} = \sqrt{\dfrac{1}{T}\displaystyle\int_0^{\frac{T}{2}} (\sqrt{2}\sin \omega t)^2 dt} = \sqrt{\dfrac{1}{T}\displaystyle\int_0^{\frac{T}{2}} (1-\cos 2\omega t)dt} = \dfrac{1}{\sqrt{2}}$

（4）の波形は，$I_{e4} = \sqrt{\dfrac{1}{T}\displaystyle\int_0^{\frac{T}{2}} (\sqrt{2})^2 dt} = \sqrt{\dfrac{1}{T}\times 2 \times \dfrac{T}{2}} = 1$

（5）の波形は，$I_{e5} = \sqrt{\dfrac{1}{T}\left\{\displaystyle\int_0^{\frac{T}{2}} (\sqrt{2})^2 dt + \int_{\frac{T}{2}}^{T} (-\sqrt{2})^2 dt\right\}} = \sqrt{\dfrac{1}{T}\times 2 \times \dfrac{T}{2} \times 2} = \sqrt{2}$

解答 ▶ (5)

問題16

H21 A-14

可動コイル形直流電流計 A_1 と可動鉄片形交流電流計 A_2 の2台の電流計がある．それぞれの電流計の性質を比較するために次のような実験を行った．

図1のように A_1 と A_2 を抵抗 100 Ω と電圧 10 V の直流電源の回路に接続したとき，A_1 の指示は 100 mA，A_2 の指示は （ア） 〔mA〕であった．

また，図2のように，周波数 50 Hz，電圧 100 V の交流電源と抵抗 500 Ω に A_1 と A_2 を接続したとき，A_1 の指示は （イ） 〔mA〕，A_2 の指示は 200 mA であった．ただし，A_1 と A_2 の内部抵抗はどちらも無視できるものであった．

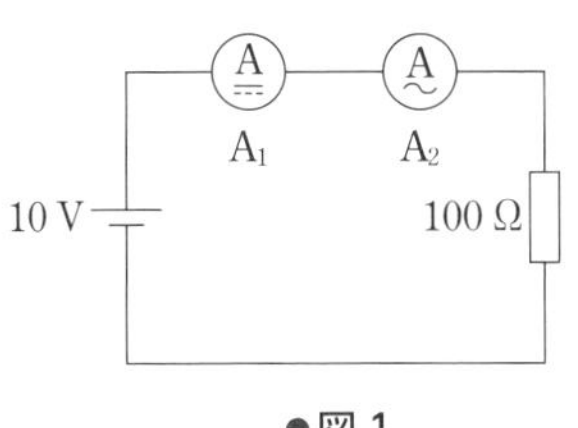

●図1

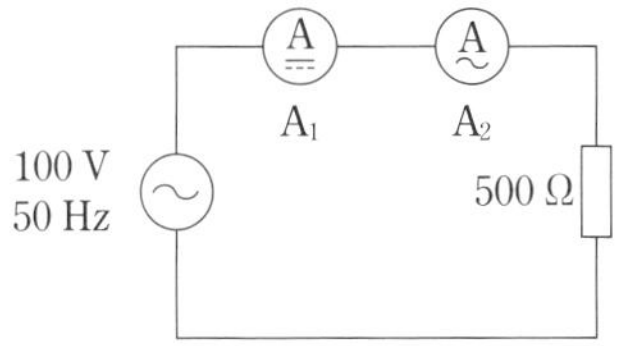

A, A, A_1, A_2, 100 V, 50 Hz, 500 Ω

●図2

上記の空白箇所（ア）および（イ）に当てはまる最も近い値の組合せとして，正しいのは次のうちどれか．

	(ア)	(イ)
(1)	0	0
(2)	141	282
(3)	100	0
(4)	0	141
(5)	100	141

可動コイル形計器は，平均値を指示する．また，可動鉄片形計器は，実効値を指示する．

解説 問題図 1 では，A_1 の指示が 100 mA であるから，100 mA の直流電流が流れている．したがって，電流の実効値も 100 mA となるため，A_2 の指示値は **100 mA** である．問題図 2 では，交流電流が流れ，半周期毎の正の部分の面積と負の部分の面積が等しく，電流の平均値は 0 となり，A_1 の指示値は **0 mA** となる．

解答 ▶ (3)

問題17　R3 B-15

図のように，線間電圧 400 V の対称三相交流電源に抵抗 R〔Ω〕と誘導性リアクタンス X〔Ω〕からなる平衡三相負荷が接続されている．平衡三相負荷の全消費電力は 6 kW であり，これに線電流 $I=10$ A が流れている．電源と負荷との間には，変流比 20：5 の変流器が a 相および c 相に挿入され，これらの二次側が交流電流計 Ⓐ を通して並列に接続されている．この回路について，次の (a) および (b) の問に答えよ．

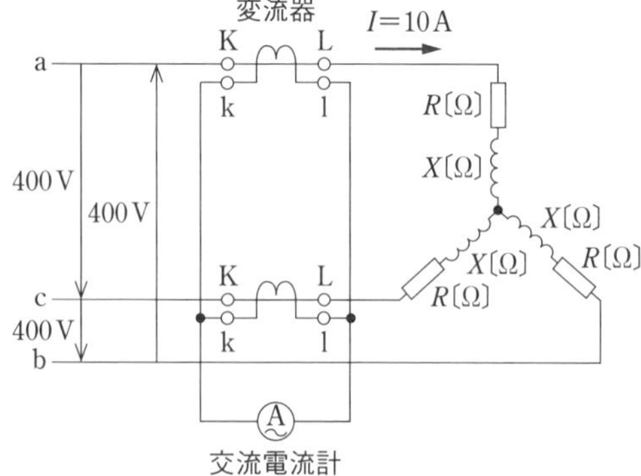

(a) 交流電流計 Ⓐ の指示値〔A〕として，最も近いものを次の (1) ～ (5) のうちから一つ選べ.

(1) 0　(2) 2.50　(3) 4.33　(4) 5.00　(5) 40.0

(b) 誘導性リアクタンス X の値〔Ω〕として，最も近いものを次の (1) ～ (5) のうちから一つ選べ.

(1) 11.5　(2) 20.0　(3) 23.1　(4) 34.6　(5) 60.0

変流器の変流比は式 (4·22) で示される.

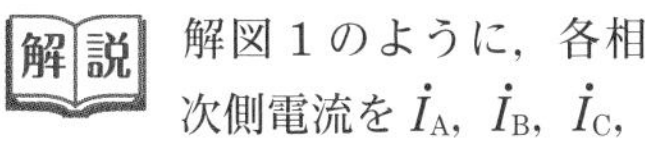

解説 解図 1 のように，各相の一次側電流を $\dot{I}_A$，$\dot{I}_B$，$\dot{I}_C$，変流器の二次側電流の a，c 相分を $\dot{i}_a$，$\dot{i}_c$ とする．交流電流計には $\dot{i}_a+\dot{i}_c$ の電流が流れる.

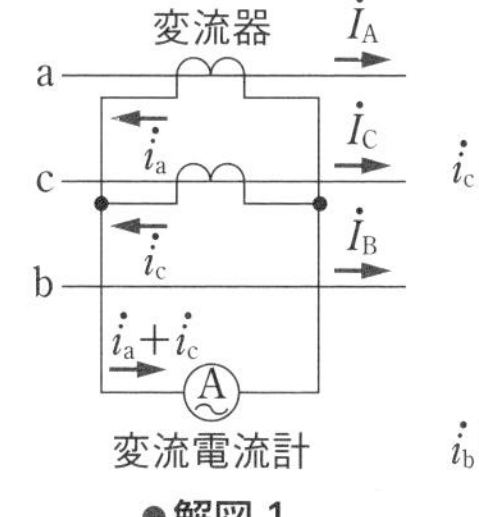

●解図 1

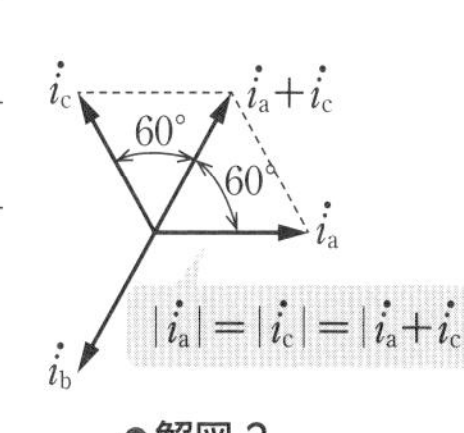

●解図 2

さて，線電流（一次側電流）I は $I=|\dot{I}_A|=|\dot{I}_C|=10\,\text{A}$ であるから，

$|\dot{i}_a|=|\dot{i}_c|=10\times\dfrac{5}{20}=\mathbf{2.50\,A}$

そして，解図 2 から，交流電流計に流れる電流は $|\dot{i}_a+\dot{i}_c|=|\dot{i}_a|=|\dot{i}_c|=2.50\,\text{A}$ である.

(b) まず，平衡三相負荷の全消費電力 P は式 (2·157) より，$P=3I^2R$ となる．したがって，題意より，抵抗 R は $R=\dfrac{P}{3I^2}=\dfrac{6\times10^3}{3\times10^2}=20\,\Omega$ となる.

さらに，線間電圧が 400 V ということは相電圧が $400/\sqrt{3}$ V であり，一相当たりの負荷のインピーダンス $\dot{Z}$ の大きさは $|\dot{Z}|=\dfrac{V/\sqrt{3}}{I}=\dfrac{400/\sqrt{3}}{10}=\dfrac{40}{\sqrt{3}}\,\Omega$ となる．そして，負荷のインピーダンス $\dot{Z}=R+jX$ より $|\dot{Z}|=\sqrt{R^2+X^2}$ であるから，$|\dot{Z}|^2=R^2+X^2$

$$\therefore\quad X=\sqrt{|\dot{Z}|^2-R^2}=\sqrt{\left(\frac{40}{\sqrt{3}}\right)^2-20^2}=\mathbf{11.5\,\Omega}$$

解答 ▶ (a)-(2)，(b)-(1)

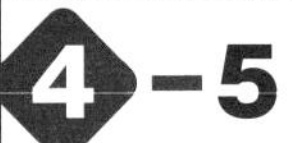

電力・電力量の測定

［★★］

1 電　力　計

直流電力は，電圧 V と電流 I の積すなわち $P=VI$ であり，電圧と電流を個別に測定して計算により求める．詳細は本章 2 節 3 項の「直流電力測定」を参照する．

一方，交流電力を直接測定する計器としては，電圧と電流の乗算を行わせる機能が必要になる．

指示計器のうち，電流力計型は図 4·4，誘導形は図 4·6 に示すように，電圧と電流の積に比例した動作トルクを発生できるので，電力計として用いられる．誘導形電力量計の積算の原理は本節 5 項で説明する．

2 三電圧計法

三電圧計法とは，電圧計 3 つと抵抗 1 つを配置して負荷の消費電力を測定する方法である．単相の交流電力を測定する場合には電力計を使用するが，測定条件に適した電力計がない場合，三電圧計法や次項の三電流計法を用いる．

図 4·24 のように，電圧計 3 個と既知抵抗 R を接続すれば，各電圧のベクトル図から，力率角を θ として，力率 $\cos\theta$ は

$$\dot{V}_3=\dot{V}_1+\dot{V}_2$$

図 4·24 の三角形で三平方の定理を適用

$$V_3{}^2=(V_1+V_2\cos\theta)^2+(V_2\sin\theta)^2=V_1{}^2+2V_1V_2\cos\theta+V_2{}^2$$

$$\therefore\quad \boldsymbol{\cos\theta=\frac{V_3{}^2-V_1{}^2-V_2{}^2}{2V_1V_2}} \qquad (4\cdot23)$$

Point　$P=\dfrac{1}{2R}(V_3{}^2-V_1{}^2-V_2{}^2)$

V_1 を基準ベクトルとする．負荷に流れる電流 $\dot{I}$ は位相 θ だけ遅れるとして $\dot{I}$ を描く．$\dot{V}_2$ は抵抗 R による電圧降下なので，$\dot{I}$ と同じ方向のベクトルとなる

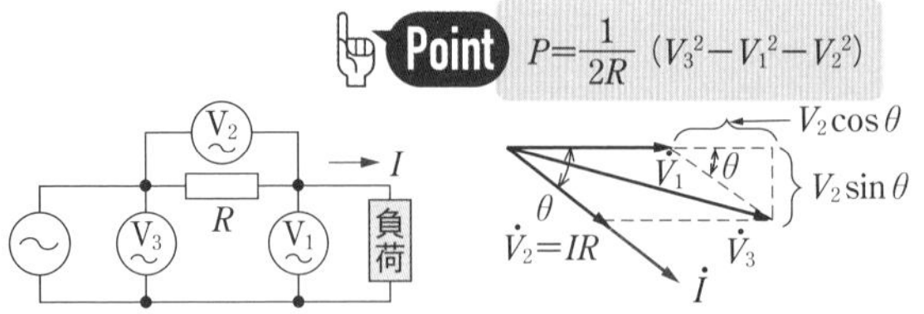

●図 4・24　三電圧計法

また，$I=V_2/R$ となるので，電力 P は

$$P=V_1 I\cos\theta=V_1\frac{V_2}{R}\cdot\frac{V_3{}^2-V_1{}^2-V_2{}^2}{2V_1V_2}$$

$$=\frac{1}{2R}(V_3{}^2-V_1{}^2-V_2{}^2)\ \text{〔W〕} \qquad (4\cdot24)$$

電圧計 3 つと抵抗 R から負荷の消費電力を測定

3 三電流計法

三電流計法は，三電圧計法と同じ考え方で，図 4·25 のように電流計 3 個を，既知抵抗 R を用いて接続する．ベクトル図から，力率 $\cos\theta$ は

$$\dot{I}_3=\dot{I}_1+\dot{I}_2$$

図 4·25 の三角形で三平方の定理を適用

$$\dot{I}_3{}^2=(I_2+I_1\cos\theta)^2+(I_1\sin\theta)^2=I_1{}^2+2I_1I_2\cos\theta+I_2{}^2$$

$$\therefore\quad \cos\theta=\frac{I_3{}^2-I_1{}^2-I_2{}^2}{2I_1I_2} \qquad (4\cdot25)$$

また，$V=I_2R$ となるので，電力 P は

$$P=VI_1\cos\theta=I_2RI_1\frac{I_3{}^2-I_1{}^2-I_2{}^2}{2I_1I_2}=\frac{R}{2}(I_3{}^2-I_1{}^2-I_2{}^2)\ \text{〔W〕} \qquad (4\cdot26)$$

Point $P=\frac{R}{2}(I_3{}^2-I_1{}^2-I_2{}^2)$
$\dot{I}_3$
$\dot{I}_1$
A3
A1
R
$\dot{I}_2$
A2
$\dot{V}$
負荷
$I_1\cos\theta$
$\dot{I}_2$
$\dot{V}$
θ
$I_1\sin\theta$
$\dot{I}_1$
$\dot{I}_3$
$\dot{V}$ を基準ベクトルとする．負荷に流れる電流 $\dot{I}_1$ は位相 θ だけ遅れるとして $\dot{I}_1$ を描く．一方，負荷と並列接続された抵抗 R に流れる電流 $\dot{I}_2$ は $\dot{V}$ と同位相．

●図 4・25 三電流計法

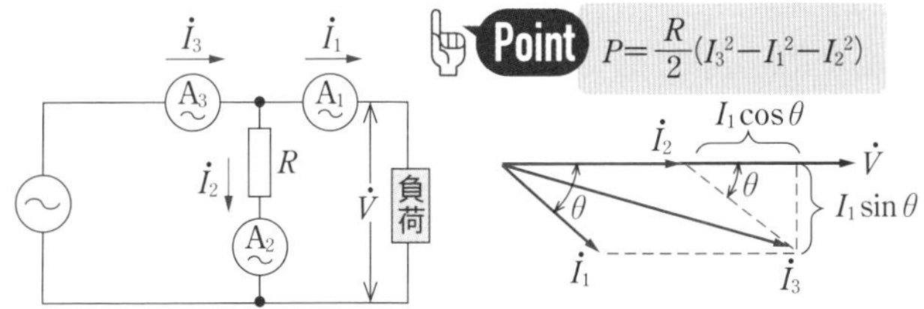

4 二電力計法

三相回路の電力は，ブロンデルの定理により，負荷の平衡，不平衡を問わず，電力計 2 個で正しく測定できる．これを**二電力計法**という．

三相平衡負荷の場合の電圧・電流ベクトルの関係は，図 4·26 のようになる．相順を A → B → C とすると，W_1 の電圧コイルには

$$\dot{V}_{AC}=-\dot{V}_{CA}=\dot{E}_A-\dot{E}_C$$

W_2 の電圧コイルには

$$\dot{V}_{BC}=\dot{E}_B-\dot{E}_C$$

の電圧が加わっている．各電力計は，接続された電圧，電流に基づく電力を指示するので

$$W_1=V_{AC}I_A\cos\alpha=VI\cos\left(\theta-\frac{\pi}{6}\right) \qquad (4\cdot27)$$

$$W_2=V_{BC}I_B\cos\beta=VI\cos\left(\theta+\frac{\pi}{6}\right) \qquad (4\cdot28)$$

各電力計の指示の合計は

$$\begin{aligned}\boldsymbol{W}=\boldsymbol{W_1}+\boldsymbol{W_2}&=VI\left\{\cos\left(\theta-\frac{\pi}{6}\right)+\cos\left(\theta+\frac{\pi}{6}\right)\right\}\\&=VI\left\{\left(\cos\theta\cos\frac{\pi}{6}+\sin\theta\sin\frac{\pi}{6}\right)+\left(\cos\theta\cos\frac{\pi}{6}-\sin\theta\sin\frac{\pi}{6}\right)\right\}\\&=VI\cdot2\cos\frac{\pi}{6}\cos\theta\\&=VI\cdot2\cdot\frac{\sqrt{3}}{2}\cos\theta=\boldsymbol{\sqrt{3}\,VI\cos\theta}\ \text{〔W〕}\end{aligned} \qquad (4\cdot29)$$

となり，三相電力を示すことがわかる．

負荷の力率角 θ が 60°（$\pi/3$〔rad〕）以上（負荷力率遅れ 50％以下）になると，図 4·26 の W_2 の電圧-電流間の位相角 $\beta=\theta+30°>90°$ となり，$\cos\beta$ の値が負となるので $W_2<0$ となり，W_2 の指針は負側に振れて指示値の読取りができなく

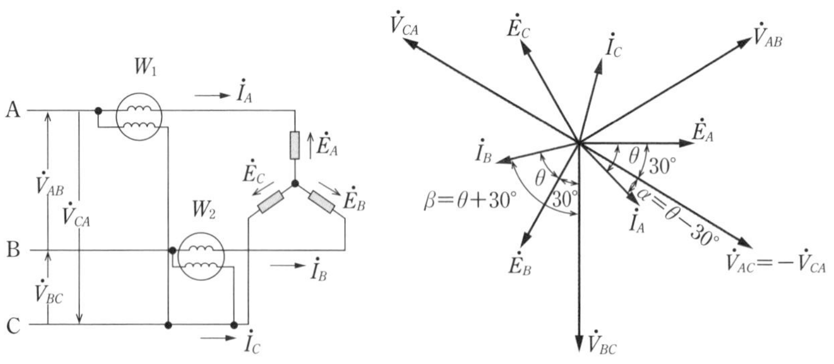

●図 4・26　二電力計法

なる．このため，電力計 W_2 の電圧または電流のいずれかの接続を逆にし，電力計の指示極性を反転してから読み取った値 W_2 の値をマイナスにして

$$W = W_1 + (-W_2) \qquad (4 \cdot 30)$$

のように求める．

負荷力率が進み 50％以下になると，$W_1 < 0$ となるので，電力計 W_1 に対して極性を反転し，同様の処理を行う（$W = W_2 - W_1$ とする）．

5　電　力　量

(1) 誘導形電力量計

誘導形電力量計の回転円盤の動作トルクは電力に比例しており，図 4･27 のように回転円盤を制動磁石で挟むと，制動トルクは回転数に比例する．両者がつり合った状態では，円盤の回転数 n は

$$KP = K'n \qquad (4 \cdot 31)$$

となり，一定時間の回転数を数えれば電力量が測定される．

円盤の回転数は電力量に比例し，この比例定数を**計器定数**といい，1kW･h における円盤回転数〔**rev/kW･h**〕で表示される．

一定電力 P〔kW〕を t〔s〕の間通じたとき，電力量計の円盤回転数を n，計器定数を K〔rev/kW･h〕とすれば，次の関係になる．

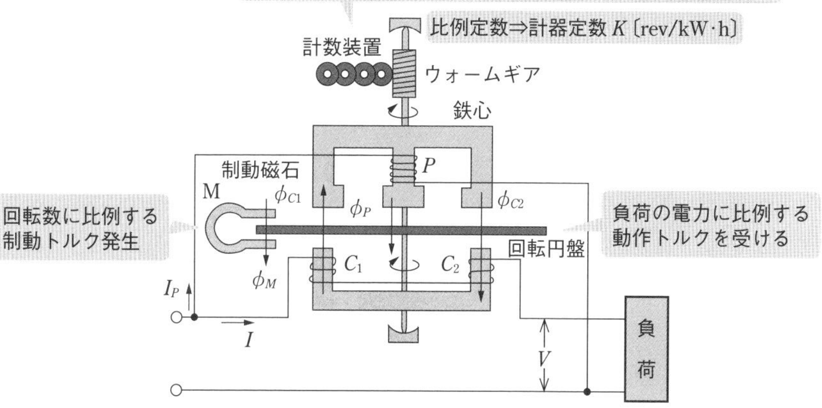

●図 4・27　誘導形電力量計の原理図

$$P\frac{t}{60\times60}=\frac{n}{K}\ \text{〔kW·h〕} \tag{4・32}$$

逆に，一定電力 P を通じて，誤差 0 のとき n 回転する時間 t は

$$t=\frac{3\,600n}{KP}\ \text{〔s〕} \tag{4・33}$$

であり，これを**算定時間**という．

(2) 電子式電力量計

電子式電力量計の機能ブロック図を図 4·28 に示す．電子式電力量計の方式は，乗算の手段により各種の方式が開発されている．

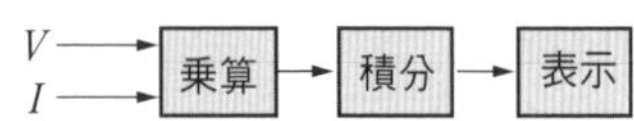

●図 4・28　電子式電力量計の機能ブロック図

電子式電力量計における乗算方式には，時分割乗算方式，ホール素子乗算方式，ディジタル乗算方式（A/D 変換乗算方式）などがある．

実量契約や季節別時間帯別料金制により計器に求める機能が高度になり，また設置スペースを考慮した小型化という観点から，電子式電力量計が機械式（誘導形）電力量計に置き換わりつつある．

問題18

図のように，ある負荷と抵抗 R を並列に接続し，100 V の交流電圧を印加したとき，各枝路に入れた電流計 A_1，A_2，A_3 はそれぞれ 17 A，9 A および 10 A を指示した．

このとき，負荷の消費電力 （ア） 〔W〕および電源から見た力率 （イ） 〔%〕の組み合わせとして，正しいのは次のうちどれか．

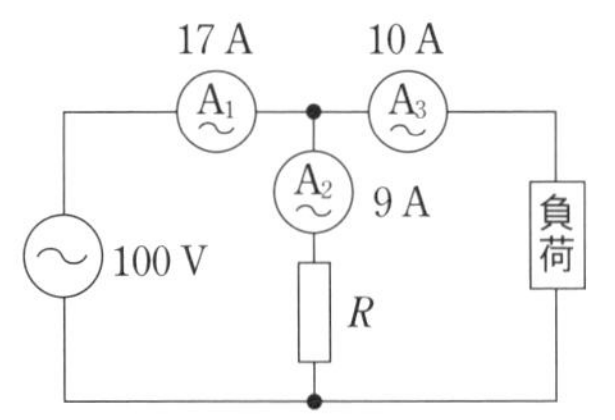

	(ア)	(イ)
(1)	600	60
(2)	600	88.2
(3)	1 000	60
(4)	1 500	88.2
(5)	1 700	89.5

三電流計法に関しては，図 4·25 のベクトル図を描いて式（4·25）や式（4·26）を導き出せるようにする．

抵抗 R は，電源電圧と A_2 から

$$R=\frac{100}{9}\Omega$$

負荷の消費電力 P は，三電流計法の式（4･26）により

$$P=\frac{R}{2}(A_1{}^2-A_2{}^2-A_3{}^2)=\frac{1}{2}\times\frac{100}{9}\times(17^2-9^2-10^2)=\frac{100\times108}{18}$$

$$=\mathbf{600\ W}$$

$$\text{力率}\cos\theta=\frac{A_1{}^2-A_2{}^2-A_3{}^2}{2A_2A_3}=\frac{17^2-9^2-10^2}{2\times9\times10}=\frac{108}{180}=0.6$$

（∵　式（4･25）より）

電源が供給する有効電力 P_0 は，負荷電力に抵抗 R の消費電力を加えればよいので

$$P_0=P+100\times9=600+900=1\,500\ \mathrm{W}$$

電源から見た皮相電力 P_A は

$$P_A=100\times A_1=100\times17=1\,700\ \mathrm{V\cdot A}$$

したがって，電源から見た力率 $\cos\theta'$ は

$$\cos\theta'=\frac{1\,500}{1\,700}=0.882\quad(\mathbf{88.2\,\%})$$

解答 ▶ (2)

問題19 H7 A-10

対称三相起電力の電源から抵抗 R の平衡三相負荷に電力を供給する回路において，単相電力量計を図のように接続して 4 時間の電力量を測定したところ，2 kW･h の計量値を示した．この場合の三相電力〔kW〕の値として，正しいのは次のうちどれか．ただし，相回転は 1，2，3 の順とする．

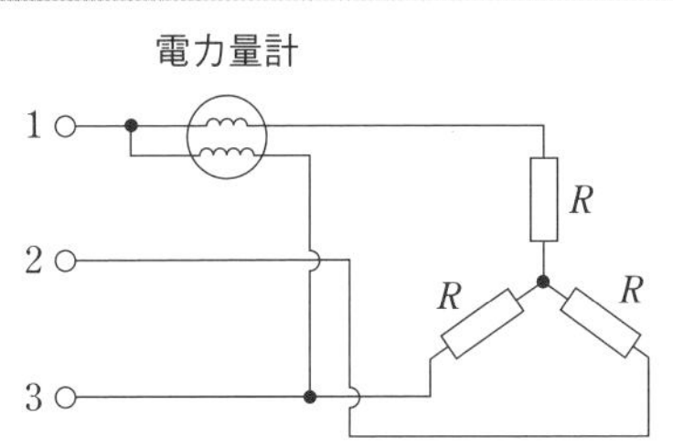

(1) 0.5　　(2) 1　　(3) 2　　(4) 4　　(5) 5

二電力計法は，負荷の平衡，不平衡を問わず，三相回路の電力を電力量計 2 個で測定できる．本問は対称三相回路であるから，単相電力量計から換算でき，図 4･26 のようなベクトル図を描いて式（4･27）～式（4･29）と同様に計算すればよい．

解説 抵抗負荷であるから力率 1 で，解図における相電圧 E_1 と線電流 I_1 の位相角 $\theta = 0$．電力量計の電圧端子には V_{13} が加わるから，計量する電力は

$$P = V_{13} I_1 \cos\frac{\pi}{6} = \frac{\sqrt{3}}{2} V_{13} I_1 = \frac{P_3}{2}$$

P_3 は三相電力である．1 時間当たりの電力としては 2/4 = 0.5 kW を計量しているので，三相電力は $P_3 = 2P$ から，$2 \times 0.5 =$ **1 kW** となる．

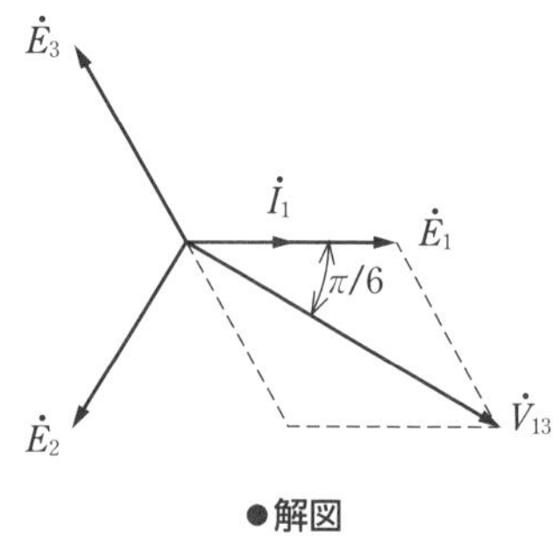

●解図

解答 ▶ (2)

問題20　H26 A-14

図のように 200 V の対称三相交流電源に抵抗 R〔Ω〕からなる平衡三相負荷を接続したところ，線電流は 1.73 A であった．いま，電力計の電流コイルを c 相に接続し，電圧コイルを c-a 相間に接続したとき，電力計の指示 P〔W〕として，最も近い P の値は次のうちどれか．ただし，対称三相交流電源の相回転は a，b，c の順とし，電力計の電力損失は無視できるものとする．

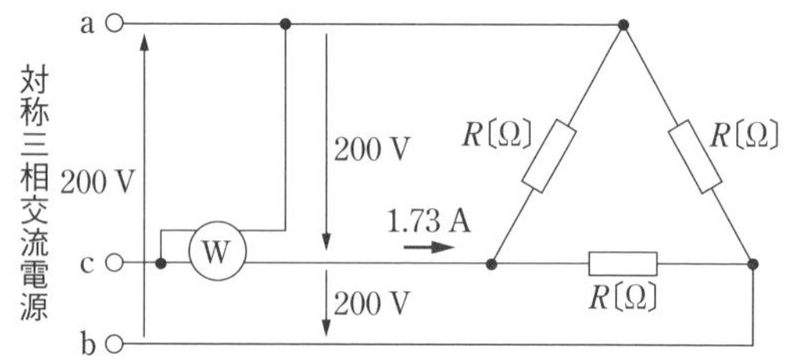

(1) 200　(2) 300
(3) 346　(4) 400
(5) 600

解図のようなベクトル図を描いて計算する．

解説 問題図の電力計の電圧コイルは $\dot{V}_{ca}$ に，電流コイルは $\dot{I}_c$ に接続されている．そして，$\dot{V}_{ca}$ と $\dot{I}_c$ のなす角が $\pi/6$ であるから，電力計の指示 P は

$$P = |\dot{V}_{ca}||\dot{I}_c|\cos\frac{\pi}{6}$$

$$= 200 \times 1.73 \times \frac{\sqrt{3}}{2} \fallingdotseq \mathbf{300\ W}$$

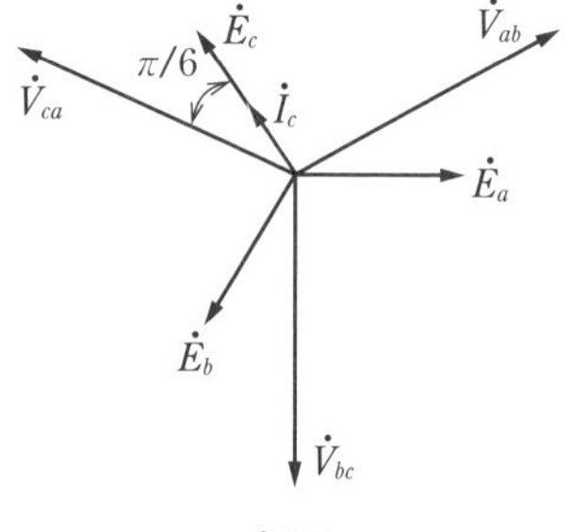

●解図

解答 ▶ (2)

問題21 H15 A-13

図のように，線間電圧 200 V の対称三相交流電源から三相平衡負荷に供給する電力を二電力計法で測定する．2 台の電力計 W_1 および W_2 を正しく接続したところ，電力計 W_2 の指針が逆振れを起こした．電力計 W_2 の電圧端子の極性を反転して接続した後，2 台の電力計の指示値は電力計 W_1 が 490 W，電力計 W_2 が 25 W であった．このときの対称三相交流電源が三相平衡負荷に供給する電力〔W〕の値として，正しいのは次のうちどれか．ただし，三相交流電源の相回転は a，b，c の順とし，電力計の電力損失は無視できるものとする．

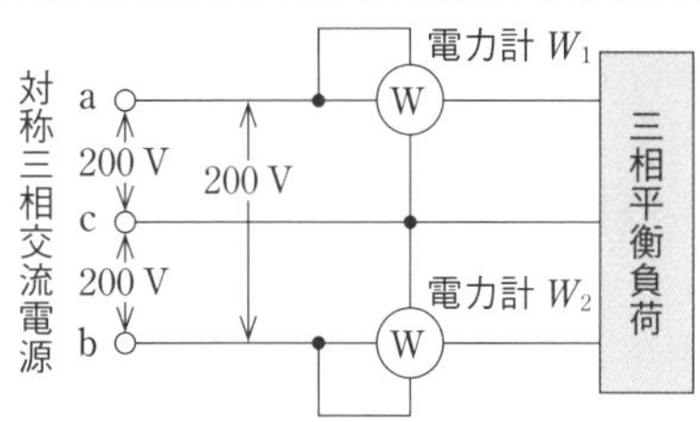

(1) 25　(2) 258　(3) 465　(4) 490　(5) 515

本節 4 項の二電力計法の解説に示すように，W_2 の電圧 - 電流間の位相角 $\beta = \theta + 30° > 90°$ のときには，$\cos\beta < 0$ となるため，$W_2 < 0$ となる．このため，W_2 の電圧の極性を反転して接続し，$W = W_1 - W_2$ として求める．

$W = W_1 - W_2 = 490 - 25 = \mathbf{465\ W}$

解答 ▶ (3)

問題22 H13 B-12

図は，単相交流 6 600 V の電源に接続されている負荷の電力および力率を発信装置付電力量計および電流計を用いて計測する回路である．この場合，次の (a) および (b) に答えよ．

(a) 計器用変圧器 VT および変流器 CT_1 の二次側に接続した電力量計の発信装置の出力パルスを，負荷が安定している 10 分間測定したところ，そのパルス数は 130 であった．この負荷の 1 時間当たりの消費電力量〔kW·h〕の値として，正しいのは次のうちどれか．ただし，この電力量

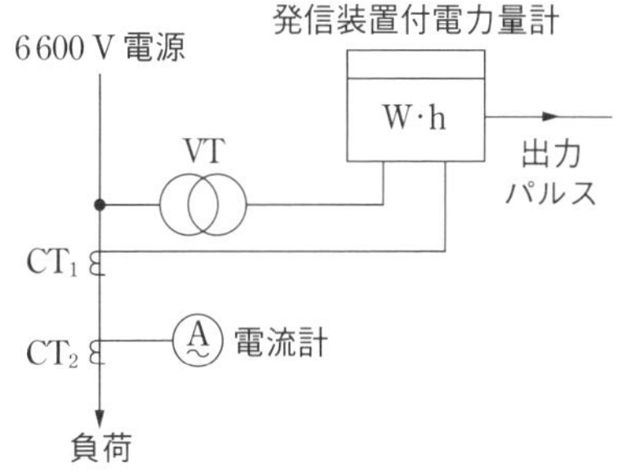

計の発信装置の 1 kW·h 当たりの出力パルス数は 4000 である．また，VT および CT_1 の一次定格/二次定格は，それぞれ 6600 V/110 V および 100 A/5 A である．

(1) 202　(2) 234　(3) 245　(4) 278　(5) 300

(b) この負荷に流れる電流を変流器 CT_2 の二次側に接続した電流計で測ったところ，電流計は 2.0 A を示した．この負荷の力率〔%〕の値として，正しいのは次のうちどれか．

ただし，変流器 CT_2 の一次定格/二次定格は，100 A/5 A である．

(1) 76　(2) 82　(3) 85　(4) 89　(5) 92

10 分間の測定値を 1 時間当たりのパルス数に換算し，計量電力量を求める．さらに，VT 比，CT 比から，式 (4·21) や式 (4·22) に基づいて一次換算する．

(a) 1 時間当たりのパルス数は (60/10)×130 = 780，電力量計での計量電力量は 780/4000 = 0.195 kW·h．一次換算値は，VT 比と CT 比を掛けて求める．

$$0.195\times\frac{6600}{110}\times\frac{100}{5}=0.195\times1200=\mathbf{234\ kW\cdot h}$$

(b) 一次側の電流値は，2×100/5 = 40 A であるので，電圧は定格値 (6600 V) として，力率は

$$\frac{234\times10^3}{6600\times40}=\frac{234}{264}=0.886\fallingdotseq0.89\to\mathbf{89\ \%}$$

解答 ▶ (a)-(2)，(b)-(4)

無効電力・力率の測定

[★]

1 無効電力

無効電力計は，電圧コイルの電流が端子電圧よりも $\pi/2$〔rad〕位相がずれるようにした電力計である．位相をずらすには，L，C，R などを組み合わせ，たとえば図 4・29 のようにする．電圧コイルには端子電圧より 90° 遅れた電流 $i_P = kV$（k は比例定数）を流す．電力計の指示は，図 4・29 に示すように無効電力を表す．一般に，電流力計型が使われる．

三相平衡回路の場合，図 4・30 のように，線間電圧 $\dot{V}_{BC}$ は相電圧 $\dot{E}_A$ に対し $\pi/2$〔rad〕位相が異なるので，電力計を図 4・31 のように接続すれば，指示 W は

$$W = VI\cos\left(\frac{\pi}{2} - \theta\right) = VI\sin\theta \tag{4・34}$$

したがって，三相無効電力 Q は

$$\boldsymbol{Q = \sqrt{3}\, VI\sin\theta = \sqrt{3}\, W} \text{〔var〕} \tag{4・35}$$

として求まる．これを**一電力計法**という．

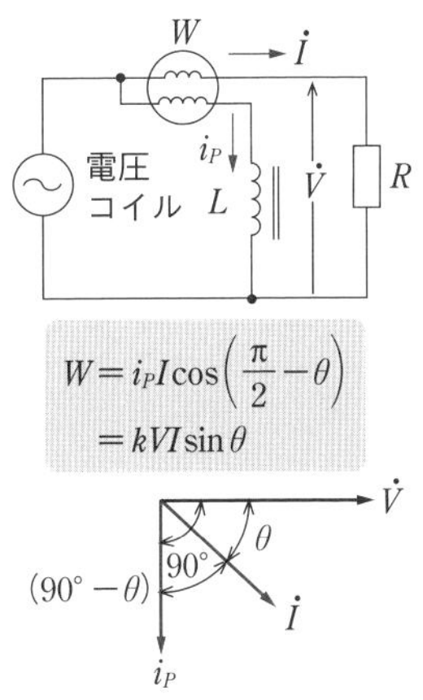

●図 4・29　無効電力計の原理図

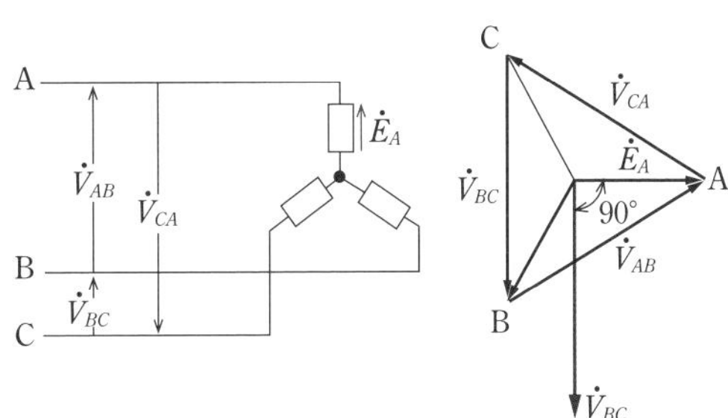

●図 4・30　線間電圧と相電圧ベクトル

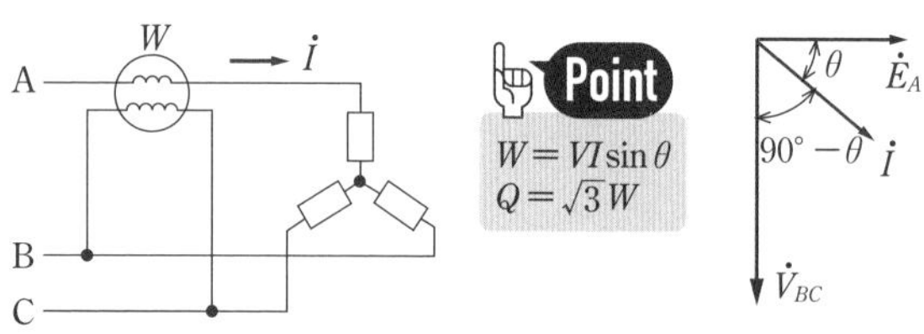

●図 4・31　一電力計法無効電力計の原理図

図 4･26 に示した二電力計法において，W_1 と W_2 の差をとれば

$$W_1 - W_2 = VI\left\{\cos\left(\frac{\pi}{6} - \theta\right) - \cos\left(\frac{\pi}{6} + \theta\right)\right\}$$

$$= VI\left\{\left(\cos\frac{\pi}{6}\cos\theta + \sin\frac{\pi}{6}\sin\theta\right) - \left(\cos\frac{\pi}{6}\cos\theta - \sin\frac{\pi}{6}\sin\theta\right)\right\}$$

$$= VI \cdot 2\sin\frac{\pi}{6}\sin\theta = VI\sin\theta \qquad (4 \cdot 36)$$

したがって，三相無効電力 Q は

$$\boldsymbol{Q = \sqrt{3}\, VI\sin\theta = \sqrt{3}\,(W_1 - W_2)} \text{〔var〕} \qquad (4 \cdot 37)$$

W_2 が逆振れのときは，電力計 W_2 の極性を反転して読み取った指示値 W_2 から，$Q = \sqrt{3}(W_1 + W_2)$ とする．

2　力　率

力率は，有効電力 P と皮相電力 $P_a = VI$ の比であり，また，電圧-電流間の位相差 θ の余弦である．

$$\text{力率} = \frac{P}{P_a} = \frac{P}{VI} = \cos\theta \qquad (4 \cdot 38)$$

指示計として種々の原理があるが，最近では，電圧-電流間の位相差を電子回路で検出する方式が用いられる．

間接測定法としては三電圧計法または三電流計法があり，式 (4･23)，式 (4･25) から求められる．

したがって，式 (4･29) の $P = W_1 + W_2$ と式 (4･37) の $Q = \sqrt{3}(W_1 - W_2)$ を用いて，力率は次のように表される．

$$\boldsymbol{\cos\theta = \frac{P}{\sqrt{P^2 + Q^2}} = \frac{W_1 + W_2}{\sqrt{(W_1 + W_2)^2 + 3(W_1 - W_2)^2}}} \qquad (4 \cdot 39)$$

問題23 H26 B-15

図のように，正弦波交流電圧 E〔V〕の電源が誘導性リアクタンス X〔Ω〕のコイルと抵抗 R〔Ω〕との並列回路に電力を供給している．この回路において，電流計の指示値は 12.5 A，電圧計の指示値は 300 V，電力計の指示値は 2 250 W であった．ただし，電圧計，電流計および電力計の損失はいずれも無視できるものとする．

次の (a) および (b) の問に答えよ．

(a) この回路における無効電力 Q〔var〕として，最も近い Q の値は次のうちどれか．

(1) 1 800　(2) 2 250　(3) 2 750　(4) 3 000　(5) 3 750

(b) 誘導性リアクタンス X〔Ω〕として，最も近い X の値は次のうちどれか．

(1) 16　(2) 24　(3) 30　(4) 40　(5) 48

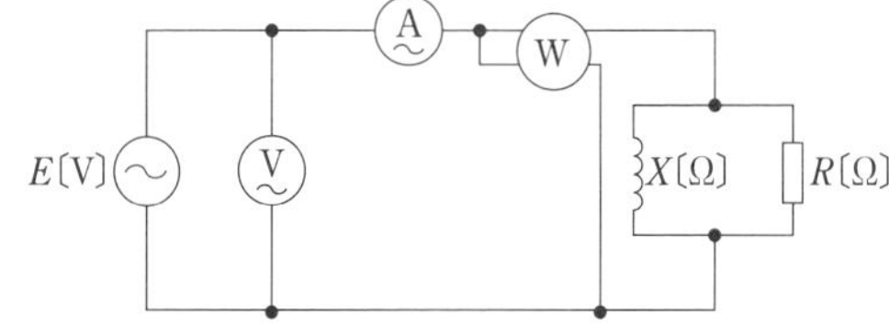

問題図の電力計は負荷の有効電力 $P = 2\,250$ W を示している．一方，皮相電力 S は電圧計と電流計の指示値の積であるから，$S = 300 \times 12.5 = 3\,750$ V·A となる．

(a) 負荷の力率 $\cos\theta = P/S = 2\,250/3\,750 = 0.6$（∵　式 (4·38) を適用）

無効電力 $Q = S\sin\theta = S\sqrt{1-\cos^2\theta} = 3\,750 \times \sqrt{1-0.6^2} = \mathbf{3\,000\ var}$

(b) 式 (2·113) または式 (2·115) から，$X = \dfrac{E^2}{Q} = \dfrac{300^2}{3\,000} = \mathbf{30\,\Omega}$

解答 ▶ (a)-(4)，(b)-(3)

問題24

平衡三相電源で運転される三相電動機に，図のように 2 個の電力計を接続した．全負荷時の指示は，$W_1 = 3.0$ kW，$W_2 = 6.0$ kW であり，無負荷時の指示は W_1 が負となったので，電圧コイルの極性を反転して，$W_1 = 0.2$ kW，$W_2 = 1.0$ kW であった．このとき，全負荷時の力率 (ア) 〔%〕，および無負荷時の力率 (イ) 〔%〕の値の組合せとして，正しいのは次のうちどれか．

ただし，相順は A，B，C とする．

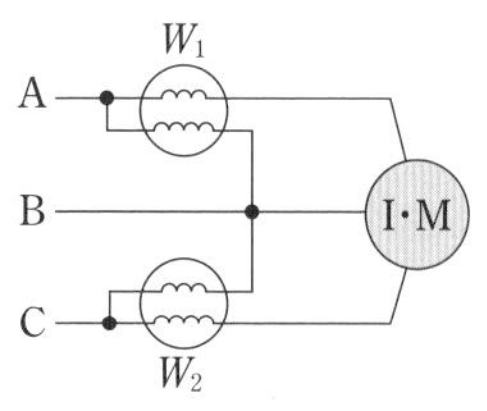

	（ア）	（イ）
(1)	86.6	25.9
(2)	86.6	35.9
(3)	86.6	50
(4)	90	29.8
(5)	90	35.9

三相の電圧・電流のベクトル図を描いて，計算する．

解図のベクトル図から

$$W_1 = V_{AB} I_A \cos\left(\theta + \frac{\pi}{6}\right) = VI\left(\cos\theta\cos\frac{\pi}{6} - \sin\theta\sin\frac{\pi}{6}\right)$$

$$W_2 = V_{CB} I_C \cos\left(\theta - \frac{\pi}{6}\right) = VI\left(\cos\theta\cos\frac{\pi}{6} + \sin\theta\sin\frac{\pi}{6}\right)$$

となるので，電力計指示値の和と差から

$$W_1 + W_2 = 2VI\cos\theta\cos\frac{\pi}{6} = \sqrt{3}\,VI\cos\theta = P$$

$$W_2 - W_1 = 2VI\sin\theta\sin\frac{\pi}{6} = VI\sin\theta$$

$$\therefore\quad Q = \sqrt{3}\,VI\sin\theta = \sqrt{3}\,(W_2 - W_1)$$

となり，有効電力 P，無効電力 Q が求まる．力率は

$$\cos\theta = \frac{P}{\sqrt{P^2 + Q^2}} = \frac{W_1 + W_2}{\sqrt{(W_1 + W_2)^2 + 3(W_2 - W_1)^2}}$$

●解図

である．したがって，全負荷時においては

有効電力 $P = 3.0 + 6.0 = 9.0\,\mathrm{kW}$

力率 $\cos\theta = \dfrac{9}{\sqrt{9^2 + 3\times(6-3)^2}} \fallingdotseq \dfrac{9}{\sqrt{108}} \fallingdotseq 0.866 \rightarrow$ **86.6 %**

無負荷時においては，$W_1 = -0.2\,\mathrm{kW}$ として

有効電力 $P = 1.0 - 0.2 = 0.8\,\mathrm{kW}$

力率 $\cos\theta = \dfrac{0.8}{\sqrt{0.8^2 + 3\times(1.0+0.2)^2}} = \dfrac{0.8}{\sqrt{4.96}} \fallingdotseq 0.359 \rightarrow$ **35.9 %**

解答 ▶ (2)

問題25

図のように電力計を接続したとき，指示は 0 であった．線間電圧は 200 V，線電流は 10 A で，各相とも等しい．負荷の電力〔kW〕の値として，正しいのは次のうちどれか．

(1) 0　(2) 2.0　(3) 2.8　(4) 3.5　(5) 4.0

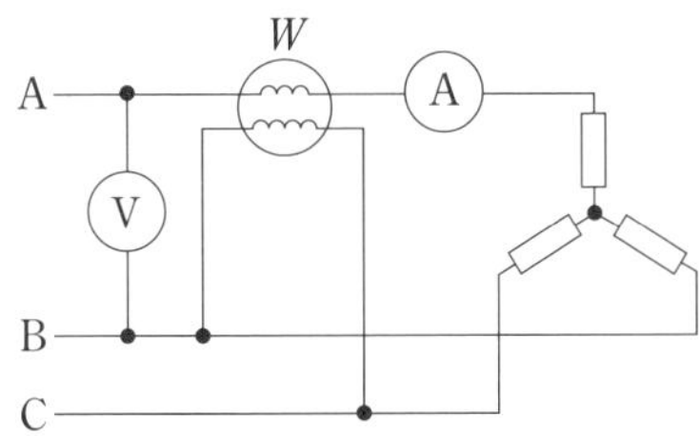

電力計 W は A 相電流と B-C 相線間電圧が接続され，B-C 相線間電圧は A 相電圧に対して 90°（π/2〔rad〕）の位相差があるので（図 4·30 および図 4·31 を参照），電力計の指示は $W = VI\cos\left(\frac{\pi}{2} - \theta\right) = VI\sin\theta$ となる．

$$W = VI\cos\left(\frac{\pi}{2} - \theta\right) = VI\sin\theta = 0 \qquad \therefore \quad \theta = 0$$

したがって，力率 $\cos\theta = 1$ であるから

負荷電力 $P = \sqrt{3}\,VI\cos\theta = \sqrt{3} \times 200 \times 10 \times 1 \fallingdotseq 3.46\,\text{kW} \rightarrow$ **3.5kW**

解答 ▶ (4)

回路素子の測定

［★★］

1 抵抗測定

抵抗の測定法は，ブリッジの平衡条件を用いる方法，抵抗に電流を流し，その電圧降下から求める方法，指示計を用いる方法に大別される．

(1) ブリッジ法

1Ω～1MΩ 程度の抵抗測定には**ホイートストンブリッジ**（図 4·32）がある．

図 4·32 のホイートストンブリッジ回路において，抵抗 R_S を調整してブリッジ回路を平衡させる．平衡状態では，a-b 間の電位差がなくなるので，検流計には電流が流れない．2 章 2-6 節 1 項のブリッジ回路の平衡条件から次式となる．

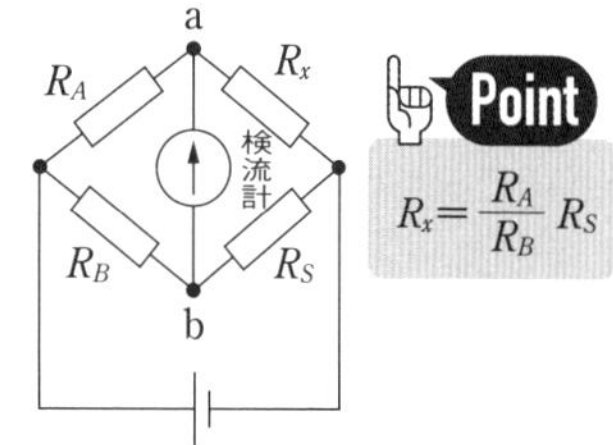

●図 4・32　ホイートストンブリッジ

$$R_x=\frac{R_A}{R_B}R_S\ 〔\Omega〕\qquad(4\cdot40)$$

1Ω 程度以下の抵抗を測定する場合，導線，接触抵抗などの影響が大きくなるので，高精度測定には図 4·33 に示す**ケルビンダブルブリッジ**が用いられる．R_S は標準低抵抗，R_x は被測定抵抗である．

R_l は導線や接触抵抗を示すものであるが，R_a，R_b，R_l を △-Y 変換して平衡条件を求め

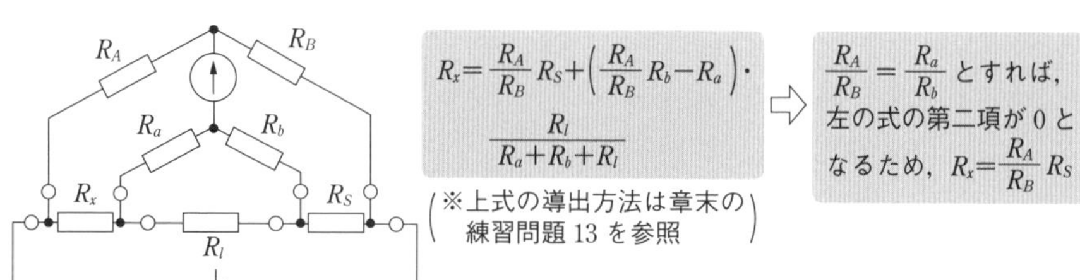

●図 4・33　ケルビンダブルブリッジ

$$\frac{R_A}{R_B}=\frac{R_a}{R_b} \qquad (4\cdot41)$$

を満足するように調整すれば，R_l の影響はなくなり

$$R_x=\frac{R_A}{R_B}R_S \qquad (4\cdot42)$$

として測定することができる．

2 電圧降下法

電圧計電流計法ともいい，抵抗に電流を流し，電流と電圧を測定して，オームの法則により抵抗値を求める．

図 4·34 に示すように，計器の内部抵抗が影響するので，測定抵抗に応じて電圧計と電流計の接続方法を選択する．

図 4·34 (a) の場合，R_x の電流は全電流から電圧計の電流を引いた値となるため

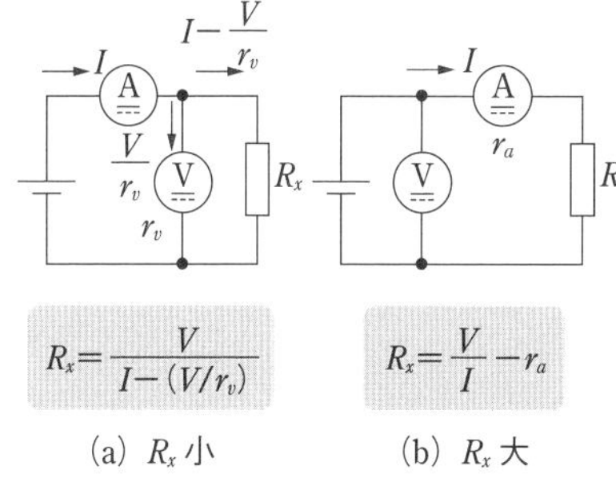

●図 4・34 電圧降下法

$$\boldsymbol{R_x=\frac{V}{I-(V/r_v)}}\ 〔\Omega〕 \quad (r_v \text{ は電圧計の内部抵抗}) \qquad (4\cdot43)$$

となる．また，図 4·34 (b) の場合，R_x は電流計の内部抵抗を引いた値となるため

$$\boldsymbol{R_x=\frac{V}{I}-r_a}\ 〔\Omega〕 \quad (r_a \text{ は電流計の内部抵抗}) \qquad (4\cdot44)$$

となる．したがって，$R_x \ll r_v$ のときは図 4·34 (a) の接続を，$R_x \gg r_a$ のときは図 4·34 (b) の接続を用いると誤差は小さくなる．

3 抵抗計法

1 MΩ 以上の高抵抗を測定するには**絶縁抵抗計（メガー）**が用いられる．電池式絶縁抵抗計は，電池電圧を定電圧 DC コンバータにより 500～1000 V に昇圧し，図 4·35 のような回路として，電流計の指示を抵抗値で目盛っている．ケーブル心線-鉛被間の体積抵抗を測定する場合，表面漏れ電流が指示計を通らないように G（保護）端子

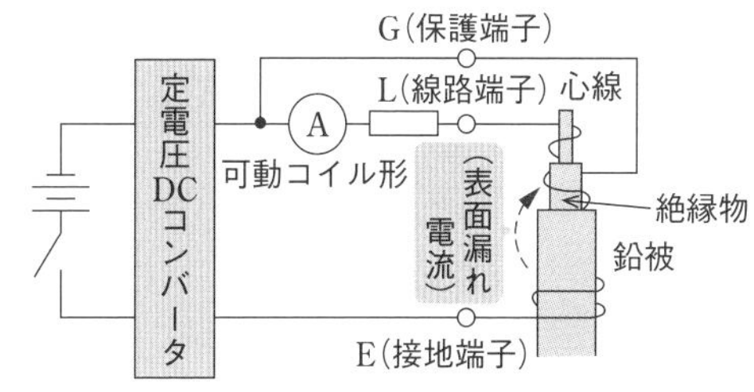

●図 4・35 絶縁抵抗計（電池式）

を用いる必要がある.

(4) 特殊抵抗測定

(a) 電池内部抵抗 電池の内部抵抗 R_x は電流によっても変化するので注意を要する. **マンス法**(図 4·36)は, K_1 だけ押したときの検流計の振れが K_2 を押しても変わらないとき平衡し, 次式となる.

$$R_x = \frac{R_A}{R_B} R_S \qquad (4 \cdot 45)$$

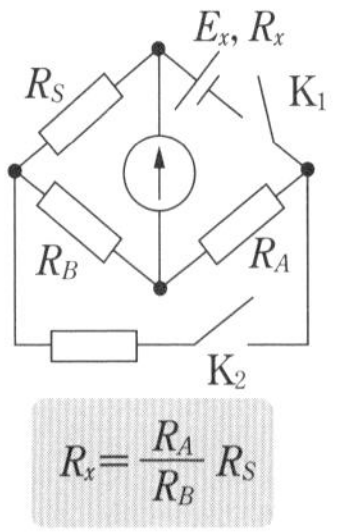

E_x, R_x / R_S / K_1 / R_B / R_A / K_2

$R_x = \frac{R_A}{R_B} R_S$

●図 4・36 マンス法

(b) 接地抵抗 図 4·37 のように, 接地極 E と補助接地極 C の間に電流 I〔A〕を流したとき, 電圧降下の曲線が水平になるところの V_E〔V〕を I〔A〕で割った値が接地極 E の接地抵抗 R_E〔Ω〕である.

$$\boldsymbol{R_E = \frac{V_E}{I}}\ 〔\Omega〕 \qquad (4 \cdot 46)$$

接地極 E の付近で生ずる電圧降下 V_E から算定

また, 補助接地極 C の接地抵抗 R_C〔Ω〕は

$$\boldsymbol{R_C = \frac{V_C}{I}}\ 〔\Omega〕 \qquad (4 \cdot 47)$$

補助接地極 C の付近で生ずる電圧降下 V_C から算定

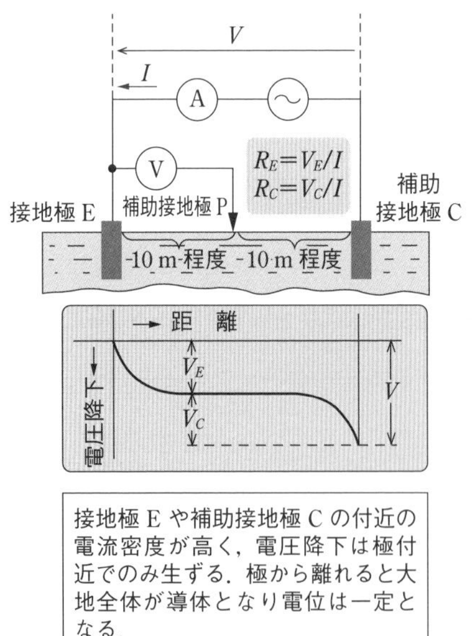

●図 4・37 接地抵抗

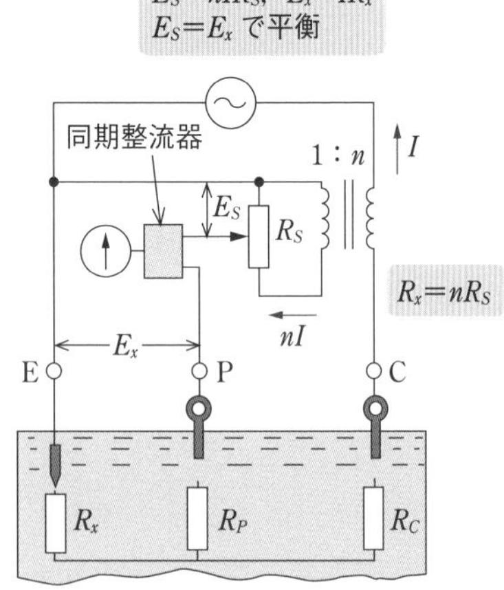

●図 4・38 交流電位差計式接地抵抗計

となる．土壌の水分によって分極作用があるため，電源としては交流を用いる．

交流電位差計式接地抵抗計の原理は図 4·38 のようになる．電流 I が CT の一次側の C, E を通って流れると，CT の二次側の抵抗 R_s には nI の電流が流れる．抵抗 R_s を調整して振れを零にすると，$IR_x = nIR_s$ になる．

$$R_x = nR_s \tag{4・48}$$

抵抗 R_s の目盛から，接地抵抗 R_x が求まるが，補助接地極 P, C の抵抗には左右されない．

2 インピーダンス測定

図 4·39 の**交流ホイートストン形ブリッジ**の平衡条件は，複素数表示のインピーダンスにより

$$\dot{Z}_1\dot{Z}_4 = \dot{Z}_2\dot{Z}_3 \tag{4・49}$$

となり，**両辺の実数部と虚数部が同時に等しくなければならない**．または

$$\left.\begin{aligned} Z_1Z_4 &= Z_2Z_3 \\ \angle\phi_1+\phi_4 &= \angle\phi_2+\phi_3 \end{aligned}\right\} \tag{4・50}$$

のように表され，大きさと位相角について平衡をとる必要がある．

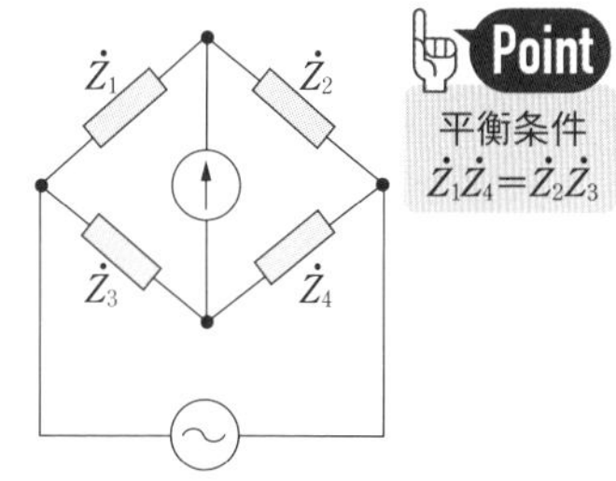

●図 4・39 交流ホイートストン形ブリッジ

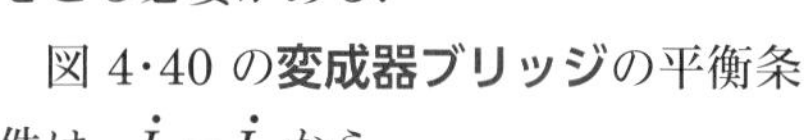

図 4·40 の**変成器ブリッジ**の平衡条件は，$\dot{I}_1 = \dot{I}_2$ から

$$\frac{\dot{E}_1}{\dot{Z}_1} = \frac{\dot{E}_2}{\dot{Z}_2} \qquad \frac{E_1}{E_2} = \frac{n_1}{n_2}$$

$$\therefore \quad \frac{\dot{Z}_1}{\dot{Z}_2} = \frac{\dot{E}_1}{\dot{E}_2} = \frac{n_1}{n_2} \tag{4・51}$$

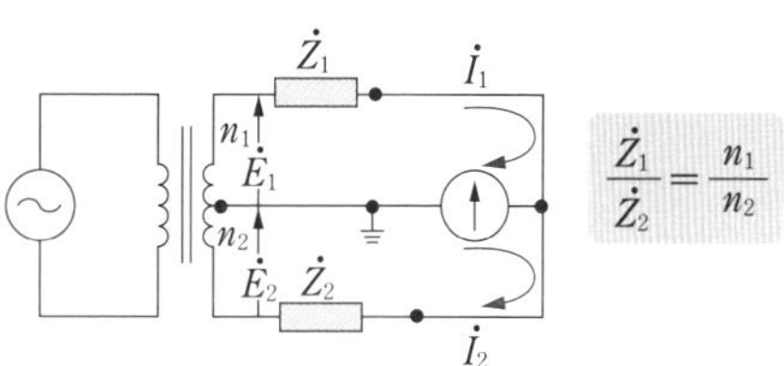

●図 4・40 変成器ブリッジ

さて，L を求めるブリッジとして，**マクスウェルブリッジ**があるので，説明する．マクスウェルブリッジの回路は図 4·41 の通りである．式 (4·49) の平衡条件から

$$R_1R_4 = (R_2+j\omega L)\left(\frac{R_3}{1+j\omega CR_3}\right)$$

$$R_1R_4+j\omega CR_1R_3R_4 = R_2R_3+j\omega LR_3$$

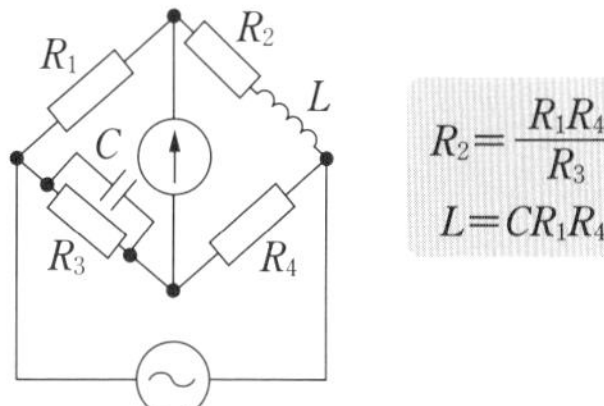

●図 4・41 マクスウェルブリッジ

Chapter 4

上の式で両辺の実数部と虚数部が同時に等しくなるから，

$$\therefore \quad R_2 = \frac{R_1}{R_3}R_4 \qquad L = CR_1R_4 \tag{4・52}$$

問題26　　H13 A-9

図のような抵抗測定回路を内蔵する回路計（テスタ）を用いて，抵抗 R_x の値を測定したい．この回路計の零オーム調整を行った後，抵抗 R_x の値を測定したところ，電流計の指針は最大目盛の 1/5 を示した．測定した抵抗 R_x〔kΩ〕の値として，正しいのは次のうちどれか．ただし，電池の電圧 $E = 3$ V，電流計の最大目盛は 500 μA とし，R_s は零オーム調整用抵抗を含めた回路計の等価抵抗である．

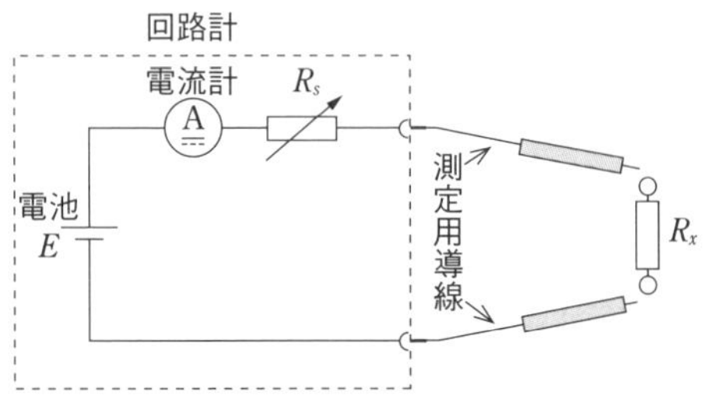

(1) 21　　(2) 24　　(3) 27　　(4) 30　　(5) 33

「零オーム調整」とは，測定用導線を短絡させ $R_x = 0$ の条件で，指針を最大目盛（$i_m = 500$ μA）に合わせるように R_s を調整する操作である．

解説　本問の R_s は

$$R_s = \frac{E}{i_m} = \frac{3}{500 \times 10^{-6}} = 6 \times 10^3 = 6\,\text{k}\Omega$$

となる．R_x を接続したときの電流は最大目盛の 1/5 であるから

$$\frac{E}{R_s + R_x} = \frac{i_m}{5}$$

したがって

$$R_x = \frac{5}{i_m}E - R_s = (5-1)R_s = 4 \times 6 = \mathbf{24\,k\Omega} \qquad \left(\because \quad \frac{E}{i_m} = R_s\right)$$

解答 ▶ (2)

問題27　H14 B-11

図のように，それぞれ十分離れた 3 点 A，B，C の地中に接地極が埋設されている．次の (a) および (b) に答えよ．

(a) A-B 間，B-C 間，A-C 間の抵抗を測定したところ，それぞれ $r_{ab}=6.6\,\Omega$，$r_{bc}=6.0\,\Omega$，$r_{ac}=5.2\,\Omega$ であった．このときの点 A の接地抵抗 R_A〔Ω〕の値として，正しいのは次のうちどれか．

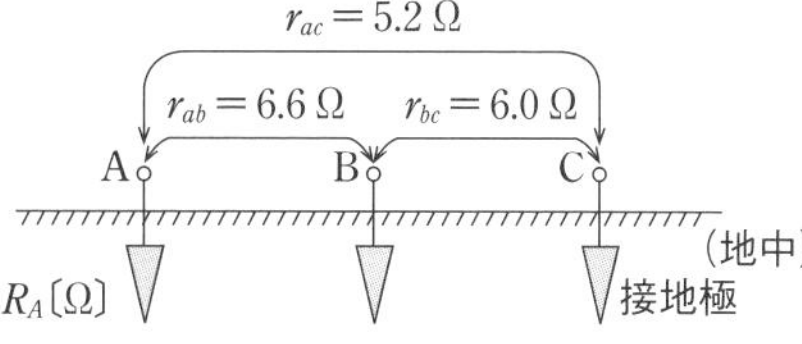

(1) 2.2　(2) 2.9　(3) 3.6　(4) 5.8　(5) 7.2

(b) 点 B と点 C を導線で短絡したときの A-B 間の抵抗 r_{ab}'〔Ω〕の値として，最も近いのは次のうちどれか．ただし，導線の抵抗は無視できるものとする．

(1) 2.9　(2) 3.8　(3) 4.3　(4) 5.2　(5) 6.6

各極の接地抵抗を R_A，R_B，R_C とすると，各極間の接地抵抗は各極の抵抗の和となり，$r_{ab}=R_A+R_B$，$r_{bc}=R_B+R_C$，$r_{ac}=R_A+R_C$ である．三つの式をすべて足すと，$r_{ab}+r_{bc}+r_{ac}=2(R_A+R_B+R_C)$ となり，$R_A+R_B+R_C=\dfrac{r_{ab}+r_{bc}+r_{ac}}{2}$ と変形できる．ゆえに，たとえば R_A を求めるときには

$$R_A=(R_A+R_B+R_C)-(R_B+R_C)=\frac{r_{ab}+r_{bc}+r_{ac}}{2}-r_{bc}=\frac{r_{ab}+r_{ac}-r_{bc}}{2}$$

とすればよい．同様にすれば

$$R_A=\frac{r_{ab}+r_{ac}-r_{bc}}{2}\qquad R_B=\frac{r_{ab}+r_{bc}-r_{ac}}{2}\qquad R_C=\frac{r_{bc}+r_{ac}-r_{ab}}{2}$$

となる．

(a) $R_A=\dfrac{6.6+5.2-6.0}{2}=\dfrac{5.8}{2}=\mathbf{2.9\,\Omega}$

(b) r_{ab}' は，R_B と R_C の並列接続と R_A との和で

$$r_{ab}'=R_A+\frac{R_BR_C}{R_B+R_C}$$

となる．(a) と同様にして，R_B，R_C を求めれば

$$R_B=\frac{6.6+6.0-5.2}{2}=\frac{7.4}{2}=3.7\,\Omega$$

Chapter 4

$$R_C=\frac{6.0+5.2-6.6}{2}=\frac{4.6}{2}=2.3\,\Omega$$

したがって

$$r_{ab}'=2.9+\frac{3.7\times2.3}{3.7+2.3}=2.9+\frac{8.51}{6}\fallingdotseq\mathbf{4.3\Omega}$$

解答 ▶ (a)-(2)，(b)-(3)

問題28 H15 A-14

図は，破線で囲んだ未知のコイルのインダクタンス L_x〔H〕と抵抗 R_x〔Ω〕を測定するために使用する交流ブリッジ（マクスウェルブリッジ）の等価回路である．このブリッジが平衡した場合のインダクタンス L_x〔H〕と抵抗 R_x〔Ω〕の値として，正しいものを組み合わせたのは次のうちどれか．ただし，交流ブリッジが平衡したときの抵抗器の値は R_p〔Ω〕，R_q〔Ω〕，標準コイルのインダクタンスと抵抗の値はそれぞれ L_s〔H〕，R_s〔Ω〕とする．

(1)	$L_x=\frac{R_q}{R_p}L_s$	$R_x=\frac{R_q}{R_p}R_s$
(2)	$L_x=\frac{R_q}{R_p}L_s$	$R_x=\frac{R_p}{R_q}R_s$
(3)	$L_x=\frac{R_p}{R_q}L_s$	$R_x=\frac{R_q}{R_s}R_p$
(4)	$L_x=\frac{R_p}{R_q}L_s$	$R_x=\frac{R_p}{R_q}R_s$
(5)	$L_x=\frac{R_q}{R_p}L_s$	$R_x=\frac{R_q}{R_s}R_p$

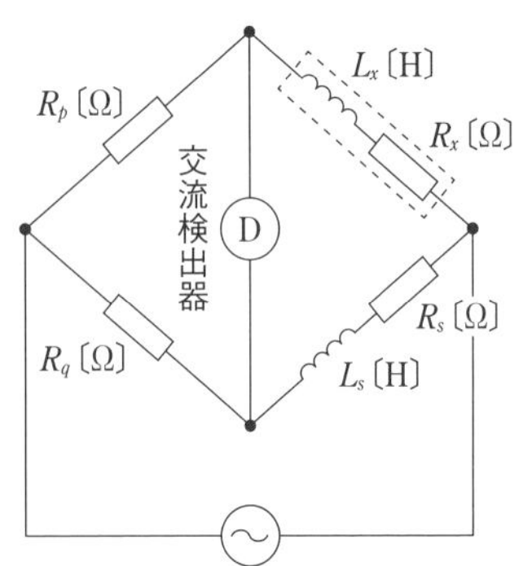

交流ブリッジの平衡条件は式（4·49）のように $\dot{Z}_1\dot{Z}_4=\dot{Z}_2\dot{Z}_3$ として両辺の実数部と虚数部を等しくおけばよい．

交流ブリッジの平衡条件は，

$$R_p(R_s+j\omega L_s)=R_q(R_x+j\omega L_x)$$

である．両辺の実数部，虚数部をそれぞれ等しくおけば

$$R_pR_s=R_qR_x\quad\therefore R_x=\frac{R_p}{R_q}R_s$$

$$R_p\omega L_s=R_q\omega L_x\quad\therefore L_x=\frac{R_p}{R_q}L_s$$

解答 ▶ (4)

問題29 H29 B-15

図は未知のインピーダンス $\dot{Z}$〔Ω〕を測定するための交流ブリッジである．電源の電圧を $\dot{E}$〔V〕，角周波数を ω〔rad/s〕とする．ただし，ω，静電容量 C_1〔F〕，抵抗 R_1〔Ω〕，R_2〔Ω〕，R_3〔Ω〕は零でないとする．次の (a) および (b) の問に答えよ．

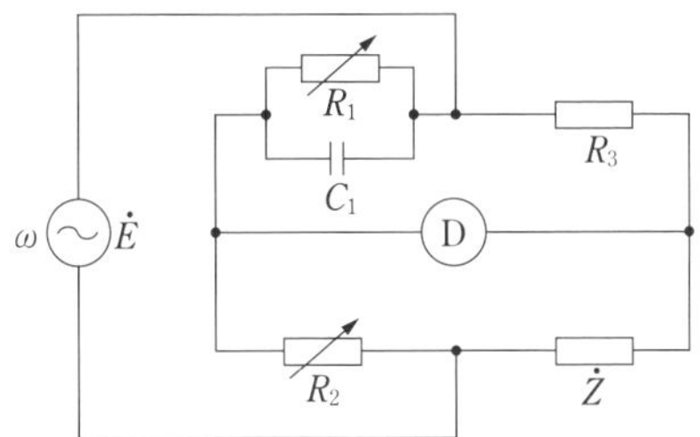

(a) 交流検出器 D による検出電圧が零となる平衡条件 $\dot{Z}$，R_1，R_2，R_3，ω および C_1 を用いて表すと，（ ）$\dot{Z}=R_2R_3$ となる．
上式の空白に入る式として適切なものは次のうちどれか．

(1) $R_1+\dfrac{1}{j\omega C_1}$ (2) $R_1-\dfrac{1}{j\omega C_1}$ (3) $\dfrac{R_1}{1+j\omega C_1R_1}$

(4) $\dfrac{R_1}{1-j\omega C_1R_1}$ (5) $\sqrt{\dfrac{R_1}{j\omega C_1}}$

(b) $\dot{Z}=R+jX$ としたとき，この交流ブリッジで測定できる R〔Ω〕と X〔Ω〕の満たす条件として，正しいのは次のうちどれか．

(1) $R\geqq 0$，$X\leqq 0$ (2) $R>0$，$X<0$ (3) $R=0$，$X>0$

(4) $R>0$，$X>0$ (5) $R=0$，$X\leqq 0$

マクスウェルブリッジであり，式 (4·49)，式 (4·52) のように求める．

(a) 交流ブリッジの平衡条件より

$$\left(\frac{1}{\dfrac{1}{R_1}+j\omega C_1}\right)\dot{Z}=R_2R_3$$

$$\therefore\quad \left(\boldsymbol{\frac{R_1}{1+j\omega C_1R_1}}\right)\dot{Z}=R_2R_3$$

(b) $\dot{Z}=R+jX$ を (a) で求めた式に代入すれば

$$\left(\frac{R_1}{1+j\omega C_1R_1}\right)(R+jX)=R_2R_3$$

$$\therefore\quad R+jX=\frac{R_2R_3(1+j\omega C_1R_1)}{R_1}=\frac{R_2R_3}{R_1}+j\omega C_1R_2R_3$$

$$\therefore\quad R=\frac{R_2R_3}{R_1}\qquad X=\omega C_1R_2R_3$$

題意より，ω，C_1，R_1，R_2，R_3 は零でないので，$\boldsymbol{R>0}$，$\boldsymbol{X>0}$ となる．

解答 ▶ (a)-(3)，(b)-(4)

周波数の測定

［★］

1 リサジュー図形法

ブラウン管（陰極線管）オシロスコープは，図 4･42 のブロック図で示され，時間とともに変化するさまざまな電気信号の波形や位相を観測するために用いられる．**観測波形信号により垂直方向に電子線を偏向し，のこぎり波電圧で電子線を水平方向に偏向**する．ブラウン管の蛍光面には，垂直と水平の両電圧を合成した点に光点が現れて図 4･43 のように**連続波形**を描くことができる．

水平軸（*H* 軸）と垂直軸（*V* 軸）に

$$E_H = E_m \sin\omega_H t \qquad E_V = E_m \sin(\omega_V t - \theta) \qquad (4 \cdot 53)$$

の**正弦波電圧を入力したとき描かれる図形**を**リサジュー図**という．

図 4･44 (a) は垂直軸入力と水平軸入力に同一の正弦波を加えたとき，同図 (b) は位相が $\pi/2$ だけ異なる正弦波を加えたとき，同図 (c) は垂直軸に f〔Hz〕，水平軸に $2f$〔Hz〕の正弦波を加えたときのリサジュー図形である．

ここで，周波数 f_H（水平軸）と f_V（垂直軸）が整数比のとき，リサジュー図

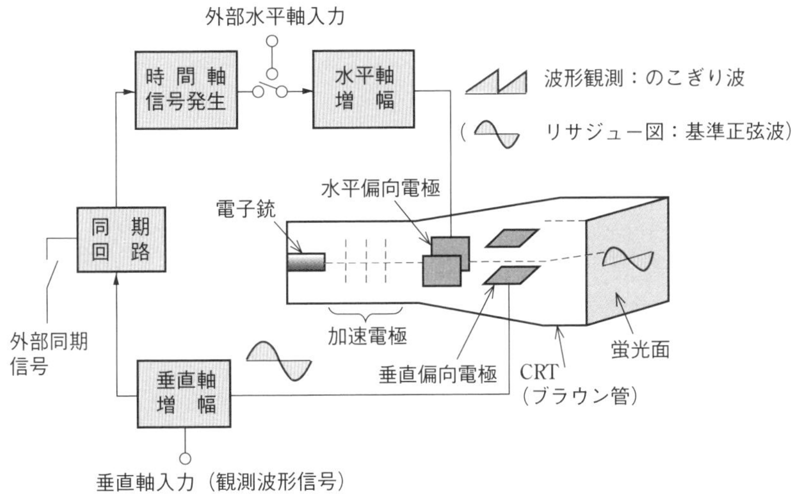

●図 4・42　ブラウン管オシロスコープの構成図

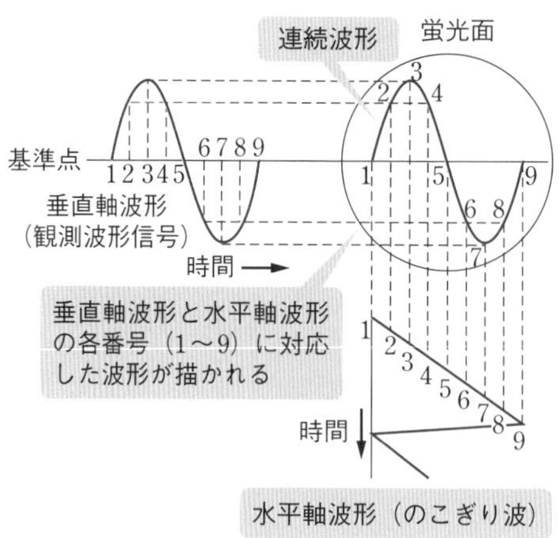

(a) 垂直軸と水平軸に同一の正弦波（位相も同じ）を加えたとき

●図4・43

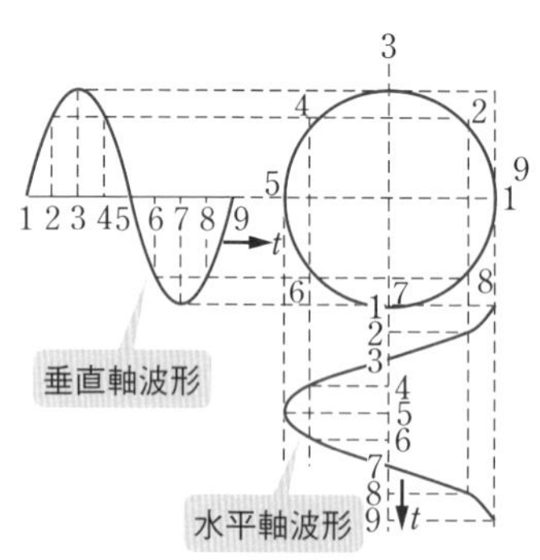

(b) 位相が $\pi/2$ 異なる正弦波を加えたとき（最大値, 周波数は等しい）

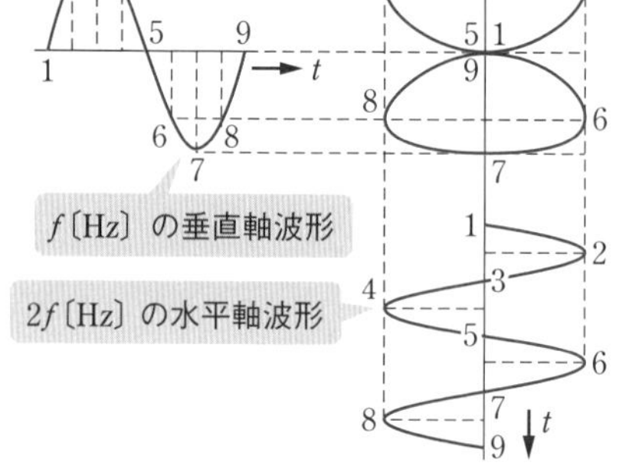

(c) 垂直軸に f〔Hz〕, 水平軸に $2f$〔Hz〕の正弦波を加えたとき

●図4・44

●表4・6　リサジュー図

f_H（水平軸）		1	1	1	2	1
f_V（垂直軸）		0	1	1	1	2
θ			0°	90°	0°	0°
リサジュー図						
ピーク数	n_H	0	1/2	1	1	2
	n_V	1/2	1/2	1	2	1

は静止して表 4･6 のようになるので，一方を既知周波数とすれば周波数が測定できる.

リサジュー図において，水平方向のピーク点の数を n_H，垂直方向のピーク点の数を n_V（開いているときは 1/2 とする）とすれば

$$\frac{f_H}{f_V}=\frac{n_V}{n_H} \tag{4・54}$$

の関係がある.

問題30 H12 A-8

オシロスコープを用いて電圧波形を観測する場合，垂直入力端子に正弦波電圧を加えると垂直偏向電極にはそれと同じ波形の電圧が加わり，水平偏向電極には内部で発生する［（ア）］電圧が加わるので，蛍光面上に［（イ）］電圧の波形が表示される.

また，垂直および水平の両入力端子に，同相で同じ大きさの正弦波電圧を加えると［（ウ）］のリサジュー図形が蛍光面上に表示される.

上記の空白箇所（ア），（イ）および（ウ）に記入する語句の組合せとして，正しいのは次のうちどれか.

	（ア）	（イ）	（ウ）
(1)	のこぎり波	正弦波	直線状
(2)	正弦波	のこぎり波	円形
(3)	方形波	のこぎり波	直線状
(4)	方形波	方形波	だ円形
(5)	のこぎり波	正弦波	円形

直線状　円　形　だ円形

（ウ）の参考図

図 4･43 のように，垂直軸に信号電圧，水平軸に**のこぎり波**電圧を加えると，蛍光面上に横軸に時間をとった信号波形が表示される．図 4･44（a）に示したように，垂直軸と水平軸に同相の正弦波電圧を加えると，**直線状**波形を描く.

解答 ▶ (1)

問題31 H25 B-16

振幅 V_m〔V〕の交流電源の電圧 $v=V_m\sin\omega t$〔V〕をオシロスコープで計測したところ，画面上に図のような正弦波形が観測された．次の（a）および（b）の問に答えよ．ただし，オシロスコープの垂直感度は 5 V/div，掃引時間は 2 ms/div とし，測定に用いたプローブの減衰比は 1 対 1 とする.

(a) この交流電源の電圧の周期〔ms〕，周波数〔Hz〕，実効値〔V〕の値の組合せとして，最も近いのは次のうちどれか．

	周期	周波数	実効値
(1)	20	50	15.9
(2)	10	100	25.0
(3)	20	50	17.7
(4)	10	100	17.7
(5)	20	50	25.0

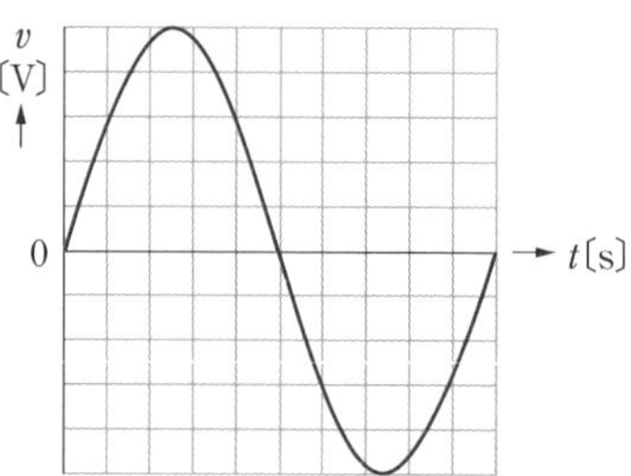

(b) この交流電源をある負荷に接続したとき，$i = 25\cos\left(\omega t - \frac{\pi}{3}\right)$〔A〕の電流が流れた．この負荷の力率〔%〕の値として，最も近いのは次のうちどれか．

(1) 50　(2) 60　(3) 70.7　(4) 86.6　(5) 100

(a) 周期 $T = 10$ 目盛$\times 2$ ms/div $=$ **20 ms**

周波数 $f = \frac{1}{T} = \frac{1}{20 \times 10^{-3}} =$ **50 Hz**

最大値 $V_m = 5$ 目盛$\times 5$ V/div $= 25$ V

実効値 $V = V_m/\sqrt{2} = 25/\sqrt{2} \fallingdotseq$ **17.7 V**

(b) $\omega = 2\pi f = 2\pi \times 50 = 100\pi$〔rad/s〕なので，電圧は

$$v = V_m \sin\omega t = 25\sin(100\pi t)\ \text{〔V〕}$$

一方，$i = 25\cos\left(\omega t - \frac{\pi}{3}\right) = 25\sin\left(100\pi t - \frac{\pi}{3} + \frac{\pi}{2}\right)$

$$= 25\sin\left(100\pi t + \frac{\pi}{6}\right)\ \text{〔A〕}$$

$\left(\because\ \cos\phi = \sin\left(\phi + \frac{\pi}{2}\right)\text{より}\right)$

つまり，電流の位相は電圧に比べて $\pi/6$ だけ進んでいるので，負荷の力率 $\cos\theta = \cos\left(\frac{\pi}{6}\right) \fallingdotseq 0.866 =$ **86.6%**（進み力率）

解答 ▶ (a)-(3)，(b)-(4)

練習問題

■ **1** (H10 A-10)

指示電気計器の動作原理について次の記述のうち，誤っているのはどれか.

(1) 整流形：ダイオードなどの整流素子を用いて交流を直流に変換し，可動コイル形の計器で指示させる方式

(2) 熱電形：発熱線に流れる電流によって熱せられる熱電対に生じる起電力を，可動コイル形の計器で指示させる方式

(3) 可動コイル形：固定コイルに流れる電流の磁界と，可動コイルに流れる電流との間に生じる力によって，可動コイルを駆動させる方式

(4) 静電形：異なる電位を与えられた固定電極と可動電極との間に生じる静電力によって，可動電極を駆動させる方式

(5) 可動鉄片形：固定コイルに流れる電流の磁界と，その磁界によって磁化された可動鉄片との間に生じる力により，又は固定コイルに流れる電流によって固定鉄片および可動鉄片を磁化し，両鉄片間に生じる力により可動鉄片を駆動させる方式

■ **2** (H12 A-1)

直流電流から数十 MHz 程度の高周波電流まで測定できる指示電気計器の種類として，正しいのは次のうちどれか.

(1) 誘導形計器

(2) 電流力計形計器

(3) 静電形計器

(4) 可動鉄片形計器

(5) 熱電形計器

■ **3** (H24 A-14)

電気計測に関する記述として，誤っているのは次のうちどれか.

(1) ディジタル指示計器（ディジタル計器）は，測定値が数字のディジタルで表示される装置である.

(2) 可動コイル形計器は，コイルに流れる電流の実効値に比例するトルクを利用している.

(3) 可動鉄片形計器は，磁界中で磁化された鉄片に働く力を応用しており，商用周波数の交流電流計および交流電圧計として広く普及している.

(4) 整流形計器は感度がよく，交流用として使用されている.

(5) 二電力計法で三相負荷の消費電力を測定するとき，負荷の力率によっては，電力計の指針が逆に振れることがある.

■ **4** (H25 A-14)

ディジタル計器に関する記述として，誤っているのは次のうちどれか.

(1) ディジタル交流電圧計には，測定入力端子に加えられた交流電圧が，入力変換回

路で直流電圧に変換され，次の A-D 変換回路でディジタル信号に変換される方式のものがある.

(2) ディジタル計器では，測定量をディジタル信号で取り出すことができる特徴を生かし，コンピュータに接続して測定結果をコンピュータに入力できるものがある.

(3) ディジタルマルチメータは，スイッチを切り換えることで，電圧，電流，抵抗などを測ることができる多機能測定器である.

(4) ディジタル周波数計には，測定対象の波形をパルス列に変換し，一定時間のパルス数を計数して周波数を表示する方式のものがある.

(5) ディジタル直流電圧計は，アナログ指示計器より入力抵抗が低いので，測定したい回路から計器に流れ込む電流は指示計器に比べて大きくなる.

■5 (H28 A-14)

ディジタル計器に関する記述として，誤っているのは次のうちどれか.

(1) ディジタル計器用の A-D 変換器には，二重積分形が用いられることがある.

(2) ディジタルオシロスコープでは，周期性のない信号波形を測定することはできない.

(3) 量子化とは，連続的な値を何段階かの値で近似することである.

(4) ディジタル計器は，測定値が数字で表示されるので，読み取りの間違いが少ない.

(5) 測定可能な範囲（レンジ）を切り換える必要がない機能（オートレンジ）は，測定値のおよその値がわからない場合にも便利な機能である.

■6 (H19 B-16)

可動コイル形計器について，次の (a) および (b) に答えよ.

(a) 次の文章は，可動コイル形電流計の原理について述べたもので，図 1 はその構造を示す原理図である.

計器の指針に働く電流によるトルクは，その電流の［(ア)］に比例する．これに脈流を流すと可動部の［(イ)］モーメントが大きいので，指針は電流の［(ウ)］を指示する.

この計器を電圧計として使用する場合，［(エ)］を使う.

上記の空白箇所 (ア)，(イ)，(ウ) および (エ) に当てはまる語句の組合せとして，正しいのは次のうちどれか.

	(ア)	(イ)	(ウ)	(エ)
(1)	1乗	慣性	平均値	倍率器
(2)	1乗	回転	平均値	分流器
(3)	1乗	回転	瞬時値	倍率器
(4)	2乗	回転	実効値	分流器
(5)	2乗	慣性	実効値	倍率器

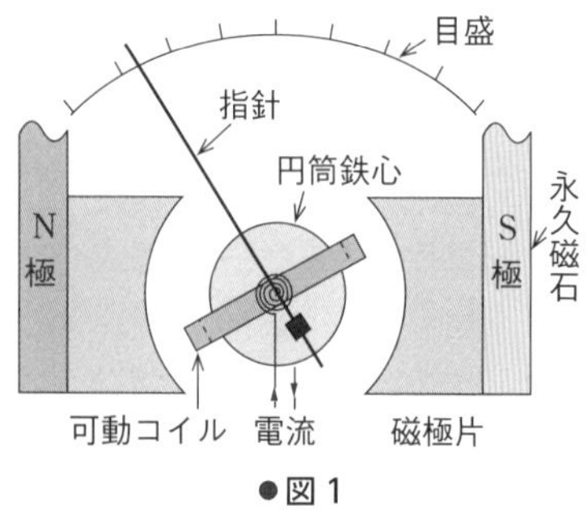

●図 1

(b) 内部抵抗 $r_a = 2\,\Omega$，最大目盛 $I_m = 10\,\mathrm{mA}$ の可動コイル形電流計を用いて，最大 150 mA と最大 1 A の直流電流を測定できる多重範囲の電流計をつくりたい．そこで，図 2 のような二つの－端子を有する多重範囲の電流計を考えた．抵抗 R_1〔Ω〕，R_2〔Ω〕の値の組合せとして，最も近いのは次のうちどれか．

	R_1〔Ω〕	R_2〔Ω〕
(1)	0.12	0.021
(2)	0.12	0.042
(3)	0.14	0.021
(4)	0.24	0.012
(5)	0.24	0.042

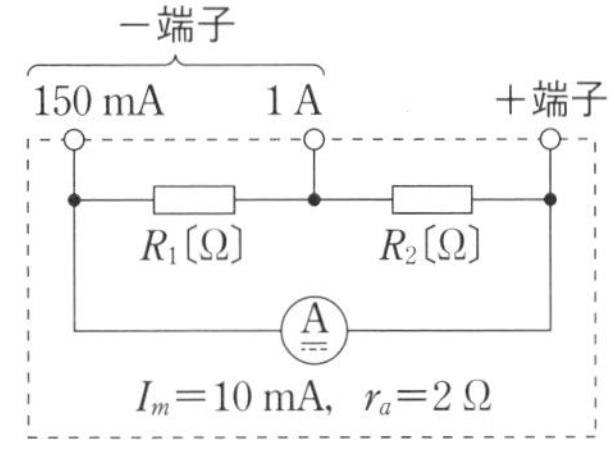

●図 2

■7 (R3 A-14)

図のブリッジ回路を用いて，未知の抵抗の値 R_x〔Ω〕を推定したい．可変抵抗 R_3 を調整して，検流計に電流が流れない状態を探し，平衡条件を満足する R_x〔Ω〕の値を求める．求めた値が真値と異なる原因が，R_k ($k = 1,\ 2,\ 3$) の真値からの誤差 ΔR_k のみである場合を考え，それらの誤差率 $\varepsilon_k = \Delta R_k / R_k$ が次の値であったとき，R_x の誤差率として，最も近いものを次の (1)～(5) のうちから一つ選べ．

$\varepsilon_1 = 0.01,\quad \varepsilon_2 = -0.01\quad \varepsilon_3 = 0.02$

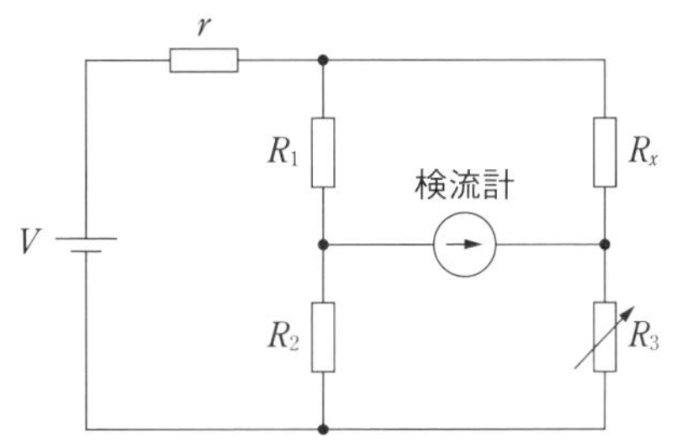

(1) 0.0001　(2) 0.01　(3) 0.02　(4) 0.03　(5) 0.04

■8

図のように，電流計Ⓐ（内部抵抗 r_g）の最大測定電流を m 倍とするため分流用の抵抗 R_s を並列に接続し，また，それによる測定回路の抵抗の変化分を補償するため（a-b 端子間の抵抗値を r_g に保つため）直列に抵抗 R を接続した．このときの R_s および R の値の組合せとして，正しいのは次のうちどれか．

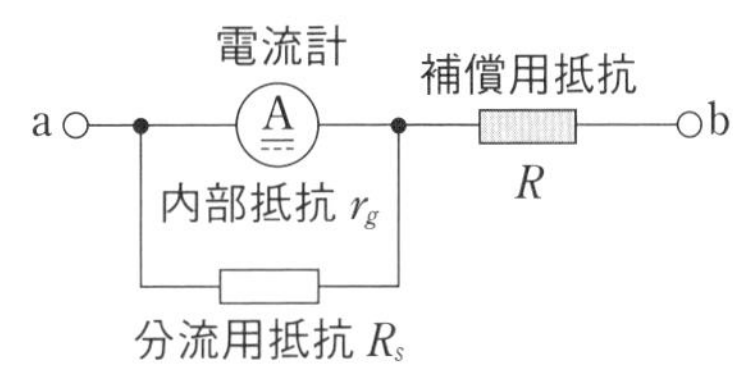

(1) $R_s = \dfrac{1}{m} r_g,\ R = \dfrac{1}{m} r_g$　(2) $R_s = \dfrac{1}{m} r_g,\ R = \dfrac{1}{m-1} r_g$

(3) $R_s = \dfrac{1}{m-1} r_g,\ R = \dfrac{m-1}{m} r_g$　(4) $R_s = \dfrac{1}{m-1} r_g,\ R = \dfrac{m}{m-1} r_g$

(5) $R_s=\dfrac{m-1}{m+1}r_g$, $R=\dfrac{m}{m+1}r_g$

■9 (H27 B-15)

図 1 のように，a-b 間の長さが 15 cm，最大値が 30 Ω のすべり抵抗器 R，電流計，検流計，電池 E_0〔V〕，電池 E_x〔V〕が接続された回路がある．この回路において次のような実験を行った．

実験Ⅰ：図 1 でスイッチ S を開いたとき，電流計は 200 mA を示した．

実験Ⅱ：図 1 でスイッチ S を閉じ，すべり抵抗器 R の端子 c を端子 b の方向へ移動させて行き，検流計が零を指したとき移動を停止した．このとき，端子 a-c 間の距離は 4.5 cm であった．

実験Ⅲ：図 2 に配線を変更したら，電流計の値は 50 mA であった．

次の (a) および (b) の問に答えよ．ただし，各計測器の内部抵抗および接触抵抗は無視できるものとし，また，すべり抵抗器 R の長さ〔cm〕と抵抗値〔Ω〕とは比例するものであるとする．

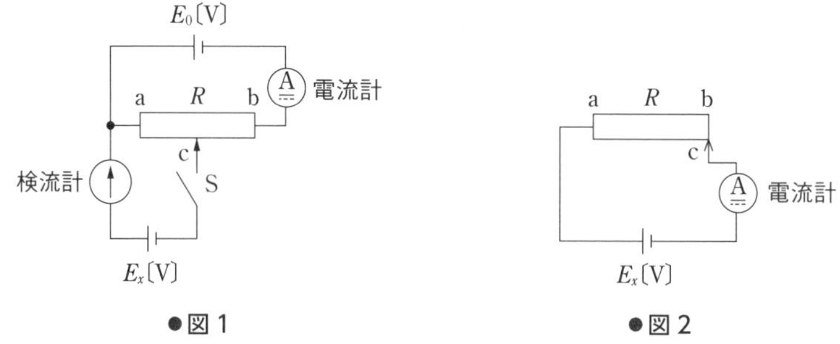

●図 1　　　●図 2

(a) 電池 E_x の起電力の値〔V〕として，最も近いのは次のうちどれか．

(1) 1.0　(2) 1.2　(3) 1.5　(4) 1.8　(5) 2.0

(b) 電池 E_x の内部抵抗の値〔Ω〕として，最も近いのは次のうちどれか．

(1) 0.5　(2) 2.0　(3) 3.5　(4) 4.2　(5) 6.0

■10 (R4上 B-16)

図は，抵抗 R_{ab}〔kΩ〕のすべり抵抗器，抵抗 R_d〔kΩ〕，抵抗 R_e〔kΩ〕と直流電圧 E_s = 12 V の電源を用いて，端子 H-G 間に接続した未知の直流電圧〔V〕を測るための回路である．次の (a) および (b) に答えよ．ただし，端子 G を電位の基準（0V）とする．

(a) 抵抗 $R_d = 5$ kΩ，抵抗 $R_e = 5$ kΩ として，直流電圧 3 V の電源の正極を端子 H に，負極を端子 G に接続した．すべり抵抗器の接触子 C の位置を調整して検流計の電流を 0 にしたところ，すべり抵抗器の端子 B と接触子 C 間の抵抗 $R_{bc} = 18$ kΩ となった．すべり抵抗器の抵抗 R_{ab}〔kΩ〕の値として，正しいのは次のうちどれか．

(1) 18　(2) 24
(3) 36　(4) 42
(5) 50

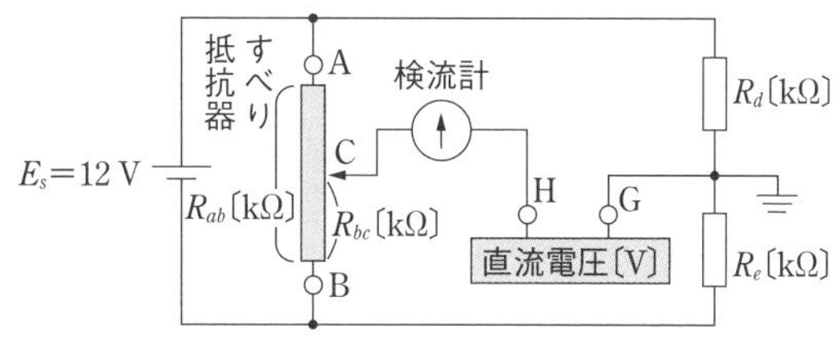

(b) 次に，直流電圧 3 V の電源を取り外し，未知の直流電圧 E_x〔V〕の電源を端子 H-G 間に接続した．ただし，端子 G から見た端子 H の電圧を E_x〔V〕とする．

抵抗 $R_d = 2$ kΩ，抵抗 $R_e = 22$ kΩ としてすべり抵抗器の接触子 C の位置を調整し，すべり抵抗器の端子 B と接触子 C 間の抵抗 $R_{bc} = 12$ kΩ としたときに，検流計の電流が 0 となった．このときの E_x〔V〕の値として，正しいのは次のうちどれか．

(1) −5　(2) −3　(3) 0　(4) 3　(5) 5

■ 11 (R2 B-15)

図のように，線間電圧（実効値）200 V の対称三相交流電源に，1 台の単相電力計 W_1，$X = 4\,\Omega$ の誘導リアクタンス 3 個，$R = 9\,\Omega$ の抵抗 3 個を接続した回路がある．単相電力計 W_1 の電流コイルは a 相に接続し，電圧コイルは b-c 相間に接続され，指示は正の値を示していた．この回路について，次の (a) および (b) の問に答えよ．ただし，対称三相交流電源の相順は，a，b，c とし，単相電力計 W_1 の損失は無視できるものとする．

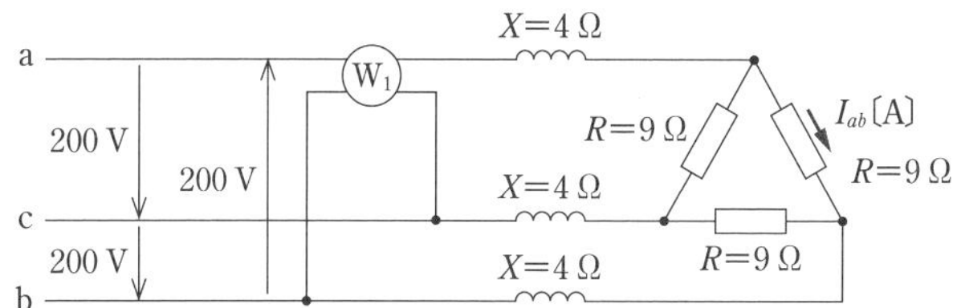

(a) $R = 9\,\Omega$ の抵抗に流れる電流 I_{ab} の実効値〔A〕として，最も近いものを次の (1)～(5) のうちから一つ選べ．

(1) 6.77　(2) 13.3　(3) 17.3　(4) 23.1　(5) 40.0

(b) 単相電力計 W_1 の指示値〔kW〕として，最も近いものを次の (1)～(5) のうちから一つ選べ．

(1) 0　(2) 2.77　(3) 3.70　(4) 4.80　(5) 6.40

■ 12 (H22 B-16)

電力量計について，次の (a) および (b) に答えよ．

(a) 次の文章は，交流の電力量計の原理について述べたものである．

Chapter 4

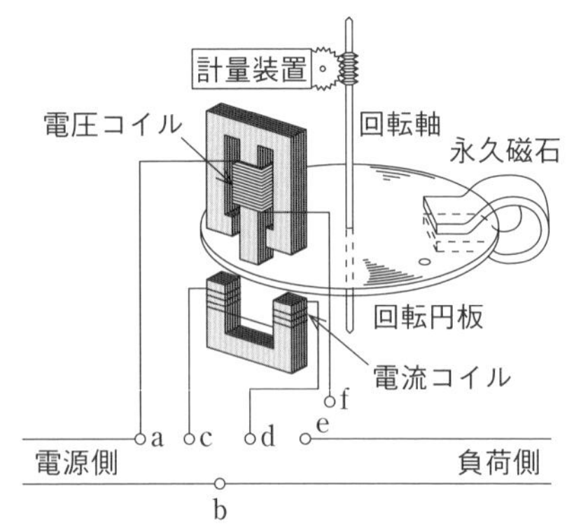

計器の指針などを駆動するトルクを発生する動作原理により計器を分類すると，図に示した構造の電力量計の場合は，［（ア）］に分類される．

この計器の回転円板が負荷の電力に比例するトルクで回転するように，図中の端子 a から f を［（イ）］のように接続して，負荷電圧を電圧コイルに加え，負荷電流を電流コイルに流す．その結果，コイルに生じる磁束による移動磁界と，回転円板上に生じるうず電流との電磁力の作用で回転円板は回転する．一方，永久磁石により回転円板には速度に比例する［（ウ）］が生じ，負荷の電力に比例する速度で回転円板は回転を続ける．したがって，計量装置でその回転数をある時間計量すると，その値は同時間中に消費された電力量を表す．

上記の空白箇所（ア），（イ）および（ウ）に当てはまる語句または記号の組合せとして，正しいのは次のうちどれか．

	（ア）	（イ）	（ウ）
(1)	誘導形	ac，de，bf	駆動トルク
(2)	電流力計形	ad，bc，ef	制動トルク
(3)	誘導形	ac，de，bf	制動トルク
(4)	電流力計形	ad，bc，ef	駆動トルク
(5)	電力計形	ac，de，bf	駆動トルク

(b) 上記 (a) の原理の電力量計の使用の可否を検討するために，電力量計の計量の誤差率を求める実験を行った．実験では，3 kW の電力を消費している抵抗負荷の交流回路に，この電力量計を接続した．このとき，電力量計はこの抵抗負荷の消費電力量を計量しているので，計器の回転円板の回転数を測定することから計量の誤差率を計算できる．

電力量計の回転円板の回転数を測定したところ，回転数は 1 分間に 61 であった．この場合，電力量計の計量の誤差率〔%〕の大きさの値として，最も近いのは次のうちどれか．ただし，電力量計の計器定数（1 kW·h 当たりの回転円板の回転数）は，1200 rev/kW·h であり，回転円板の回転数と計量装置の計量値の関係は正しいものとし，電力損失は無視できるものとする．

(1) 0.2　(2) 0.4　(3) 1.0　(4) 1.7　(5) 2.1

■ 13　(H21 B-15)

電気計測に関する記述について，次の (a) および (b) に答えよ．

(a) ある量の測定に用いる方法には各種あるが，指示計器のように測定量を指針の振れの大きさに変えて，その指示から測定量を知る方法を［（ア）］法という．これに比較して精密な測定を行う場合に用いられている［（イ）］法は，測定量と同種類で大きさを調整できる既知量を別に用意し，既知量を測定量に平衡させて，そのときの既知量の大きさから測定量を知る方法である．［（イ）］法を用いた測定器の例としては，ブリッジや［（ウ）］がある．

上記の空白箇所（ア），（イ）および（ウ）に当てはまる語句の組合せとして，正しいのは次のうちどれか．

	（ア）	（イ）	（ウ）
(1)	偏位	零位	直流電位差計
(2)	偏位	差動	誘導形電力量計
(3)	間接	零位	直流電位差計
(4)	間接	差動	誘導形電力量計
(5)	偏位	零位	誘導形電力量計

(b) 図は，ケルビンダブルブリッジの原理図である．図において R_x〔Ω〕が未知の抵抗，R_s〔Ω〕は可変抵抗，P〔Ω〕，Q〔Ω〕，p〔Ω〕，q〔Ω〕は固定抵抗である．このブリッジは，抵抗 R_x〔Ω〕のリード線の抵抗が，固定抵抗 r〔Ω〕および直流電源側の接続線に含まれる回路構成となっており，低い抵抗の測定に適している．

図の回路において，固定抵抗 P〔Ω〕，Q〔Ω〕，p〔Ω〕，q〔Ω〕の抵抗値が［（ア）］$=0$ の条件を満たしていて，可変抵抗 R_s〔Ω〕，固定抵抗 r〔Ω〕においてブリッジが平衡している．この場合は，次式から抵抗 R_x〔Ω〕が求まる．

$R_x=$ (［（イ）］) R_s

この式が求まることを次の手順で証明してみよう．

〔証明〕

回路に流れる電流を図に示すように I〔A〕，i_1〔A〕，i_2〔A〕とし，閉回路 I および II にキルヒホッフの第 2 法則を適用すると式①，②が得られる．

$$Pi_1=R_xI+pi_2 \quad \cdots\cdots ①$$

$$Qi_1=R_sI+qi_2 \quad \cdots\cdots ②$$

式①，②から

$$\frac{P}{Q}=\frac{R_xI+pi_2}{R_sI+qi_2}=\frac{R_x+p\dfrac{i_2}{I}}{R_s+q\dfrac{i_2}{I}} \quad \cdots\cdots ③$$

また，I は $(p+q)$ と r の回路に分流するので，$(p+q)i_2=r(I-i_2)$ の関係から式④が得られる．

$$\frac{i_2}{I}=\boxed{（ウ）} \quad \cdots\cdots ④$$

ここで，$K=\boxed{（ウ）}$ とし，式③を整理すると式⑤が得られ，抵抗 R_x〔Ω〕が求まる．

$$R_x=(\boxed{（イ）})R_s+(\boxed{（ア）})qK \quad \cdots\cdots ⑤$$

上記の空白箇所（ア），（イ）および（ウ）に当てはまる式として，正しいものを組み合わせたのは次のうちどれか．

	（ア）	（イ）	（ウ）
(1)	$\frac{P}{Q}-\frac{p}{q}$	$\frac{P}{Q}$	$\frac{r}{p+q+r}$
(2)	$\frac{p}{q}-\frac{P}{Q}$	$\frac{P}{q}$	$\frac{p}{p+r}$
(3)	$\frac{p}{q}-\frac{P}{Q}$	$\frac{Q}{p}$	$\frac{q}{q+r}$
(4)	$\frac{Q}{P}-\frac{q}{p}$	$\frac{Q}{P}$	$\frac{r}{p+q+r}$
(5)	$\frac{P}{Q}-\frac{p}{q}$	$\frac{P}{Q}$	$\frac{p}{p+q+r}$

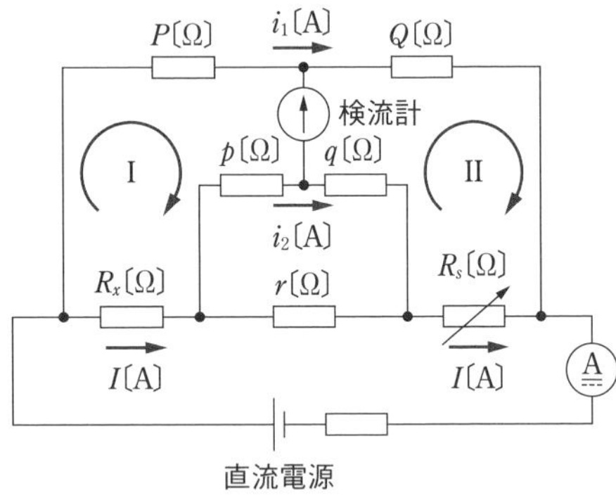

■ 14　(H18 B-16)

図のブリッジ回路を用いて，未知抵抗 R_x を測定したい．抵抗 $R_1=3\,\mathrm{k\Omega}$，$R_2=2\,\mathrm{k\Omega}$，$R_4=3\,\mathrm{k\Omega}$ とし，$R_3=6\,\mathrm{k\Omega}$ のすべり抵抗器の接触子の接点 c をちょうど中央に調整したとき $(R_{ac}=R_{bc}=3\,\mathrm{k\Omega})$ ブリッジが平衡したという．次の (a) および (b) に答えよ．ただし，直流電圧源は 6 V とし，電流計の内部抵抗は無視できるものとする．

(a) 未知抵抗 R_x〔kΩ〕の値として，正しいのは次のうちどれか．

(1) 0.1　(2) 0.5　(3) 1.0　(4) 1.5　(5) 2.0

(b) 平衡時の電流計の指示値〔mA〕の値として，正しいのは次のうちどれか．

(1) 0　(2) 0.4　(3) 1.5　(4) 1.7　(5) 2.0

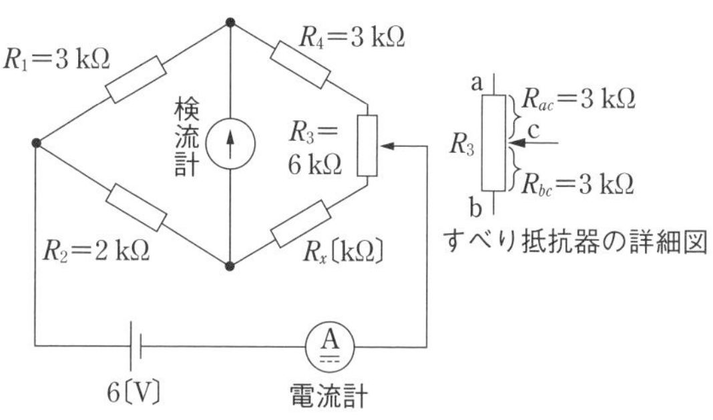

■ 15

図のように既知抵抗 r と直列に未知のインピーダンス Z を接続し，各電圧 V_1，V_2，V_3 を測定したところ，$V_1 = 75$ V，$V_2 = 50$ V，$V_3 = 100$ V となった．このとき，Z の値 (ア) 〔Ω〕，Z の等価直列抵抗 R の値 (イ) 〔Ω〕の組合せとして，正しいのは次のうちどれか．ただし，$r = 240$ Ω で，電圧計の内部抵抗は十分大きいものとする．

	(ア)	(イ)
(1)	360	60
(2)	360	90
(3)	360	180
(4)	480	90
(5)	480	180

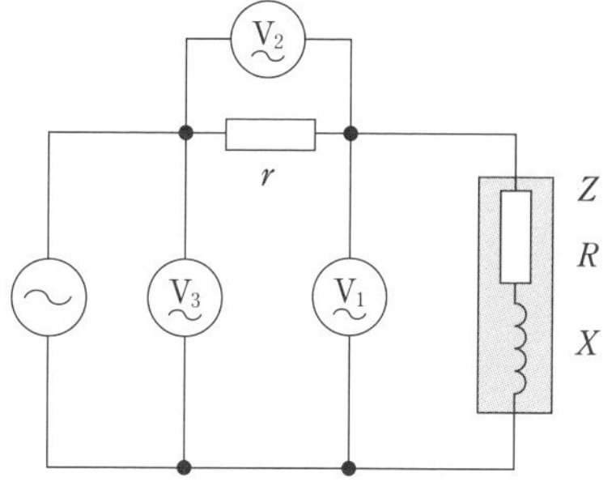

■ 16 (H20 B-16)

ブラウン管オシロスコープは，水平・垂直偏向電極を有し，波形観測ができる．次の(a) および (b) に答えよ．

(a) 垂直偏向電極のみに，正弦波交流電圧を加えた場合は，蛍光面に (ア) のような波形が現れる．また，水平偏向電極のみにのこぎり波電圧を加えた場合は，蛍光面に (イ) のような波形が現れる．また，これらの電圧をそれぞれの電極に加えると，蛍光面に (ウ) のような波形が現れる．このとき波形を静止させて見るためには，垂直偏向電極の電圧の周波数と水平偏向電極の電圧の繰返し周波数との比が整数でなければならない．

上記の空白箇所 (ア)，(イ) および (ウ) に当てはまる語句の組合せとして，正しいのは次のうちどれか．

	(ア)	(イ)	(ウ)
(1)	図 2	図 4	図 6
(2)	図 3	図 5	図 1
(3)	図 2	図 5	図 6
(4)	図 3	図 4	図 1
(5)	図 2	図 5	図 1

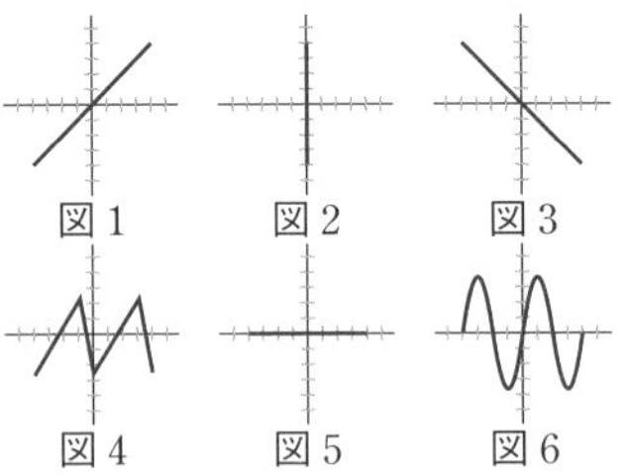

(b) 正弦波電圧 v_a および v_b をオシロスコープで観測したところ，蛍光面に図 7 に示すような電圧波形が現れた．同図から，v_a の実効値は［（ア）］〔V〕，v_b の周波数は［（イ）］〔kHz〕，v_a の周期は［（ウ）］〔ms〕，v_a と v_b の位相差は［（エ）］〔rad〕であることがわかった．ただし，オシロスコープの垂直感度は 0.1 V/div，掃引時間は 0.2 ms/div とする．

上記の空白箇所（ア），（イ），（ウ）および（エ）に当てはまる最も近い値の組合せとして，正しいのは次のうちどれか．

	(ア)	(イ)	(ウ)	(エ)
(1)	0.21	1.3	0.8	$\frac{\pi}{4}$
(2)	0.42	1.3	0.4	$\frac{\pi}{3}$
(3)	0.42	2.5	0.4	$\frac{\pi}{3}$
(4)	0.21	1.3	0.4	$\frac{\pi}{4}$
(5)	0.42	2.5	0.8	$\frac{\pi}{2}$

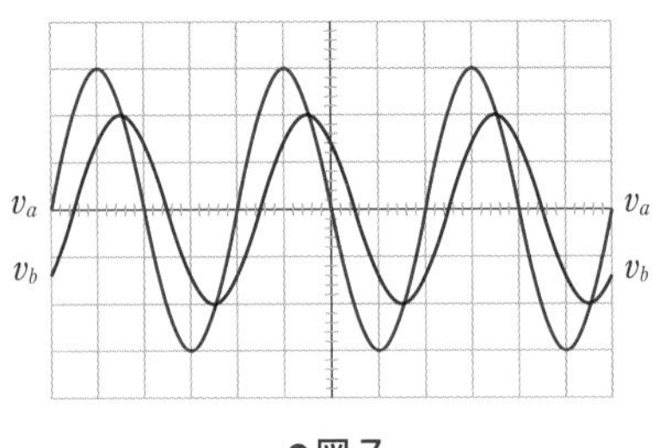

●図 7

練習問題略解

Chapter 1 電磁理論

▶ 1. 解答 (4)

固体誘電体を挿入する場合の極板 A–B 間の電束密度を D_1〔C/m^2〕とすれば，式 (1·28) より，空気ギャップの電界の強さ $E=D_1/\varepsilon_0$〔V/m〕，固体誘電体中の電界の強さ $E_{PQ}=D_1/\varepsilon_1$ となる．

$$\therefore\quad V_0=\frac{D_1}{\varepsilon_0}\cdot\frac{d}{4}+\frac{D_1}{\varepsilon_1}\cdot\frac{d}{4}+\frac{D_1}{\varepsilon_0}\cdot\frac{d}{2}$$

$$\therefore\quad V_0=D_1d\left(\frac{3}{4\varepsilon_0}+\frac{1}{4\varepsilon_1}\right)$$

$$\therefore\quad D_1=\frac{V_0}{d}\left(\frac{4\varepsilon_0\varepsilon_1}{\varepsilon_0+3\varepsilon_1}\right)$$

$$\therefore\quad E=\frac{D_1}{\varepsilon_0}=\frac{V_0}{d}\left(\frac{4\varepsilon_1}{\varepsilon_0+3\varepsilon_1}\right)$$

ここで，$\varepsilon_1>\varepsilon_0$ であるから，上式における $4\varepsilon_1/(\varepsilon_0+3\varepsilon_1)>1$ となる．そして，固体誘電体挿入前の電界の強さ $E_0=V_0/d$ と比較すると，$E>E_0$ となる．このため，式 (1·18) から（電位差）＝（電界）×（距離）であることを踏まえ，A–P 間，Q–B 間の電位差がいずれも固体誘電体を挿入する前の電位差よりも大きくなるため，位置 P の電位は挿入前よりも低下し，位置 Q の電位は挿入前よりも上昇する．したがって，(1) と (2) は正しい．

他方，固体誘電体挿入前の電束密度 $D_0=\dfrac{\varepsilon_0V_0}{d}$ なので

$$D_1=D_0\left(\frac{4\varepsilon_1}{\varepsilon_0+3\varepsilon_1}\right)>D_0$$

電束密度と真電荷密度は等しいので，V_0 が一定，真電荷密度が固体誘電体挿入前より大きいため，式 (1·17) の静電容量 $C=Q/V$ であることから，静電容量 C_1 は C_0 より大きい．ゆえに，(3) は正しい．

(4) に関して，固体誘電体を導体に変えると，P–Q 間の電位差は 0，V_0 は一定なので，空気ギャップの電界は大きくなる．このため，A–P 間の電位差は大きくなり，位置 P の電位は挿入前よりも低下する．したがって，**(4)** は誤りである．

(5) に関して，導体挿入後の電束密度を D_2〔C/m^2〕とすれば

$$V_0=\frac{D_2}{\varepsilon_0}\cdot\frac{d}{4}+\frac{D_2}{\varepsilon_0}\cdot\frac{d}{2}$$

$$\therefore\quad D_2=\frac{4\varepsilon_0V_0}{3d}=\frac{4}{3}D_0>D_0$$

したがって，C_2 は C_0 よりも大きいので (5) は正しい．

練習問題略解

▶ 2.　解答(3)

式（1･70），図 1･52 に示したように，2 本の平行な直線状導体に反対向きの電流を流すと，導体には導体間距離に反比例した反発力が働く．したがって，**(3)** が誤りである．

▶ 3.　解答(5)

オームの法則は，式（1･39）のように電流 I は電圧 V に比例するので（1）の記述は誤り．クーロンの法則は，式（1･1）のように静電力は両電荷の積に比例し，距離の 2 乗に反比例するので (2) の記述は誤り．ジュールの法則は，式 (1･47) のように発生熱量は電流の 2 乗と抵抗に比例するので（3）の記述は誤り．フレミングの右手法則は，図 1･66 の関係なので (4) の記述は誤り．レンツの法則は，図 1･64 のように磁束の変化を妨げる向きに発生するので **(5)** の記述は正しい．

▶ 4.　解答(4)

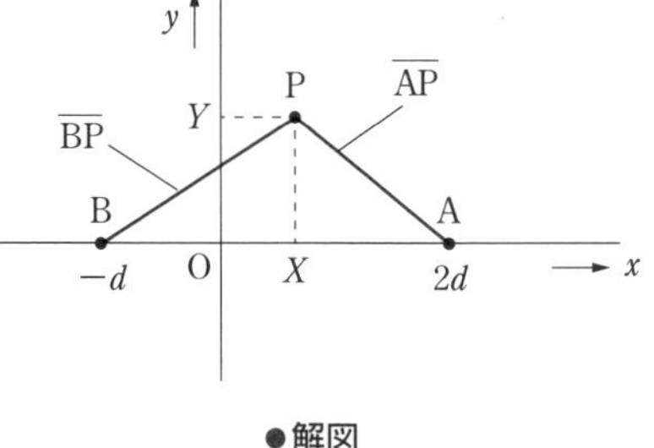

●解図

解図に示すように，点 P の電位 V_P は，1-2 節の問題 9 と同様に

$$V_P=\frac{1}{4\pi\varepsilon_0}\cdot\frac{2Q}{\sqrt{(2d-X)^2+Y^2}}+\frac{1}{4\pi\varepsilon_0}\cdot\frac{-Q}{\sqrt{(X+d)^2+Y^2}}\ \text{〔V〕}$$

ここで，$V_P=0$ として，式を変形すると

$$\frac{2}{\sqrt{(2d-X)^2+Y^2}}=\frac{1}{\sqrt{(X+d)^2+Y^2}}$$

$$\therefore\quad 4\{(X+d)^2+Y^2\}=(2d-X)^2+Y^2$$

$$\therefore\quad X^2+Y^2+4dX=0$$

$$\therefore\quad (X+2d)^2+Y^2=(2d)^2$$

これは，中心 $(-2d, 0)$，半径 $2d$ の円の方程式なので **(4)** が正しい．

▶ 5.　解答(1)

直線状導体 A，B がつくる磁界は，右ねじの法則を適用すると，解図のようになる．第 2，4 象限では，A，B がつくる磁界の向きは同じであるから，磁界が 0 になる点はない．第 1 象限の点 (x, y) において，I_x と I_y のつくる磁界が 0 になるのは

$$\frac{I_x}{2\pi y}=\frac{I_y}{2\pi x}$$

$$\therefore\quad \boldsymbol{y=\frac{I_x}{I_y}x}$$

第 4 象限も同様に考えればよい．

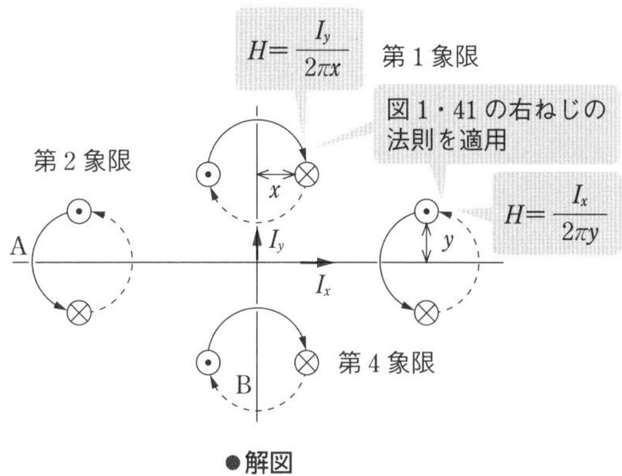

●解図

▶ 6. 解答 (3)

定常状態における各コンデンサの電荷を解図のように，Q_1〔μC〕，Q_2〔μC〕，Q_3〔μC〕とする．

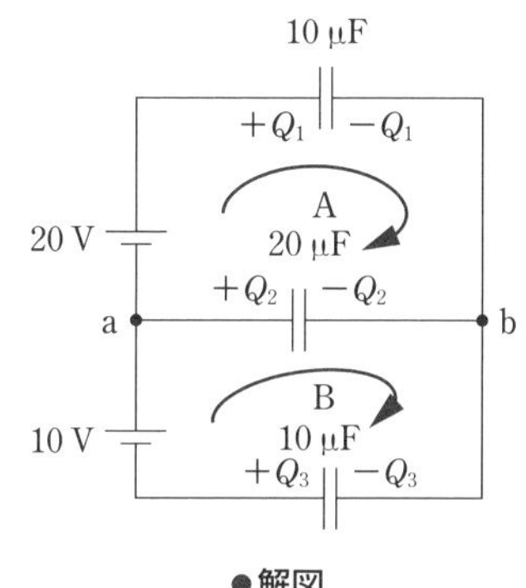

●解図

閉回路 A について

$$20-\frac{Q_1\,〔\mu C〕}{10\,\mu F}+\frac{Q_2\,〔\mu C〕}{20\,\mu F}=0$$

$\therefore\quad 2Q_1-Q_2=400$

閉回路 B について

$$10-\frac{Q_2\,〔\mu C〕}{20\,\mu F}+\frac{Q_3\,〔\mu C〕}{10\,\mu F}=0$$

$\therefore\quad Q_2-2Q_3=200$

一方，点 b において電荷の総量は初期電荷 0 と同じゆえ，

$$(-Q_1)+(-Q_2)+(-Q_3)=0$$

$\therefore\quad Q_1+Q_2+Q_3=0$

Q_1，Q_2，Q_3 の連立方程式を解けば，$Q_2=-50\,\mu C$ となる（$Q_1=175\,\mu C$，$Q_3=-125\,\mu C$）．

$$\therefore\quad V=\frac{Q_2\,〔\mu C〕}{C\,〔\mu F〕}=\frac{50}{20}=\boldsymbol{2.5V}$$

（$Q_2=-50\,\mu C$ と解図の仮定より，20 μF のコンデンサの点 b 側の電荷が＋となり，点 b の電位は点 a の電位よりも高い．）

▶ 7. 解答 (3)

比誘電率 $\varepsilon_r=1$，$d=1\,mm$ であるコンデンサの静電容量を C〔F〕とすれば，問題図のコンデンサ A～E の静電容量は式 (1･19) より，$C_A=\frac{3}{2}C$，$C_B=\frac{2}{4}C=\frac{C}{2}$，$C_C$

$=\dfrac{3}{3}C=C$, $C_D=\dfrac{3}{5}C$, $C_E=\dfrac{2}{6}C=\dfrac{C}{3}$, $C_F=\dfrac{1}{10}C$ となる．コンデンサ A，B，C，D，E の端子電圧を V_A，V_B，V_C，V_D，V_E とすれば，コンデンサの直列接続における各コンデンサの分担電圧は，式（1･32）に示すように，静電容量に反比例するから，

$$V_A : V_C : V_D=\frac{1}{\frac{3}{2}C}:\frac{1}{C}:\frac{1}{\frac{3}{5}C}=\frac{2}{3}:1:\frac{5}{3}=2:3:5$$

また，$V_A+V_C+V_D=10\,\mathrm{kV}$ が成立する．

このため，$V_A=2k$，$V_C=3k$，$V_D=5k$ とすれば，

$2k+3k+5k=10\quad\therefore k=1\quad\therefore V_A=2\,\mathrm{kV}$，$V_C=3\,\mathrm{kV}$，$V_D=5\,\mathrm{kV}$

コンデンサ B, E に関しても, $V_B : V_E=\dfrac{1}{\frac{C}{2}}:\dfrac{1}{\frac{C}{3}}=2:3$, $V_B+V_E=10\,\mathrm{kV}$ であるから,

$V_B=4\,\mathrm{kV}$，$V_E=6\,\mathrm{kV}$

式（1･11）から，$E_A=\dfrac{V_A}{d_A}=\dfrac{2}{2}=\mathbf{1\,kV/mm}$，$E_B=\dfrac{V_B}{d_B}=\dfrac{4}{4}=\mathbf{1\,kV/mm}$

▶ 8. 解答 (5)

定常状態では，コイルには逆起電力が発生せず両端の電位差は 0 で, 等価的に短絡状態となる. また, コンデンサは電荷の出入りがなく，等価的に開放状態となる. 定常状態の回路が解図である. 解図では, 直流電源 100 V に，R_1 と R_2 が直列接続されているため, 流れる電流は $\dfrac{100}{20+30}=2\,\mathrm{A}$ であり, R_1 の両端の電圧はオームの法則より 40 V，R_2 の両端の電圧は 60 V となる．L_1，L_2，C_1，C_2 に蓄えられるエネルギーの総和は式（1･37)，式 (1･95) より

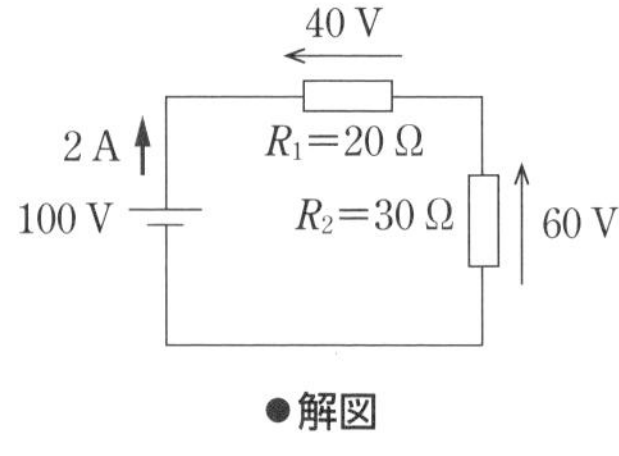

●解図

$$\frac{1}{2}L_1I^2+\frac{1}{2}L_2I^2+\frac{1}{2}C_1V_1^2+\frac{1}{2}C_2V_2^2$$

$$=\frac{1}{2}\times20\times10^{-3}\times2^2+\frac{1}{2}\times40\times10^{-3}\times2^2+\frac{1}{2}\times400\times10^{-6}\times40^2$$

$$+\frac{1}{2}\times600\times10^{-6}\times60^2$$

$$=\mathbf{1.52J}$$

▶ 9. 解答 (4)

問題図の円形導体ループ電流による磁界の向きは，右ねじの法則により，x 軸上のどの点においても正となる．また，磁界の強さは，中心 O が最も大きく，中心 O から離

れるほど小さくなるので，(4) が正しい．

参考として，ビオ・サバールの法則の式 (1·64) を用いて数式的に説明する．

解図のように，半径 a の円形コイルの中心軸上の磁束密度を求める．

導体の微小部分 Δl が点 P に生ずる磁束密度 ΔB は，式 (1·64) の $\theta = \pi/2$ とおいて

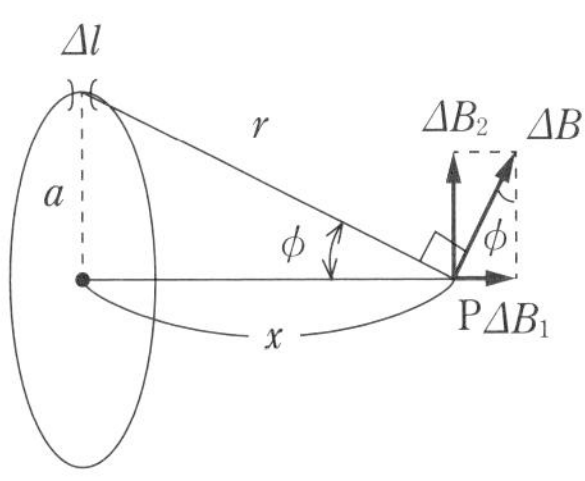

●解図

$$\Delta B = \frac{\mu_0 I \Delta l}{4\pi r^2} = \frac{\mu_0}{4\pi} \cdot \frac{I}{a^2 + x^2} \Delta l$$

ΔB は Δl の位置によって向きが変わるので，軸に平行な成分 ΔB_1 と直角な成 分 ΔB_2 とに分解する．ここで，ΔB_2 のほうは Δl の位置によってその向きが変わり，コイルの全円周を考えると ΔB_2 の総和は零となる．一方，ΔB_1 は Δl の位置にかかわらず同一方向であるから

$$\Delta B_1 = \Delta B \sin\phi = \frac{\mu_0}{4\pi} \cdot \frac{I\Delta l}{a^2 + x^2} \cdot \frac{a}{\sqrt{a^2 + x^2}}$$

を利用して

$$B = \int_0^{2\pi a} \Delta B_1 = \frac{\mu_0}{4\pi} \cdot \frac{I}{a^2 + x^2} \cdot \frac{a}{\sqrt{a^2 + x^2}} \cdot 2\pi a = \frac{\mu_0}{2} \cdot \frac{a^2}{(a^2 + x^2)^{3/2}} I \ \text{〔T〕}$$

となる．中心軸上では磁束の向きは常に軸方向である．

そして，コイルの中心，つまり $x = 0$ の点の磁束密度 B_0 は上式に $x = 0$ を代入すれば，$B_0 = \dfrac{\mu_0}{2a} I$ となり，式 (1·67) の $N = 1$ のときに該当することになる．

▶ **10.　解答 (2)**

直線状導体 A による磁界は，右ねじの法則から，紙面の裏側から表側へ向かうものであり，半径 r の円周上の磁束密度 B は式 (1·60) から，$B = \dfrac{\mu_0 I_A}{2\pi r}$ となる．このため，正方形導体 B の左辺には，$+x$ 方向の力が働き，右辺には**$-x$ 方向**の力が働く．電磁力は式 (1·70) を用いて，$F = \dfrac{\mu_0 I_A I_B a}{2\pi d} - \dfrac{\mu_0 I_A I_B a}{2\pi(a+d)} = \boldsymbol{\dfrac{\mu_0 I_A I_B a^2}{2\pi d(a+d)}}$ となる（なお，導体 B の上辺，下辺にはそれぞれ下向きの力，上向きの力が働くが，大きさが同じであるため，相殺できる）．

▶ **11.　解答 (2)**

(ア) 磁界の強さ H は電流に比例するため，コイル電流が最大のときの点は **2** である．

(イ) リアクトルの自己インダクタンスを L〔H〕とすれば，リアクタンスの大きさは $2\pi fL$ であり，これに電圧 V を印加したときに流れる電流を I とすれば $V = 2\pi fLI$

ここで，式 (1・84) より　$LI = n\phi$ であるため，

$$V = 2\pi fLI = 2\pi fn\phi = 2\pi fnBS \propto fB$$

Vが一定でfが小さくなると，$V \propto fB$より，Bは大きくなる．
さらに，$V=2\pi fLI$において，Vが一定でfが小さくなると，電流Iが増加し，Hが大きくなる．このため，HとBの関係を示すヒステリシスループは**大きくなる**．

（ウ）$V \propto fB$において，fが一定でVが小さくなると，Bが小さくなる．$V=2\pi fLI$において，fが一定でVが小さくなると，Iが小さくなり，Hが小さくなる．したがって，ヒステリシスループの面積は**小さくなる**．

（エ）Iが一定であるため，Hは変わらない．また，$V=2\pi fLI$において，Iが一定でfがやや低下すると，Vはfに比例してやや低下する．このため，$V \propto fB$において，Bは変化しない．したがって，ヒステリシスループの面積が**あまり変わらない**．

▶ 12.　解答(2)

端子 1-2 間のコイルをコイル 1，端子 3-4 間のコイルをコイル 2 とすれば，コイル 1，2 の自己インダクタンスL_1，L_2は，$L_1=40\,\mathrm{mH}$，$L_2=10\,\mathrm{mH}$．そして，端子 2 と 3 を接続すると，コイル 1 とコイル 2 が和動接続になっている（端子 1 から端子 2 へ電流を流すとコイル 1 には右回りの磁束を生じると共に，電流が端子 1 →端子 2 →端子 3 →端子 4 と流れ，コイル 2 も右回りの磁束を生じて加わり合う）ため，相互インダクタンスをMとすれば，式（1·92）より$L_1+L_2+2M=86$

$\therefore\quad M=\dfrac{86-L_1-L_2}{2}=18$．結合係数$k$は式（1·94）より，$k=\dfrac{M}{\sqrt{L_1L_2}}=\dfrac{18}{\sqrt{40\times10}}$
$=\mathbf{0.9}$

▶ 13.　解答(5)

Δt秒間に，ΔI〔A〕変化したとき誘起されたE〔V〕から，相互インダクタンスMは式（1·89）より

$$M=\frac{E}{\left(\dfrac{\Delta I}{\Delta t}\right)}=\frac{0.3}{\left(\dfrac{40\times10^{-3}}{10^{-3}}\right)}=\frac{0.3}{40}=7.5\times10^{-3}\,\mathrm{H}=\mathbf{7.5mH}$$

▶ 14.　解答(1)

（ア，イ）導体球 A，B は同種の電荷であるから，静電力による**反発力**が働き，式（1·1）より，静電力$F=\dfrac{\boldsymbol{3Q^2}}{\boldsymbol{4\pi\varepsilon_0 d^2}}$〔N〕

（ウ）導体球 A の力のつりあいを図示すると，解図の通りとなる．三平方の定理より，

$$F^2+(mg)^2=T^2 \cdots\cdots ①$$

解図において，三角形㋐と㋑は相似だから，$\dfrac{F}{T}=\dfrac{\left(\dfrac{d}{2}\right)}{l}=$

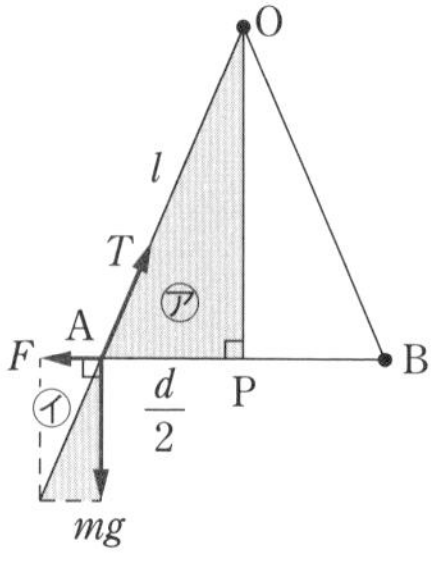

●解図

$\dfrac{d}{2l}$ ……………………………………………………………………………②

ゆえに，$\dfrac{1}{T}=\dfrac{d}{2l}\cdot\dfrac{1}{F}$ ……………………………………………………③

①式の両辺を T^2 で割ると $\left(\dfrac{F}{T}\right)^2+\dfrac{(mg)^2}{T^2}=1$

これに②式，③式を代入して，$\left(\dfrac{d}{2l}\right)^2+\left(\dfrac{d}{2l}\right)^2\left(\dfrac{mg}{F}\right)^2=1$

$$\therefore\quad \left(\frac{d}{2l}\right)^2\left\{1+\left(\frac{4\pi\varepsilon_0 mgd^2}{3Q^2}\right)^2\right\}=1$$

$$\therefore\quad \left(\frac{d}{2l}\right)^2\left[1+\left\{\frac{4\pi\varepsilon_0 mg(2l)^2}{3Q^2}\right\}^2\left(\frac{d}{2l}\right)^4\right]=1$$

$$\therefore\quad \left(\frac{d}{2l}\right)^6\left(\frac{16\pi\varepsilon_0 mgl^2}{3Q^2}\right)^2=1-\left(\frac{d}{2l}\right)^2$$

$$\therefore\quad \frac{16\pi\varepsilon_0 mgl^2}{3Q^2}\left(\frac{d}{2l}\right)^3=\sqrt{1-\left(\frac{d}{2l}\right)^2}$$

$$\therefore\quad k=\boldsymbol{\frac{16\pi\varepsilon_0 l^2 mg}{3Q^2}}$$

(エ) A と B を接触させ，AB 間で電荷が移動して同電位になっているため，$Q_A=Q_B=2Q$ となる．このとき，AB 間の距離を d〔m〕として，静電力 $F_{接触後}=\dfrac{4Q^2}{4\pi\varepsilon_0 d^2}>\dfrac{3Q^2}{4\pi\varepsilon_0 d^2}$（$=F$）であるから，接触前のつりあいの位置よりも更に広がる．つまり，d は**増加**する．

▶ 15. 解答 (a)-(1)，(b)-(3)

(a) 図 1·10，図 1·11，式 (1·7) より，次式となる．

$$E=\boldsymbol{\frac{Q}{4\pi\varepsilon_0 r^2}}\ \text{〔V/m〕}$$

(b) (a) で示す式から，金属球がつくる電界は球表面で最大となる．したがって，金属球表面の電界の強さが，空気の絶縁破壊の強さと等しくなる Q を求める．

$$E=\frac{Q}{4\pi\varepsilon_0\times 0.01^2}=3\times 10^6$$

$$\therefore\quad Q=4\pi\times 8.854\times 10^{-12}\times 0.01^2\times 3\times 10^6\fallingdotseq \mathbf{3.3\times 10^{-8}\ C}$$

▶ 16. 解答 (a)-(1)，(b)-(2)

(a) 物体 B には，上向きにクーロン力 $F_Q=\dfrac{q_A q_B}{4\pi\varepsilon_0 r^2}$〔N〕が働き，下向きに重力

$F_G = m_B g$〔N〕が働く．B は A に近づくため，$\boldsymbol{\dfrac{q_A q_B}{4\pi\varepsilon_0 r^2} > m_B g}$ が成り立つ．

(b) 物体 B が有するエネルギーは，運動エネルギー E_1 と位置エネルギー E_2 である．まず，$E_1 = \dfrac{1}{2} m_B v_B{}^2$〔J〕となる．

次に，B に働く力はクーロン力であり，クーロン力による位置エネルギー E_2 は，図 1·14，図 1·15，式 (1·10) に述べた考え方から，A の電荷がつくる電界の電位と B の電荷との積で求められる．A の電荷がつくる電界による B の電位 V_B は式 (1·16) より

$V_B = \dfrac{q_A}{4\pi\varepsilon_0 r}$〔V〕であるから

$$E_2 = \frac{q_A q_B}{4\pi\varepsilon_0 r} \text{〔J〕}$$

題意より，B が A に引き寄せられる位置エネルギー E_2 のほうが，B が A から離れるための運動エネルギー E_1 より大きいため，次式となる．

$$\boldsymbol{\frac{q_A q_B}{4\pi\varepsilon_0 r} > \frac{1}{2} m_B v_B{}^2}$$

▶ **17.** **解答 (a)-(4)，(b)-(4)**

(a) クーロンの法則により，$F = k\dfrac{Q_A Q_B}{r^2}$

$$\therefore \quad k = \frac{Fr^2}{Q_A Q_B} = \frac{6\times10^{-5}\times0.3^2}{2\times10^{-8}\times3\times10^{-8}} = \mathbf{9\times10^9\ N\cdot m^2/C^2}$$

(b) 導体球 A，B，C は大きさが等しいため，静電容量 C が同じである．導体球 C をまず A に接触させると，A と C の電荷は等しくなり，それぞれ $Q_A{}' = \dfrac{Q_A}{2} = 1\times10^{-8}$ C となる．次に，C を B に接触させると，B と C の電荷が等しくなり，それぞれ

$$Q_B{}' = Q_C{}' = \frac{(Q_A/2) + Q_B}{2} = \frac{1\times10^{-8} + 3\times10^{-8}}{2} = 2\times10^{-8}\,\text{C}$$

となる．解図において

$$F_{AC} = k\frac{Q_A{}' Q_C{}'}{x^2} = k\frac{1\times10^{-8}\times2\times10^{-8}}{x^2}$$

$$F_{BC} = k\frac{Q_B{}' Q_C{}'}{(0.3-x)^2} = k\frac{2\times10^{-8}\times2\times10^{-8}}{(0.3-x)^2}$$

であり，$F_{AC} = F_{BC}$ とおけば

$$\frac{2}{x^2} = \frac{4}{(0.3-x)^2}$$

$$\therefore \quad (0.3-x)^2 = 2x^2$$

$0 < x < 0.3$ より

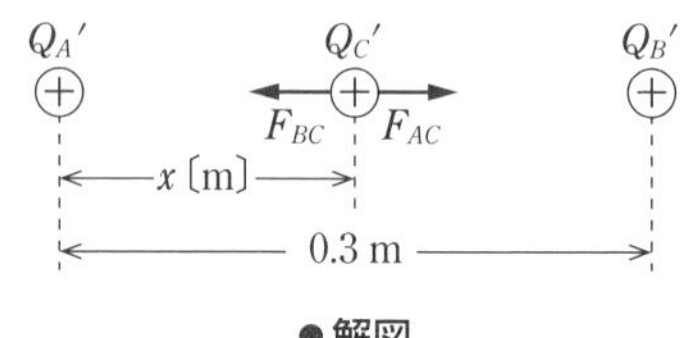

●解図

$$0.3-x=\sqrt{2}x$$

$$\therefore\quad x=\frac{0.3}{\sqrt{2}+1}=\frac{0.3(\sqrt{2}-1)}{(\sqrt{2}+1)(\sqrt{2}-1)}=\mathbf{0.124\,m}$$

▶ **18. 解答 (a)-(1), (b)-(3)**

(a) 解図1に示すように，$\dot{F}_{AC}$ は反発力，$\dot{F}_{BC}$ は吸引力であり，$\dot{F}_C=\dot{F}_{AC}+\dot{F}_{BC}$ とベクトル合成すれば，正三角形からなる平行四辺形のため

$$F_C=F_{AC}=F_{BC}=9\times10^9\times\frac{4\times10^{-9}\times q_0}{6^2}=q_0\ \text{〔N〕}$$

次に，点電荷を点Dに移動させた解図2で

$$F_D=F_{AD}+F_{BD}=9\times10^9\times\frac{4\times10^{-9}\times q_0}{3^2}+9\times10^9\times\frac{4\times10^{-9}\times q_0}{3^2}$$

$$=8q_0\ \text{〔N〕}$$

$$\therefore\quad \frac{F_C}{F_D}=\frac{q_0}{8q_0}=\mathbf{\frac{1}{8}}$$

(b) 題意から，電界による力 F_E として，解図3のようになる．$F_C-F_E=2\times10^{-9}$ が成立し，(a) より $F_C=q_0$，題意より $F_E=q_0E=0.5q_0$ ゆえ

$$q_0-0.5q_0=2\times10^{-9}$$

$$\therefore\quad q_0=\mathbf{4\times10^{-9}\,C}$$

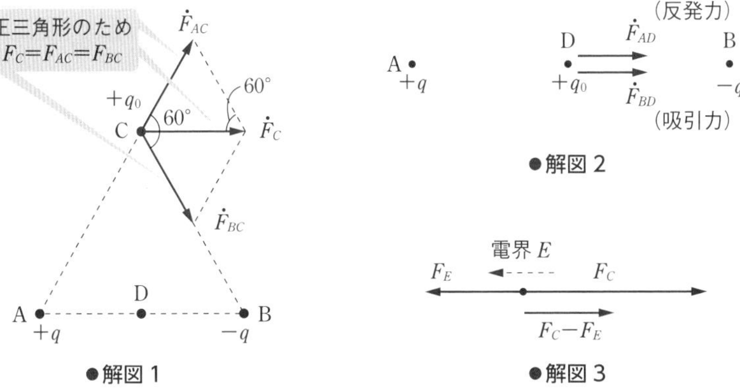

●解図1

●解図2

●解図3

▶ **19. 解答 (a)-(5), (b)-(3)**

(a) 導体でできた床の表面は等電位面である．電気力線は等電位面と垂直に交差するため，電気力線が床面に垂直に入っていない (1)，(2)，(3) は不適切である．一方，題意により Q 以外の電荷は存在していないので，Q の点電荷から出ていく電気力線以外の電気力線は存在しない．したがって，(4) は不適切である．このため，**(5)** が正しい．

(b) 点 O にある電荷 $-\dfrac{Q}{4}$〔C〕が作る電界を考え，点 H, Z の電位を求める．式（1·16）より，

$$V_H = \frac{-\dfrac{Q}{4}}{4\pi\varepsilon_0 h} = -\frac{Q}{16\pi\varepsilon_0 h}\ \text{〔V〕}$$

$$V_Z = \frac{-\dfrac{Q}{4}}{4\pi\varepsilon_0 z} = -\frac{Q}{16\pi\varepsilon_0 z}\ \text{〔V〕}$$

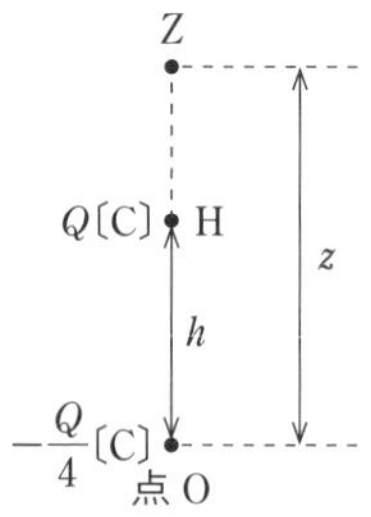

ここで，点 Z と点 H の電位差 V_{ZH} は，

$$V_{ZH} = V_Z - V_H = \frac{Q}{16\pi\varepsilon_0}\left(\frac{1}{h} - \frac{1}{z}\right)$$

Z

Q〔C〕 H

z

h

$-\dfrac{Q}{4}$〔C〕

点 O

●解図

点電荷を高さ h〔m〕から z〔m〕に引き上げるのに必要な仕事は，式（1·12）より，

$$W = QV_{ZH} = \boldsymbol{\frac{Q^2}{16\pi\varepsilon_0}\left(\frac{1}{h} - \frac{1}{z}\right)}\ \text{〔J〕}$$

▶ 20.　解答 (a) -（5），(b) -（2）

(a) 式（1·25）の考え方で述べたように，電束は誘電率には無関係であり，空気中でも固体中でも同じである．このコンデンサの場合，面積が同一であるため，電束密度 D が空気中でも固体中でも同じになる．空気中の電界を E_1〔kV/mm〕，誘電体中の電界を E_2〔kV/mm〕として

$$D = \varepsilon_0 \varepsilon_{s1} E_1 = \varepsilon_0 \varepsilon_{s2} E_2$$

$$\therefore\quad E_2 = \frac{\varepsilon_{s1}}{\varepsilon_{s2}} E_1 = \frac{1}{4} E_1$$

つまり，$4 \leqq x \leqq 8$ で電界の強さが 1/4 となり，$0 \leqq x \leqq 4$ と $8 \leqq x \leqq 10$ で電界の強さが同じグラフ，つまり（**5**）が正解となる．

(b) 下部電極側の空気中の電圧は 2 kV/mm × 2 mm = 4 kV であり，上部電極側の空気中の電圧は電界の強さが同じゆえ，2 kV/mm × 4 mm = 8 kV となる．また，誘電体中の電界の強さは，(a) より空気中の 1/4 であるから，固体誘電体に加わる電圧は

$$2\,\text{kV/mm} \times \frac{1}{4} \times 4\,\text{mm} = 2\,\text{kV}$$

したがって，コンデンサに加わる電圧は，4 + 8 + 2 = **14 kV** である．

▶ 21.　解答 (a) -（3），(b) -（3）

(a) 練習問題 20 のように電束を用いて解くこともできるが，今度は静電容量を計算しながら求める．

固体誘電体の静電容量を C_1，空気ギャップの静電容量を C_2，極板面積を S とすれば，式（1·19）から

$$C_1 = \frac{\varepsilon_0 \varepsilon_s S}{4d}, \quad C_2 = \frac{\varepsilon_0 S}{d}$$

それぞれの静電容量の分担電圧 V_1，V_2 は，静電容量 C_1 と C_2 とが直列に接続されているとみなせるので，式（1·33）や式（1·34）より

$$V_1 = \frac{C_2}{C_1 + C_2} V_0 = \frac{\dfrac{\varepsilon_0 S}{d}}{\dfrac{\varepsilon_0 \varepsilon_s S}{4d} + \dfrac{\varepsilon_0 S}{d}} V_0 = \frac{4}{\varepsilon_s + 4} V_0$$

$$= \frac{4}{4+4} V_0 = \frac{1}{2} V_0$$

$$V_2 = \frac{C_1}{C_1 + C_2} V_0 = \frac{\varepsilon_s}{\varepsilon_s + 4} V_0 = \frac{4}{4+4} V_0 = \frac{1}{2} V_0$$

したがって，**(3)** の電位分布が正しい．

(b) 空気ギャップの電界の強さが 2.5 kV/mm，$d = 1$ mm であるから，式（1·18）より，$V_2 = Ed = 2.5 \times 1 = 2.5$ kV となる．

(a) で導出した $V_2 = \dfrac{C_1}{C_1 + C_2} V_0 = \dfrac{\varepsilon_s}{\varepsilon_s + 4} V_0$ を用いれば

$$V_2 = \frac{\varepsilon_s}{\varepsilon_s + 4} \times 10 = 2.5$$

$$\therefore \quad 10\varepsilon_s = 2.5\varepsilon_s + 10$$

$$\therefore \quad \varepsilon_s = \frac{4}{3} = \mathbf{1.33}$$

▶ 22. 解答 (a)-(5)，(b)-(4)

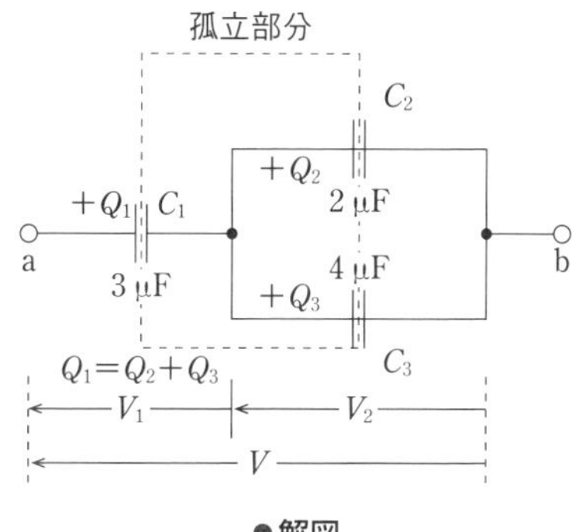

●解図

(a) コンデンサの初期電荷は 0 ゆえ，解図の孤立部分の電荷の総和は 0 であるため，$-Q_1 + Q_2 + Q_3 = 0$ である．また，条件より，$Q_1 = 3 \times 10^{-6} V_1$，$Q_2 = 2 \times 10^{-6} V_2$，$Q_3 = 4 \times 10^{-6} V_2$，$V_1 + V_2 = 300$ が成立する．

$$\therefore \quad \begin{cases} 3 \times 10^{-6} V_1 = 2 \times 10^{-6} V_2 + 4 \times 10^{-6} V_2 \\ V_1 + V_2 = 300 \end{cases}$$

$V_1 = 2V_2$ を $V_1 + V_2 = 300$ へ代入して $3V_2 = 300$

$$\therefore \quad \begin{cases} V_1 = 2V_2 \\ V_1 + V_2 = 300 \end{cases} \qquad \therefore \quad \begin{cases} V_1 = 200\,\mathrm{V} \\ V_2 = 100\,\mathrm{V} \end{cases}$$

$$\therefore \quad Q_3 = 4 \times 10^{-6} V_2 = 4 \times 10^{-6} \times 10^2 = \mathbf{4 \times 10^{-4}\ C}$$

(b) $C_1 = \dfrac{\varepsilon S}{d_1} = 3\,\mu\mathrm{F}$，$C_3 = \dfrac{\varepsilon S}{d_2} = 4\,\mu\mathrm{F}$ （∵ 誘電率 ε，面積 S は同一）

両式から，$\varepsilon S = 3d_1$，$\varepsilon S = 4d_2$ となるため，εS を消去して

$$3d_1 = 4d_2 \qquad \therefore \quad d_2 = \frac{3}{4}d_1$$

C_1 の電界の強さ E_1，C_3 の電界の強さ E_3 は，それぞれ

$$E_1 = \frac{V_1}{d_1} = \frac{200}{d_1} \qquad E_3 = \frac{V_2}{d_2} = \frac{100}{\left(\dfrac{3}{4}d_1\right)} = \frac{400}{3d_1}$$

となるから，両者の比は

$$\frac{E_1}{E_3} = \left(\frac{200}{d_1}\right)\Big/\left(\frac{400}{3d_1}\right) = \frac{200}{d_1} \times \frac{3d_1}{400} = \mathbf{\frac{3}{2}}$$

▶ 23.　解答 (a) - (3)，(b) - (2)

(a) 問題図の左側のコンデンサの静電容量を C_1，右側のコンデンサの静電容量を C_2 とすれば，式 (1･19) より

$$C_1 = \frac{\varepsilon_0 A_1}{d} = \frac{8.85\times10^{-12}\times10^{-3}}{10^{-3}} = 8.85\times10^{-12}\,\text{F}$$

$$C_2 = \frac{\varepsilon_0 A_2}{x} = \frac{8.85\times10^{-12}\times10^{-2}}{10^{-3}} = 88.5\times10^{-12}\,\text{F}$$

合成静電容量 $C = C_1 + C_2 = 97.4\times10^{-12}\text{F}$（∵　C_1 と C_2 は並列接続）

$\therefore \quad Q = CV_0 = 97.4\times10^{-12}\times1\,000 = \mathbf{9.74\times10^{-8}C}$

(b) スイッチ S が開いているため，二つの電極に蓄えられた合計電荷量は保存される．

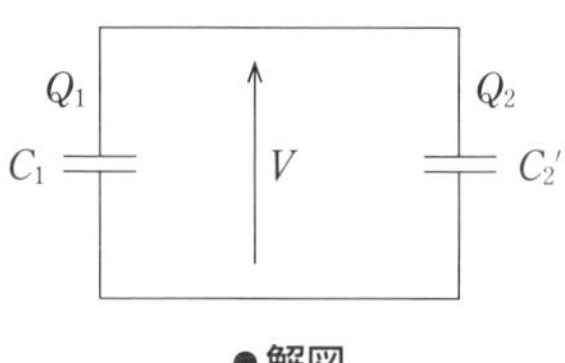

●解図

$\therefore \quad Q_1 + Q_2 = Q = 9.74\times10^{-8}\,\text{C}$

$x = 3.0\times10^{-3}\,\text{m}$ のとき，右側のコンデンサの静電容量は $C_2' = \dfrac{\varepsilon_0 A_2}{x} = \dfrac{8.85\times10^{-12}\times10^{-2}}{3.0\times10^{-3}} = 29.5\times10^{-12}\,\text{F}$

$\therefore \quad Q_1 + Q_2 = C_1V + C_2'V = (C_1 + C_2')V$

$$\therefore \quad V = \frac{Q_1+Q_2}{C_1+C_2'} = \frac{9.74\times10^{-8}}{8.85\times10^{-12}+29.5\times10^{-12}} \fallingdotseq \mathbf{2.5\times10^3\ V}$$

x を徐々に増して $x = 3.0\times10^{-3}\,\text{m}$ のときに，この電圧で火花放電を生じているから，この電圧が左側のコンデンサの空隙の絶縁破壊電圧となる．

▶ 24.　解答 (a) - (4)，(b) - (2)

(a) コンデンサ A において，電束密度を D〔C/m²〕とすれば，式 (1･28) と電束密度は同じであることから，

$$D = 2\varepsilon_0 E_{A1} = 3\varepsilon_0 E_{A2} = 6\varepsilon_0 E_{A3}$$

$$\therefore \quad E_{A1} = \frac{D}{2\varepsilon_0},\ E_{A2} = \frac{D}{3\varepsilon_0},\ E_{A3} = \frac{D}{6\varepsilon_0}$$

これから，$\boldsymbol{E_{A1} > E_{A2} > E_{A3}}$ となる．

一方，式（1·18）を適用し，電界の強さと電位の関係から，

$$V = E_{A1} \times \frac{d}{6} + E_{A2} \times \frac{d}{3} + E_{A3} \times \frac{d}{2}$$

ここで，$E_{A1} = \dfrac{D}{2\varepsilon_0}$，$E_{A2} = \dfrac{D}{3\varepsilon_0}$，$E_{A3} = \dfrac{D}{6\varepsilon_0}$ を変形すると，

$$E_{A2} = \frac{D}{3\varepsilon_0} = \frac{2\varepsilon_0 E_{A1}}{3\varepsilon_0} = \frac{2}{3}E_{A1},\quad E_{A3} = \frac{2\varepsilon_0 E_{A1}}{6\varepsilon_0} = \frac{1}{3}E_{A1}$$

これを上の式へ代入すると，

$$V = E_{A1} \times \frac{d}{6} + \frac{2}{3}E_{A1} \times \frac{d}{3} + \frac{1}{3}E_{A1} \times \frac{d}{2}$$

$$\therefore\quad V = \frac{3+4+3}{18}E_{A1}d \quad \therefore E_{A1} = \boldsymbol{\frac{9V}{5d}}$$

(b) $C_0 = \varepsilon_0 \dfrac{S}{d}$ とおけば，コンデンサ A の上段，中段，下段の静電容量は式（1·19）より，

$$C_{A1} = 2\varepsilon_0 \frac{S}{d/6} = 12\varepsilon_0 \frac{S}{d} = 12C_0,\quad C_{A2} = 3\varepsilon_0 \frac{S}{d/3} = 9\varepsilon_0 \frac{S}{d} = 9C_0,$$

$$C_{A3} = 6\varepsilon_0 \frac{S}{d/2} = 12\varepsilon_0 \frac{S}{d} = 12C_0$$

C_{A1}，C_{A2}，C_{A3} の合成静電容量 C_A は，3 つのコンデンサの直列接続で式（1·30）より，

$$\frac{1}{C_A} = \frac{1}{C_{A1}} + \frac{1}{C_{A2}} + \frac{1}{C_{A3}} = \frac{1}{12C_0} + \frac{1}{9C_0} + \frac{1}{12C_0} = \frac{5}{18C_0} \qquad \therefore\quad C_A = \frac{18}{5}C_0$$

一方，コンデンサ B の左側，中央，右側の静電容量は式（1·19）より，

$$C_{B1} = 2\varepsilon_0 \frac{S/6}{d} = \frac{1}{3} \cdot \varepsilon_0 \frac{S}{d} = \frac{1}{3}C_0,\quad C_{B2} = 3\varepsilon_0 \frac{S/3}{d} = \varepsilon_0 \frac{S}{d} = C_0,$$

$$C_{B3} = 6\varepsilon_0 \frac{S/2}{d} = 3 \cdot \varepsilon_0 \frac{S}{d} = 3C_0$$

C_{B1}，C_{B2}，C_{B3} の合成静電容量 C_B は 3 つのコンデンサの並列接続で式（1・36）より，

$$C_B = C_{B1} + C_{B2} + C_{B3} = \frac{1}{3}C_0 + C_0 + 3C_0 = \frac{13}{3}C_0$$

蓄積エネルギーは式（1·37）より $W = \dfrac{1}{2}CV^2$ で V が同じであるから，

$$\frac{W_A}{W_B} = \frac{C_A}{C_B} = \frac{18}{5}C_0 \times \frac{3}{13C_0} = \frac{54}{65} = \mathbf{0.83}$$

▶ **25.** **解答（a）-（4），（b）-（2）**

(a) コンデンサ C_1，C_2 の金属板間の距離を d，コンデンサ C_2 の面積を S，コンデ

ンサ C_1 の面積を $2S$ とすれば，式（1·19），式（1·23）より，$C_1=\dfrac{\varepsilon_0\cdot 2S}{d}=\dfrac{2\varepsilon_0 S}{d}$，$C_2=\dfrac{\varepsilon_0\varepsilon_r S}{d}$ となる．

コンデンサ C_1 に蓄えられる電荷を Q_1，コンデンサ C_2 に蓄えられる電荷を Q_2，それぞれのコンデンサに加わる電圧を V_1（$=80\,\mathrm{V}$），V_2（$=120-80=40\,\mathrm{V}$）とすれば，$Q_1=C_1V_1=80C_1$，$Q_2=C_2V_2=40C_2$ となる．

ここで，コンデンサの C_1 と C_2 の接続点では電荷の合計が 0 である（コンデンサ C_1 のマイナス極板とコンデンサ C_2 のプラス極板間の部分が孤立していて，電荷の合計が 0）から，$-Q_1+Q_2=0$

$$\therefore\quad Q_1=Q_2\qquad \therefore\quad 80C_1=40C_2\qquad \therefore\quad C_2=2C_1$$

これに上式を代入すれば $\dfrac{\varepsilon_0\varepsilon_r S}{d}=2\cdot\dfrac{2\varepsilon_0 S}{d}$

$$\therefore\quad \boldsymbol{\varepsilon_r=4}$$

(b)　$C_1=\dfrac{2\varepsilon_0 S}{d}=30\,\mu\mathrm{F}$ ゆえ，$\dfrac{\varepsilon_0 S}{d}=15\,\mu\mathrm{F}$

$$\therefore\quad C_2=\frac{\varepsilon_0\varepsilon_r S}{d}=4\frac{\varepsilon_0 S}{d}=4\times 15=60\,\mu\mathrm{F}$$

コンデンサ C_1 と C_2 が直列接続された合成静電容量 C は，式（1·30）または式（1·31）より，

$$C=\frac{C_1C_2}{C_1+C_2}=\frac{30\times 60}{30+60}=\mathbf{20\,\mu F}$$

▶ 26.　解答 (a)-(2)，(b)-(2)

(a) 空隙，鉄心 1，鉄心 2 の磁界の強さ H_0，H_1，H_2 は，磁気回路における磁束密度 B は一定であるため，式（1·76）より

$$H_0=\frac{B}{\mu_0},\quad H_1=\frac{B}{\mu_{s1}\mu_0}=\frac{B}{2\,000\mu_0},\quad H_2=\frac{B}{\mu_{s2}\mu_0}=\frac{B}{1\,000\mu_0}\ \text{〔A/m〕}$$

$$\therefore\quad \frac{H_0}{H_0}=1,\quad \frac{H_1}{H_0}=\frac{1}{2\,000}=5\times 10^{-4},\quad \frac{H_2}{H_0}=\frac{1}{1\,000}=10^{-3}$$

したがって，(2) が正しい．

(b) 起磁力 NI により鉄心 1，鉄心 2，空隙中の磁界を生じるから，アンペアの周回路の法則の式（1·59）または式（1·77）を適用すると

$$H_1l_1+H_0\delta+H_2l_2+H_0\delta=NI$$

この式に，$H_1=5\times 10^{-4}H_0$，$H_2=10^{-3}H_0$，$I=1$，$H_0=2\times 10^4$，$l_1=0.2$，$l_2=0.098$，$\delta=10^{-3}$ を代入すれば

$$\begin{aligned}N&=(5\times 10^{-4}l_1+2\delta+10^{-3}l_2)H_0\\&=(5\times 10^{-4}\times 0.2+2\times 10^{-3}+10^{-3}\times 0.098)\times 2\times 10^4\end{aligned}$$

$= 43.96$

ゆえに，H_0 を 2×10^4 A/m 以上とするのに必要なコイルの最小巻数は **44** である．

Chapter 2 電気回路

▶ 1. 解答(1)

問題図において，電流 I_1 は 150Ω に流れる電流 I_3 と 200Ω に流れる電流 I_4 に分流するとすれば，式 (2·4)，式 (2·9) より

$$I_3 = \frac{5}{150 + \dfrac{100 \times (150+200)}{100 + (150+200)}} \doteqdot 0.02195\,\text{A}$$

電源電圧 $E = 5$ V が，150 Ωおよび 100Ωと 150Ω·200Ω との並列部分に印加されている

$$\therefore \quad I_2 = \frac{100}{100 + (150+200)} I_3 = \frac{100 \times 0.02195}{450} = 4.878 \times 10^{-3}\,\text{A} \quad (\because \text{ 式 (2·14) より})$$

$$I_1 = I_3 + I_4 = 0.02195 + \frac{5}{200} = 0.04695\,\text{A}$$

電源電圧 $E = 5$ V が 200Ω の抵抗にも印加されている

$$\therefore \quad \frac{I_2}{I_1} = \frac{4.878 \times 10^{-3}}{0.04695} \doteqdot \mathbf{0.1}$$

▶ 2. 解答(3)

問題図の回路において，5Ω の抵抗の両端は導線でつながれているため，両端の電位差は 0 である．したがって，5Ω の抵抗には電流が流れないため，この抵抗を取り除いても他の抵抗を流れる電流分布は変わらない．この等価回路が解図である．解図の合成抵抗 R は 10Ω の並列回路と 20Ω の抵抗とが直列接続されているので，式 (2·12) と式 (2·4) より

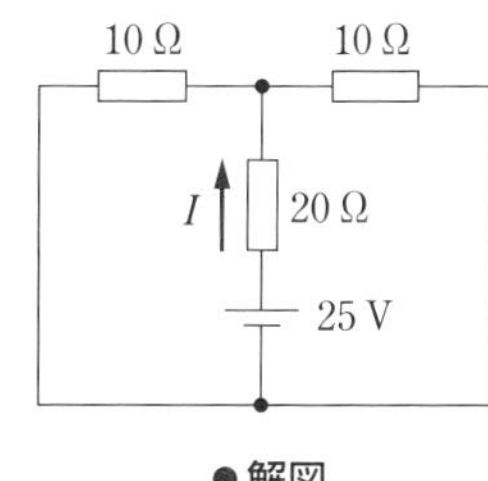

●解図

$$R = 20 + \frac{10 \times 10}{10 + 10} = 25\,\Omega$$

$$\therefore \quad I = \frac{25}{R} = \frac{25}{25} = \mathbf{1\,A}$$

▶ 3. 解答(2)

問題図において解図 (a) のように点①～④を仮定すれば，点①，②，③，④は同電位であるため，解図 (b) のように点①，②，③を点④にまとめることができる．このとき，解図 (b) の点線で囲んだ回路は電源から一巡する回路を構成していないので，電流が流れ込まず，取り外すことができる．つまり，5Ω の抵抗と，10Ω と 40Ω の並列抵抗とが直列につながっているとみなすことができるため，合成抵抗 R は式 (2·4) と式 (2·12) より

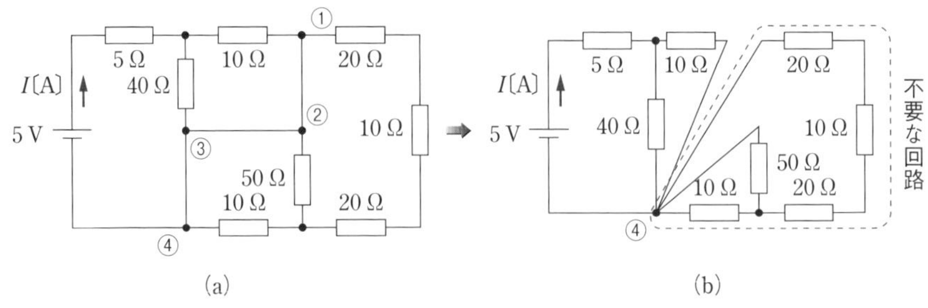

●解図

$$R=5+\frac{10\times 40}{10+40}=13\,\Omega$$

$$\therefore\quad I=\frac{E}{R}=\frac{5}{13}\fallingdotseq \mathbf{0.4\,A}$$

▶ **4. 解答(1)**

図 2·14 のように，重ね合せの定理を用いて，$R=10\,\Omega$ に流れる電流を求める．まず，60 V の電圧源のみのとき，80 V の電圧源を短絡して考えればよい．このとき，60 Ω の二つの並列回路の抵抗が 30 Ω なので，回路全体の合成抵抗は $40+\dfrac{40\times(10+30)}{40+(10+30)}=$ 60 Ω となるから，60 V の電圧源から流れ出す電流は 60/60 = 1 A となる．そこで，$R=$ 10 Ω に流れる電流 I_1 は，式（2·13）より，$I_1=1\times\dfrac{40}{40+(10+30)}=\dfrac{1}{2}$ A（右向き）となる．次に，80 V の電圧源のみのとき，60 V の電圧源を短絡して考える．このとき，40 Ω の二つの並列回路の抵抗が 20 Ω なので，回路全体の合成抵抗は $60+\dfrac{60\times(10+20)}{60+(10+20)}$ = 80 Ω となるから，80 V の電圧源から流れ出す電流は 80/80 = 1 A となる．そこで，$R=10\,\Omega$ に流れる電流 I_2 は，式（2·13）より，$I_2=1\times\dfrac{60}{60+(10+20)}=\dfrac{2}{3}$ A（左向き）となる．ゆえに，$R=10\,\Omega$ を流れる電流は，重ね合せの定理より，$I=I_2-I_1=\dfrac{2}{3}-\dfrac{1}{2}$ $=\dfrac{1}{6}$ A（左向き）となる．したがって，その消費電力 $W=I^2R=\left(\dfrac{1}{6}\right)^2\times 10=\mathbf{0.28\,W}$ となる．

▶ **5. 解答(4)**

定常状態では，コンデンサは充電されて端子電圧が電源電圧 V となっているから，電流が流れない．したがって，コンデンサ部分は開放して考えればよい．

一方，定常状態では，コイルの誘導起電力は式（1·85）より 0 V であるから，コイルの部分は短絡して考えればよい．したがって問題図の回路は，定常状態において解図と等価である．直流電源を流れる電流 I は式 (2·9) より

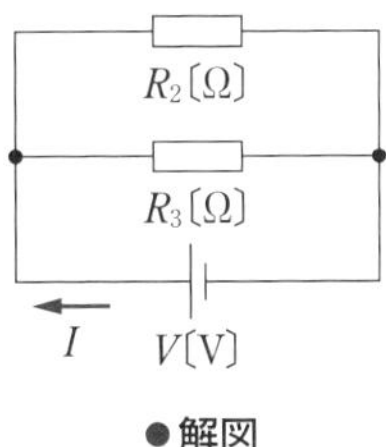

●解図

$$I=\frac{\boldsymbol{V}}{\dfrac{1}{\dfrac{1}{\boldsymbol{R_2}}+\dfrac{1}{\boldsymbol{R_3}}}}$$

▶ 6.　解答 (3)

ω_k ($k=1\sim3$)〔krad/s〕のときのコイル L〔H〕，コンデンサ C〔F〕のリアクタンスはそれぞれ $j\omega_k L\times10^3$〔Ω〕，$\dfrac{1}{j\omega_k C\times10^3}$〔Ω〕であるから，$\omega_1=5$，$\omega_2=10$，$\omega_3=30$，$L=10^{-3}$ H，$C=10\times10^{-6}$ F を代入してリアクタンスを求めると解図となる．L と C に流れる電流を $\dot{I}_k'$，抵抗 R に流れる電流を I_R とすれば，問題図の電流 $\dot{I}_k=I_R+\dot{I}_k'$ となって，$|\dot{I}_k|^2=|I_R|^2+|\dot{I}_k'|^2$ になる．ここで $|I_R|^2$ は一定であるから，$|\dot{I}_k|$ の大小関係は $|\dot{I}_k'|$ の大小関係と同じになる．

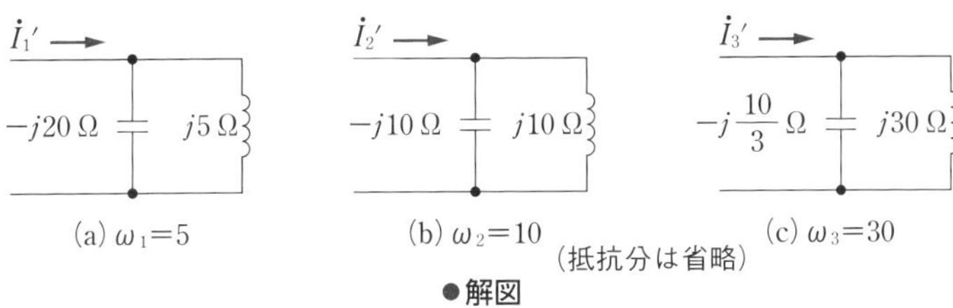

●解図

電源電圧を位相の基準とすれば，

$$\dot{I}_1'=\frac{1}{-j20}+\frac{1}{j5}=j0.05-j0.2=-j0.15\,\mathrm{A}$$

$$\dot{I}_2'=\frac{1}{-j10}+\frac{1}{j10}=j0.1-j0.1=0\,\mathrm{A},\quad \dot{I}_3'=\frac{1}{-j\dfrac{10}{3}}+\frac{1}{j30}=j0.27\,\mathrm{A}$$

ゆえに，$|\dot{I}_3'|>|\dot{I}_1'|>|\dot{I}_2'|$ であるから，$\boldsymbol{I_3>I_1>I_2}$ となる．

▶ 7.　解答 (1)

各コンデンサのリアクタンスを $X_1\left(=\dfrac{1}{\omega C_1}\right)$, $X_2\left(=\dfrac{1}{\omega C_2}\right)$, $X_3\left(=\dfrac{1}{\omega C_3}\right)$, $X_4\left(=\dfrac{1}{\omega C_4}\right)$，$C_2$ の端子電圧を V_2，C_2 と C_3 と C_4 の合成リアクタンスを X_5 とすれば

$$V_2=\frac{X_5V_{\mathrm{in}}}{X_1+X_5},\quad X_5=\frac{X_2(X_3+X_4)}{X_2+(X_3+X_4)}$$

$$\therefore \quad V_{\text{out}}=\frac{X_4V_2}{X_3+X_4}=\frac{X_4X_5V_{\text{in}}}{(X_3+X_4)(X_1+X_5)}$$

$$\therefore \quad \frac{V_{\text{out}}}{V_{\text{in}}}=\frac{X_4X_5}{(X_3+X_4)(X_1+X_5)}=\frac{X_4\left\{\dfrac{X_2(X_3+X_4)}{X_2+(X_3+X_4)}\right\}}{(X_3+X_4)\left\{X_1+\dfrac{X_2(X_3+X_4)}{X_2+(X_3+X_4)}\right\}}$$

$$=\frac{X_2X_4(X_3+X_4)}{(X_3+X_4)\{X_1(X_2+X_3+X_4)+X_2(X_3+X_4)\}}$$

$$=\frac{X_2(X_3+X_4)}{\left(1+\dfrac{X_3}{X_4}\right)\{X_1X_2+(X_1+X_2)(X_3+X_4)\}}$$

$$=\frac{X_2}{\left(1+\dfrac{X_3}{X_4}\right)\left(X_1+X_2+\dfrac{X_1X_2}{X_3+X_4}\right)}=\frac{1}{\left(1+\dfrac{X_3}{X_4}\right)\left(1+\dfrac{X_1}{X_2}+\dfrac{X_1}{X_3+X_4}\right)}$$

$$=\frac{1}{\left(1+\dfrac{X_1}{X_2}\right)\left(1+\dfrac{X_3}{X_4}\right)+\dfrac{X_1}{X_4}}=\frac{1}{\left(1+\dfrac{C_2}{C_1}\right)\left(1+\dfrac{C_4}{C_3}\right)+\dfrac{C_4}{C_1}}=\mathbf{\frac{1}{1000}}$$

▶ **8.** 解答(2)

図1より，回路のインピーダンスの大きさ $Z_1=\sqrt{R^2+X^2}$ で $Z_1=\dfrac{100\,\text{V}}{10\,\text{A}}=10\,\Omega$ であるから

$$\sqrt{R^2+X^2}=10 \qquad \therefore \quad R^2+X^2=100$$

一方，図2より，回路のインピーダンスの大きさ $Z_2=\sqrt{(R+11)^2+X^2}$ で $Z_2=\dfrac{100\,\text{V}}{5\,\text{A}}=20\,\Omega$ であるから

$$\sqrt{(R+11)^2+X^2}=20 \qquad \therefore \quad (R+11)^2+X^2=400$$

$$\begin{array}{rl} & (R+11)^2+X^2=400 \\ -) & \underline{R^2 \qquad\ \ +X^2=100} \\ & 22R+121 \qquad =300 \end{array}$$

$$\therefore \quad R=\frac{179}{22}\fallingdotseq \mathbf{8.1\,\Omega}$$

▶ **9.** 解答(2)

スイッチ S が開いているとき，回路に流れる電流 $\dot{I}$ は $\dot{I}=\dfrac{\dot{E}}{R+j\omega L}$ であるから，回路が消費する電力 W_1 は $W_1=R|\dot{I}|^2=R\left(\dfrac{E}{\sqrt{R^2+(\omega L)^2}}\right)^2=\dfrac{RE^2}{R^2+(\omega L)^2}$

一方，スイッチ S を閉じたときの回路の消費電力 W_2 は $W_2=\dfrac{E^2}{R}$

題意より $W_1=\dfrac{1}{2}W_2$ であるから，上式を代入して，

$$\frac{RE^2}{R^2+(\omega L)^2}=\frac{E^2}{2R}\quad\therefore\quad 2R^2=R^2+(\omega L)^2$$

$$\therefore\quad R^2=(\omega L)^2\quad\therefore\quad R=\omega L\quad\therefore\quad L=\frac{R}{\omega}=\boldsymbol{\frac{R}{2\pi f}}$$

▶ **10.　解答(5)**

図 2·57 および式 (2·105) より，有効電力と無効電力は

$$P+jQ=\dot{V}\bar{\dot{I}}=(3+j4)(4-j3)=24+j7$$（遅れ無効電力を正）

したがって，電力 $P=\mathbf{24\,W}$ である．

$$\cos\phi=\frac{P}{\sqrt{P^2+Q^2}}=\frac{24}{\sqrt{24^2+7^2}}=\mathbf{0.96}$$

▶ **11.　解答(4)**

V_R が零となるためには，問題図の回路の電流が零でなければならない．したがって，回路のインピーダンス $|\dot{Z}|=\left|R+j\left(2\pi fL-\dfrac{1}{2\pi fC}\right)\right|$ が ∞ となればよい．

つまり，$\boldsymbol{f=0}$ のとき $\boldsymbol{\dfrac{1}{2\pi fC}}\rightarrow\infty$，または，$f\rightarrow\infty$ のとき $2\pi fL\rightarrow\infty$ となる．

▶ **12.　解答(5)**

直列共振周波数は式 (2·117) より

$$f_A=\frac{1}{2\pi\sqrt{LC}},\quad f_B=\frac{1}{2\pi\sqrt{2LC}}=\frac{1}{\sqrt{2}}f_A=0.707f_A$$

$$f_{AB}=\frac{1}{2\pi\sqrt{3L\cdot\dfrac{C}{2}}}=\sqrt{\frac{2}{3}}f_A=0.816f_A$$

$$\therefore\quad \boldsymbol{f_B<f_{AB}<f_A}$$

▶ **13.　解答(4)**

R，L，C の直列回路において回路に流れる電流が最大になるのは，図 2·64 に示すように，直列共振するときである．直列共振するとき，式 (2·117) より $\omega_0=\dfrac{1}{\sqrt{LC}}$ が成り立つ．

そして，R，L，C の直列回路に流れる電流を $\dot{I}$ とすれば，式 (2·118) より

$$\dot{I}=\frac{\dot{E}}{R+j\left(\omega L-\dfrac{1}{\omega C}\right)}=\frac{\dot{E}}{R}\quad\left(\because\ \text{直列共振のため}\ \omega L=\frac{1}{\omega C}\right)$$

練習問題略解

コイルの両端にかかる電圧 $\dot{V}_L$，抵抗の両端にかかる電圧 $\dot{V}_R$ は，式（2·119）より，

$$\dot{V}_L = j\omega_0 L\dot{I} = \frac{j\omega_0 L\dot{E}}{R},\quad \dot{V}_R = \dot{I}R = \dot{E}$$

$$\therefore\quad \frac{|\dot{V}_L|}{|\dot{V}_R|} = \frac{\left|\dfrac{j\omega_0 L\dot{E}}{R}\right|}{|\dot{E}|} = \frac{\omega_0 L}{R} = \frac{1}{\sqrt{LC}}\cdot\frac{L}{R} = \frac{1}{R}\sqrt{\frac{L}{C}}$$

$$= \frac{1}{5}\sqrt{\frac{200\times10^{-3}}{20\times10^{-6}}} = \frac{100}{5} = \mathbf{20}$$

▶ **14.　解答(5)**

スイッチ S を閉じた瞬間（$t=0$），コンデンサの初期電荷は 0 であるため，コンデンサ C は短絡状態と考えてよい．

$$\therefore\quad I_0 = \frac{E}{R_1 + \dfrac{R_2R_3}{R_2+R_3}} = \frac{(R_2+R_3)E}{R_1(R_2+R_3)+R_2R_3}$$

次に，十分に時間が経ったとき，コンデンサ C は充電されており，コンデンサ C と抵抗 R_3 の直列回路側には電流が流れず，電源 E から見て抵抗 R_1 と抵抗 R_2 の直列回路とみなせる．

$$\therefore\quad I = \frac{E}{R_1+R_2}$$

$$\therefore\quad \frac{I_0}{I} = \frac{(R_2+R_3)E}{R_1(R_2+R_3)+R_2R_3}\times\frac{R_1+R_2}{E} = \frac{(R_1+R_2)(R_2+R_3)}{R_1R_2+R_2R_3+R_3R_1} = 2$$

$$\therefore\quad (R_1+R_2)(R_2+R_3) = 2\{(R_1+R_2)R_3+R_1R_2\}$$

$$\therefore\quad R_2+R_3 = 2R_3+\frac{2R_1R_2}{R_1+R_2}$$

$$\therefore\quad R_3 = R_2-\frac{2R_1R_2}{R_1+R_2} = \boldsymbol{\frac{R_2}{R_1+R_2}(R_2-R_1)}$$

▶ **15.　解答(4)**

図 2·90 に示すように，S を閉じた瞬間（$t=0$）のとき，L のインピーダンスは∞，つまり L を開放して考えればよい．30 V の電源に，10 Ω と 20 Ω の抵抗が直列接続されているから

$$v = 30\times\frac{20}{10+20} = 20\,\mathrm{V}$$

時刻 $t=15\,\mathrm{ms}$ は，回路の時定数 3 ms（後述）より十分に大きいため，図 2·90 に示したように，L を短絡したとみなせばよいことから，$v=0$ となる．このとき，L には 30/10＝3A の電流が流れている．次に，S を開くと，コイル L には電流を流し続ける向きに誘導起電力を生じ，電流は 20 Ω の抵抗に流れる．この抵抗に流れる電流は，S

を開く前と逆向きであるから，$v=20\,\Omega\times(-3)\,\mathrm{A}=-60\,\mathrm{V}$ の電圧がかかる．そして，この v は，最終的には L を短絡とみなせば $0\,\mathrm{V}$ になることがわかる．この過程における変化は，$T_2=L/R=20\times10^{-3}/20=1\,\mathrm{ms}$ を時定数とする指数関数で変化する（$t=0$ ～ $15\,\mathrm{ms}$ の間，S を閉じた回路では，コイル L から電源側を見た合成抵抗は電圧源を短絡して $\dfrac{10\times20}{10+20}=\dfrac{20}{3}\,\Omega$ とみなせるから，時定数 $T_1=L/R=20\times10^{-3}/(20/3)=3\,\mathrm{ms}$ となる）．したがって，設問の波形は（**4**）となる．

▶ 16.　解答（2）

RL 回路の電流の過渡現象は図 2·90，そのときの R や L の端子電圧の時間的変化は図 2·91 に示すとおりである．同様に，RC 回路の電流の時間的変化は図 2·92 に示すとおりである．コンデンサ C の端子電圧は図 2·92 において，$v=q/C=CE(1-\varepsilon^{-t/T})/C=E(1-\varepsilon^{-t/T})$ である．したがって，設問の波形は（**2**）となる．

▶ 17.　解答（3）

スイッチ S が開いているとき，コンデンサ C_1 には電荷が蓄えられており，コンデンサ C_2 の電荷が 0 であるから，回路の静電エネルギー W_1 は式（1·37）より

$$W_1=\frac{Q_1{}^2}{2C_1}=\frac{0.3^2}{2\times4\times10^{-3}}=11.25\,\mathrm{J}$$

一方，スイッチ S を閉じると，コンデンサ C_1 の電荷の一部は C_2 に移動し，その時のコンデンサ C_1 の電荷 Q_1' とコンデンサ C_2 の電荷 Q_2' の合計はスイッチ S を閉じる前の C_1 の電荷 Q_1 と変わらない．

$$\therefore\quad Q_1'+Q_2'=Q_1=0.3\,\mathrm{C}$$

スイッチ S を閉じた後の回路の合成静電容量 $C=C_1+C_2=6\,\mathrm{mF}$ であるから，回路の静電エネルギー W_2 は

$$W_2=\frac{(Q_1'+Q_2')^2}{2C}=\frac{0.3^2}{2\times6\times10^{-3}}=7.5\,\mathrm{J}$$

したがって，抵抗 R で消費された電気エネルギー $\Delta W=W_1-W_2$ ゆえ，

$$\Delta W=W_1-W_2=11.25-7.5=\mathbf{3.75\,J}$$

▶ 18.　解答（a）-（2），（b）-（1）

(a) テブナンの定理を適用する（図 2·15 参照）．

$$E_0=100\times\frac{30}{30+20}=\mathbf{60\,V}$$

$$R_0=\frac{30\times20}{30+20}=\mathbf{12\,\Omega}$$（電圧源を短絡して，pq 端子から見ると並列回路）

(b) $I=\dfrac{E_0}{R_0+R}=\dfrac{60}{12+R}$　（式（2·27）参照）

$$P=I^2R=\left(\frac{60}{12+R}\right)^2R=72$$

$\therefore\ \ 3600R = 72(12+R)^2$

$\therefore\ \ R^2 - 26R + 144 = 0 \qquad \therefore\ \ (R-18)(R-8) = 0$

$\therefore\ \ R = 18$ または 8

$$\therefore\ \ V = RI = \frac{60R}{12+R}$$

$R = 18\,\Omega$ の場合，$V = \dfrac{60\times 18}{12+18} = 36\,\mathrm{V}$

$R = 8\,\Omega$ の場合，$V = \dfrac{60\times 8}{12+8} = 24\,\mathrm{V}$

したがって，高いほうの電圧は **36 V** である．

▶ **19.　解答 (a)-(5)，(b)-(3)**

(a) インピーダンスの △-Y 変換は式 (2·35) より

$$\frac{1}{\omega C} = \frac{\dfrac{1}{3\omega}\times\dfrac{1}{3\omega}}{\dfrac{1}{3\omega}+\dfrac{1}{3\omega}+\dfrac{1}{3\omega}} = \frac{1}{9\omega} \qquad \therefore\ \ C = \mathbf{9\,\mu F}$$

(b) 解図において，a–e 間の合成静電容量はコンデンサの直列接続の式 (1·30)，並列接続の式 (1·36) を利用して

$$\frac{9\times 9}{9+9} + \frac{18\times 9}{18+9} = 4.5 + 6 = 10.5\,\mu\mathrm{F}$$

$$\therefore\ \ C_0 = \frac{10.5\times 9}{10.5+9} \fallingdotseq \mathbf{4.8\,\mu F}$$

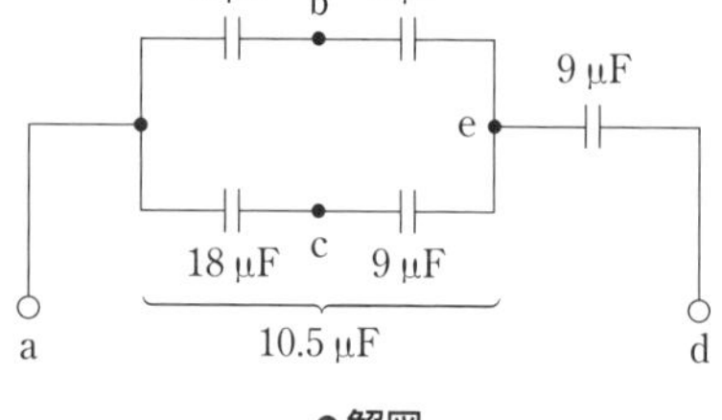

●解図

▶ **20.　解答 (a)-(2)，(b)-(4)**

(a) X_L に加わる電圧は，R_2 の電圧降下である $R_2\dot{I}_2 = 5\times 10 = 50\,\mathrm{V}$ と等しいので，$\dot{I}_1$ は

$$\dot{I}_1 = \frac{R_2\dot{I}_2}{jX_L} = \frac{50}{j10} = -j5\ \text{〔A〕}$$

$$\dot{I} = \dot{I}_1 + \dot{I}_2 = \mathbf{5 - \mathit{j}5}\ \text{〔A〕}$$

(b) $\dot{V} = R_2\dot{I}_2 + R_1\dot{I} = 10\times 5 + 30\times(5-j5)$

$\qquad = 200 - j150$

$$\therefore\ \ |\dot{V}| = \sqrt{200^2+150^2} = \mathbf{250\,V}$$

▶ **21.　解答 (a)-(3)，(b)-(4)**

(a)　等価単相回路は解図である．一相分のインピーダンスの大きさを Z，線電流の大きさを I，一相分の有効電力を P_1，三相有効電力を P_3 とすれば $Z = \sqrt{R^2+(2\pi fL)^2}$ と表されることから

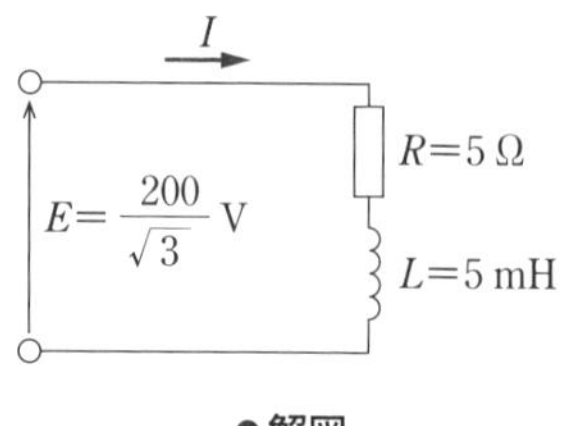

●解図

$$I=\frac{E}{Z}=\frac{\dfrac{200}{\sqrt{3}}}{\sqrt{5^2+(2\pi\times50\times5\times10^{-3})^2}}\doteqdot 22.03\,\mathrm{A}$$

$$\therefore\quad P=3P_1=3RI^2=3\times5\times(22.03)^2=\mathbf{7.28\times10^3\ W}$$

一方，力率 $\cos\theta$ は式 (2·108) より

$$\cos\theta=\frac{R}{Z}=\frac{5}{\sqrt{5^2+(2\pi\times50\times5\times10^{-3})^2}}=\mathbf{0.95}$$

(b) △ 結線のコンデンサを Y 結線に変換して，合成インピーダンス $\dot{Z}$ を求める（解図参照）．

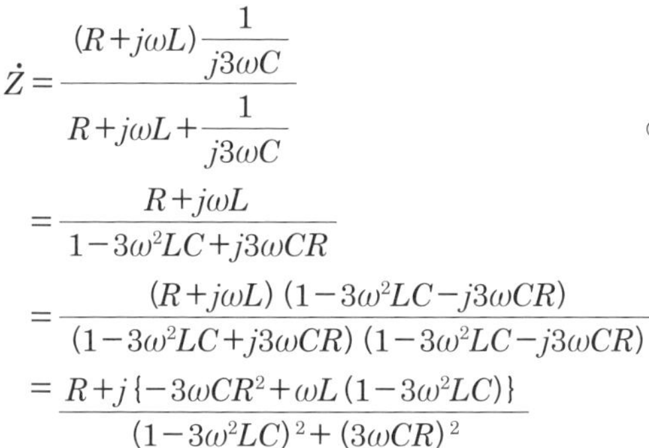

$$\dot{Z}=\frac{(R+j\omega L)\dfrac{1}{j3\omega C}}{R+j\omega L+\dfrac{1}{j3\omega C}}$$

$$=\frac{R+j\omega L}{1-3\omega^2LC+j3\omega CR}$$

$$=\frac{(R+j\omega L)(1-3\omega^2LC-j3\omega CR)}{(1-3\omega^2LC+j3\omega CR)(1-3\omega^2LC-j3\omega CR)}$$

$$=\frac{R+j\{-3\omega CR^2+\omega L(1-3\omega^2LC)\}}{(1-3\omega^2LC)^2+(3\omega CR)^2}$$

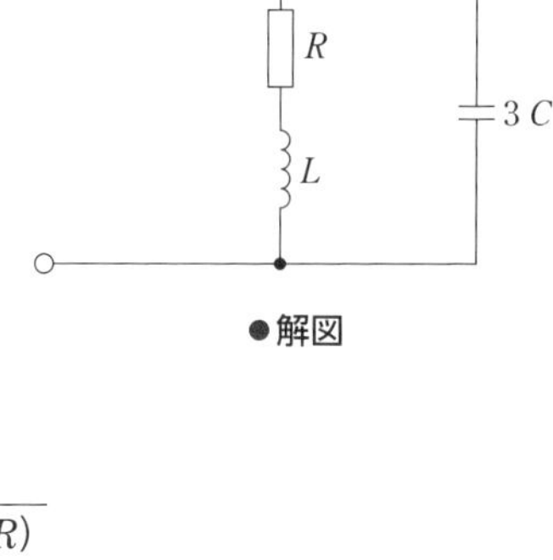

●解図

ここで，電源から見た負荷の力率が 1 であるから，上式の $\dot{Z}$ の虚数部分は 0 となる．

$$\therefore\quad -3\omega CR^2+\omega L(1-3\omega^2LC)=0$$

$$\therefore\quad L=3C(R^2+\omega^2L^2)$$

$$\therefore\quad \boldsymbol{C=\frac{L}{3(R^2+\omega^2L^2)}}$$

▶ 22. 解答 (a)-(1)，(b)-(3)

(a) △ 結線を Y 結線に変換すると，断線前の等価単相回路を解図に示す（∵ △-Y 変換の式 (2·35) を適用）．

$$I_1=\frac{\dfrac{V}{\sqrt{3}}}{r+\dfrac{r}{3}}=\frac{\sqrt{3}V}{4r}\ \text{〔A〕}$$

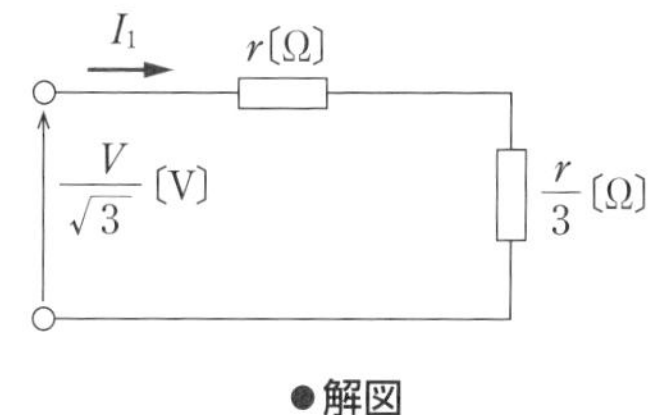

●解図

したがって，問題図の △ 回路の相電流 I は

$$I=\frac{I_1}{\sqrt{3}}=\frac{V}{4r}\ \text{〔A〕}$$

一方，断線後の等価単相回路を解図に示す．解図の合成抵抗 R は

$$R=r+\frac{r(r+r)}{r+(r+r)}+r=\frac{8r}{3}\ 〔\Omega〕$$

$$\therefore\quad I_2=\frac{V}{R}=\frac{3V}{8r}\ 〔\mathrm{A}〕$$

I は I_2 から $(r+r)\Omega$ 側に分流する分であるから，式 (2·13) より

$$\therefore\quad I=\frac{r}{2r+r}I_2=\frac{V}{8r}$$

したがって断線前の **0.5 倍**となる．

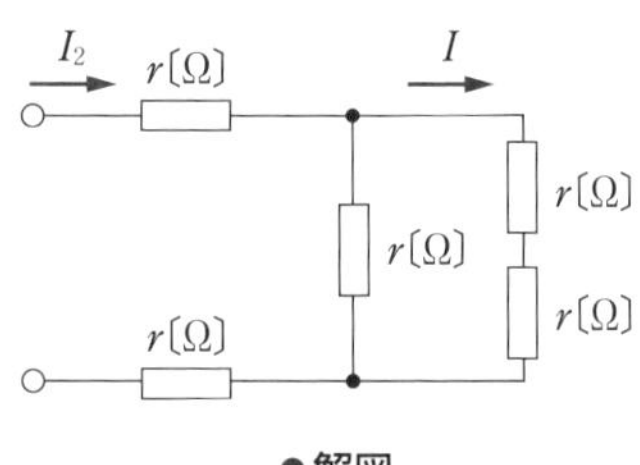

●解図

(b) 相電圧を $\dot{E}_a$，$\dot{E}_b$，$\dot{E}_c$ として，$\dot{E}_a$ を基準としたベクトル図を解図に示す．断線地点の抵抗 r 側を点 d とすれば，点 d の中性点に対する電位 $\dot{E}_d$ は，負荷が平衡しているので，点 N から c–a 間の電圧 $\dot{V}_{ca}$ の中央点 d に向かうベクトルに相当する．そこで，問題図の×印の両側に現れる電圧 $\dot{V}_\times$ は，$\dot{V}_\times=\dot{E}_d-\dot{E}_b=-\dfrac{\dot{E}_b}{2}-\dot{E}_b=-\dfrac{3\dot{E}_b}{2}$ 〔V〕となる．

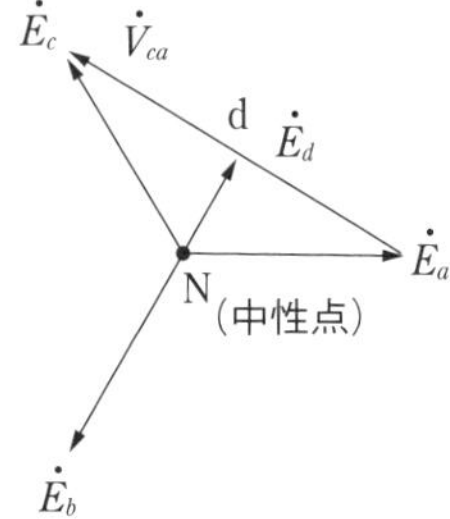

●解図

$$\therefore\quad |\dot{V}_\times|=\frac{3}{2}|\dot{E}_b|=\frac{3}{2}\times\frac{V}{\sqrt{3}}=\frac{\sqrt{3}}{2}V\fallingdotseq\mathbf{0.87V}\ 〔\mathbf{V}〕$$

▶ **23.　解答 (a)-(4)，(b)-(4)**

(a) 問題図において，スイッチ S_1 だけを閉じたときの等価回路を解図 1 (a)，$\dot{E}_b$ を基準としたベクトル図を解図 1 (b) に示す．解図 1 (b) より，$\dot{E}_1$ と $\dot{E}_b$ のなす角は$\pi/6$ であるから，図のように垂線を引くと直角三角形の辺の比から，$|\dot{E}_1|=2\times50\sqrt{3}$ $=100\sqrt{3}$

R_1 に流れる電流 $\dot{I}_1$ は

$$\dot{I}_1=\frac{\dot{E}_b-\dot{E}_c}{R_1}=\frac{\dot{E}_1}{R_1}\ \text{より，}\ |\dot{I}_1|=\frac{|\dot{E}_1|}{R_1}=\frac{100\sqrt{3}}{10}=10\sqrt{3}=\mathbf{17.3\,A}$$

(b) スイッチ S_1 を開いた状態でスイッチ S_2 を閉じたときの等価回路を解図 2 (a)，$\dot{E}_a$ を基準としたベクトル図を解図 2 (b) に示す．ベクトル図より，$\dot{E}_a+\dot{E}_b$ と $-\dot{E}_C$ は

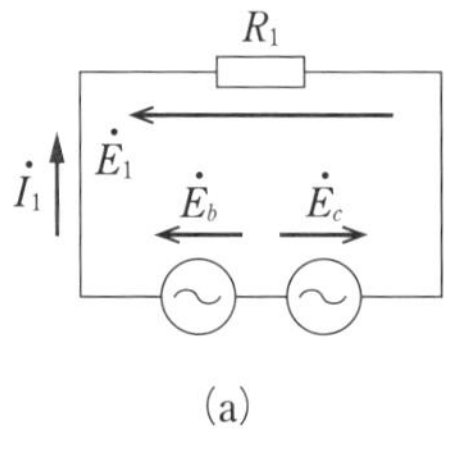

(a)

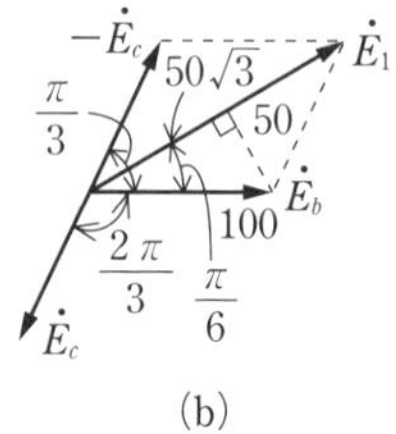

(b)

●解図 1

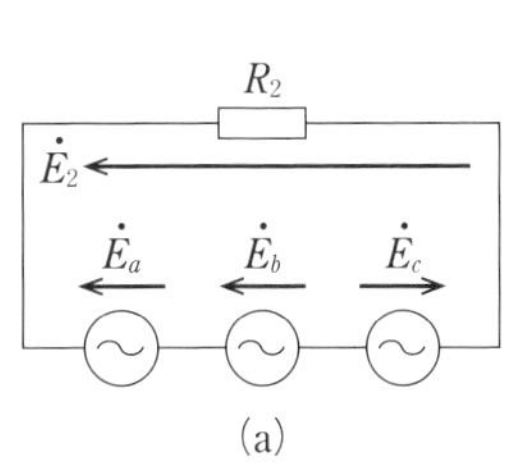

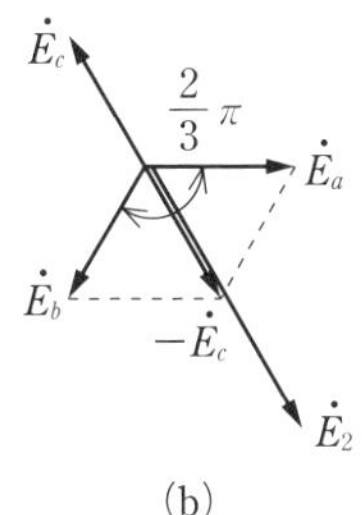

●解図 2

同相なので，$|\dot{E}_2| = |\dot{E}_a + \dot{E}_b - \dot{E}_c| = 200\,\mathrm{V}$

抵抗 R_2 で消費する電力 P は

$$P = \frac{E_2{}^2}{R_2} = \frac{200^2}{20} = \mathbf{2\,000\,W}$$

▶ 24.　解答 (a)-(2)，(b)-(4)

(a) 題意より，解図 1 のようになるから，回路の合成抵抗 R_{ac} は

$$R_{ac} = \frac{R}{2} + \frac{R \times 2R}{R + 2R} + \frac{R}{2} = \frac{5}{3}R$$

$$\therefore \quad P_{ac} = \frac{100^2}{R_{ac}} = \frac{100^2}{\frac{5}{3}R} = 200$$

$$\therefore \quad R = \frac{3 \times 100^2}{5 \times 200} = \mathbf{30\,\Omega}$$

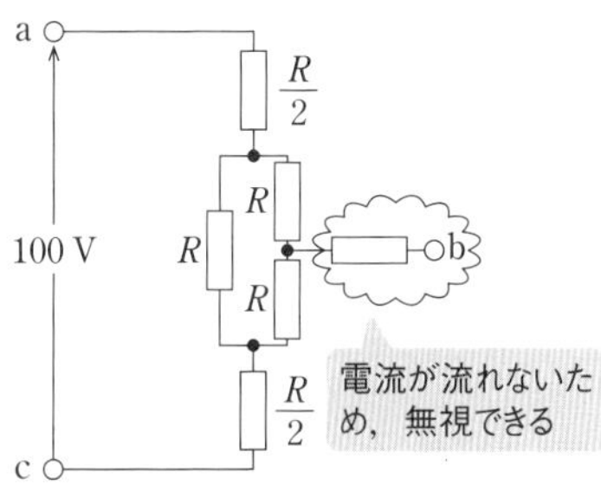

●解図 1

(b) 問題図の △ 結線の抵抗を △-Y 変換すると，解図 2 になる．全消費電力 P は

$$P = 3 \times \frac{5}{6}R \times I_l{}^2$$

$$= 3 \times \frac{5}{6}R \times \left(\frac{\frac{200}{\sqrt{3}}}{\frac{5}{6}R}\right)^2$$

$$= 3 \times \frac{6}{5R} \times \frac{200^2}{3} = \frac{6 \times 200^2}{5 \times 30}$$

$$= 1\,600\,\mathrm{W} = \mathbf{1.6\,kW}$$

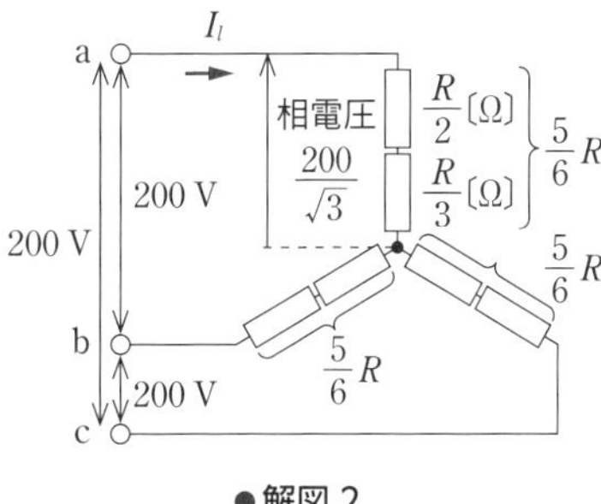

●解図 2

▶ 25.　解答(a)-(4)，(b)-(2)

(a) 図 2·83 (e) の三相電力のベクトル図に示すように，皮相電力 $S=\sqrt{3}VI=\sqrt{3}\times200\times7.7=2\,667\,\mathrm{VA}$

$$\therefore\quad \sin\theta=\frac{Q}{S}=\frac{1\,600}{2\,667}=0.6$$

$$\therefore\quad \cos\theta=\sqrt{1-\sin^2\theta}=\sqrt{1-0.6^2}=\mathbf{0.8}$$

(b) 端子 a，b，c から流入する線電流の大きさが等しいため，各相のインピーダンスは等しいことになる．まず，△ 回路を △ → Y 変換すると，式 (2·35) より

$$R_{Ya}=\frac{20\times20}{20+20+60}=4\,\Omega,\quad R_{Yb}=R_{Yc}=\frac{20\times60}{20+20+60}=12\,\Omega$$

$\dot{Z}_b=\dot{Z}_c=12+j9\,\Omega$ より $|\dot{Z}_b|=|\dot{Z}_c|=\sqrt{12^2+9^2}=15\,\Omega$

一方，$\dot{Z}_a=R+4+j9$ であるから，$|\dot{Z}_a|=\sqrt{(R+4)^2+9^2}$

$\therefore\quad \sqrt{(R+4)^2+9^2}=15\qquad\therefore\quad R+4=12\qquad\therefore\quad R=\mathbf{8\,\Omega}$

Chapter 3　電子理論

▶ 1.　解答(2)

(1) に関して，ゲルマニウムやシリコンは単元素半導体であり，インジウムリンやガリウムヒ素は化合物半導体であるから，誤り．(**2**) は正しい．(3) に関して，真性半導体にインジウム (In) やヒ素 (As) などの不純物を加えると，抵抗率は変化するから，誤り．(4) に関して，真性半導体に光や熱のエネルギーを加えると，価電子が自由電子になって電気伝導が行われるため，誤り．(5) に関して，半導体のキャリヤは電界を加えると静電力によって移動し，この電流をドリフト電流というが，その大きさは電界の大きさに比例するから．誤り．

▶ 2.　解答(3)

(1) は，素子中をアノードからカソードに電流は流れ，電子の流れはその逆向きであるから，誤り．(2) は，LED に加える電圧は順方向であるから，誤り．(4) は，逆方向電圧が大きくなると，空乏層が大きくなり，静電容量は小さくなるから，誤り．(5) は，サイリスタは 4 層構造であるが，3 端子素子であるから，誤りである．

▶ 3.　解答(4)

図 3·13 および表 3·2 に示すように，定電圧ダイオードは逆電圧時の降伏現象による定電圧特性を利用している．したがって，(**4**) が誤りである．

▶ 4.　解答(3)

(3) の CMOS の C は相補型の意味であり，n チャネル MOS 形 FET と p チャネル MOS 形 FET を組み合わせて相補的に動作させる．このため，n チャネル MOS 形 FET だけでは CMOS IC を作ることができず，(**3**) が誤りである．

▶ 5.　解答(5)

帯域幅は，中域からの増幅度の低下が $1/\sqrt{2}=0.71$ 倍，デシベルでは 3 dB 以内とな

る周波数領域をいう．したがって，**(5)** が誤りである．解図は増幅回路の周波数特性を示している．

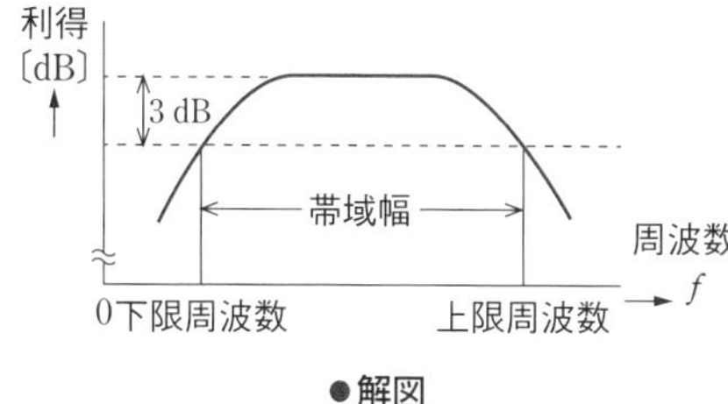

●解図

▶ 6.　解答(2)

図 2 の交流分の等価回路を描くと，解図になる．この等価回路を見れば，図 2 の回路はコレクタ接地方式であることがわかる．（または，表 3･1 の吹き出しの接地方式の見分け方を適用すればよい．）したがって，(b) は誤りである．

また，図 3 はベース接地回路であり，式 (3･17) の $\alpha = \dfrac{\Delta I_C}{\Delta I_E} \fallingdotseq 0.95 \sim 0.995$ 程度であるから，(d) も誤りである．

●解図

▶ 7.　解答(1)

プッシュプル増幅回路とは，2 個のトランジスタを正負対称に接続して，それぞれ一方の極性の信号のみを増幅する回路である（図 3･51 参照）．バイアスは，B 級増幅回路を用いることが多い．図 1 において，一方のベースが正のとき他方を負にして，正のほうだけを動作させる．負のほうを動作させないためには，（ア）は図 2 の f となる．トランジスタを動作させるためには直流電源が必要であり，npn 形トランジスタゆえ（イ）は同図 d となる．出力はトランス結合なので（ウ）は同図 i となる．

▶ 8.　解答(a)-(3)，(b)-(4)

(a) および (b) 3-4 節「トランジスタと基本増幅回路」の 7 項「バイアス回路」を参照のこと．

▶ 9.　解答(a)-(5)，(b)-(4)

(a) 3-4 節「トランジスタと基本増幅回路」の 8 項「h 定数によるトランジスタの等価回路」の解説を参照する．

(b) 式②より i_b を求めると

$$i_b = \frac{i_c - h_{oe} v_c}{h_{fe}}$$

これを式①へ代入して v_b を求めると

$$v_b = \frac{h_{ie}(i_c - h_{oe} v_c)}{h_{fe}} + h_{re} v_c$$

一方，図 2 の簡易小信号等価回路において

$$v_b{}' = h_{ie} i_b{}' \cdots\cdots ③, \qquad i_c{}' = h_{fe} i_b{}' \cdots\cdots ④$$

が成立する．題意から，$i_c = i_c'$ である．これと式④から，$i_b' = \dfrac{i_c'}{h_{fe}} = \dfrac{i_c}{h_{fe}}$

$$\therefore \quad v_b' = h_{ie} i_b' = \frac{h_{ie}}{h_{fe}} i_c$$

誤差は $\Delta v_b = v_b' - v_b$，$\Delta i_b = i_b' - i_b$ であるから

$$\Delta v_b = \frac{h_{ie}}{h_{fe}} i_c - \left\{ \frac{h_{ie}(i_c - h_{oe} v_c)}{h_{fe}} + h_{re} v_c \right\} = \left(\frac{h_{ie} h_{oe}}{h_{fe}} - h_{re} \right) v_c$$

$$= \left(\frac{3.5 \times 10^3 \times 9 \times 10^{-6}}{140} - 1.3 \times 10^{-4} \right) \times 6 = 5.7 \times 10^{-4}\,\mathrm{V} = \mathbf{0.57\,mV}$$

$$\Delta i_b = \frac{i_c}{h_{fe}} - \frac{i_c - h_{oe} v_c}{h_{fe}} = \frac{h_{oe} v_c}{h_{fe}} = \frac{9 \times 10^{-6} \times 6}{140}$$

$$= 0.386 \times 10^{-6}\,\mathrm{A} \fallingdotseq \mathbf{0.39\,\mu A}$$

▶ 10.　解答 (a)-(1)，(b)-(5)

(a) 3-4 節 4 項「エミッタ接地トランジスタ」および 6 項「増幅の基礎と基本増幅回路」を参照のこと．

(b) $V_o = R_c i_c = \dfrac{R_c h_{fe} V_i}{h_{ie}}$

$$\left(\because \quad \text{図 3·46，式 (3·47)，式 (3·48) より } i_c = h_{fe} i_b = \frac{h_{fe} V_i}{h_{ie}} \right)$$

$$\therefore \quad \frac{V_o}{V_i} = R_c \frac{h_{fe}}{h_{ie}} = 20 \times \frac{120}{2} = 1\,200$$

$$\therefore \quad 20\log_{10}\left(\frac{V_o}{V_i}\right) = 20\log_{10} 1\,200 = 20\log_{10}(2^2 \times 3 \times 10^2)$$

$$= 20 \times (2\log_{10} 2 + \log_{10} 3 + 2\log_{10} 10) \fallingdotseq \mathbf{62\,dB}$$

▶ 11.　解答 (a)-(1)，(b)-(2)

(a) 図 3·56 に示したように **n チャンネル接合形**の FET である．結合コンデンサの $\boldsymbol{C_1}$ と $\boldsymbol{C_3}$ は，直流分を阻止して，交流信号のみを通過させる働きをする．また，$\boldsymbol{R_A}$ と $\boldsymbol{R_B}$ を接続することで，ゲートの直流電位が FET の特性に影響されにくくなり，バイアス電圧が安定して温度の影響を受けにくくなる．

(b) $V_G = R_C I_D + V_{GS} = 1.6 \times 10^3 \times 6 \times 10^{-3} - 1.4 = 8.2\,\mathrm{V}$

$V_G = \dfrac{V_{DD} R_B}{R_A + R_B}$（式 (3·56) の考え方を参照）より

$$8.2 = \frac{24 R_B}{R_A + R_B} \qquad 8.2(R_A + R_B) = 24 R_B$$

$$\therefore \quad \frac{R_A}{R_B} \fallingdotseq \mathbf{1.9}$$

▶ **12.** **解答(5)**

解図のように電流，電圧を仮定すれば

$$i_1=\frac{V_1-V_s}{200}\qquad i_2=\frac{V_2-V_s}{100}$$

が成り立つ．以上から

$$i_1+i_2=\frac{V_s-V_o}{100}\qquad V_s=0$$

$$\frac{V_1}{200}+\frac{V_2}{100}=\frac{-V_o}{100}$$

$$\therefore\quad \boldsymbol{V_o=-(0.5V_1+V_2)}$$

●解図

▶ **13.** **解答(4)**

演算増幅器の－端子の電圧を V_- とすれば

$$V_-=V_{\mathrm{in}}+\frac{20}{10+20}(V_{\mathrm{out}}-V_{\mathrm{in}})=\frac{2}{3}V_{\mathrm{out}}+\frac{1}{3}V_{\mathrm{in}}$$

ここで，$V_-=5\,\mathrm{V}$，$V_{\mathrm{in}}=3\,\mathrm{V}$ なので，$5=\frac{2}{3}V_{\mathrm{out}}+\frac{1}{3}\times3$

$$\therefore\quad V_{\mathrm{out}}=\boldsymbol{6\,\mathrm{V}}$$

▶ **14.** **解答(5)**

（ア）シュミットトリガ回路は波形整形回路の一つであり，2 つのスレッショルド電圧を持つ比較回路である．つまり，入力に対して出力がヒステリシスに変化する回路である．

演算増幅器の特徴として，入力端子間の電圧 0 V（イマジナリショート），入力インピーダンスが ∞ であるため入力端子に電流が流れ込まないこと，出力インピーダンスが 0 であることを利用する．

まず，$v_{\mathrm{out}}=5\,\mathrm{V}$ のとき，図 1 の回路の電流の流れは解図 1 (a) であり，その等価回路は解図 1 (b) となる．

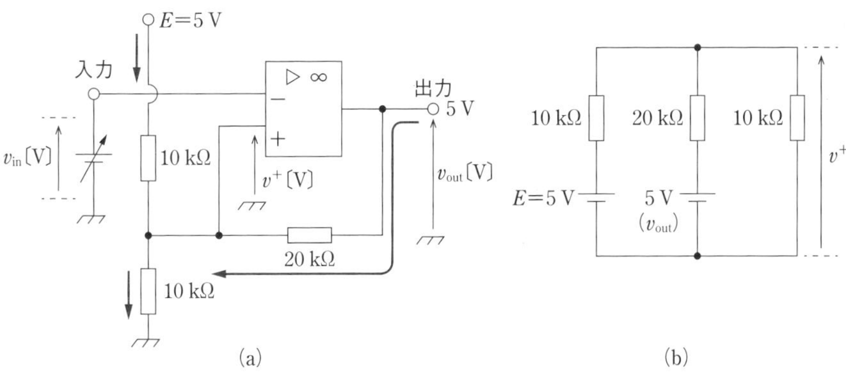

●解図 1

ミルマンの定理の式（2･25）を適用すれば，解図 1 の v^+ は，

$$v^+=\frac{\dfrac{5}{10\times10^3}+\dfrac{5}{20\times10^3}+\dfrac{0}{10\times10^3}}{\dfrac{1}{10\times10^3}+\dfrac{1}{20\times10^3}+\dfrac{1}{10\times10^3}}=3\,\mathrm{V}$$

次に，$v_{\mathrm{out}}=0\,\mathrm{V}$ のとき，図 1 の回路の等価回路は解図 2 となる．ミルマンの定理を用いて，

$$v^+=\frac{\dfrac{5}{10\times10^3}+\dfrac{0}{20\times10^3}+\dfrac{0}{10\times10^3}}{\dfrac{1}{10\times10^3}+\dfrac{1}{20\times10^3}+\dfrac{1}{10\times10^3}}=2\,\mathrm{V}$$

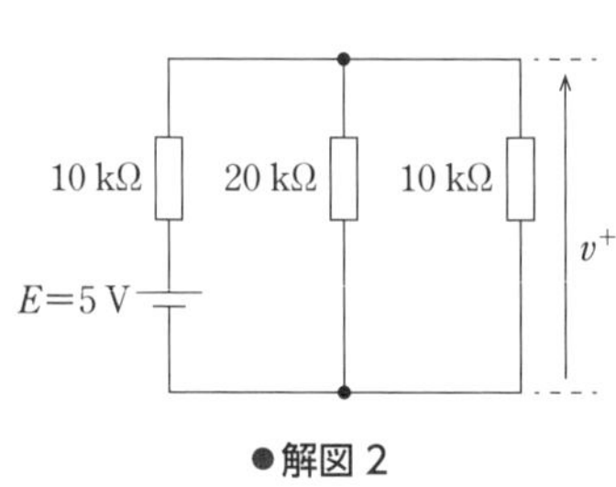

●解図 2

したがって，v^+ は **2〜3 V** の間となる．

（イ）（ア）より，$v_{\mathrm{out}}=5\,\mathrm{V}$ のとき $v^+=3\,\mathrm{V}$，$v_{\mathrm{out}}=0\,\mathrm{V}$ のとき $v^+=2\,\mathrm{V}$ であるから，$v_{\mathrm{out}}=5\,\mathrm{V}$（$v^+=3\,\mathrm{V}$）の状態で v_{in} を 0 V から徐々に増加させると，$v_{\mathrm{in}}=\mathbf{3\,V}$ を上回った瞬間に $v_{\mathrm{in}}>v^+$ となるため，出力が反転する．

（ウ） $v_{\mathrm{out}}=0\,\mathrm{V}$（$v^+=2\,\mathrm{V}$）の状態で v_{in} を 5 V から徐々に減少させると，$v_{\mathrm{in}}=\mathbf{2\,V}$ を下回った瞬間，$v_{\mathrm{in}}<v^+$ となるため，出力が反転する

▶ 15. 解答 (a)-(3)，(b)-(1)

(a) ③は A 級，②は B 級，①は C 級の電力増幅回路の動作点を示す．A 級増幅回路は，増幅素子の入力と出力の関係が直線的となるようにする方式であり，最もひずみの少ない出力が得られるが，電流が常時流れているため消費電力が大きい．B 級増幅回路は，交流の入力信号のうち片側の極性のみが増幅されるようにバイアスを与えたものである．音声信号増幅の場合には，2 個の増幅素子を正負対称に接続したプッシュプル回路により，入力信号と同じ波形が出力されるようにする．C 級増幅回路は，増幅素子に深いバイアスを与えて，入力信号の電圧が十分に高い場合にのみ，出力電圧が得られるスイッチング動作に似た働きをする．

ここで問題文中において，電源効率が最もよいのは C 級電力増幅回路の①であるため，(3) が誤りである．

(b) 変成器一次側に印加される電圧の信号分の最大値は 6 V，そのときの電流の信号分は 7.5 mA であり，理想的には変成器の一次側電力と二次側電力は等しい．最大電力は実効値で表すため，電圧と電流の振幅の最大値を $\sqrt{2}$ で割って実効値に換算して計算する．

$$\therefore\quad P_{om}=\frac{6}{\sqrt{2}}\times\frac{7.5\times10^{-3}}{\sqrt{2}}=22.5\times10^{-3}\,\mathrm{W}=\mathbf{23\,mW}$$

解図に示すように，変成器の一次側から見た抵抗 R_L は

$$R_L=\frac{V_1}{I_1}=\frac{nV_2}{I_2/n}=n^2\frac{V_2}{I_2}=n^2R_S$$

$$\therefore\quad \frac{V_{CC}}{R_L}=\frac{V_{CC}}{n^2R_S}=\frac{6}{8n^2}=7.5\times10^{-3}$$

$$\therefore\quad \boldsymbol{n=10}$$

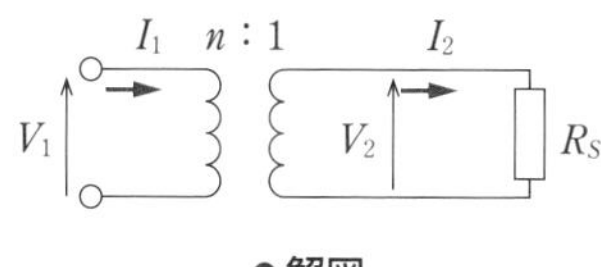

●解図

▶ 16.　解答(a)-(4)，(b)-(2)

(a) L や C を小さくすれば，蓄えるエネルギーは小さくなる．そこで，同じエネルギーの授受を行うためには，単位時間当たりのエネルギーの授受回数を増やさなければならない．つまり，スイッチング周期を短くする必要があるので（**4**）が誤りである．

(b) スイッチ S がオン（on）のときの回路を解図 1，オフ（off）のときの回路を解図 2 に示す．

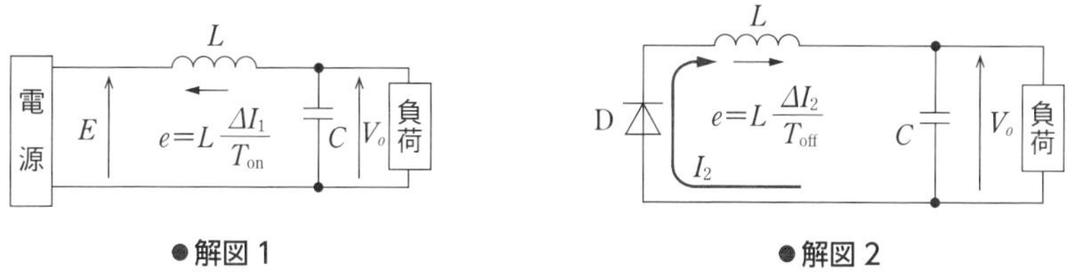

●解図 1　　　　●解図 2

まず，スイッチ S がオンのとき，インダクタンス L のコイルに発生する誘導起電力 e は，図 1 と 1 章の式（1·85）より，$e=L\dfrac{\Delta I_1}{T_{\mathrm{on}}}$ であり，その向きは電流の増加を妨げる向きである．そして，解図 1 の回路より

$$E=e+V_o=L\frac{\Delta I_1}{T_{\mathrm{on}}}+V_o$$

$$\therefore\quad \Delta I_1=\boldsymbol{\frac{(E-V_o)\,T_{\mathrm{on}}}{L}}\ \text{〔A〕}$$

次に，スイッチ S がオフのとき，コイルは電流を流し続ける向きに誘導起電力 e を生じる．$\Delta I_1=\Delta I_2$ ゆえ

$$e=L\frac{\Delta I_2}{T_{\mathrm{off}}}=L\frac{\Delta I_1}{T_{\mathrm{off}}}$$

ダイオード D の順方向電圧は 0 と近似できるから，解図 2 の等価回路より

$$e=V_o\qquad\therefore\quad L\frac{\Delta I_1}{T_{\mathrm{off}}}=V_o$$

この式に，前述の ΔI_1 を代入すれば

$$\frac{L}{T_{\mathrm{off}}}\cdot\frac{(E-V_o)\,T_{\mathrm{on}}}{L}=V_o$$

$$\therefore\quad V_o=\boldsymbol{\frac{T_{\mathrm{on}}E}{T_{\mathrm{on}}+T_{\mathrm{off}}}}\ \text{〔V〕}$$

練習問題略解

▶ 17.　解答(a)-(5)，(b)-(2)

(a) 電源は必要なので，(**ア**) は誤りである．3-7 節「帰還増幅回路・発振回路・パルス回路」の 4 項「マルチバイブレータ」の解説や 2 章 2-15 節の「過渡現象と時定数」の解説に示すように，回路の時定数 CR_1 が大きいほど，周期は大きくなる．つまり，

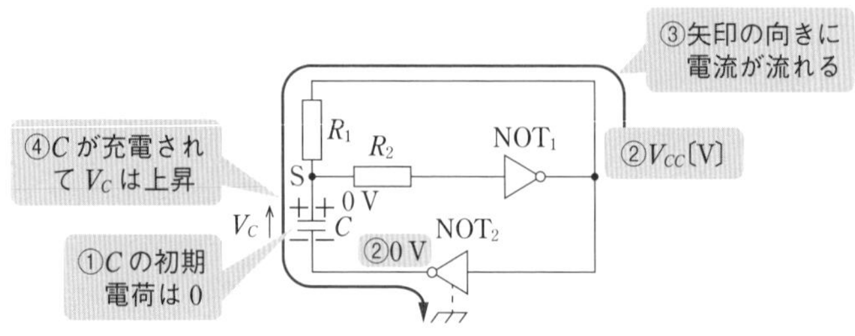

●解図 1　電源投入時

発振周波数は低くなる．したがって，(**イ**) も誤りである．(**ウ**) は正しい．

(b) 3-7 節「帰還増幅回路・発振回路・パルス回路」の 4 項「マルチバイブレータ」の非安定マルチバイブレータの動作と同様に考える．C の初期電荷を零とし，電源投入時には解図 1 に示すように，点 S の電位を 0 V として，NOT_1 の出力は V_{CC}，NOT_2 の出力は 0 となる．そこで，C は R_1 を通して充電され，V_C は次第に上昇していく．

そして，点 S の電位が上昇して NOT_1 を反転するしきい値に到達すると，解図 2 のように，NOT_1 の出力は 0，NOT_2 の出力は V_{CC} になって C は放電し始める．

さらに，V_C は放電に伴って次第に低下し，0 に達した後，今度は C が逆向きに充電される．つまり，V_C はマイナスになる．そこで，点 S の電位は次第に低下し，NOT_1 を反転するしきい値に到達すると NOT_1 は反転し，NOT_1 の出力は V_{CC}，NOT_2 の出力は 0 になる．これを示したのが解図 3 である．

そして，C は再び放電し始め，V_C は次第に上昇して 0 になった後，C が再び逆向き

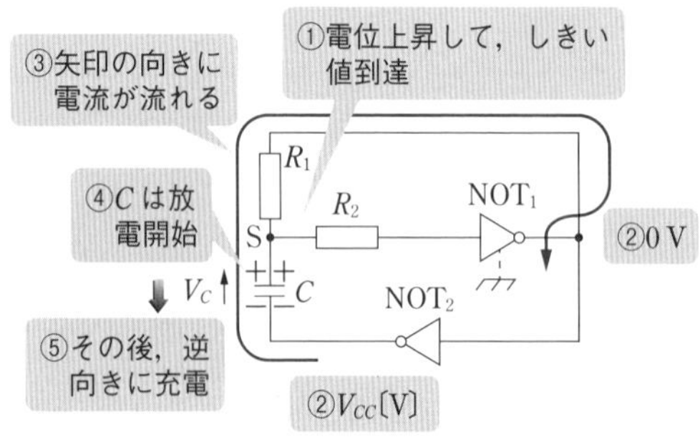

●解図 2　NOT_1 の出力が 0 V のとき

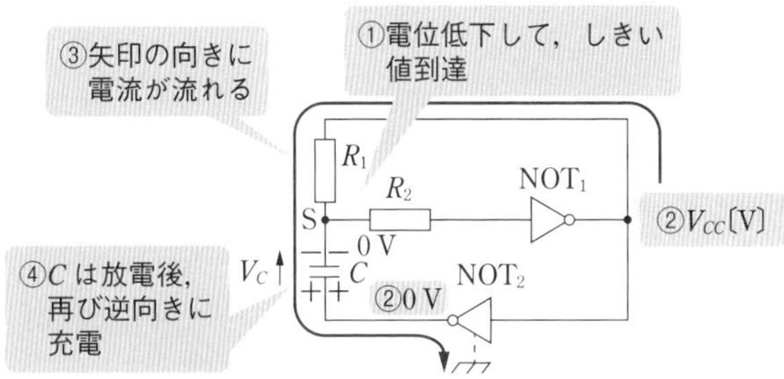

●解図 3　NOT_1 の出力が V_{CC} のとき

に充電される．このため，V_C はプラスになっていく．これに伴って点 S の電位が次第に上昇して，再び NOT_1 を反転させる．このような動作が繰り返される．こうした動作における V_C の時間的な変化を解図 4 に示す．したがって，時間経過による波形は **(2)** となる．

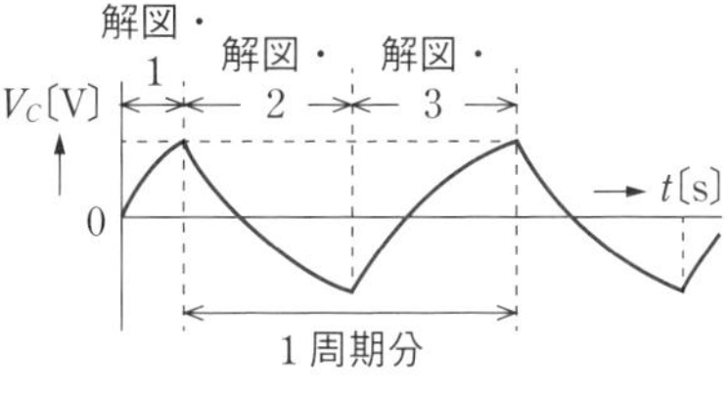

●解図 4　V_C の波形

▶ 18.　解答 **(a)**-**(3)**，**(b)**-**(2)**

(a) 図 1 の回路におけるバイアス電圧 V_B は，V_{CC} を R_1 と R_2 で分配した電圧になるから

$$V_B = V_{CC}\frac{R_2}{R_1+R_2} = 10\times\frac{82}{18+82} = 8.2\mathrm{V}$$

動作点において，抵抗 R_E に流れる電流が 1 mA であり，ベース-エミッタ間電圧は 0.7 V であることから

$$8.2-0.7 = R_E\times 1$$

$$\therefore\quad R_E = \mathbf{7.5\,k\Omega}$$

(b) 図 2 の交流等価回路において

$$v_i = h_{ie}i_b + (i_b + h_{fe}i_b)R_E$$
$$= \{h_{ie} + (1+h_{fe})R_E\}\,i_b$$

ゆえに，トランジスタのベースから見た入力インピーダンス Z_i は

$$Z_i = \frac{v_i}{i_b} = h_{ie} + (1+h_{fe})R_E$$
$$= 2.5 + (1+100)\times 7.5 = 760\,\mathrm{k\Omega}$$

となる．一方，$R = \dfrac{R_1R_2}{R_1+R_2} = \dfrac{18\times 82}{18+82} = 14.76\,\mathrm{k\Omega}$ である．したがって，図 2 の交流等価回路の入力インピーダンス v_i/i_i は，Z_i と $R\left(=\dfrac{R_1R_2}{R_1+R_2}\right)$ とが並列に接続され

ているので

$$\frac{v_i}{i_i}=\frac{Z_iR}{Z_i+R}=\frac{760\times14.76}{760+14.76}\fallingdotseq \mathbf{15\,k\Omega}$$

Chapter 4 電気・電子計測

▶ 1. 解答 (3)

図 4·2 に示すように，可動コイル形計器は，永久磁石による固定磁界と可動コイルに流れる電流との間に生ずる力によって，可動コイルを駆動させる方式である．したがって，(**3**) は誤りである．

▶ 2. 解答 (5)

熱電形計器は交直両用で，高い周波数の測定ができる．つまり，直流から 10^7〔Hz〕程度までの計測が可能である．

▶ 3. 解答 (2)

可動コイル形計器のトルクは式 (4·1) に示すように $\tau=nIBhb$ となり，電流の 1 乗に比例する．これは平均値指示形の計器であり，交流量の測定はできない．したがって，(**2**) は誤りである．

▶ 4. 解答 (5)

(5) に関して，ディジタル直流電圧計は入力抵抗が非常に高く，測定したい回路から計器に流れ込む電流はアナログ指示計器と比べて小さい．したがって，(**5**) は誤りである．

▶ 5. 解答 (2)

ディジタルオシロスコープは，入力信号をディジタル信号としてメモリに蓄積することができる．したがって，周期性のない信号波形を表示・測定することができる．

▶ 6. 解答 (a)-(1)，(b)-(1)

(a) 可動コイル形計器において，発生トルクは式 (4·1) に示すように電流に比例する．可動コイルは軽量に作ってあり，大きな電流は流せない．電圧計として使用する場合は，電流を制限する倍率器が必要になる（4-3 節 1 項を参照）．

(b) 電流計に定格電流を流すとき，両端の電圧は，$10\times10^{-3}\times2=20\times10^{-3}$ V 加わる．まず，150 mA を端子に流す場合，解図 1 に示すように

$$R_1+R_2=\frac{20\times10^{-3}}{140\times10^{-3}}=0.143\,\Omega \quad \cdots\cdots ①$$

次に，1A を端子に流す場合，解図 2 に示すように

$$990\times10^{-3}\times R_2=10\times10^{-3}\times(2+R_1) \quad \cdots\cdots ②$$

ここで，式①を $R_1=0.143-R_2$ と変形して式②へ代入すると

$$990\times10^{-3}\times R_2=10\times10^{-3}\times(2+0.143-R_2)$$

$$\therefore\ 990R_2=21.43-10R_2 \qquad \therefore\ R_2=\mathbf{0.021\,\Omega}$$

$$\therefore\ R_1=0.143-R_2=0.143-0.021=0.122\ \rightarrow\ \mathbf{0.12\,\Omega}$$

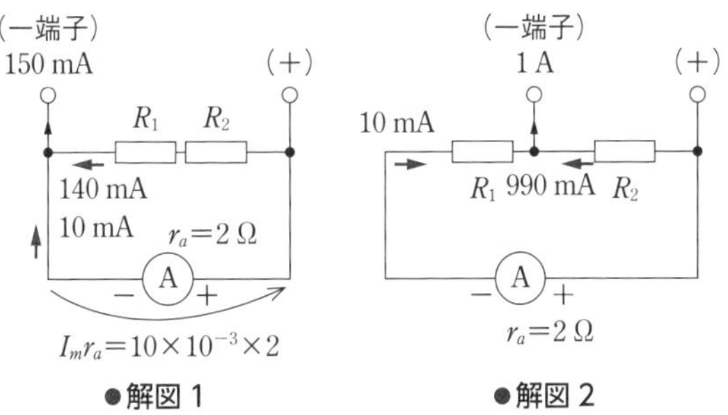

●解図 1　●解図 2

▶ 7.　解答 (5)

問題図はブリッジ回路で，その平衡条件は $R_1R_3 = R_2R_x$ であるから，

$$R_x = \frac{R_1R_3}{R_2}$$

そして，未知の抵抗 R_x の測定値 R_x'〔Ω〕は，上式を活用し，

$$R_x' = \frac{(R_1+\varDelta R_1)(R_3+\varDelta R_3)}{R_2+\varDelta R_2} = \frac{R_1\left(1+\dfrac{\varDelta R_1}{R_1}\right)\cdot R_3\left(1+\dfrac{\varDelta R_3}{R_3}\right)}{R_2\left(1+\dfrac{\varDelta R_2}{R_2}\right)}$$

$$= \frac{R_1R_3}{R_2}\cdot\frac{(1+\varepsilon_1)(1+\varepsilon_3)}{1+\varepsilon_2} = R_x\cdot\frac{(1+\varepsilon_1)(1+\varepsilon_3)}{1+\varepsilon_2} = R_x\frac{(1+0.01)(1+0.02)}{1-0.01}$$

$$= 1.041R_x$$

R_x の誤差率 ε は式（4･7）より，$\varepsilon = \dfrac{R_x'-R_x}{R_x} = \dfrac{1.041R_x-R_x}{R_x} = \mathbf{0.04}$

▶ 8.　解答 (3)

式（4･19）から，$\boldsymbol{R_s = r_g/(m-1)}$．または，$m = (r_g+R_s)/R_s$ から求まる（式（4･18）参照）．

r_g と R_s の合成抵抗は，$r_gR_s/(r_g+R_s) = r_g/m$ となるので，$R+(r_g/m) = r_g$ から

$$\boldsymbol{R} = \left(1-\frac{1}{m}\right)r_g = \boldsymbol{\frac{m-1}{m}r_g}$$

を得る．これを補償分流器という．

▶ 9.　解答 (a)-(4)，(b)-(5)

(a) 本問は，図 4･20 に示す直流電位差計の原理に基づいて，電池 E_x の起電力を求めるものである．まず，実験 I から，すべり抵抗器の端子 a-b 間の電圧は 200 mA×30 Ω＝6 V となる．一方，実験 II から，端子 a-c 間の距離が 4.5 cm であり，長さと抵抗値は比例するので，長さとその間の電圧も比例する．したがって，端子 a-c 間の電圧 V_{ac} は

$$V_{ac} = 6 \times \frac{4.5}{15} = \mathbf{1.8\,V}$$

実験Ⅱでは検流計が零を示しているから，$E_x = V_{ac}$

$\therefore \quad E_x = V_{ac} = 1.8\,\mathrm{V}$

(b) 電池 E_x の内部抵抗を r〔Ω〕とすれば，実験Ⅲから

$(30+r) \times 0.05 = 1.8$

$\therefore \quad r = \mathbf{6\,\Omega}$

▶ 10. 解答 (a)-(2)，(b)-(1)

(a) 端子 G を基準電位とすると，端子 B の電位 V_B は

$$V_B = -E_s \frac{R_e}{R_d + R_e} = -12 \times \frac{5}{5+5} = -6\,\mathrm{V}$$

接触子 C の電位 V_C は検流計の電流が 0 のとき端子 H と等しく，3 V となる．

また，E_s の分圧による端子 C–B 間の電位差は $V_{BC} = \dfrac{E_s R_{bc}}{R_{ab}}$ である．

$V_{BC} + V_B = V_C$ であるから，$R_{bc} = 18\,\mathrm{k\Omega}$ を用いて

$$\frac{12 \times 18 \times 10^3}{R_{ab}} - 6 = 3 \qquad \therefore \quad R_{ab} = \frac{12 \times 18 \times 10^3}{9} = \mathbf{24 \times 10^3\,\Omega}$$

(b) (a) で用いた電位の関係式 $V_C = V_{BC} + V_B = \dfrac{E_s R_{bc}}{R_{ab}} - E_s \dfrac{R_e}{R_d + R_e}$ に $E_s = 12\,\mathrm{V}$，$R_{ab} = 24\,\mathrm{k\Omega}$，$R_d = 2\,\mathrm{k\Omega}$，$R_e = 22\,\mathrm{k\Omega}$，$R_{bc} = 12\,\mathrm{k\Omega}$ を代入すれば

$$E_x = V_C = \frac{12 \times 12 \times 10^3}{24 \times 10^3} - \frac{12 \times 22 \times 10^3}{(2+22) \times 10^3} = \frac{-12 \times 10}{24} = \mathbf{-5\,V}$$

▶ 11. 解答 (a)-(2)，(b)-(3)

(a) 式 (2·145) より，△ 接続を Y 接続に △-Y 変換すれば，

$$R_Y = \frac{R}{3} = \frac{9}{3} = 3\,\Omega$$

問題図の三相回路から解図 1 の等価単相回路を書くと，a 相に流れる線電流 I_a は回路のインピーダンスが $3+j4\,\Omega$ ゆえ，

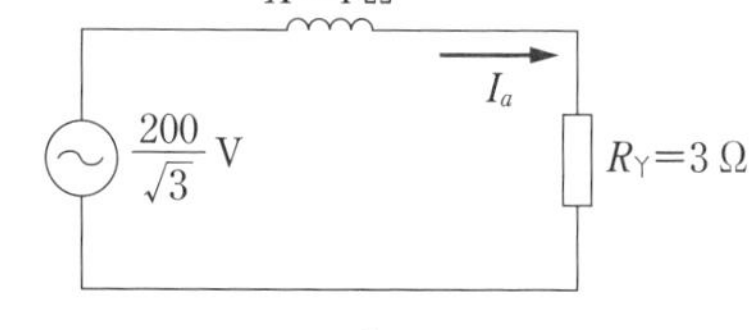

●解図 1

$$I_a = \frac{\dfrac{200}{\sqrt{3}}}{\sqrt{3^2 + 4^2}} = 23.09\,\mathrm{A}$$

したがって，△ 接続された抵抗 9 Ω に流れる電流 I_{ab} は式 (2·140) より，$I_{ab} = \dfrac{23.09}{\sqrt{3}} = \mathbf{13.3\,A}$

(b) 単相電力計 W_1 には，I_a が流れ，$b-c$ 間の線間電圧が加わるから，指示値 W_1 は $W_1=V_{bc}I_a\cos\theta$（θ は $\dot{V}_{bc}$ と $\dot{I}_a$ の位相差）である．解図 1 および解図 2 において，等価単相回路の力率 $\cos\phi$ は $\cos\phi=\dfrac{3}{\sqrt{3^2+4^2}}=0.6$

$$\cos\theta=\cos(90°-\phi)=\sin\phi$$
$$=\sqrt{1-\cos^2\phi}=\sqrt{1-0.6^2}=0.8 \text{ より，}$$
$$W_1=V_{bc}I_a\cos\theta=200\times23.09\times0.8$$
$$=3\,694\,\mathrm{W}\fallingdotseq\mathbf{3.70\,kW}$$

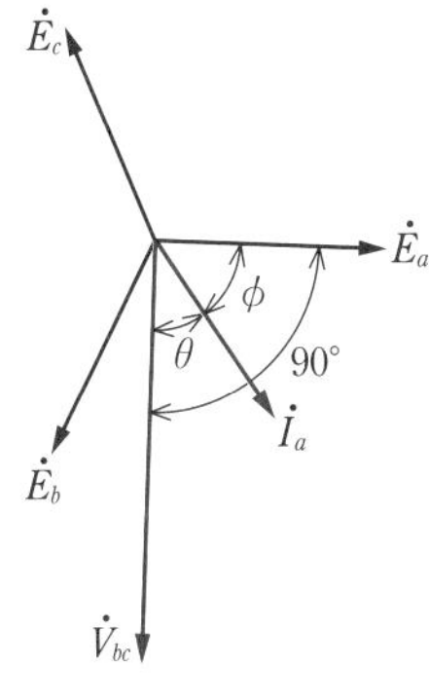

●解図 2

▶ 12.　解答 (a)-(3)，(b)-(4)

(a) 問題図の電力量計は誘導形である．電力量計の電圧コイルと電流コイルは解図の等価回路のように接続する．（4-5 節 5 項電力量を参照のこと.）

(b) 3 kW の電力を 1 分間消費する電力量 W_M は，$W_M=3\times\dfrac{1}{60}=\dfrac{1}{20}$ kW·h である．一方，電力量計が正確であればこの電力量における円板の回転数 N は，$N=1\,200\times\dfrac{1}{20}=60\,\mathrm{rev}$ となり，これが真値に相当する．他方，実際の計量では 61 rev であるから，式 (4·7) より

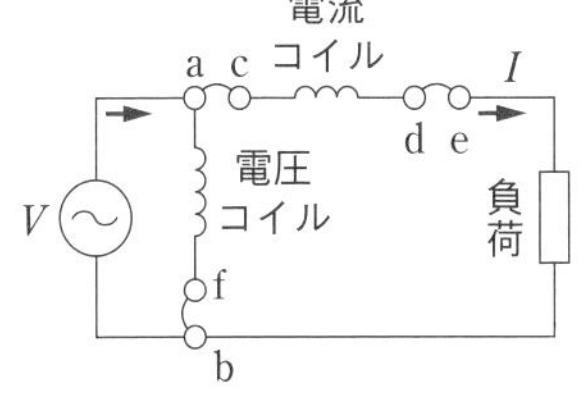

●解図

$$\varepsilon=\frac{61-60}{60}\times100=\mathbf{1.7\,\%}$$

▶ 13.　解答 (a)-(1)，(b)-(1)

(a) 偏位法は，指示計器のように測定量を指針の振れの大きさに変えて，その指示から測定量を知る方法である．一方，零位法は，精密な測定をする場合に用いられ，各種ブリッジや直流電位差計が該当する．

(b) 問題文中の $(p+q)i_2=r(I-i_2)$ を変形して

$$(p+q+r)i_2=rI \qquad \therefore \quad \frac{i_2}{I}=\frac{r}{p+q+r}=K$$

これを，問題文中の式③へ代入して

$$\frac{P}{Q}=\frac{R_x+pK}{R_s+qK} \qquad \therefore \quad R_x+pK=\frac{P}{Q}(R_s+qK)=\frac{P}{Q}R_s+\frac{P}{Q}qK$$

$$\therefore \quad R_x = \frac{P}{Q}R_s + \frac{P}{Q}qK - pK = \frac{P}{Q}R_s + \left(\frac{P}{Q} - \frac{p}{q}\right)qK$$

つまり，（ア）は $\boldsymbol{\frac{P}{Q} - \frac{p}{q}}$，（イ）は $\boldsymbol{\frac{P}{Q}}$，（ウ）は $\boldsymbol{\frac{r}{p+q+r}}$ である．

▶ 14.　解答 (a) - (3)，(b) - (4)

(a) すべり抵抗器の部分も含めたブリッジの平衡条件は

$$R_1(R_x + R_{bc}) = R_2(R_4 + R_{ac})$$

となる．R_x について解けば

$$R_x = \frac{R_2(R_4 + R_{ac})}{R_1} - R_{bc}$$

数値を代入すれば（kΩ 単位）

$$R_x = \frac{2\times(3+3)}{3} - 3 = 4 - 3 = \mathbf{1\,k\Omega}$$

(b) 平衡時は，検流計回路の電流が 0 であるため，検流計の枝路を開放して，合成抵抗 R を求めると，抵抗（$R_1 + R_4 + R_{ac}$）と抵抗（$R_2 + R_x + R_{bc}$）とが並列接続されているから

$$R = \frac{(R_1 + R_4 + R_{ac})(R_2 + R_x + R_{bc})}{(R_1 + R_4 + R_{ac}) + (R_2 + R_x + R_{bc})} = \frac{(3+3+3)(2+1+3)}{(3+3+3)+(2+1+3)} = \frac{54}{15}$$

$$= 3.6\,\mathrm{k\Omega}$$

電流計の指示値　$I = \dfrac{6}{3.6\times 10^3} \fallingdotseq 1.67\times 10^{-3}\,\mathrm{A} \fallingdotseq \mathbf{1.7\,mA}$

▶ 15.　解答 (2)

三電圧計法の応用である．Z に流れる電流は $I = V_2/r$ として求まる．Z は

$$Z = \frac{V_1}{I} = \frac{V_1}{V_2}r = \frac{75}{50}\times 240 = \mathbf{360\,\Omega}$$

Z の力率角を θ とすれば，直列抵抗 $R = Z\cos\theta$ として求まる．$\cos\theta$ は式（4･23）から

$$\cos\theta = \frac{V_3{}^2 - V_1{}^2 - V_2{}^2}{2V_1V_2}$$

$$\therefore \quad R = \frac{V_1}{V_2}r\frac{V_3{}^2 - V_1{}^2 - V_2{}^2}{2V_1V_2} = \frac{r}{2}\left\{\left(\frac{V_3}{V_2}\right)^2 - \left(\frac{V_1}{V_2}\right)^2 - 1\right\}$$

$$= \frac{240}{2}\left\{\left(\frac{100}{50}\right)^2 - \left(\frac{75}{50}\right)^2 - 1\right\} = 120\times(4 - 2.25 - 1)$$

$$= 120\times 0.75 = \mathbf{90\,\Omega}$$

▶ 16.　解答 (a) - (3)，(b) - (1)

(a) 水平方向に電圧を加えず，垂直方向のみに電圧を加える場合，オシロスコープの横軸は常に 0 となり，垂直方向の変化範囲だけが表示される．ゆえに，（ア）は解答

群の**図 2** が該当する．一方，垂直方向に電圧を加えず，水平方向のみに電圧を加える場合，水平方向の変化範囲だけが表示される．ゆえに，（イ）は**図 5** が該当する．

他方，のこぎり波電圧を水平軸に加え，観測波形信号（正弦波電圧）を垂直軸に加えると，**図 6** のような波形が現れる．（図 4･43 参照）

(b) v_a の最大値は縦軸 3 目盛分ゆえ，$0.1\times3=0.3\,\mathrm{V}$ である．このため，実効値は $v_{ae}=\dfrac{0.3}{\sqrt{2}}=\mathbf{0.21\,V}$ となる．

v_b の周期は横軸 4 目盛分ゆえ，$0.2\times4=0.8\,\mathrm{ms}$ であるから，周波数は $\dfrac{1}{0.8}=1.25$ kHz（≒ **1.3 kHz**）となる．

また，v_a の周期は v_b と同じであり，**0.8 ms** である．さらに，v_a と v_b の位相差は横軸 $\dfrac{1}{2}$ 目盛分であり，横軸 4 目盛が 2π に相当するから，$\dfrac{2\pi}{4}\times\dfrac{1}{2}=\boldsymbol{\dfrac{\pi}{4}}$ となる．

練習問題略解

数式索引 Index of Fomulas

Chapter 1 電磁理論

クーロンの法則 p.3（1・1）

$$F=\frac{Q_1Q_2}{4\pi\varepsilon_0 r^2}=9\times10^9\times\frac{Q_1Q_2}{r^2}\ \text{〔N〕}$$

点電荷 Q が電界 E から受ける力 F p.7（1・3）

$$F=QE\ \text{〔N〕}$$

点電荷 Q から距離 r の電界 E p.7（1・5）

$$E=\frac{Q}{4\pi\varepsilon_0 r^2}\ \text{〔V/m〕}$$

ガウスの法則 p.8（1・6）

$$\text{電気力線数}=SE=\frac{Q}{\varepsilon_0}$$

ガウスの法則に基づく電界 E p.9，10（1・7）（1・9）

球面電荷　$E=\dfrac{Q}{4\pi\varepsilon_0 r^2}$〔V/m〕

無限平行 2 平面　$E=\dfrac{\sigma}{\varepsilon_0}$〔V/m〕

平行平板電極の電位 V と電界 E p.11（1・11）

$$V=Ed\ \text{〔V〕}$$

点電荷 Q から距離 r の点の電位 V p.12（1・16）

$$V=\frac{Q}{4\pi\varepsilon_0 r}\ \text{〔V〕}$$

静電容量 C p.20（1・17）

$$C=\frac{Q}{V}\ \text{〔F〕}$$

平行平板電極，球電極の静電容量 C p.21，22（1・19）（1・22）

平行平板電極　$C=\dfrac{\varepsilon_0 S}{d}$〔F〕

球電極　$C_\infty=4\pi\varepsilon_0 a$〔F〕

誘電体 p.22～24（1・23）（1・25）（1・27）（1・28）

比誘電率 $\varepsilon_s=\dfrac{C}{C_0}$

誘電体中の電界 $E=\dfrac{E_0}{\varepsilon_s}$〔V/m〕

電束密度 $D=\sigma=\varepsilon_0 E+\sigma_p=\varepsilon E$〔C/m²〕

コンデンサを直列接続した合成静電容量 C_0 p.28（1・30）

$$C_0=\frac{1}{\sum_{i=1}^{n}\frac{1}{C_i}}\ \text{〔F〕}$$

コンデンサを並列接続した合成静電容量 C_0 p.29（1・36）

$$C_0=\sum_{i=1}^{n}C_i\ \text{〔F〕}$$

コンデンサの静電エネルギー W　p.37（1・37）

$$W=\frac{1}{2}QV=\frac{1}{2}CV^2=\frac{Q^2}{2C}\text{〔J〕}$$

電流 I　p.42（1・38）

$$I=\frac{\Delta Q}{\Delta t}\text{〔A〕}$$

オームの法則　p.43（1・39）（1・40）

$$I=\frac{V}{R}=GV\text{〔A〕}$$

抵抗率 ρ と抵抗 R　p.43，44（1・41）（1・42）

$$R=\rho\frac{l}{S}\text{〔Ω〕}\qquad \text{導電率}\ \sigma=\frac{1}{\rho}\text{〔S/m〕}$$

抵抗の温度測定 R_T　p.45（1・44）

$$R_T=R_t\{1+\alpha_t(T-t)\}\text{〔Ω〕}$$

電力 P　p.45（1・46）（1・47）

$$P=\frac{W}{t}=VI=I^2R=\frac{V^2}{R}\text{〔W〕}$$

電力量 W　p.46（1・48）（1・49）

$$W=Pt\text{〔W·s〕}=Pt\text{〔J〕}$$

磁界の強さ H，m の磁極に働く磁力 F　p.50（1・50）

$$F=mH\text{〔N〕}$$

磁界の強さ H，磁極に関するクーロンの法則　p.50，51（1・51）（1・53）

$$F=\frac{m_1m_2}{4\pi\mu_0r^2}\text{〔N〕}\quad H=\frac{m_1}{4\pi\mu_0r^2}\text{〔A/m〕}$$

磁束 Φ と磁界 H，磁束密度 B　p.51，52（1・54）～（1・56）

$$\Phi=\mu_0N\text{〔Wb〕}\qquad B=\frac{\Phi}{S}\text{〔T〕}$$

$$B=\frac{\Phi}{S}=\mu_0\frac{N}{S}=\mu_0H\text{〔T〕}$$

アンペアの周回路の法則　p.54（1・57）（1・59）

$$\sum B\cdot\Delta l\cdot\cos\theta=\mu_0I\quad\left(\sum H\cdot\Delta l\cdot\cos\theta=I\right)$$

無限長導体，無限長コイル，環状コイルの磁束密度 B　p.55～57（1・60）（1・61）（1・63）

無限長導体　$B=\dfrac{\mu_0I}{2\pi r}$〔T〕

無限長コイル　$B_i=\mu_0nI$〔T〕

環状コイル　$B=\dfrac{\mu_0NI}{2\pi r}=\mu_0nI$〔T〕

ビオ・サバールの法則　p.57（1・64）

$$\Delta B=\frac{\mu_0I\Delta l\sin\theta}{4\pi r^2}\text{〔T〕}$$

円形コイルの中心の磁束密度 B
p.58（1・67）

$$B=\frac{\mu_0 NI}{2r}\ \text{〔T〕}$$

電磁力 F
p.63（1・68）

$$F=IBl\sin\theta\ \text{〔N〕}$$

平行導体電流間の電磁力 F
p.64（1・70）

$$F=\frac{\mu_0 I_1 I_2}{2\pi r}=2\times10^{-7}\times\frac{I_1 I_2}{r}\ \text{〔N/m〕}$$

方形コイルの電磁トルク T
p.66（1・74）

$$T=nIBab\cos\theta\ \text{〔N·m〕}$$

磁性体の透磁率と磁束密度
p.70，71（1・75）（1・76）

透磁率　$\mu=\mu_s\mu_0$〔H/m〕

磁束密度　$B=\mu H$〔T〕

磁気回路の起磁力 nI と磁気抵抗 Rm
p.73，74（1・77）～（1・79）

$$Hl=nI\ \text{〔A〕}$$

$$\phi=BS=\mu HS=\mu\frac{nI}{l}S=\frac{nI}{\dfrac{l}{\mu S}}=\frac{nI}{R_m}\ \text{〔Wb〕}$$

$$R_m=\frac{l}{\mu S}\ \text{(〔A/Wb〕，〔1/H〕)}$$

ファラデーの法則とレンツの法則
p.80（1・80）

$$E=-\frac{\Delta\Phi}{\Delta t}=-n\frac{\Delta\Phi}{\Delta t}\ \text{〔V〕}$$

運動導体が磁界を斜めに横切るときの誘導起電力 E
p.82（1・82）

$$E=vBl\sin\theta\ \text{〔V〕}$$

ローレンツ力 F
p.82（1・83）

$$F=-qvB\ \text{〔N〕}$$

自己インダクタンス L と自己誘導による起電力 E
p.89（1・84）（1・85）

$$\Phi=n\phi=LI\ \text{〔Wb〕}$$

$$E=-\frac{\Delta\Phi}{\Delta t}=-n\frac{\Delta\Phi}{\Delta t}=-L\frac{\Delta I}{\Delta t}\ \text{〔V〕}$$

環状コイルの自己インダクタンス L
p.90（1・86）

$$L=\frac{n\phi}{I}=\frac{\mu S n^2}{l}=\frac{n^2}{R_m}\ \text{〔H〕}$$

相互インダクタンス M と相互誘導による起電力 E_2
p.91，92（1・87）（1・89）（1・90）

$$\Phi_{12}=MI_1\ \text{〔Wb〕}$$

$$E_2=-\frac{\Delta\Phi_{12}}{\Delta t}=-n_2\frac{\Delta\Phi_{12}}{\Delta t}=-M\frac{\Delta I_1}{\Delta t}\ \text{〔V〕}$$

環状コイルの相互インダクタンス M
p.93（1・91）

$$M=\frac{\mu S n_1 n_2}{l}=\frac{n_1 n_2}{R_m}\ \text{〔H〕}$$

インダクタンスの直列接続
p.97（1・92）

$$L=L_1+L_2\pm 2M\ \text{〔H〕}$$

結合係数 k　p.98（1・94）

$$k=\frac{M}{\sqrt{L_1L_2}}\quad (0<k\leqq 1)$$

インダクタンスによる電磁エネルギー W
p.101（1・95）

$$W=\frac{1}{2}LI^2\ \text{〔J〕}$$

Chapter 2 電気回路

定電圧源と定電流源の相互変換
p.125（2・1）～（2・3）

$$E=\frac{J}{G_i}\qquad J=\frac{E}{R_i}\qquad G_i=\frac{1}{R_i}$$

抵抗を直列接続した合成抵抗 R_0
p.128（2・4）

$$R_0=\sum_{i=1}^{n}R_i\ \text{〔Ω〕}$$

抵抗を並列接続した合成抵抗 R_0 と合成コンダクタンス G
p.129（2・9）（2・10）

$$R_0=\frac{1}{\displaystyle\sum_{i=1}^{n}\left(\frac{1}{R_i}\right)}\ \text{〔Ω〕}\quad G=\sum_{i=1}^{n}G_i\ \text{〔S〕}$$

キルヒホッフの法則
p.137（2・15）（2・16）

$$\sum_i I_i=0\qquad \sum_j E_j=\sum_j I_jR_j$$

ミルマンの定理　p.140（2・26）

$$V=\frac{\displaystyle\sum\frac{E_i}{R_i}}{\displaystyle\sum\frac{1}{R_i}}=\frac{\sum G_iE_i}{\sum G_i}\ \text{〔V〕}\quad \left(G_i=\frac{1}{R_i}\right)$$

テブナンの定理　p.144（2・27）

$$I=\frac{E}{R_0+R}\ \text{〔A〕}\ \left(\begin{array}{l}E：\text{開放端電圧}\\ R_0：\text{回路網内部抵抗}\end{array}\right)$$

△からYへの変換 p.151 (2・35)

$$R_a=\frac{R_{ab}R_{ca}}{R_{ab}+R_{bc}+R_{ca}} \quad R_b=\frac{R_{bc}R_{ab}}{R_{ab}+R_{bc}+R_{ca}} \quad R_c=\frac{R_{ca}R_{bc}}{R_{ab}+R_{bc}+R_{ca}}$$ (和分の積)

Yから△への変換 p.152 (2・39) (2・40)

$$G_{ab}=\frac{G_aG_b}{G_a+G_b+G_c} \quad G_{bc}=\frac{G_bG_c}{G_a+G_b+G_c} \quad G_{ca}=\frac{G_cG_a}{G_a+G_b+G_c}$$ (コンダクタンスの和分の積)

$$R_{ab}=\frac{R_aR_b+R_bR_c+R_cR_a}{R_c} \quad R_{bc}=\frac{R_aR_b+R_bR_c+R_cR_a}{R_a} \quad R_{ca}=\frac{R_aR_b+R_bR_c+R_cR_a}{R_b}$$

ブリッジ回路の平衡条件 p.155 (2・41)

$$R_1R_4=R_2R_3$$

周期 T と周波数 f p.160 (2・45)

$$f=\frac{1}{T}\ \text{〔Hz〕}$$

弧度法 θ と度数法 ϕ p.161 (2・46)

$$\theta=\frac{\phi}{180}\times\pi\ \text{〔rad〕}$$

角速度 ω p.161 (2・47)〜(2・49)

$$\omega=\frac{\theta}{t}\ \text{〔rad/s〕},\quad \omega=\frac{2\pi}{T}=2\pi f\ \text{〔rad/s〕}$$

正弦波交流 p.161 (2・50)

$$e=E_m\sin\left(\frac{2\pi}{T}t+\theta\right)=E_m\sin(2\pi ft+\theta)$$

実効値 E と平均値 E_a p.163, 164 (2・52)〜(2・54)

実効値 $E=\sqrt{\frac{1}{T}\int_0^T e^2dt}\quad \left(E=\frac{E_m}{\sqrt{2}}\right)$

平均値 $E_a=\frac{1}{T}\int_0^T |e|\,dt$

波高率と波形率 p.164 (2・56)

$$\text{波高率}=\frac{\text{最大値}}{\text{実効値}} \qquad \text{波形率}=\frac{\text{実効値}}{\text{平均値}}$$

$\dot{Z}=x+jy$ の絶対値 p.169 (2・63) (2・64)

$$|\dot{z}|=\sqrt{x^2+y^2}$$

オイラーの公式 p.170（2・66）

$$\varepsilon^{j\theta}=\cos\theta+j\sin\theta$$

正弦波交流の複素数表示 p.172（2・72）（2・73）

$$\frac{d}{dt}\dot{E}=j\omega\dot{E}\qquad\int\dot{E}dt=\frac{1}{j\omega}\dot{E}$$

単相交流回路の電圧 $\dot{V}$，電流 $\dot{I}$ とインピーダンス $\dot{Z}$ の関係 p.174（2・74）～（2・76）

$$\dot{V}=\dot{I}\dot{Z}\qquad\dot{Y}=\frac{1}{\dot{Z}}\qquad|\dot{V}|=|\dot{I}|\cdot|\dot{Z}|$$

単相交流回路における抵抗 R の作用 p.174（2・77）

$$v=V_m\sin\omega t\qquad i=\frac{V_m}{R}\sin\omega t$$

単相交流回路におけるインダクタンス L の作用 p.175，176（2・82）～（2・84）

$$\dot{V}=L\frac{d\dot{I}}{dt}=j\omega L\dot{I}\qquad i=I_m\sin\omega t$$

$$v=\omega LI_m\sin\left(\omega t+\frac{\pi}{2}\right)\qquad\dot{Z}=j\omega L=j2\pi fL\ \text{〔}\Omega\text{〕}$$

単相交流回路における静電容量 C の作用 p.176（2・87）～（2・89）

$$\dot{I}=C\frac{d\dot{V}}{dt}=j\omega C\dot{V}\qquad v=V_m\sin\omega t$$

$$i=\omega CV_m\sin\left(\omega t+\frac{\pi}{2}\right)\qquad\dot{Z}=\frac{1}{j\omega C}=-j\frac{1}{2\pi fC}\ \text{〔}\Omega\text{〕}$$

R，L，C の直列回路と並列回路 p.177，179（2・91）（2・94）

R，L，C の直列回路のインピーダンス $\dot{Z}$ $\dot{Z}=R+j\left(\omega L-\dfrac{1}{\omega C}\right)$〔Ω〕

R，L，C の並列回路のインピーダンス $\dot{Z}$ $\dot{Z}=\dfrac{1}{\dfrac{1}{R}+j\left(\omega C-\dfrac{1}{\omega L}\right)}$〔Ω〕

有効電力 P，無効電力 Q と皮相電力 S p.185，186（2・101）～（2・103）

$P=EI\cos\theta$〔W〕 $Q=EI\sin\theta$〔var〕

$S=EI$〔V·A〕

電力の複素数表示 p.187（2・105）

$$\dot{S}=\dot{E}\bar{\dot{I}}=EI\varepsilon^{j\theta}=EI\cos\theta+jEI\sin\theta$$

インピーダンスの力率角 θ p.188，189（2・108）（2・111）

R と jX の直列回路　$\cos\theta=\dfrac{R}{\sqrt{R^2+X^2}}$

G と jB の並列回路　$\cos\theta=\dfrac{G}{\sqrt{G^2+B^2}}$

等価インピーダンス p.189（2・112）～（2・115）

R と jX の直列回路

$P=EI\cos\theta=I^2R$〔W〕

$Q=EI\sin\theta=I^2X$〔var〕

G と jB の並列回路

$P=EI\cos\theta=E^2G$

$Q=EI\sin\theta=E^2B$

直列共振 p.194，195（2・117）（2・120）

R，L，C の直列回路の共振周波数　$f_0=\dfrac{1}{2\pi\sqrt{LC}}$

$\omega_0=\dfrac{1}{\sqrt{LC}}$　　せん鋭度　$Q=\dfrac{\omega_0 L}{R}=\dfrac{1}{\omega_0 CR}$

並列共振 p.196（2・122）（2・124）

R，L，C の並列回路の反共振周波数　$f_0=\dfrac{1}{2\pi\sqrt{LC}}$

$\omega_0=\dfrac{1}{\sqrt{LC}}$　　せん鋭度　$Q=\dfrac{R}{\omega_0 L}=\omega_0 CR$

位相調整条件 $\dot{I}=(A-jB)\dot{V}$ p.203（2・125）

同相条件 $B=0$　　直角相条件 $A=0$　　その他の位相条件　$\tan\theta=\dfrac{B}{A}$

最大電力供給定理 p.204，205（2・128）（2・130）

$R=R_i$（整合抵抗）

〔$Ax+\dfrac{B}{x}$ を最小とするのは $Ax=\dfrac{B}{x}$ のとき〕

対称三相交流 p.209，210（2・131）～（2・133）

$$\begin{cases} e_a=E_m\sin\omega t \\ e_b=E_m\sin\left(\omega t-\dfrac{2\pi}{3}\right) \\ e_c=E_m\sin\left(\omega t+\dfrac{2\pi}{3}\right) \end{cases}\quad \begin{cases} \dot{E}_a=E \\ \dot{E}_b=E\varepsilon^{-j\frac{2\pi}{3}}=a^2E \\ \dot{E}_c=E\varepsilon^{j\frac{2\pi}{3}}=aE \end{cases}\quad \begin{cases} a=\varepsilon^{j\frac{2\pi}{3}} \\ a^3=1 \\ a^2+a+1=0 \end{cases}$$

Y 結線の対称三相交流 p.211，212（2・135）～（2・138）

$$\begin{cases} \dot{V}_{ab} = \sqrt{3}\,\dot{E}_a \varepsilon^{j\frac{\pi}{6}} \\ \dot{V}_{bc} = \sqrt{3}\dot{E}_b \varepsilon^{j\frac{\pi}{6}} \\ \dot{V}_{ca} = \sqrt{3}\dot{E}_c \varepsilon^{j\frac{\pi}{6}} \end{cases} \qquad \left\{ \dot{I}_a = \frac{\dot{E}_a}{\dot{Z}_a} \qquad \dot{I}_b = \frac{\dot{E}_b}{\dot{Z}_b} \qquad \dot{I}_c = \frac{\dot{E}_c}{\dot{Z}_c} \right.$$

△ 結線の対称三相交流 p.212～214（2・140）～（2・143）

$$\begin{cases} \dot{I}_a = \sqrt{3}\dot{I}_{ab} \varepsilon^{-j\frac{\pi}{6}} \\ \dot{I}_b = \sqrt{3}\dot{I}_{bc} \varepsilon^{-j\frac{\pi}{6}} \\ \dot{I}_c = \sqrt{3}\dot{I}_{ca} \varepsilon^{-j\frac{\pi}{6}} \end{cases} \qquad \left\{ \dot{I}_{ab} = \frac{\dot{E}_{ab}}{\dot{Z}_{ab}} \qquad \dot{I}_{bc} = \frac{\dot{E}_{bc}}{\dot{Z}_{bc}} \qquad \dot{I}_{ca} = \frac{\dot{E}_{ca}}{\dot{Z}_{ca}} \right.$$

△-Y 変換による等価単相回路計算 p.214，215（2・144）～（2・146）

$$\begin{cases} \dot{E}_{\curlyvee} = \dfrac{\dot{E}_{\triangle}}{\sqrt{3}} \varepsilon^{-j\frac{\pi}{6}} = \dfrac{\dot{V}}{\sqrt{3}} \varepsilon^{-j\frac{\pi}{6}} \\ \dot{Z}_{\curlyvee} = \dfrac{\dot{Z}_{\triangle}{}^2}{3\dot{Z}_{\triangle}} = \dfrac{\dot{Z}_{\triangle}}{3} \\ \dot{I} = \dfrac{\dot{E}_{\curlyvee}}{\dot{Z}_{\curlyvee}} \end{cases}$$

三相電力（有効電力）P および無効電力 Q p.222，223（2・149）（2・150）（2・152）

$$P = 3EI\cos\theta = \sqrt{3}\,VI\cos\theta \ \text{〔W〕}$$

$$Q = 3EI\sin\theta = \sqrt{3}\,VI\sin\theta \ \text{〔var〕}$$

ブロンデルの定理 p.223（2・156）

$$\begin{aligned} P+jQ &= \overline{\dot{E}}_a\dot{I}_a + \overline{\dot{E}}_b\dot{I}_b + \overline{\dot{E}}_c\dot{I}_c - \overline{\dot{E}}_c(\dot{I}_a+\dot{I}_b+\dot{I}_c) \\ &= (\overline{\dot{E}}_a - \overline{\dot{E}}_c)\dot{I}_a + (\overline{\dot{E}}_b - \overline{\dot{E}}_c)\dot{I}_b = \overline{\dot{V}}_{ac}\dot{I}_a + \overline{\dot{V}}_{bc}\dot{I}_b \end{aligned}$$

三相負荷の等価インピーダンス p.224（2・157）

$$P - jQ = 3\overline{\dot{E}}\dot{I} = 3I^2(R - jX)$$

RL 回路の過渡現象と時定数 T p.235（2・159）（2・160）

$$\begin{cases} L\dfrac{di}{dt} + Ri = E \\ i = \dfrac{E}{R}\left(1 - \varepsilon^{-\frac{R}{L}t}\right) \\ \text{時定数 } T = \dfrac{L}{R} \ \text{〔s〕} \end{cases}$$

RC 回路の過渡現象と時定数 T p.236, 237 (2・161)～(2・163)

$$\begin{cases} R\dfrac{dq}{dt}+\dfrac{1}{C}q=E \\ i=\dfrac{dq}{dt} \end{cases} \qquad \begin{cases} q=CE(1-\varepsilon^{-\frac{t}{CR}}) \\ i=\dfrac{E}{R}\varepsilon^{-\frac{t}{CR}} \\ \text{時定数 } T=CR \text{〔s〕} \end{cases}$$

ひずみ波の実効値 I とひずみ率 p.245 (2・167) (2・169)

$$I=\sqrt{I_0^2+\frac{I_{m1}^2}{2}+\frac{I_{m2}^2}{2}+\cdots}=\sqrt{I_0^2+I_1^2+I_2^2+\cdots}$$

$$\text{ひずみ率}=\frac{\sqrt{I_2^2+I_3^2+\cdots}}{I_1}$$

ひずみ波のインピーダンス p.245 (2・170)

第 n 次高調波に対して

インダクタンス L　　$jn\omega L$

静電容量 C　　$\dfrac{1}{jn\omega C}$

ひずみ波の電力 P と力率 p.246 (2・171) (2・172)

$$P=E_0I_0+\sum_{i=1}^{n}E_iI_i\cos\theta_i$$

$$\text{総合力率}=\frac{P}{EI}=\frac{\sum E_iI_i\cos\theta_i}{\sqrt{\sum E_i^2}\sqrt{\sum I_i^2}}$$

Chapter 3 電子理論

電界中の電子 p.262, 263 (3・3)～(3・9)

$$\begin{cases} a=\dfrac{qE}{m} \text{〔m/s}^2\text{〕} \\ v_y=v_{0y}+\dfrac{q}{m}\cdot\dfrac{V}{d}t \text{〔m/s〕} \\ y=v_{0y}t+\dfrac{1}{2}\cdot\dfrac{q}{m}\cdot\dfrac{V}{d}t^2 \text{〔m〕} \end{cases} \qquad \begin{cases} \dfrac{1}{2}mv^2=qV \\ 1\text{eV}=1.602\times10^{-19}\text{J} \end{cases}$$

磁界中の電子 p.264 (3・10)～(3・12)

$$qvB=\frac{mv^2}{r}\longrightarrow r=\frac{mv}{qB} \text{〔m〕}$$

$$T=\frac{2\pi r}{v}=\frac{2\pi m}{qB} \text{〔s〕}$$

金属中の電子の平均速度 v と電流密度 J p.272 (3・14) (3・15)

$$v=\mu E \text{〔m/s〕}$$

$$J=qnv=qn\mu E=\sigma E \text{〔A/m}^2\text{〕}$$

トランジスタの I_E，I_C，I_B の関係 p.290（3・16）

$$I_E = I_C + I_B$$

ベース接地電流増幅率 α とエミッタ接地電流増幅率 β p.291（3・17）〜（3・20）

$$\begin{cases} \alpha = \dfrac{\Delta I_C}{\Delta I_E} \\ \beta = \dfrac{\Delta I_C}{\Delta I_B} \longrightarrow \beta = \dfrac{\alpha}{1-\alpha} \end{cases}$$

トランジスタの静特性における直流電流増幅率 h_{FE} p.293（3・21）

$$h_{FE} = \frac{I_C}{I_B} \fallingdotseq \beta$$

エミッタ接地の小信号電流増幅率 h_{fe} p.294（3・22）

$$h_{fe} = \frac{\Delta I_C}{\Delta I_B} \qquad h_{fe} \fallingdotseq h_{FE} \fallingdotseq \beta$$

トランジスタ増幅回路の負荷線 p.294（3・23）

$$V_{CE} = V_{CC} - R_C I_{CC}$$

トランジスタの交流分 p.294（3・25）

$$v_{ce} = -R_C i_c$$

電流増幅度 A_i p.297（3・28）

$$A_i = \frac{i_o}{i_i} = \frac{i_c}{i_b} = h_{fe}$$

電圧増幅度 A_v とデシベル利得 G_v p.298（3・30）（3・31）

$$A_v = \left| \frac{v_o}{v_i} \right| \qquad G_v = 20\log_{10} A_v \text{〔dB〕}$$

電力増幅度 A_p と電力利得 G_p p.299（3・34）（3・35）

$$A_p = \left| \frac{p_o}{p_i} \right| = \left| \frac{v_o i_o}{v_i i_i} \right| \qquad G_p = 10\log_{10} A_p \text{〔dB〕}$$

固定バイアス回路 p.299（3・36）

$$V_{BE} = V_{CC} - R_B I_B \text{〔V〕}$$

自己バイアス回路 p.300（3・39）

$$V_{CE} = V_{CC} - R_C(I_B + I_C) = R_B I_B + V_{BE} \text{〔V〕}$$

電流帰還バイアス回路 p.300（3・42）

$$V_{BE} = R_A I_A - R_E(I_C + I_B) \text{〔V〕}$$

h 定数によるトランジスタの等価回路 p.301（3・45）（3・46）

$$\begin{cases} v_b = h_{ie} i_b + h_{re} v_c \\ i_c = h_{fe} i_b + h_{oe} v_c \end{cases}$$

h パラメータ π 形等価回路の電流増幅度 A_i，電圧増幅度 A_v p.304（3・47）（3・48）

$$A_i=\frac{i_c}{i_b}=h_{fe} \qquad A_v=\frac{v_{ce}}{v_{be}}=\frac{R_L{}'i_c}{h_{ie}i_b}=R_L{}'\frac{h_{fe}}{h_{ie}}$$

反転増幅器の増幅度 p.320（3・51）

$$\frac{V_o}{V_i}=-\frac{R_f}{R_i}$$

非反転増幅器の増幅度 p.321（問題 22 の解説）

$$\frac{V_o}{V_i}=1+\frac{R_f}{R_1}$$

接合形 FET の相互コンダクタンス g_m とドレイン電流 i_d p.327（3・52）（3・53）

$$g_m=\frac{\Delta I_D}{\Delta V_{GS}}\ \text{〔S〕},\quad i_d=g_m v_{gs}$$

接合形 FET の等価回路における電圧増幅度 A_v p.329（3・55）

$$A_v=\left|\frac{v_o}{v_i}\right|=g_m R'_{\mathrm{L}}=\frac{g_m}{\dfrac{1}{r_d}+\dfrac{1}{R_D}+\dfrac{1}{R_L}}$$

MOS 形 FET のゲート－ソース間電圧 V_{GS} p.331（3・56）

$$V_{GS}=\frac{R_1}{R_1+R_2}V_{DD}$$

負帰還回路 p.341（3・57）

$$v_o=\frac{A_v}{1+A_v\beta}v_i$$

発振の条件 p.342（3・59）

位相条件：v_f と v_i が同位相

利得条件：$A_v\beta\geqq 1$　$(A_v=v_o/v_i,\ \beta=v_f/v_o)$

発振回路の条件 p.343（3・64）（3・67）

発振周波数の条件式　$\dot{Z}_1+\dot{Z}_2+\dot{Z}_3=0$

発振の利得条件　$A\beta=h_{fe}\dfrac{Z_2}{Z_1}\geqq 1$

コルピッツ発振回路 p.344（3・68）（3・69）

$$h_{fe}\geqq\frac{C_2}{C_1} \qquad f=\frac{1}{2\pi}\sqrt{\frac{C_1+C_2}{LC_1C_2}}$$

ハートレー発振回路 p.344（3・70）（3・71）

$$h_{fe}\geqq\frac{L_1+M}{L_2+M} \qquad f=\frac{1}{2\pi\sqrt{C(L_1+L_2+2M)}}$$

振幅変調と変調度 m p.357（3・75）（3・76）

$$v_o(t)=(V_{cm}+V_{sm}\sin 2\pi f_s t)\sin 2\pi f_c t$$
$$=V_{cm}(1+m\sin 2\pi f_s t)\sin 2\pi f_c t$$
$$=V_{cm}\sin 2\pi f_c t+\frac{m}{2}V_{cm}\cos 2\pi(f_c-f_s)t-\frac{m}{2}V_{cm}\cos 2\pi(f_c+f_s)t$$

$$m=\frac{V_{sm}}{V_{cm}}$$

振幅変調の変調度 m，変調波の最大振幅 a，最小振幅 b p.357（3・77）

$$m=\frac{a-b}{a+b}$$

光子のエネルギー E p.368（3・82）

$$E=h\nu\ \text{〔J〕}$$

ホール効果における電圧 E p.367（3・81）

$$E=R\frac{BI}{d}\ \text{〔V〕}$$

Chapter 4 電気・電子計測

誤差と誤差率 ε・補正率 α p.403（4・6）～（4・9）

絶対誤差　$M-T$　　誤差率　$\varepsilon=\dfrac{M-T}{T}$

補正率α　$\alpha=\dfrac{T-M}{M}$　　$(\varepsilon+1)(\alpha+1)=1$

直流電圧測定における誤差率 ε p.404（4・10）

$$\frac{\varepsilon}{100}=\frac{-R_{ab}}{R_{ab}+r_v}$$

直流電流測定における誤差率 ε p.405（4・11）

$$\frac{\varepsilon}{100}=\frac{-r_a}{R_{ab}+r_a}$$

直流電力測定における誤差率 ε p.406（4・12）（4・13）

①負荷 R に近い計器が電圧計の場合　$\dfrac{\varepsilon_a}{100}=\dfrac{R}{r_v}$

②負荷 R に近い計器が電流計の場合　$\dfrac{\varepsilon_b}{100}=\dfrac{r_a}{R}$

倍率器 R_m による測定範囲の拡大
p.412（4・15）（4・16）

$$V=\frac{r_v+R_m}{r_v}v=mv\ \text{[V]}$$

$$R_m=(m-1)r_v\ [\Omega]$$

分流器 R_s による測定範囲の拡大
p.412（4・18）（4・19）

$$I=\frac{r_a+R_s}{R_s}i=mi\ \text{[A]}$$

$$R_s=\frac{r_a}{m-1}\ [\Omega]$$

直流電位差計による直流電圧 E_x の測定
p.413（4・20）

$$E_x=\frac{R_x}{R_s}E_s\ \text{[V]}$$

VT，PD による交流電圧 V の測定
p.419（図 4・21）

$$V=\frac{n_1}{n_2}v$$

CT による交流電流 I の測定
p.420（4・22）

$$I=\frac{n_2}{n_1}i\ \text{[A]}$$

三電圧計法
p.424，425（4・23）（4・24）

$$\cos\theta=\frac{V_3{}^2-V_1{}^2-V_2{}^2}{2V_1V_2}$$

$$P=\frac{1}{2R}(V_3{}^2-V_1{}^2-V_2{}^2)\ \text{[W]}$$

三電流計法 p.425（4・25）（4・26）

$$\cos\theta=\frac{I_3{}^2-I_1{}^2-I_2{}^2}{2I_1I_2}$$

$$P=\frac{R}{2}(I_3{}^2-I_1{}^2-I_2{}^2)\ \text{[W]}$$

二電力計法 p.426（4・29）

$$W=W_1+W_2=\sqrt{3}\,VI\cos\theta\ \text{[W]}$$

誘導形電力量計 p.428（4・32）

$$P\frac{t}{60\times60}=\frac{n}{K}\ \text{[kW·h]}$$

無効電力の測定 p.433，434（4・35）（4・37）

一電力計法　$Q=\sqrt{3}\,VI\sin\theta=\sqrt{3}\,W$ [var]

二電力計法　$Q=\sqrt{3}\,VI\sin\theta=\sqrt{3}(W_1-W_2)$ [var]

力率の測定 p.434（4・39）

$$\cos\theta=\frac{P}{\sqrt{P^2+Q^2}}=\frac{W_1+W_2}{\sqrt{(W_1+W_2)^2+3(W_1-W_2)^2}}$$

ホイートストンブリッジ
p.438（4・40）

$$R_x = \frac{R_A}{R_B} R_S \ 〔\Omega〕$$

電圧降下法
p.439（4・43）（4・44）

① R_x 小：$R_x = \dfrac{V}{I-(V/r_v)}$ 〔Ω〕

② R_x 大：$R_x = \dfrac{V}{I} - r_a$ 〔Ω〕

接地抵抗測定
p.440（4・46）（4・47）

$R_E = \dfrac{V_E}{I}$ 〔Ω〕　　$R_C = \dfrac{V_C}{I}$ 〔Ω〕

交流ホイートストン形ブリッジ
p.441（4・49）

$$\dot{Z}_1 \dot{Z}_4 = \dot{Z}_2 \dot{Z}_3$$

Index of Formulas

用語索引

ア　行

カ　行

サ 行

タ 行

ナ　行

ハ　行

マ 行

ヤ　行

ラ　行

ワ　行

英字・記号

〈著者略歴〉
塩 沢 孝 則（しおざわ　たかのり）
平成元年　第一種電気主任技術者試験合格
中部電力株式会社を経て，
現　在　（一財）日本エネルギー経済研究所

完全マスター電験三種受験テキスト
理　論（改訂４版）

2008 年 3 月 15 日　第 1 版第 1 刷発行
2014 年 3 月 20 日　改訂 2 版第 1 刷発行
2019 年 3 月 25 日　改訂 3 版第 1 刷発行
2023 年 11 月 30 日　改訂 4 版第 1 刷発行

著　者　塩 沢 孝 則
発 行 者　村 上 和 夫
発 行 所　株式会社 オーム社
郵便番号　101-8460
東京都千代田区神田錦町 3-1
電話　03(3233)0641(代表)
URL https://www.ohmsha.co.jp/

印刷　中央印刷　　製本　協栄製本
ISBN978-4-274-23129-2　Printed in Japan